AF249221

ŒUVRES COMPLÈTES

DE

BUFFON

PRÉCÉDÉES

D'UNE ÉTUDE HISTORIQUE

ET D'UNE

INTRODUCTION SUR LES PROGRÈS DES SCIENCES NATURELLES

DEPUIS LE COMMENCEMENT DU XIXᵉ SIÈCLE

PAR M. ERNEST FAIVRE

Docteur ès-sciences et docteur en médecine, professeur d'histoire naturelle

SUIVIES DES CLASSIFICATIONS

DE LINNÉ, DE CUVIER, ET DE CELLES PLUS RÉCENTES D'IS. GEOFFROY SAINT-HILAIRE,
DU PRINCE CH. BONAPARTE, ETC.

TOME PREMIER

PARIS

J. POULAIN ET Cᵢₑ, LIBRAIRES-ÉDITEURS

RUE BONAPARTE, 7

OEUVRES COMPLÈTES

DE BUFFON

ŒUVRES COMPLÈTES

DE

BUFFON

PRÉCÉDÉES

D'UNE ÉTUDE HISTORIQUE

ET D'UNE

INTRODUCTION SUR LES PROGRÈS DES SCIENCES NATURELLES

DEPUIS LE COMMENCEMENT DU XIXᵉ SIÈCLE

PAR M. ERNEST FAIVRE

Docteur ès-sciences et docteur en médecine, professeur d'histoire naturelle

AVEC

LA NOMENCLATURE LINNÉENNE ET LA CLASSIFICATION DE CUVIER

NOUVELLE ÉDITION

TOME PREMIER

PARIS

LIBRAIRIE A. COURCIER, ÉDITEUR

RUE HAUTEFEUILLE, 9

ŒUVRES COMPLÈTES

DE BUFFON

POISSY. — IMPRIMERIE ARBIEU.

ŒUVRES COMPLÈTES

DE

BUFFON

PRÉCÉDÉES

D'UNE ÉTUDE HISTORIQUE

ET D'UNE

INTRODUCTION SUR LES PROGRÈS DES SCIENCES NATURELLES

DEPUIS LE COMMENCEMENT DU XIXe SIÈCLE

PAR M. ERNEST FAIVRE

Docteur ès-sciences et docteur en médecine, professeur d'histoire naturelle

SUIVIES DES CLASSIFICATIONS

DE LINNÉ, DE CUVIER, ET DE CELLES PLUS RÉCENTES D'IS. GEOFFROY SAINT-HILAIRE.
DU PRINCE CH. BONAPARTE, ETC.

NOUVELLE ÉDITION

ILLUSTRÉE DE MAGNIFIQUES GRAVURES SUR ACIER.

TOME PREMIER

PARIS

J. POULAIN ET Cie, LIBRAIRES-ÉDITEURS

7, RUE BONAPARTE.

1859

INTRODUCTION.

Il y a quelques années, M. Flourens, par son ouvrage sur l'histoire des idées
et des travaux de Buffon (1), attira de nouveau l'attention des savants et des littérateurs sur les œuvres de notre immortel naturaliste : ce n'est pas que le nom
de Buffon fût alors oublié, mais le génie de Cuvier avait fait pâlir un moment
cette grande renommée : il semblait qu'on n'avait plus à consulter Buffon que
par une vaine curiosité, comme on consulte un document qui doit servir à l'histoire de la science. On voyait seulement entre les mains de la jeunesse, sous
forme d'abrégés et de livres d'études, la description des mammifères et des
oiseaux, qu'on choisissait dans le but d'éveiller chez les enfants le goût de la
nature, de charmer leurs jeunes esprits, et de les familiariser avec les beautés de
la forme.

Buffon n'était plus qu'un grand peintre de mœurs, un observateur plein de
précision, un écrivain d'une admirable éloquence.

M. Flourens mit en lumière, dans son livre célèbre, des qualités plus profondes, et montra que si Buffon eut le génie des descriptions et du style, il eut
plus encore le génie de la pensée : il fit voir comment Buffon avait préparé les
grands progrès de la géologie et de la zoologie modernes; comment, dans ses
œuvres, sont posées les bases de la paléontologie ; comment la succession des
révolutions du globe y est indiquée, la loi d'unité de composition établie, l'unité
de l'espèce humaine démontrée, la géographie des animaux constituée pour la
première fois. Tant de vues fécondes, confirmées et développées chaque jour par

---

(1) Flourens, *Histoire des travaux et des idées de Buffon*, 2ᵉ édition, 1860.

a

les progrès de la science, donnent aux œuvres de Buffon leur principal caractère d'immortalité.

Depuis l'ouvrage de M. Flourens, le nom de Buffon a encore grandi en France, et ses œuvres ont été recherchées à tel point, que les éditions nombreuses qu'on a offertes au public ont été rapidement épuisées.

Ce succès n'a rien qui doive étonner, si l'on songe que les écrits de Buffon sont utiles à tous les âges et conviennent à tous les esprits.

Les savants y trouvent des vues profondes unies à d'importantes découvertes, les érudits y puisent des renseignements précieux, les philosophes y rencontrent des considérations élevées sur les forces et sur la vie, les littérateurs et les poëtes y voient un modèle à suivre pour la majesté du style et la beauté des images.

Dans la jeunesse, Buffon est un ami qui nous fait aimer la nature par ses tableaux charmants des instincts et des mœurs de toutes les espèces qui vivent autour de nous; dans l'âge mûr, Buffon devient un maître qui nous instruit et qui nous apprend à réfléchir sur les lois de l'organisation, et sur la constitution du globe.

Il a été donné à un bien petit nombre d'hommes supérieurs d'écrire ainsi, tout à la fois pour l'intelligence et pour le cœur, pour l'enfance et l'âge viril, pour l'homme du monde et le savant : ce sont ces rares qualités qui se rencontrent dans les œuvres de Buffon, et expliquent l'intérêt qu'elles excitent, l'influence qu'elles exercent.

En donnant de nouveau les œuvres de Buffon, on ne fait donc que répondre à un intérêt général, nous dirons même à un besoin, puisque à l'époque où nous sommes, on demande à la nature des jouissances pour le corps, sans se mettre trop en peine de chercher, dans sa paisible contemplation, des satisfactions pour le cœur et des enseignements pour la raison.

Les principes qui précèdent ont été présents à notre esprit lorsque nous écrivions la courte introduction qu'on va lire, et dont nous allons faire connaître brièvement le plan et le but.

Nous ne considérons Buffon, ni comme philosophe, ni comme littérateur, ni comme expérimentateur; nous ne le suivons pas dans les détails de son œuvre immense, mais nous nous bornons à considérer l'ensemble et comme le fond de ses doctrines; nous exposons successivement ses idées sur l'histoire de la terre, l'histoire de l'homme, l'histoire des animaux.

Mais il ne suffit pas d'exposer des doctrines; d'autres l'ont fait avant nous avec plus de science et d'autorité : il faut montrer comment les progrès accomplis depuis un demi-siècle ont confirmé et infirmé les idées de Buffon ; il faut montrer Buffon tel qu'il est, en présence de la science actuelle.

Nous avons essayé d'atteindre ce but, et nous avons cru rendre service en indiquant les sources auxquelles peuvent puiser les lecteurs qui voudraient connaître avec détail les progrès accomplis dans les diverses branches de l'histoire naturelle, depuis la mort de Buffon.

HISTOIRE DE LA TERRE.

Nous désignons sous le nom de *géologie*, l'histoire de la terre, la science des changements qui se sont opérés dans les règnes organique et inorganique depuis les époques les plus reculées. Cette grande étude, l'une des plus dignes de frapper l'intelligence de l'homme et de captiver son imagination, nous apprend à connaître les événements dont notre globe a été le théâtre, les révolutions qui se sont succédé, les races qui se sont éteintes, les continents qui se sont formés, les montagnes qui se sont élevées. Nous remontons à des milliers de siècles et nous touchons aux premiers jours du monde, retrouvant, par la science, d'une manière merveilleuse, l'histoire de la terre au moment où la race humaine n'existait pas encore.

« Ceci est la nature en grand, » écrit Buffon, en commençant son histoire de la terre.

Pour apprécier le mérite de Buffon en géologie, nous dirons ce qu'était cette science avant lui, et ce qu'elle est devenue depuis la publication de ses immortels ouvrages ; alors il nous sera possible de juger les services rendus, les hypothèses, les théories et les vues ingénieuses ou fécondes de l'auteur des Époques de la nature.

A l'origine, la géologie a été confondue avec la cosmogonie de tous les peuples ; elle n'a rien de scientifique, mais elle se mêle aux spéculations sur l'origine première de toutes choses.

Dans les livres de la cosmogonie orientale, il est écrit que l'être, existant de toute éternité, a formé et détruit plusieurs fois le monde et ses habitants.

Dans la cosmogonie égyptienne, on admet que des déluges ou des conflagrations ont bouleversé la terre à diverses époques et anéanti l'espèce humaine; et que ces grandes calamités sont un fléau de Dieu attiré par la malice des hommes; l'œuf du monde s'est développé, disent aussi les Egyptiens, par l'intervention d'un principe à la fois mâle et femelle.

Aristote, Strabon, Ovide et Pline sont, parmi les anciens, les grands esprits qui se sont le plus préoccupés du problème de l'origine et des changements du monde.

Aristote se prononce pour les changements périodiques de la terre : « comme le » temps, dit-il, ne périt jamais, et que l'univers est éternel, on ne peut supposer » que le Tanaïs et le Nil aient toujours coulé, les lieux où ils prennent naissance » durent être secs jadis; leur existence bien certainement a des bornes, car le » temps seul n'en a pas.... La terre ne présente donc pas toujours le même aspect: » là où nous foulons aujourd'hui un sol continental, la mer a séjourné et séjournera » encore; la région où elle est à présent fut jadis et redeviendra plus tard encore, » un continent; le temps modifie tout (1). »

Ovide, exposant dans ses beaux vers la doctrine de Pythagore, dit que la terre ferme a été convertie en mer, et la mer changée en terre, que les coquilles marines gisent loin de l'Océan ; et que l'ancre a été trouvée au sommet des collines. Il nous présente dans de poétiques images les effets des tremblements de terre et des volcans (2).

Strabon paraît être le premier des anciens qui ait compris que l'histoire de la terre avait ses sources dans l'expérience, et que l'observation précise des événements qui s'accomplissent aujourd'hui sous nos yeux, devait être notre point de départ pour l'interprétation du passé. « Il convient, dit-il, de tirer nos explica-» tions de choses qui tombent sous les sens, et qui, telles que les déluges, les trem-» blements de terre, les éruptions volcaniques et les soulèvements spontanés de » terrains sous-marins, se reproduisent en quelque sorte tous les jours (3). »

Dans cette pensée de Strabon on peut voir l'origine de la théorie des causes actuelles.

A part les fragments dont nous venons de donner à peine une idée, l'antiquité ne nous a rien laissé d'important sur la géologie : c'est aux temps modernes qu'il faut reprendre cette histoire, pour assister aux développements des trois grandes

(1) De meteor, lib. II, cap. 14, 15, 16.
(2) Métamorph. d'Ovide, livre XV.
(3) Strabon, livres IV et VI.

vues qui marquent la date de la géologie vraiment scientifique : l'étude des causes actuelles, la connaissance des fossiles et l'analyse des phénomènes dus à la réaction de la masse fluide intérieure contre l'écorce refroidie du globe.

Nous suivrons l'histoire de ces trois grandes vues jusqu'à Buffon, et nous verrons combien leur développement fut entravé, soit par des discussions oiseuses, soit surtout par le désir d'établir des concordances entre le récit de Moïse et les résultats encore incertains de la science.

Ce ne fut qu'au commencement du seizième siècle que les phénomènes géologiques fixèrent l'attention de l'Europe chrétienne, et qu'ils firent naître des problèmes dont les géologues italiens cherchèrent les premiers à donner la solution.

Un grand peintre, qui fut aussi versé dans les sciences, Léonard de Vinci, émit un jugement très-sensé sur la nature des coquilles qu'on trouve dans les couches de la terre; elles ne sont point, disait-il, formées par les étoiles ou quelque autre cause, mais elles ont une origine semblable aux coquilles que nous voyons se former tous les jours.

Un homme bien célèbre, Palissy (1), soutint la même opinion et combattit les idées alors répandues d'après lesquelles toutes les coquilles auraient été déposées par le déluge universel.

Nicolas Stenon, anatomiste danois, fit faire de plus grands progrès à la question. Il compara les coquilles anciennes aux espèces analogues vivantes, et il établit qu'elles avaient été enfouies dans les sédiments à des époques plus ou moins reculées; c'est aussi Stenon qui a signalé la distinction entre les formations d'origine marine et celles d'origine d'eau douce, et qui a expliqué l'obliquité des couches par des forces capables d'en opérer le relèvement de bas en haut (2).

A la fin du xviie siècle, un grand nombre de travaux considérables ont paru sur l'histoire de la terre : ils sont dus aux recherches de Leibnitz, Hooke, Ray, Burnet, Whiston et Woodward, auteurs que Buffon avait lus pour la plupart, et auxquels il a beaucoup emprunté. « A Palissy et à Stenon, dit M. Flourens (3), » Buffon prend le fait de la disposition de la terre par couches, celui des coquillages fossiles répandus partout, celui du changement des terres en mers....; » à Leibnitz, la vue des deux grands agents qui ont tout renouvelé sur la terre, » le feu et l'eau. »

(1) Discours admirable sur la nature des eaux, etc., p. 1580.
(2) De solido intra solidum naturaliter contento, 1669.
(3) Histoire des idées et des travaux de Buffon, 2e édition, p. 235.

Leibnitz dit que la terre n'est qu'un soleil éteint et refroidi, dont l'intérieur doit être une matière vitrifiée, et dont la surface a été recouverte, à une certaine époque, par les vapeurs condensées qui ont formé les mers. Leibnitz imagine de grandes cavernes dont les voûtes, en s'affaissant, ont ouvert un passage aux eaux ; ainsi s'explique l'abaissement des mers et l'apparition des continents (1).

Nous retrouverons les vues de Leibnitz, en analysant les époques de la nature.

Hooke, dans sa théorie des tremblements de terre, écrite en 1688 (2), admit que les coquilles fossiles avaient appartenu à des espèces dont la plupart étaient éteintes aujourd'hui, et dont quelques-unes avaient leurs analogues ; il reconnut toute l'importance de ces coquilles. « Quelque trivial, dit-il, que puisse » paraître à certaines personnes un objet tel qu'une coquille pourrie, de pareils » monuments de la nature n'en présentent pas moins des témoignages d'antiquité » plus authentiques que des pièces de monnaie ou des médailles. » C'est Hooke qui le premier a déterminé l'âge relatif des roches d'origine ignée.

Woodward appartient, comme Burnet et Whiston, à l'école qu'on pourrait appeler géologico-théologique, et qui veut accorder avec les faits les récits sacrés de la création et du déluge. De là une géogénie erronée qui ne s'appuyait pas assez sur les expériences et les recherches. Suivant Woodward (3), à l'époque du déluge, tout le globe terrestre a été en quelque sorte broyé et dissout ; les couches qui se sont formées ensuite proviennent de cette masse confuse, d'où elles se sont dégagées à la manière dont un sédiment terreux quelconque, tenu en dissolution dans un liquide, se sépare de ce liquide. Ainsi tout le globe est composé de matières déposées en couches par les eaux ; toutes ces couches renferment des coquilles et d'autres productions marines.

C'est ce système que Buffon expose en partie dans sa Théorie de la terre.

Il suffit de citer le titre de l'ouvrage de Burnet pour donner une idée du caractère de l'époque : « Théorie sacrée de la terre, contenant le récit de l'origine du globe, et de tous les changements généraux qu'il a subis ou doit subir encore jusqu'à la consommation de toutes choses (4). » Burnet prétend qu'avant le déluge, la terre jouissait d'un printemps perpétuel ; mais qu'un jour la sécheresse ayant produit des fissures, les eaux renfermées dans le grand abîme central s'échappèrent, engloutissant tous les êtres qui vivaient à la surface du monde. Leibnitz et

(1) Protogea, édition 1748.
(2) OEuvres posthumes, publiées en 1705.
(3) Essay towards a natural history of the earth, 1695.
(4) Telluris theoria sacra, etc., 1680-1689.

Woodward faisaient entrer les eaux dans les cavernes, Burnet imagine de les en faire sortir.

Whiston soutient, comme Woodward, que tous les sédiments stratifiés sont le résultat du sédiment chaotique du déluge, qu'il attribue au passage d'une comète dans le voisinage du globe terrestre (1). Il admet aussi un grand abîme dont l'orbe supérieur est rempli d'eau : comme les auteurs de ce siècle, Whiston veut concilier les observations avec la création du monde en six jours.

En passant rapidement en revue les divers systèmes principaux imaginés par les géologues, et leurs travaux les plus considérables, nous avons reconnu que la notion des espèces perdues et l'importance des fossiles étaient acquises à la science, à la fin du xviiᵉ siècle. Ce n'est qu'au commencement du siècle suivant, presque au temps de Buffon, que Lazzaro Moro, dans son ouvrage sur les corps marins, éveilla l'attention des géologues sur le pouvoir de soulèvement des forces souterraines, et sur l'importance de l'observation des phénomènes actuels (2). Une île nouvelle, qui venait de paraître près de Santorin, suggéra à l'auteur une théorie des soulèvements et des affaissements; et il étudia avec soin, pour les appliquer aux évènements anciens, tous les faits qui se produisent sous nos yeux.

La théorie de Moro a été exposée avec détail par Generelli, en 1749.

Moro est le géologue le plus rapproché de Buffon, et Buffon ne paraît pas avoir connu ses doctrines, bien qu'il ait admis quelques-uns de ses principes.

Au contraire, Buffon avait mis un grand soin à étudier les œuvres des géologues anglais, où souvent, au lieu d'observations rigoureuses, il avait trouvé de séduisantes hypothèses, dont malheureusement il n'a pas su toujours s'écarter en composant sa théorie de la terre.

Le mérite de Buffon en géologie consiste moins dans les découvertes originales que dans des vues d'ensemble pleines de justesse et de fécondité, basées sur les connaissances positives qu'on possédait alors. Nous parlons surtout de la théorie de la terre et des époques de la nature deux essais pleins de génie, où, à vingt-cinq ans de distance, Buffon montre ce qu'on peut attendre de l'étude des causes actuelles et de l'observation des espèces fossiles.

Nous avons à analyser ces œuvres et à en faire ressortir le degré d'importance.

(1) A new Theory of the earth, etc., 1696.
(2) Sù crostacei ed altri corpi marini che si trovano sù monti, 1740.

THÉORIE DE LA TERRE.

Ce qui frappe surtout dans la théorie de la terre, c'est le soin que Buffon met à séparer les faits d'avec leurs explications, et à s'appuyer, pour comprendre les phénomènes antérieurs, sur l'observation des faits actuels.

L'indication seule des chapitres suffit pour faire connaître la large part que le grand naturaliste fait à l'étude des causes dont nous constatons aujourd'hui les résultats.

Les productions des couches ou des lits de terre, l'étude des mers, des fleuves, des lacs, des vents réglés, irréguliers, des trombes, nous donnent une idée des effets considérables produits par les eaux ; les chapitres sur les tremblements de terre, les volcans, les îles nouvelles, les cavernes, les fentes perpendiculaires, nous font assister aux effets produits actuellement par le feu. La distinction des phénomènes plutoniens et vulcaniens actuels a donc été bien comprise par Buffon, quoique le contraire paraisse ressortir des conclusions qu'il donne en quelques endroits.

La preuve de ce que nous avançons se trouve dans un passage qu'il est utile de citer. Buffon partage en deux classes toutes les matières dont se compose le globe : « la première, dit-il, est celle des matières que nous trouvons posées par
» couches, par lits, par bancs horizontaux ou légèrement inclinés ; et la seconde
» comprend toutes les matières que l'on trouve par amas, par filons, par veines
» perpendiculaires et irrégulièrement inclinées ;... ces deux classes comprennent
» généralement toutes les matières que nous connaissons : les premières doivent
» leur origine aux sédiments transportés et déposés par les eaux de la mer, etc. (1).

Buffon tire de l'observation des causes actuellement agissantes quatre faits sur lesquels il fonde sa théorie de la terre. « Le premier fait, dit-il, est que la terre
» est partout et jusqu'à des profondeurs considérables, composée de couches pa-
» rallèles et de matières qui ont été autrefois dans un état de mollesse ; le second,
» que la mer a couvert pendant quelque temps la terre que nous habitons ; le
» troisième, que les marées et les autres mouvements des eaux produisent des iné-

____

(1) Théorie de la terre, art. IX.

» galités dans le fond de la mer ; et le quatrième, que ce sont les courants de la
» mer qui ont donné aux montagnes la forme de leurs contours, et la direction
» correspondante (1). »

Tous les faits se résument encore en trois observations essentielles, à savoir :
1° que les matières qui composent la terre sont disposées en couches parallèles ;
2° qu'on trouve des coquilles et autres productions marines sur toute la terre ;
3° que les montagnes ont partout des angles correspondants.

En principe, ces observations, les deux premières surtout, sont incontestables,
mais Buffon en a fort exagéré la portée, et en cela il s'est trompé : avant de relever
ces erreurs, signalons l'importance du grand fait qu'il a proclamé après Palissy et
quelques autres géologues ; nous voulons parler des fossiles.

Buffon a bien prouvé qu'on trouve des coquilles marines sur des terres aujour-
d'hui fort éloignées de l'Océan, sur les pentes des collines, et jusque sur le sommet
des montagnes : ces coquilles ne sont pas des bizarreries de la nature, mais des
monuments qui attestent la présence des mers, qui peuvent servir à en limiter
les rives, et à en déterminer les profondeurs. Considérant le nombre immense de
ces coquilles, Buffon a pu écrire ces lignes dont les travaux modernes démontrent
toute l'exactitude : « Je prétends que les coquilles sont l'intermède que la nature
» emploie pour former la plupart des pierres, je prétends que les craies, les mar-
» nes et les pierres à chaux ne sont composées que de poussière et de détriments
» de coquilles, que par conséquent la quantité de coquilles détruites est encore
» infiniment plus considérable que celle des coquilles conservées (2).

Voici des exemples qui viennent à l'appui de ces propositions ; nous les emprun-
tons à la science contemporaine. Dans un seul pouce cube de tripoli qui forme, à
Bilin en Bohême, une couche de 13 mètres de puissance, on a compté jusqu'à
41,000 millions d'infusoirs du genre Gaillonelles ; Ehremberg a reconnu également
que le même volume de tripoli renferme plus de 1 billion 750 millions d'individus de l'espèce appelée *Gaillonella ferruginea* (3). L'étage supérieur du terrain
miocène est célèbre par les amas des débris de coquilles que l'on exploite sous
le nom de falun pour l'amendement des terres : l'étage du calcaire grossier est
presque essentiellement composé par des amas semblables : le coral rag, couche de
l'étage oxfordien, est presque uniquement formé de débris de polypiers, et le
muschelkalk, assise très-développée dans les Vosges et certains points de l'Allema-

(1) Inégalités de la terre, art. IX.
(2) Théorie de la terre, p. 157.
(3) Ehremberg, *Mémoires Académiques de Berlin*, 1838, p. 59.

gne, ne doit son nom qu'à l'accumulation des coquilles qu'il renferme. Nous pourrions multiplier les exemples, mais ceux que nous venons de rapporter suffisent bien pour appuyer l'assertion de Buffon.

L'erreur de Buffon dans sa Théorie de la terre est d'avoir exagéré les principes qu'il a posés.

Il veut qu'on trouve partout des coquilles fossiles ; sur quoi Pallas lui reproche de n'avoir jugé des montagnes en général, que par celles de la France. Buffon prétend que les couches de la terre sont partout horizontales, erreur qu'il rectifie plus tard dans ses Époques de la nature ; et il soutient que les montagnes ont partout des angles correspondants. M. Flourens a caractérisé justement ces erreurs lorsqu'il a dit : « En écrivant sa Théorie de la terre, Buffon n'avait que des faits in-» complets, il ne voyait qu'une époque de la nature, il ne connaissait de la terre » que la partie qui a des couches horizontales et des productions marines, il ne » connaissait que la terre qui est l'ouvrage des eaux (1). »

Ces vues si vraies sont prouvées par les conclusions de Buffon, à la fin de sa Théorie de la terre : il s'y montre neptunien et partisan absolu de la théorie connue sous le nom de théorie des causes lentes.

La Théorie de la terre est une vaste recherche des principes et des causes, à travers les phénomènes qui les révèlent et les expriment.

ÉPOQUES DE LA NATURE.

Les Époques de la nature doivent être considérées comme une application des principes trouvés par l'analyse, à la détermination des âges du monde. C'est dans cette œuvre pleine d'audace et de génie, que Buffon a porté la lumière sur les faits épars, et qu'il les a liés en un ensemble qui frappe encore d'admiration.

Buffon pose cinq faits : 1° La terre est élevée sur l'équateur et abaissée sous les pôles, dans la proportion qu'exigent les lois de la pesanteur et de la force centrifuge.

2° Le globe terrestre a une chaleur intérieure qui lui est propre, et qui est indépendante de celle que les rayons du soleil peuvent lui communiquer.

(1) Histoire des travaux de Buffon, 2e édition, p. 198.

3° La chaleur que le soleil envoie à la terre est assez faible, en comparaison de celle du globe terrestre; et cette chaleur communiquée par le soleil ne suffirait pas seule pour maintenir la nature vivante.

4° Les matières qui composent le globe de la terre sont, en général, de la nature du verre, et peuvent être toutes réduites en verre.

5° On trouve sur toute la surface de la terre, et même sur les montagnes, une immense quantité de coquilles et d'autres débris des produits de la mer.

A ces cinq faits Buffon en joint trois autres, qu'il appelle **monuments**, et qui peuvent se résumer ainsi :

L'examen des coquilles que l'on tire de la terre prouve, ou que ces espèces ne subsistent plus, ou qu'elles n'existent que dans les mers méridionales.

Les ossements d'éléphants et de rhinocéros découverts en Sibérie démontrent que ces animaux, qui ne se propagent aujourd'hui que dans les terres du Midi, se multipliaient autrefois dans les terres du Nord ; les ossements d'éléphants se trouvent aussi dans le nord de l'Amérique, bien qu'il n'en existe plus dans le continent du Nouveau-Monde.

Ces faits admis, Buffon en déduit sept époques, que nous allons examiner rapidement.

Première époque. — Lorsque la terre et les planètes ont pris leur forme.

Rien de mieux démontré aujourd'hui que l'aplatissement de la terre aux pôles et le renflement à l'équateur. Ce fait, dont on a vérifié la justesse pour diverses planètes, suppose que la terre était primitivement une masse incandescente, de consistance pâteuse, qui, obéissant par son mouvement de rotation à la force centrifuge, a pris la figure que nous lui connaissons. On sait donc que la terre était à l'origine une masse en fusion : l'astronomie moderne nous en a fourni, par ses calculs, des preuves que nous rapporterons.

Trois méthodes ont été employées pour déterminer la courbure de la terre : les mesures de degrés, les observations du pendule, et certaines inégalités lunaires. Ces trois méthodes ont conduit au même résultat.

Onze mesures de degrés ont été effectuées, soit en Europe, soit aux Indes, soit au Pérou : elles ont conduit à admettre que le demi-diamètre polaire est plus court d'environ 24 kilomètres que le demi-diamètre équatorial.

L'emploi du pendule a donné en moyenne un aplatissement beaucoup plus fort, c'est-à-dire de 1/228. Enfin, les perturbations du mouvement de la lune ont donné à Laplace un aplatissement de 1/299.

Non-seulement on a calculé la figure de la terre, mais on en a pris la densité, et cette densité a fourni de nouvelles indications sur les forces qui agissent dans l'intérieur de la terre. En prenant pour unité la densité de l'eau, celle de la terre est de 5,44. Or, la densité moyenne des continents et des mers n'atteint pas 1,6 : par conséquent la densité des couches intérieures doit croître de plus en plus vers le centre, soit à cause de la nature des matériaux, soit en raison de la pression supportée.

On sait donc avec certitude que la terre a été primitivement fluide, et que les matériaux intérieurs ont une densité considérable: des calculs ont appris qu'il en était ainsi, même pour d'autres planètes, et qu'il y avait de la dépendance entre l'aplatissement des pôles et la vitesse de rotation. Ainsi la rotation de la terre s'accomplit en 23^h, 56', l'aplatissement est de 1/300; celle de Jupiter s'accomplit en 9^h,55', l'aplatissement est de 1/17, d'après Arago; et celle de Saturne s'accomplit en 10^h,29', l'aplatissement est de 1/10.

Seconde époque. — Lorsque la matière s'étant consolidée a formé la roche intérieure, ainsi que les grandes masses vitrescibles qui sont à sa surface.

La terre étant incandescente, elle a dû se refroidir, et il s'est formé à sa surface une enveloppe solide de matières vitrescibles : « les aspérités, les traces, les bour-
» souflures de cette enveloppe nous donnent une idée, dit Buffon, du grand nom-
» bre de montagnes, de vallées, de cavernes et d'anfractuosités qui se sont formées
» dès ce premier temps dans les couches extérieures de la terre. »

Ici paraît une nouvelle explication de la formation des montagnes : dans sa Théorie de la terre, Buffon les attribuait à l'eau, maintenant il les suppose formées par le feu, de même qu'il se forme des aspérités à la surface d'un métal fondu qui se refroidit; d'après ce système, toutes les montagnes se sont aussi formées à la même époque, c'est encore une conséquence erronée sur laquelle nous reviendrons.

Le fait de la chaleur intérieure du globe est le point de départ de Buffon.

Ce fait fondamental est démontré aujourd'hui de mille manières. Il l'est par les phénomènes volcaniques et la température des eaux thermales et des puits artésiens; il est prouvé par les observations faites dans les mines, dans les caves, dans les puits. On estime qu'un accroissement d'un degré du thermomètre correspond à une profondeur moyenne de 30 à 32 mètres. Buffon admet la chaleur centrale, mais il en exagère les effets; il prétend que cette chaleur est la seule qui puisse maintenir la nature vivante à la surface de la terre, et que la chaleur envoyée par le soleil est insuffisante pour empêcher la destruction des êtres vivants. Les calculs de Fourrier ont prouvé que c'est précisément l'inverse qui a lieu : la chaleur solaire est immense, elle est presque la seule qui fasse sentir aujourd'hui ses effets à la surface du globe.

Troisième époque. — Lorsque les eaux ont couvert nos continents.

Buffon suppose qu'à la date de trente cinq mille ans de la formation des planètes, la terre se trouvait assez refroidie pour recevoir les eaux.

Les eaux ont recouvert tout le globe s'avançant des parties les plus froides aux plus chaudes, c'est-à-dire du pôle à l'équateur. Avec les eaux, la sédimentation a commencé, et les êtres organisés sont apparus pour la première fois, la mer a formé de nouveaux terrains, soit en arrachant les matières primitives et en les transportant, soit en entraînant les dépouilles des animaux et les débris des plantes.

On suppose que les animaux et les plantes ne vivaient alors que dans les régions polaires et qu'ils ne sont descendus que plus tard aux équatoriales.

Après avoir couvert le globe, à l'exception du sommet des montagnes, la mer a commencé à se retirer, en tombant dans les cavernes profondes, formées à l'origine, et que le poids ou le mouvement des mers avait affaissées : c'est le commencement de la quatrième époque.

Quatrième époque. — Lorsque les eaux se sont retirées et que les volcans ont commencé à agir.

Par suite de l'affaissement des cavernes, les tremblements de terre se sont produits, et les volcans ont pris naissance. Le contact de l'eau avec les matières intérieures a déterminé des actions souterraines, et les substances produites par le feu des volcans ont été entraînées à la surface : à cette époque les eaux en se retirant, arrachaient, entraînaient, déposaient des sédiments et donnaient ainsi naissance aux couches stratifiées remplies de coquilles. Ainsi, à cette période, le domaine de la terre était partagé entre le feu et l'eau; mais heureusement, ajoute Buffon, ces anciennes scènes, les plus épouvantables de la nature, n'avaient point de spectateurs.

Cinquième époque. — Lorsque les éléphants et les autres animaux du midi ont habité les terres du nord.

C'est dans cette période et les suivantes, que la grande idée des temps modernes, l'idée des espèces perdues, a été nettement exprimée par Buffon. Buffon suppose que les terres du Nord refroidies les premières, ont été plus tôt habitables par les grands animaux, mais que dans la suite des temps, ce refroidissement étant devenu trop considérable, les animaux terrestres du Nord ont passé dans des climats plus chauds.

Les éléphants, les rhinocéros, les hippopotames ont donc habité d'abord le Nord, où on en retrouve des débris. Buffon a examiné ces débris : il en a même fait la comparaison avec les pièces analogues prises sur les animaux vivants de même nature ; mais il n'a pas su en tirer des conséquences qu'il était réservé au génie de Cuvier de mettre en lumière.

Les grands animaux qui vivent aujourd'hui dans les climats chauds, habitaient autrefois les zones septentrionales ; il en est de même des arbres et des plantes, Buffon admet aussi pour les espèces végétales qu'elles se sont disséminées de proche en proche et répandues des contrées primitives situées vers les pôles jusqu'aux contrées de l'équateur. La science actuelle est bien loin de démontrer cette assertion.

A ces époques reculées, l'homme n'avait pas encore paru, les continents et les mers n'avaient pas leurs formes actuelles.

Sixième époque. — Lorsque s'est faite la séparation des continents.

Cette séparation est postérieure au temps où les éléphants habitaient les terres du Nord, puisqu'alors, comme l'attestent leurs dépouilles, leur espèce était également existante en Europe, en Afrique et en Asie.

Buffon se trompe ici, en admettant que les éléphants des diverses parties du monde viennent d'une même espèce. Cuvier a établi le contraire, et dès lors l'ordre assigné à la sixième époque ne repose plus sur aucune base. La séparation de l'Europe et de l'Amérique, de l'Angleterre et de la France, de la Sicile et de l'Italie, de la Sardaigne et de la Corse, se rapportent à cette sixième époque, et on peut les attribuer à l'affaissement des continents ou à la rupture des terres par les eaux.

Septième époque. — Lorsque la puissance de l'homme a secondé celle de la nature.

Buffon, d'accord avec toutes les traditions et tous les monuments, établit que l'homme a paru sur la terre après les plantes et les animaux, et que son berceau doit être placé dans le centre du continent de l'Asie. C'est dans cette région que se trace le point de départ de toutes les connaissances humaines et les monuments qui attestent notre première et antique puissance : de ce berceau primitif l'homme s'est répandu partout, modifiant les animaux et les plantes, montrant par la culture des arts, des sciences et des lettres, tout ce qu'il y a de dignité et de grandeur dans son esprit.

Nous venons de donner une idée des époques de la nature ; nous avons voulu avant tout indiquer les principes qui ont guidé Buffon, et montrer ce qu'il y a eu de vrai et de légitime dans leur emploi.

On admirera toujours comme Buffon s'est fondé pour composer cette grande œuvre, sur les trois principes que la science moderne reconnaît et adopte : la fluidité primitive de la terre, les actions produites par le feu ou par les eaux, la notion des espèces fossiles; on est étonné de la puissance du génie qui, s'appuyant, il y a plus d'un demi siècle, sur des principes encore mal établis, a osé en déduire toute l'histoire du monde primitif. Malgré des erreurs nombreuses, l'ouvrage sur les Époques de la nature restera un des plus beaux monuments de l'esprit humain.

Nous dirons un mot du système de Buffon, sur la formation des planètes, pour rappeler l'hypothèse célèbre de notre grand naturaliste.

Buffon a imaginé que les planètes ne sont que de petites parties du soleil qui ont été séparées par le choc d'une comète ; la terre s'est formée de cette manière, et, comme la matière du soleil est brûlante et lumineuse, la terre, ainsi que les autres planètes, a été, dans les premiers temps, une masse incandescente et lumineuse.

L'hypothèse de Buffon est réfutée par tout.

Laplace a montré qu'on peut admettre avec un certain degré de probabilité, que la masse moyenne des comètes est bien inférieure à $\frac{1}{100000}$ de celle de la terre; c'est environ $\frac{1}{1200}$ de la masse de la lune (1) : on ne peut donc guère songer qu'une comète puisse produire un choc assez considérable sur le soleil pour en détacher des fragments. Dans un travail récent, M. Babinet a fait voir que (ainsi que le prouvent les mesures de MM. Struve et Bessel) la densité et la masse des comètes sont

____

(1) Laplace, *Exposition du système du monde*, p. 216 et 237.

tellement faibles, que ces astres ne sont pas même gazeux; Herschel, dans son dernier ouvrage, a considérablement exagéré l'évaluation de la masse cométaire lorsqu'il a parlé de quelques onces. M. Babinet démontre que cette masse serait représentée par une fraction ayant l'unité pour numérateur, et pour dénominateur un nombre supérieur à l'unité suivie de 125 zéros (1). L'hypothèse de Buffon est entachée de plus d'une erreur : elle suppose que la matière du soleil est incandescente et lumineuse : ies astronomes modernes, et en particulier M. Arago, ont démontré qu'il n'en est pas ainsi : le soleil est obscur et il est entouré de deux couches nébuleuses dont l'une, appelée photosphère, nous envoie la lumière que nous attribuons par erreur à la masse même du soleil; c'est en observant les taches du soleil, et en analysant la lumière qui en émane, que les astronomes sont arrivés à ce curieux résultat (2).

Le tableau succinct que nous avons tracé des premiers pas de la géologie, l'esquisse que nous venons d'essayer des vues essentielles de Buffon sur l'histoire de la terre et de ses révolutions, ne suffisent pas pour montrer clairement la part de notre illustre naturaliste dans les progrès de la géologie moderne. Il nous reste à indiquer à grands traits les conquêtes de la science actuelle et à faire voir comment se sont développées les principales vues dont on trouve le germe dans les travaux de Buffon.

L'idée des causes actuelles, l'idée des espèces éteintes, l'idée des réactions de la masse molle du globe sur la couche extérieure refroidie, forment les trois grands faits de la géologie actuelle. Or, nous trouvons déjà dans Buffon la notion des causes actuelles, et la notion des espèces perdues.

L'idée des causes actuelles a pris un si grand développement de nos jours (3), qu'on a voulu tout rapporter à ce principe, expliquer tous les phénomènes anciens comme si les causes qui les ont produits étaient les mêmes que celles auxquelles nous devons attribuer les effets qui se passent sous nos yeux. Restreignons la théorie des causes actuelles dans de justes limites, et voyons les services qu'elle a rendus à la science : elle a appris à bien distinguer les phénomènes dus à l'action des eaux, de ceux qui sont produits par l'action du feu : elle a montré qu'autre-

(1) Comptes rendus de l'Académie des Sciences du 4 mai 1857.
(2) Arago, *Leçons d'astronomie*, p. 142 à 160.
(3) On pourra consulter pour l'étude des causes actuelles: Alcide d'Orbigny, *Éléments de géologie*, 1852, 3 vol. ; — Lyell, *Principes de géologie*, 4 vol. ; — D'Archiac, *Histoire des progrès de la géologie*, 1834-1843; — Agassiz, *Système glaciaire ou Recherches sur les glaciers*, Paris, 1847, 1 vol. ; — Deville, *Lettres sur les volcans d'Italie* (comptes rendus de l'Académie des Sciences, 1846-1847 ; — De Buch, *Sur les cratères de soulèvement et les volcans*, ann. de Poggendorff, t. XXXVI.

fois, comme de nos jours, des terrains se sont formés par trois ordres de causes:
par l'accumulation des espèces vivantes, par les effets du transport des eaux, par
des phénomènes de dissolution chimique. Par une observation minutieuse des sédiments déposés dans les lacs, dans les estuaires des grands fleuves, sur la plage de
l'Océan, par une exacte connaissance de l'habitation des coquilles terrestres, fluviales ou marines, de la position qu'elles occupent, si elles ont vécu sur place ou si
elles ont été entraînées par des courants, la science des causes actuelles nous a mis
à même de lire en quelque sorte l'histoire des terres sur lesquelles nous marchons:
nous pouvons prédire que des mers, des lacs ou des fleuves ont occupé jadis des
contrées que nous habitons : nous pouvons même reconnaître les rivages de ces
mers, les contours de ces lacs, les cours de ces fleuves.

Les phénomènes actuels, attentivement observés, nous ont encore appris à reconnaître les phénomènes volcaniques anciens, les soulèvements et les abaissements
lents des continents, la transformation sous l'influence du feu, des roches anciennement existantes, et la formation, par les matières qui s'échappent du cratère
des volcans, d'une multitude d'espèces minérales.

Le second grand fait de la géologie moderne est le fait des espèces perdues :
Buffon l'avait pressenti ; Cuvier l'a démontré et de là est née la paléontologie (1). Il
a existé avant l'époque actuelle une création entière d'animaux : tous ces animaux
ont été détruits, et, ce qui est surtout important, il y a eu plusieurs successions
d'animaux, et ces successions ont été plusieurs fois détruites. Si on parvenait à
bien déterminer l'ordre dans lequel ont paru et se sont éteintes les diverses popu-
lations fossiles, on aurait un caractère stable servant à indiquer le nombre et la
nature des révolutions qu'a subies autrefois notre globe : les paléontologistes sont
parvenus à cette détermination et maintenant, grâce aux travaux de Cuvier, de
Blainville, de Richard Owen, de d'Orbigny, d'Agassiz, d'Erenberg, de Barrande,

(1) Consultez pour la paléontologie, les ouvrages généraux suivants :

Cuvier, *Recherches sur les ossements fossiles ;* — Pictet, *Traité de paléontologie,* 4 vol., 1844-
1846 ; — Giebel, *Paléontologie,* Leipzig, 1852, et *Fauna der vorwelt,* 4 vol. 1854; — Bronn et
Rœmer, *Le thoea geognestica,* etc., 3 vol., 1853 à 1856 ; — Ad. Brogniart, *Histoire des végétaux
fossiles,* 2 vol., 1828-1839.

Nous citerons maintenant divers ouvrages de paléontologie spéciale; pour les mammifères et les
reptiles, outre Cuvier, Blainville, oseographie. R. Owen, *History of British fossil mammalia
and birds.* Pour les oiseaux le P. Ch. Bonaparte, comptes rendus de l'Académie des Sciences, 1856;
— Pour les poissons, Agassiz, *Poissons fossiles,* 1843, 5 vol. ; — Pour les mollusques, Deshayes,
Traité de conchyliologie, 1856, et d'Orbigny, *Prodrome de paléontologie,* 3 vol. 1855-1856 ; —
Pour les annélides et spécialement les trilobites, de Barrande, *Études sur le terrain silurien de la
Bohême,* 2 vol. 1852; — Pour les zoophytes, Agassiz, *Monographie des Echinodermes,* 1838 à 1841 ;
— Milne Edwards et Jules Haime, *Recherches sur les polypiers,* 1 vol., 1848, et 2 vol. 1857.

de Brogniard, la paléontologie est devenue la base de la classification des terrains, en même temps qu'elle a donné naissance à une des branches les plus belles de la zoologie générale.

On ne connaît pas aujourd'hui moins de 20,000 fossiles, dont 18,000 appartiennent aux seuls animaux mollusques et rayonnés.

Chaque terrain a ses fossiles particuliers. Le groupe des trilobites ne se trouve que dans les terrains les plus anciens; le groupe des grands reptiles sauriens apparaît et atteint sa plus grande puissance dans les terrains secondaires.

Le groupe des grands pachydermes, tels que les éléphants, les mastodontes, les paléotheriums, caractérise les terrains tertiaires.

Chaque étage, dans chaque terrain, a ses fossiles spéciaux : ainsi des espèces de trilobites parfaitement distinctes, se partagent dans les trois horizons du terrain silurien; ainsi chaque zone du terrain jurassique renferme des espèces d'huîtres complétement différentes.

La connaissance des fossiles a fait faire un pas immense à la zoologie philosophique. Il suffit d'énoncer, pour s'en convaincre, quelques grands résultats.

De Blainville a montré que la série des fossiles prend place et va combler les vides laissés entre les divers groupes des animaux vivants. L'unité de la création est par là proclamée.

Les grands progrès de la science des fossiles ont fait voir que les animaux se perfectionnent à mesure qu'ils se succèdent, que l'espèce est demeurée fixe, que le nombre des animaux était autrefois plus grand qu'il ne l'est aujourd'hui, et que dès lors il est impossible de supposer que tous descendent d'un petit nombre d'espèces transformées; enfin ils ont montré que vraisemblablement, les formes anciennes sont de gigantesques représentants des phases embryonaires de nos animaux actuels. C'est à M. Agassiz qu'on doit cette idée et ses développements les plus saisissants.

L'étude de la réaction de la matière centrale du globe contre l'écorce refroidie, a conduit les géologues de nos jours à des découvertes mémorables que nous devons rappeler pour achever cette esquisse des progrès de la science.

La découverte du métamorphisme due à M. de Buch, la formation des montagnes expliquée par M. Elie de Beaumont, l'âge des roches plutoniennes déterminé par les géologues de l'école anglaise, sont les trois idées nouvelles auxquelles se rattachent les progrès de la géologie contemporaine.

La terre d'abord incandescente s'est refroidie à sa surface : ce lent refroidissement a déterminé successivement plusieurs systèmes de rides perpendiculaires.

Ces systèmes de rides sont autant de systèmes de montagnes dont l'arête est toujours plutonniene, et les versants sont formés de couches sédentaires relevées.

M. de Beaumont a déterminé non-seulement le nombre, mais l'âge de ces systèmes de rides, et les révolutions auxquelles elles correspondent.

Chaque fois que la matière intérieure du globe vient à paraître à la surface, elle agit par sa température élevée sur les roches voisines : elle les transforme; c'est là le phénomène du métamorphisme qui nous explique la formation des marbres et des ardoises, l'origine des minéraux disséminés et des feuillets contrastants (1).

Nous nous bornons à énoncer les résultats les plus essentiels des études géologiques modernes; c'est aux sources que doivent puiser tous ceux qui désirent des connaissances complètes et des preuves décisives, et ces sources sont les ouvrages. même des grands hommes auxquels on doit les progrès récents de la géologie.

On peut dire que Buffon a préparé tous ces ouvrages et qu'il a établi la transition entre la géologie systématique et la géologie expérimentale.

HISTOIRE DE L'HOMME.

Après avoir publié sa Théorie de la terre, Buffon fit paraître, en 1749, l'histoire de l'homme.

Il y a, en quelque sorte, deux histoires de l'homme : celle de l'homme moral et celle de l'homme physique; et chacune de ces études peut être envisagée de deux manières, suivant qu'on étudie un homme en particulier ou les hommes en général.

Les philosophes et les moralistes de toutes les époques ont essayé de comprendre l'âme humaine, d'en deviner les secrets et d'en prévoir les destinées. Leurs efforts témoignent de la grandeur de l'homme, autant que leurs tentatives souvent infructueuses démontrent sa faiblesse; c'est toujours le mot de Pascal : *Roseau pensant*.

---

(1) Consultez les traités de géologie les plus récents, et spécialement Beudant, 1 vol.; — D'Omalius Halloy, 1 vol., 1853; — Lyell, *Géologie*, traduit par M. Hugard, 1857.

Voir pour les travaux spéciaux les plus importants : Elie de Beaumont, *Formation des montagnes*, 3 vol., 1855, et *Géologie pratique*, 1845; — Alex. de Humbold, *Essai géognostique sur le gisement des roches* et *Cosmos*, t. 1.

L'histoire que Buffon a écrite n'est point celle de l'âme, mais celle de la partie physique de notre être; et cette histoire, il faut bien le dire, nul ne l'avait même esquissée avant lui.

« Quelqu'intérêt, dit Buffon, que nous ayons à nous connaître nous-mêmes, je » ne sais si nous ne connaissons pas mieux tout ce qui n'est pas nous. » Il avait raison, et, il est pénible d'en faire l'aveu, il aurait encore raison s'il exprimait aujourd'hui la même pensée. En histoire naturelle, en effet, aucune branche n'est aussi peu avancée que l'anthropologie; et c'est seulement depuis quelques années qu'on commence à la comprendre. Nous ne connaissons guère d'autre anatomie que celle de l'Européen; l'anatomie des autres races humaines est presque entièrement à faire. Il y a plus, c'est à peine si, en Europe, nous possédons les documents suffisants pour écrire une histoire des changements physiques qui s'opèrent aux différentes époques de la vie.

Nous n'avons que des notions imparfaites sur la taille, les proportions, la physionomie, l'enfance, l'âge viril, la vieillesse et les conditions physiologiques des peuples qui sont répandus sur toute la surface de la terre. Nous manquons donc des éléments nécessaires pour une bonne histoire de notre espèce.

D'ici à peu d'années, cet état de choses changera; les relations commerciales établiront entre les peuples des rapports plus intimes; des explorateurs plus nombreux et plus savants parcourront les diverses contrées du globe dans le but plus spécial d'en étudier les habitants. Par la photographie, ils nous reproduiront fidèlement leurs traits; par la moulure, ils nous feront connaître avec exactitude les proportions de leurs corps; et, à l'aide du goniomètre, du scalpel et du microscope, ils nous révéleront des détails inconnus.

L'histoire de l'homme est si peu avancée de nos jours, qu'on est étonné de voir Buffon, écrivant, il y a plus d'un demi siècle, un admirable traité d'anthropologie, embrassant toutes les questions et indiquant d'avance la marche à suivre, les problèmes à résoudre, les solutions qu'on peut espérer.

Buffon traite successivement de l'homme isolé et des races humaines.

On n'a pas assez remarqué l'importance du chapitre consacré à la description rapide des diverses phases de la vie humaine. Ce n'est pas seulement de la vie impersonnelle ou végétative qu'il s'agit, mais surtout de la vie de relation, de celle qui, selon l'expression de Cuvier, est l'homme tout entier. « Dans l'enfance, dit » Buffon, nous apprenons à vivre de cette vie; les sens s'éveillent, la voix prend » ses flexions, la physionomie s'anime, le besoin de comprendre et de nommer » tout ce qui l'entoure rend l'enfant curieux et actif. Vient l'âge de la puberté:

» des sensations jusqu'alors inconnues naissent dans l'âme et la troublent; le corps
» se fortifie, la voix change, le visage prend une empreinte nouvelle. Dans l'un et
» l'autre sexe, il se fait dans les parties de la reproduction des modifications pro-
» fondes. L'homme devient apte à se reproduire, la puberté commence; c'est le
» printemps de la nature, la saison des plaisirs. »

Buffon ne dit pas précisément quand commence la puberté, et à quelle époque
l'âge viril lui succède; il n'en trace pas d'une main sûre les limites non plus que
celles qui séparent l'âge viril de la vieillesse et de la mort. Il se borne seulement
à indiquer que l'enfance et l'adolescense finissent vers la quinzième année; la
puberté vers la vingt-cinquième; l'âge viril vers la quarantième. Entre quarante
et soixante-dix ans, il place la première vieillesse; à soixante-dix ans arrive la
caducité qui va toujours en augmentant jusqu'à la seconde vieillesse et à la mort
qui terminerait, de quatre-vingt dix à cent ans, la carrière humaine.

Le tableau que Buffon nous trace de l'homme à son âge viril est vraiment admirable. « Tout marque, dit-il, dans l'homme, même à l'extérieur, sa supériorité
» sur les êtres vivants; il se tient droit et élevé, son attitude est celle du comman-
» dement; sa tête regarde le ciel et présente une face auguste, sur laquelle est
» imprimé le caractère de sa dignité.... Lorsque l'âme est tranquille, toutes les
» parties du visage sont dans un état de repos; leur proportion, leur union, leur
» ensemble marquent encore assez la douce harmonie des pensées et répondent
» au calme de l'intérieur; mais lorsque l'âme est agitée, la face humaine devient
» un tableau vivant où les passions sont rendues avec autant de délicatesse que
» d'énergie, où chaque mouvement de l'âme est exprimé par un trait, chaque
» action par un caractère.... »

Buffon fait suivre ces belles pensées d'une étude approfondie de la physiogno-
monie, et il établit tous les rapports des passions et de l'expression du visage;
par une transition naturelle, il passe de là à l'examen des formes extérieures, qui
expriment aussi à leur manière d'autres beautés de l'homme, beautés auxquelles
l'artiste doit demander sans cesse le secret de ses inspirations.

C'est un caractère toujours frappant dans les œuvres de Buffon, que l'ampleur
avec laquelle il envisage un sujet, en marquant la place des idées, lors même que
les connaissances trop restreintes de son époque ne lui en permettent pas les
développements. Nous en trouvons un exemple dans cette étude de l'homme
aux différents âges de sa vie. On eût pu se contenter d'une description correcte
du corps, de sa croissance et de son dépérissement. Buffon, en homme de
génie, embrasse son sujet dans toute son étendue. Ainsi s'il parle de l'en-

fant, il ne décrit pas seulement les phases de la dentition, les périodes de
la croissance ; mais il expose les habitudes des divers peuples par rapport
à l'enfance, l'influence que les coutumes peuvent exercer sur des êtres si
faibles : c'est à la fois un tableau d'histoire, de physiologie, d'hygiène et d'anatomie qu'il trace, en puisant aux diverses sources des connaissances humaines.

En traitant de la vieillesse et de la mort, Buffon déploie également toutes les
ressources de son génie ; et, pour éclairer de plus vives lumières le sujet qu'il
aborde, il le considère sous toutes ses faces. Il examine comment surviennent dans
les os, les muscles et les cartilages, les altérations qu'entraîne la vieillesse ; il énumère et apprécie les causes physiques et morales qui amènent la mort ; il s'arrête
à ce terme dernier de toutes les existences pour nous dire ce que la philosophie,
l'histoire, la médecine et la statistique nous apprennent sur ce douloureux sujet.

Ce qu'a fait Buffon sur la statistique des décès et sur la durée de la vie mérite
d'être rapporté. Dans son Traité de l'homme et dans son Arithmétique morale, il
a réuni tous les documents qu'on possédait alors ; et le premier, il a établi d'une
manière déjà satisfaisante les résultats qu'on peut en déduire.

Une étude sur les sens termine le chapitre que Buffon consacre à la description
individuelle de l'homme. C'est à la fin de ce chapitre qu'on lira les pages si élo-
quentes qui nous représentent le premier couple créé, seul, au milieu de la nature
naissante, éprouvant les premières et délicieuses jouissances que provoque l'éveil
des sensations.

Avant Buffon, aucun savant n'avait songé à préparer des matériaux qui puissent
servir à l'étude de l'histoire physique des peuples de la terre. Les anciens, comme
le fait très-bien remarquer M. Flourens (1), avaient accrédité des fables. Pline
parle de peuples sans tête, qui se nourrissent par l'odorat ; Aristote, de peuples
androgynes ; Rondelet et Aldrovande renchérissent encore sur ces fables, que rapporte si naïvement notre excellent Ambroise Paré.

Buffon le premier a posé la question sur un terrain tout scientifique. Il
a recueilli les récits les plus authentiques des voyageurs, les ouvrages et les
lettres des navigateurs et des missionnaires ; il a comparé attentivement et con-
trôlé l'un par l'autre tous les documents : c'est ainsi qu'il a établi les bases de son
travail. Ce travail a pour titre : *des Variétés de l'espèce humaine.* Ce qu'il s'agit,
en effet, de préciser dans cette histoire de l'homme, c'est la question de l'unité ou
de la pluralité des espèces, et en cas d'unité, la distinction des variétés, des races,

____

(1) *Histoire des travaux de Buffon* par M. Flourens, p. 156.

des types qui la constituent. Ces expressions : espèces, variétés, races, ont un sens bien précis qu'il est nécessaire de fixer préalablement, et que Buffon a souvent négligé. « Les Samoïèdes, les Lapons, les Groënlandais et les sauvages du Nord » au-dessus des Esquimaux, sont, dit-il, tous des hommes de la même espèce. »

Ce qui caractérise l'espèce, comme l'a très-bien démontré M. Flourens, c'est la fécondité continue ; ce qui caractérise les espèces d'un même genre, c'est la fécondité bornée. Ainsi tous les chiens se reproduisent sans stérilité ; ils sont de même espèce. L'âne et le cheval donnent un produit stérile dès la première génération ; et le chien et le loup le donnent dès la seconde et la troisième : ce sont des espèces différentes appartenant à un même genre.

La variété n'est qu'une modification particulière, accidentelle de l'espèce, due soit à la nature, soit à l'industrie. Tous les jours, en zootechnie et en horticulture, on essaye de produire de nouvelles variétés, et dès qu'elles sont produites, on cherche à les propager. La variété ainsi perpétuée porte le nom de race. On concevra facilement qu'il puisse exister des variétés dans une race, comme il existe des variétés dans une espèce, et que ces variétés perpétuées puissent devenir des sous-races.

Ce qui est difficile et même impossible encore aujourd'hui, c'est de faire à l'humanité une application exacte de ces idées. Buffon l'avait déjà compris, aussi il se montre sobre des généralisations et défiant lorsqu'il s'agit de prononcer sur le nombre et le groupement des races. De son travail analytique ressortent néanmoins les principes suivants :

Toutes les races humaines ne font qu'une espèce, puisqu'elles peuvent s'unir et propager la grande famille humaine. « Tout concourt à prouver, dit Buffon, qu'il » n'y a eu originairement qu'une seule espèce d'hommes, qui, s'étant multipliée et » répandue sur toute la surface de la terre, a subi différents changements par l'in- » fluence du climat, la différence de la nourriture et par celle de la manière de vivre. »

C'est en effet par ces trois causes que Buffon explique toutes les variétés de notre espèce. La chaleur du climat est la principale cause de la couleur noire. Lorsqu'elle est excessive, la couleur est entièrement noire. A mesure que la température s'abaisse, la coloration s'affaiblit avec elle. Mais s'il en est ainsi, tous les peuples de l'équateur devront être colorés en noir, et il y aura des noirs dans l'Amérique du Sud, comme en Guinée et au Congo : cependant cela n'a pas lieu. Voilà ce que sait très-bien Buffon ; et pour échapper à la difficulté, il examine les races américaines et conclut ainsi : « Tous les Américains sont d'une même souche, » et ils ont conservé jusqu'à présent les caractères de leur race sans grande va-

» riation, puisqu'ils sont tous demeurés sauvages, qu'ils ont tous vécu à peu près
» de la même façon, que leur climat n'est pas à beaucoup près aussi inégal pour
» le froid et pour le chaud que celui de l'ancien continent, et qu'étant nouvelle-
» ment établis dans leur pays, les causes qui produisent des variétés n'ont pu agir
» assez longtemps pour opérer des effets bien sensibles. »

Ainsi les Américains sont des peuples nouveaux, vivant dans un pays où la température est bien plus égale que dans l'ancien continent. Voilà les raisons qui
expliquent pourquoi ils ne sont pas colorés en noir sous l'équateur. Mais s'ils sont
des peuples nouveaux, d'où viennent-ils? quelle a été leur patrie primitive? C'est
ce que Buffon ne dit pas et ce qu'on ne comprend guère, lorsqu'on lit la phrase
suivante : « L'homme blanc en Europe, noir en Afrique, jaune en Asie, rouge en
» Amérique, n'est que le même homme teint partout de la couleur du climat. »

Il faut reconnaître à Buffon dans ses vues sur les variétés de l'espèce humaine
un double mérite. Il a déterminé les grands types de l'humanité et indiqué souvent
avec précision, non-seulement les nuances de chacun de ces types, mais les types
de transition.

A l'égard des grands types de l'humanité, il en distingue quatre qu'il détermine
surtout d'après la couleur : le type blanc ou caucasien, le jaune ou mongolique, le
noir ou éthiopien, et le rouge ou américain. La forme générale de la tête, la nature
des cheveux, les proportions du corps, les habitudes privées ou sociales, enfin l'*ha-
bitus* concourent, avec la couleur de la peau, à établir la distinction qui précède.

Chaque type est loin d'être homogène; les races qui le constituent sont variées;
non-seulement des nuances insensibles de dégradation ou de perfectionnement les
unissent, mais elles servent encore à établir comme des traits d'union d'un type
à chacun des autres.

Suivons Buffon dans la description du type éthiopien : il croit devoir y distinguer deux races : celle des nègres habitant la Guinée et le Congo, et celle des
Cafres habitant le sud de l'Afrique. Cette dernière race se distingue de l'autre
par des traits plus réguliers, des cheveux moins crépus, un nez moins aplati et des
habitudes moins grossières. Si on examine en particulier les différents peuples
qui composent chacune de ces races, on y voit autant de variétés que dans les races
blanches. Les Hottentots sont des noirs qui se rapprochent du blanc, comme les
Maures, dans la race blanche, se rapprochent du noir. Les Foulas sont intermédiaires entre les Maures et les nègres, et les Abyssins entre les noirs et les Arabes.

Ce que Buffon observe pour l'Afrique, il l'observe également pour les autres
parties du monde, indiquant partout le mélange des races, et revenant à cette

assertion qui résume ses idées : « le blanc paraît être la couleur primitive de la
» nature, que le climat, la nourriture, et les mœurs altèrent et changent, même
» jusqu'au jaune, au brun, au noir, et qui reparaît dans de certaines circon-
» stances, mais avec une si grande altération qu'il ne ressemble point au blanc
» primitif, qui en effet a été dénaturé par les causes que nous venons d'indiquer. »

Parmi les caractères ethnographiques que Buffon a le mieux saisis nous en rapporterons deux : la singulière ressemblance de tous les peuples qui habitent les
régions du pôle boréal et qui forment vraiment une race à part ; et les particularités qui distinguent la race malaie, race établie plus tard par Blumenbach comme
un type essentiel (1).

Buffon a signalé aussi, d'après le Suédois Kœping, l'existence d'hommes à queue
qui, après bien des débats contradictoires, paraît maintenant certaine, s'il faut en
croire les récents témoignages des voyageurs, comme Ducouret et Francis de Cas-
telnau, et de plusieurs médecins français résidant à Constantinople (2).

On ne peut bien apprécier tout le mérite de l'anthropologie de Buffon que par
une connaissance exacte des progrès qu'a faits cette science depuis la mort de
notre grand naturaliste.

Nous allons présenter une esquisse rapide de ces progrès, en nous bornant à
rappeler les plus remarquables.

Après Buffon, Pierre Camper est le premier qui ait insisté sur les différences
physiques des races humaines ; c'est à lui qu'on doit l'idée de mesurer les différentes formes de la tête, à l'aide d'un angle qu'il appelle angle facial. Cet angle est
compris entre deux lignes dont l'une est menée depuis l'angle antérieur de la
mâchoire supérieure jusqu'à la partie la plus saillante du front, tandis que l'autre
horizontale, se dirige à travers l'ouverture du conduit auditif jusqu'au sommet
des racines des incisives moyennes.

En étudiant l'angle facial des divers crânes, Camper constate des différences considérables. Un crâne européen a un angle de 80 degrés ; une tête de Kalmouk en
présente un de 70 degrés, et une tête de nègre a le même angle qui ne diffère que
de 20 degrés de celui qu'on mesure chez certains singes (3).

Vient ensuite Blumenbach auquel on doit une étude plus complète des crânes
humains. Il démontre qu'en considérant l'ensemble du crâne, l'espèce humaine

(1) Blumenbach, *de generis humani Varietate nativa*, 1795.
(2) Lebret, *Archives générales de médecine*, février 1835.
(3) Camper, *Dissertation sur les variétés naturelles qui caractérisent la physionomie des hommes*, etc., traduction du hollandais par Jansen, Paris, 1791.

se divise en cinq races : l'européenne ou blanche, l'asiatique ou jaune, l'africaine ou noire, l'américaine ou rouge, et la malaie.

Ce qui caractérise la tête de la race blanche, c'est un grand développement du crâne. Les signes auxquels on reconnaît la race mongolique, sont un crâne aplati et des arcades zygomatiques saillantes ; et ce qui distingue le nègre c'est un front fuyant et dés mâchoires portées en avant. Blumenbach proclame l'unité de l'espèce humaine et fait concourir à sa démonstration la géographie, la philologie et l'histoire (1).

Cuvier s'est prononcé, comme Blumenbach, pour l'unité de l'espèce humaine, mais il n'a admis que trois races : l'européenne ou blanche, l'asiatique ou jaune et l'éthiopienne ou noire (2). Il a distingué, un des premiers dans la race caucasique, le rameau araméen, et le rameau indien ; mais on ne sait pas assez que, de concert avec Geoffroy Saint-Hilaire, il a donné pour la mesure de l'angle facial un procédé bien supérieur à celui de Camper (3).

Après Cuvier, les anthropologistes se sont partagés. Les uns se sont attachés plus spécialement à classer les races, les autres à étudier la valeur des caractères qui permettent de les distinguer.

Lacépède, Bory Saint-Vincent, Virey et Desmoulin se prononcent formellement contre l'unité de l'espèce humaine. Bory Saint-Vincent reconnaît quinze espèces d'hommes (4), Desmoulin seize (5), tandis que Virey n'en décrit que deux (6). D'autres savants reviennent à l'opinion d'une espèce unique, opinion la plus sérieuse de toutes, il faut bien en convenir. Telle est celle de Prichard. Il prend son point de départ dans l'histoire et débute par l'étude de trois races: la race syro-arabe ou des semites, la race égyptienne et la race ariane. Il passe ensuite aux peuples qui rayonnent en divers sens des régions habitées par ces familles (7).

Les illustres frères de Humbold, qui ont tant contribué aux progrès de l'anthropologie, professent hautement l'unité de l'espèce. « En maintenant l'unité humaine, » dit Alexandre de Humbold, nous rejetons, par une conséquence nécessaire, la » distinction désolante des races supérieures et des races inférieures. » « C'est, dit » Guillaume de Humbold, l'idée de l'humanité qui tend à faire envisager l'huma-

(1) De generis humani Varietate nativa, 1795, et Decades craniorum, 1790.
(2) Règne animal, t. I, p. 80.
(3) Magasin encyclopédique, t. III, p. 450
(4) Essai zoologique sur le genre humain, Paris, 1836.
(5) Histoire naturelle des races humaines, Paris, 1826.
(6) Histoire naturelle du genre humain, Paris, 1825.
(7) Rescaches to the physical history of mankind, London, 1837 à 1844, 4 vol., traduction Roulin.
Paris, 1843.

» nité dans son ensemble, sans distinction de religion, de nation, de couleur,
» comme une grande famille de frères, comme un corps unique marchant dans
» un seul et même but, le libre développement des forces morales (1). »

Parmi les travaux récents d'ethnographie générale, nous avons encore à citer,
en France, les ouvrages de MM. Hollard (2) et Maury (3); et en Allemagne, ceux
d'Heusinger (4) et de Rodolphe Wagner (5). Tous ces savants admettent l'unité
de l'espèce humaine; tous s'accordent à reconnaître qu'il y a trois races fondamen-
tales : la blanche, la noire, la jaune, et, qu'autour d'elles, viennent se grouper
des races secondaires qui se rattachent aux précédentes par des caractères qui sont
parfois faciles à saisir.

D'après Wagner, il y a deux races secondaires : l'américaine qui se rattache à
la mongolienne, et l'australienne qui se lie à la race noire.

Avec Maury et d'autres ethnographes, nous adoptons comme plus exact le partage de l'espèce humaine en races primordiales et en races mixtes.

Il y a trois races primordiales : l'une en Europe, la blanche; l'autre en Asie,
la jaune; et l'autre en Afrique, l'éthiopienne.

On peut admettre quatre races mixtes : 1° la race boréale dont le berceau est
au pôle arctique, et qui est l'intermédiaire entre la race blanche et la race jaune;
2° la race malaïo-polynésienne, qui s'étend depuis Madagascar jusqu'en Polynésie,
et participe à la fois du type nègre mongol et blanc; 3° la race américaine ou rouge
qui tient des trois races primitives, avec cette particularité que l'élément noir est
très-faiblement prononcé; 4° enfin la race hottentote, intermédiaire entre le nègre
et le Mongol.

Divers travaux d'ethnographie spéciale ont éclairé l'histoire de chacune des races
que nous venons d'indiquer. C'est ainsi que M. Logan a donné une meilleure description de la population Indo-Pacifique (6), et M. Warelius, de l'ethnographie de la Finlande (7). M. d'Orbigny a fait une étude plus exacte de la race
américaine dont il a indiqué les rameaux les plus tranchés (8). Ces notions spé-

(1) Cosmos, t. I, p. 427.
(2) De l'Homme et des races humaines, Paris, 1853.
(3) Maury, *la Terre et l'Homme*, Paris, 1857.
(4) Gaindrilz, *Des phys. und psch. Anthropologie*, 1820.
(5) *Naturgeschichte des menschen*, Kempten, 1831. On peut encore consulter : d'Omallus d'Halloy,
des Races humaines, 1843; A de Gobineau, *Essai sur l'inégalité des races humaines*, 1855.
(6) Logan, *Journal of the indian Archipelago*, janvier 1853.
(7) Warelius dans; *Beitræge zur Kenntniss des Russichen, Reichs*, etc. XIII, v. 1843.
(8) Alcide d'Orbigny, *l'Homme américain considéré dans ses rapports physiologiques et
moraux*.

ciales ont certainement une grande valeur, et elles contribueront pour une large part aux progrès de l'anthropologie.

Nous avons dit que Camper et Blumenbach avaient indiqué avec quelque précision les caractères de la face et du crâne dans les différentes races humaines. Cette étude a été continuée et agrandie. Owen, d'abord, et Morton, après lui, ont démontré tous les inconvénients de l'angle facial de Camper. Morton a essayé de mesurer cet angle, non plus à l'aide de deux lignes, mais à l'aide de deux plans, et il a construit à cet effet un goniomètre assez compliqué (1).

M. Jacquard vient de modifier et de perfectionner cet instrument qui se réduit, en définitive, à mesurer l'angle compris entre deux plans; l'un horizontal, passant par les conduits auditifs et le rebord alvéolaire de la mâchoire supérieure, et l'autre vertical articulé sur le premier et venant prendre son point d'appui sur le front (2).

Ce que Blumenbach avait fait pour le crâne des diverses races humaines, Tiedmann l'a tenté pour le cerveau, Vrolik et M. Serres l'ont fait pour le bassin (3). M. Flourens est le premier qui l'ait tenté pour la peau (4). Cet éminent physiologiste a montré que la différence de coloration tient à ce que la couche pigmentale située entre le derme et le premier épiderme est noire chez l'Ethiopien, jaune chez le Mongol, et à peine colorée chez l'Européen. Ainsi, dans toutes les races, la structure de la peau est la même; il n'y a de différence que dans la couleur du pigment.

Les travaux ultérieurs des histologistes ont confirmé cette proposition fondamentale (5).

Après cette courte esquisse des travaux anthropologiques les plus modernes et les plus complets, nous revenons aux deux remarques que nous faisions en commençant : la science de l'homme est encore dans l'enfance, et si elle a fait quelques progrès depuis un demi-siècle, c'est à Buffon qu'on le doit; il les a préparés en jetant les premiers fondements de l'anthropologie.

(1) Morton, *Crania Americana*, p. 250.
(2) Mémoire sur la mensuration de l'angle facial, dans les mémoires de la Société de Biologie, 1857.
(3) Vrolik, *Considérations sur la diversité des bassins des différentes races humaines*, Amsterdam, 1826.
(4) Flourens, *Anatomie générale de la peau*, 1843.
(5) Consultez surtout Kolliker, *Traité d'histologie*, page 128 (traduction française, Paris, 1856).

HISTOIRE DES ANIMAUX.

L'histoire des animaux forme la partie la plus considérable et la plus essentielle des œuvres de Buffon.

La description des animaux, telle que Buffon l'a comprise, s'applique beaucoup moins à leur organisation qu'à leurs mœurs et à leur vie extérieure; c'est une histoire des habitudes et des instincts, une peinture toujours attachante des affections et des besoins, et une exposition fidèle de l'habitation et des caractères extérieurs. Il considère l'animal tout organisé et en action, sans s'attacher à cette branche de la science qu'on peut appeler l'histoire de l'organisation.

L'anatomie comparée n'occupe, en effet, qu'une place très-secondaire dans l'histoire des animaux, et à peine y est-il question de physiologie. Ce n'est pas que Buffon ait méconnu l'intérêt de ces sciences; il savait bien qu'elles étaient indispensables à la connaissance intime de chaque espèce, à la classification naturelle des animaux et à l'intelligence des grandes lois de la nature. Mais c'eût été un projet trop vaste, un plan auquel plusieurs existences n'auraient pas suffi, que de traiter tout à la fois de l'organisation et des mœurs, de la vie du dehors et de la vie intime.

Buffon dut renoncer à une œuvre aussi gigantesque, tout en se réservant de faire usage, lorsque le sujet l'exigerait, des notions d'anatomie et de physiologie. On sait qu'il chargea ses illustres compatriotes Guénaud de Montbéliard et Daubenton, d'entreprendre une suite de recherches anatomiques qui devaient être jointes à la description des espèces. Ainsi, en même temps qu'il élevait un monument à l'histoire naturelle descriptive, il préparait, par son inspiration, les progrès que l'anatomie comparée a réalisés avec Cuvier.

Tout en se bornant à l'exposition des mœurs des animaux, Buffon se proposait néanmoins un autre but. A côté des détails, il y a des lois générales, et la nature, comme l'art, se plaît à exprimer ses tendances par la profusion et la richesse. Sous ces formes infinies réside la vérité; et comme la nature est une œuvre, c'est dans la connaissance intime de chaque partie de cette œuvre qu'il faut chercher le dessein de l'ouvrier divin. Voilà pourquoi une histoire circonstanciée de chaque espèce conduit inévitablement à une histoire naturelle générale. Cette histoire naturelle, Buffon l'a écrite, en la marquant du sceau de son génie. Ce n'est pas dans un travail à part qu'il a consigné ces vues sur ce grand sujet, mais on les retrouve à chaque page de l'ouvrage, aussi bien dans le discours sur la nature des animaux qu'à l'occasion de la description de chaque espèce.

Tout, dans la nature, offre matière à de grandes réflexions, et la puissance intellectuelle est de savoir aller au-devant des besoins de l'esprit, en enchaînant les faits à leurs causes les plus probables, en les faisant servir à l'intelligence des principes et des lois.

Descendre par une méthode rigoureuse aux détails les plus minutieux et les plus exacts, les étudier avec une patience qui ne se lasse pas, remonter des faits à des lois qui en sont la légitime expression, présenter ces lois à notre esprit et lui fournir ainsi une source de méditations qui le portent au vrai et au bien ; telle est la marche que doivent suivre tous les observateurs de la nature; c'est cette marche que Buffon a suivie et qui a immortalisé son ouvrage.

L'histoire naturelle des mammifères et des oiseaux est composée de deux parties : l'une descriptive et l'autre générale. Cette dernière partie deviendra seule le sujet de nos études. Elle nous permettra d'exposer les idées de Buffon sur les principaux problèmes de zoologie générale, et d'indiquer ce qu'on doit penser, dans l'état présent de la science, de ses vues sur l'intelligence des animaux, sur les lois de leur organisation et de leur distribution à la surface du globe.

§ 1. De l'intelligence et de l'instinct des animaux.

La question de savoir si les animaux ont une âme, et en quoi elle diffère de la nôtre, est celle qui a excité le plus d'intérêt et qui a le plus divisé les philosophes. On a émis sur ce sujet difficile beaucoup d'opinions; mais les observations ont manqué, et l'obscurité ne s'est point dissipée. Avant d'exposer les idées de Buffon, nous nous étendrons un instant sur les causes pour lesquelles ces problèmes et d'autres de même nature sont restés presque toujours insolubles.

Le problème de l'âme des animaux renferme deux éléments : des faits et des appréciations. Les questions de fait ne doivent et ne peuvent être résolues que par des observations ; elles sont du domaine des naturalistes. Les questions d'appréciation supposent un esprit profondément versé dans la connaissance de l'âme humaine; elles sont du ressort des philosophes. Un esprit, tout ensemble naturaliste et philosophe, se trouverait dans les conditions les meilleures pour aborder convenablement de pareils sujets; mais ces conditions ne se trouvent jamais réunies. Les psychologues ne connaissent pas la nature des animaux , et il ne s'en est guère trouvé qui aient fait sur ce point quelques études profitables. Les naturalistes ignorent plus encore les lois qui régissent notre âme. Ainsi ils ne peuvent établir de comparaison solide entre elle et celle des animaux. Dans l'état actuel des choses, il faut que chacun conserve son rôle, que le naturaliste recueille des faits bien constatés, que le philosophe apporte un soin extrême dans leur analyse.

Malheureusement il n'est pas possible de se livrer jusqu'à présent à cette analyse approfondie, puisque les faits nous font défaut. Depuis le livre de Plutarque sur l'industrie des animaux, jusqu'à ceux de Réaumur et de Frédéric Cuvier, et jusqu'aux observations récentes d'Audubon dans l'Amérique du Nord, il n'a encore rien paru de complet (1). Il reste donc beaucoup à faire, et une source inépuisable d'études est ouverte à tous les hommes qui ont su conserver, au milieu de notre civilisation moderne, le goût des paisibles études de la nature.

Ce serait faire une grossière injure à l'humanité et méconnaître le rang auguste qu'elle occupe dans la création, que d'assimiler entièrement notre âme à celle des brutes. Les philosophes les plus sensualistes en ont repoussé la pensée, et quand les naturalistes ont rangé l'homme parmi les animaux, ils n'ont considéré que son organisation physique; encore la plupart sont-ils revenus aujourd'hui sur cet abus de la classification, en admettant un règne humain avant tous les autres règnes de la nature.

En rejetant bien loin toute assimilation absolue entre l'homme et la brute, nous nous trouvons en face des deux doctrines principales qui ont partagé les esprits sur la nature de l'âme des bêtes.

Les animaux sont des machines, disent les cartésiens; ils ne pensent ni ne raisonnent, ils ne sont susceptibles ni de passion, ni de volonté; ils ne sont capables d'aucun discours; ils agissent fatalement d'après la disposition de leurs organes, comme une horloge qui, d'après l'ajustement de ses rouages, marque les heures et les minutes. Tout est disposé d'avance par la main du Créateur, et la bête-machine se meut et agit perpétuellement suivant le mode qui lui est assigné. Cette doctrine est celle de Descartes, et voici comment il la soutient (2). « S'il » y a des bêtes qui, à un corps semblable au nôtre, joignent une certaine ressemblance dans leurs actes, il y a toujours deux moyens de reconnaître si

(1) Consultez pour les divers ouvrages publiés sur ce sujet, le petit livre de M. Flourens sur *l'instinct et l'intelligence des animaux* (2ᵉ édition, 1845). On y trouve une analyse très-claire des opinions d'Aristote, Plutarque, Montaigne, Leibnitz, Georges Leroy, Reimarus, Condillac, Bonnet, Fr. Cuvier. Consultez également Lessons, *Mœurs et instincts des animaux mammifères*, 1842; et Toussenel, le *Monde des oiseaux*, 1856.

(2) Descartes, *Discours sur la méthode.*

» leur âme est semblable à la nôtre. Le premier moyen est qu'elles ne peuvent
» user des paroles en les composant pour manifester léurs pensées, comme nous
» manifestons la nôtre; le second, c'est que si elles font plusieurs choses aussi
» bien que nous, il en est quelques-unes dans lesquelles elles manqueront in-
» failliblement, et nous fourniront ainsi l'occasion de découvrir qu'elles n'agis-
» sent pas par connaissance, mais par la disposition de leurs organes. »

Voilà l'automatisme de Descartes, doctrine contraire aux observations et contre laquelle s'élevèrent une foule de grands esprits du xviie siècle, et à leur tête l'immortel Leibnitz (1) et le bon La Fontaine. Nous laisserons volontiers l'argumentation du grand philosophe, qui, toute profonde qu'elle est, ne pose pas plus nettement la question que l'épître à madame de la Sablière. La Fontaine sait aussi prendre quelquefois les allures d'un philosophe, qu'il voile des grâces et du naturel de la poésie; on en jugera par la fable des deux Rats, du Renard et de l'OEuf.

Descartes regarde les animaux comme de pures machines. La Fontaine, avec son admirable bon sens, repousse toute parenté entre leur âme et la nôtre, en tant qu'il s'agit de raison, de liberté, de vertu; mais il croit les bêtes susceptibles de certaines pensées et de jugement, et conséquemment élevées fort au-dessus de ces machines qui n'obéissent qu'à une seule impulsion. Il compare judicieusement l'esprit des animaux à celui des enfants.

> « Ceux-ci pensent-ils pas dès leurs plus jeunes ans ?
> » Quelqu'un peut donc penser ne se pouvant connaître;
> » Par un exemple tout égal,
> » J'attribuerais à l'animal,
> » Non point une raison selon notre manière,
> » Mais beaucoup plus aussi qu'un aveugle ressort :
> » Je subtiliserais un morceau de matière,
> » Que l'on ne pourrait plus concevoir sans effort,
> » Quintessence d'atome, extrait de la lumière,
> » Je ne sais quoi plus vif et plus mobile encor
> » Que le feu ; car enfin, si le bois fait la flamme,
> » La flamme, en s'épurant, peut-elle pas de l'âme,
> » Nous donner quelqu'idée? et sort-il pas de l'or
> » Des entrailles du plomb? Je rendrais mon ouvrage
> » Capable de sentir, juger, rien davantage,
> » Et juger imparfaitement;
> » Sans qu'un singe jamais fît le moindre argument.
> » A l'égard de nous autres hommes,
> » Je ferais notre lot infiniment plus fort ;
> » Nous aurions un double trésor :
> » L'un, cette âme pareille en tous tant que nous sommes,
> » Sages, fous, enfants, idiots,

(1) Nouveaux Essais sur l'entendement humain, liv. IV. chap. 16 ; liv. II, chap. 2.

» Hôtes de l'univers sous le nom d'animaux.
 » L'autre, encore une autre âme, entre nous et les anges,
   » Commune en un certain degré ;
   » Et ce trésor à part créé,
 » Suivrait parmi les airs les célestes phalanges,
 » Entrerait dans un point sans en être pressé,
 » Ne finirait jamais quoiqu'ayant commencé. »

Qu'on dise que La Fontaine n'est pas un philosophe, moins raisonneur, mais plus vrai que tous les cartésiens! Sa distinction entre les trois classes d'esprits est fort exactement tracée. Il y a l'esprit de l'animal, faible et tremblante lumière, pouvant associer quelques idées et établir quelques jugements, comme un enfant dès ses premières années. Il y a l'esprit de l'homme, fait à l'image du Créateur, tenant de cette source éternelle l'amour de la bonté, de la beauté et de la vertu, la raison, la liberté et la conscience. Enfin il y a l'esprit de l'ange, supérieur à tous, commun, sous quelques rapports, à l'homme et à l'ange, comme l'esprit de l'animal est commun à l'animal et à l'enfant. Nous adoptons une distinction aussi claire, aussi bien fondée en observations et si naturelle à l'esprit, et nous accordons que l'animal est plus qu'une machine, et qu'il y a un rapport marqué entre ses facultés et celles d'un enfant. Mais ce point mérite d'être repris en détail, car la fable de La Fontaine n'éclaire cette question que d'une manière imparfaite.

Une observation attentive de nous-mêmes nous fait reconnaître qu'il y a trois parties dans notre âme, des instincts qui se rapportent à la conservation de l'être physique ; la raison qui nous élève à la destinée de notre âme, et l'entendement à l'aide duquel nous nous dirigeons, nous lions des idées, nous formons des jugements, et nous exécutons des actes qui se rapportent tantôt à l'instinct, tantôt à la raison. Il y a en nous l'âme telle qu'elle nous est donnée, et qui consiste dans les facultés de connaître, de sentir, de vouloir, dans la raison et l'instinct, il y a l'âme telle que nous la faisons, et qui résulte de l'emploi de nos facultés dirigeant notre liberté, soit vers les instincts seuls et la créature, soit vers les lumières de la raison ou le Créateur.

L'animal ne possède point la raison, mais il est doué d'instinct et même d'intelligence. Essayons de rendre claire la distinction entre l'instinct et l'intelligence.

Tous les actes qui dépendent de l'instinct s'accomplissent fatalement ; l'animal les exécute dès sa naissance sans les avoir appris. Il en est autrement des actes qui supposent l'intelligence. L'éducation n'a aucune influence sur les premiers, mais elle modifie, elle perfectionne les seconds. Un animal qui n'aurait que de l'instinct ne serait susceptible ni de sociabilité ni de perfectionnement. Pour peu, au con-

e

traire, qu'il soit intelligent, il peut apprendre et entrer avec l'homme dans des rapports plus intimes.

Tels sont les caractères de l'instinct et de l'intelligence : ils nous permettront de mieux comprendre l'âme des animaux. Les instincts y dominent ; la plupart des animaux n'agissent même que par instinct. C'est ainsi que l'araignée tisse sa toile ingénieuse, l'abeille construit sa ruche, le termite sa demeure, le castor ses digues et ses cabanes à deux étages. Ces actes ne sont pas l'œuvre de l'intelligence, mais de l'instinct. Ainsi une jeune araignée élevée isolément tisse sa toile avec le même art que les êtres de son espèce livrés à leur propre nature ; le castor apporte aussi en naissant le talent d'architecte. Voici un exemple qui témoigne visiblement du caractère fatal de l'instinct. Un jeune castor naquit à la Ménagerie ; à l'instant même il fut séparé de sa mère et enfermé dans une cage avec du bois et de la terre. Il commença bientôt à travailler en jetant les bases d'une digue et d'une cabane. Ce fait est rapporté par Fréd. Cuvier. Le castor construit donc machinalement, comme l'enfant prend le sein de sa mère. Rien ne ressemble aux instincts des animaux comme les instincts des enfants.

La fatalité est le caractère de l'instinct qui consiste en une série d'opérations plus ou moins complexes, plus ou moins merveilleuses, dont tout animal apporte avec lui la puissance. Un autre caractère de l'instinct, c'est de se rapporter à la conservation de l'être et à sa perpétuité.

Pour vivre, tout animal doit être pourvu de moyens d'attaque et de défense. Il faut qu'il puisse saisir sa proie, qu'il aille chercher les fruits, les grains nécessaires à sa subsistance. Tantôt il emploie la violence, tantôt il recourt à la ruse. La nature, si prévoyante, a tout disposé. Aux carnassiers elle a donné l'odorat qui les met sur la trace de leur proie. Les oiseaux émigrent, lorsque la saison est venue, vers des climats plus chauds où ils trouvent une abondante nourriture. Certains animaux amassent pendant l'été les provisions qu'ils consommeront l'hiver ; d'autres, les hybernaux, par exemple, savent se procurer à temps, les aliments auxquels ils devront la vie pendant leur long sommeil. Nous ne parlons que des instincts qui se rapportent à la nourriture. Que serait-ce donc si nous énumérions ceux qui se rapportent à la défense, ceux surtout qui ont pour but la conservation de l'espèce.

De quelle admiration n'est-on pas frappé à la vue de tant de merveilles ! lorsqu'on étudie les amours des uns, les précautions que prennent les autres pour la construction de leur nid, l'affection qu'ils portent à leurs petits et les soins dont ils les entourent. Les insectes les plus minimes, les vers qui nous paraissent le produit le plus méprisable de la création ne témoignent pas moins de tendresse à leur progéniture et ne mettent pas moins d'ardeur à les défendre, que l'animal le plus parfait et quelquefois l'homme lui-même.

Ce serait un livre riche de détails et bien profitable pour le cœur, que celui qui nous retracerait l'histoire fidèle de ces aveugles instincts que Dieu a placés dans tout ce qui sent et se meut autour de nous.

La question vraiment délicate est de savoir si les animaux ont de l'intelligence. Descartes la leur refuse entièrement; mais Buffon consent à leur accorder certaines facultés sans faire encore assez grande la part qui leur revient. C'est ici le lieu d'exposer les idées de Buffon sur cette question, et d'apprécier sa doctrine.

Cette doctrine est un automatisme que Cuvier a caractérisé avec sens, lorsqu'il a dit : « Buffon a eu tort de vouloir substituer à l'instinct des animaux une sorte » de mécanisme plus inintelligible peut-être que celui de Descartes (1). »

Dans ce que nous appelons intelligence, entendement, il y a des facultés telles que la mémoire, l'imagination, le raisonnement; il y a des idées qui viennent des sens, de nous-mêmes ou de la raison ; il y a cet ensemble puissant de la pensée et son expression par la parole ou le signe ; enfin, il y a la passion.

Pour s'assurer si les animaux ont été doués de toutes les facultés, la marche à suivre, la plus sûre et la plus simple, est d'analyser leurs actes. Ce n'est pas ainsi que Buffon procède : il raisonne plus qu'il n'observe. Il admet, dans l'animal, deux sens : le sens extérieur qui nous transmet les impressions sans les conserver; et le sens intérieur qui réside dans le cerveau et qui possède la propriété de recevoir les impressions et de conserver les ébranlements communiqués. Cette propriété seule, dit Buffon, est suffisante pour expliquer toutes les actions des animaux.

La continuité des ébranlements explique la mémoire, en tant, ajoute-t-il, qu'elle n'est que le renouvellement de nos sensations. Les animaux ont le sentiment, en tant qu'il est relatif à leur appétit et à la qualité des impressions physiques, ils ont une certaine conscience du présent, ils éprouvent des sensations, mais ils n'ont point d'idées, ils ne pensent pas, c'est-à-dire qu'ils ne raisonnent pas et ne combinent pas les idées entre elles.

Voici comment Buffon se tire de la difficulté. Un chien, pressé par la faim, n'ose pas toucher à certains aliments, mais il fait beaucoup de mouvements pour les obtenir de la main de son maître. Dira-t-on qu'il combine des idées ? Nullement. S'il ne se jette pas sur ces aliments, c'est que son sens intérieur a conservé les im-

____

(1) *Biographie universelle*, art. Buffon.

pressions de douleur que sa voracité lui avait précédemment fait éprouver, de telle sorte que les ébranlements de douleur se renouvellent en même temps que ceux de l'appétit. L'animal étant sollicité par deux forces contraires demeure donc en équilibre.

En admettant comme vraie cette explication de Buffon, comment pourrait-on l'appliquer au fait suivant, qui est très-positif et qui nous paraît ne laisser aucun doute sur certains raisonnements de la part des animaux.

On avait, il y a quelques années, résolu, dans l'intérêt de la science, le sacrifice d'un ours du Jardin des Plantes. On jeta dans sa fosse une boulette dans laquelle on avait versé plusieurs gouttes d'acide cyanhydrique. L'ours la flaira, mais il n'y toucha point. Une seconde boulette, moins vénéneuse que la première, fut préparée, il la sentit à plusieurs reprises, il la poussa sous un filet d'eau, la lava jusqu'à ce que l'odeur du poison ait disparu, ensuite il l'avala entièrement. C'est à ce raisonnement que ce vieil habitant de la ménagerie dut sa conservation.

> « Qu'on aille soutenir après un tel récit
> » Que les bêtes n'ont point d'esprit (1). »

Est-il supposable que l'ours n'ait pas conçu et enchaîné les idées qui ont dirigé son action ? Et comment concevrait-on ce fait d'après le système des ébranlements du sens intime ?

On pourrait citer beaucoup d'autres exemples ; Buffon en rapporte lui-même dans son article sur les éléphants. Ces exemples démontrent jusqu'à l'évidence, qu'on ne saurait refuser aux animaux, comme Buffon et Descartes le nient, une certaine faculté de lier entre elles des idées empreintes de quelques traces d'intelligence, c'est-à-dire de pensée et de réflexion.

La pensée et la réflexion, voilà ce que Buffon refuse complétement aux animaux. Mais il se montre infiniment plus juste, plus vrai que Descartes ; il leur accorde le sentiment, en tant qu'il est relatif à l'appétit, et il reconnaît qu'ils ont les sens du goût et de l'odorat plus parfaits que les nôtres. Il leur accorde aussi la conscience du présent. « Privés, dit-il, d'idées et pourvus de sensations, ils ne savent point » qu'ils existent, mais ils le sentent. » Il va même jusqu'à leur accorder des passions.

Quant au langage des animaux, Buffon n'y voit qu'une simple faculté d'imitation qui ne suppose que la mémoire. Il y a dans la parole humaine des sons, des

____

(1) La Fontaine, *Épître à madame de la Sablière.*

signes, des idées. « Le son, dit justement M. Flourens, vient de l'organe, le signe
» vient de l'idée, l'idée vient de l'âme : l'animal n'a que des sensations, l'homme
» seul a des idées (1). »

N'attribuons à l'animal que la faculté de retenir et de reproduire les sons qu'il
a entendus, c'est une espèce de mémoire qui est en jeu et exprime des sons qui ne
représentent ni des signes ni des idées.

Si le perroquet avait réellement un langage, il ne se bornerait pas à répéter des
mots, il composerait lui-même des phrases, il varierait et modifierait ses expressions, en les transmettant aux oiseaux de son espèce; mais il n'est pas doué d'une
telle faculté. « Cette imitation artificielle ne peut se répartir ni se communiquer à
» l'espèce, elle n'appartient qu'à l'individu qui la reçoit, qui la possède sans pou-
» voir la donner ; le perroquet le mieux instruit ne transmettra pas le talent de
» la parole à ses petits (2). »

Si les animaux n'ont pas un langage comme le nôtre, on ne saurait douter cependant que leurs cris ou leurs chants n'aient quelque signification et ne soient
une sorte de parole à l'aide de laquelle ils établissent des rapports entre eux. On
a remarqué partout par quels cris les femelles appellent leurs petits, par quels
chants les sexes se recherchent au moment des amours, par quels accents ils se
convient à l'attaque et à la défense, aux migrations dans les pays lointains; mais
ces cris et ces chants ne sont que l'expression des instincts, ils ne supposent nullement la pensée, l'intelligence et la liberté.

La doctrine de Buffon sur la nature des bêtes est, comme on le voit, très-sujette
à critique : les instincts sont très-souvent confondus avec l'intelligence; tout, dans
les animaux, se réduit à des sensations. Buffon s'est montré plus analyste que
Descartes, en admettant dans les bêtes certains sentiments, des passions, la conscience du temps actuel; il s'est aussi montré partisan trop exclusif du mécanisme,
prétendant tout expliquer par les sens et la durée des impressions, sans rien accorder à la réflexion et à la pensée.

Ce qui est vrai, c'est qu'il faut établir une distinction profonde entre l'instinct,
l'entendement et la raison. L'instinct, fatal de sa nature, appartient à tous les
animaux comme il appartient à l'enfant; c'est un attribut de l'espèce, une clarté
diffuse dont rien ne peut modifier la lumière.

L'intelligence est l'apanage de l'homme. Cependant quelques animaux, et ce
sont les plus parfaits et les moins nombreux, partagent, quoiqu'à un très-faible

_____

(1) Flourens, *Histoire des travaux de Buffon*, p. 128.
(2) Buffon, *les Perroquets*.

degré, ce privilége avec nous ; ils peuvent manifester par des actes, une apparence de pensée et de réflexion ; ils raisonnent, comme dit Leibnitz, mais c'est seulement sur des idées particulières. Mais la raison n'appartient qu'à l'homme, seul il pense, et il sait ce qu'il pense, et l'avantage que l'univers a sur lui, l'univers ne le sait pas. « Quoi, s'écrie l'auteur d'*Émile*, je puis observer, connaître les êtres et leurs » rapports ; je puis sentir ce que c'est qu'ordre, beauté, vertu ; je puis contempler » l'univers, m'élever à la main qui le gouverne ; je puis aimer le bien, le faire, » et je me comparerais aux bêtes ! Ame abjecte, c'est ta triste philosophie qui te » rend semblable à elles ; ou plutôt tu veux en vain t'avilir ; ton génie dépose » contre tes principes, ton cœur bienfaisant dément ta doctrine, et l'abus même » de tes facultés prouve leur excellence en dépit de toi (1). »

Buffon n'avait pas moins le sentiment de la dignité humaine, c'est ici qu'il convient d'exposer rapidement son opinion sur la psychologie, comme la suite naturelle de ses vues sur l'âme des bêtes.

Nous formulerons un jugement différent, suivant qu'il s'agira du côté moral de l'esprit ou de l'analyse des facultés qui le composent. De ce dernier point de vue, nous dirons que, tout en adoptant la saine doctrine du spiritualisme, la séparation substantielle de la nature et de l'esprit, la croyance dans l'immortalité, Buffon n'appartient à aucune école psychologique. Il raisonne tour à tour comme Locke et Descartes ; comme Descartes, il dit : « Notre âme n'a qu'une forme très-simple, » très-générale, très-constante ; cette forme est la pensée ; il nous est impossible » d'apercevoir notre âme autrement que par la pensée. Cette forme n'a rien de » divisible, rien d'étendu, rien d'impénétrable, rien de matériel ; donc le sujet de » cette forme, notre âme, est indivisible et immortelle. »

Comme Locke et comme Condillac, il écrit : « Les animaux n'ont ni l'esprit, ni » l'entendement, ni la mémoire comme nous l'avons, parce qu'ils n'ont pas la » puissance de comparer leurs sensations, et que les trois facultés de notre âme » dépendent de cette puissance. »

Il dit ailleurs : « Un homme n'a peut-être plus d'esprit qu'un autre que pour » avoir fait, dans sa première enfance, un plus grand et un plus prompt usage du » toucher. »

Il semble, d'après ces passages, que Buffon n'a attribué aux idées d'autre source que les sens ; cependant, dans une autre partie de ses ouvrages, il s'exprime d'une façon entièrement opposée.

(1) J.-J.-Rousseau, *Émile*, livre IV.

Toutes tendances au sensualisme s'effacent, et les sentiments d'une âme morale et élevée brillent dans le tableau que Buffon trace de la double nature de l'homme.

« L'homme extérieur est double, dit-il ; il est composé de deux principes différents » par la nature et contraires par leur action. L'âme, ce principe spirituel, ce prin-» cipe de toute connaissance, est toujours en opposition avec cet autre principe » animal et purement matériel. Le premier est une lumière pure qu'accompagnent » le calme et la sécurité, une source salutaire d'où émane la science, la raison, » la sagesse ; l'autre est une fausse lueur qui ne brille que par la tempête et dans » l'obscurité, un torrent impétueux qui roule et entraîne à sa suite les passions et » les erreurs. »

Tels sont les premiers traits de cette brillante peinture des scènes douloureuses de l'âme, de ses joies, de ses amertumes, de ses appétits grossiers, de ses désirs. C'est un commentaire plein du génie de ces paroles de l'apôtre saint Paul qui expriment si bien la duplicité de l'âme. « La chair a des désirs contraires à ceux » de l'esprit, et l'esprit en a de contraires à ceux de la chair ; ils sont opposés l'un » à l'autre (1). »

§ 2. Vues de Buffon sur l'économie animale.

Pour traiter ce sujet avec plus de clarté, nous établirons une distinction. Nous dirons d'abord quelles ont été les idées de Buffon sur la vie individuelle ; ces idées sont presque toutes des vues de génie. Nous exposerons ensuite les doctrines relatives à la génération et à la conservation de l'espèce ; ces doctrines se rattachent généralement à un système.

I

Les idées de Buffon sur l'économie animale sont d'une grande profondeur.

La distinction des deux vies est reconnue ; le principe de la subordination des caractères deviné ; l'uniformité du plan général de la nature établie, et les sensations analysées avec une puissante originalité.

« Nous pouvons, dit Buffon, distinguer, dans l'économie animale, deux parties, » dont la première agit perpétuellement, sans aucune interruption, et la seconde » n'agit que par intervalle ; l'action du cœur et des poumons dans l'animal qui » respire, l'action du cœur dans le fœtus, paraissent être cette première partie de

____

(1) Épître de saint Paul.

» l'économie animale ; l'action des sens, le mouvement du corps et des membres
» semble constituer la seconde. » Et il ajoute : « Si nous réduisons l'animal même
» le plus parfait à cette partie qui, seule, agit continuellement ; il ne nous paraî-
» tra pas différent de ces êtres auxquels nous avons peine à accorder le nom d'a-
» nimal ; il nous paraîtra, quant aux fonctions extérieures, presque semblable au
» végétal ; car, quoique l'organisation extérieure soit différente dans l'animal et
» dans le végétal, l'un et l'autre ne nous offriront plus que les mêmes résultats,
» ils se nourriront, ils croîtront, ils se développeront, ils auront des principes
» d'un mouvement intérieur ; ils possèderont une vie végétale, mais ils seront éga-
» lement privés de mouvement progressif, d'action et de sentiment, et ils n'au-
» ront aucun signe extérieur, aucun caractère apparent de la vie animale (1). »

Est-il possible de proclamer plus ouvertement que ne le fait Buffon dans ce beau passage la distinction de la vie animale et de la vie organique. Notre immortel Bichat semble n'avoir fait que développer ces grandes inspirations dans les lignes qu'on va lire :

« Jetez les yeux sur deux individus de chacun des deux règnes vivants : vous
» verrez l'un n'exister qu'au dedans de lui, n'avoir avec ce qui l'environne que des
» rapports de nutrition, naître, croître et périr, fixé au sol qui reçoit le germe ;
» l'autre, allier à cette vie intérieure dont il jouit au plus haut degré, une vie exté-
» rieure qui établit des relations nombreuses entre lui et les objets voisins... On
» dirait que le végétal est l'ébauche, le canevas de l'animal, et que, pour former
» ce dernier, il n'a fallu que revêtir ce canevas d'un appareil d'organes extérieurs
» propres à établir des relations. Il résulte de là que les fonctions de l'animal
» forment deux classes distinctes... J'appelle vie organique l'ensemble des fonc-
» tions de la première classe, parce que tous les êtres organisés, végétaux ou ani-
» maux en jouissent à un degré plus ou moins marqué... Les fonctions réunies de
» la seconde classe forment la vie animale, ainsi nommée parce qu'elle est l'attribut
» exclusif du règne animal (2). »

Ainsi Buffon a proclamé avant Bichat, l'existence d'une vie végétative intérieure et d'une vie animale extérieure ; il a surtout caractérisé la première par la continuité et la seconde par l'intermittence. C'est une distinction fondamentale que plusieurs philosophes ont déjà pressentie, et qui prête à des développements pleins de grandeur. La sphère intérieure ou végétative peut aussi s'appeler la vie impersonnelle, la vie en nous sans nous, la vie telle qu'elle nous est donnée. La sphère

(1) Discours sur la nature des animaux.
(2) Bichat, *Recherche phys. sur la vie et la mort*, 1re édition, page 3.

intérieure ou animale est la vie personnelle, la vie en nous par nous, la vie telle que nous la faisons. En réfléchissant à cette distinction tranchée des deux sphères de l'organisation physique, de saisissantes analogies nous révèlent que cette dualité a aussi, d'une manière frappante, son existence dans notre âme. Un philosophe distingué par l'élévation de ses vues, a démontré d'une manière irréfutable, dans un livre récemment publié, et où le style est à la hauteur des pensées, qu'il existe dans notre âme une sphère intérieure et impersonnelle, où se passe la vie en nous sans nous, et une sphère extérieure où se passe la vie en nous par nous (1). Le R. P. Gratry a éclairé d'un jour nouveau l'étude si difficile de l'esprit en y appliquant la distinction des deux vies que Buffon n'avait fait qu'entrevoir dans l'organisme, et que Bichat y avait démontrée avec tant d'éloquence et de profondeur.

On trouve dans Buffon, à l'occasion de cette distinction, une lumineuse pensée. « Le cerveau, dit-il, est le centre de l'enveloppe, comme le cœur est le centre de » la partie intérieure de l'animal. » Cette pensée est profondément vraie ; on en est frappé lorsqu'on examine, dès les premiers jours, la formation des embryons : les deux feuillets se dédoublent ; dans le pli extérieur, se montre, avant tout, le centre nerveux qui régit la vie animale ; dans le pli intérieur se forme, dès les premiers instants, le cœur dont les battements projettent jusque dans les parties les plus reculées, le sang qui donne et entretient la vie.

Ici Buffon semble encore inspirer Bichat dans deux de ses vues les plus fécondes : la distinction des systèmes organiques en généraux et spéciaux, et les recherches expérimentales sur la mort du cœur.

Il y a donc dans l'organisation deux parties : l'une végétative par laquelle l'animal ressemble à la plante, l'autre extérieure qui constitue un caractère spécial. « Tous les animaux, dit Buffon, se ressemblent par cette partie intérieure, mais » l'enveloppe extérieure est très-différente, et c'est aux extrémités de cette enve» loppe que sont les grandes différences. »

Ainsi les membres diffèrent plus entre eux que le tronc, les extrémités du tronc sont plus différentes que la région moyenne, laquelle l'est plus à son tour que le centre. Mais si le centre lui-même vient à différer, l'animal est alors fort éloigné de l'homme. Ainsi, sans nous écarter des vues de Buffon, nous reconnaissons qu'il admet une certaine dépendance des parties organiques. Les unes sont essentielles ; on les reconnaît d'une part à leur constance, et d'autre part aux modifications considérables qu'elles entraînent dans le reste de l'économie. Les autres parties sont

____

(1) A. Gratry, *Traité de la connaissance de l'âme*, t. I, chap. I.

moins constantes, à mesure qu'elles sont moins essentielles ; elles peuvent varier davantage sans que l'organisme en soit modifié.

Suivant ce principe et d'après Buffon, les parties les plus essentielles sont le cœur, le foie, l'estomac, les organes de la génération, puis viennent les sens, et en dernier lieu les organes locomoteurs.

On voit que tout en commettant des erreurs dans les applications, Buffon avait deviné le grand principe de la subordination des caractères, et qu'il avait sur ce point devancé Cuvier, qui le reconnaît implicitement lorsqu'il dit : « Ces idées » concernant l'influence qu'exercent la délicatesse et le degré de développement » de chaque organe sur la nature des diverses espèces, sont des idées de génie qui » feront désormais la base de toute histoire naturelle philosophique, et qui ont » rendu tant de services à l'art des méthodes qu'elles doivent faire pardonner à » leur auteur le mal qu'il a dit de cet art (1). »

Buffon a démontré quels sont, chez les animaux, les parties qui diffèrent et celles qui se ressemblent, et il s'est livré à des réflexions sur ces différences et surtout sur les analogies. Guidé par cette inspiration qui ne l'abandonne jamais, il a pressenti qu'il y a un dessein primitif suivant lequel divers organes sont établis. Il est indispensable de citer un des passages dans lesquels le savant naturaliste a constaté cette vérité.

« Si dans l'immense variété que nous présentent tous les êtres animés qui » peuplent l'univers, nous choisissons un animal, ou même le corps de l'homme, » pour servir de base à nos connaissances, et y rapporter, par la voie de la com- » paraison, les autres êtres organisés, nous trouverons que, quoique tous ces êtres » existent solitairement, et que tous varient par des différences graduées à l'in- » fini, il existe en même temps un dessein primitif et général qu'on peut suivre » très-loin, et dont les dégradations sont bien plus lentes que celles des figures et » des autres rapports apparents ; car, sans parler des organes de la digestion, de » la circulation et de la génération qui appartiennent à tous les animaux, et sans » lesquels l'animal cesserait d'être animal, et ne pourrait ni subsister ni se repro- » duire, il y a dans les parties mêmes qui contribuent le plus à la variété de la » forme extérieure, une prodigieuse ressemblance qui nous rappelle nécessaire- » ment l'idée d'un premier dessein sur lequel tout semble avoir été conçu : le corps » du cheval par exemple, qui, du premier coup d'œil, paraît si différent du corps » de l'homme, lorsqu'on vient à le comparer en détail et partie par partie, au

---

(1) *Biographie universelle,* art. Buffon.

» lieu de surprendre par la différence, n'étonne plus que par la ressemblance sin-
» gulière et presque complète qu'on y trouve... On jugera si cette ressemblance
» cachée n'est pas plus merveilleuse que les différences apparentes, si cette uni-
» formité constante et ce dessein suivi de l'homme aux quadrupèdes, des quadru-
» pèdes aux cétacés, des cétacés aux oiseaux, des oiseaux aux reptiles, des reptiles
» aux poissons, etc., dans lesquels les parties essentielles, comme le cœur, les in-
» testins, l'épine du dos, les sens, etc., se trouvent toujours et ne semblent pas in-
» diquer qu'en créant les animaux, l'être suprême n'a voulu employer qu'une
» idée et la varier en même temps de toutes les manières possibles, afin que
» l'homme pût admirer également et la magnificence de l'exécution, et la simpli-
» cité du dessein... »

Ici Buffon a devancé deux grands hommes, ce n'est plus ni Bichat, ni Cuvier,
c'est Gœthe et Geoffroy-Saint-Hilaire.

Tout en reproduisant les idées pleines de génie que Buffon a exprimées sur les
lois de subordination et d'unité de dessein, nous reconnaissons leur imperfection.
Quand il parle de l'organisation des animaux, il ne s'occupe que des animaux supérieurs, tels que les mammifères, les oiseaux, qu'il avait spécialement étudiés. Il
n'est jamais question des êtres plus simples, des invertébrés, sur lesquels il ne
possédait que quelques notions, encore étaient-elles souvent erronées. Il a écrit,
par exemple, que les insectes n'ont rien d'analogue à nos organes de circulation et
de respiration, et qu'ils diffèrent, autant que possible, de l'homme et des autres
animaux. Il a raillé les observateurs qui ont révélé les instincts si admirables des
insectes, et qui accordent aux abeilles un talent d'architecte. « Une mouche, dit-
» il, ne tient pas dans la tête d'un naturaliste plus de place qu'elle n'en tient dans
» la nature, et cette république merveilleuse ne sera jamais aux yeux de la raison
» qu'une foule de petites bêtes qui n'ont d'autre rapport avec nous que celui de
» nous fournir de la cire et du miel. »

Ce langage de Buffon est d'autant plus surprenant qu'il a eu la possibilité de
connaître les travaux de Réaumur, de Swammerdam, de Lyonnet. Il a donc eu
tort de négliger l'étude des animaux inférieurs; et c'est le mérite de Cuvier d'avoir
appris aux hommes que l'organisation de ces animaux n'est pas moins admirable
que la nôtre, dans ses détails et dans son dessein.

Nous arrivons aux idées que Buffon s'est formées sur les sens. Il pose d'abord en
principe et il démontre que les mouvements sont en harmonie avec les sensations,
et que leurs organes sont d'autant plus développés que les sens sont plus parfaits.
Les sens, par les impressions qu'ils nous causent, provoquent en nous le désir

d'approcher ou de fuir les objets, suivant qu'ils doivent nous procurer des sensations agréables ou pénibles; ils excitent ainsi les mouvements. Un animal dégradé,
une huître, un polype, sont privés de sens, ils n'en ont que des traces; leurs mouvements seront insensibles. L'homme et les mammifères, qui sont doués de sens
parfaits, sont aussi doués de mouvements très-variés.

Il y a des distinctions à faire dans les sens. Le sens extérieur transmet l'impression; le sens intérieur la reçoit et la conserve. Ce dernier réside dans le cerveau, il
est commun aux animaux et à l'homme.

L'homme se distingue par la perfection du toucher qui est, dit Buffon, le sens
le plus relatif à la pensée et à la connaissance. Ce qui distingue les animaux, c'est
la perfection de l'odorat et du goût, sens qui se rattachent essentiellement à l'instinct, à l'appétit. L'ouïe et la vue sont plus parfaits que l'odorat et le goût, ils
forment avec le toucher le groupe des sens supérieurs, plus parfaits chez l'homme.
Voilà des distinctions très-essentielles entre les sens de la pensée et ceux de l'instinct; elles conduisent à des conséquences importantes.

L'éducation qui perfectionne les sens rend l'animal plus actif, plus parfait; mais
chez l'homme, le développement des sens n'est pas fatalement lié au développement de l'intelligence. « L'âme de l'homme, conclut Buffon, est donc un sens su-
» périeur, une substance spirituelle entièrement différente, par son essence et par
» son action, de la nature des sens extérieurs. »

II

M. Flourens remarque, avec beaucoup de raison, dans plusieurs endroits de son
livre, qu'à côté des faits, Buffon place toujours des systèmes. Le système de la
formation des planètes suit la théorie de la terre; le système des molécules organiques, des moules intérieurs, des germes accumulés, vient après ses idées sur
l'économie animale. La généralisation et le système sont si naturels à notre esprit,
que nous y retombons toujours, lors même que nous paraissons le mieux disposés à
nous en affranchir. Combien peu d'hommes savent profiter des leçons de l'expérience. On veut donner à la moindre découverte les proportions d'une grande
théorie. Quand on est parvenu à observer quelques faits, on croit pouvoir en deviner mille autres, et on a la vaniteuse fantaisie de tout expliquer lorsqu'on ne
sait rien comprendre. Les grands esprits, comme les médiocrités, n'échappent pas
à la tentation des systèmes, seulement, comme ils ont plus de profondeur dans

la pensée et de ressources dans leur génie, ils parviennent plus habilement
à donner le change et à persuader. Dans les sciences d'observation, il faut se défier de l'imagination, on observe quelquefois, on bâtit de vastes systèmes, et pour
les défendre, on n'hésite pas à faire plier les meilleures observations aux exigences
de la théorie.

L'exposition que nous allons faire, montrera comment Buffon, avec tout son
génie, n'a pas su éviter cet écueil.

Lorsqu'on prend un cristal d'une forme déterminée et qu'on le brise, on obtient
une foule d'autres cristaux de même forme ; lorsqu'on coupe en fragments une
branche d'arbre, il en résulte plusieurs végétaux de même nature. Ainsi un minéral, un végétal, sont un ensemble de petites parties organiques. Rien n'empêche
de supposer que les animaux sont aussi composés d'une infinité de petits êtres
organisés, semblables en tout aux grands êtres organisés qui figurent dans le
monde, et que ces petits êtres eux-mêmes sont composés de parties organiques
vivantes, primitives et incorruptibles, communes aux animaux et aux végétaux.
Ces parties organiques existent partout : on en trouve dans l'atmosphère, sur la
terre et au sein des eaux ; ce sont elles qui concourent à la formation et à la génération des êtres organisés.

Nous n'en sommes encore qu'à la première vue du système de Buffon. Voici la
seconde : Comme il y a dans la nature une quantité déterminée de matière organique, il y a aussi un nombre déterminé de moules capables de se l'assimiler. Ces
moules qui se détruisent et se renouvellent sans cesse sont autant d'individus.
Chaque animal est donc un moule interne dans lequel se modèlent et se tassent les
molécules organiques.

Comme le nombre des moules est toujours en rapport avec celui des molécules
primitives, le fond des substances vivantes, dit Buffon, ne change pas, elles ne
varient que par la forme, c'est-à-dire par la différence des représentations.

Avec les molécules organiques et les moules intérieurs, Buffon explique la nutrition et la génération des animaux.

La nutrition et l'accroissement se font par l'extension du moule dans ses dimensions extérieures et intérieures, et l'extension a lieu par l'intussusception des molécules organiques. Ces molécules contiennent elles-mêmes des parties brutes et des
parties organisées. Les premières se séparent et sortent de l'organisme, les autres
y demeurent et s'y assimilent sous l'influence d'une force spéciale. Cette force
reproduit sans cesse les parties isolées, comme elle reproduit aussi tout le moule
intérieur.

Nous arrivons ainsi à la théorie de la reproduction, qui n'est qu'une suite de la nutrition, et que Buffon explique par les mêmes principes. Cette explication est générale ; elle s'applique non-seulement à la génération sexuelle, mais encore à la génération sans le concours des sexes et à la régénération.

On sait, depuis Trembley, que si on coupe un hydre, chaque morceau reproduit un hydre. On sait aussi, depuis Bonnet, que si on coupe une naïade, il renaît une naïade de chaque morceau. Enfin, on sait depuis Dugès, qu'en coupant une planaire, il y aura autant de planaires que de parties détachées. Comment expliquer ces faits ? Buffon les explique par des germes accumulés. Chez les animaux, il existe un grand nombre de parties semblables au tout, dues à la force pénétrante et assimilatrice. Ces parties séparées du corps, prenant de la nourriture, deviennent semblables à la forme primitive ; voilà qui peut très-bien se comprendre. Mais comment expliquer les faits qui suivent et qui ne se rapportent qu'à une génération partielle ? On coupe la patte d'une salamandre et elle repousse ; on coupe la tête d'un ver, elle renaît ; un limaçon refait également la tête qu'on lui a enlevée et une écrevisse la patte qui s'est détachée. Et la même tête et la même patte peuvent être régénérées plusieurs fois. Faut-il admettre des germes de pattes et de têtes comme on admet des germes entiers ? Buffon ne s'explique pas sur ce point, mais on est porté à conclure de sa doctrine, qu'il existe dans l'animal des germes partiels comme il en existe des généraux.

C'est à propos des générations ordinaires que les plus grandes difficultés se présentent. Supposons un seul individu, le puceron, par exemple, qui produit son semblable : les molécules organiques déterminent d'abord la croissance, comme nous l'avons dit ; cette croissance achevée, elles sont ensuite transmises de chaque partie différente dans un endroit commun du corps où elles se rassemblent, et elles s'unissent sous l'influence d'une force spéciale pour former un nouvel être.

Mais l'explication devient plus difficile si des sexes distincts concourent à la reproduction. Voici ce que dit Buffon : « Chez le mâle, les molécules organiques se » réunissent dans le testicule, et chez les femelles dans l'ovaire. Elles forment dans » chacune de ces glandes la liqueur séminale. C'est seulement par le mélange de » ces liqueurs et au moment même de ce mélange, que les molécules organiques » forment le nouvel être. Lorsque dans le mélange il y a plus de molécules orga- » niques du mâle que de la femelle, il en résulte un mâle ; au contraire, s'il y a » plus de particules organiques de la femelle que du mâle, il se forme de petites » femelles. »

Voilà comment raisonne Buffon, et il appuie ce raisonnement sur des preuves

que nous ne rapporterons pas, parce qu'elles ne sont pas concluantes. Mais il en-
seigne des expériences que nous ne passerons pas sous silence. Lewenhoeck avait
découvert dans le liquide séminal des corps mobiles ; Buffon suppose que ce sont
des molécules organiques du mâle, et il les cherche dans les femelles ; car, d'après
son hypothèse, les femelles doivent en posséder. L'abus du système l'entraîne à
l'abus des expériences auxquelles il se livre très-sérieusement. Il fait ouvrir des
vaches, des chiennes, des lapines ; il en examine les ovaires, et il croit trouver
dans des vésicules la matière séminale femelle avec les corps en mouvement. Ce
sont là, à son point de vue, les molécules organiques femelles ; il le proclame avec
enthousiasme, en s'appuyant sur les observations de Vallisnieri et de Bertrandi.

On sait aujourd'hui ce qu'il faut penser des conjectures de Buffon. On ignorait
alors l'existence de l'œuf humain, sa structure, sa petitesse, sa chute dans la
trompe, sa descente dans l'utérus. Buffon ouvrit des vésicules de Graf, et prit leur
contenu granuleux et mobile pour le liquide séminal des femelles et les molécules
organiques qu'elles renferment. Mais ces expériences sont complétement erronées,
et elles relèguent les idées de Buffon sur les molécules organiques et les moules
intérieurs au rang des brillantes hypothèses et des systèmes marqués souvent du
sceau du génie. Il y a toujours de bonnes choses dans les vues des grands esprits,
même lorsque ces vues ne sont que des systèmes.

Dans sa théorie de la génération, Buffon a eu deux traits de lumière : il a insisté sur le rapport de la nutrition et de la génération, et il a rejeté la doctrine de
l'emboîtement des germes.

Bichat avait divisé les fonctions en deux classes : celles qui ont rapport à la conservation de l'individu, et celles qui se rapportent à la conservation de l'espèce. Il
n'admettait pas que les phénomènes de la génération pussent se rattacher, soit à
la vie organique, soit à la vie animale. « La génération, disait-il, n'entre pour rien
» dans la série des phénomènes des deux vies qui ont rapport à l'individu, tandis
» qu'elle ne regarde que l'espèce ; aussi ne tient-elle que par des liens indirects à
» la plupart des autres fonctions.... Faisons donc abstraction des lois qui nous
» donnent l'existence, pour ne considérer que celles qui l'entretiennent (1). »

Tandis que Bichat sépare la génération des autres fonctions, Buffon la réunit et
rattache la reproduction à la nutrition, dont elle n'est qu'un cas particulier. La
nutrition et la reproduction sont l'une et l'autre, d'après Buffon, du domaine de
la vie végétative : toutes deux s'expliquent également bien par l'hypothèse des mo-

---

(1) Bichat, *Recherches physiologiques sur la vie et la mort*, 4ᵉ édition, page 4.

lécules organiques. Ces molécules, qui composent tous nos aliments, servent d'a-
bord à l'accroissement par leur assimilation au moule intérieur. L'excédant est
renvoyé en un même point pour y concourir à la formation du nouvel être.

La nutrition et la reproduction sont donc produites par la même cause efficiente
et la même cause naturelle : l'excédant de la nutrition servant à la reproduction.
N'est-il pas évident que le corps n'est apte à se reproduire que quand il a acquis
toute sa croissance ; que les animaux mutilés et les eunuques prennent rapidement
un accroissement considérable, tandis que les hommes ou les animaux qui s'abandonnent aveuglément aux instincts de la procréation perdent de leur force et diminuent de volume ?

Buffon ne raisonne ainsi que pour soutenir sa théorie. Il eût été dans le vrai, s'il
se fût borné à conclure à l'analogie de la nutrition et de la reproduction. Nous
n'hésitons pas aujourd'hui à reprendre cette idée fondamentale et à proclamer que
la nutrition n'est qu'une génération à l'intérieur, comme la génération n'est qu'une
nutrition dans la durée. Qu'est-ce, en effet, que la propagation chez les animaux
inférieurs et les végétaux, sinon une forme de croissance? La germination, les
racines adventives, la multiplication par étranglement longitudinal ou transversal,
ne nous donnent-elles pas des exemples d'une nutrition à l'extérieur ou d'une propagation?

Que si nous réfléchissons à ce qui se passe chez les animaux pourvus de sexe,
nous voyons encore que l'essence de la génération consiste dans un acte nutritif, la
sécrétion des œufs dans les ovaires des femelles et des animalcules spermatiques
dans les glandes testiculaires des mâles. Tout démontre qu'on ne doit voir dans la
reproduction qu'une forme du mouvement nutritif.

Buffon n'admet pas les germes préexistants. « Il n'y a point, dit-il, de germes
» préexistants, contenus à l'infini les uns dans les autres ; mais il y a une matière
» organique toujours prête à se mouler, à s'assimiler et à produire des êtres sem-
» blables à ceux qui la reçoivent. »

Ainsi, d'après Buffon, ce qui est préexistant, ce sont les molécules organiques ;
mais quant aux germes qu'elles forment, ils ne préexistent point dans les parents.
Il repousse donc cette ancienne doctrine que Swammerdam formulait ainsi : « Je
» crois qu'il ne se fait point de vraie génération dans la nature, encore moins de
» génération fortuite ; mais que la reproduction des êtres n'est autre chose que le
» développement de leurs germes déjà existants (1). »

(1) Histoire des insectes.

Cette doctrine, que Leibnitz et Malebranche ont défendue, n'a point été adoptée par Buffon, et M. Flourens a démontré expérimentalement qu'elle n'était pas admissible. Voici comment a expérimenté l'éminent physiologiste : « Le métis » provenant de l'union de la chienne avec le chacal est moitié chien et moitié » chacal. Comment concilier ce résultat avec la préexistence des germes? Si le » germe préexiste dans la chienne, il y est tout chien ; il n'y est pas d'avance moi- » tié chacal et moitié chien. Certainement la moitié chacal ne préexistait pas dans » la chienne (1). »

De pareilles expériences sont irréfutables, et la doctrine qu'elles combattent est irrévocablement jugée.

Arrivons maintenant aux vues que Buffon a émises sur l'espèce ; c'est une ques- tion qui se lie intimement au mystérieux problème de la génération. « Les espèces, » dit-il, sont les seuls êtres de la nature, êtres perpétuels, aussi anciens, aussi per- » manents qu'elle. Un tout qui a été compté pour un dans les ouvrages de la créa- » tion, et qui par conséquent ne fait qu'une unité dans la nature.... » Il dit encore ailleurs : « L'empreinte de chaque espèce est un type dont les principaux traits » sont gravés en caractères ineffaçables et permanents à jamais.... Mais toutes les » touches accessoires varient. »

En considérant l'espèce comme unité, Buffon ouvre un vaste champ à l'obser- vation, et en méditant ses pensées, on peut envisager sous toutes ses faces l'histoire de l'espèce, et les questions suivantes se présentent à l'esprit : Quel est le critérium de l'espèce? Quel caractère servira à constituer chacune de ces unités zoologiques? Voit-on des espèces s'éteindre et d'autres commencer sous nos yeux? Les espèces sont-elles fixes? Dans quelles limites peuvent-elles varier sous l'influence des cli- mats et des siècles ?

Buffon a jeté de vives lumières sur quelques-unes de ces questions. Il a montré en premier lieu que le caractère fondamental de l'espèce se trouve dans la fécon- dité continue seulement, et qu'il ne faut pas le chercher dans la ressemblance, puisqu'on voit des animaux inféconds entre eux se ressembler plus que ceux dont la fécondité est continue. Ainsi l'âne ressemble plus au cheval que le dogue ne ressemble au lévrier.

En second lieu, Buffon a reconnu qu'il y des espèces éteintes. Il le dit for- mellement dans sa Théorie de la terre, en parlant des ossements fossiles qu'on

____

(1) Flourens, *Longévité humaine.*

rouve en Sibérie, dans le Canada et l'Irlande. A Cuvier revient la gloire d'avoir démontré cette vérité.

Buffon a très-bien jugé qu'il y a des touches accessoires dans l'espèce; ces touches donnent la variété. Le climat, la nourriture, la domesticité produisent les variétés par changement, altération, dégénération. Ainsi se forment les races de lapins, de chèvres, de sangliers, de bœufs, de chiens.

Sur la grande question de la fixité des espèces, Buffon a commis des erreurs parce qu'il n'a pas su distinguer ce qui tient à la variété et à la fixité de l'espèce elle-même. Il fait venir l'âne du cheval et le cheval du zèbre; il fait descendre le chien du loup. Mais il est juste de reconnaître qu'il n'a pas toujours professé la même opinion sur ce point, et que, dans plusieurs endroits de ses œuvres ces erreurs ont été corrigées.

La fixité des espèces étant un fait capital, nous dirons ce que la science moderne a apporté de preuves en sa faveur; nous les puiserons dans l'ouvrage si populaire de M. Flourens sur la longévité humaine (1). Les causes qui peuvent amener la transformation des espèces sont de deux ordres; elles tiennent à la succession des temps ou au croisement des espèces.

Le temps n'a jamais marqué la tendance à la transformation des espèces les unes dans les autres. Les monuments anciens constatent que, depuis cinq à six mille ans, les formes animales n'ont point subi de changement, et on reconnaît encore aujourd'hui en Égypte les mêmes animaux que ceux qui y vivaient à l'époque des IVe et V^e dynasties, et qui sont représentés sur les bas-reliefs. L'expérience des siècles n'a donc apporté aucun changement profond. Il y a plus, les chevaux et les éléphants actuels sont encore les mêmes que les chevaux et les éléphants fossiles. Cette opinion est celle de Cuvier et de Blainville.

Mais le croisement des races a-t-il amené des transformations réelles? L'expérience de tous les jours démontre encore le contraire. On peut bien unir des espèces voisines, comme le cheval et l'âne, le loup et le chien, le chien et le chacal, on obtient des mulets stériles et l'espèce s'éteint. Il y a plus, M. Flourens a observé dans de nombreuses expériences, que si on réunit ces métis à l'une des deux espèces primitives, ils reviennent bientôt à cette espèce.

Tout démontre donc la fixité des espèces. Buffon n'a émis sur cette question importante que des opinions contradictoires.

Si nous nous bornons à ce rapide aperçu des vues de Buffon sur l'espèce, c'est

____

(1) Longévité humaine, page 140 et suivantes.

que, pour approfondir un tel sujet, il faudrait écrire des volumes, et nous ne nous sommes proposé pour but que de signaler en passant les grandes vues ou les grandes erreurs de notre immortel naturaliste.

§ 3. Vues de Buffon sur la géographie zoologique.

Nous venons d'exposer les idées que Buffon a émises sur l'organisation des animaux. Nous allons maintenant faire connaître quelques-unes de ses vues en zoologie descriptive.

Cette partie des sciences naturelles, qui est bien distincte de la zoologie d'organisation ou de la biologie, embrasse tous les rapports des animaux qui peuplent les continents et les mers. Or, ces rapports sont de trois sortes :

Les animaux sont répartis, suivant certaines lois, dans les différentes contrées de la terre ; ils ont une patrie, un sol natal, des limites qu'ils ne franchissent jamais. La géographie zoologique nous fait connaître les relations des diverses espèces avec le sol, et leur distribution du pôle à l'équateur.

Les animaux ont des rapports avec le sol ; ils ont aussi entre eux des liens qui les unissent, des différences qui les séparent, soit dans leur organisation, soit dans leurs mœurs. Ils sont groupés en genres, en familles, en classes ; et la connaissance de ces groupes naturels, si elle était réalisée, conduirait à la plus haute conception qu'on puisse se faire du plan suivant lequel sont unis, dans la plus étroite harmonie, les êtres qui s'offrent à nos regards.

La méthode zoologique, la science des classifications, tend à pénétrer ce dessein primitif en établissant les rapports et les différences de toutes les espèces. Ainsi les animaux sont en relation avec le sol, et cette relation est l'objet de la géographie zoologique.

Les diverses espèces du règne animal se ressemblent par des caractères prochains ou éloignés : ces rapports forment l'objet de la science des classifications.

Il y a, enfin, d'autres rapports qui conduisent à des études plus intéressantes encore et plus dignes de captiver notre attention. L'homme règne sur la création. Le souverain de ce vaste domaine peut faire servir à la légitime satisfaction de ses besoins les êtres qui l'entourent. Voilà l'origine des rapports de l'homme avec les animaux, l'objet de la zootechnie, de l'élevage et du perfectionnement des races et de l'acclimatation des espèces nouvelles.

Trois branches de la science découlent donc du triple rapport de chaque espèce avec l'homme, avec les animaux d'espèces différentes, et avec le sol.

Buffon, qui s'est presque exclusivement occupé de zoologie descriptive, a tracé pour chaque espèce, un tableau spécial de tous ces rapports ; chaque tableau est une merveille. Il suffit de rappeler l'histoire des singes, du cheval, du lion, du chien, du rossignol, du perroquet, pour faire admirer l'art infini avec lequel le peintre de la nature a représenté toutes les harmonies, tous les points de vue de chaque existence.

Mais Buffon ne s'est pas arrêté aux détails : il a jeté les fondements d'une science plus générale du rapport des êtres, et il a laissé des pages pleines de vues profondes sur la distribution géographique des animaux, et sur les moyens que l'homme peut employer pour les assujettir à sa domination.

Buffon est donc le premier auteur qui ait posé les bases de la géographie des animaux ; Cuvier le proclame dans ces termes : « Les idées de Buffon sur la dégé-
» nération des animaux et sur les limites que les climats, les montagnes et les
» mers assignent à chaque espèce, peuvent être considérées comme de vérita-
» bles découvertes qui se confirment chaque jour, et qui ont donné aux re-
» cherches des voyageurs une base fixe dont elles manquaient expressément aupa-
» ravant (1). »

Buffon a parfaitement compris les deux points de vue principaux de la distribu-tion des animaux, savoir : la différence des faunes, d'un climat à un autre, l'in-fluence des conditions du sol sur les mêmes espèces dans les lieux différents. Il résume le premier de ces points de vue dans les deux lois suivantes :

1° Un certain nombre d'espèces est commun à tous les climats du nord ;

2° Aucun des animaux de la zone torride, existant dans l'un des continents, ne s'est trouvé dans l'autre.

La seconde loi a beaucoup plus d'importance que la première, et Buffon fait remarquer que personne avant lui ne l'avait soupçonnée ; il la déduit de l'énumé-ration exacte des animaux des deux continents.

Dans l'ancien continent habitent les animaux de grande taille et presque tous ceux que nous avons réduits à la domesticité ; ce sont l'éléphant, le rhinocéros, l'hippopotame, la girafe, le chameau, le dromadaire, le lion, le tigre, la panthère, le cheval, l'âne, le zèbre, le bœuf, la brebis, la chèvre, le cochon, le chien, l'hyène, le chacal, le chamois, le lapin, le furet, les rats, etc.

Aucun de ces animaux n'existait en Amérique lors de sa découverte ; on y trouva au contraire des animaux de taille médiocre, correspondant à ceux de l'ancien

______

(1) Cuvier, *Biographie universelle,* art. Buffon.

continent, mais d'une conformation bien différente ; ce sont le tapir, le cabiai, le tajacou, le fourmilier, le paresseux, le cariacou, le lama, le paca, le bison, le puma, le jaguar, les agoutis, le cochon d'Inde, les tatous, etc. On trouve des singes dans le nouveau continent, mais ces singes diffèrent de ceux de l'ancien ; ils sont de taille plus petite, leur queue est prenante ; ils sont dépourvus d'abat-joues et de callosités ischiatiques.

Buffon a remarqué que les animaux de l'ancien et du nouveau continent se correspondent. Ainsi le tapir et le pécari répondent à nos cochons, et le couaguar et l'ocelot à nos tigres, etc.

Les progrès de la zoologie ont confirmé ces vues. On sait que le puma représente le lion de l'ancien monde, que l'ocelot prend la place du lynx, l'once, celle de la panthère noire, etc.

L'ordre des édentés est le plus caractéristique du nouveau continent ; Buffon a encore signalé ce fait. Le genre Bradypus ou paresseux, et les genres Aï et Dasypus ou tatou représentent ce singulier ordre qui compte tant d'espèces fossiles. Buffon a aussi signalé une différence essentielle entre les faunes de l'ancien et du nouveau continent. Ce principe a été étendu depuis à un certain nombre de régions, dont chacune possède ses mammifères particuliers. Nous insisterons sur ces progrès dont Buffon a posé les bases.

On sait aujourd'hui que l'île de Madagascar et l'Australie ont des faunes mammalogiques tout à fait spéciales. A Madagascar, les singes sont représentés par un groupe, le groupe des Lemuridés distingué par son museau de renard et la longue griffe dont l'un des doigts est armé. On ne compte pas moins de vingt espèces de Lemuridés, et les chirogaleus et les microcébus sont les genres caractéristiques. Ajoutons trois genres de carnassiers insectivores, l'échinogale, l'érinaclus, le tenrec, et un rongeur, l'aye-aye (cheiromys).

La faune australienne est essentiellement caractérisée par les marsupiaux ou animaux à poche. Il y en a au moins cent deux espèces. Les uns représentent les ruminants, ce sont les kangourous ; les autres, les carnivores, ce sont les dasyures ; d'autres, les insectivores, ce sont les tarsipèdes. Les singes qui manquent complétement sont représentés par les phalangers volants. Enfin deux genres bien distincts : l'echidné et l'ornithorhynque, formant le passage des mammifères aux oiseaux, achèvent de marquer cette singulière faune de la Nouvelle-Hollande. Nous pourrions encore parler de quelques faunes très-bien définies, telles que celles du Cap, de l'Indoustan, de la région occidentale de l'Amérique du Sud ; mais nous aimons mieux renvoyer aux auteurs modernes qui se sont le plus occupés des animaux, et spécialement à Schmarda (1), John Richardson (2), et Wagner (3).

Un grand fait, qui n'a pas échappé à Buffon, c'est que si les faunes sont séparées dans les parties torrides des deux continents, elles le sont beaucoup moins dans les régions circompolaires, où vivent beaucoup d'animaux qui sont communs à l'Europe, à l'Asie et à l'Afrique. Voici quels sont ces animaux, tels que Buffon les énumère : le renne de Laponie, le daim du Groënland, le karibou du Canada ne paraissent être qu'un même animal ; les castors, les loups, les renards, la martre, les lièvres, les hérissons, les rats, les taupes, le lynx, le phoque, sont communs aux parties nord des deux continents. « Quand on réfléchit à ces ressemblances, on
» ne peut guère s'empêcher de croire, ajoute Buffon, que ces animaux ont passé
» de l'un à l'autre continent par les terres du nord, peut-être encore actuellement
» inconnues ou plutôt anciennement submergées ; et cette preuve, tirée de l'histoire naturelle, démontre mieux la contiguïté presque continue des deux
» continents, vers le nord, que toutes les conjectures de la géographie spéculative. »

Ici encore la science moderne a confirmé les vues de Buffon. On a constaté dans les contrées polaires la même similitude, non-seulement pour les mammifères, mais encore pour tous les ordres d'animaux et même pour les végétaux. Parmi les oiseaux, l'eider abonde également en Hollande, en Laponie, au Groënland, au Spitzberg et dans l'Amérique du Nord. Il en est de même des goëlands, des pingouins, des manchots. Parmi les reptiles, les grenouilles et les salamandres sont communes au nord des deux continents.

Nous avons vu, en traçant l'histoire des races humaines, que les habitants des contrées polaires participent à cette remarquable ressemblance qu'offrent les animaux et les plantes.

En parlant des animaux qui peuplent les contrées méridionales du nouveau continent, Buffon fait remarquer l'exiguïté de leur taille et leurs formes grêles. On ne trouve en effet au Brésil ni au Paraguay, aucune espèce comparable à l'éléphant, au rhinocéros et à la girafe. Comment expliquer cette particularité ? Buffon en trouve la cause dans le climat, et s'élevant, selon son habitude, des faits particuliers aux considérations générales, il donne des explications pleines de justesse sur l'influence que les conditions du sol peuvent exercer sur la forme, la nature et la distribution des êtres. « Il y a, dit-il, dans la combinaison des éléments

(1) Schmarda, *Die geographische Verbreitung der Thiere.*
(2) Richardson, *Fauna borealis Americana* (1829), London.
(3) Wagner, *Die sauge Thiere,* Leipzig, 1850.

« et des autres causes physiques, quelque chose de contraire à l'agrandissement de
» la nature vivante dans le Nouveau Monde. »

Dans ces régions, la température, même sous l'équateur, est plus douce que
partout ailleurs. La hauteur des montagnes, le cours immense des fleuves, la
vapeur humide qui s'exhale et retombe en rosée fécondante ; tout contribue à entretenir la fraîcheur de l'atmosphère, et à protéger contre l'impétuosité des vents
les terres toujours couvertes d'une luxuriante végétation. Ajoutons que dans ces
climats, l'homme n'a pas encore déployé sa puissante activité, et on comprendra
pourquoi, avec ces conditions, les germes des grands quadrupèdes se sont à peine
développés ; et pourquoi, au contraire, ainsi que l'a très-bien remarqué Buffon,
les insectes et les reptiles ont pullulé dans ces contrées à la fois tempérées et humides.

Tous ces faits établissent la liaison des animaux et du sol, et comment, suivant
la belle expression de notre grand naturaliste : « Chaque être est le fils de la terre
» qu'il habite. » Arrêtons un moment notre attention sur ce point, l'un des plus
importants de la géographie zoologique.

Une harmonie intime existe entre les conditions du sol et les êtres qui l'habitent. Quelque vaste que soit un pays, si les conditions d'habitat y sont les
mêmes, les mêmes espèces s'y répandront ; c'est ce que démontre la géographie de
l'Afrique. Dans le cas au contraire où les conditions sont circonscrites, si restreint
que soit le pays, les espèces resteront confinées. Ainsi, comme l'a très-bien
observé Schlégel, à Bornéo et à Sumatra, l'orang-outang et le semnopithèque
nasique vivent toujours dans les localités qui leur conviennent, bien qu'ils puissent se répandre sans nul obstacle dans le voisinage de ces localités (1).

Cette relation de la région et des espèces est la première et la plus essentielle
des conditions à observer lorsqu'il s'agit de l'acclimatation, c'est-à-dire du transport d'une espèce dans une autre région. On ne saurait trop encourager l'étude
des rapports du sol avec les animaux et les plantes.

La géographie zoologique date de Buffon ; c'est lui qui en a exposé les prin
cipes : les naturalistes modernes les ont développés. Grâce à la rapidité des communications, au progrès du commerce, au zèle des savants, aux encouragements
et à la munificence des souverains, la distribution des animaux sur le globe com
mence à être connue dans ses détails et dans son ensemble.

Nous croyons faire une chose utile en terminant par un coup d'œil rapide

____

(1) Voyez Maury, *la Terre et l'Homme*, page 257.

sur l'histoire de ces progrès, et en indiquant les sources auxquelles pourront puiser les personnes désireuses de connaître cette branche de la science.

Chaque groupe du règne animal est devenu l'objet de recherches précises. T. Lacordaire s'est spécialement occupé de la distribution des insectes, et il a signalé les limites des royaumes entomologiques (1). Milne Edwards a fait le même travail pour les crustacés (2), et E. Forbes pour les animaux marins, les mollusques, les zoophytes et les poissons (3).

Ce dernier observateur a démontré que les profondeurs de l'Océan sont habitées, et qu'on peut distinguer huit régions distinctes jusqu'à la profondeur de 200 brasses. A la surface, le nombre des espèces est considérable; il diminue avec la profondeur. Entre 105 et 230 brasses, on ne rencontre plus que huit espèces de coquillages. Les êtres sont distribués de la surface au fond, comme ils le sont de l'équateur au pôle, de la base d'une montagne à son sommet. L'altitude correspond, de même que la profondeur, à l'échelle des latitudes, de telle sorte qu'à mesure qu'on descend dans l'Océan, on trouve une faune plus voisine de celle des mers polaires.

La géographie des poissons a été étudiée par Bloch, Cuvier et Valencienne; celle des reptiles, par Schlegel (4); celle des oiseaux, par Audubon (5); et celle des mammifères, par Wagner Watherouse (6).

Nous croyons avoir fait connaître les doctrines les plus essentielles de Buffon sur les révolutions du globe, sur l'histoire des races humaines, sur les instincts, l'organisation et la distribution des animaux : ces doctrines marquent assez le génie de Buffon et rendent inutile une étude plus approfondie du caractère de ses travaux.

Quant à ses tendances philosophiques et à ses merveilleuses qualités littéraires, elles ont été appréciées par des écrivains si autorisés et si éminents qu'il serait présomptueux de notre part de vouloir revenir sur un semblable sujet (7).

(1) Lacordaire, *Ent. à l'entomologie*, tome II.

(2) *Histoire naturelle des crustacés*, suite à Buffon, tome II, et brochure, 1838.

(3) Voir pour les travaux de Forbes, Mary Somerville, *Physical géography*, tome II.

(4) H. Schlegel, *Essai sur la physionomie des serpents*, et Gervais, *Dict. d'hist. nat.* de Ch. d'Orbigny, art. *Serpents*.

(5) Ornithological biography, etc., Edimbourg, 1831, 5 volumes.

(6) A natural history of the mammalia, 1846 ; et Gervais, *Mammologie*, 2 vol. 1854-1857.

(7) Consultez surtout Flourens, *Vie et travaux de Buffon* ; Villemain, *Littérature française au XVIIIe siècle*, 1re partie, t. II; Goethe, *Œuvres d'histoire naturelle*, traduction Martens, p. 363, 1837; Geoffroy Saint-Hilaire, *Encyclopédie nouvelle*, t. III, 1836 ; Henri Martin, *Histoire de France*, t. XVIII, p. 247 à 272, 1853.

NOTICE

SUR LA VIE DE BUFFON

Les moindres souvenirs ont du charme lorsqu'ils nous retracent quelques-uns des traits de la vie des grands hommes. Il semble que ces natures d'élite communiquent une puissance nouvelle à tout ce qui les entoure, et qu'elles impriment à ce qu'elles touchent le sceau de l'immortalité. D'où vient cette ardeur à rechercher ces précieux manuscrits, confidents de leurs pensées, à visiter leurs demeures, à posséder jusqu'aux moindres objets qui furent à leur usage ; sinon du sentiment que nous avons que la gloire a survécu à l'homme, et que ses idées vivent dans la postérité ? C'est aussi ce sentiment qui fait qu'on ne se lasse jamais d'écrire la biographie des hommes célèbres, et d'y ajouter une infinité de détails, avec la certitude qu'ils seront toujours lus avec une avide curiosité.

Quoique la vie de Buffon soit écrite partout, nous allons encore en présenter l'histoire, aux risques de reproduire certains faits que d'autres ont écrit avant nous et mieux que nous. On ne multipliera jamais assez les publications sur un homme dont l'existence, tout entière, consacrée à l'étude de la nature, sera toujours un sujet d'admiration et une source des plus vives jouissances.

Georges-Louis Leclerc, comte de Buffon, naquit à Montbard (Côte-d'Or), le 7 septembre 1707, de Benjamin-François Leclerc de Buffon, conseiller du Roi, président du grenier à sel de Montbard, et plus tard conseiller au parlement de Dijon.

La famille Leclerc, originaire du Nivernais, est fort ancienne. Elle s'établit en Bourgogne au XVe siècle. Au milieu du XVIIe, un de ses descendants, Charles Le-

"

clerc, bailli de la baronnie de Grignon, vint habiter Montbard. Son petit-fils, Benjamin-François Leclerc, père du grand naturaliste, se maria deux fois : d'abord à
Anne-Christine Marlin, ensuite à Antoinette Nadault, sa parente.

Cinq enfants sont issus de son premier mariage. Trois entrèrent dans les ordres :
Jean-Marie devint prieur de Flacy ; Charles-Benjamin, vicaire-général à l'abbaye
du Petit-Cîteaux, et Jeanne, supérieure des Ursulines. La quatrième, Madeleine
resta célibataire, et le cinquième fut Georges-Louis, comte de Buffon.

De son second mariage, Benjamin-François Leclerc de Buffon eut deux enfants :
Pierre, qui fut maréchal-de-camp, et Catherine-Antoinette, mariée, en 1770, à
Benjamin-Edme Nadault, conseiller au parlement de Dijon.

La première éducation de Buffon fut dirigée par sa mère, femme d'un sens élevé
et d'une grande fermeté de caractère. Il fut ensuite placé au collége de Dijon. Il s'y
fit bientôt remarquer par l'originalité de son caractère et par sa grande aptitude
pour les mathématiques. On dit qu'il portait toujours avec lui les éléments d'Euclide,
et qu'il s'isolait de ses condisciples pour se livrer en silence à ses méditations et à ses
calculs. Un jour que le recteur du collége se plaignait au président de Brosses, ami de
M. de Buffon père, des dispositions de son élève pour des études au-dessus de son
âge, le président fit au recteur cette réponse prophétique : *Laissez-le faire, il ira loin.*

Après avoir achevé ses études, Buffon revint à Montbard. Son père avait rêvé pour
lui un siége dans la magistrature. Mais telle n'était pas la vocation du jeune de
Buffon. Aussi opposa-t-il une vive résistance aux volontés de son père. Il mit dans
sa confidence Jean Nadault, son oncle, qui cultivait les sciences et l'encourageait
dans son penchant désormais irrésistible. Il se rendait souvent, à l'insu de son père,
au laboratoire de Nadault, et il se livrait avec lui aux expériences qui préparaient
son génie.

M. Leclerc de Buffon surprit un jour l'oncle et le neveu au milieu de ces expériences. « Vous enlevez, dit-il avec humeur à son beau-frère, un président à mortier
à la famille. — Je donnerai peut-être une gloire de plus à la France, lui répondit
Nadault. »

Certes, ce n'est pas un titre médiocre à la reconnaissance publique que d'avoir
su comprendre et développer les goûts si prononcés du jeune de Buffon ; et ce sera
un éternel honneur pour Jean Nadault d'avoir guidé les premiers pas de ce génie
naissant.

Combien de fois, dans le cours de la vie, les circonstances viennent déjouer les
prévisions humaines ! Buffon devait être magistrat, il devint un grand naturaliste.
Le hasard lui fit faire, à Dijon, la connaissance du jeune lord Kington, et de son

gouverneur , homme de science et d'érudition. Il fut entraîné, il suivit ces deux étrangers à Paris et à Saumur, puis après il les accompagna en Angleterre et en Italie. A Londres, les habitudes de l'aristocratie donnèrent à Buffon cette dignité de maintien, cette recherche de vêtements, cette délicatesse de langage qui firent dire à Hume, lorsqu'il le vit, qu'il semblait être plutôt un maréchal de France qu'un homme de lettres.

En Italie, Buffon trouvait, à chaque pas, ces sites enchanteurs qui développaient dans sa grande âme sa passion pour la nature. Les plaines fertiles de la Lombardie, les contrées volcaniques du royaume de Naples déroulaient, successivement, à ses yeux, des aspects riants, majestueux, terribles; et il oubliait, en face des œuvres de la main créatrice, celles de la main de l'homme. Les tableaux, les statues, les monuments qui racontent l'histoire d'un grand peuple, frappaient à peine l'âme de Buffon, tout occupé du spectacle que la nature offrait à ses regards.

De retour de ses voyages, Buffon se trouva aux prises avec les difficultés de la vie ; l'incertitude d'une carrière et des embarras pécuniaires faillirent un moment l'arracher à l'étude.

La fortune de son père était compromise. La terre de Buffon, gage unique de ses créanciers, fut mise en vente. Buffon venait d'atteindre sa majorité, il se fit rendre compte de sa tutelle; il sauva ainsi son patrimoine, et il put racheter cette terre où son vieux père vécut longtemps encore, heureux des triomphes de son fils.

Devenu maître de sa fortune, Buffon se consacra entièrement à la science. Ses goûts n'étaient point arrêtés; il cultivait les mathématiques, la chimie, la physique végétale, il se perfectionnait dans la langue anglaise, en même temps qu'il s'exerçait à écrire en français, en faisant des traductions.

Ses premiers écrits furent remarqués; on y reconnut les essais d'une grande pensée. Il en fut de même de ses premiers travaux scientifiques qui lui ouvrirent les portes de l'Académie des sciences; et, à vingt-six ans, il vint prendre place auprès du vénérable Fontenelle qui avait deviné son génie.

Depuis son entrée à l'Académie jusqu'en 1739, Buffon ne cessa de travailler. Il était à l'âge où les grandes idées portent déjà des fruits, et où l'activité incessante et l'amour du vrai poussent l'esprit dans des voies nouvelles et souvent audacieuses.

A ce moment heureux de la vie, la puissance inventive est dans toute sa force. Elle n'est point maîtrisée par les calculs de l'intérêt ni par les prudentes tempo-risations de l'âge mûr. On a l'audace de tout entreprendre parce qu'on a l'espérance de tout réaliser, et qu'on ne réfléchit ni aux difficultés, ni aux doutes, ni aux erreurs.

En 1735, Buffon fit paraître la traduction du livre de Hale sur la statistique des végétaux et l'analyse de l'air. En 1740, il donna la méthode des fluxions de Newton, précédée d'un discours sur la géométrie de l'infini et la découverte des infiniment petits. Ces traductions furent beaucoup lues ; leurs préfaces excitèrent l'admiration.

Buffon, qui ne se contentait point d'être l'interprète des idées d'autrui, s'occupait, à la même époque, de la publication d'un grand nombre de mémoires originaux, parmi lesquels deux sont restés célèbres : l'un sur l'agriculture, et l'autre sur la physique.

Archimède et Proclus avaient inventé un miroir qui pouvait allumer des matières combustibles à une grande distance. On traitait de fable cette invention dont on ignorait le secret, lorsque Buffon se remit à l'œuvre. Il refit l'expérience extraordinaire d'un incendie produit à 200 pieds de distance, et il conçut l'idée d'une loupe à échelons, qui fut exécutée, en 1748, avec un grand succès par l'abbé Rochon.

Buffon s'était lié avec Dufay, naturaliste-observateur, intendant du Jardin royal des plantes médicinales. En 1739, Dufay mourut après avoir désigné Buffon pour son successeur.

A l'âge de 32 ans, Buffon fut nommé intendant du Jardin du Roi. Cette nomination, en fixant pour jamais sa vocation, fit naître dans son esprit le projet d'une publication immense sur les trois règnes de la nature.

Le passage de Buffon au Jardin du Roi est une date mémorable dans l'histoire de ce grand établissement dont on peut le considérer comme le fondateur.

Daubenton, simple médecin, entre au Muséum; Bernard de Jussieu, qui avait été mis à l'écart par l'avant-dernier intendant, est rappelé ; les chaires de botanique, d'anatomie et de médecine, de création nouvelle, sont occupées par Portal, Antoine Petit et Vicq-d'Azir. Le Jardin, resserré dans d'étroites limites, est agrandi, des matériaux s'amassent, on bâtit de nouvelles galeries, de vastes amphithéâtres.

En travaillant à développer les riches collections de cet établissement, presque sans rival, à la tête duquel il venait d'être placé, Buffon conçut un des plus larges plans que le génie humain puisse inventer. Il n'ignorait pas que tous les jours d'une vie laborieuse devaient être consacrés à une si vaste entreprise, qu'il fallait des ressources infinies, une persévérance sans bornes, une science aussi profonde que sûre, une méthode parfaite. Mais Buffon avait foi dans son œuvre, comme il avait foi dans son courage et son talent. Il n'était pas de ces esprits timides que les grandes pensées effrayent et qui ne savent pas oser. Il aborda donc résolûment cette tâche pleine de difficultés ; et, après dix années employées à préparer les matériaux, à former des combinaisons, à s'exercer dans l'art des faits, des expériences et du style, il publia le premier volume de *l'Histoire Naturelle*. Le succès de cette publication fut immense, l'Europe s'en étonna, et les Encyclopédistes, qui croyaient avoir élevé un monument sans rival, virent bien qu'ils n'avaient pas produit la plus grande œuvre scientifique du xviii° siècle.

Nous ne parlerons de ce grand ouvrage que pour en rappeler la composition et le plan.

Buffon commence par la théorie de la terre. Il trace d'une main sûre et hardie, le tableau des bouleversements, des transformations qui s'accomplissent sous nos yeux par l'action du feu ou par l'action de l'eau ; il indique les moyens d'interpréter, à l'aide des fossiles, les révolutions qui ont agité le sol; il ose même remonter jusqu'à l'origine de notre planète et hasarder des conjectures sur sa première formation.

Après la terre vient l'homme qui en a reçu l'empire. Jusque-là, l'histoire de l'homme n'était qu'incomplétement esquissée : Buffon l'écrit ; il prend l'homme à son berceau, il le suit à travers les âges dans ses transformations physiques et dans ses progrès moraux; il cherche, avec une inquiète curiosité, à lever les voiles qui cachent les mystères de sa naissance, de sa mort. Avec quelle noblesse d'idées il agite tous ces problèmes; avec quelle vérité il expose les détails de notre courte existence; et dans quel style harmonieux et touchant il décrit nos sentiments les plus doux, nos joies les plus vives, nos douleurs les plus amères !

Après l'histoire de l'homme, Buffon écrit l'histoire des animaux, quadrupèdes et oiseaux. Sur plus de 400 espèces, il a étudié non-seulement les formes extérieures et les détails anatomiques, mais encore les mœurs, les instincts et les habitudes de chacune d'elles.

Les belles pages qu'il a consacrées à ces savantes descriptions, présentent le tableau délicieux et vrai du mouvement de la vie, des harmonies de chaque être et de la poésie de toutes ces existences qui racontent les merveilles d'une éternelle puissance.

Buffon avait d'abord pensé qu'il pourrait achever ce grand ouvrage, mais l'étude des oiseaux était à peine terminée, qu'il touchait à la vieillesse, le temps manquait, la chaîne de ses travaux allait être interrompue, il fallait ou cesser brusquement son travail, ou en indiquer la conclusion. C'est à ce dernier parti qu'il s'arrêta; il écrivit donc l'histoire des minéraux qui, se rattachant aux théories de la terre, donne l'unité à l'œuvre entière.

Pour composer une telle œuvre, il fallait à Buffon non-seulement du talent, mais le calme de la solitude qui est la source des inspirations vraies. Ce calme, il allait, chaque année, le chercher dans ses jardins de Montbard.

« A Montbard, dit Vicq-d'Azir, au milieu d'un jardin orné, s'élève une tour an-
» tique : c'est là que Buffon a écrit l'histoire de la nature; c'est de là que sa renom-
» mée s'est répandue dans l'univers. Il y venait au lever du soleil, et nul importun
» n'avait le droit de l'y troubler. Le calme du matin, les premiers chants des
» oiseaux, l'aspect varié des campagnes, tout ce qui frappait ses sens le rappelait
» à son modèle. Libre, indépendant, il errait dans les allées, il précipitait, il modé-
» rait, il suspendait sa marche, tantôt la tête vers le ciel, dans le mouvement de
» l'inspiration et satisfait de sa pensée, tantôt recueilli, cherchant, ne trouvant pas
» ou prêt à produire; il écrivait, il effaçait, il écrivait de nouveau pour effacer
» encore; rassemblant, accordant, avec le même soin, le même goût, le même art,
» toutes les parties du discours, il le prononçait à diverses reprises, le corrigeant à
» chaque fois; et, content enfin de ses efforts, il le déclamait de nouveau pour lui-
» même, pour son bon plaisir, comme pour se dédommager de ses peines. Tant de
» fois répétée, sa prose, comme de beaux vers, se gravait dans sa mémoire, il la
» récitait à ses amis; il les engageait à la lire eux-mêmes à haute voix, en sa pré-
» sence; alors il l'écoutait en juge sévère, et il la travaillait sans relâche, voulant
» s'élever à la perfection que l'écrivain impatient ne pourra jamais atteindre.

» Ce que je peins faiblement, plusieurs en ont été témoins. Une belle physio-
» nomie, des cheveux blancs, des attitudes nobles, rendaient ce spectacle impo-
» sant et magnifique; car, s'il y a quelque chose au-dessus des productions du
» génie, ce ne peut être que le génie lui-même, lorsqu'il compose, lorsqu'il crée,
» et que, dans ses mouvements sublimes, il se rapproche, autant qu'il se peut, de
» la divinité. »

Tous ceux qui ont visité les allées ombrageuses, les sites pittoresques des magnifiques jardins de Montbard, ont trouvé un charme de plus dans la lecture de cet éloquent passage.

Au moment où Buffon mettait la dernière main à son ouvrage, l'Europe toute entière témoignait sa haute admiration pour ce grand observateur, ce brillant écrivain de la nature. Rien ne manquait à son triomphe.

En 1771, pendant son séjour à Montbard, le comte d'Angevilliers lui fit élever, à l'entrée du Muséum, une statue avec cette inscription : *Naturam amplectitur omnem*.

Louis XV, voulant donner un témoignage de sa haute estime à l'homme qui illustrait son règne, érigea la terre de Buffon en comté, faveur qui conférait à Buffon des priviléges, dont il ne profita jamais.

Dès 1753, l'Académie française, s'était fait un devoir d'appeler Buffon dans son sein ; il y fut nommé à l'unanimité, à la mort de l'archevêque de Sens. C'est le 25 août de la même année, qu'en venant prendre rang dans cette assemblée célèbre, il prononça, au milieu d'un nombreux auditoire, son discours sur le style, un des plus beaux modèles de la littérature française.

Buffon était orateur, son organe mâle et sonore, sa belle physionomie, la dignité de son maintien, la noblesse de sa diction, prêtaient à ses paroles un charme irrésistible et faisaient passer dans l'esprit de ses auditeurs l'émotion, l'admiration.

On a cité partout son éloquente réponse au discours de réception de M. de la Condamine, à l'Académie française. Nous reproduirons aussi ce magnifique morceau d'éloquence.

« Avoir parcouru l'un et l'autre hémisphère, traversé les continents et les mers, » surmonté les sommets sourcilleux de ces montagnes embrasées où les glaces éter-» nelles bravent également et les feux souterrains, et les ardeurs du midi ; s'être » livré à la pente précipitée de ces cataractes écumantes dont les eaux suspendues » semblent moins rouler sur la terre que descendre des nues ; avoir pénétré dans » ces vastes déserts, dans ces solitudes immenses où l'on trouve à peine quelques » vestiges de l'homme, où la nature accoutumée au plus profond silence, dût » être étonné de s'entendre interroger pour la première fois ; avoir plus fait en un » mot par le seul motif de la gloire que l'on ne fit jamais par la soif de l'or. Voilà » ce que connaît de vous l'Europe, et ce que dira la postérité. »

Buffon prononça encore d'autres discours à l'Académie. Ses réponses à M. Watelet, au chevalier de Chatelux et au maréchal duc de Duras, se font remarquer par les mêmes qualités de style, la même grandeur de pensée.

Buffon s'était acquis une de ces réputations qui mènent à la gloire et au triomphe, mais qui font naître bien des jalousies, souvent même des haines. Les premiers volumes de son ouvrage furent en butte à une ardente critique ; ce n'était pas des critiques vulgaires que celles de Haller, de Bonnet et de l'abbé de Condillac. Cependant Buffon garda le silence, sachant bien que ses réponses n'auraient d'autre résultat que d'éterniser de douloureux débats, et d'accroître des susceptibilités déjà trop froissées.

En parlant de ces inimitiés de savants, nous ne laisserons pas dans l'oubli celles qui séparèrent toujours deux grands hommes, si bien faits pour s'entendre : Buffon et Linné. Tandis que Buffon travaillait à Paris à sa grande histoire de la nature, Linné écrivait à Upsal ses œuvres immortelles. Buffon et Linné, doués tous deux d'un génie immense, tous deux observateurs profonds, admirateurs passionnés du spectacle de la nature; tous deux d'une persévérance sans limites, d'une infatigable activité, d'une pénétration d'esprit presqu'infinie; ces deux génies en un mot, vécurent toujours dans la défiance l'un de l'autre et dans un état permanent d'hostilité.

Combien Buffon aurait profité des recherches du grand homme qui soumit à son examen plus de 2,000 espèces d'animaux et de plantes! que de ressources Linné eut trouvé dans les descriptions incomparables dont Buffon enrichit partout son œuvre! Aidé du savoir si précis et si vaste de Linné, Buffon aurait ajouté encore à la sublimité de son ouvrage. Linné, aidé à son tour des inspirations de Buffon, aurait donné plus de poésie et de naturel à ses œuvres écrites dans un langage vraiment étrange.

Cependant ces deux grands hommes sont restés ennemis, comme si chacun d'eux eût pu porter ombrage à la gloire de l'autre. Cette hostilité fut si acerbe que, pour se venger de la critique de Buffon, Linné lui dédia, dit-on, le genre *Buffonia*.

Buffon ne devait s'attendre qu'à la critique des savants, il subit aussi celle des hommes de lettres. Voltaire, dont on rencontre toujours le nom quand il s'agit d'ironie, jalousa pendant quelque temps la gloire du peintre de la nature. Il en avait, à vrai dire, quelque peu le droit, Buffon s'étant permis de rire des explications que l'auteur de *Zaïre* avait données sur les fossiles. Cette dissidence ne dura pas longtemps; Buffon fut assez généreux pour désavouer sa critique, et assez délicat pour répondre aux faibles objections de Voltaire, en lui envoyant son *Histoire naturelle* à Ferney. Voltaire lui répondit à l'adresse d'Archimède II. Buffon se hâta de le remercier, en déclarant que jamais on ne pourrait dire Voltaire II. Ce trait d'esprit plut au grand écrivain, car, en ouvrant la lettre de Buffon, il dit : « Je savais bien que je ne resterais pas brouillé avec M. de Buffon pour des coquilles. »

Si Buffon eut des envieux, il eut en revanche, un grand nombre d'admirateurs. Tous les princes de l'Europe voulurent le connaître et correspondre avec lui.

En 1768 et en 1770, il reçut au Jardin Royal la visite du roi de Danemark et du roi de Suède. Au mois d'avril 1777, l'empereur d'Autriche, Joseph II, qui vint à Versailles, sous le nom de comte de Folkenstein, passa par Montbard pour voir Buffon. En 1784, le prince Henri de Prusse visita aussi la gracieuse retraite de Montbard qu'il appelait le berceau de l'histoire naturelle.

Chaque année, à l'anniversaire de la naissance de Buffon, l'impératrice de Russie, la grande Catherine, lui faisait remettre, par le baron de Grimm, des présents de fourrure qui étaient toujours accompagnés d'une lettre autographe. Elle lui envoya même la collection en or des médailles de son règne, d'une valeur d'environ 40,000 livres. C'était ordinairement à Montbard, et surtout dans les dernières années de sa vie, qu'il entretenait ces correspondances aussi honorables pour le souverain qui les dictait que pour le savant qui les recevait. Il était aidé par sa sœur, madame Nadault, femme d'un grand esprit, toujours prête à lui prêter le secours de sa plume élégante et facile. C'est elle qui répondait à toutes les lettres de femme, elle écrivit même quelquefois à l'impératrice Catherine. « Tenez, petite sœur, lui disait Buffon, cela vous regarde, vous vous y entendez mieux que moi. »

Au milieu de ces triomphes qui eurent un si grand retentissement en Europe, Buffon goûta les joies douces et pures de la famille. Son père était fier d'un tel fils. Un jour, après la lecture de l'invocation à l'Être-Suprême, il se jeta à ses pieds, courbant ainsi ses 80 ans devant la gloire de son fils.

Le fils du comte de Buffon comprenait aussi tout le prix de cette gloire. Dans sa piété filiale, il fit ériger, dans les jardins de Montbard, au pied de la grande tour, une humble colonne avec cette simple inscription plus humble encore : *Excelsæ turri, humilis columna, parenti suo filius Buffon,* 1785.

Au milieu de toutes les satisfactions que donne la gloire, Buffon arrivait à la vieillesse. Longtemps encore, il conserva cette force de travail, cette liberté d'esprit, qui avaient fait sa puissance, mais enfin la faiblesse humaine prit le dessus, et les infirmités vinrent assaillir cette grande nature. En 1788, Buffon fut atteint d'une cruelle maladie qui devait bientôt l'emporter. Dans les premiers jours d'avril, il se promenait encore soutenu par deux laquais, et visitait les travaux d'un amphithéâtre qu'il faisait construire. Le 12, le mal empira et la souffrance devint intolérable. Portal proposa l'opération. « Répondez-vous de me sauver, lui dit Buffon ? » Et, comme Portal gardait le silence : « J'ai 81 ans, dit le noble vieillard, mieux vaut mourir. » Le 14 avril, le roi envoya demander de ses nouvelles par un messager. Buffon en fut vivement touché. Dans la soirée du 15, la faiblesse devint extrême, et le malade demanda spontanément les secours de la religion. Madame Necker était au chevet de son lit. Dans ce moment, écrit-elle, il croyait son confesseur présent, j'ai retenu ces paroles : « Mon cher Ignace, il y a plus de quarante
» ans que vous me connaissez, vous savez quelle a toujours été ma conduite ; j'ai
» fait du bien quand je l'ai pu, et je n'ai rien à me reprocher. Je déclare que je
» meurs dans la religion où je suis né, et j'atteste publiquement que je crois

» en Jésus-Christ, descendu du ciel sur la terre pour le salut des hommes : je
» demande qu'il daigne jeter les yeux sur moi et me protéger, et je déclare publi-
» quement que j'y crois. »

Buffon reçut les derniers sacrements avec une piété fervente, et il expira dans
la nuit du 15 au 16 avril 1788, à une heure du matin.

Le 18, son corps soigneusement embaumé, fut présenté à Saint-Médard, sa paroisse. Dès le grand matin, les rues étaient encombrées de spectateurs consternés;
le cortége, composé des députations des académies, d'hommes de lettres, d'artistes,
de ministres, d'ambassadeurs, accompagnèrent, au milieu d'une foule immense et
recueillie, les dépouilles mortelles de l'homme de génie que la France venait de
perdre.

Le 20 avril, ses dépouilles furent transportées à Montbard et déposées, en grande
pompe, dans le caveau de la chapelle seigneuriale où elles reposent encore aujourd'hui.

Le caractère des grands hommes les peint souvent mieux que leur histoire ; il
jette des lumières sur des événements de leur vie qui resteraient à jamais inin-
telligibles, si les qualités et les défauts de l'esprit ne venaient les expliquer.

Préoccupé d'un seul dessein, Buffon s'appliqua moins à l'étude des hommes qu'à
celle de la vérité. Chez lui, le désir de dominer , de s'élever aux dignités et à la
gloire, fut toujours subordonné à la passion du vrai, à l'amour de la nature. C'est
ce désintéressement sincère pour les sciences qui forme les intelligences supérieures et devient la source des plus grandes découvertes. Celui qui recherche par
dessus tout la gloire n'atteindra jamais aux splendeurs de la vérité , tandis que
celui qui travaille avant tout pour la vérité , parvient naturellement aux honneurs
et à la gloire.

Buffon n'était pas courtisan, il parut rarement à la cour, on ne le vit jamais
s'abaisser à la flatterie, et dans un temps où les écrivains se faisaient si humbles, il
prononça dans sa réponse au duc de Duras, ces nobles paroles auxquelles applaudit
l'Académie française : « L'empire de l'opinion n'est-il pas assez vaste pour que
» chacun puisse y habiter en repos ? »

Buffon était aussi simple que grand. Il confiait souvent ses manuscrits à ses amis
et savait faire droit à la critique quand elle était juste; s'il s'était laissé aller à des
erreurs, il s'empressait de les rectifier ; c'est ainsi qu'il les a relevées dans ses sup-
pléments avec autant de modestie que de franchise, montrant par là tout ce que
pouvait sur lui la force de la vérité. Cette simplicité se traduisait jusque dans ses
conversations. Un jour que, plein d'admiration pour son génie, le prince de Gon-

zague lui demandait comment il avait pu atteindre à une telle gloire , il répondit avec bonhomie : « C'est en passant quarante ans devant mon bureau. »

A Montbard, Buffon était aimé et vénéré de tous. Charitable et bienfaisant, il ne laissait jamais échapper l'occasion de rendre service ; c'est lui qui tira son compatriote Daubenton de l'obscurité pour en faire un professeur au Jardin du Roi, et plus tard son collaborateur.

Dans sa vie privée, Buffon était d'une grande régularité. Il était actif, sobre comme il convient à tous les hommes qui veulent tenter de grandes choses. A cinq heures du matin, il était debout, il avait donné à Joseph, son valet de chambre, l'ordre de le jeter hors du lit lorsqu'il ferait résistance. Aussi, Buffon disait : « Je dois au petit Joseph les meilleures pages de l'histoire naturelle. »

Buffon consacrait la matinée entière au travail. A midi, il faisait son unique repas qu'il prolongeait souvent, par pure attention pour ses nombreux visiteurs. Hérault de Séchelle lui fait injustement le reproche de consacrer trop de temps à ce repas.

Buffon était pour sa famille d'une bonté et d'une tendresse au-dessus de tout éloge.

En 1752, il se maria à Marie-Françoise de Saint-Belin, grande admiratrice de son génie, et qui partagea, pendant bien des années, toute son affection. Deux enfants naquirent de ce mariage : Marie-Henriette Leclerc de Buffon, qui mourut au berceau, et Georges-Louis-Marie Leclerc de Buffon qui fut colonel de cavalerie et gouverneur de Montbard. Il mourut sur l'échafaud, le 10 juillet 1793, en prononçant ces paroles : « Citoyens, je me nomme Buffon. »

M. le comte de Buffon fils n'eut point de postérité quoiqu'il ait été marié deux fois. Il épousa en secondes noces Elisabeth-Georgette Daubenton, femme d'un haut mérite, qui, après avoir traversé, non sans péril, les orages de la révolution, mourut au château de Montbard, le 17 mai 1852.

Avec la comtesse de Buffon s'éteignit la descendance directe de l'illustre Buffon.

Nous avons rapidement esquissé la vie du plus grand naturaliste et d'un des plus grands écrivains que la France ait produits. Nous n'avons point à porter de jugement sur ses œuvres ; depuis longtemps elles sont jugées par la postérité qui a ratifié ces nobles paroles que Condorcet prononçait peu de jours après la mort de Buffon :

« Lorsque de tels hommes disparaissent de la terre, aux premiers éclats d'un en- » thousiasme augmenté par les regrets, et aux derniers cris de l'envie expirante, » succède bientôt un silence redoutable, pendant lequel se prépare avec lenteur

» le jugement de la postérité. On lit paisiblement, pour l'examiner, ce qu'on avait
» lu pour l'admirer, le critiquer ou seulement pour le vain plaisir d'en parler. Des
» opinions conçues avec plus de réflexions, motivées avec plus de liberté, se ré-
» pandent peu à peu, se modifient, se corrigent les unes les autres ; et, à la fin, une
» voix presqu'unanime s'élève, et prononce un arrêt que rarement les siècles futurs
» doivent révoquer (1). »

Dr ERNEST FAIVRE.

(1) Pour connaître avec plus de détails la vie de Buffon, on pourra consulter les *Eloges* de Condorcet et de Vicq-d'Azir, l'article de Cuvier dans la *Biographie universelle*, le travail publié en l'an xi par Bernard d'Hery dans l'*Abrégé des OEuvres* du grand naturaliste, une longue notice publiée dans la *Revue Archéologique*, 12e année, 1855, enfin une brochure, extraite de l'*Almanach du département de l'Yonne*, année 1855, et qui renferme des détails encore inconnus.

DISCOURS ACADÉMIQUES

Discours prononcé à l'Académie française par M. DE BUFFON le jour de sa réception.

M. de Buffon ayant été élu par MM. de l'Académie française, à la place de feu M. l'archevêque de Sens, y vint prendre séance le samedi 25 août 1753, et prononça le discours qui suit.

MESSIEURS,

Vous m'avez comblé d'honneur en m'appelant à vous ; mais la gloire n'est un bien qu'autant qu'on en est digne, et je ne me flatte pas que quelques essais écrits sans art et sans autre ornement que celui de la nature, soient des titres suffisants pour oser prendre place parmi les maîtres de l'art, parmi les hommes éminents qui représentent ici la splendeur littéraire de la France, et dont les noms, célébrés aujourd'hui par la voix des nations, retentiront encore avec éclat dans la bouche de nos derniers neveux. Vous avez eu, Messieurs, d'autres motifs en jetant les yeux sur moi ; vous avez voulu donner à l'illustre compagnie (1) à laquelle j'ai l'honneur d'appartenir depuis longtemps, une nouvelle marque de considération : ma reconnaissance, quoique partagée, n'en sera pas moins vive. Mais comment satisfaire au devoir qu'elle m'impose en ce jour ? Je n'ai, Messieurs, à vous offrir que votre propre bien : ce sont quelques idées sur le style que j'ai puisées dans vos ouvrages ; c'est en vous lisant, c'est en vous admirant qu'elles ont été conçues, c'est en les soumettant à vos lumières qu'elles se produiront avec quelque succès.

Il s'est trouvé dans tous les temps des hommes qui ont su commander aux autres par la puissance de la parole. Ce n'est néanmoins que dans les siècles éclairés que l'on a bien écrit et bien parlé. La véritable éloquence suppose l'exercice du génie et la culture de l'esprit. Elle est bien différente de cette facilité naturelle de parler qui n'est qu'un talent, une qualité accordée à tous ceux dont les passions sont fortes, les

---

(1) L'Académie royale des Sciences. M. de Buffon y avait été reçu en 1733, dans la classe de mécanique.

organes souples et l'imagination prompte. Ces hommes sentent vivement, s'affectent de même, le marquent fortement au dehors; et, par une impression purement mécanique, ils transmettent aux autres leur enthousiasme et leurs affections. C'est le corps qui parle au corps; tous les mouvements, tous les signes, concourent et servent également. Que faut-il pour émouvoir la multitude et l'entraîner? que faut-il pour ébranler la plupart même des autres hommes et les persuader? Un ton véhément et pathétique, des gestes expressifs et fréquents, des paroles rapides et sonnantes. Mais pour le petit nombre de ceux dont la tête est ferme, le goût délicat, et le sens exquis et qui, comme vous, Messieurs, comptent pour peu le ton, les gestes, et le vain son des mots, il faut des choses, des pensées, des raisons; il faut savoir les présenter, les nuancer, les ordonner : il ne suffit pas de frapper l'oreille et d'occuper les yeux; il faut agir sur l'âme et toucher le cœur en parlant à l'esprit.

Le style n'est que l'ordre et le mouvement qu'on met dans ses pensées. Si on les enchaîne étroitement, si on les serre, le style devient ferme, nerveux et concis; si on les laisse se succéder lentement, et ne se joindre qu'à la faveur des mots, quelque élégants qu'ils soient, le style sera diffus, lâche et traînant.

Mais, avant de chercher l'ordre dans lequel on présentera ses pensées, il faut s'en être fait un autre plus général et plus fixe, où ne doivent entrer que les premières vues et les principales idées : c'est en marquant leur place sur ce premier plan, qu'un sujet sera circonscrit, et que l'on en connaîtra l'étendue; c'est en se rappelant sans cesse ces premiers linéaments, qu'on déterminera les justes intervalles qui séparent les idées principales, et qu'il naîtra des idées accessoires et moyennes qui serviront à les remplir. Par la force du génie, on se représentera toutes les idées générales et particulières sous leur véritable point de vue; par une grande finesse de discernement, on distinguera les pensées stériles des idées fécondes ; par la sagacité que donne la grande habitude d'écrire, on sentira d'avance quel sera le produit de toutes ces opérations de l'esprit. Pour peu que le sujet soit vaste ou compliqué, il est bien rare qu'on puisse l'embrasser d'un coup d'œil, ou le pénétrer en entier d'un seul et premier effort de génie; et il est rare encore qu'après bien des réflexions on en saisisse tous les rapports. On ne peut donc trop s'en occuper; c'est même le seul moyen d'affermir, d'étendre et d'élever ses pensées : plus on leur donnera de substance et de force par la méditation, plus il sera facile ensuite de les réaliser par l'expression.

Ce plan n'est pas encore le style, mais il en est la base; il le soutient, il le dirige, il règle son mouvement et le soumet à des lois : sans cela, le meilleur écrivain s'égare; sa plume marche sans guide, et jette à l'aventure des traits irréguliers et des figures discordantes. Quelque brillantes que soient les couleurs qu'il emploie, quelques beautés qu'il sème dans les détails, comme l'ensemble choquera, ou ne se fera pas assez sentir, l'ouvrage ne sera point construit ; et, en admirant l'esprit de l'auteur, on pourra soupçonner qu'il manque de génie. C'est par cette raison que ceux qui écrivent comme ils parlent, quoiqu'ils parlent très-bien, écrivent mal; que ceux qui s'abandonnent au premier feu de leur imagination prennent un ton qu'ils ne peuvent soutenir; que ceux qui craignent de perdre des pensées isolées, fugitives, et qui écrivent en différents temps des morceaux détachés, ne les réunissent jamais sans transitions forcées; qu'en un mot il y a tant d'ouvrages faits de pièces de rapport, et si peu qui soient fondus d'un seul jet.

Cependant tout sujet est un; et, quelque vaste qu'il soit, il peut être renfermé dans un seul discours. Les interruptions, les repos, les sections, ne devraient être d'usage que quand on traite des sujets différents, ou lorsqu'ayant à parler de choses grandes, épineuses et disparates, la marche du génie se trouve interrompue par la multiplicité des obstacles, et contrainte par la nécessité des circonstances (1) : autrement le grand nombre de divisions, loin de rendre un ouvrage plus solide, en détruit l'assemblage; le livre paraît plus clair aux yeux, mais le dessein de l'auteur demeure obscur; il ne peut faire impression sur l'esprit du lecteur; il ne peut même se faire sentir que par la continuité du fil, par la dépendance harmonique des idées, par un développement successif, une gradation soutenue, un mouvement uniforme que toute interruption détruit ou fait languir.

Pourquoi les ouvrages de la nature sont-ils si parfaits ? c'est que chaque ouvrage est un tout, et qu'elle travaille sur un plan éternel dont elle ne s'écarte jamais; elle prépare en silence les germes de ses productions; elle ébauche, par un acte unique, la forme primitive de tout être vivant; elle la développe, elle la perfectionne par un mouvement continu et dans un temps prescrit. L'ouvrage étonne; mais c'est l'empreinte divine dont il porte les traits qui doit nous frapper. L'esprit humain ne peut rien créer; il ne produira qu'après avoir été fécondé par l'expérience et la méditation; ses connaissances sont les germes de ses productions : mais s'il imite la nature dans sa marche et dans son travail, s'il s'élève par la contemplation aux vérités les plus sublimes, s'il les réunit, s'il les enchaîne, s'il en forme un tout, un système par réflexion, il établira sur des fondements inébranlables des monuments immortels.

C'est faute de plan, c'est pour n'avoir pas assez réfléchi sur son objet, qu'un homme d'esprit se trouve embarrassé, et ne sait par où commencer à écrire. Il aperçoit à la fois un grand nombre d'idées; et comme il ne les a ni comparées ni subordonnées, rien ne le détermine à préférer les unes aux autres; il demeure donc dans la perplexité : mais lorsqu'il se sera fait un plan, lorsqu'une fois il aura rassemblé et mis en ordre toutes les pensées essentielles à son sujet, il s'apercevra aisément de l'instant auquel il doit prendre la plume; il sentira le point de maturité de la production de l'esprit, il sera pressé de la faire éclore, il n'aura même que du plaisir à écrire : les idées se succéderont aisément, et le style sera naturel et facile; la chaleur naîtra de ce plaisir, se répandra partout et donnera la vie à chaque expression; tout s'animera de plus en plus, le ton s'élèvera, les objets prendront de la couleur; et le sentiment, se joignant à la lumière, l'augmentera, la portera plus loin, et la fera passer de ce que l'on dit à ce que l'on va dire, et le style deviendra intéressant et lumineux.

(1) Dans ce que j'ai dit ici, j'avais en vue le livre de l'*Esprit des Lois*, ouvrage excellent pour le fond, et auquel on n'a pu faire d'autre reproche que celui des sections trop fréquentes.

Rien ne s'oppose plus à la chaleur que le désir de mettre partout des traits saillants, rien n'est plus contraire à la lumière, qui doit faire un corps et se répandre uniformément dans un écrit, que ces étincelles qu'on ne tire que par force en choquant les mots les uns contre les autres, et qui ne nous éblouissent pendant quelques instants que pour nous laisser ensuite dans les ténèbres. Ce sont des pensées qui ne brillent que par l'opposition ; l'on ne présente qu'un côté de l'objet ; on met dans l'ombre toutes les autres faces ; et ordinairement ce côté qu'on choisit est une pointe, un angle sur lequel on fait jouer l'esprit avec d'autant plus de facilité qu'on l'éloigne davantage des grandes faces sous lesquelles le bon sens a coutume de considérer les choses.

Rien n'est encore plus opposé à la véritable éloquence que l'emploi de ces pensées fines, et la recherche de ces idées légères, déliées, sans consistance, et qui, comme la feuille du métal battu, ne prennent de l'éclat qu'en perdant de la solidité. Ainsi plus on mettra de cet esprit mince et brillant dans un écrit, moins il aura de nerf, de lumière, de chaleur et de style ; à moins que cet esprit ne soit lui-même le fond du sujet, et que l'écrivain n'ait pas eu d'autre objet que la plaisanterie, alors l'art de dire de petites choses devient peut-être plus difficile que l'art d'en dire de grandes.

Rien n'est plus opposé au beau naturel que la peine qu'on se donne pour exprimer des choses ordinaires ou communes d'une manière singulière ou pompeuse ; rien ne dégrade plus l'écrivain. Loin de l'admirer, on le plaint d'avoir passé tant de temps à faire de nouvelles combinaisons de syllabes, pour ne dire que ce que tout le monde dit. Ce défaut est celui des esprits cultivés, mais stériles : ils ont des mots en abondance, point d'idées ; ils travaillent donc sur les mots, et s'imaginent avoir combiné des idées parce qu'ils ont arrangé des phrases, et avoir épuré le langage quand ils l'ont corrompu en détournant les acceptions. Ces écrivains n'ont point de style, ou, si l'on veut, ils n'en ont que l'ombre. Le style doit graver des pensées ; ils ne savent que tracer des paroles.

Pour bien écrire, il faut donc posséder pleinement son sujet, il faut y réfléchir assez pour voir clairement l'ordre de ses pensées, et en former une suite, une chaîne continue, dont chaque point représente une idée ; et lorsqu'on aura pris la plume, il faudra la conduire successivement sur ce premier trait, sans lui permettre de s'en écarter, sans l'appuyer trop inégalement, sans lui donner d'autre mouvement que celui qui sera déterminé par l'espace qu'elle doit parcourir. C'est en cela que consiste la sévérité du style ; c'est aussi ce qui en fera l'unité et ce qui en réglera la rapidité, et cela seul aussi suffira pour le rendre précis et simple, égal et clair, vif et suivi. A cette première règle dictée par le génie si l'on joint de la délicatesse et du goût, du scrupule sur le choix des expressions, de l'attention à ne nommer les choses que par les termes les plus généraux, le style aura de la noblesse. Si l'on y joint encore de la défiance pour son premier mouvement, du mépris pour tout ce qui n'est que brillant, et une répugnance constante pour l'équivoque et la plaisanterie, le style aura de la gravité, il aura même de la majesté. Enfin, si l'on écrit comme l'on pense, si l'on est convaincu de ce que l'on veut persuader, cette bonne foi avec soi-même, qui fait la bienséance pour les autres et la vérité du style, lui fera produire tout son effet, pourvu que cette persuasion intérieure ne se remarque pas par un enthousiasme trop fort, et qu'il y ait partout plus de candeur que de confiance, plus de raison que de chaleur.

C'est ainsi, Messieurs, qu'il me semblait, en vous lisant, que vous me parliez, que vous m'instruisiez. Mon âme, qui recueillait avec avidité ces oracles de la sagesse, voulait prendre l'essor et s'élever jusqu'à vous : vains efforts ! Les règles, disiez-vous encore, ne peuvent suppléer au génie ; s'il manque, elles seront inutiles. Bien écrire, c'est tout à la fois bien penser, bien sentir et bien rendre ; c'est avoir en même temps de l'esprit, de l'âme et du goût. Le style suppose la réunion et l'exercice de toutes les facultés intellectuelles : les idées seules forment le fond du style ; l'harmonie des paroles n'en est que l'accessoire, et ne dépend que de la sensibilité des organes. Il suffit d'avoir un peu d'oreille pour éviter les dissonances ; de l'avoir exercée, perfectionnée par la lecture des poëtes et des orateurs, pour que mécaniquement on soit porté à l'imitation de la cadence poétique et des tours oratoires. Or, jamais l'imitation n'a rien créé ; aussi cette harmonie des mots ne fait ni le fond ni le ton du style, et se trouve souvent dans des écrits vides d'idées.

Le ton n'est que la convenance du style à la nature du sujet : il ne doit jamais être forcé ; il naîtra naturellement du fond même de la chose, et dépendra beaucoup du point de généralité auquel on aura porté ses pensées. Si l'on s'est élevé aux idées les plus générales, et si l'objet en lui-même est grand, le ton paraîtra s'élever à la même hauteur ; et si, en le soutenant à cette élévation, le génie fournit assez pour donner à chaque objet une forte lumière, si l'on peut ajouter la beauté du coloris à l'énergie du dessin, si l'on peut, en un mot, représenter chaque idée par une image vive et bien terminée, et former de chaque suite d'idées un tableau harmonieux et mouvant, le ton sera non-seulement élevé, mais sublime.

Ici, Messieurs, l'application ferait plus que la règle ; les exemples instruiraient mieux que les préceptes ; mais il ne m'est pas permis de citer les morceaux sublimes qui m'ont si souvent transporté en lisant vos ouvrages, je suis contraint de me borner à des réflexions. Les ouvrages bien écrits seront les seuls qui passeront à la postérité. La quantité des connaissances, la singularité des faits, la nouveauté même des découvertes, ne sont pas de sûrs garants de l'immortalité ; si les ouvrages qui les contiennent ne roulent que sur de petits objets, s'ils sont écrits sans goût, sans noblesse et sans génie, ils périront, parce que les connaissances, les faits et les découvertes s'enlèvent aisément, se transportent, et gagnent même à être mis en œuvre par des mains plus habiles. Ces choses sont hors de l'homme ; le style est l'homme même. Le style ne peut donc ni s'enlever, ni se transporter, ni s'altérer : s'il est élevé, noble, sublime, l'auteur sera également admiré dans tous les temps ; car il n'y a que la vérité qui soit durable et même éternelle. Or, un beau style n'est tel en effet que par le nombre infini des vérités qu'il présente. Toutes les beautés intellectuelles qui s'y trouvent, tous les rapports dont il est composé, sont autant de vérités aussi utiles et peut-être plus précieuses pour l'esprit humain que celles qui peuvent faire le fond du sujet.

Le sublime ne peut se trouver que dans les grands sujets. La poésie, l'histoire et la philosophie, ont toutes le même objet, et un très-grand objet, l'homme et la nature. La philosophie décrit et dépeint la nature; la poésie la peint et l'embellit; elle peint aussi les hommes, elle les agrandit, elle les exagère; elle crée les héros et les dieux; l'histoire ne peint que l'homme, et le peint tel qu'il est; ainsi le ton de l'historien ne deviendra sublime que quand il fera le portrait des plus grands hommes, quand il exposera les plus grandes actions, les plus grands mouvements, les plus grandes révolutions, et partout ailleurs il suffira qu'il soit majestueux et grave. Le ton du philosophe pourra devenir sublime toutes les fois qu'il parlera des lois de la nature, des êtres en général, de l'espace, de la matière, du mouvement et du temps, de l'âme, de l'esprit humain, des sentiments, des passions : dans le reste, il suffira qu'il soit noble et élevé. Mais le ton de l'orateur et du poëte, dès que le sujet est grand, doit toujours être sublime, parce qu'ils sont les maîtres de joindre à la grandeur de leur sujet autant de couleur, autant de mouvement, autant d'illusion qu'il leur plaît, et que, devant toujours peindre et toujours agrandir les objets, ils doivent aussi partout employer toute la force et déployer toute l'étendue de leur génie.

ADRESSE A MM. DE L'ACADÉMIE FRANÇAISE.

Que de grands objets, Messieurs, frappent ici mes yeux! et quel style et quel ton faudrait-il employer pour les peindre et les représenter dignement? L'élite des hommes est assemblée; la Sagesse est à leur tête. La Gloire, assise au milieu d'eux, répand ses rayons sur chacun, et les couvre tous d'un éclat toujours le même et toujours renaissant. Des traits d'une lumière plus vive encore partent de sa couronne immortelle, et vont se réunir sur le front auguste du plus puissant et du meilleur des rois (1). Je le vois, ce héros, ce prince adorable, ce maître si cher. Quelle noblesse dans tous ses traits! que de majesté dans toute sa personne! que d'âme et de douceur naturelle dans ses regards! il les tourne vers vous, Messieurs, et vous brillez d'un nouveau feu : une ardeur plus vive vous embrase; j'entends déjà vos divins accents et les accords de vos voix; vous les réunissez pour célébrer ses vertus, pour chanter ses victoires, pour applaudir à notre bonheur; vous les réunissez pour faire éclater votre zèle, exprimer votre amour, et transmettre à la postérité des sentiments dignes de ce grand prince et de ses descendants. Quels concerts! ils pénètrent mon cœur; ils seront immortels comme le nom de Louis.

(1) Louis XV, le Bien-Aimé.

Dans le lointain, quelle autre scène de grands objets! le génie de la France qui parle à Richelieu et lui dicte à la fois l'art d'éclairer les hommes et de faire régner les rois; la Justice et la Science, qui conduisent Séguier et l'élèvent de concert à la première place de leurs tribunaux; la Victoire, qui s'avance à grands pas, et précède le char triomphal de nos rois, où Louis le Grand, assis sur des trophées, d'une main donne la paix aux nations vaincues, et de l'autre rassemble dans ce palais les muses dispersées. Et près de moi, Messieurs, quel autre objet intéressant! la Religion en pleurs, qui vient emprunter l'organe de l'éloquence pour exprimer sa douleur, et semble m'accuser de suspendre trop longtemps vos regrets sur une perte que nous devons tous ressentir avec elle (1).

PROJET D'UNE RÉPONSE A M. DE COETLOSQUET,

Ancien évêque de Limoges, lors de sa réception à l'Académie françoise (2).

MONSIEUR,

En vous témoignant la satisfaction que nous avons à vous recevoir, je ne ferai pas l'énumération de tous les droits que vous aviez à nos vœux. Il est un petit nombre d'hommes que les éloges font rougir, que la louange déconcerte, que la vérité même blesse, lorsqu'elle est trop flatteuse. Cette noble délicatesse, qui fait la bienséance du caractère, suppose la perfection de toutes les qualités intérieures. Une âme belle et sans tache, qui veut se conserver dans toute sa pureté, cherche moins à paraître qu'à se couvrir du voile de la modestie; jalouse de ses beautés qu'elle compte par le nombre de ses vertus, elle ne permet pas que le souffle impur des passions étrangères en ternisse le lustre; imbue de très-bonne heure des principes de la religion, elle en conserve avec le même soin les impressions sacrées: mais, comme ces caractères divins sont gravés en traits de flamme, leur éclat perce et colore de son feu le voile qui nous les dérobait; alors il brille à tous les yeux et sans les offenser. Bien différent de l'éclat de la gloire, qui toujours nous frappe par éclairs, et souvent nous aveugle, celui de la vertu n'est qu'une lumière bienfaisante qui nous guide, qui nous éclaire, et dont les rayons nous vivifient.

Accoutumée à jouir en silence du bonheur attaché à l'exercice de la sagesse, occupée sans relâche à recueillir la rosée céleste de la grâce divine, qui seule nourrit la piété, cette âme vertueuse et modeste se suffit à elle-même : contente de son inté-

---

(1) Celle de M. Languet de Gergy, archevêque de Sens, auquel j'ai succédé à l'Académie française.

(2) Cette réponse devait être prononcée en 1760, le jour de la réception de M. l'évêque de Limoges à l'Académie française; mais comme ce prélat se retira pour laisser passer deux hommes de lettres qui aspiraient en même temps à l'Académie, cette réponse n'a été ni prononcée, ni imprimée.

rieur, elle a peine à se répandre au dehors; elle ne s'épanche que vers Dieu. La douceur et la paix, l'amour de ses devoirs, la remplissent, l'occupent tout entière; la charité seule a droit de l'émouvoir: mais alors son zèle, quoique ardent, est encore modeste; il ne s'annonce que par l'exemple; il porte l'empreinte du sentiment tendre qui le fit naître; c'est la vertu seulement devenue plus active.

Tendre piété! vertu sublime! vous méritez tous nos respects, vous élevez l'homme au-dessus de son être, vous l'approchez du Créateur, vous en faites sur la terre un habitant des cieux. Divine modestie! vous méritez tout notre amour; vous faites seule la gloire du sage, vous faites aussi la décence du saint état des ministres de l'autel: vous n'êtes point un sentiment acquis par le commerce des hommes; vous êtes un don du ciel, une grace qu'il accorde en secret à quelques âmes privilégiées, pour rendre la vertu plus aimable; vous rendriez même, s'il était possible, le vice moins choquant. Mais jamais vous n'avez habité dans un cœur corrompu; la honte y a pris votre place: elle prend aussi vos traits lorsqu'elle veut sortir de ces replis obscurs où le crime l'a fait naître; elle couvre de votre voile sa confusion, sa bassesse. Sous ce lâche déguisement elle ose donc paraître: mais elle soutient mal la lumière du jour, elle a l'œil trouble et le regard louche; elle marche à pas obliques dans des routes souterraines où le soupçon la suit; et lorsqu'elle croit échapper à tous les yeux, un rayon de la vérité luit, il perce le nuage, l'illusion se dissipe, le prestige s'évanouit, le scandale seul reste, et l'on voit à nu toutes les difformités du vice grimaçant la vertu.

Mais détournons les yeux, n'achevons pas le portrait hideux de la noire hypocrisie; ne disons pas que quand elle a perdu le masque de la honte, elle arbore le panache de l'orgueil, et qu'alors elle s'appelle impudence. Ces monstres odieux sont indignes de faire ici contraste dans le tableau des vertus; ils souilleraient nos pinceaux. Que la modestie, la piété, la modération, la sagesse, soient mes seuls objets, mes seuls modèles! Je les vois, ces nobles filles du ciel, sourire à ma prière: je les vois, chargées de tous leurs dons, s'avancer à ma voix, pour les réunir ici sur la même personne: et c'est de vous, Monsieur, que je vais emprunter encore des traits vivants qui les caractérisent.

Au peu d'empressement que vous avez marqué pour les dignités, à la contrainte qu'il a fallu vous faire pour vous amener à la cour, à l'espèce de retraite dans laquelle vous continuez d'y vivre, au refus absolu que vous fîtes de l'archevêché de Tours qui vous était offert, aux délais même que vous avez mis à satisfaire les vœux de l'Académie, qui pourrait méconnaître cette modestie pure que j'ai tâché de peindre? L'amour des peuples de votre diocèse, la tendresse paternelle qu'on vous connaît pour eux, les marques publiques qu'ils donnèrent de leur joie lorsque vous refusâtes de les quitter, et parûtes plus flatté de leur attachement que de l'éclat d'un siége plus élevé, les regrets universels qu'ils ne cessent de faire encore entendre, ne sont-ils pas les effets les plus évidents de la sagesse, de la modération, du zèle charitable, et ne supposent-ils pas le talent rare de concilier les hommes en les conduisant? talent qui ne peut s'acquérir que par une connaissance parfaite du cœur humain, et qui cependant paraît vous être naturel, puisqu'il s'est annoncé dès les premiers temps, lorsque, formé sous les yeux de M. le cardinal de La Rochefoucauld, vous eûtes sa confiance et celle de tout son diocèse; talent peut-être le plus nécessaire de tous pour le succès de l'éducation des princes; car ce n'est en effet qu'en se conciliant leurs cœurs que l'on peut les former.

Vous êtes maintenant à portée, Monsieur, de le faire valoir, ce talent précieux; il peut devenir entre vos mains l'instrument du bonheur des hommes; nos jeunes princes sont destinés à être quelque jour leurs maîtres ou leurs modèles, ils font déjà l'amour de la nation; leur auguste père vous honore de toute sa confiance; sa tendresse, d'autant plus active, d'autant plus éclairée, qu'elle est plus vive et plus vraie, ne s'est point méprise : que faut-il de plus pour faire applaudir à son discernement et pour justifier son choix? Il vous a préposé, Monsieur, à cette éducation si chère, certain que ces augustes enfants vous aimeront, et puisque vous êtes universellement aimé..... Universellement aimé : à ce seul mot, que je ne crains point de répéter, vous sentez, Monsieur, combien je pourrais étendre, élever mes éloges; mais je vous ai promis d'avance toute la discrétion que peut exiger la délicatesse de votre modestie. Je ne puis néanmoins vous quitter encore, ni passer sous silence un fait qui seul prouverait tous les autres, et dont le simple récit a pénétré mon cœur; c'est ce triste et dernier devoir que, malgré la douleur qui déchirait votre âme, vous rendîtes avec tant d'empressement et de courage à la mémoire de M. le cardinal de La Rochefoucauld. Il vous avait donné les premières leçons de la sagesse; il avait vu germer et croître vos vertus par l'exemple des siennes; il était, si j'ose m'exprimer ainsi, le père de votre âme : et vous, Monsieur, vous aviez pour lui plus que l'amour d'un fils, une constance d'attachement qui ne fut jamais altérée, une reconnaissance si profonde, qu'au lieu de diminuer avec le temps, elle a paru toujours s'augmenter pendant la vie de votre illustre ami, et que, plus vive encore après son décès, ne pouvant plus la soutenir, vous la fîtes éclater en allant mêler vos larmes à celles de tout son diocèse, et prononcer son éloge funèbre, pour arracher au moins quelque chose à la mort en ressuscitant ses vertus.

Vous venez aussi, Monsieur, de jeter des fleurs immortelles sur le tombeau du prélat auquel vous succédez. Quand on aime autant la vertu, on sait la reconnaître partout, et la louer sous toutes les faces qu'elle peut présenter. Unissons nos regrets à vos éloges. . . . .

Le reste de ce discours manque, les circonstances ayant changé. M. l'ancien évêque de Limoges aurait même voulu qu'il fût supprimé en entier. J'ai fait ce que j'ai pu pour le satisfaire, mais, l'ouvrage étant trop avancé et les feuilles tirées jusqu'à la page 16, je n'ai pu supprimer cette partie du discours, et je la laisse comme un hommage rendu à la piété, à la vertu et à la vérité.

RÉPONSE A M. WATELET,

Le jour de sa réception à l'Académie française, le samedi 10 janvier 1761.

Monsieur,

Si jamais il y eut dans une compagnie un deuil de cœur, général et sincère, c'est celui de ce jour. M. de Mirabaud, auquel vous succédez, Monsieur, n'avait ici que des amis, quelque digne qu'il fût d'y avoir des rivaux. Souffrez donc que le sentiment qui nous afflige paraisse le premier, et que les motifs de nos regrets précèdent les raisons qui peuvent nous consoler. M. de Mirabaud, votre confrère et votre ami, Messieurs, a tenu, pendant près de vingt ans, la plume sous vos yeux. Il était plus qu'un membre de notre corps : il en était le principal organe occupé tout entier du service et de la gloire de l'Académie, il lui avait consacré et ses jours et ses veilles ; il était, dans votre cercle, le centre auquel se réunissaient vos lumières, qui ne perdaient rien de leur éclat en passant par la plume. Connaissant, par un si long usage, toute l'utilité de sa place pour le progrès de vos travaux académiques, il n'a voulu la quitter, cette place qu'il remplissait si bien, qu'après avoir désigné, Messieurs, celui d'entre vous que vous avez tous jugé convenir le mieux (1), et qui joint en effet à tous les talents de l'esprit cette droiture délicate qui va jusqu'au scrupule dès qu'il s'agit de remplir ses devoirs. M. de Mirabaud a joui lui-même de ce bien qu'il nous a fait ; il a eu la satisfaction, pendant ses dernières années, de voir les premiers fruits de cet heureux choix. Le grand âge n'avait point affaissé l'esprit ; il n'avait altéré ni ses sens, ni ses facultés intérieures : les tristes impressions du temps ne s'étaient marquées que par le desséchement du corps. A quatre-vingt-six ans, M. de Mirabaud avait encore le feu de la jeunesse et la séve de l'âge mûr, une gaieté vive et douce, une sérénité d'âme, une aménité de mœurs qui faisaient disparaître la vieillesse, ou ne la laissaient voir qu'avec cette espèce d'attendrissement qui suppose bien plus que du respect. Libre de passions, et sans autres liens que ceux de l'amitié, il était plus à ses amis qu'à lui-même : il a passé sa vie dans une société dont il faisait les délices ; société douce, quoique intime, que la mort seule a pu dissoudre.

Ses ouvrages portent l'empreinte de son caractère : plus un homme est honnête, et plus ses écrits lui ressemblent. M. de Mirabaud joignait toujours le sentiment à l'esprit, et nous aimons à le lire comme nous l'aimions à l'entendre ; mais il avait si peu d'attachement pour ses productions, il craignait si fort et le bruit et l'éclat, qu'il a sacrifié celles qui pouvaient le plus contribuer à sa gloire. Nulle prétention, malgré son mérite éminent ; nul empressement à se faire valoir ; nul penchant à parler de soi ; nul désir, ni apparent ni caché, de se mettre au-dessus des autres : ses

---

(1) M. Duclos a succédé à M. de Mirabaud dans la place de secrétaire de l'Académie française.

propres talents n'étaient à ses yeux que des droits qu'il avait acquis pour être plus modeste, et il paraissait n'avoir cultivé son esprit que pour élever son âme et perfectionner ses vertus.

Vous, Monsieur, qui jugez si bien de la vérité des peintures, auriez-vous saisi tous les traits qui vous sont communs avec votre prédécesseur dans l'esquisse que je viens de tracer ? Si l'art que vous avez chanté pouvait s'étendre jusqu'à peindre les âmes, nous verrions d'un coup d'œil ces ressemblances heureuses que je ne puis qu'indiquer ; elles consistent également et dans ces qualités du cœur si précieuses à la société, et dans ces talents de l'esprit qui vous ont mérité nos suffrages. Toute grande qu'est notre perte, vous pouvez donc, Monsieur, plus que la réparer : vous venez d'enrichir les arts et notre langue d'un ouvrage qui suppose, avec la perfection du goût, tant de connaissances différentes, que vous seul peut-être en possédez les rapports et l'ensemble ; vous seul, et le premier, avez osé tenter de représenter par des sons harmonieux les effets des couleurs ; vous avez essayé de faire pour le peintre ce qu'Horace fit pour la poésie, *un monument plus durable que le bronze*. Rien ne garantira des outrages du temps ces tableaux précieux des Raphaël, des Titien, des Corrége ; nos arrière-neveux regretteront ces chefs-d'œuvre comme nous regrettons nous-mêmes ceux des Xeuxis et des Apelles. Si vos leçons savantes sont d'un si grand prix pour nos jeunes artistes, que ne vous devront pas dans les siècles futurs l'art lui-même et ceux qui le cultiveront ? Au feu de vos lumières, ils pourront réchauffer leur génie ; ils trouveront au moins dans la fécondité de vos principes et dans la sagesse de vos préceptes, une partie des secours qu'ils auraient tirés de ces modèles sublimes qui ne subsisteront plus que par la renommée.

RÉPONSE A M. DE LA CONDAMINE,

Le jour de sa réception à l'Académie française, le lundi 21 janvier 1761.

Monsieur,

Du génie pour les sciences, du goût pour la littérature, du talent pour écrire, de l'ardeur pour entreprendre, du courage pour exécuter, de la constance pour achever, de l'amitié pour vos rivaux, du zèle pour vos amis, de l'enthousiasme pour l'humanité. Voilà ce que vous connaît un ancien ami, un confrère de trente ans, qui se félicite aujourd'hui de le devenir pour la seconde fois (1).

Avoir parcouru l'un et l'autre hémisphères, traversé les continents et les mers, surmonté les sommets sourcilleux de ces montagnes embrasées, où des glaces éternelles bravent également et les feux souterrains et les ardeurs du midi ; s'être li-

---

(1) J'étais depuis très-longtemps confrère de M. de La Condamine à l'Académie des Sciences.

vré à la pente précipitée de ces cataractes écumantes, dont les eaux suspendues semblent moins rouler sur la terre que descendre des nues ; avoir pénétré dans ces vastes déserts, dans ces solitudes immenses, où l'on trouve à peine quelques vestiges de l'homme, où la nature, accoutumée au plus profond silence, dut être étonnée de s'entendre interroger pour la première fois ; avoir plus fait, en un mot, par le seul motif de la gloire des lettres, que l'on ne fit jamais par la soif de l'or : voilà ce que connaît de vous l'Europe, et ce que dira la postérité.

Mais n'anticipons ni sur les espaces ni sur les temps ; vous savez que le siècle où l'on vit est sourd, que la voix du compatriote est faible : laissons donc à nos neveux le soin de répéter ce que dit de vous l'étranger, et bornez aujourd'hui votre gloire à celle d'être assis parmi nous.

La mort met cent ans de distance entre un jour et l'autre : louons de concert le prélat auquel vous succédez (1) ; sa mémoire est digne de nos éloges, sa personne digne de nos regrets. Avec de grands talents pour les négociations, il avait la volonté de bien servir l'État ; volonté dominante dans M. de Vauréal, et qui, dans tant d'autres, n'est que subordonnée à l'intérêt personnel. Il joignait à une grande connaissance du monde le dédain de l'intrigue ; au désir de la gloire, l'amour de la paix, qu'il a maintenue dans son diocèse, même dans les temps les plus orageux. Nous lui connaissions cette éloquence naturelle, cette force de discours, cette heureuse confiance, qui souvent sont nécessaires pour ébranler, pour émouvoir, et en même temps cette facilité à revenir sur soi-même, cette espèce de bonne foi si séante, qui persuade encore mieux, et qui seule achève de convaincre. Il laissait paraître ses talents et cachait ses vertus ; son zèle charitable s'étendait en secret à tous les indigents : riche par son patrimoine, et plus encore par les grâces du roi, dont nous ne pouvons trop admirer la bonté bienfaisante, M. de Vauréal sans cesse faisait du bien, et le faisait en grand ; il donnait sans mesure, il donnait en silence ; il servait ardemment, il servait sans retour personnel, et jamais ni les besoins du faste, si pressants à la cour, ni la crainte si fondée de faire des ingrats, n'ont balancé dans cette âme généreuse le sentiment plus noble d'aider aux malheureux.

RÉPONSE A M. LE CHEVALIER DE CHATELUX,

Le jour de sa réception à l'Académie française, le jeudi 27 avril 1775.

Monsieur,

On ne peut qu'accueillir avec empressement quelqu'un qui se présente avec autant de grâce ; le pas que vous avez fait en arrière sur le seuil de ce temple, vous a

---

(1) M. de La Condamine succéda, à l'Académie française, à M. de Vauréal, évêque de Rennes.

fait couronner avant d'entrer au sanctuaire (1); vous veniez à nous, et votre modestie nous a mis dans le cas d'aller tous au-devant: arrivez en tromphe, et ne craignez pas que j'afflige cette vertu qui vous est chère; je vais même la satisfaire en blâmant à vos yeux ce qui seul peut la faire rougir.

La louange publique, signe éclatant du mérite, est une monnaie plus précieuse que l'or, mais qui perd son prix et même devient vile, lorsqu'on la convertit en effets de commerce. Subissant autant de déchet par le change, que le métal, signe de notre richesse, acquiert de valeur par la circulation, la louange réciproque, nécessairement exagérée, n'offre-t-elle pas un commerce suspect entre particuliers, et peu digne d'une compagnie dans laquelle il doit suffire d'être admis pour être assez loué? Pourquoi les voûtes de ce lycée ne forment-elles jamais que des échos multipliés d'éloges retentissants? pourquoi ces murs, qui devraient être sacrés, ne peuvent-ils nous rendre le ton modeste et la parole de la vérité? Une couche antique d'encens brûlé revêt leurs parois et les rend sourds à cette parole divine qui ne frappe que l'âme. S'il faut étonner l'ouïe, s'il faut des éclats de la trompette pour se faire entendre, je ne le puis; et ma voix, dût-elle se perdre sans effet, ne blessera pas au moins cette vérité sainte que rien n'afflige plus, après la calomnie, que la fausse louange.

Comme un bouquet de fleurs assorties, dont chacun brille de ses couleurs et porte son parfum, l'éloge doit présenter les vertus, les talents, les travaux de l'homme célèbre. Qu'on passe sous silence les vices, les défauts, les erreurs, c'est retrancher du bouquet les feuilles desséchées, les herbes épineuses, et celles dont l'odeur serait désagréable. Dans l'histoire, ce silence mutile la vérité; il ne l'offense pas dans l'éloge. Mais la vérité ne permet ni les jugements de mauvaise foi, ni les fausses adulations; elle se révolte contre ces mensonges colorés auxquels on fait porter son masque: bientôt elle fait justice de toutes ces réputations éphémères fondées sur le commerce et l'abus de la louange; portant d'une main l'éponge de l'oubli, et de l'autre le burin de la gloire, elle efface sous nos yeux les caractères du prestige, et grave pour la postérité les seuls traits qu'elle doit consacrer.

Elle sait que l'éloge doit non-seulement couronner le mérite, mais le faire germer; par ces nobles motifs, elle a cédé partie de son domaine: le panégyriste doit se taire sur le mal moral, exalter le bien, présenter les vertus dans leur plus grand éclat (mais les talents dans leur vrai jour), et les travaux accompagnés, comme les vertus, de ces rayons de gloire dont la chaleur vivifiante fait naître le désir d'imiter les unes, et le courage pour égaler les autres; toutefois en mesurant les forces de notre faible nature, qui s'effrayerait à la vue d'une vertu gigantesque, et prend pour un fantôme tout modèle trop grand ou trop parfait.

L'éloge d'un souverain sera suffisamment grand, quoique simple, si l'on peut prononcer, comme une vérité reconnue: *Notre roi veut le bien et désire d'être aimé;* la toute-

---

(1) M. le chevalier de Chatelux, qui était désiré par l'Académie, et qui en conséquence s'était présenté, se retira pour engager M. de Malesherbes à passer avant lui.

puissance, compagne de sa volonté, ne se déploie que pour augmenter le bonheur de ses peuples; dans l'âge de la dissipation, il s'occupe avec assiduité; son application aux affaires annonce l'ordre et la règle; l'attention sérieuse de l'esprit, qualité si rare dans la jeunesse, semble être un don de naissance qu'il a reçu de son auguste père: et la justesse de son discernement n'est-elle pas démontrée par les faits? il a choisi pour coopérateur le plus ancien, le plus vertueux, et le plus éclairé de ses hommes d'État (1), grand ministre éprouvé par les revers, dont l'âme pure et ferme ne s'est pas plus affaissée sous la disgrâce qu'enflée par la faveur. Mon cœur palpite au nom du créateur de mes ouvrages, et ne se calme que par le sentiment du repos le plus doux; c'est que, comblé de gloire, il est au-dessus de mes éloges. Ici j'invoque encore la vérité: loin de me démentir, elle approuvera tout ce que je viens de prononcer; elle pourrait même m'en dicter davantage.

Mais, dira-t-on, l'éloge en général ayant la vérité pour base, et chaque louange portant son caractère propre, la faisceau réuni de ces traits glorieux ne sera pas encore un trophée; on doit l'orner de franges, le serrer d'une chaîne de brillants: car il ne suffit pas qu'on ne puisse le délier ou le rompre; il faut de plus le faire accueillir, admirer, applaudir, et que l'acclamation publique, étouffant le murmure de ces hommes dédaigneux ou jaloux, confirme ou justifie la voix de l'orateur. Or, l'on manque ce but, si l'on présente la vérité sans parure et trop nue. Je l'avoue; mais ne vaut-il pas mieux sacrifier ce petit bien frivole au grand et solide honneur de transmettre à la postérité les portraits ressemblants de nos contemporains? Elle jugera par leurs œuvres, et pourrait démentir nos éloges.

Malgré cette rigueur que je m'impose ici, je me trouve fort à mon aise avec vous, Monsieur: actions brillantes, travaux utiles, ouvrages savants, tout se présente à la fois; et comme une tendre amitié m'attache à vous de tous les temps, je parlerai de votre personne avant d'exposer vos talents. Vous fûtes le premier d'entre nous qui ait eu le courage de braver le préjugé contre l'inoculation; seul, sans conseil, à la fleur de l'âge, mais décidé par maturité de raison, vous fîtes sur vous-même l'épreuve qu'on redoutait encore, grand exemple, parce qu'il fut le premier, parce qu'il a été suivi par des exemples plus grands encore, lesquels ont rassuré tous les cœurs des Français sur la vie de leurs princes adorés. Je fus aussi le premier témoin de votre heureux succès; avec quelle satisfaction je vous vis arriver de la campagne, portant les impressions récentes qui ne me parurent que des stigmates de courage! Souvenez-vous de cet instant; l'hilarité peinte sur votre visage en couleurs plus vives que celles du mal, vous me dites: *Je suis sauvé et mon exemple en sauvera bien d'autres.*

Ce dernier mot peint votre âme; je n'en connais aucune qui ait un zèle plus ardent pour le bonheur de l'humanité. Vous teniez la lampe sacrée de ce noble enthousiasme lorsque vous conçûtes le projet de votre ouvrage sur la félicité publique. Ouvrage de votre cœur: avec quelle affection n'y présentez-vous pas le tableau

____

(1) M. le comte de Maurepas.

successif des malheurs du genre humain! avec quelle joie vous saisissez les courts intervalles de son bonheur, ou plutôt de sa tranquillité! Ouvrage de votre esprit : que de vues saines, que d'idées approfondies! que de combinaisons aussi délicates que difficiles! J'ose le dire, si votre livre pèche, c'est par trop de mérite; l'immense érudition que vous y avez déployée couvre d'une sorte de draperie les objets principaux. Cependant cette grande érudition, qui seule suffirait pour vous donner des titres auprès de toutes les académies, vous était nécessaire comme preuve de vos recherches; vous avez puisé vos connaissances aux sources mêmes du savoir, et, suivant pas à pas les auteurs contemporains, vous avez présenté la condition des hommes et l'état des nations sous leur vrai point de vue, mais avec cette exactitude scrupuleuse et ces pièces justificatives qui rebutent tout lecteur léger, et supposent dans les autres une forte attention. Lorsqu'il vous plaira de donner une nouvelle culture à votre riche fonds, vous pourrez arracher ces épines qui couvrent une partie de vos plus beaux terrains, et vous n'offrirez plus qu'une vaste terre émaillée de fleurs et chargée de fruits que tout homme de goût s'empressera de cueillir. Je vais vous citer à vous-même pour exemple.

Quelle lecture plus instructive pour les amateurs des arts que celle de votre *Essai sur l'union de la poésie et de la musique?* C'est encore au bonheur public que cet ouvrage est consacré; il donne le moyen d'augmenter les plaisirs purs de l'esprit par le chatouillement innocent de l'oreille. Une idée mère et neuve s'y développe avec grâce dans toute son étendue : il doit y avoir du style en musique; chaque air doit être fondé sur un motif, sur une idée principale, relative à quelque objet sensible; et l'union de la musique à la poésie ne peut être parfaite qu'autant que le poëte et le musicien conviendront d'avance de représenter la même idée, l'un par des mots, et l'autre par des sons. C'est avec toute confiance que je renvoie les gens de goût à la démonstration de cette vérité, et aux charmants exemples que vous en avez donnés.

Quelle autre lecture plus agréable que celle des éloges de ces illustres guerriers, vos amis, vos émules, et que, par modestie, vous appelez vos maîtres? Destiné par votre naissance à la profession des armes, comptant dans vos ancêtres de grands militaires, des hommes d'État plus grands encore, parce qu'ils étaient en même temps très-grands hommes de lettres, vous avez été poussé, par leur exemple, dans les deux carrières; et vous vous êtes annoncé d'abord avec distinction dans celle de la guerre : mais votre cœur de paix, votre esprit de patriotisme et votre amour pour l'humanité, vous prenaient tous les moments que le devoir vous laissait; et, pour ne pas trop s'éloigner de ce devoir sacré d'état, vos premiers travaux littéraires ont été des éloges militaires. Je ne citerai que celui de M. le baron de Closen, et je demande si ce n'est pas une espèce de modèle en ce genre.

Et le discours que nous venons d'entendre n'est-il pas un nouveau fleuron que l'on doit ajouter à vos anciens blasons? La main du goût va le placer; puisque c'est son ouvrage, elle le mettra sans doute au-dessus de vos autres couronnes.

Je vous quitte à regret, Monsieur; mais vous succédez à un digne académicien qui mérite aussi des éloges, et d'autant plus qu'il les recherchait moins. Sa mémoire, honorée par tous les gens de bien, nous est chère en particulier, par son respect constant pour cette compagnie. M. de Châteaubrun, homme juste et doux, pieux, mais tolérant, sentait, savait, que l'empire des lettres ne peut s'accroître et même se soutenir que par la liberté; il approuvait donc tout assez volontiers, et ne blâmait rien qu'avec discrétion. Jamais il n'a rien fait que dans la vue du bien, jamais rien dit qu'à bonne intention. Mais il faudrait faire ici l'énumération de toutes les vertus morales et chrétiennes pour présenter en détail celle de M. de Châteaubrun. Il avait les premières par caractère, et les autres par le plus grand exemple de ce genre l'exemple du prince aïeul de son auguste élève. Guidé dans cette éducation par l'un de nos plus respectables confrères, et soutenu par son ancien et constant dévouement à cette grande maison, il a eu la satisfaction de jouir pendant quatre générations et plus de soixante ans, de la confiance et de toute l'estime de ces illustres protecteurs.

Cultivant les belles-lettres autant par devoir que par goût, il a donné plusieurs pièces de théâtre, *les Troyennes* et *Philoctète* ont fait verser assez de larmes pour justifier l'éloge que nous faisons de ses talents. Sa vertu tirait parti de tout; elle perce à travers les noires perfidies et les superstitions que présente chaque scène; ses offrandes n'en sont pas moins pures, ses victimes moins innocentes, et même ses portraits n'en sont que plus touchants. J'ai admiré sa piété profonde par le transport qu'il en fait aux ministres des faux dieux : Thestor, grand-prêtre des Troyens, peint par M. de Châteaubrun, semble être environnée de cette lumière surnaturelle qui le rendait digne de desservir les autels du vrai Dieu. Et telle est en effet la force d'une âme vivement affectée de ce sentiment divin, qu'elle le porte au loin et le répand sur tous les objets qui l'environnent. Si M. de Châteaubrun a supprimé, comme on l'assure, quelques pièces très-dignes de voir le jour, c'est sans doute parce qu'il ne leur a pas trouvé une assez forte teinture de ce sentiment auquel il voulait subordonner tous les autres. Dans cet instant, Messieurs, je voudrais moi-même y conformer le mien; je sens néanmoins que ce serait faire la vie d'un saint plutôt que l'éloge d'un académicien. Il est mort à quatre-vingt-treize ans. Je viens de perdre mon père précisément au même âge : il était, comme M. de Châteaubrun, plein de vertus et d'années. Les regrets permettent la parole; mais la douleur est muette.

RÉPONSE A M. LE MARÉCHAL DUC DE DURAS,

Le jour de sa réception à l'Académie française, le 15 mai 1775.

Monsieur,

Aux lois que je me suis prescrites sur l'éloge dans le discours précédent, il faut ajouter un précepte également nécessaire : c'est que les convenances doivent y être senties, et jamais violées; le sentiment qui les annonce doit régner partout, et vous venez, Monsieur, de nous en donner l'exemple. Mais ce tact attentif de l'esprit, qui fait sentir les nuances des fines bienséances, est-il un talent ordinaire qu'on puisse communiquer? ou plutôt n'est-il pas le dernier résultat des idées, l'extrait des sentiments d'une âme exercée sur des objets que le talent ne peut saisir?

La nature donne la force du génie, la trempe du caractère, et le moule du cœur; l'éducation ne fait que modifier le tout : mais le goût délicat, le tact fin d'où naît ce sentiment exquis, ne peuvent s'acquérir que par un grand usage du monde dans les premiers rangs de la société. L'usage des livres, la solitude, la contemplation des œuvres de la nature, l'indifférence sur le mouvement du tourbillon des hommes, sont au contraire les seuls éléments de la vie du philosophe. Ici l'homme de cour a donc le plus grand avantage sur l'homme de lettres; il louera mieux et plus convenablement son prince et les grands, parce qu'il les connaît mieux, parce que mille fois il a senti, saisi ces rapports fugitifs que je ne fais qu'entrevoir.

Dans cette compagnie, nécessairement composée de l'élite des hommes en tout genre, chacun devrait être jugé et loué par ses pairs : notre formule en ordonne autrement; nous sommes presque toujours au-dessus ou au-dessous de ceux que nous avons à célébrer. Néanmoins il faut être de niveau pour se bien connaître; il faudrait avoir les mêmes talents pour se bien juger sans méprise. Par exemple, j'ignore le grand art des négociations, et vous le possédez; vous l'avez exercé, Monsieur, avec tout succès, je puis le dire : mais il m'est impossible de vous louer par le détail des choses qui vous flatteraient le plus; je sais seulement, avec le public, que vous avez maintenu pendant plusieurs années, dans des temps difficiles, l'intimité de l'union entre les deux plus grandes puissances de l'Europe; je sais que, devant nous représenter auprès d'une nation fière, vous y avez porté cette dignité qui se fait respecter, et cette aménité qu'on aime d'autant plus qu'elle se dégrade moins. Fidèle aux intérêts de votre souverain, zélé pour sa gloire, jaloux de l'honneur de la France, sans prétention sur celui de l'Espagne, sans mépris des usages étrangers, connaissant également les différents objets de la gloire des deux peuples, vous en avez augmenté l'éclat en les réunissant.

Représenter dignement sa nation sans choquer l'orgueil de l'autre; maintenir ses intérêts par la simple équité; porter en tout justice, bonne foi, discrétion; gagner la confiance par de si beaux moyens; l'établir sur des titres plus grands encore, sur l'exercice des vertus, me paraît un champ d'honneur si vaste, qu'en vous en ôtant une partie pour la donner à votre noble compagne d'ambassade, vous n'en serez ni jaloux ni moins riche. Quelle part n'a-t-elle pas eue à tous vos actes de bienfaisance! votre mémoire et la sienne seront à jamais consacrées dans les fastes de l'humanité par le seul trait que je vais rapporter.

La stérilité, suivie de la disette, avait amené le fléau de la famine jusque dans la ville de Madrid; le peuple mourant levait les mains au ciel pour avoir du pain; les secours du gouvernement, trop faibles ou trop lents, ne diminuaient que d'un degré cet excès de misère : vos cœurs compatissants vous la firent partager; des sommes considérables, même pour votre fortune, furent employées par vos ordres à acheter des grains au plus haut prix, pour les distribuer aux pauvres. Les soulager en tout temps, en tout pays, c'est professer l'amour de l'humanité, c'est exercer la première et la plus haute de toutes les vertus. Vous en eûtes la seule récompense qui soit digne d'elle : le soulagement du peuple fut assez senti pour qu'au Prado sa morne tristesse à l'aspect de tous les autres objets, se changeât tout à coup en signes de joie et en cris d'allégresse à la vue de ses bienfaiteurs; plusieurs fois, tous deux applaudis et suivis par des acclamations de reconnaissance, vous avez joui de ce bien, plus grand que tous les autres biens, de ce bonheur divin que les cœurs vertueux sont seuls en état de sentir.

Vous l'avez rapporté parmi nous, Monsieur, ce cœur plein d'une noble bonté. Je pourrais appeler en témoignage une province entière qui ne démentirait pas mes éloges; mais je ne puis les terminer sans parler de votre amour pour les lettres, et de votre prévenance pour ceux qui les cultivent. C'est donc avec un sentiment unanime que nous applaudissons à nos propres suffrages; en nous nommant un confrère, nous acquérons un ami : soyons toujours, comme nous le sommes aujourd'hui, assez heureux dans nos choix pour n'en faire aucun qui n'illustre les lettres.

Les lettres! chers et dignes objets de ma passion la plus constante, que j'ai de plaisir à vous voir honorées! que je me féliciterais si ma voix pouvait y contribuer! Mais c'est à vous, Messieurs, qui maintenez leur gloire, à en augmenter les honneurs : je vais seulement tâcher de seconder vos vues en proposant aujourd'hui ce qui depuis si longtemps fait l'objet de nos vœux.

Les lettres, dans leur état actuel, ont plus besoin de concorde que de protection; elles ne peuvent être dégradées que par leurs propres dissensions. L'empire de l'opinion n'est-il donc pas assez vaste pour que chacun puisse y habiter en repos? Pourquoi se faire la guerre? Eh! Messieurs, nous demandons la tolérance : accordons-la donc; exerçons-la pour en donner l'exemple. Ne nous identifions pas avec nos ouvrages; disons qu'ils ont passé par nous, mais qu'ils ne sont pas nous : séparons-en notre existence morale; fermons l'oreille aux aboiements de la critique; au lieu de défendre ce que nous avons fait, recueillons nos forces pour faire mieux; ne nous célébrons jamais entre nous que par approbation; ne nous blâmons que par le silence; ne faisons ni tourbe ni coterie, et que chacun, poursuivant la route que lui fraye son génie, puisse recueillir sans trouble le fruit de son travail : les lettres prendront alors un nouvel essor, et ceux qui les cultivent, un plus haut degré de considération; ils seront généralement révérés par leurs vertus, autant qu'admirés par leurs talents.

Qu'un militaire de haut rang, un prélat en dignité, un magistrat en vénération (1), célèbrent avec pompe les lettres et les hommes dont les ouvrages marquent le plus dans la littérature; qu'un ministre affable et bien intentionné les accueille avec distinction, rien n'est plus convenable; je dirais, rien de plus honorable pour eux-mêmes, parce que rien n'est plus patriotique : que les grands honorent le mérite en public, qu'ils exposent nos talents au grand jour, c'est les étendre et les multiplier; mais qu'entre eux les gens de lettres se suffoquent d'encens ou s'inondent de fiel, rien de moins honnête, rien de plus préjudiciable en tout temps, en tout lieu. Rappelons-nous l'exemple de nos premiers maîtres; ils ont eu l'ambition insensée de vouloir faire secte : la jalousie des chefs, l'enthousiasme des disciples, l'opiniâtreté des sectaires, ont semé la discorde et produit tous les maux qu'elle entraîne à sa suite; ces sectes sont tombées comme elles étaient nées, victimes de la même passion qui les avait enfantées, et rien n'a survécu; l'exil de la sagesse, le retour de l'ignorance, ont été les seuls et tristes fruits de ces chocs de vanité, qui, même par leurs succès, n'aboutissent qu'au mépris.

Le digne académicien auquel vous succédez, Monsieur, peut nous servir de modèle et d'exemple par son respect constant pour la réputation de ses confrères, par sa liaison intime avec ses rivaux : M. de Belloi était un homme de paix, amant de la vertu, zélé pour sa patrie, enthousiaste de cet amour national qui nous attache à nos rois. Il est le premier qui l'ait présenté sur la scène, et qui, sans le secours de la fiction, ait intéressé la nation pour elle-même par la seule force de la vérité de l'histoire. Jusqu'à lui presque toutes nos pièces de théâtre sont dans le costume antique, où les dieux méchants, leurs ministres fourbes, leurs oracles menteurs, et des rois cruels, jouent les principaux rôles; les perfidies, les superstitions et les atrocités, remplissent chaque scène. Qu'étaient les hommes soumis à de pareils tyrans? Comment, depuis Homère, tous les poëtes se sont-ils servilement accordés à copier le tableau de ce siècle barbare? Pourquoi nous exposer les vices grossiers de ces peuplades encore à demi sauvages, dont même les vertus pourraient produire le crime? pourquoi nous présenter des scélérats pour des héros, et nous peindre éternellement de petits oppresseurs d'une ou deux bourgades comme de grands monarques? Ici l'éloignement grossit donc les objets plus que dans la nature il ne les diminue. J'admire cet art illusoire qui m'a souvent arraché des larmes pour des victimes fabuleuses ou coupables; mais cet art ne serait-il pas plus vrai, plus utile, et bientôt plus grand, si nos hommes de génie l'appliquaient, comme M. de Belloi, aux grands personnages de notre nation?

(1) M. de Malesherbes, à sa réception à l'Académie, venait de faire un très-beau discours à l'honneur des gens de lettres.

Le siége de Calais et le siége de Troie! quelle comparaison! diront les gens épris de nos poëtes tragiques : les plus beaux esprits, chacun dans leur siècle, n'ont-ils pas rapporté leurs principaux talents à cette ancienne et brillante époque à jamais mémorable? Que pouvons-nous mettre à côté de Virgile et de nos maîtres modernes, qui tous ont puisé à cette source commune? Tous ont fouillé les ruines et recueilli les débris de ce siége fameux pour y trouver les exemples des vertus guerrières, et en tirer les modèles des princes et des héros : les noms de ces héros ont été répétés, célébrés tant de fois, qu'ils sont plus connus que ceux des grands hommes de notre propre siècle.

Cependant ceux-ci sont ou seront consacrés par l'histoire, et les autres ne sont fameux que par la fiction. Je le répète, quels étaient ces princes? que pouvaient être ces prétendus héros? qu'étaient même ces peuples grecs ou troyens? quelles idées avaient-ils de la gloire des armes, idées qui néanmoins sont malheureusement les premières développées dans tout peuple sauvage? Ils n'avaient pas même la notion de l'honneur; et s'ils connaissaient quelques vertus, c'étaient des vertus féroces qui excitent plus d'horreur que d'admiration. Cruels par superstition autant que par instinct, rebelles par caprice ou soumis sans raison, atroces dans les vengeances, glorieux par le crime, les plus noirs attentats donnaient la plus haute célébrité. On transformait en héros un être farouche, sans âme, sans esprit, sans autre éducation que celle d'un lutteur ou d'un coureur. Nous refuserions aujourd'hui le nom d'hommes à ces espèces de monstres dont on faisait des dieux.

Mais que peut indiquer cette imitation, ce concours successif des poëtes à toujours présenter l'héroïsme sous les traits de l'espèce humaine encore informe? que prouve cette présence éternelle des acteurs d'Homère sur notre scène, sinon la puissance immortelle d'un premier génie sur les idées de tous les hommes? Quelque sublimes que soient les ouvrages de ce père des poëtes, ils lui font moins d'honneur que les productions de ses descendants, qui n'en sont que les gloses brillantes ou de beaux commentaires. Nous ne voulons rien ôter à leur gloire; mais, après trente siècles des mêmes illusions, ne doit-on pas au moins en changer les objets?

Les temps sont enfin arrivés; un d'entre vous, Messieurs, a osé le premier créer un poëme pour sa nation, et ce second génie influera sur trente autres siècles : j'oserais le prédire; si les hommes, au lieu de se dégrader, vont en se perfectionnant; si le fol amour de la fable cesse enfin de l'emporter sur la tendre vénération que l'homme sage doit à la vérité, tant que l'empire des lis subsistera, la *Henriade* sera notre *Iliade* : car, à talent égal, quelle comparaison, dirai-je à mon tour, entre le bon grand Henri et le petit Ulysse ou le fier Agamemnon, entre nos potentats et ces rois de village, dont toutes les forces réunies feraient à peine un détachement de nos armées? Quelle différence dans l'art même! n'est-il pas plus aisé de monter l'imagination des hommes que d'élever leur raison, de leur montrer des mannequins gigantesques de héros fabuleux que de leur présenter les portraits ressemblants de vrais hommes vraiment grands?

Enfin quel doit être le but des représentations théâtrales, quel peut en être l'objet utile, si ce n'est d'échauffer le cœur et de frapper l'âme entière de la nation

par de grands exemples et par les beaux modèles qui l'ont illustrée? Les étrangers
ont, avant nous, senti cette vérité. Le Tasse, Milton, le Camoens, se sont écartés de
la route battue; ils ont su mêler habilement l'intérêt de la religion dominante à
l'intérêt national, ou bien à un intérêt encore plus universel. Presque tous les dra-
matiques anglais ont puisé leurs sujets dans l'histoire de leur pays : aussi la plupart de leurs pièces de théâtre sont-elles appropriées aux mœurs anglaises; elles ne
présentent que le zèle pour la liberté, que l'amour de l'indépendance, et que le conflit
des prérogatives. En France, le zèle pour la patrie, et surtout l'amour de notre roi,
joueront à jamais les rôles principaux; et, quoique ce sentiment n'ait pas besoin
d'être confirmé dans des cœurs français, rien ne peut les remuer plus délicieuse-
ment que de mettre ce sentiment en action, et de l'exposer au grand jour, en le
faisant paraître sur la scène avec toute sa noblesse et toute son énergie. C'est ce
qu'a fait M. de Belloi, c'est ce que nous avons tous senti avec transport à la représentation du *Siége de Calais* : jamais applaudissements n'ont été plus universels ni
plus multipliés... Mais, Monsieur, l'on ignorait, jusqu'à ce jour, la grande part qui
vous revient de ces applaudissements. M. de Belloi a dit à ses amis qu'il vous devait
le choix de son sujet, qu'il ne s'y était arrêté que par vos conseils. Il parlait souvent
de cette obligation; avons-nous pu mieux acquitter sa dette qu'en vous priant,
Monsieur, de prendre ici sa place?

HISTOIRE NATURELLE

PREMIER DISCOURS

DE LA MANIÈRE D'ÉTUDIER ET DE TRAITER L'HISTOIRE NATURELLE

> Res ardua vetustis novitatem dare, novis auctorita-
> tem, obsoletis nitorem, obscuris lucem, fastiditis gra-
> tiam, dubiis fidem, omnibus vero naturam, et naturæ
> suæ omnia.
>
> (Plin., in præf. ad Vespas.)

L'histoire naturelle, prise dans toute son étendue, est une histoire immense ; elle embrasse tous les objets que nous présente l'univers. Cette multitude prodigieuse de quadrupèdes, d'oiseaux, de poissons, d'insectes, de plantes, de minéraux, etc., offre à la curiosité de l'esprit humain un vaste spectacle, dont l'ensemble est si grand, qu'il paraît et qu'il est en effet inépuisable dans les détails. Une seule partie de l'histoire naturelle, comme l'histoire des insectes ou l'histoire des plantes, suffit pour occuper plusieurs hommes ; et les plus habiles observateurs n'ont donné, après un travail de plusieurs années, que des ébauches assez imparfaites des objets trop multipliés que présentent ces branches particulières de l'histoire naturelle, auxquelles ils s'étaient uniquement attachés. Cependant ils ont fait tout ce qu'ils pouvaient faire ; et bien loin de s'en prendre aux observateurs du peu d'avancement de la science, on ne saurait trop louer leur assiduité au travail et leur patience ; on ne peut même leur refuser des qualités plus élevées ; car il y a une espèce de force de génie et de courage d'esprit à pouvoir envisager, sans s'étonner, la nature dans la multitude innombrable de ses productions, et à se croire capable de les comprendre et de les comparer ; il y a une espèce de goût à les aimer, plus grand que le goût qui n'a pour but que des objets particuliers : et l'on peut dire que l'amour de l'étude de la nature suppose dans l'esprit deux qualités qui paraissent opposées : les grandes vues d'un génie ardent qui embrasse tout d'un coup d'œil, et les petites attentions d'un instinct laborieux qui ne s'attache qu'à un seul point.

Le premier obstacle qui se présente dans l'étude de l'histoire naturelle, vient de cette grande multitude d'objets : mais la variété de ces mêmes objets, et la difficulté de rassembler les productions diverses des différents climats, forment un autre obstacle à l'avancement de nos connaissances, qui paraît invincible, et qu'en effet le travail seul ne peut surmonter : ce n'est qu'à force de temps, de soins, de dépenses, et souvent par des hasards heureux, qu'on peut se procurer des individus bien conservés de chaque espèce d'animaux, de plantes ou de minéraux, et former une collection bien rangée de tous les ouvrages de la nature.

Mais lorsqu'on est parvenu à rassembler des échantillons de tout ce qui peuple l'univers, lorsqu'après bien des peines on a mis dans un même lieu des modèles de tout ce qui se trouve répandu avec profusion sur la terre, et qu'on jette pour la première fois les yeux sur ce magasin rempli de choses diverses, nouvelles et étrangères, la première sensation qui en résulte est un étonnement mêlé d'admiration, et la première réflexion qui suit, est un retour humiliant sur nous-mêmes. On ne s'imagine pas qu'on puisse avec le temps parvenir au point de reconnaître tous ces différents objets; qu'on puisse parvenir non-seulement à les reconnaître par la forme, mais encore à savoir tout ce qui a rapport à la naissance, la production, l'organisation, les usages, en un mot à l'histoire de chaque chose en particulier. Cependant, en se familiarisant avec ces mêmes objets, en les voyant souvent, et pour ainsi dire, sans dessein, ils forment peu à peu des impressions durables, qui bientôt se lient dans notre esprit par des rapports fixes et invariables; et de là nous nous élevons à des vues plus générales, par lesquelles nous pouvons embrasser à la fois plusieurs objets différents; et c'est alors qu'on est en état d'étudier avec ordre, de réfléchir avec fruit, et de se frayer des routes pour arriver à des découvertes utiles.

On doit donc commencer par voir beaucoup et revoir souvent. Quelque nécessaire que l'attention soit à tout, ici on peut s'en dispenser d'abord : je veux parler de cette attention scrupuleuse, toujours utile lorsqu'on sait beaucoup, et souvent nuisible à ceux qui commencent à s'instruire. L'essentiel est de leur meubler la tête d'idées et de faits, de les empêcher, s'il est possible, d'en tirer trop tôt des raisonnements et des rapports; car il arrive toujours que par l'ignorance de certains faits, et par la trop petite quantité d'idées, ils épuisent leur esprit en fausses combinaisons, et se chargent la mémoire de conséquences vagues et de résultats contraires à la vérité, lesquels forment dans la suite des préjugés qui s'effacent difficilement.

C'est pour cela que j'ai dit qu'il fallait commencer par voir beaucoup : il faut aussi voir presque sans dessein, parce que si vous avez résolu de ne considérer les choses que dans une certaine vue, dans un certain ordre, dans un certain système, eussiez-vous pris le meilleur chemin, vous n'arriverez jamais à la même étendue de connaissance à laquelle vous pourrez prétendre, si vous laissez dans les commencements votre esprit marcher de lui-même, se reconnaître, s'assurer sans secours, et former seul la première chaîne qui représente l'ordre de ses idées.

Ceci est vrai, sans exception, pour toutes les personnes dont l'esprit est fait et le raisonnement formé : les jeunes gens, au contraire, doivent être guidés plus tôt et conseillés à propos ; il faut même les encourager par ce qu'il y a de plus piquant dans la science, en leur faisant remarquer les choses les plus singulières, mais sans leur en donner d'explications précises; le mystère à cet âge excite la curiosité, au lieu que dans l'âge mûr il n'inspire que le dégoût. Les enfants se lassent aisément des choses qu'ils ont déjà vues; ils revoient avec indifférence, à moins qu'on ne leur représente les mêmes objets sous d'autres points de vue; et au lieu de leur répéter simplement ce qu'on leur a déjà dit, il vaut mieux y ajouter des circonstances, même étrangères ou inutiles : on perd moins à les tromper qu'à les dégoûter.

Lorsqu'après avoir vu et revu plusieurs fois les choses, ils commenceront à se les représenter en gros, que d'eux-mêmes, ils se feront des divisions, qu'ils commenceront à apercevoir des distinctions générales, le goût de la science pourra naître, et il faudra l'aider. Ce goût, si nécessaire à tout, mais en même temps si rare, ne se donne point par les préceptes : en vain l'éducation voudrait y suppléer, en vain les pères contraignent-ils leurs enfants; ils ne les amèneront jamais qu'à ce point commun à tous les hommes, à ce degré d'intelligence et de mémoire qui suffit à la société ou aux affaires ordinaires; mais c'est à la nature que l'on doit cette première étincelle de génie, ce genre de goût dont nous parlons, qui se développe ensuite plus ou moins, suivant les différentes circonstances et les différents objets.

Aussi doit-on présenter à l'esprit des jeunes gens des choses de toute espèce, des études de tout genre, des objets de toutes sortes, afin de reconnaître le genre auquel leur esprit se porte avec plus de force, ou se livre avec plus de plaisir. L'histoire naturelle doit leur être présentée à son tour, et précisément dans ce temps où la raison commence à se développer, dans cet âge où ils pourraient commencer à croire qu'ils savent déjà beaucoup : rien n'est plus capable de rabaisser leur amour-propre, et de leur faire sentir combien il y a de choses qu'ils ignorent; et indépendamment de ce premier effet, qui ne peut qu'être utile, une étude même légère de l'histoire naturelle élèvera leurs idées, et leur donnera des connaissances d'une infinité de choses que le commun des hommes ignore, et qui se retrouvent souvent dans les usages de la vie.

Mais revenons à l'homme qui veut s'appliquer sérieusement à l'étude de la nature, et reprenons-le au point où nous l'avons laissé, à ce point où il commence à généraliser ses idées, et à se former une méthode d'arrangement et des systèmes d'explication. C'est alors qu'il doit consulter les gens instruits, lire les bons auteurs, examiner leurs différentes méthodes, et emprunter des lumières de tous côtés. Mais comme il arrive ordinairement qu'on se prend alors d'affection et de goût pour certains auteurs, pour une certaine méthode, et que souvent, sans un examen assez mûr, on se livre à un système quelquefois mal fondé, il est bon que nous donnions ici quelques notions préliminaires sur les méthodes qu'on a imaginées pour faciliter l'intelligence de l'histoire naturelle. Ces méthodes sont très-utiles lorsqu'on ne les emploie qu'avec les restrictions convenables; elles abrègent le travail, elles aident la mémoire, elles offrent à l'esprit une suite d'idées, à la vérité composées d'objets différents entre eux, mais qui ne laissent pas d'avoir des rapports communs; et ces rapports forment des impressions plus fortes que ne pourraient faire des objets détachés qui n'auraient aucune relation. Voilà la principale utilité des méthodes; mais l'inconvénient est de vouloir trop allonger ou trop resserrer la chaîne, de vouloir soumettre à des lois arbitraires les lois de la nature, de vouloir la diviser dans des points où elle est indivisible, et de vouloir mesurer ses forces par notre faible imagination. Un autre inconvénient, qui n'est pas moins grand et qui est le contraire du premier, c'est de s'assujettir à des méthodes trop particulières, de vouloir juger du tout par une seule partie, de réduire la nature à de petits systèmes qui lui sont étrangers, et de ses ouvrages immenses en former arbitrairement autant d'assemblages détachés; enfin de rendre, en multipliant les noms et les représentations, la langue de la science plus difficile que la science elle-même.

Nous sommes naturellement portés à imaginer en tout une espèce d'ordre et d'uniformité; et quand on n'examine que légèrement les ouvrages de la nature, il paraît à cette première vue qu'elle a toujours travaillé sur un même plan. Comme nous ne connaissons nous-mêmes qu'une voie pour arriver à un but, nous nous persuadons que la nature fait et opère tout par les mêmes moyens et par des opérations semblables. Cette manière de penser a fait imaginer une infinité de faux rapports entre les productions naturelles : les plantes ont été comparées aux animaux; on a cru voir végéter les minéraux; leur organisation si différente et leur mécanique si peu ressemblante ont été souvent réduites à la même forme. Le moule commun de toutes ces choses si dissemblables entre elles est moins dans la nature que dans l'esprit étroit de ceux qui l'ont mal connue, et qui savent aussi peu juger de la force d'une vérité, que des justes limites d'une analogie comparée. En effet, doit-on, parce que le sang circule, assurer que la séve circule aussi? doit-on conclure de la végétation connue des plantes à une pareille végétation dans les minéraux? du mouvement du sang à celui de la séve, de celui de la séve au mouvement du suc pétrifiant? N'est-ce pas porter dans la réalité des ouvrages du Créateur les abstractions de notre esprit borné, et ne lui accorder, pour ainsi dire, qu'autant d'idées que nous en avons? Cependant on a dit, et on dit tous les jours des choses aussi peu fondées, et on bâtit des systèmes sur des faits incertains, dont l'examen n'a jamais été fait, et qui ne servent qu'à montrer le penchant qu'ont les hommes à vouloir trouver de la ressemblance dans les objets les plus différents, de la régularité où il ne règne que de la variété, et de l'ordre dans les choses qu'ils n'aperçoivent que confusément.

Car, lorsque, sans s'arrêter à des connaissances superficielles, dont les résultats ne peuvent nous donner que des idées incomplètes des productions et des opérations de la nature, nous voulons pénétrer plus avant, et examiner avec des yeux plus attentifs la forme et la conduite de ses ouvrages, on est aussi surpris de la variété du dessein que de la multiplicité des moyens d'exécution. Le nombre des productions de la nature, quoique prodigieux, ne fait alors que la moindre partie de notre étonnement; sa mécanique, son art, ses ressources, ses désordres même, emportent toute notre admiration. Trop petit pour cette immensité, accablé par le nombre des merveilles, l'esprit humain succombe. Il semble que tout ce qui peut être est: la main du Créateur ne paraît pas s'être ouverte pour donner l'être à un certain nombre déterminé d'espèces; mais il semble qu'elle ait jeté tout à la fois un monde d'êtres relatifs et non relatifs, une infinité de combinaisons harmoniques et contraires, et une perpétuité de destructions et de renouvellements. Quelle idée de puissance ce spectacle ne nous offre-t-il pas! quel sentiment de respect cette vue de l'univers ne nous inspire-t-elle pas pour son auteur! Que serait-ce si la faible lumière qui nous guide devenait assez vive pour nous faire apercevoir l'ordre général des causes et de la dépendance des effets? Mais l'esprit le plus vaste, et le génie le plus puissant, ne s'élèvera jamais à ce haut point de connaissance. Les premières causes nous seront à jamais cachées; les résultats généraux de ces causes nous seront aussi difficiles à connaître que les causes mêmes: tout ce qui nous est possible, c'est d'apercevoir quelques effets particuliers, de les combiner, et enfin d'y reconnaître plutôt un ordre relatif à notre propre nature, que convenable à l'existence des choses que nous considérons.

Mais puisque c'est la seule voie qui nous soit ouverte, puisque nous n'avons pas d'autres moyens pour arriver à la connaissance des choses naturelles, il faut aller jusqu'où cette route peut nous conduire; il faut rassembler tous les objets, les comparer, les étudier, et tirer de leurs rapports combinés toutes les lumières qui peuvent nous aider à les apercevoir nettement et à les mieux connaître.

La première vérité qui sort de cet examen sérieux de la nature, est une vérité peut-être humiliante pour l'homme: c'est qu'il doit se ranger lui-même dans la classe des animaux, auxquels il ressemble par tout ce qu'il a de matériel; et même leur instinct lui paraîtra peut-être plus sûr que sa raison, et leur industrie plus admirable que ses arts. Parcourant ensuite successivement et par ordre les différents objets qui composent l'univers, et se mettant à la tête de tous les êtres créés, il verra avec étonnement qu'on peut descendre, par degrés presque insensibles, de la créature la plus parfaite jusqu'à la matière la plus informe, de l'animal le mieux organisé jusqu'au minéral le plus brut: il reconnaîtra que ces nuances imperceptibles sont le grand œuvre de la nature; il les trouvera, ces nuances, non-seulement dans les grandeurs et dans les formes, mais dans les mouvements, dans les générations, dans les successions de toute espèce.

En approfondissant cette idée, on voit clairement qu'il est impossible de donner un système général, une méthode parfaite, non-seulement pour l'histoire naturelle entière, mais même pour une seule de ses branches: car pour faire un système, un arrangement, en un mot une méthode générale, il faut que tout y soit compris; il faut diviser ce tout en différentes classes, partager ces classes en genres, sous-diviser ces genres en espèces, et tout cela suivant un ordre dans lequel il entre nécessairement de l'arbitraire. Mais la nature marche par des gradations inconnues, et par conséquent elle ne peut pas se prêter totalement à ces divisions, puisqu'elle passe d'une espèce à une autre espèce, et souvent d'un genre à un autre genre, par des nuances imperceptibles; de sorte qu'il se trouve un grand nombre d'espèces moyennes et d'objets mi-partis qu'on ne sait où placer, et qui dérangent nécessairement le projet du système général. Cette vérité est trop importante pour que je ne l'appuie pas de tout ce qui peut la rendre claire et évidente.

Prenons pour exemple la botanique, cette belle partie de l'histoire naturelle qui, par son utilité, a mérité de tout temps d'être la plus cultivée, et rappelons à l'examen les principes de toutes les méthodes que les botanistes nous ont données: nous verrons avec quelque surprise qu'ils ont eu tous en vue de comprendre dans leurs méthodes généralement toutes les espèces de plantes, et qu'aucun d'eux n'a parfaitement réussi; il se trouve toujours dans chacune de ces méthodes un certain nombre de plantes anomales, dont l'espèce est moyenne entre deux genres, et sur laquelle il ne leur a pas été possible de prononcer juste, parce qu'il n'y a pas plus de raison de rapporter cette espèce à l'un plutôt qu'à l'autre de ces deux genres. En effet, se proposer de faire une méthode parfaite, c'est se proposer un travail impossible: il faudrait un ouvrage qui représentât exactement tous ceux de la nature; et au contraire tous les jours il arrive qu'avec toutes les méthodes connues, et avec tous les secours qu'on peut tirer de la botanique la plus éclairée, on trouve des espèces qui ne peuvent se rapporter à aucun des genres compris dans ces méthodes. Ainsi l'expérience est d'accord avec la raison sur ce point, et l'on doit être convaincu qu'on ne peut pas faire une méthode générale et parfaite en botanique. Cependant il semble que la recherche de cette méthode générale soit une espèce de pierre philosophale pour les botanistes, qu'ils ont tous cherchée avec des peines et des travaux infinis: tel a passé quarante ans, tel autre en a passé cinquante à faire son système; et il est arrivé en botanique ce qui est arrivé en chimie, c'est qu'en cherchant la pierre philosophale, que l'on n'a pas trouvée, on a trouvé une infinité de choses utiles; et de même, en voulant faire une méthode générale et parfaite en botanique, on a plus étudié et mieux connu les plantes et leurs usages; serait-il vrai qu'il faut un but imaginaire aux hommes pour les soutenir dans leurs travaux, et que s'ils étaient persuadés qu'ils ne feront que ce qu'en effet ils peuvent faire, ils ne feraient rien du tout?

Cette prétention qu'ont les botanistes d'établir des systèmes généraux, parfaits et méthodiques, est donc peu fondée: aussi leurs travaux n'ont pu aboutir qu'à nous donner des méthodes défectueuses, lesquelles ont été successivement détruites les unes par les autres, et ont subi le sort commun à tous les systèmes fondés sur des principes arbitraires; et ce qui a le plus contribué à renverser les unes de ces méthodes par les autres, c'est la liberté que les botanistes se sont donnée de choisir arbitrairement une seule partie dans les plantes, pour en faire le caractère spécifique. Les uns ont établi la méthode sur la figure des feuilles, les autres sur leur

position, d'autres sur la forme des fleurs, d'autres sur le nombre de leurs pétales,
d'autres enfin sur le nombre des étamines. Je ne finirais pas si je voulais rapporter
en détail toutes les méthodes qui ont été imaginées; mais je ne veux parler ici que
de celles qui ont été reçues avec applaudissement, et qui ont été suivies chacune à
leur tour, sans que l'on ait fait assez d'attention à cette erreur de principe qui leur
est commune à toutes, et qui consiste à vouloir juger d'un tout, et de la combinaison de plusieurs touts, par une seule partie, et par la comparaison des différences
de cette seule partie: car vouloir juger de la différence des plantes uniquement par
celles de leurs feuilles ou de leurs fleurs, c'est comme si on voulait connaître la différence des animaux par la différence de leurs peaux ou par celle des parties de la
génération; et qui ne voit que cette façon de connaître n'est pas une science, et que
ce n'est tout au plus qu'une convention, une langue arbitraire, un moyen de s'entendre, mais dont il ne peut résulter aucune connaissance réelle ?

Me serait-il permis de dire ce que je pense sur l'origine de ces différentes méthodes, et sur les causes qui les ont multipliées au point qu'actuellement la botanique
elle-même est plus aisée à apprendre que la nomenclature, qui n'en est que la langue? Me serait-il permis de dire qu'un homme aurait plus tôt fait de graver dans
sa mémoire les figures de toutes les plantes, et d'en avoir des idées nettes, ce qui
est la vraie botanique, que de retenir tous les noms que les différentes méthodes
donnent à ces plantes, et que par conséquent la langue est devenue plus difficile
que la science ? Voici, ce me semble, comment cela est arrivé. On a d'abord divisé
les végétaux suivant les différentes grandeurs; on a dit: Il y a de grands arbres, de petits
arbres, des arbrisseaux, des sous-arbrisseaux, de grandes plantes, de petites plantes, et
des herbes. Voilà le fondement d'une méthode que l'on divise et sousdivise ensuite par
d'autres relations de grandeurs et de formes, pour donner à chaque espèce un caractère
particulier. Après la méthode faite sur ce plan, il est venu des gens qui ont examiné cette
distribution, et qui ont dit: Mais cette méthode, fondée sur la grandeur relative aux végétaux, ne peut pas se soutenir; car il y a dans une espèce, comme dans celle du chêne,
des grandeurs si différentes, qu'il y a des espèces de chênes qui s'élèvent à cent pieds de
hauteur, et d'autres espèces de chênes qui ne s'élèvent jamais à plus de deux pieds. Il en
est de même, proportion gardée, des châtaigniers, des pins, des aloès, et d'une infinité
d'autres espèces de plantes. On ne doit donc pas, a-t-on dit, déterminer les genres des
plantes par leur grandeur, puisque ce signe est équivoque et incertain; et l'on a abandonné avec raison cette méthode. D'autrs sont venus ensuite, qui, croyant faire mieux,
ont dit: Il faut, pour connaître les plantes, s'attacher aux parties les plus apparentes; et
comme les feuilles sont ce qu'il y a de plus apparent, il faut arranger les plantes par
la forme, la grandeur et la position des feuilles. Sur ce projet, on a fait une autre
méthode; on l'a suivie pendant quelque temps: mais ensuite on a reconnu que les
feuilles de presque toutes les plantes varient prodigieusement selon les différents
âges et les différents terrains; que leur forme n'est pas plus constante que leur
grandeur, que leur position est encore plus incertaine. On a donc été aussi peu content de cette méthode que de la précédente. Enfin quelqu'un a imaginé, et je crois

que c'est Gesner, que le Créateur avait mis dans la fructification des plantes un certain nombre de caractères différents et invariables, et que c'était de ce point qu'il
fallait partir pour faire une méthode; et comme cette idée s'est trouvée vraie jusqu'à
un certain point, en sorte que les parties de la génération des plantes se sont trouvées avoir quelques différences plus constantes que toutes les autres parties de la
plante prises séparément, on a vu tout d'un coup s'élever plusieurs méthodes de
botanique, toutes fondées à peu près sur ce même principe. Parmi ces méthodes,
celle de M. de Tournefort est la plus remarquable, la plus ingénieuse et la plus complète. Cet illustre botaniste a senti les défauts d'un système qui serait purement arbitraire: en homme d'esprit il a évité les absurdités qui se trouvent dans la plupart
des autres méthodes de ses contemporains, et il a fait ses distributions et ses exceptions avec une science et une adresse infinies: il avait, en un mot, mis la botanique
au point de se passer de toutes les autres méthodes, et il l'avait rendue susceptible
d'un certain degré de perfection. Mais il s'est élevé un autre méthodiste qui, après
avoir loué son système, a tâché de le détruire pour établir le sien, et qui, ayant
adopté, avec M. de Tournefort, les caractères tirés de la fructification, a employé
toutes les parties de la génération des plantes, et surtout des étamines, pour en faire
la distribution de ses genres, et méprisant la sage attention de M. de Tournefort à
ne pas forcer la nature au point de confondre, en vertu de son système, les objets
les plus différents, comme les arbres avec les herbes, a mis ensemble et dans les
mêmes classes le mûrier et l'ortie, la tulipe et l'épine-vinette, l'orme et la carotte,
la rose et la fraise, le chêne et la pimprenelle. N'est-ce pas se jouer de la nature et
de ceux qui l'étudient ? et si tout cela n'était pas donné avec une certaine apparence
d'ordre mystérieux, et enveloppé de grec et d'érudition botanique, aurait-on tant
tardé à faire apercevoir le ridicule d'une pareille méthode, ou plutôt à montrer la confusion qui résulte d'un assemblage si bizarre ? Mais ce n'est pas tout, et je vais insister, parce qu'il est juste de conserver à M. de Tournefort la gloire qu'il a méritée
par un travail sensé et suivi, et parce qu'il ne faut pas que les gens qui ont appris
la botanique par la méthode de Tournefort, perdent leur temps à étudier cette nouvelle méthode où tout est changé, jusqu'aux noms et aux surnoms des plantes. Je dis
donc que cette nouvelle méthode, qui rassemble dans la même classe des genres de
plantes entièrement dissemblables, a encore, indépendamment de ces disparates,
des défauts essentiels, et des inconvénients plus grands que toutes les méthodes qui
ont précédé. Comme les caractères des genres sont pris de parties presque infiniment petites, il faut aller le microscope à la main pour reconnaître un arbre ou une
plante: la grandeur, la figure, le port extérieur, les feuilles, toutes les parties apparentes ne servent plus à rien; il n'y a que les étamines; et si l'on ne peut pas voir
les étamines, on ne sait rien, on n'a rien vu. Ce grand arbre que vous apercevez,
n'est peut-être qu'une pimprenelle; il faut compter ses étamines pour savoir ce que
c'est; et comme ces étamines sont souvent si petites qu'elles échappent à l'œil simple ou à la loupe, il faut un microscope. Mais malheureusement encore pour le système, il y a des plantes qui n'ont point d'étamines, il y a des plantes dont le nom-

bre des étamines varie, et voilà la méthode en défaut comme les autres, malgré la loupe et le micros cope (1).

Après cette exposition sincère dès fondements sur lesquels on a bâti les différents systèmes de botanique, il est aisé de voir que le grand défaut de tout ceci est une erreur de métaphysique dans le principe même de ces méthodes. Cette erreur consiste à méconnaître la marche de la nature, qui se fait toujours par nuances, et à vouloir juger d'un tout par une seule de ses parties : erreur bien évidente, et qu'il est étonnant de retrouver partout ; car presque tous les nomenclateurs n'ont employé qu'une partie, comme les dents, les ongles, ou ergots, pour ranger les animaux, les feuilles ou les fleurs pour distribuer les plantes, au lieu de se servir de toutes les parties, et de chercher les différences ou les ressemblances dans l'individu tout entier : c'est renoncer volontairement au plus grand nombre des avantages que la nature nous offre pour la connaître, que de refuser de se servir de toutes les parties des objets que nous considérons ; et quand même on serait assuré de trouver dans quelques parties prises séparément, des caractères constants et invariables, il ne faudrait pas pour cela réduire la connaissance des productions naturelles à celles de ces parties constantes qui ne donnent que des idées particulières et très-imparfaites du tout, et il me paraît que le seul moyen de faire une méthode instructive et naturelle, c'est de mettre ensemble les choses qui se ressemblent, et de séparer celles qui diffèrent les unes des autres. Si les individus ont une ressemblance parfaite, ou des différences si petites qu'on ne puisse les apercevoir qu'avec peine, ces individus seront de la même espèce ; si les différences commencent à être sensibles, et qu'en même temps il y ait toujours beaucoup plus de ressemblances que de différences, les individus seront d'une autre espèce, mais du même genre que les premiers ; et si ces différences sont encore plus marquées, sans cependant excéder les ressemblances, alors les individus seront non-seulement d'une autre espèce, mais même d'un autre genre que les premiers et les seconds, et cependant ils seront encore de la même classe, parce qu'ils se ressemblent plus qu'ils ne diffèrent : mais si au contraire le nombre des différences excède celui des ressemblances, alors les individus ne sont pas même de la même classe. Voilà l'ordre méthodique que l'on doit suivre dans l'arrangement des productions naturelles ; bien entendu que les ressemblances et les différences seront prises non-seulement d'une partie, mais du tout ensemble, et que cette méthode d'inspection se portera sur la forme, sur la grandeur, sur le port extérieur, sur les différentes parties, sur leur nombre, sur leur position ; sur la substance même de la chose, et qu'on se servira de ces éléments en petit ou en grand nombre, à mesure qu'on en aura besoin ; de sorte que si un individu, de quelque nature qu'il soit, est d'une figure assez singulière pour être toujours re-

(1) Hoc vero systema, Linnæi scilicet, cognitis jam plantarum methodis longe vilius et inferius non solum, sed et insupor nimis coactum, lubricum et fallax, imo lusorium deprehenderim ; et quidem in tantum, ut non solum quoad dispositionem ac denominationem plantarum enormes confusiones post se trahat, sed et vix non plenaria doctrinæ botanicæ solidioris obscuratio et perturbatio inde fuerit metuenda. (*Vaniloq. Botan. Specimen refutatum a Siegesbeck*. Petropoli, 1741.)

connu au premier coup d'œil, on ne lui donnera qu'un nom : mais si cet individu a de commun avec un autre la figure, et qu'il en diffère constamment par la grandeur, la couleur, la substance, ou par quelque autre qualité très-sensible, alors on lui donnera le même nom, en y ajoutant un adjectif pour marquer cette différence; et ainsi de suite, en mettant autant d'adjectifs qu'il y a de différences, on sera sûr d'exprimer tous les attributs différents de chaque espèce, et on ne craindra pas de tomber dans les inconvénients des méthodes trop particulières dont nous venons de parler, et sur lesquelles je me suis beaucoup étendu, parce que c'est un défaut commun à toutes les méthodes de botanique et d'histoire naturelle, et que les systèmes qui ont été faits pour les animaux sont encore plus défectueux que les méthodes de botanique, car, comme nous l'avons déjà insinué, on a voulu prononcer sur la ressemblance et la différence des animaux, en n'employant que le nombre des doigts ou ergots, des dents et des mamelles, projet qui ressemble beaucoup à celui des étamines, et qui est en effet du même auteur.

Il résulte de ce que nous venons d'exposer, qu'il y a dans l'étude de l'histoire naturelle deux écueils également dangereux : le premier, de n'avoir aucune méthode, et le second, de voir tout rapporter à un système particulier. Dans le grand nombre de gens qui s'appliquent maintenant à cette science, on pourrait trouver des exemples frappants de ces deux manières si opposées, et cependant toutes deux vicieuses. La plupart de ceux qui, sans aucune étude précédente de l'histoire naturelle, veulent avoir des cabinets de ce genre, sont de ces personnes aisées, peu occupées, qui cherchent à s'amuser, et regardent comme un mérite d'être mises au rang des curieux; ces gens-là commencent par acheter, sans choix, tout ce qui leur frappe les yeux; ils ont l'air de désirer avec passion les choses qu'on leur dit être rares et extraordinaires, ils les estiment au prix qu'ils les ont acquises, ils arrangent le tout avec complaisance, ou l'entassent avec confusion, et finissent bientôt par se dégoûter. D'autres, au contraire, et ce sont les plus savants, après s'être rempli la tête de noms, de phrases, de méthodes particulières, viennent à en adopter une nouvelle, et travaillant ainsi toute leur vie sur une même ligne et dans une fausse direction, et voulant tout ramener à leur point de vue particulier, ils se rétrécissent l'esprit, cessent de voir les objets tels qu'ils sont, et finissent par embarrasser la science et la charger du poids étranger de toutes leurs idées.

On ne doit donc pas regarder les méthodes que les auteurs nous ont données sur l'histoire naturelle en général, ou sur quelques-unes de ses parties, comme les fondements de la science, et on ne doit s'en servir que comme de signes dont on est convenu pour s'entendre. En effet, ce ne sont que des rapports arbitraires et des points de vue différents sous lesquels on a considéré les objets de la nature; et en ne faisant usage des méthodes que dans cet esprit, on peut en tirer quelque utilité : car quoique cela ne paraisse pas fort nécessaire, cependant il pourrait être bon qu'on sût toutes les espèces de plantes dont les feuilles se ressemblent, toutes celles dont les fleurs sont semblables, toutes celles qui nourrissent de certaines espèces d'insectes, toutes celles qui ont un certain nombre d'étamines, toutes celles qui ont de certaines glandes excrétoires; et de même dans les animaux, tous ceux qui ont un certain nombre de mamelles, tous ceux qui ont un certain nombre de doigts. Chacune de ces méthodes n'est, à vrai parler, qu'un dictionnaire où l'on trouve les noms rangés dans un ordre relatif à cette idée, et par conséquent aussi arbitraire que l'ordre alphabétique : mais l'avantage qu'on en pourrait tirer, c'est qu'en comparant tous ces résultats, on se trouverait enfin à la vraie méthode, qui est la description complète et l'histoire exacte de chaque chose en particulier.

C'est ici le principal but qu'on doive se proposer : on peut se servir d'une méthode déjà faite comme d'une commodité pour étudier; on doit la regarder comme une facilité pour s'entendre : mais le seul et le vrai moyen d'avancer la science, est de travailler à la description et à l'histoire des différentes choses qui en font l'objet.

Les choses par rapport à nous ne sont rien en elles-mêmes; elles ne sont encore rien lorsqu'elles ont un nom : mais elles commencent à exister pour nous lorsque nous leur connaissons des rapports, des propriétés ; ce n'est même que par ces rapports que nous pouvons leur donner une définition : or la définition, telle qu'on la peut faire par une phrase, n'est encore que la représentation très-imparfaite de la chose, et nous ne pouvons jamais bien définir une chose sans la décrire exactement. C'est cette difficulté de faire une bonne définition, que l'on retrouve à tout moment dans toutes les méthodes, dans tous les abrégés qu'on a tâché de faire pour soulager la mémoire : aussi doit-on dire que dans les choses naturelles il n'y a rien de bien défini que ce qui est exactement décrit; or, pour décrire exactement, il faut avoir vu, revu, examiné, comparé la chose qu'on veut décrire, et tout cela sans préjugé, sans idée de système; sans quoi la description n'a plus le caractère de la vérité, qui est le seul qu'elle puisse comporter. Le style même de la description doit être simple, net et mesuré; il n'est pas susceptible d'élévation, d'agréments, encore moins d'écarts, de plaisanterie, ou d'équivoque : le seul ornement qu'on puisse lui donner, c'est de la noblesse dans l'expression, du choix et de la propriété dans les termes.

Dans le grand nombre d'auteurs qui ont écrit sur l'histoire naturelle, il y en a fort peu qui aient bien décrit. Représenter naïvement et nettement les choses, sans les charger ni les diminuer, et sans y ajouter de son imagination, est un talent d'autant plus louable qu'il est moins brillant, et qu'il ne peut être senti que d'un petit nombre de personnes capables d'une certaine attention nécessaire pour suivre les choses jusque dans les petits détails. Rien n'est plus commun que des ouvrages embarrassés d'une nombreuse et sèche nomenclature, des méthodes ennuyeuses et peu naturelles dont les auteurs croient se faire un mérite; rien de si rare que de trouver de l'exactitude dans les descriptions, de la nouveauté dans les faits, de la finesse dans les observations.

Aldrovande, le plus laborieux et le plus savant de tous les naturalistes, a laissé, après un travail de soixante ans, des volumes immenses sur l'histoire naturelle, qui ont été imprimés successivement, et la plupart après sa mort : on les réduirait à la dixième partie si on en ôtait toutes les inutilités et toutes les choses étrangères à son sujet. A cette prolixité près, qui, je l'avoue, est accablante, ses livres doivent être regardés comme ce qu'il y a de mieux sur la totalité de l'histoire naturelle. Le plan de son ouvrage est bon, ses distributions sont sensées, ses divisions bien marquées, ses descriptions assez exactes, monotones, à la vérité, mais fidèles. L'historique est moins bon; souvent il est mêlé de fabuleux, et l'auteur y laisse voir trop de penchant à la crédulité.

J'ai été frappé, en parcourant cet auteur, d'un défaut ou d'un excès qu'on retrouve presque dans tous les livres faits il y a cent ou deux cents ans, et que les savants d'Allemagne ont encore aujourd'hui : c'est de cette quantité d'érudition inutile dont ils grossissent à dessein leurs ouvrages; en sorte que le sujet qu'ils traitent, est noyé dans une quantité de matières étrangères sur lesquelles ils raisonnent avec tant de complaisance, et s'étendent avec si peu de ménagement pour les lecteurs, qu'ils semblent avoir oublié ce qu'ils avaient à vous dire, pour ne vous raconter que ce qu'ont dit les autres. Je me représente un homme comme Aldrovande, ayant une fois conçu le dessein de faire un corps complet d'histoire naturelle; je le vois dans sa bibliothèque lire successivement les anciens, les modernes, les philosophes, les théologiens, les jurisconsultes, les historiens, les voyageurs, les poëtes, et lire sans autre but que de saisir tous les mots, toutes les phrases qui, de près ou de loin, ont rapport à son objet; je le vois copier et faire copier toutes ces remarques, et les ranger par lettres alphabétiques, et après avoir rempli plusieurs portefeuilles de notes de toute espèce, prises souvent sans examen et sans choix, commencer à travailler un sujet particulier, et ne vouloir rien perdre de tout ce qu'il a ramassé; en sorte qu'à l'occasion de l'histoire naturelle du coq ou du bœuf, il nous raconte tout ce qui a jamais été dit des coqs ou des bœufs, tout ce que les anciens en ont pensé, tout ce qu'on a imaginé de leurs vertus, de leur caractère, de leur courage, toutes les choses auxquelles on a voulu les employer, tous les contes que les bonnes femmes en ont faits, tous les miracles qu'on leur a fait faire dans certaines religions, tous les sujets de superstition qu'ils ont fournis, toutes les comparaisons que les poëtes en ont tirées, tous les attributs que certains peuples leur ont accordés, toutes les représentations qu'on en fait dans les hiéroglyphes, dans les armoiries, en un mot toutes les histoires et toutes les fables dont on s'est jamais avisé au sujet des coqs ou des bœufs. Qu'on juge après cela de la portion d'histoire naturelle qu'on doit s'attendre à trouver dans ce fatras d'écritures; et si en effet l'auteur ne l'eût pas mise dans des articles séparés des autres, elle n'aurait pas été trouvable, ou du moins elle n'aurait pas valu la peine d'y être cherchée.

On s'est tout à fait corrigé de ce défaut dans ce siècle : l'ordre et la précision avec laquelle on écrit maintenant ont rendu les sciences plus agréables, plus aisées; et je suis persuadé que cette différence de style contribue peut-être autant à leur avancement que l'esprit de recherche qui règne aujourd'hui; car nos prédécesseurs cherchaient comme nous, mais ils ramassaient tout ce qui se présentait; au lieu que nous rejetons ce qui nous paraît avoir peu de valeur, et que nous préférons un petit ouvrage bien raisonné à un gros volume bien savant : seulement il est à crainlre que, venant à mépriser l'érudition, nous ne venions aussi à imaginer que l'esprit peut suppléer à tout, et que la science n'est qu'un vain nom.

Les gens sensés cependant sentiront toujours que la seule et vraie science est la connaissance des faits : l'esprit ne peut pas y suppléer, et les faits sont dans les sciences ce qu'est l'expérience dans la vie civile. On pourrait donc diviser toutes les sciences en deux classes principales, qui contiendraient tout ce qu'il convient à l'homme de savoir : la première est l'histoire civile, et la seconde l'histoire naturelle, toutes deux fondées sur des faits qu'il est souvent important et toujours agréable de connaître. La première est l'étude des hommes d'État, la seconde est celle des philosophes, et quoique l'utilité de celle-ci ne soit peut-être pas aussi prochaine que celle de l'autre, on peut cependant assurer que l'histoire naturelle est la source des autres sciences physiques et la mère de tous les arts. Combien de remèdes excellents la médecine n'a-t-elle pas tirés de certaines productions de la nature jusqu'alors inconnues? combien de richesses les arts n'ont-ils pas trouvées dans plusieurs matières autrefois méprisées ! Il y a plus, c'est que toutes les idées des arts ont leurs modèles dans la production de la nature : Dieu a créé, et l'homme imite; toutes les inventions des hommes, soit pour la nécessité, soit pour la commodité, ne sont que des imitations assez grossières de ce que la nature exécute avec la dernière perfection.

Mais sans insister plus longtemps sur l'utilité qu'on doit tirer de l'histoire naturelle, soit par rapport aux autres sciences, soit par rapport aux arts, revenons à notre objet principal, à la manière de l'étudier et de la traiter. La description exacte et l'histoire fidèle de chaque chose est, comme nous l'avons dit, le seul but qu'on doit se proposer d'abord. Dans la description, l'on doit faire entrer la forme, la grandeur, le poids, les couleurs, les situations de repos et de mouvements, la position des parties, leurs rapports, leur figure, leur action, et toutes les fonctions extérieures. Si l'on peut joindre à tout cela l'exposition des parties intérieures, la description n'en sera que plus complète; seulement on doit prendre garde de tomber dans de trop petits détails, ou de s'appesantir sur la description de quelque partie peu importante, et de traiter trop légèrement les choses essentielles et principales. L'histoire doit suivre la description, et doit uniquement rouler sur les rapports que les choses naturelles ont entre elles et avec nous. L'histoire d'un animal doit être non pas l'histoire de l'individu, mais celle de l'espèce entière de ces animaux ; elle doit comprendre leur génération, le temps de la prégnation, celui de l'accouchement, le nombre des petits, les soins des pères et des mères, leur espèce d'éducation, leur instinct, les lieux de leur habitation, leur nourriture, la manière dont ils se la procurent, leurs mœurs, leurs ruses, leur chasse, ensuite les services qu'ils peuvent nous rendre, et toutes les utilités ou les commodités que nous pouvons en tirer; et lorsque dans l'intérieur du corps de l'animal il y a des choses remarquables, soit par la conformation, soit pour les usages qu'on en peut faire, on doit les ajouter ou à la description ou à l'histoire ; mais ce serait un objet étranger à l'histoire naturelle que d'entrer dans un examen anatomique trop circonstancié, ou du moins ce n'est pas son objet principal; et il faut conserver ces détails pour servir de mémoires sur l'anatomie comparée.

Ce plan général doit être suivi et rempli avec toute l'exactitude possible; et pour ne pas tomber dans une répétition trop fréquente du même ordre, pour éviter la monotonie du style, il faut varier la forme des descriptions et changer le fil de l'histoire, selon qu'on le jugera nécessaire; de même pour rendre les descriptions moins sèches, y mêler quelques faits, quelques comparaisons, quelques réflexions sur les usages des différentes parties; en un mot, faire en sorte qu'on puisse vous lire sans ennui, aussi bien que sans contention.

A l'égard de l'ordre général de la méthode de distribution des différents sujets de l'histoire naturelle, on pourrait dire qu'il est purement arbitraire, et dès lors on est assez le maître de choisir celui qu'on regarde comme le plus commode ou le plus communément reçu. Mais, avant que de donner des raisons qui pourraient déterminer à adopter un ordre plutôt qu'un autre, il est nécessaire de faire encore quelques réflexions, par lesquelles nous tâcherons de faire sentir ce qu'il peut y avoir de réel dans les divisions que l'on a faites des productions naturelles.

Pour le connaître, il faut nous défaire un instant de tous nos préjugés, et même nous dépouiller de nos idées. Imaginons un homme qui a en effet tout oublié, ou qui s'éveille tout neuf pour les objets qui l'environnent; plaçons cet homme dans une campagne où les animaux, les oiseaux, les poissons, les plantes, les pierres, se présentent successivement à ses yeux. Dans les premiers instants, cet homme ne distinguera rien et confondra tout : mais laissons ses idées s'affermir peu à peu par des sensations réitérées des mêmes objets; bientôt il se formera une idée générale de la matière animée, il la distinguera aisément de la matière inanimée, et peu de temps après, il distinguera très-bien la matière animée de la matière végétative, et naturellement il arrivera à cette première grande division, *animal*, *végétal* et *minéral*; et comme il aura pris en même temps une idée nette de ces grands objets si différents, la *terre*, l'*air* et l'*eau*, il viendra en peu de temps à se former une idée particulière des animaux qui habitent la terre, de ceux qui demeurent dans l'eau, et de ceux qui s'élèvent dans l'air; et par conséquent il se fera aisément à lui-même cette seconde division, *animaux quadrupèdes*, *oiseaux*, *poissons*. Il en est de même, dans le règne végétal, des arbres et des plantes; il les distinguera très-bien, soit par leur grandeur, soit par leur substance, soit par leur figure. Voilà ce que la simple inspection doit nécessairement lui donner, et ce qu'avec une très-légère attention il ne peut manquer de reconnaître. C'est là aussi ce que nous devons regarder comme réel, et ce que nous devons respecter comme une division donnée par la nature même. Ensuite mettons-nous à la place de cet homme, ou supposons qu'il ait acquis autant de connaissances et qu'il ait autant d'expérience que nous en avons; il viendra à juger les objets de l'histoire naturelle par les rapports qu'ils auront avec lui; ceux qui lui seront les plus nécessaires, les plus utiles, tiendront le premier rang; par exemple, il donnera la préférence, dans l'ordre des animaux, au cheval, au chien, au bœuf, etc., et il connaîtra toujours mieux ceux qui lui seront les plus familiers : ensuite il s'occupera de ceux qui, sans être familiers, ne laissent pas que d'habiter les mêmes lieux, les mêmes climats, comme les cerfs, les lièvres, et tous les animaux sauvages; et ce ne sera qu'après toutes ces connaissances acquises que sa curiosité le portera à rechercher ce que peuvent être les animaux des climats étrangers, comme les éléphants, les dromadaires, etc. Il en sera de même pour les poissons, pour les oiseaux, pour les insectes, pour les coquillages, pour les plantes, pour les minéraux, et pour toutes les autres productions de la nature : il les étudiera à proportion de l'utilité qu'il en pourra tirer; il les considèrera à mesure qu'ils se présenteront plus familièrement, et il les rangera dans sa tête relativement à cet ordre de ses connaissances, parce que c'est en effet l'ordre selon lequel il les a acquises, et selon lequel il lui importe de les conserver.

Cet ordre, le plus naturel de tous, est celui que nous avons cru devoir suivre. Notre méthode de distribution n'est pas plus mystérieuse que ce qu'on vient de voir : nous partons des divisions générales, telles qu'on vient de les indiquer, et que personne ne peut contester; ensuite nous prenons les objets qui nous intéressent le plus par les rapports qu'ils ont avec nous, et de là nous passons peu à peu jusqu'à ceux qui sont les plus éloignés et qui nous sont étrangers; et nous croyons que cette façon simple et naturelle de considérer les choses, est préférable aux méthodes les plus recherchées et les plus composées, parce qu'il n'y en a pas une, et de celles qui sont faites, et de toutes celles que l'on peut faire, où il n'y ait plus d'arbitraire que dans celle-ci, et qu'à tout prendre il nous est plus facile, plus agréable et plus utile de considérer les choses par rapport à nous, que sous aucun autre point de vue.

Je prévois qu'on pourra nous faire deux objections : la première, c'est que ces grandes divisions que nous regardons comme réelles ne sont peut-être pas exactes; que, par exemple, nous ne sommes pas sûr qu'on puisse tirer une ligne de séparation entre le règne animal et le règne végétal, ou bien entre le règne végétal et le minéral, et que dans la nature il peut se trouver des choses qui participent également des propriétés de l'un et de l'autre, lesquelles par conséquent ne peuvent entrer ni dans l'une ni dans l'autre de ces divisions.

A cela je réponds que s'il existe des choses qui soient exactement moitié animal et moitié plante, ou moitié plante et moitié minéral, etc., elles nous sont encore inconnues, en sorte que dans le fait la division est entière et exacte; et l'on sent bien que plus les divisions seront générales, moins il y aura de risque de rencontrer des objets mi-partis qui participeraient de la nature des deux choses comprises dans ces divisions : en sorte que cette même objection, que nous avons employée avec avantage contre les distributions particulières, ne peut avoir lieu que lorsqu'il s'agira de divisions aussi générales que l'est celle-ci, surtout si l'on ne rend pas ces divisions exclusives, et si l'on ne prétend pas y comprendre sans exception, non-seulement tous les êtres connus, mais encore tous ceux qu'on pourrait découvrir à l'avenir. D'ailleurs, si l'on y fait attention, l'on verra bien que nos idées générales n'étant composées que d'idées particulières, elles sont relatives à une échelle continue d'objets, de laquelle nous n'apercevons nettement que les milieux, et dont les deux extrémités fuient et échappent toujours de plus en plus à nos considérations; de sorte que nous ne nous attachons jamais qu'au gros des choses, et que par conséquent on ne doit pas croire que nos idées, quelque générales qu'elles puissent être, comprennent les idées particulières de toutes les choses existantes et possibles.

La seconde objection qu'on nous fera sans doute, c'est qu'en suivant dans notre ouvrage l'ordre que nous avons indiqué, nous tomberons dans l'inconvénient de mettre ensemble des objets très-différents : par exemple, dans l'histoire des animaux, si nous commençons par ceux qui nous sont les plus utiles, les plus familiers, nous serons obligé de donner l'histoire du chien après ou avant celle du cheval : ce qui ne paraît pas naturel, parce que ces animaux sont si différents à tous autres égards qu'ils ne paraissent point du tout faits pour être mis si près l'un de l'autre dans un traité d'histoire naturelle : et on ajoutera peut-être qu'il aurait mieux valu suivre la méthode ancienne de la division des animaux en *solipèdes, pieds-fourchus* et *fissipèdes,* ou la méthode nouvelle de la division des animaux par les dents et les mamelles, etc.

Cette objection, qui d'abord pourrait paraître spécieuse, s'évanouira dès qu'on l'aura examinée. Ne vaut-il pas mieux ranger, non-seulement dans un traité d'histoire naturelle, mais même dans un tableau ou partout ailleurs, les objets dans l'ordre et dans la position où ils se trouvent ordinairement, que de les forcer à se trouver ensemble en vertu d'une supposition? Ne vaut-il pas mieux faire suivre le cheval, qui est solipède, par le chien, qui est fissipède; et qui a coutume de le suivre en effet, que par un zèbre qui nous est peu connu, et qui n'a peut-être d'autre rapport avec le cheval que d'être solipède? D'ailleurs, n'y a-t-il pas le même inconvénient pour les différences dans cet arrangement que dans le nôtre? Un lion, parce qu'il est fissipède, ressemble-t-il à un rat qui est aussi fissipède, plus qu'un cheval ne ressemble à un chien? Un éléphant solipède ressemble-t-il plus à un âne, solipède aussi, qu'à un cerf, qui est pied-fourchu? Et si on veut se servir de la nouvelle méthode, dans laquelle les dents et les mamelles sont les caractères spécifiques et sur lesquels sont fondées les divisions et les distributions, trouvera-t-on qu'un lion ressemble plus à une chauve-souris, qu'un cheval ne ressemble à un chien? ou bien, pour faire notre comparaison encore plus exactement, un cheval ressemble-t-il plus à un cochon qu'à un chien, ou un chien ressemble-t-il plus à une taupe qu'à un cheval (1)? Et puisqu'il y autant d'inconvénients et des différences aussi grandes dans ces méthodes d'arrangement que dans la nôtre, et que d'ailleurs ces méthodes n'ont pas les mêmes avantages, et qu'elles sont beaucoup plus éloignées de la façon ordinaire et naturelle de considérer les choses, nous croyons avoir eu des raisons suffisantes pour lui donner la préférence, et ne suivre dans nos distributions que l'ordre des rapports que les choses nous ont paru avoir avec nous-mêmes.

(1) Voyez Linnæus, *Syst. nat.*, page 65 et suivantes.

Nous n'examinerons pas en détail toutes les méthodes artificielles que l'on a données pour la division des animaux : elles sont toutes plus ou moins sujettes aux inconvénients dont nous avons parlé au sujet des méthodes de botanique ; et il nous paraît que l'examen d'une seule de ces méthodes suffit pour faire découvrir les défauts des autres : ainsi, nous nous bornerons ici à examiner celle de M. Linnæus, qui est la plus nouvelle, afin qu'on soit en état de juger si nous avons eu raison de la rejeter, et de nous attacher seulement à l'ordre naturel dans lequel tous les hommes ont coutume de voir et de considérer les choses.

M. Linnæus divise tous les animaux en six classes, savoir : les *quadrupèdes*, les *oiseaux*, les *amphibies*, les *poissons*, les *insectes* et les *vers*. Cette première division est, comme on le voit, très-arbitraire et fort incomplète, car elle ne nous donne aucune idée de certains genres d'animaux, qui sont cependant peu considérables et très-étendus, les serpents, par exemple, les coquillages, les crustacés ; et il paraît au premier coup d'œil qu'ils ont été oubliés : car on n'imagine pas d'abord que les serpents sont des amphibies, les crustacés des insectes, et les coquillages des vers. Au lieu de ne faire que six classes, si cet auteur en eût fait douze ou davantage, et qu'il eût dit : les quadrupèdes, les oiseaux, les reptiles, les amphibies, les poissons céta-cés, les poissons ovipares, les poissons mous, les crustacés, les coquillages, les in-sectes de terre, les insectes de mer, les insectes d'eau douce, etc., il eût parlé plus clairement, et ses divisions eussent été plus vraies et moins arbitraires ; car, en gé-néral, plus on augmentera le nombre des divisions des productions naturelles, plus on approchera du vrai, puisqu'il n'existe réellement dans la nature que des individus, et que les genres, les ordres et les classes, n'existent que dans notre imagination.

Si l'on examine les caractères généraux qu'il emploie, et la manière dont il fait ses divisions particulières, on y trouvera encore des défauts bien plus essentiels : par exemple, un caractère général comme celui pris des mamelles pour la division des quadrupèdes, devrait au moins appartenir à tous les quadrupèdes ; cependant depuis Aristote on sait que le cheval n'a point de mamelles.

Il divise la classe des quadrupèdes en cinq ordres : le premier *anthropomorpha* ; le second *feræ* ; le troisième, *glires* ; le quatrième, *jumenta* ; et le cinquième, *pecora* ; et ces cinq ordres renferment, selon lui, tous les animaux quadrupèdes. On va voir, par l'exposition et l'énumération même de ces cinq ordres, que cette division est non-seulement arbitraire, mais encore très-mal imaginée ; car cet auteur met dans le premier ordre l'homme, le singe, le paresseux et le lézard écailleux. Il faut bien avoir la manie de faire des classes pour mettre ensemble des êtres aussi différents que l'homme et le paresseux, ou le singe et le lézard écailleux. Passons au second ordre qu'il appelle *feræ*, les bêtes féroces. Il commence en effet par le lion, le tigre ; mais il continue par le chat, la belette, la loutre, le veau marin, le chien, l'ours, le blaireau, et il finit par le hérisson, la taupe et la chauve-souris. Aurait-on jamais cru que le nom de *feræ* en latin, *bêtes sauvages* ou *féroces* en français, eût pu être donné à la chauve-souris, à la taupe, au hérisson ; que les animaux domestiques comme le chien et le chat, fussent des bêtes sauvages? et n'y a-t-il pas à cela une aussi grande équivoque de bon sens que de mots? Mais voyons le troisième ordre, *glires*, les loirs. Ces loirs de M. Linnæus sont le porc-épic, le lièvre, l'écureuil, le castor et les rats. J'avoue que dans tout cela je ne vois qu'une espèce de rat qui soit en effet un loir. Le quatrième ordre est celui des *jumenta*, ou bêtes de somme. Ces bêtes de somme sont l'éléphant, l'hippopotame, la musaraigne, le cheval et le cochon; autre assemblage, comme on voit, qui est aussi gratuit et aussi bizarre que si l'auteur eût travaillé dans le dessein de le rendre tel. Enfin, le cinquième ordre, *pecora*, ou le bétail, comprend le chameau, le cerf, le bouc, le bélier et le bœuf: mais quelle différence n'y a-t-il pas entre un chameau et un bélier, ou entre un cerf et un bouc? et quelle raison peut-on avoir pour prétendre que ce soient des animaux du même ordre, si ce n'est que, voulant absolument faire des ordres, et n'en faire qu'un petit nombre, il faut bien y recevoir des bêtes de toute espèce? Ensuite, en examinant les dernières divisions des animaux en espèces particulières, on trouve que le loup-cervier n'est qu'une espèce de chat, le renard et le loup une espèce de chien, la civette une espèce de blaireau, le cochon-d'Inde une espèce de lièvre, le rat d'eau une espèce de castor, le rhinocéros une espèce d'éléphant, l'âne une espèce de cheval, etc.; et tout cela parce qu'il y a quelques petits rapports entre le nombre des mamelles et des dents de ces animaux, ou quelque ressemblance légère dans la forme de leurs cornes.

Voilà pourtant, et sans y rien omettre, à quoi se réduit ce système de la nature pour les animaux quadrupèdes. Ne serait-il pas plus simple, plus naturel et plus vrai de dire qu'un âne est un âne, et un chat un chat, que de vouloir, sans savoir pourquoi, qu'un âne soit un cheval, et un chat un loup-cervier?

On peut juger par cet échantillon de tout le reste du système. Les serpents, selon cet auteur, sont des amphibies; les écrevisses sont des insectes, et non-seulement des insectes, du même ordre que les poux et les puces; et tous les coquillages, les crustacés et les poissons mous sont des vers; les huîtres, les moules, les oursins, les étoiles de mer, les sèches, etc., ne sont, selon cet auteur, que des vers. En faut-il davantage pour faire sentir combien toutes ces divisions sont arbitraires, et cette méthode mal fondée?

On reproche aux anciens de n'avoir pas fait des méthodes, et les modernes se croient fort au-dessus d'eux parce qu'ils ont fait un grand nombre de ces arrangements méthodiques et de ces dictionnaires dont nous venons de parler: ils se sont persuadés que cela seul suffit pour prouver que les anciens n'avaient pas, à beaucoup près, autant de connaissances en histoire naturelle que nous en avons. Cependant c'est tout le contraire, et nous aurons dans la suite de cet ouvrage mille occasions de prouver que les anciens étaient beaucoup plus avancés et plus instruits que nous ne le sommes, je ne dis pas en physique, mais dans l'histoire naturelle des animaux et des minéraux, et que les faits de cette histoire leur étaient bien plus familiers qu'à nous, qui aurions dû profiter de leurs découvertes et de leurs remarques. En attendant qu'on en voie des exemples en détail, nous nous contenterons d'indiquer ici les raisons générales qui suffiraient pour le faire penser, quand même on n'en aurait pas des preuves particulières.

La langue grecque est une des plus anciennes et celle dont on a fait le plus long-temps usage. Avant et depuis Homère on a écrit et parlé grec jusqu'au treizième ou quatorzième siècle, et actuellement encore le grec corrompu par les idiomes étrangers ne diffère pas autant du grec ancien, que l'italien diffère du latin. Cette langue, qu'on doit regarder comme la plus parfaite et la plus abondante de toutes, était, dès le temps d'Homère, portée à un grand point de perfection, ce qui suppose nécessairement une ancienneté considérable avant le siècle même de ce grand poëte; car l'on pourrait estimer l'ancienneté ou la nouveauté d'une langue par la quantité plus ou moins grande des mots et la variété plus ou moins nuancée des constructions. Or, nous avons dans cette langue les noms d'une très-grande quan-tité de choses qui n'ont aucun nom en latin ou en français : les animaux les plus rares, certaines espèces d'oiseaux, ou de poissons, ou de minéraux, qu'on ne ren-contre que très-difficilement, très-rarement, ont des noms, et des noms constants, dans cette langue; preuve évidente que ces objets de l'histoire naturelle étaient connus, et que les Grecs non-seulement les connaissaient, mais même qu'ils en avaient une idée précise, qu'ils ne pouvaient avoir acquise que par une étude de ces mêmes objets; étude qui suppose nécessairement des observations et des re-marques : ils ont même des noms pour les variétés ; et ce que nous ne pouvons représenter que par une phrase, se nomme dans cette langue par un seul substan-tif. Cette abondance de mots, cette richesse d'expressions nettes et précises, ne supposent-elles pas la même abondance d'idées et de connaissances ? Ne voit-on pas que des gens qui avaient nommé beaucoup plus de choses que nous, en connais-saient par conséquent beaucoup plus ? Et cependant ils n'avaient pas fait comme nous des méthodes et des arrangements arbitraires : ils pensaient que la vraie science est la connaissance des faits, que pour l'acquérir il fallait se familiariser avec les productions de la nature, donner des noms à toutes, afin de les faire recon-naître, de pouvoir s'en entretenir, de se représenter plus souvent les idées des choses rares et singulières, et de multiplier ainsi des connaissances qui, sans cela, se seraient peut-être évanouies, rien n'étant plus sujet à l'oubli que ce qui n'a point de nom : tout ce qui n'est pas d'un usage commun ne se soutient que par le se-cours des représentations.

D'ailleurs, les anciens qui ont écrit sur l'histoire naturelle étaient de grands hommes, et qui ne s'étaient pas bornés à cette seule étude : ils avaient l'esprit élevé, des connaissances variées, approfondies, et des vues générales; et s'il nous paraît, au premier coup d'œil, qu'il leur manquât un peu d'exactitude dans de cer-tains détails, il est aisé de reconnaître, en les lisant avec réflexion, qu'ils ne pen-saient pas que les petites choses méritassent une attention aussi grande que celle qu'on leur a donnée dans ces derniers temps ; et quelque reproche que les moder-nes puissent faire aux anciens, il me paraît qu'Aristote, Théophraste et Pline, qui ont été les premiers naturalistes, sont aussi les plus grands à certains égards. L'*His-toire des animaux* d'Aristote est peut-être encore aujourd'hui ce que nous avons de mieux fait en ce genre, et il serait fort à désirer qu'il nous eût laissé quelque chose d'aussi complet sur les végétaux et sur les minéraux; mais les deux livres des plantes, que quelques auteurs lui attribuent, ne ressemblent pas à ses autres ouvrages, et ne sont pas en effet de lui (1). Il est vrai que la botanique n'était pas fort en honneur de son temps : les Grecs, et même les Romains, ne la regardaient pas comme une science qui dût exister par elle-même et qui dût faire un objet à part; ils ne la considéraient que relativement à l'agriculture, au jardinage, à la médecine et aux arts : et quoique Théophraste, disciple d'Aristote, connût plus de cinq cents genres de plantes, et que Pline en cite plus de mille, ils n'en parlent que pour nous en apprendre la culture, ou pour nous dire que les unes entrent dans la composition des drogues, que les autres sont d'usage pour les arts, que d'autres servent à orner nos jardins, etc.; en un mot, ils ne les considè-rent que par l'utilité qu'on en peut tirer, et ils ne se sont pas attachés à les décrire exactement.

L'histoire des animaux leur était mieux connue que celle des plantes. Alexandre donna des ordres et fit des dépenses très-considérables pour rassembler des ani-maux et en faire venir de tous les pays, et il mit Aristote en état de les bien obser-ver. Il paraît par son ouvrage qu'il les connaissait peut-être mieux et sous des vues plus générales qu'on ne les connaît aujourd'hui. Enfin, quoique les modernes aient ajouté leurs découvertes à celles des anciens, je ne vois pas que nous ayons sur l'his-toire naturelle beaucoup d'ouvrages modernes qu'on puisse mettre au-dessus de ceux d'Aristote et de Pline; mais comme la prévention naturelle qu'on a pour son siècle, pourrait persuader que ce que je viens de dire est avancé témérairement, je vais faire en peu de mots l'exposition du plan de leurs ouvrages.

Aristote commence son *Histoire des animaux* par établir des différences et des res-semblances générales entre les différents genres d'animaux; au lieu de les diviser par de petits caractères particuliers, comme l'ont fait les modernes, il rapporte his-toriquement tous les faits et toutes les observations qui portent sur des rapports généraux et sur des caractères sensibles; il tire ces caractères de la forme, de la couleur, de la grandeur, et de toutes les qualités extérieures de l'ani-mal entier, et aussi du nombre et de la position de ses parties, de la grandeur, du mouvement, de la forme de ses membres, des rapports semblables ou différents qui se trouvent dans ces mêmes parties comparées, et il donne partout des exemples pour se faire mieux entendre. Il considère aussi les différences des animaux par leur façon de vivre, leurs actions et leurs mœurs, leurs habitations, etc. Il parle des parties qui sont communes et essentielles aux animaux, et de celles qui peuvent manquer et qui manquent en effet à plusieurs espèces d'animaux. Le sens du tou-cher, dit-il, est la seule chose qu'on doive regarder comme nécessaire, et qui ne

____

(1) Voyez le commentaire de Scaliger.

doit manquer à aucun animal; et comme ce sens est commun à tous les animaux, il n'est pas possible de donner un nom à la partie de leur corps dans laquelle réside la faculté de sentir. Les parties les plus essentielles sont celles par lesquelles l'animal prend sa nourriture, celles qui reçoivent et digèrent cette nourriture, et celles par où il en rend le superflu. Il examine ensuite les variétés de la génération des animaux, celles de leurs membres et de leurs différentes parties qui servent à leurs mouvements et à leurs fonctions naturelles. Ces observations générales et préliminaires font un tableau dont toutes les parties sont intéressantes; et ce grand philosophe dit aussi qu'il les a présentées sous cet aspect pour donner un avant-goût de ce qui doit suivre, et faire naître l'attention qu'exige l'histoire particulière de chaque animal, ou plutôt de chaque chose.

Il commence par l'homme, et il le décrit le premier, plutôt parce qu'il est l'animal le mieux connu, que parce qu'il est le plus parfait; et, pour rendre sa description moins sèche et plus piquante, il tâche de tirer des connaissances morales en parcourant les rapports physiques du corps humain; il indique les caractères des hommes par les traits de leur visage. Se bien connaître en physionomie serait en effet une science bien utile à celui qui l'aurait acquise; mais peut-on la tirer de l'histoire naturelle? Il décrit donc l'homme par toutes ses parties extérieures et intérieures, et cette description est la seule qui soit entière: au lieu de décrire chaque animal en particulier, il les fait connaître tous par les rapports que toutes les parties de leur corps ont avec celles du corps de l'homme: lorsqu'il décrit, par exemple, la tête humaine, il compare avec elle la tête de différentes espèces d'animaux. Il en est de même de toutes les autres parties; à la description du poumon de l'homme, il rapporte historiquement tout ce qu'on savait des poumons des animaux, et il fait l'histoire de ceux qui en manquent. De même à l'occasion des parties de la génération, il rapporte toutes les variétés des animaux dans la manière de s'accoupler, d'engendrer, de porter et d'accoucher, etc.; à l'occasion du sang, il fait l'histoire des animaux qui en sont privés; et suivant ainsi ce plan de comparaison, dans lequel, comme l'on voit, l'homme sert de modèle, et ne donnant que les différences qu'il y a des animaux à l'homme, et de chaque partie des animaux à chaque partie de l'homme, il retranche à dessein toute description particulière; il évite par là toute répétition, il accumule les faits, et il n'écrit pas un mot qui soit inutile; aussi a-t-il compris dans un petit volume un nombre presque infini de différents faits, et je ne crois pas qu'il soit possible de réduire à de moindres termes tout ce qu'il avait à dire sur cette matière, qui paraît si peu susceptible de cette précision, qu'il fallait un génie comme le sien pour y conserver en même temps de l'ordre et de la netteté. Cet ouvrage d'Aristote s'est présenté à mes yeux comme une table des matières, qu'on aurait extraite avec le plus grand soin de plusieurs milliers de volumes remplis de descriptions et d'observations de toute espèce: c'est l'abrégé le plus savant qui ait jamais été fait, si la science est en effet l'histoire des faits; et quand même on supposerait qu'Aristote aurait tiré de tous les livres de son temps ce qu'il a mis dans le sien, le plan de l'ouvrage, sa distribution, le choix des exemples, la justesse des comparaisons, une certaine tournure dans les idées, que j'appellerais volontiers le caractère philosophique, ne laissent pas douter un instant qu'il ne fût lui-même bien plus riche que ceux dont il aurait emprunté.

Pline a travaillé sur un plan bien plus grand et peut-être trop vaste; il a voulu tout embrasser, et il semble avoir mesuré la nature et l'avoir trouvée trop petite encore pour l'étendue de son esprit. Son *Histoire naturelle* comprend, indépendamment de l'histoire des animaux, des plantes et des minéraux, l'histoire du ciel et de la terre, la médecine, le commerce, la navigation, l'histoire des árts libéraux et mécaniques, l'origine des usages, enfin toutes les sciences naturelles et tous les arts humains; et ce qu'il y a d'étonnant, c'est que dans chaque partie Pline est également grand. L'élévation des idées, la noblesse du style, relèvent encore sa profonde érudition: non-seulement il savait tout ce qu'on pouvait savoir de son temps, mais il avait cette facilité de penser en grand qui multiplie la science; il avait cette finesse de réflexion, de laquelle dépendent l'élégance et le goût, et il communique à ses lecteurs une certaine liberté d'esprit, une hardiesse de penser, qui est le germe de la philosophie. Son ouvrage, tout aussi varié que la nature, la peint toujours en beau: c'est, si l'on veut, une compilation de tout ce qui avait été écrit avant lui, une copie de tout ce qui avait été fait d'excellent et d'utile à savoir; mais cette copie a de si grands traits, cette compilation contient des choses rassemblées d'une manière si neuve, qu'elle est préférable à la plupart des ouvrages originaux qui traitent des mêmes matières.

Nous avons dit que l'histoire fidèle et la description exacte de chaque chose étaient les deux seuls objets que l'on devait se proposer d'abord dans l'étude de l'histoire naturelle. Les anciens ont bien rempli le premier, et sont peut-être autant au-dessus des modernes par cette première partie, que ceux-ci sont au-dessus d'eux par la seconde; car les anciens ont très-bien traité l'historique de la vie et des mœurs des animaux, de la culture et des usages des plantes, des propriétés et de l'emploi des minéraux, et en même temps ils semblent avoir négligé à dessein la description de chaque chose. Ce n'est pas qu'ils ne fussent très-capables de la bien faire: mais ils dédaignaient apparemment d'écrire des choses qu'ils regardaient comme inutiles, et cette façon de penser tenait à quelque chose de général, et n'était pas aussi déraisonnable qu'on pourrait le croire; et même ils ne pouvaient guère penser autrement. Premièrement, ils cherchaient à être courts et à ne mettre dans leurs ouvrages que les faits essentiels et utiles, parce qu'ils n'avaient pas, comme nous, la facilité de multiplier les livres et de les grossir impunément. En second lieu, ils tournaient toutes les sciences du côté de l'utilité, et donnaient beaucoup moins que nous à la vaine curiosité; tout ce qui n'était pas intéressant pour la société, pour la santé, pour les arts, était négligé: ils rapportaient tout à l'homme moral, et ils ne croyaient pas que les choses qui n'avaient point d'usage fussent dignes de l'occuper; un insecte inutile dont nos observateurs admirent les manœuvres, une herbe sans vertu dont nos botanistes observent les étamines, n'étaient pour eux qu'un insecte ou une herbe. On peut citer pour exemple le vingt-septième livre de Pline, *reliqua herbarum genera*, où il met ensemble toutes les herbes dont il ne fait pas grand cas, qu'il se contente de nommer par lettres alphabétiques, en indiquant quelqu'un de leurs caractères généraux et de leurs usages pour la médecine. Tout cela venait du peu de goût que les anciens avaient pour la physique; ou, pour parler plus exactement, comme ils n'avaient aucune idée de ce que nous appelons physique particulière et expérimentale, ils ne pensaient pas que l'on pût tirer aucun avantage de l'examen scrupuleux et de la description exacte de toutes les parties d'une plante ou d'un petit animal; et ils ne voyaient pas les rapports que cela pouvait avoir avec l'explication des phénomènes de la nature.

Cependant cet objet est le plus important, et il ne faut pas s'imaginer, même aujourd'hui, que dans l'étude de l'histoire naturelle on doive se borner uniquement à faire des descriptions exactes, et à s'assurer seulement des faits particuliers. C'est, à la vérité, et comme nous l'avons dit, le but essentiel qu'on doit se proposer d'abord : mais il faut tâcher de s'élever à quelque chose de plus grand et plus digne encore de nous occuper; c'est de combiner les observations, de généraliser les faits, de les lier ensemble par la force des analogies, et de tâcher d'arriver à ce haut degré de connaissances où nous pouvons juger que les effets particuliers dépendent d'effets plus généraux, où nous pouvons comparer la nature avec elle-même dans ses grandes opérations, et d'où nous pouvons enfin nous ouvrir des routes pour perfectionner les différentes parties de la physique. Une grande mémoire, de l'assiduité et de l'attention, suffisent pour arriver au premier but : mais il faut ici quelque chose de plus ; il faut des vues générales, un coup d'œil ferme, et un raisonnement formé plus encore par la réflexion que par l'étude; il faut enfin cette qualité d'esprit qui nous fait saisir les rapports éloignés, les rassembler et en former un corps d'idées raisonnées, après en avoir apprécié au juste les vraisemblances et en avoir pesé les probabilités. .

C'est ici où l'on a besoin de méthode pour conduire son esprit, non pas de celle dont nous avons parlé, qui ne sert qu'à arranger arbitrairement des mots, mais de cette méthode qui soutient l'ordre même des choses, qui guide notre raisonnement, qui éclaire nos vues, les étend, et nous empêche de nous égarer. Les plus grands philosophes ont senti la nécessité de cette méthode, et même ils ont voulu nous en donner des principes et des essais: mais les uns ne nous ont laissé que l'histoire de leurs pensées, et les autres la fable de leur imagination; et si quelques-uns se sont élevés à ce haut point de métaphysique d'où l'on peut voir les principes, les rapports et l'ensemble des sciences, aucun ne nous a sur cela communiqué ses idées, aucun ne nous a donné des conseils, et la méthode de bien conduire son esprit dans les sciences est encore à trouver: au défaut de préceptes on a substitué des exemples; au lieu de principes, on a employé des définitions, au lieu de faits avérés, des suppositions hasardées.

Dans ce siècle même, où les sciences paraissent être cultivées avec soin, je crois qu'il est aisé de s'apercevoir que la philosophie est négligée, et peut-être plus que dans un autre siècle; les arts qu'on veut appeler scientifiques ont pris sa place; les méthodes de calcul et de géométrie, celles de botanique et d'histoire naturelle, les formules en un mot et les dictionnaires occupent presque tout le monde : on s'imagine savoir davantage, parce qu'on a augmenté le nombre des expressions symboliques et des phrases savantes, et on ne fait point attention que tous ces arts ne sont que des échafaudages pour arriver à la science, et non pas la science elle-même, qu'il ne faut s'en servir que lorsqu'on ne peut s'en passer, et qu'on doit toujours se défier qu'ils ne viennent à nous manquer, lorsque nous voulons les appliquer à l'édifice.

La vérité, cet être métaphysique dont tout le monde croit avoir une idée claire, me paraît confondue dans un si grand nombre d'objets étrangers auxquels on a donné son nom, que je ne suis pas surpris qu'on ait de la peine à la reconnaître. Les préjugés et les fausses applications se sont multipliés à mesure que nos hypothèses ont été plus savantes, plus abstraites et plus perfectionnées ; il est donc plus difficile que jamais de reconnaître ce que nous pouvons savoir, et de le distinguer nettement de ce que nous devons ignorer. Les réflexions suivantes serviront au moins d'avis sur ce sujet important.

Le mot de vérité ne fait naître qu'une idée vague, il n'a jamais eu de définition précise et la définition elle-même, prise dans un sens général et absolu, n'est qu'une abstraction qui n'existe qu'en vertu de quelque supposition. Au lieu de chercher à faire une définition de la vérité, cherchons donc à faire une énumération ; voyons de près ce qu'on appelle communément vérités, et tâchons de nous en former des idées nettes.

Il y a plusieurs espèces de vérités, et on a coutume de mettre dans le premier ordre les vérités mathématiques : ce ne sont cependant que des vérités de définitions ; ces définitions portent sur des suppositions simples, mais abstraites, et toutes les vérités en ce genre ne sont que des conséquences composées, mais toujours abstraites de ces définitions. Nous avons fait les suppositions, nous les avons combinées de toutes les façons ; ce corps de combinaison est la science mathématique ; il n'y a donc rien dans cette science que ce que nous y avons mis, et les vérités qu'on en tire ne peuvent être que des expressions différentes, sous lesquelles se présentent les suppositions que nous avons employées : ainsi les vérités mathématiques ne sont que les répétitions exactes des définitions ou suppositions. La dernière conséquence n'est vraie que parce qu'elle est identique avec celle qui la précède, et que celle-ci l'est avec la précédente et ainsi de suite, en remontant jusqu'à la première supposition ; et comme les définitions sont les seuls principes sur lesquels tout est établi, et qu'elles sont arbitraires et relatives, toutes les conséquences qu'on en peut tirer sont également arbitraires et relatives. Ce qu'on appelle vérités mathématiques se réduit donc à des identités d'idées, et n'a aucune réalité : nous supposons, nous raisonnons sur nos suppositions, nous en tirons des conséquences, nous concluons : la conclusion ou dernière conséquence est une proposition vraie, relativement à notre supposition ; mais cette vérité n'est pas plus réelle que la supposition elle-même. Ce n'est point ici le lieu de nous étendre sur les usages des sciences mathématiques, non plus que sur l'abus qu'on en peut faire : il nous suffit d'avoir prouvé que les vérités mathématiques ne sont que des vérités de définitions, ou, si l'on veut, des expressions différentes de la même chose, et qu'elles ne sont vérités que relativement à ces mêmes définitions que nous avons faites : c'est par cette raison qu'elles ont l'avantage d'être toujours exactes et démonstratives, mais abstraites, intellectuelles et arbitraires.

Les vérités physiques, au contraire, ne sont nullement arbitraires, et ne dépendent point de nous ; au lieu d'être fondées sur des suppositions que nous ayons faites, elles ne sont appuyées que sur des faits. Une suite de faits semblables, ou, si l'on veut, une répétition fréquente et une succession non interrompue des mêmes événements, fait l'essence de la vérité physique : ce qu'on appelle vérité physique n'est donc qu'une probabilité, mais une probabilité si grande, qu'elle équivaut à une certitude. En mathématiques, on suppose ; en physique on pose et on établit. Là ce sont des définitions ; ici ce sont des faits. On va de définitions en définitions dans les sciences abstraites ; on marche d'observations en observations dans les sciences réelles. Dans les premières on arrive à l'évidence, dans les dernières à la certitude. Le mot de vérité comprend l'une et l'autre, et répond par conséquent à deux idées différentes : sa signification est vague et composée ; il n'était donc pas possible de la définir généralement ; il fallait, comme nous venons de le faire, en distinguer les genres afin de s'en former une idée nette.

Je ne parlerai pas des autres ordres de vérités : celles de la morale, par exemple, qui sont en partie réelles et en partie artificielles, demanderaient une longue discussion qui nous éloignerait de notre but, et cela d'autant plus qu'elles n'ont pour objet et pour fin que des convenances et des probabilités.

L'évidence mathématique et la certitude physique sont donc les deux seuls points sous lesquels nous devons considérer la vérité ; dès qu'elle s'éloignera de l'une ou de l'autre, ce n'est plus que vraisemblance et probabilité. Examinons donc ce que nous pouvons savoir de science évidente ou certaine ; après quoi nous verrons ce que nous ne pouvons connaître que par conjecture, et enfin ce que nous devons ignorer.

Nous savons ou nous pouvons savoir de science évidente toutes les propriétés, ou plutôt tous les rapports des nombres, des lignes, des surfaces, et de toutes les autres quantités abstraites ; nous pourrons les savoir d'une manière plus complète à mesure que nous nous exercerons à résoudre de nouvelles questions, et d'une manière plus sûre à mesure que nous rechercherons les causes des difficultés. Comme nous sommes les créateurs de cette science, et qu'elle ne comprend absolument rien que ce que nous avons nous-mêmes imaginé, il ne peut y avoir ni obscurités ni paradoxes qui soient réels ou impossibles, et on en trouvera toujours la solution en examinant avec soin les principes supposés, et en suivant toutes les démarches qu'on a faites pour y arriver ; comme les combinaisons de ces principes et des façons de les employer sont innombrables, il y a dans les mathématiques un champ d'une immense étendue de connaissances acquises et à acquérir, que nous serons toujours les maîtres de cultiver quand nous voudrons, et dans lequel nous recueillerons toujours la même abondance de vérités

Mais ces vérités auraient été perpétuellement de pure spéculation, de simple curiosité, et d'entière inutilité, si on n'avait pas trouvé les moyens de les associer aux vérités physiques. Avant que de considérer les avantages de cette union, voyons ce que nous pouvons espérer de savoir en ce genre.

Les phénomènes qui s'offrent tous les jours à nos yeux, qui se succèdent et se répètent sans interruption et dans tous les cas, sont le fondement de nos connaissances physiques. Il suffit qu'une chose arrive toujours de la même façon, pour qu'elle fasse une certitude ou une vérité pour nous ; tous les faits de la nature que nous avons observés, ou que nous pourrons observer, sont autant de vérités ; ainsi nous pouvons en augmenter le nombre autant qu'il nous plaira, en multipliant nos observations ; notre science n'est ici bornée que par les limites de l'univers.

Mais lorsqu'après avoir bien constaté les faits par des observations réitérées, lorsqu'après avoir établi de nouvelles vérités par des expériences exactes, nous voulons chercher les raisons de ces mêmes faits, les causes de ces effets, nous nous trouvons arrêtés tout à coup, réduits à tâcher de déduire les effets d'effets plus généraux, et obligés d'avouer que les causes nous sont et nous seront perpétuellement inconnues, parce que nos sens étant eux-mêmes les effets de causes que nous ne connaissons point, ils ne peuvent nous donner des idées *que des effets*, et jamais des causes ; il faudra donc nous réduire à appeler cause un effet général, et renoncer à savoir au delà.

Ces effets généraux sont pour nous les vraies lois de la nature : tous les phénomènes que nous reconnaîtrons tenir à ces lois et en dépendre, seront autant de faits expliqués, autant de vérités comprises ; ceux que nous ne pourrons y rapporter seront de simples faits qu'il faut mettre en réserve, en attendant qu'un plus grand nombre d'observations et une plus longue expérience nous apprennent d'autres faits et nous découvrent la cause physique, c'est-à-dire l'effet général dont ces effets particuliers dérivent. C'est ici où l'union des deux sciences mathématique et physique peut donner de grands avantages : l'une donne le combien, et l'autre le comment des choses ; et comme il s'agit ici de combiner et d'estimer des probabilités pour juger si un effet dépend plutôt d'une cause que d'une autre, lorsque vous avez imaginé par la physique le comment, c'est-à-dire lorsque vous avez vu qu'un tel effet pourrait bien dépendre de telle cause, vous appliquez ensuite le calcul pour vous assurer du combien de cet effet avec sa cause ; et si vous trouvez que le résultat s'accorde avec les observations, la probabilité que vous avez deviné juste augmente si fort, qu'elle devient une certitude, au lieu que sans ce secours elle serait demeurée simple probabilité.

Il est vrai que cette union des mathématiques et de la physique ne peut se faire que pour un très-petit nombre de sujets : il faut pour cela que les phénomènes que nous cherchons à expliquer soient susceptibles d'être considérés d'une manière abstraite, et que de leur nature ils soient dénués de presque toutes leurs qualités physiques; car pour peu qu'ils soient composés, le calcul ne peut plus s'y appliquer. La plus belle et la plus heureuse application qu'on en ait jamais faite, est au système du monde; et il faut avouer que si Newton ne nous eût donné que les idées physiques de son système, sans les avoir appuyées sur des évaluations précises et mathématiques, elles n'auraient pas eu à beaucoup près, la même force; mais on doit sentir en même temps qu'il y a très-peu de sujets aussi simples, c'est-à-dire aussi dénués de qualités physiques que l'est celui-ci; car la distance des planètes est si grande, qu'on peut les considérer les unes à l'égard des autres comme n'étant que des points. On peut en même temps, sans se tromper, faire abstraction de toutes les qualités physiques des planètes, et ne considérer que leur force d'attraction : leurs mouvements sont d'ailleurs les plus réguliers que nous connaissions, et n'éprouvent aucun retardement par la résistance. Tout cela concourt à rendre l'explication du système du monde un problème de mathématiques, auquel il ne fallait qu'une idée physique heureusement conçue pour le réaliser; et cette idée est d'avoir pensé que la force qui fait tomber les graves à la surface de la terre, pourrait bien être la même que celle qui retient la lune dans son orbite.

Mais je le répète, il y a bien peu de sujets en physique où l'on puisse appliquer aussi avantageusement les sciences abstraites, et je ne vois guère que l'astronomie et l'optique auxquelles elles puissent être d'une grande utilité: l'astronomie par les raisons que nous venons d'exposer, et l'optique parce que la lumière étant un corps presque infiniment petit, dont les effets s'opèrent en ligne droite avec une vitesse presque infinie, ses propriétés sont presque mathématiques; ce qui fait qu'on peut y appliquer avec quelque succès le calcul et les mesures géométriques. Je ne parlerai pas des mécaniques, parce que la mécanique *rationnelle* est elle-même une science mathématique et abstraite, de laquelle la mécanique pratique, ou l'art de faire et de composer les machines, n'emprunte qu'un seul principe par lequel on peut juger tous les effets en faisant abstraction des frottements et des autres qualités physiques. Aussi m'a-t-il toujours paru qu'il y avait une espèce d'abus dans la manière dont on professe la physique expérimentale, l'objet de cette science n'étant point du tout celui qu'on lui prête. La démonstration des effets mécaniques, comme la puissance des leviers, des poulies, l'équilibre des solides et des fluides, l'effet des plans inclinés, celui des forces centrifuges, etc., appartenant entièrement aux mathématiques, et pouvant être saisies par les yeux de l'esprit avec la dernière évidence, il me paraît superflu de la représenter à ceux du corps: le vrai but est de faire des expériences sur toutes les choses que nous ne pouvons pas mesurer par le calcul, sur tous les effets dont nous ne connaissons pas encore les causes et sur toutes les propriétés dont nous ignorons les circonstances; cela seul peut nous conduire à de nouvelles découvertes, au lieu que la démonstration des effets mathématiques ne nous apprendra jamais que ce que nous savons déjà.

Mais cet abus n'est rien en comparaison des inconvénients où l'on tombe lorsqu'on veut appliquer la géométrie et le calcul à des sujets de physique trop compliqués, à des objets dont nous ne connaissons pas assez les propriétés pour pouvoir les mesurer : on est obligé dans tous ces cas de faire des suppositions toujours contraires à la nature, de dépouiller le sujet de la plupart de ses qualités, d'en faire un être abstrait qui ne ressemble plus à l'être réel, et lorsqu'on a beaucoup raisonné et calculé sur les rapports et les propriétés de cet être abstrait, et qu'on est arrivé à une conclusion tout aussi abstraite, on croit avoir trouvé quelque chose de réel, et on transporte ce résultat idéal dans le sujet réel, ce qui produit une infinité de fausses conséquences et d'erreurs.

C'est ici le point le plus délicat et le plus important de l'étude des sciences : savoir bien distinguer ce qu'il y a de réel dans un sujet de ce que nous y mettons d'arbitraire en le considérant, reconnaître clairement les propriétés qui lui appartiennent et celles que nous lui prêtons, me paraît être le fondement de la vraie méthode de conduire son esprit dans les sciences ; et si on ne perdait jamais de vue ce principe, on ne ferait pas une fausse démarche, on éviterait de tomber dans ces erreurs savantes qu'on reçoit souvent comme des vérités : on verrait disparaître les paradoxes, les questions insolubles des sciences abstraites ; on reconnaîtrait les préjugés et les incertitudes que nous portons nous-mêmes dans les sciences réelles ; on viendrait alors à s'entendre sur la métaphysique des sciences ; on cesserait de disputer et on se réunirait pour marcher dans la même route à la suite de l'expérience, et arriver enfin à la connaissance de toutes les vérités qui sont du ressort de l'esprit humain.

Lorsque les sujets sont trop compliqués pour qu'on puisse y appliquer avec avantage le calcul et les mesures, comme le sont presque tous ceux de l'histoire naturelle et de la physique particulière, il me paraît que la vraie méthode de conduire son esprit dans ces recherches, c'est d'avoir recours aux observations, de les rassembler, d'en faire de nouvelles, et en assez grand nombre pour nous assurer de la vérité des faits principaux, et de n'employer la méthode mathématique que pour estimer les probabilités des conséquences qu'on peut tirer de ces faits ; surtout il faut tâcher de les généraliser et de bien distinguer ceux qui sont essentiels de ceux qui ne sont qu'accessoires au sujet que nous considérons ; il faut ensuite les lier ensemble par les analogies, confirmer ou détruire certains points équivoques par le moyen des expériences, former son plan d'explication sur la combinaison de tous ces rapports, et les présenter dans l'ordre le plus naturel. Cet ordre peut se prendre de deux façons : la première est de remonter des effets particuliers à des effets plus généraux, et l'autre de descendre du général au particulier : toutes deux sont bonnes, et le choix de l'une ou de l'autre dépend plutôt du génie de l'auteur que de la nature des choses, qui toutes peuvent être également bien traitées par l'une ou l'autre de ces manières. Nous allons donner des essais de cette méthode dans les discours suivants, de la Théorie de la Terre, de la Formation des Planètes et de la Génération des Animaux.

SECOND DISCOURS

HISTOIRE ET THÉORIE DE LA TERRE

> Vidi ego, quod fuerat quondam solidissima tellus :
> Esse fretum; vidi fractas ex æquore terras;
> Et procul a pelago conchæ jacuere marinæ,
> Et vetus inventa est in montibus anchora summis,
> Quodque fuit campus, vallem decursus aquarum
> Fecit, et eluvie mons est deductus in æquor.
>
> (Ovid., Metam., lib. xv, v. 262.)

Il n'est ici question ni de la figure (1) de la terre, ni de son mouvement, ni des rapports qu'elle peut avoir à l'extérieur avec les autres parties de l'univers; c'est sa constitution intérieure, sa forme et sa matière, que nous nous proposons d'examiner. L'histoire générale de la terre doit précéder l'histoire particulière de ses productions, et les détails des faits singuliers de la vie et des mœurs des animaux, ou de la culture et de la végétation des plantes, appartiennent peut-être moins à l'histoire naturelle que les résultats généraux des observations qu'on a faites sur les différentes matières qui composent le globe terrestre, sur les éminences, les profondeurs et les inégalités de sa forme, sur le mouvement des mers, sur la direction des montagnes, sur la position des carrières, sur la rapidité et les effets des courants de la mer, etc. Ceci est la nature en grand, et ce sont là ses principales opérations; elles influent sur toutes les autres, et la théorie de ces effets est une première science de laquelle dépend l'intelligence des phénomènes particuliers, aussi bien que la connaissance exacte des substances terrestres; et quand même on voudrait donner à cette partie des sciences naturelles le nom de *physique*, toute physique où l'on n'admet point de systèmes n'est-elle pas l'histoire de la nature ?

Dans des sujets d'une vaste étendue dont les rapports sont difficiles à rapprocher, où les faits sont inconnus en partie, et pour le reste incertains, il est plus aisé d'imaginer un système que de donner une théorie : aussi la théorie de la terre n'a-t-elle

(1) Voyez ci-après les Preuves de la Théorie de la Terre, art. I.

jamais été traitée que d'une manière vague et hypothétique. Je ne parlerai donc que légèrement des idées singulières de quelques auteurs qui ont écrit sur cette matière.

L'un (1), plus ingénieux que raisonnable, astronome convaincu du système de Newton, envisageant tous les événements possibles du cours et de la direction des astres, explique, à l'aide d'un calcul mathématique, par la queue d'une comète, tous les changements qui sont arrivés au globe terrestre.

Un autre (2), théologien hétérodoxe, la tête échauffée de visions poétiques, croit avoir vu créer l'univers. Osant prendre le style prophétique, après nous avoir dit ce qu'était la terre au sortir du néant, ce que le déluge y a changé, ce qu'elle a été et ce qu'elle est, il nous prédit ce qu'elle sera, même après la destruction du genre humain.

Un troisième (3), à la vérité meilleur observateur que les deux premiers, mais tout aussi peu réglé dans ses idées, explique, par un abîme immense d'un liquide contenu dans les entrailles du globe, les principaux phénomènes de la terre, laquelle, selon lui, n'est qu'une croûte superficielle et fort mince, qui sert d'enveloppe au fluide qu'elle renferme.

Toutes ces hypothèses, faites au hasard, et qui ne portent que sur des fondements ruineux, n'ont point éclairci les idées, et ont confondu les faits. On a mêlé la fable à la physique : aussi ces systèmes n'ont été reçus que de ceux qui reçoivent tout aveuglément, incapables qu'ils sont de distinguer les nuances du vraisemblable, et plus flattés du merveilleux que frappés du vrai.

Ce que nous avons à dire au sujet de la terre sera sans doute moins extraordinaire, et pourra paraître commun en comparaison des grands systèmes dont nous venons de parler : mais on doit se souvenir qu'un historien est fait pour décrire et non pour inventer, qu'il ne doit se permettre aucune supposition, et qu'il ne peut faire usage de son imagination que pour combiner les observations, généraliser les faits, et en former un ensemble qui présente à l'esprit un ordre méthodique d'idées claires et de rapports suivis et vraisemblables : je dis vraisemblables, car il ne faut pas espérer qu'on puisse donner des démonstrations exactes sur cette matière, elles n'ont lieu que dans les sciences mathématiques ; et nos connaissances en physique et en histoire naturelle dépendent de l'expérience et se bornent à des inductions.

Commençons donc par nous représenter ce que l'expérience de tous les temps et ce que nos propres observations nous apprennent au sujet de la terre. Ce globe immense nous offre, à la surface, des hauteurs, des profondeurs, des plaines, des mers, des marais, des fleuves, des cavernes, des gouffres, des volcans ; et à la première inspection nous ne découvrons en tout cela aucune régularité, aucun ordre. Si nous pénétrons dans son intérieur, nous y trouverons des métaux, des minéraux, des pierres, des bitumes, des sables, des terres, des eaux et des matières de toute es-

---

(1) Whiston. Voyez les Preuves de la Théorie de la Terre, art. II. — (2) Burnet. Voyez les Preuves de la Théorie de la Terre, art. III. — (3) Woodward. Voyez les Preuves, art. IV.

pèce, placées comme au hasard et sans aucune règle apparente. En examinant avec plus d'attention, nous voyons des montagnes (1) affaissées, des rochers fendus et brisés, des contrées englouties, des îles nouvelles, des terrains submergés, des cavernes comblées; nous trouvons des matières pesantes souvent posées sur des matières légères ; des corps durs environnés de substances molles ; des choses sèches, humides, chaudes, froides, solides, friables, toutes mêlées et dans une espèce de confusion qui ne nous présente d'autre image que celle d'un amas de débris et d'un monde en ruine.

Cependant nous habitons ces ruines avec une entière sécurité; les générations d'hommes, d'animaux, de plantes, se succèdent sans interruption : la terre fournit abondamment à leur subsistance; la mer a des limites et des lois, ses mouvements y sont assujettis; l'air a ses courants réglés (2), les saisons ont leurs retours périodiques et certains, la verdure n'a jamais manqué de succéder aux frimas; tout nous paraît être dans l'ordre : la terre, qui tout à l'heure n'était qu'un chaos, est un séjour délicieux, où règnent le calme et l'harmonie, où tout est animé et conduit avec une puissance et une intelligence qui nous remplissent d'admiration et nous élèvent jusqu'au Créateur.

Ne nous pressons donc pas de prononcer sur l'irrégularité que nous voyons à la surface de la terre, et sur le désordre apparent qui se trouve dans son intérieur : car nous en reconnaîtrons bientôt l'utilité, et même la nécessité; et en y faisant plus d'attention, nous y trouverons peut-être un ordre que nous ne soupçonnions pas et des rapports généraux que nous n'apercevions pas au premier coup d'œil. A la vérité, nos connaissances à cet égard seront toujours bornées : nous ne connaissons point encore la surface entière (3) du globe : nous ignorons en partie ce qui se trouve au fond des mers; il y en a dont nous n'avons pu sonder les profondeurs; nous ne pouvons pénétrer que dans l'écorce de la terre, et les plus grandes cavités (4), les mines (5) les plus profondes, ne descendent pas à la huit-millième partie de son diamètre. Nous ne pouvons donc juger que de la couche extérieure et presque superficielle; l'intérieur de la masse nous est entièrement inconnu. On sait que, volume pour volume, la terre pèse quatre fois plus que le soleil. On a aussi le rapport de sa pesanteur avec les autres planètes : mais ce n'est qu'une estimation relative; l'unité de mesure nous manque, le poids réel de la matière nous étant inconnu : en sorte que l'intérieur de la terre pourrait être ou vide ou rempli d'une matière mille fois plus pesante que l'or, et nous n'avons aucun moyen de le reconnaître; à peine pouvons-nous former sur cela quelques (6) conjectures raisonnables (7).

(1) Vide *Senec. Quæst.*, lib. vi, cap. 21 ; *Strab. Geograp.*, lib. i; *Oros.*, lib. ii, cap. 18; *Plin.*, lib. ii, c. 19; *Histoire de l'Académie des Sciences*, année 1708, page 23.

(2) Voyez les Preuves, art. XIV. — (3) Voyez les Preuves, art. VI. — (4) Voyez *Trans. phil. abrig.*, vol. II, page 323. — (5) Voyez *Boyle's Works*, vol. III, page 232. — (6) Voyez les Preuves, art. I.

(3) Lorsque j'ai écrit ce Traité de la Théorie de la Terre, en 1744, je n'étais pas instruit de tous les faits par lesquels on peut reconnaître que la densité du globe terrestre, prise généralement, est moyenne entre les densités du fer, des marbres, des grès, de la pierre et du verre, telle que je l'ai déterminée dans mon premier

Il faut donc nous borner à examiner et à décrire la surface de la terre, et la petite épaisseur intérieure dans laquelle nous avons pénétré. La première chose qui se présente, c'est l'immense quantité d'eau qui couvre la plus grande partie du globe. Ces eaux occupent toujours les parties les plus basses; elles sont aussi toujours de niveau, et elles tendent perpétuellement à l'équilibre et au repos. Cepen-

Mémoire; je n'avais pas fait alors toutes les expériences qui m'ont conduit à ce résultat; il me manquait aussi beaucoup d'observations que j'ai recueillies dans ce long espace de temps : ces expériences toutes faites dans la même vue, et ces observations, nouvelles pour la plupart, ont étendu mes premières idées, et m'en ont fait naître d'autres accessoires et même plus élevées; en sorte que ces *conjectures raisonnables* que je soupçonnais dès lors qu'on pouvait former, me paraissent être devenues des inductions très-plausibles, desquelles il résulte que le globe de la terre est principalement composé, depuis la surface jusqu'au centre, d'une matière vitreuse un peu plus dense que le verre pur; la lune, d'une matière aussi dense que la pierre calcaire; Mars, d'une matière à peu près aussi dense que celle du marbre; Vénus, d'une matière un peu plus dense que l'émeril; Mercure, d'une matière un peu plus dense que l'étain; Jupiter, d'une matière moins dense que la craie ; et Saturne, d'une matière presque aussi légère que la pierre ponce; et enfin que les satellites de ces deux grosses planètes sont composés d'une matière encore plus légère que leur planète principale.

Il est certain que le centre de gravité du globe, ou plutôt du sphéroïde terrestre, coïncide avec son centre de grandeur, et que l'axe sur lequel il tourne passe par ces mêmes centres, c'est-à-dire par le milieu du sphéroïde, et que par conséquent il est de même densité dans toutes ses parties correspondantes : s'il en était autrement et que le centre de grandeur ne coïncidât pas avec le centre de gravité, l'axe de rotation se trouverait alors plus d'un côté que de l'autre; et, dans les différents hémisphères de la terre, la durée de la révolution paraîtrait inégale. Or, cette révolution est parfaitement la même pour tous les climats : ainsi toutes les parties correspondantes du globe sont de la même densité relative.

Et comme il est démontré par son renflement à l'équateur et par sa chaleur propre, encore actuellement existante, que, dans son origine, le globe terrestre était composé d'une matière liquéfiée par le feu, qui s'est rassemblée par sa force d'attraction mutuelle, la réunion de cette matière en fusion n'a pu former qu'une sphère pleine depuis le centre à la circonférence, laquelle sphère pleine ne diffère d'un globe parfait que par ce renflement sous l'équateur et cet abaissement sous les pôles, produits par la force centrifuge dès les premiers moments que cette masse encore liquide a commencé à tourner sur elle-même.

Nous avons démontré que le résultat de toutes les matières qui éprouvent la violente action du feu, est l'état de vitrification; et comme toutes se réduisent en verre plus ou moins pesant, il est nécessaire que l'intérieur du globe soit en effet une matière vitrée, de la même nature que la roche vitreuse, qui fait partout le fond de sa surface, au-dessous des argiles, des sables vitrescibles, des pierres calcaires, et de toutes les autres matières qui ont été remuées, travaillées et transportées par les eaux.

Ainsi l'intérieur du globe est une masse de matière vitrescible, peut-être spécifiquement un peu plus pesante que la roche vitreuse, dans les fentes de laquelle nous cherchons les métaux; mais elle est de même nature, et n'en diffère qu'en ce qu'elle est plus massive et plus pleine : il n'y a de vides et de cavernes que dans les couches extérieures; l'intérieur doit être plein ; car ces cavernes n'ont pu se former qu'à la surface, dans le temps de la consolidation et du premier refroidissement : les fentes perpendiculaires qui se trouvent dans les montagnes, ont été formées presque en même temps, c'est-à-dire lorsque les matières se sont resserrées par le refroidissement; toutes ces cavités ne pouvaient se faire qu'à la surface, comme l'on voit dans une masse de verre ou de minéral fondu les éminences et les trous se présenter à la superficie, tandis que l'intérieur du bloc est solide et plein.

Indépendamment de cette cause générale de la formation des cavernes et des fentes à la surface de la terre, la force centrifuge était une autre cause qui, se combinant avec celle du refroidissement, a produit dans le commencement de plus grandes cavernes et de plus grandes inégalités dans les climats où elle agissait, le plus puissamment. C'est par cette raison que les plus hautes montagnes et les grandes profondeurs se sont trouvées voisines des tropiques et de l'équateur; c'est par la même raison qu'il s'est fait dans ces contrées méridionales plus de bouleversements que nulle part ailleurs. Nous ne pouvons déterminer le point de profondeur auquel les couches de la terre ont été boursouflées par le feu et soulevées en cavernes; mais il est certain que cette profondeur doit être bien plus grande à l'équateur que dans les autres climats, puisque le globe, avant sa consolidation, s'y est élevé de six lieues un quart de plus que sous les pôles. Cette espèce de croûte ou de calotte va toujours en diminuant d'épaisseur depuis l'équateur, et se termine à rien sous les pôles. La matière qui compose cette croûte est la seule qui ait été déplacée dans le temps de la liquéfaction, et refoulée par l'action de la force centrifuge; le reste de la matière qui compose l'intérieur du globe est demeuré fixe dans son assiette, et n'a subi ni changement, ni soulèvement, ni transport : les vides et les cavernes n'ont donc pu se former que dans cette croûte extérieure; elles se sont trouvées d'autant plus grandes et plus fréquentes, que cette croûte était plus épaisse, c'est-à-dire plus voisine de l'équateur. Aussi les plus

dant nous les voyons (1) agitées par une forte puissance, qui, s'opposant à la tranquillité de cet élément, lui imprime un mouvement périodique et réglé, soulève et abaisse alternativement les flots, et fait un balancement de la masse totale des mers, en les remuant jusqu'à la plus grande profondeur. Nous savons que ce mouvement est de tous les temps, et qu'il durera autant que la lune et le soleil, qui en sont les causes.

Considérant ensuite le fond de la mer, nous y remarquons autant d'inégalités (2) que sur la surface de la terre; nous y trouvons des hauteurs (3), des vallées, des plaines, des profondeurs, des rochers, des terrains de toute espèce : nous voyons que toutes les îles ne sont que les sommets (4) de vastes montagnes, dont le pied et les racines sont couverts de l'élément liquide; nous y trouvons d'autres sommets de montagnes qui sont presque à fleur d'eau. Nous y remarquons des courants rapides (5) qui semblent se soustraire au mouvement général : on les voit (6) se porter quelquefois constamment dans la même direction, quelquefois rétrograder, et ne jamais excéder leurs limites, qui paraissent aussi invariables que celles qui bornent les efforts des fleuves de la terre. Là sont ces contrées orageuses où les vents en fureur précipitent la tempête, où la mer et le ciel, également agités, se choquent et se confondent: ici sont des mouvements intestins, des bouillonnements (7), des trombes (8), et des agitations extraordinaires causées par des volcans dont la bouche submergée vomit le feu du sein des ondes, et pousse jusqu'aux nues une épaisse vapeur mêlée d'eau, de soufre et de bitume. Plus loin, je vois

grands affaissements se sont faits et se feront encore dans les parties méridionales, où se trouvent de même les plus grandes inégalités de la surface du globe, et par la même raison, le plus grand nombre de cavernes, de fentes et de mines métalliques qui ont rempli ces fentes dans le temps de leur fusion ou de leur sublimation.

L'or et l'argent, qui ne font qu'une quantité pour ainsi dire infiniment petite, en comparaison de celles des autres matières du globe, ont été sublimés en vapeurs, et se sont séparés de la matière vitrescible commune par l'action de la chaleur, de la même manière que l'on voit sortir d'une plaque d'or ou d'argent exposée au foyer d'un miroir ardent des particules qui s'en séparent par la sublimation, et qui dorent ou argentent les corps que l'on expose à cette vapeur métallique : ainsi l'on ne peut pas croire que ces métaux, susceptibles de sublimation, même à une chaleur médiocre, puissent être entrés en grande partie dans la composition du globe, ni qu'ils soient placés à de grandes profondeurs dans son intérieur. Il en est de même de tous les autres métaux minéraux, et qui sont encore plus susceptibles de se sublimer par l'action de la chaleur; et à l'égard des sables vitrescibles et des argiles, qui ne sont que des détriments des scories vitrées dont la surface du globe était couverte immédiatement après le premier refroidissement, il est certain qu'elles n'ont pu se loger dans l'intérieur, et qu'elles pénètrent tout au plus aussi bas que les filons métalliques dans les fentes et dans les autres cavités de cette ancienne surface de la terre, maintenant recouverte par toutes les matières que les eaux ont déposées.

Nous sommes donc bien fondés à conclure que le globe de la terre n'est dans son intérieur, qu'une masse solide de matière vitrescible, sans vides, sans cavités, et qu'il ne s'en trouve que dans les couches qui soutiennent celle de sa surface, que sous l'équateur et dans les climats méridionaux; ces cavités ont été et sont encore plus grandes que dans les climats tempérés ou septentrionaux; parce qu'il y a eu deux causes qui les ont produites sous l'équateur; savoir, la force centrifuge et le refroidissement, au lieu que, sous les pôles, il n'y a eu que la seule cause du refroidissement : en sorte que, dans les parties méridionales, les affaissements ont été bien plus considérables, les inégalités plus grandes, les fentes perpendiculaires plus fréquentes, et les mines des métaux précieux plus abondantes. (*Add. Buff.*)

(1) Voyez les Preuves, art. XII. — (2) Voyez les Preuves, art. XIII.

(3) Voyez la Carte dressée en 1737 par M. Buache, des profondeurs de l'Océan entre l'Afrique et l'Amérique.

(4) Voyez *Varen. Géogr. gén.*, page 218. — (5) Voyez les Preuves, art. XIII. — (6) Voyez *Varen.*, p. 140. Voyez aussi les *Voyages de Pyrard*, p. 187. — (7) Voyez les *Voyages de Shaw*, t. II, p. 56. — (8) Voyez les Preuves, art. XVI.

ces gouffres (1) dont on n'ose approcher, qui semblent attirer les vaisseaux pour les engloutir : au delà j'aperçois ces vastes plaines, toujours calmes et tranquilles (2), mais tout aussi dangereuses, où les vents n'ont jamais exercé leur empire, où l'art du nautonier devient inutile, où il faut rester et périr : enfin, portant les yeux jusqu'aux extrémités du globe, je vois ces glaces (3) énormes qui se détachent des continents des pôles, et viennent, comme des montagnes flottantes, voyager et se fondre jusque dans les régions tempérées (4).

Voilà les principaux objets que nous offre le vaste empire de la mer : des milliers d'habitants de différentes espèces en peuplent toute l'étendue ; les uns, couverts d'écailles légères, en traversent avec rapidité les différents pays ; d'autres, chargés d'une épaisse coquille, se traînent pesamment et marquent avec lenteur leur route sur le sable ; d'autres, à qui la nature a donné des nageoires en forme d'ailes, s'en servent pour s'élever et se soutenir dans les airs ; d'autres enfin, à qui tout mouvement a été refusé, croissent et vivent attachés aux rochers : tous trouvent dans cet élément leur pâture. Le fond de la mer produit abondamment des plantes, des mousses, et des végétations encore plus singulières. Le terrain de la mer est de sable, de gravier, souvent de vase, quelquefois de terre ferme, de coquillages, de rochers, et partout il ressemble à la terre que nous habitons.

Voyageons maintenant sur la partie sèche du globe : quelle différence prodigieuse entre les climats ! quelle variété de terrains ! quelle inégalité de niveau ! Mais observons exactement, et nous reconnaîtrons que les grandes (5) chaînes de montagnes se trouvent plus voisines de l'équateur que des pôles ; que dans l'ancien continent elles s'étendent d'orient en occident beaucoup plus que du nord au sud, et que dans le Nouveau Monde elles s'étendent au contraire du nord au sud beaucoup plus que d'orient en occident : mais ce qu'il y a de très-remarquable, c'est que la forme de ces montagnes et leurs contours, qui paraissent absolument irréguliers (6), ont cependant des directions suivies et correspondantes (7) entre elles ; en sorte que les angles saillants d'une montagne se trouvent toujours opposés aux angles rentrants de la montagne voisine, qui en est séparée par un vallon ou par une profondeur. J'observe aussi que les collines opposées ont toujours à très-peu près la même hauteur, et qu'en général les montagnes occupent le milieu des continents, et partagent, dans la plus grande longueur, les îles, les promontoires, et les autres (8) terres avancées. Je suis de même la direction des plus grands fleuves, et je vois qu'elle est toujours presque perpendiculaire à la côte de la mer dans laquelle ils ont leur embouchure, et que, dans la plus grande partie de leur cours, ils vont à peu près (9) comme les chaînes des montagnes dont ils prennent leur source et leur direction. Examinant ensuite les rivages de la mer, je trouve qu'elle est ordinairement bordée par des rochers, des marbres, et d'autres pierres dures, ou bien par des

(1) Le Malestroom dans la mer de Norwége. — (2) Les calmes et les tornados de la mer éthiopique. — (3) Voyez les Preuves, art. VI et X. — (4) Voyez la Carte de l'expédition de M. Bouvet dressée par M. Buache, en 1739. — (5) Voyez les Preuves, art. IX. — (6) *Ibid*, art. IX et XII. — (7) Voyez *Lettres phil.* de Bourguet, p. 181. — (8) Vide *Varen. Géogr.*, p. 69. — (9) Voyez les Preuves, art. X.

terres et des sables qu'elle a elle-même accumulés ou que les fleuves ont amenés, et je remarque que les côtes voisines, et qui ne sont séparées que par un bras ou par un petit trajet de mer, sont composées des mêmes matières, et que les lits de terre sont les mêmes de l'un et de l'autre côté (1). Je vois que les volcans (2) se trouvent tous dans les hautes montagnes, qu'il y en a un grand nombre dont les feux sont entièrement éteints, que quelques-uns de ces volcans ont des correspondances (3) souterraines, et que leurs explosions se font quelquefois en même temps. J'aperçois une correspondance semblable entre certains lacs et les mers voisines. Ici sont des fleuves et des torrents (4) qui se perdent tout à coup, et paraissent se précipiter dans les entrailles de la terre; là est une mer intérieure où se rendent cent rivières qui y portent de toutes parts une énorme quantité d'eau, sans jamais augmenter ce lac immense, qui semble rendre par des voies souterraines tout ce qu'il reçoit par ses bords; et, chemin faisant, je reconnais aisément les pays anciennement habités, je les distingue de ces contrées nouvelles où le terrain paraît encore tout brut, où les fleuves sont remplis de cataractes, où les terres sont en partie submergées, marécageuses ou trop arides, où la distribution des eaux est irrégulière, où des bois incultes couvrent toute la surface des terrains qui peuvent produire.

Entrant dans un plus grand détail, je vois que la première couche (5) qui enveloppe le globe, est partout d'une même substance; que cette substance, qui sert à faire croître et à nourrir les végétaux et les animaux, n'est elle-même qu'un composé de parties animales et végétales détruites, ou plutôt réduites en petites parties, dans lesquelles l'ancienne organisation n'est pas sensible. Pénétrant plus avant, je trouve la vraie terre; je vois des couches de sable, de pierres à chaux, d'argile, de coquillages, de marbre, de gravier, de craie, de plâtre, etc., et je remarque que ces couches (6) sont toujours posées parallèlement les unes sur les autres (7), et que chaque couche a la même épaisseur dans toute son étendue. Je vois que dans les collines voisines les mêmes matières se trouvent au même niveau, quoique les collines soient séparées par des intervalles profonds et considérables. J'observe que dans tous les lits de terre, et (8) même dans des couches plus solides, comme dans les rochers, dans les carrières de marbre et de pierre, il y a des fentes; que ces fentes sont perpendiculaires à l'horizon, et que, dans les plus grandes comme dans les plus petites profondeurs, c'est une espèce de règle que la nature suit constamment. Je vois de plus que dans l'intérieur de la terre, sur la cime des monts (9) et dans les lieux les plus éloignés de la mer, on trouve des coquilles, des squelettes de poissons de mer, des plantes marines, etc., qui sont entièrement semblables aux coquilles, aux poissons, aux plantes actuellement vivantes dans la mer, et qui en effet sont absolument les mêmes. Je remarque que ces coquilles pétrifiées sont en prodigieuse quantité, qu'on en trouve dans une infinité d'endroits, qu'elles sont

---

(1) Voyez les Preuves, art. VII. — (2) *Ibid.*, art. XVI. — (3) Vide *Kircher Mund. subter.* in præf. — (4) Voyez *Varen. Géogr.*, pag. 43. — (5) Voyez les Preuves, art. VII. — (6) *Ibid.* — (7) Voyez *Woodward*, p. 44, etc. — (8) Voyez les Preuves, art. VIII. — (9) *Ibid.*

renfermées dans l'intérieur des rochers et des autres masses de marbre et de pierre dure, aussi bien que dans les craies et dans les terres; que non-seulement elles sont renfermées dans toutes ces matières, mais qu'elles y sont incorporées, pétrifiées, et remplies de la substance même qui les environne. Enfin, je me trouve convaincu, par des observations réitérées, que les marbres, les pierres, les craies, les marnes, les argiles, les sables, et presque toutes les matières terrestres, sont remplies de coquilles (1) et d'autres débris de la mer, et cela par toute la terre, et dans tous les lieux où l'on a pu faire des observations exactes.

Tout cela posé, raisonnons.

Les changements qui sont arrivés au globe terrestre, depuis deux et même trois mille ans, sont fort peu considérables en comparaison des révolutions qui ont dû se faire dans les premiers temps de la création; car il est aisé de démontrer que comme toutes les matières terrestres n'ont acquis de la solidité que par l'action continuée de la gravité et des autres forces qui rapprochent et réunissent les particules de la matière, la surface de la terre devait être au commencement beaucoup moins solide qu'elle ne l'est devenue dans la suite, et que par conséquent les mêmes causes qui ne produisent aujourd'hui que des changements insensibles dans l'espace de plusieurs siècles devaient causer alors de très-grandes révolutions dans un petit nombre d'années. En effet, il paraît certain que la terre, actuellement sèche et habitée, a été autrefois sous les eaux de la mer, et que ces eaux étaient supérieures aux sommets des plus hautes montagnes, puisqu'on trouve sur ces montagnes et jusque sur leurs sommets des productions marines et des coquilles (2), qui, comparées avec

(1) Voyez Stenon, Woodward, Ray, Bourguet, Scheuchzer, les *Trans. philos.*, les *Mémoires de l'Académie*, etc.

(2) Ceci exige une explication, et demande même quelques restrictions. Il est certain et reconnu par mille et mille observations, qu'il se trouve des coquilles et d'autres productions de la mer sur toute la surface de la terre actuellement habitée, et même sur les montagnes, à une très-grande hauteur. J'ai avancé, d'après l'autorité de Woodward, qui le premier a recueilli ces observations, qu'on trouvait aussi des coquilles jusque sur les sommets des plus hautes montagnes : d'autant que j'étais assuré par moi-même et par d'autres observations assez récentes, qu'il y en a dans les Pyrénées et les Alpes, à 900, 1,000, 1,200 et 1,500 toises de hauteur au-dessus du niveau de la mer; qu'il s'en trouve de même dans les montagnes de l'Asie, et qu'enfin dans les Cordillières en Amérique, on en a nouvellement découvert un banc à plus de 2,000 toises au-dessus du niveau de la mer (*).

On ne peut donc pas douter que, dans toutes les différentes parties du monde, et jusqu'à la hauteur de 1,500 ou 2,000 toises au-dessus du niveau des mers actuelles, la surface du globe n'ait été couverte des eaux, et pendant un temps assez long pour y produire ces coquillages et les laisser multiplier : car leur quantité est si considérable, que leurs débris forment des bancs de plusieus lieues d'étendue, souvent de plusieurs toises d'épaisseur sur une largeur indéfinie; en sorte qu'ils composent une partie assez considérable des couches extérieures de la surface du globe, c'est-à-dire toute la matière calcaire, qui, comme l'on sait, est très-commune

(*) M. Le Gentil, de l'Académie des sciences, m'a communiqué par écrit, le 4 décembre 1771, le fait suivant : « Don Antonio de Ulloa, dit-il, me chargea, en passant par Cadix, de remettre de sa part à l'Académie, deux coquilles pétrifiées, qu'il tira l'année 1761 de la montagne où est le vif-argent, dans le gouvernement de *Guanca-Velica* au Pérou, dont la latitude méridionale est de 13 à 14 degrés. A l'endroit où ces coquilles ont été tirées, le mercure se soutient à 17 pouces 1 ligne 1 quart; ce qui répond à 2,222 toises 1 tiers de hauteur au-dessus du niveau de la mer.

» Au plus haut de la montagne, qui n'est pas à beaucoup près la plus élevée de ce canton, le mercure se soutient à 16 pouces 6 lignes; ce qui répond à 2,337 toises 2 tiers.

» A la ville de *Guanca-Velica*, le mercure se soutient à 18 pouces 1 ligne et demie, qui répondent à 1,949 toises.

» Don Antonio de Ulloa m'a dit qu'il a détaché ces coquilles d'un banc fort épais, dont il ignore l'étendue, et qu'il travaillait actuellement à un mémoire relatif à ces observations; ces coquilles sont du genre des peignes ou des grandes pèlerines. »

les coquillages vivants, sont les mêmes, et qu'on ne peut douter de leur parfaite
ressemblance, ni de l'identité de leurs espèces. Il paraît aussi que les eaux de
la mer ont séjourné quelque temps sur cette terre, puisqu'on trouve en plusieurs
endroits des bancs de coquilles si prodigieux et si étendus, qu'il n'est pas possible qu'une aussi grande multitude d'animaux (1) ait été tout à la fois vivante en même temps. Cela semble prouver aussi que, quoique les matières qui
composent la surface de la terre fussent alors dans un état de mollesse qui les rendait susceptibles d'être aisément divisées, remuées et transportées par les eaux, ces
mouvements ne se sont pas faits tout à coup, mais successivement et par degrés ;
et comme on trouve quelquefois des productions de la mer à mille et douze cents
pieds de profondeur, il paraît que cette épaisseur de terre ou de pierre étant si considérable, il a fallu des années pour la produire ; car, quand on voudrait supposer
que dans le déluge universel tous les coquillages eussent été enlevés du fond des
mers et transportés sur toutes les parties de la terre, outre que cette supposition serait difficile à établir (2), il est clair que comme on trouve ces coquilles incorporées
et pétrifiées dans les marbres et dans les rochers des plus hautes montagnes, il faudrait donc supposer que ces marbres et ces rochers eussent été tous formés en même
temps et précisément dans l'instant du déluge, et qu'avant cette grande révolution
il n'y avait sur le globe terrestre ni montagnes, ni marbres, ni rochers, ni craies, ni
aucune autre matière semblable à celles que nous connaissons, qui presque toutes contiennent des coquilles et d'autres débris des productions de la mer. D'ailleurs, la surface de la terre devait avoir acquis au temps du déluge un degré considérable de solidité, puisque la gravité avait agi sur les matières qui la composent pendant plus de
seize siècles ; et par conséquent il ne paraît pas possible que les eaux du déluge aient

et très-abondante en plusieurs contrées. Mais au-dessus des plus hauts points d'élévation, c'est-à-dire au-dessus
de 1,500 et 2,000 toises de hauteur, et souvent plus bas, on a remarqué que les sommets des plus hautes montagnes sont composés de roc vif, de granite, et d'autres matières vitrescibles. On peut donc en inférer que la mer
n'a point atteint, ou du moins n'a surmonté que pendant un petit temps, ces parties les plus élevées et ces pointes
les plus avancées de la surface de la terre.

Comme l'observation de don Ulloa, que nous venons de citer au sujet des coquilles trouvées sur les Cordillières, pourrait paraître encore douteuse, ou du moins comme isolée et ne faisant qu'un seul exemple, nous
devons rapporter à l'appui de son témoignage celui d'Alphonse Barba, qui dit qu'au milieu de la partie la
plus montagneuse du Pérou, on trouve des coquilles de toutes grandeurs, les unes concaves et les autres convexes,
et très-bien imprimées. Ainsi l'Amérique, comme toutes les autres parties du monde, a également été couverte
par les eaux de la mer : et si les premiers observateurs ont cru qu'on ne trouvait point de coquilles sur les
montagnes des Cordillières, c'est que ces montagnes, les plus élevées de la terre, sont pour la plupart des
volcans actuellement agissants, ou des volcans éteints, lesquels, par leurs éruptions, ont recouvert de matières
brûlées toutes les terres adjacentes; ce qui a non-seulement enfoui, mais détruit toutes les coquilles qui pouvaient
s'y trouver. Il ne serait donc pas étonnant qu'on ne rencontrât point de productions marines autour de ces montagnes, qui sont aujourd'hui ou qui ont été autrefois embrasées; car le terrain qui les enveloppe ne doit être
qu'un composé de cendres, de scories, de verre, de lave et d'autres matières brûlées ou vitrifiées : ainsi il n'y
a d'autre fondement à l'opinion de ceux qui prétendent que la mer n'a pas couvert les montagnes, si ce n'est
qu'il y a plusieurs de leurs sommets où l'on ne voit aucune coquille ni autres productions marines. Mais comme
on trouve en une infinité d'endroits, et jusqu'à 1,500 et 2,000 toises de hauteur, des coquilles et d'autres productions de la mer, il est évident qu'il y a eu peu de pointes ou de crêtes de montagnes qui n'aient été surmontées
par les eaux, et que les endroits où on ne trouve point de coquilles, indiquent seulement que les animaux qui
les ont produites ne s'y sont pas habitués, et que les mouvements de la mer n'y ont point amené les débris de
ses productions, comme elle en a amené sur toute la surface du globe. (*Add. Buff.*)

(1) Voyez les Preuves, art. VIII. — (2) Voyez les Preuves, art. V.

pu bouleverser les terres à la surface du globe jusqu'à d'aussi grandes profondeurs, dans le peu de temps que dura l'inondation universelle.

Mais, sans insister plus longtemps sur ce point, qui sera discuté dans la suite, je m'en tiendrai maintenant aux observations qui sont constantes, et aux faits qui sont certains. On ne peut douter que les eaux de la mer n'aient séjourné sur la surface de la terre que nous habitons, et que par conséquent cette même surface de notre continent n'ait été pendant quelque temps le fond d'une mer, dans laquelle tout se passait comme tout se passe actuellement dans la mer d'aujourd'hui. D'ailleurs, les couches des différentes matières qui composent la terre étant, comme nous l'avons remarqué (1), posées parallèlement et de niveau, il est clair que cette position est l'ouvrage des eaux, qui ont amassé et accumulé peu à peu ces matières, et leur ont donné la même situation que l'eau prend toujours d'elle-même, c'est-à-dire cette situation horizontale que nous observons presque partout; car dans les plaines les couches sont exactement horizontales, et il n'y a que dans les montagnes où elles soient inclinées, comme ayant été formées par des sédiments déposés sur une base inclinée, c'est-à-dire sur un terrain penchant (2). Or, je dis que ces couches ont été

(1) Voyez les Preuves, art. VII.

(2) Non-seulement les couches de matières calcaires sont horizontales dans les plaines, mais elles le sont aussi dans toutes les montagnes où il n'y a point eu de bouleversement par les tremblements de terre ou par d'autres causes accidentelles; et lorsque ces couches sont inclinées, c'est que la montagne elle-même s'est inclinée tout en bloc, et qu'elle a été contrainte de pencher d'un côté par la force d'une explosion souterraine, ou par l'affaissement d'une partie du terrain qui lui servait de base. L'on peut donc dire qu'en général toutes les couches formées par le dépôt et le sédiment des eaux sont horizontales, comme l'eau l'est toujours elle-même, à l'exception de celles qui ont été formées sur une base inclinée, c'est-à-dire sur un terrain penchant, comme se trouvent la plupart des mines de charbon de terre.

La couche la plus extérieure et superficielle de la terre, soit en plaine, soit en montagne, n'est composée que de terre végétale, dont l'origine est due aux sédiments de l'air, au dépôt des vapeurs et des rosées, et aux sédiments successifs des herbes, des feuilles et des autres parties des végétaux décomposés. Cette première couche ne doit point être ici considérée, elle suit partout les pentes et les courbures du terrain, et présente une épaisseur plus ou moins grande, suivant les différentes circonstances locales (*). Cette couche de terre végétale est ordinairement bien plus épaisse dans les vallons que sur les collines; et sa formation est postérieure aux couches primitives du globe, dont les plus anciennes et les plus intérieures ont été formées par le feu, et les plus nouvelles et les plus extérieures ont été formées par les matières transportées et déposées en forme de sédiments par le mouvement des eaux, Celles-ci sont en général toutes horizontales, et ce n'est que par des causes particulières qu'elles paraissent quelquefois inclinées. Les bancs de pierres calcaires sont ordinairement horizontaux ou légèrement inclinés; et de toutes les substances calcaires, la craie est celle dont les bancs conservent exactement la position horizontale : comme la craie n'est qu'une poussière des détriments calcaires, elle a été déposée par les eaux dont le mouvement était tranquille et les oscillations réglées, tandis que les matières qui n'étaient que brisées et en plus grand volume, ont été transportées par les courants et déposées par le remous des eaux; en sorte que leurs bancs ne sont pas parfaitement horizontaux comme ceux de la craie. Les falaises de la mer en Normandie sont composées de couches horizontales de craie si régulièrement coupées à plomb, qu'on les prendrait de loin pour des murs de fortifications. L'on voit entre les couches de craie de petits lits de pierre à fusil noire, qui tranchent sur le blanc de la craie : c'est là l'origine des veines noires dans les marbres blancs.

Indépendamment des collines calcaires dont les bases sont légèrement inclinées et dont la position n'a point varié, il y en a grand nombre d'autres qui ont penché par différents accidents, et dont toutes les couches

(*) Il y a quelques montagnes dont la surface à la cime est absolument nue, et ne présente que le roc vif ou le granite, sans aucune végétation que dans les petites fentes, où le vent a porté et accumulé les particules de terre qui flottent dans l'air. On assure qu'à quelque distance de la rive du Nil, en remontant ce fleuve, la montagne, composée de granite, de porphyre et de jaspe, s'étend à plus de vingt lieues en longueur, sur une largeur peut-être aussi grande, et que la surface entière de la cime de cette énorme carrière est absolument dénuée de végétaux; ce qui forme un vaste désert, que ni les animaux, ni les oiseaux, ni même les insectes ne peuvent fréquenter. Mais ces exceptions particulières et locales ne doivent point être ici considérées.

formées peu à peu, et non pas tout d'un coup par quelque révolution que ce soit, parce que nous trouvons souvent des couches de matière plus pesante posées sur des couches de matière beaucoup plus légère ; ce qui ne pourrait être, si, comme le veulent quelques auteurs, toutes ces matières (1) dissoutes et mêlées en même temps dans l'eau, se fussent ensuite précipitées au fond de cet élément, parce qu'à-lors elles eussent produit une tout autre composition que celle qui existe: les matières les plus pesantes seraient descendues les premières et au plus bas, et chacune se serait arrangée suivant sa gravité spécifique, dans un ordre relatif à leur pesanteur particulière, et nous ne trouverions pas des rochers massifs sur des arènes légères, non plus que des charbons de terre sous des argiles, et des glaises sous des marbres, et des métaux sur des sables.

Une chose à laquelle nous devons encore faire attention, et qui confirme ce que nous venons de dire sur la formation des couches par le mouvement et par le sédiment des eaux, c'est que toutes les autres causes de révolution ou de changement sur le globe ne peuvent produire les mêmes effets. Les montagnes les plus élevées sont composées de couches parallèles, tout de même que les plaines les plus basses, et par conséquent on ne peut pas attribuer l'origine et la formation des montagnes à des secousses, à des tremblements de terre, non plus qu'à des volcans; et nous avons des preuves que s'il se forme quelquefois de petites éminences par ces mouvements convulsifs de la terre (2), ces éminences ne sont pas composées de couches parallèles; que les matières de ces éminences n'ont intérieurement aucune liaison, aucune position régulière, et qu'enfin ces petites collines formées par les volcans ne présentent aux yeux que le désordre d'un tas de matière rejetée confusément. Mais cette espèce d'organisation de la terre que nous découvrons partout, cette situation horizontale et parallèle des couches, ne peuvent venir que d'une cause constante et d'un mouvement réglé et toujours dirigé de la même façon.

Nous sommes donc assuré par des observations exactes, réitérées, et fondées sur des faits incontestables, que la partie sèche du globe que nous habitons a été long-temps sous les eaux de la mer; par conséquent cette même terre a éprouvé pendant tout ce temps les mêmes mouvements, les mêmes changements qu'éprouvent actuellement les terres couvertes par la mer. Il paraît que notre terre a été un fond de mer: pour trouver donc ce qui s'est passé autrefois sur cette terre, voyons ce qui se passe aujourd'hui sur le fond de la mer, et de là nous tirerons des inductions raisonnables sur la forme extérieure et la composition intérieure des terres que nous habitons.

Souvenons-nous donc que la mer a de tout temps, et depuis la création, un mouvement de flux et de reflux causé principalment par la lune; que ce mouve-

---

sont fort inclinées. On en a de grands exemples dans plusieurs endroits des Pyrénées, où l'on en voit qui sont inclinées de 45, 50 et même 60 degrés au-dessous de la ligne horizontale; ce qui semble prouver qu'il s'est fait de grands changements dans ces montagnes par l'affaissement des cavernes souterraines sur lesquelles leur masse était autrefois appuyée. (*Add. Buffon.*)

(1) Voyez les Preuves, art. IV. — (2) Voyez les Preuves, art. XVII.

ment, qui dans vingt-quatre heures fait deux fois élever et baisser les eaux, s'exerce avec plus de force sous l'équateur que dans les autres climats. Souvenons-nous aussi que la terre a un mouvement rapide sur son axe, et par conséquent une force centrifuge plus grande à l'équateur que dans toutes les autres parties du globe; que cela seul, indépendamment des observations actuelles et des mesures, nous prouve qu'elle n'est pas parfaitement sphérique, mais qu'elle est plus élevée sous l'équateur que sous les pôles; et concluons de ces premières observations, que quand même on supposerait que la terre est sortie des mains du Créateur parfaitement ronde en tout sens (supposition gratuite, et qui marquerait bien le cercle étroit de nos idées), son mouvement diurne et celui du flux et du reflux auraient élevé peu à peu les parties de l'équateur, en y amenant successivement les limons, les terres, les coquillages, etc. Ainsi les plus grandes inégalités du globe doivent se trouver et se trouvent en effet voisines de l'équateur; et comme ce mouvement de flux et de reflux (1) se fait par des alternatives journalières et répétées sans interruption, il est fort naturel d'imaginer qu'à chaque fois les eaux emportent d'un endroit à l'autre une petite quantité de matière, laquelle tombe ensuite comme un sédiment au fond de l'eau, et forment ces couches parallèles et horizontales qu'on trouve partout; car la totalité du mouvement des eaux dans le flux et le reflux étant horizontale, les matières entraînées ont nécessairement suivi la même direction, et se sont toutes arrangées parallèlement et de niveau.

Mais, dira-t-on, comme le mouvement du flux et du reflux est un balancement égal des eaux, une espèce d'oscillation régulière, on ne voit pas pourquoi tout ne serait pas compensé, et pourquoi les matières apportées par le flux ne seraient pas remportées par le reflux; et dès lors la cause de la formation des couches disparaît, et le fond de la mer doit toujours rester le même, le flux détruisant les effets du reflux, et l'un et l'autre ne pouvant causer aucun mouvement, aucune altération sensible dans le fond de la mer, et encore moins en changer la forme primitive en y produisant des hauteurs et des inégalités.

A cela je réponds que le balancement des eaux n'est point égal, puisqu'il produit un mouvement continuel de la mer de l'orient vers l'occident; que de plus, l'agitation causée par les vents s'oppose à l'égalité du flux et reflux, et que de tous les mouvements dont la mer est susceptible, il résultera toujours des transports de terre et des dépôts de matières dans de certains endroits; que ces amas de matières seront composés de couches parallèles et horizontales, les combinaisons quelconques des mouvements de la mer tendant toujours à remuer les terres et à les mettre de niveau les unes sur les autres dans les lieux où elles tombent en forme de sédiment. Mais de plus il est aisé de répondre à cette objection par un fait: c'est que dans toutes les extrémités de la mer où l'on observe le flux et le reflux, dans toutes les côtes qui la bornent, on voit que le flux amène une infinité de choses que le reflux ne remporte pas; qu'il y a des terrains que le mer couvre insensiblement (2), et d'au-

____
(1) Voyez les Preuves, art. XII. — (2) Voyez les Preuves, art. XIX.

tres qu'elle laisse à découvert après y avoir apporté des terres, des sables, des coquilles, etc., qu'elle dépose, et qui prennent naturellement une situation horizontale ; et que ces matières, accumulées par la suite des temps, et élevées jusqu'à un certain point, se trouvent peu à peu hors de l'atteinte des eaux, restent ensuite pour toujours dans l'état de terre sèche, et font partie des continents terrestres.

Mais, pour ne laisser aucun doute sur ce point important, examinons de près la possibilité ou l'impossibilité de la formation d'une montagne dans le fond de la mer par le mouvement et par le sédiment des eaux. Personne ne peut nier que sur une côte contre laquelle la mer agit avec violence dans le temps qu'elle est agitée par le flux, ces efforts réitérés ne produisent quelque changement, et que les eaux n'emportent à chaque fois une petite portion de la terre de la côte; et quand même elle serait bornée de rochers, on sait que l'eau use peu à peu ces rochers (1), et que par conséquent elle en emporte de petites parties à chaque fois que la vague se retire après s'être brisée. Ces particules de pierre ou de terre seront nécessairement transportées par les eaux jusqu'à une certaine distance et dans de certains endroits où le mouvement de l'eau, se trouvant ralenti, abandonnera ces particules à leur propre pesanteur, et alors elles se précipiteront au fond de l'eau en forme de sédiment, et là elles formeront une première couche horizontale ou inclinée, suivant la position de la surface du terrain sur laquelle tombe cette première couche, laquelle sera bientôt couverte et surmontée d'une autre couche semblable et produite par la même cause; et insensiblement il se formera dans cet endroit un dépôt considérable de matière, dont les couches seront posées parallèlement les unes sur les autres. Cet amas augmentera toujours par les nouveaux sédiments que les eaux y transporteront, et peu à peu par succession de temps il se formera une élévation, une montagne dans le fond de la mer, qui sera entièrement semblable aux éminences et aux montagnes que nous connaissons sur la terre, tant pour la composition intérieure que pour la forme extérieure. S'il se trouve des coquilles dans cet endroit du fond de la mer où nous supposons que se fait notre dépôt, les sédiments couvriront ces coquilles et les rempliront; elles seront incorporées dans les couches de cette matière déposée, et elles feront partie des masses formées par ces dépôts; on les y trouvera dans la situation qu'elles auront acquise en y tombant, ou dans l'état où elles auront été saisies; car dans cette opération celles qui se seront trouvées au fond de la mer lorsque les premières couches se seront déposées, se trouveront dans la couche la plus basse, et celles qui seront tombées depuis dans ce même endroit, se trouveront dans les couches plus élevées.

Tout de même, lorsque le fond de la mer sera remué par l'agitation des eaux, il se fera nécessairement des transports de terre, de vase, de coquilles, et d'autres matières, dans de certains endroits où elles se déposeront en forme de sédiments. Or, nous sommes assuré par les plongeurs (2) qu'aux plus grandes profondeurs où ils puissent descendre, qui sont plus de vingt brasses, le fond de la mer est remué au

(1) Voyez les *Voyages de Shaw*, tome II, page 69. — (2) Voyez *Boyle's Works*, vol. III, page 232.

point que l'eau se mêle avec la terre, qu'elle devient trouble, et que la vase et les coquillages sont emportés par le mouvement des eaux à des distances considérables; par conséquent, dans tous les endroits de la mer où l'on a pu descendre, il se fait des transports de terre et de coquilles qui vont tomber quelque part, et former, en se déposant, des couches parallèles et des éminences qui sont composées comme nos montagnes le sont. Ainsi le flux et le reflux, les vents, les courants et tous les mouvements des eaux, produiront des inégalités dans le fond de la mer, parce que toutes ces causes détachent du fond et des côtes de la mer des matières qui se précipitent ensuite en forme de sédiment.

Au reste, il ne faut pas croire que ces transports de matières ne puissent pas se faire à des distances considérables, puisque nous voyons tous les jours des graines et d'autres productions des Indes orientales et occidentales arriver (1) sur nos côtes; à la vérité, elles sont spécifiquement plus légères que l'eau, au lieu que les matières dont nous parlons sont plus pesantes; mais comme elles sont réduites en poudre impalpable, elles se soutiendront assez longtemps dans l'eau pour être transportées à de grandes distances.

Ceux qui prétendent que la mer n'est pas remuée à de grandes profondeurs, ne font pas attention que le flux et le reflux ébranlent et agitent à la fois toute la masse des mers, et que dans un globe qui serait entièrement liquide, il y aurait de l'agitation et du mouvement jusqu'au centre; que la force qui produit celui du flux et du reflux, est une force pénétrante qui agit sur toutes les parties proportionnellement à leurs masses; qu'on pourrait même mesurer et déterminer par le calcul la quantité de cette action sur un liquide à différentes profondeurs, et qu'enfin ce point ne peut être contesté qu'en se refusant à l'évidence du raisonnement et à la certitude des observations.

Je puis donc supposer légitimement que le flux et le reflux, les vents, et toutes les autres causes qui peuvent agiter la mer, doivent produire par le mouvement des eaux des éminences et des inégalités dans le fond de la mer, qui seront toujours composées de couches horizontales ou également inclinées : ces éminences pourront, avec le temps, augmenter considérablement, et devenir des collines qui, dans une longue étendue de terrain, se trouveront, comme les ondes qui les auront produites, dirigées du même sens, et formeront peu à peu une chaîne de montagnes. Ces hauteurs une fois formées feront obstacle à l'uniformité du mouvement des eaux, et il en résultera des mouvements particuliers dans le mouvement général de la mer : entre deux hauteurs voisines il se formera nécessairement un courant (2) qui suivra leur direction commune, et coulera, comme coulent les fleuves de la terre, en formant un canal dont les angles seront alternativement opposés dans l'étendue de son cours. Ces hauteurs formées au-dessus de la surface du fond pourront augmenter encore de plus en plus; car les eaux qui n'auront que le mouvement du flux

----

(1) Particulièrement sur les côtes d'Écosse et d'Irlande. (Voyez *Ray's Discourses.*)
(2) Voyez les Preuves, art. XIII.

époseront sur la cime le sédiment ordinaire, et celles qui obéiront au courant entraîneront au loin les parties qui se seraient déposées entre deux, et en même temps
elles creuseront un vallon au pied de ces montagnes, dont tous les angles se trouveront correspondants, et, par l'effet de ces deux mouvements et de ces dépôts, le
fond de la mer aura bientôt été sillonné, traversé de collines et de chaînes de montagnes, et semé d'inégalités telles que nous les y trouvons aujourd'hui. Peu à peu
les matières molles dont les éminences étaient d'abord composées seront durcies
par leur propre poids : les unes, formées de parties purement argileuses, auront
produit ces collines de glaise qu'on trouve en tant d'endroits : d'autres, composées
de parties sablonneuses et cristallines, ont fait ces énormes amas de rochers et de
cailloux d'où l'on tire le cristal et les pierres précieuses; d'autres, faites de parties pierreuses mêlées de coquilles, ont formé ces lits de pierres et de marbres où nous retrouvons ces coquilles aujourd'hui; d'autres, enfin, composées d'une matière encore plus
coquilleuse et plus terrestre, ont produit les marnes, les craies et les terres. Toutes
sont posées par lits, toutes contiennent des substances hétérogènes; les débris des
productions marines s'y trouvent en abondance, et à peu près suivant le rapport de
leur pesanteur : les coquilles les plus légères dans les craies, les plus pesantes dans les
argiles et dans les pierres, et elles sont remplies de la matière même des pierres et des
terres où elles sont renfermées; preuve incontestable qu'elles ont été transportées avec
la matière qui les environne et qui les remplit, et que cette matière était réduite en
particules impalpables. Enfin toutes ces matières, dont la situation s'est établie par
le niveau des eaux de la mer, conservent encore aujourd'hui leur première position.

On pourra nous dire que la plupart des collines et des montagnes dont le sommet
est de rocher, de pierre, ou de marbre, ont pour base des matières plus légères; que
ce sont ordinairement ou des monticules de glaise ferme et solide, ou des couches
de sable qu'on retrouve dans les plaines voisines jusqu'à une distance assez grande;
et on nous demandera comment il est arrivé que ces marbres et ces rochers se soient
trouvés au-dessus de ces sables et de ces glaises. Il me paraît que cela peut s'expliquer assez naturellement : l'eau aura d'abord transporté la glaise ou le sable qui
faisait la première couche des côtes ou du fond de la mer, ce qui aura produit au
bas une éminence composée de tout ce sable ou de toute cette glaise rassemblée;
après cela les matières plus fermes et plus pesantes qui se seront trouvées au-dessous, auront été attaquées et transportées par les eaux, en poussière impalpable,
au-dessus de cette éminence de glaise ou de sable, et cette poussière de pierre aura
formé les rochers et les carrières que nous trouvons au-dessus des collines. On
peut croire qu'étant les plus pesantes, ces matières étaient autrefois au-dessous des
autres, et qu'elles sont aujourd'hui au-dessus parce qu'elles ont été enlevées et
transportées les dernières par le mouvement des eaux.

Pour confirmer ce que nous avons dit, examinons encore plus en détail la situation des matières qui composent cette première épaisseur du globe terrestre, la seule
que nous connaissions. Les carrières sont composées de différents lits ou couches
presque toutes horizontales ou inclinées suivant la même pente; celles qui posent

sur des glaises ou sur des bases d'autres matières solides, sont sensiblement de niveau, surtout dans les plaines. Les carrières où l'on trouve les cailloux et les grès dispersés, ont, à la vérité, une position moins régulière : cependant l'uniformité de la nature ne laisse pas de s'y reconnaître ; car la position horizontale ou toujours également penchante des couches se trouve dans les carrières de
roc vif, et dans celles de grès en grande masse : elle n'est altérée et interrompue que
dans les carrières de cailloux et de grès en petite masse, dont nous ferons voir que
la formation est postérieure à celle de toutes les autres matières ; car le roc vif, le
sable vitrifiable, les argiles, les marbres, les pierres calcinables, les craies, les marnes, sont toutes disposées par couches parallèles toujours horizontales, ou également
inclinées. On reconnaît aisément dans ces dernières matières la première formation ;
car les couches sont exactement horizontales et fort minces, et elles sont arrangées les
unes sur les autres comme les feuillets d'un livre. Les couches de sable, d'argile
molle, de glaise dure, de craie, de coquilles, sont aussi toutes ou horizontales ou
inclinées suivant la même pente. Les épaisseurs des couches sont toujours les mêmes dans toute leur étendue, qui souvent occupe un espace de plusieurs lieues, et
et que l'on pourrait suivre bien plus loin, si l'on observait exactement. Enfin toutes
les matières qui composent la première épaisseur du globe sont disposées de cette
façon ; et quelque part qu'on fouille, en trouvera des couches, et on se convaincra
par ses yeux de la vérité de ce qui vient d'être dit.

Il faut excepter, à certains égards, les couches de sable ou de gravier entraîné du
sommet des montagnes par la pente des eaux : ces veines de sable se trouvent quelquefois dans les plaines, où elles s'étendent même assez considérablement ; elles
sont ordinairement posées sous la première couche de la terre labourable, et, dans
les lieux plats, elles sont de niveau, comme les couches plus anciennes et plus intérieures : mais, au pied et sur la croupe des montagnes, ces couches de sable sont
fort inclinées, et elles suivent le penchant de la hauteur sur laquelle elles ont coulé,
Les rivières et les ruisseaux ont formé ces couches ; et, en changeant souvent de li
dans les plaines, ils ont entraîné et déposé partout ces sables et ces graviers. Un
petit ruisseau, coulant des hauteurs voisines, suffit, avec le temps, pour étendre
une couche de sable ou de gravier sur toute la superficie d'un vallon, quelque spa-
cieux qu'il soit ; et j'ai souvent observé dans une campagne environnée de collines
dont la base est de glaise aussi bien que la première couche de la plaine, qu'au-
dessus d'un ruisseau qui y coule, la glaise se trouve immédiatement sous la terre
labourable, et qu'au-dessous du ruisseau, il y a une épaisseur d'environ un pied d
sable sur la glaise, qui s'étend à une distance considérable. Ces couches, produite
par les rivières et par les autres eaux courantes, ne sont pas de l'ancienne forma
tion ; elles se reconnaissent aisément à la différence de leur épaisseur, qui varie
n'est pas la même partout comme celle des couches anciennes, à leurs interru
tions fréquentes, et enfin à la matière même, qu'il est aisé de juger, et qu'on r
connaît avoir été lavée, roulée et arrondie. On peut dire la même chose des couche
de tourbes et de végétaux pourris qui se trouvent au-dessous de la première cou

che de terre dans les terrains marécageux : ces couches ne sont pas anciennes, et elles ont été produites par l'entassement successif des arbres et des plantes, qui peu à peu ont comblé ces marais. Il en est encore de même de ces couches limoneuses que l'inondation des fleuves a produites dans différents pays : tous ces terrains ont été nouvellement formés par les eaux courantes ou stagnantes, et ils ne suivent pas la pente égale ou le niveau aussi exactement que les couches anciennement produites par le mouvement régulier des ondes de la mer. Dans les couches que les rivières ont formées, on trouve des coquilles fluviatiles : mais il y en a peu de marines, et le peu qu'on y en trouve est brisé, déplacé, isolé, au lieu que dans les couches anciennes les coquilles marines se trouvent en quantité; il n'y en a point de fluviatiles, et ces coquilles de mer y sont bien conservées, et toutes placées de la même manière, comme ayant été transportées et posées en même temps par la même cause. Et en effet, pourquoi ne trouve-t-on pas les matières entassées irrégulièrement, au lieu de les trouver par couches? Pourquoi les marbres, les pierres dures, les craies, les argiles, les plâtres, les marnes, etc., ne sont-ils pas dispersés ou joints par couches irrégulières ou verticales? Pourquoi les choses pesantes ne sont-elles pas toujours au-dessous des plus légères? Il est aisé d'apercevoir que cette uniformité de la nature, cette espèce d'organisation de la terre, cette jonction des différentes matières par couches parallèles et par lits, sans égard à leur pesanteur, n'ont pu être produites que par une cause aussi puissante et aussi constante que celle de l'agitation des eaux de la mer, soit par le mouvement réglé des vents, soit par celui du flux et reflux, etc.

Ces causes agissent avec plus de force sous l'équateur que dans les autres climats, car les vents y sont plus constants et les marées plus violentes que partout ailleurs : aussi les plus grandes chaînes de montagnes sont voisines de l'équateur. Les montagnes de l'Afrique et du Pérou sont les plus hautes qu'on connaisse; et, après avoir traversé des continents entiers, elles s'étendent encore à des distances très-considérables sous les eaux de la mer Océane. Les montagnes de l'Europe et de l'Asie, qui s'étendent depuis l'Espagne jusqu'à la Chine, ne sont pas aussi élevées que celles de l'Amérique méridionale et de l'Afrique. Les montagnes du Nord ne sont, au rapport des voyageurs, que des collines, en comparaison de celles des pays méridionaux (1). D'ailleurs le nombre des îles est fort peu considérable dans

(1) Lorsque j'ai composé, en 1744, ce traité de la Théorie de la Terre, je n'étais pas aussi instruit que je le suis actuellement, et l'on n'avait pas fait les observations par lesquelles on a reconnu que les sommets des plus hautes montagnes sont composés de granite et de rocs vitrescibles, et qu'on ne trouve point de coquilles sur plusieurs de ces sommets : cela prouve que ces montagnes n'ont pas été composées par les eaux, mais produites par le feu primitif, et qu'elles sont aussi anciennes que le temps de la consolidation du globe. Toutes les pointes et les noyaux de ces montagnes étant composés de matières vitrescibles, semblables à la roche intérieure du globe, elles sont également l'ouvrage du feu primitif, lequel a le premier établi ces masses de montagnes, et formé les grandes inégalités de la surface de la terre. L'eau n'a travaillé qu'en second, postérieurement au feu, et n'a pu agir qu'à la hauteur où elle s'est trouvée après la chute entière des eaux de l'atmosphère et l'établissement de la mer universelle, laquelle a déposé successivement les coquillages qu'elle nourrissait et les autres matières qu'elle delayait; ce qui a formé les couches d'argiles et de matières calcaires qui composent nos collines, et qui enveloppent nos montagnes vitrescibles jusqu'à une grande hauteur.

Au reste, lorsque j'ai dit que les montagnes du Nord ne sont que des collines en comparaison des montagnes

les mers septentrionales, tandis qu'il y en a une quantité prodigieuse dans la zone torride; et comme une île n'est qu'un sommet de montagne, il est clair que la surface de la terre a beaucoup plus d'inégalités vers l'équateur que vers le nord.

Le mouvement général du flux et reflux a donc produit les plus grandes montagnes, qui se trouvent dirigées d'occident en orient dans l'ancien continent, et du nord au sud dans le nouveau, dont les chaînes sont d'une étendue très-considérable; mais il faut attribuer aux mouvements particuliers des courants, des vents et des autres agitations irrégulières de la mer, l'origine de toutes les autres montagnes. Elles ont vraisemblablement été produites par la combinaison de tous ces mouvements, dont on voit bien que les effets doivent être variés à l'infini, puisque les vents, la position différente des îles et des côtes, ont altéré de tous les temps et dans tous les sens possibles la direction du flux et du reflux des eaux. Ainsi il n'est point étonnant qu'on trouve sur le globe des éminences considérables dont le cours est dirigé vers différentes plages : il suffit pour notre objet d'avoir démontré que les montagnes n'ont point été placées au hasard, et qu'elles n'ont point été produites par des tremblements de terre ou par d'autres causes accidentelles, mais qu'elles sont en effet résultant de l'ordre général de la nature, aussi bien que l'espèce d'organisation qui leur est propre, et la position des matières qui les composent.

Mais comment est-il arrivé que cette terre que nous habitons, que nos ancêtres ont habitée comme nous, qui, de temps immémorial, est un continent sec, ferme et éloigné des mers, ayant été autrefois un fond de mer, soit actuellement supérieure à toutes les eaux, et en soit si distinctement séparée? Pourquoi les eaux de la mer n'ont-elles pas resté sur cette terre, puisqu'elles y ont séjourné si longtemps? Quel accident, quelle cause a pu produire ce changement dans le globe? Est-il même possible d'en concevoir une assez puissante pour opérer un tel effet?

Ces questions sont difficiles à résoudre; mais les faits étant certains, la manière

du Midi, cela n'est vrai que pris généralement; car il y a dans le nord de l'Asie de grandes portions de terre qui paraissent être fort élevées au-dessus du niveau de la mer; et en Europe les Pyrénées, les Alpes, le mont Carpate, les montagnes de Norwége, les monts Riphées et Rymniques, sont de hautes montagnes; et toute la partie méridionale de la Sibérie, quoique composée de vastes plaines et de montagnes médiocres, paraît être encore plus élevée que le sommet des monts Riphées : mais ce sont peut-être les seules exceptions qu'il y ait à faire ici; car non-seulement les plus hautes montagnes se trouvent dans les climats plus voisins de l'équateur que des pôles, mais il paraît que c'est dans ces climats méridionaux où se sont faits les grands bouleversements intérieurs et extérieurs, tant par l'effet de la force centrifuge dans le premier temps de la consolidation, que par l'action plus fréquente des feux souterrains et le mouvement plus violent du flux et du reflux dans les temps subséquents. Les tremblements de terre sont si fréquents dans l'Inde méridionale, que les naturels du pays ne donnent pas d'autre épithète à l'Etre tout-puissant que celui de *remueur de terre*. Tout l'archipel Indien ne semble être qu'une mer de volcans agissants ou éteints : on ne peut donc pas douter que les inégalités du globe ne soient beaucoup plus grandes vers l'équateur que vers les pôles; on pourrait même assurer que cette surface de la zone torride a été entièrement bouleversée depuis la côte orientale de l'Afrique jusqu'aux Philippines, et encore bien au delà de la mer du Sud. Toute cette plage ne paraît être que les restes en débris d'un vaste continent, dont toutes les terres basses ont été submergées. L'action de tous les éléments s'est réunie pour la destruction de la plupart de ces terres équinoxiales, car indépendamment des marées, qui y sont plus violentes que sur le reste du globe, il paraît aussi qu'il y a eu plus de volcans, puisqu'il en subsiste encore dans la plupart de ces îles, dont quelques-unes, comme les îles de France et de Bourbon, se sont trouvées ruinées par le feu, et absolument désertes, lorsqu'on en a fait la découverte. (*Add. Buff.*)

dont ils sont arrivés peut demeurer inconnue sans préjudicier au jugement que
nous devons en porter : cependant, si nous voulons y réfléchir, nous trouverons
par induction des raisons très-plausibles de ces changements (1). Nous voyons
tous les jours la mer gagner du terrain dans certaines côtes, et en perdre dans
d'autres ; nous savons que l'Océan a un mouvement général et continuel d'orient
en occident ; nous entendons de loin les efforts terribles que la mer fait contre les
basses terres et contre les rochers qui la bornent ; nous connaissons des provinces
entières où on est obligé de lui opposer des digues que l'industrie humaine a bien
de la peine à soutenir contre la fureur des flots ; nous avons des exemples de pays
récemment submergés et de débordements réguliers ; l'histoire nous parle d'inondations encore plus grandes et de déluges : tout cela ne doit-il pas nous porter à
croire qu'il est en effet arrivé de grandes révolutions sur la surface de la terre, et
que la mer a pu quitter et laisser à découvert la plus grande partie des terres qu'elle
occupait autrefois ? Par exemple, si nous nous prêtons un instant à supposer que
l'ancien et le nouveau monde ne faisaient autrefois qu'un seul continent, et que,
par un violent tremblement de terre, le terrain de l'ancienne Atlantique de Platon
se soit affaissé, la mer aura nécessairement coulé de tous côtés pour former l'océan
Atlantique, et par conséquent aura laissé à découvert de vastes continents, qui sont
peut-être ceux que nous habitons. Ce changement a donc pu se faire tout à coup
par l'affaissement de quelque vaste caverne dans l'intérieur du globe, et produire
par conséquent un déluge universel, ou bien ce changement ne s'est pas pas fait
tout à coup, et il a fallu peut-être beaucoup de temps : mais enfin il s'est fait, et je
crois même qu'il s'est fait naturellement ; car, pour juger de ce qui est arrivé, et
même de ce qui arrivera, nous n'avons qu'à examiner ce qui arrive. Il est certain,
par les observations réitérées de tous les voyageurs (2), que l'Océan a un mouvement constant d'orient en occident : ce mouvement se fait sentir non-seulement
entre les tropiques, comme celui du vent d'est, mais encore dans toute l'étendue
des zones tempérées et froides où l'on a navigué. Il suit de cette observation, qui
est constante, que la mer Pacifique fait un effort continuel contre les côtes de la
Tartarie, de la Chine et de l'Inde ; que l'océan Indien fait effort contre la côte orientale de l'Afrique, et que l'océan Atlantique agit de même contre toutes les côtes
orientales de l'Amérique ; ainsi la mer a dû et doit toujours gagner du terrain sur
les côtes orientales, et en perdre sur les côtes occidentales. Cela seul suffirait pour
prouver la possibilité de ce changement de terre en mer et de mer en terre ; et si
en effet il s'est opéré par le mouvement des eaux d'orient en occident, comme il y
a grande apparence, ne peut-on pas conjecturer très-vraisemblablement que le pays
le plus ancien du monde est l'Asie et tout le continent oriental ; que l'Europe, au
contraire, et une partie de l'Afrique, et surtout les côtes occidentales de ces continents, comme l'Angleterre, la France, l'Espagne, la Mauritanie, etc., sont des terres

(1) Voyez les Preuves, art. XIX.
(2) Voyez Varen. Géogr. gén., page 119.

plus nouvelles? L'histoire paraît s'accorder ici avec la physique, et confirmer cette conjecture, qui n'est pas sans fondement.

Mais il y a bien d'autres causes qui concourent avec le mouvement continuel de la mer d'orient en occident, pour produire l'effet dont nous parlons. Combien n'y a-t-il pas de terres plus basses que le niveau de la mer, et qui ne sont défendues que par un isthme, un banc de rochers, ou par des digues encore plus faibles! L'effort des eaux détruira peu à peu ces barrières, et dès lors ces pays seront submergés. De plus, ne sait-on pas que ces montagnes s'abaissent (1) continuellement par les pluies, qui en détachent les terres et les entraînent dans les vallées? ne sait-on pas que les ruisseaux roulent les terres des plaines et des montagnes dans les fleuves, qui portent à leur tour cette terre superflue dans la mer? Ainsi peu à peu le fond des mers se remplit, la surface des continents s'abaisse et se met de niveau, et il ne faut que du temps pour que la mer prenne successivement la place de la terre.

Je ne parle point de ces causes éloignées qu'on prévoit moins qu'on ne les devine, de ces secousses de la nature dont le moindre effet serait la catastrophe du monde : le choc ou l'approche d'une comète, l'absence de la lune, la présence d'une nouvelle planète, etc., sont des suppositions sur lesquelles il est aisé de donner carrière à son imagination; de pareilles causes produisent tout ce qu'on veut, et d'une seule de ces hypothèses on va tirer mille romans physiques, que leurs auteurs appelleront *Théorie de la Terre*. Comme historien, nous nous refusons à ces vaines spéculations ; elles roulent sur ces possibilités qui, pour se réduire à l'acte, supposent un bouleversement de l'univers, dans lequel notre globe, comme un point de matière abandonnée, échappe à nos yeux, et n'est plus un objet digne de nos regards : pour les fixer, il faut le prendre tel qu'il est, en bien observer toutes les parties, et, par des inductions, conclure du présent au passé. D'ailleurs, des causes dont l'effet est rare, violent et subit, ne doivent pas nous toucher; elles ne se trouvent pas dans la marche ordinaire de la nature : mais des effets qui arrivent tous les jours, des mouvements qui se succèdent et se renouvellent sans interruption, des opérations constantes et toujours réitérées, ce sont là nos causes et nos raisons.

Ajoutons-y des exemples, combinons la cause générale avec les causes particulières, et donnons des faits dont le détail rendra sensibles les différents changements qui sont arrivés sur le globe, soit par irruption de l'Océan dans les terres, soit par l'abandon de ces mêmes terres, lorsqu'elles se sont trouvées trop élevées.

La plus grande irruption de l'Océan dans les terres est celle (2) qui a produit la mer (3) Méditerranée. Entre deux promontoires avancés, l'Océan (4) coule avec une très-grande rapidité par un passage étroit, et forme ensuite une vaste mer qui couvre un espace, lequel, sans y comprendre la mer Noire, est environ sept fois

(1) Voyez *Ray's Discourses*, page 226; Plot, *Hist. nat.*, etc. — (2) Voyez les Preuves, art. XI et XIX. — (3) Voyez *Ray's Discourses*, page 209. — (4) Voyez *Trans. phil. abrig'd*, vol. II, p. 289.

grand comme la France. Ce mouvement de l'Océan par le détroit de Gibraltar est contraire à tous les autres mouvements de la mer dans tous les détroits qui joignent l'Océan à l'Océan ; car le mouvement général de la mer est d'orient en occident, et celui-ci seul est d'occident en orient ; ce qui prouve que la mer Méditerranée n'est point un golfe ancien de l'Océan, mais qu'elle a été formée par une irruption des eaux, produite par quelque cause accidentelle, comme serait un tremblement de terre, lequel aurait affaissé les terres à l'endroit du détroit, ou un violent effort de l'Océan, causé par les vents, qui aurait rompu la digue entre les promontoires de Gibraltar et de Ceuta. Cette opinion est appuyée du témoignage des anciens (1) qui ont écrit que la mer Méditerranée n'existait point autrefois ; et elle est, comme on voit, confirmée par l'histoire naturelle, et par les observations qu'on a faites sur la nature des terres à la côte d'Afrique et à celle d'Espagne, où l'on trouve les mêmes lits de pierre, les mêmes couches de terre en deçà et au delà du détroit, à peu près comme dans de certaines vallées où les deux collines qui les surmontent se trouvent être composées des mêmes matières et au même niveau.

L'Océan, s'étant donc ouvert cette porte, a d'abord coulé par le détroit avec une rapidité beaucoup plus grande qu'il ne coule aujourd'hui, et il a inondé le continent qui joignait l'Europe à l'Afrique ; les eaux ont couvert toutes les basses terres dont nous n'apercevons aujourd'hui que les éminences et les sommets dans l'Italie et dans les îles de Sicile, de Malte, de Corse, de Sardaigne, de Chypre, de Rhodes et de l'Archipel.

Je n'ai pas compris la mer Noire dans cette irruption de l'Océan, parce qu'il paraît que la quantité d'eau qu'elle reçoit du Danube, du Niéper, du Don et de plusieurs autres fleuves qui y entrent, est plus que suffisante pour la former, et que d'ailleurs elle coule (2) avec une très-grande rapidité par le Bosphore dans la mer Méditerranée. On pourrait même présumer que la mer Noire et la mer Caspienne ne faisaient autrefois que deux grands lacs qui peut-être étaient joints par un détroit de communication, ou bien par un marais ou un petit lac qui réunissait les eaux du Don et du Volga auprès du Tria, où ces deux fleuves sont fort voisins l'un de l'autre, et l'on peut croire que ces deux mers ou ces deux lacs étaient autrefois d'une bien plus grande étendue qu'ils ne sont aujourd'hui : peu à peu ces grands fleuves, qui ont leur embouchure dans la mer Noire et dans la mer Caspienne, auront amené une assez grande quantité de terre pour fermer la communication, remplir le détroit et séparer ces deux lacs, car on sait qu'avec le temps les grands fleuves remplissent les mers et forment des continents nouveaux, comme la province de l'embouchure du fleuve Jaune à la Chine, la Louisiane à l'embouchure du Mississipi, et la partie septentrionale de l'Égypte, qui doit son origine (3) et son existence aux inondations (4) du Nil. La rapidité de ce fleuve entraîne les terres de l'intérieur de l'Afrique, et il les dépose ensuite dans ses débordements en si

(1) Diodore de Sicile, Strabon. — (2) Voyez *Trans phil. abrig'd*, vol. II, page 289. — (3) Voyez les *Voyages de Shaw*, vol. II, page 173 jusqu'à la page 188. — (4) Voyez les Preuves, art. XIX.

grande quantité, qu'on peut fouiller jusqu'à cinquante pieds dans l'épaisseur de ce limon déposé par les inondations du Nil, de même les terrains de la province de la rivière Jaune et de la Louisiane ne se sont formés que par le limon des fleuves.

Au reste, la mer Caspienne est actuellement un vrai lac qui n'a aucune communication avec les autres mers, pas même avec le lac Aral, qui paraît en avoir fait partie, et qui n'en est séparé que par un vaste pays de sable, dans lequel on ne trouve ni fleuves, ni rivières, ni aucun canal par lequel la mer Caspienne puisse verser ses eaux. Cette mer n'a donc aucune communication extérieure avec les autres mers, et je ne sais si l'on est bien fondé à soupçonner qu'elle en a d'intérieure avec la mer Noire ou le golfe Persique. Il est vrai que la mer Caspienne reçoit le Volga et plusieurs autres fleuves qui semblent lui fournir plus d'eau que l'évaporation n'en peut enlever : mais indépendamment de la difficulté de cette estimation, il paraît que si elle avait communication avec l'une ou l'autre de ces mers, on y aurait reconnu un courant rapide et constant qui entraînerait tout vers cette ouverture qui servirait de décharge à ses eaux, et je ne sache pas qu'on ait jamais rien observé de semblable sur cette mer ; des voyageurs exacts, sur le témoignage desquels on peut compter, nous assurent le contraire, et par conséquent il est nécessaire que l'évaporation enlève de la mer Caspienne une quantité d'eau égale à celle qu'elle reçoit.

On pourrait encore conjecturer avec quelque vraisemblance, que la mer Noire sera un jour séparée de la Méditerranée, et que le Bosphore se remplira lorsque les grands fleuves qui ont leur embouchure dans le Pont-Euxin auront amené une assez grande quantité de terre pour fermer le détroit ; ce qui peut arriver avec le temps, et par la diminution successive des fleuves, dont la quantité des eaux diminue à mesure que les montagnes et les pays élevés dont ils tirent leurs sources, s'abaissent par le dépouillement des terres que les pluies entraînent et que les vents enlèvent.

La mer Caspienne et la mer Noire doivent donc être regardées plutôt comme des lacs que comme des mers ou des golfes de l'Océan, car elles ressemblent à d'autres lacs qui reçoivent un grand nombre de fleuves et qui ne rendent rien par les voies extérieures, comme la mer Morte, plusieurs lacs en Afrique, etc. D'ailleurs les eaux de ces deux mers ne sont pas à beaucoup près aussi salées que celles de la Méditerranée ou de l'Océan, et tous les voyageurs assurent que la navigation est très-difficile sur la mer Noire et sur la mer Caspienne, à cause de leur peu de profondeur et de la quantité d'écueils et de bas-fonds qui s'y rencontrent, en sorte qu'elles ne peuvent porter que de petits vaisseaux (1) ; ce qui prouve encore qu'elles ne doivent pas être regardées comme des golfes de l'Océan, mais comme des amas d'eau formés par les grands fleuves dans l'intérieur des terres.

Il arriverait peut-être une irruption considérable de l'Océan dans les terres, si on coupait l'isthme qui sépare l'Afrique de l'Asie, comme les rois d'Égypte, et depuis les califes, en ont eu le projet : et je ne sais si le canal de communication qu'on a

______

(1) Voyez les *Voyages de Pietro de la Valette*, vol. III, page 230.

rétendu reconnaître entre ces deux mers est assez bien constaté; car la mer Rouge oit être plus élevée que la mer Méditerranée: cette mer étroite est un bras de l'O- ;an, qui dans toute son étendue ne reçoit aucun fleuve du côté de l'Égypte, et fort eu de l'autre côté: elle ne sera donc pas sujette à diminuer comme les mers ou les ics qui reçoivent en même temps les terres et les eaux que les fleuves y amènent, i qui se remplissent peu à peu. L'Océan fournit à la mer Rouge toutes ses eaux, t le mouvement du flux et reflux y est extrêmement sensible: ainsi elle participe mmédiatement aux grands mouvements de l'Océan. Mais la mer Méditerranée est .lus basse que l'Océan, puisque les eaux y coulent avec une très-grande rapidité ar le détroit de Gibraltar; d'ailleurs elle reçoit le Nil, qui coule parallèlement à la ôte occidentale de la mer Rouge, qui traverse l'Égypte dans toute sa longueur, iont le terrain est par lui-même extrêmemement bas: ainsi il est très-vraisembla- le que la mer Rouge est plus élevée que la Méditerranée, et que, si on ôtait la bar- ·ière en coupant l'isthme de Suez, il s'ensuivrait une grande inondation et une ugmentation considérable de la mer Méditerranée, à moins qu'on ne retînt les :aux par des digues et des écluses de distance en distance, comme il est à présumer ju'on l'a fait autrefois, si l'ancien canal de communication a existé.

Mais, sans nous arrêter plus longtemps à des conjectures qui, quoique fondées, .ourraient paraître trop hasardées, surtout à ceux qui ne jugent des possibilités que par les événements actuels, nous pouvons donner des exemples récents et des .aits certains sur le changement de mer en terre (1) et de terre en mer. A Venise, le fond de la mer Adriatique s'élève tous les jours, et il y a déjà longtemps que les lagunes et la ville feraient partie du continent, si on n'avait pas un très-grand soin de nettoyer et de vider les canaux; il en est de même de la plupart des ports, des petites baies, et des embouchures de toutes les rivières. En Hollande, le fond de la mer s'élève aussi en plusieurs endroits, car le petit golfe de Zuyderzée et le détroit du Texel ne peuvent plus recevoir de vaisseaux aussi grands qu'autrefois. On trouve à l'embouchure de presque tous les fleuves, des îles, des sables, des terres amoncelées et amenées par les eaux, et il n'est pas douteux que la mer ne se remplisse dans tous les endroits où elle reçoit de grandes rivières. Le Rhin se perd dans les sables qu'il a lui-même accumulés. Le Danube, le Nil, et tous les grands fleuves, ayant entraîné beaucoup de terrain, n'arrivent plus à la mer par un seul canal; mais ils ont plusieurs bouches dont les intervalles ne sont remplis que des sables ou du limon qu'ils ont charriés. Tous les jours on dessèche des marais, on cultive des terres abandonnées par la mer, on navigue sur des pays submergés, enfin nous voyons sous nos yeux d'assez grands changements de terres en eau et d'eau en terres, pour être assez assurés que ces changements se sont faits, se font et se feront, en sorte qu'avec le temps les golfes deviendront des continents, les isthmes seront un jour des détroits, les marais deviendront des terres arides, et les sommets de nos montagnes les écueils de la mer.

(1) Voyez les Preuves, art. XIX.

I.   10

Les eaux ont donc couvert et peuvent encore couvrir successivement toutes les parties des continents terrestres, et dès lors on doit cesser d'être étonné de trouver partout des productions marines, et une composition dans l'intérieur qui ne peut être que l'ouvrage des eaux. Nous avons vu comment se sont formées les couches horizontales de la terre; mais nous n'avons encore rien dit des fentes perpendiculaires qu'on remarque dans les rochers, dans les carrières, dans les argiles, etc., et qui se trouvent aussi généralement (1) que les couches horizontales dans toutes les matières qui composent le globe. Ces fentes perpendiculaires sont, à la vérité, beaucoup plus éloignées les unes des autres que les couches horizontales; et plus les matières sont molles, plus ces fentes paraissent être éloignées les unes des autres. Il est fort ordinaire, dans les carrières de marbre ou de pierre dure, de trouver des fentes perpendiculaires, éloignées seulement de quelques pieds: si la masse des rochers est fort grande, on les trouve éloignées de quelques toises, quelquefois elles descendent depuis le sommet des rochers jusqu'à leur base, souvent elles se terminent à un lit inférieur du rocher; mais elles sont toujours perpendiculaires aux couches horizontales dans toutes les matières calcinables, comme les craies, les marnes, les pierres, les marbres, etc., au lieu qu'elles sont plus obliques et plus irrégulièrement posées dans les matières vitrifiables, dans les carrières de grès et les rochers de caillou, où elles sont intérieurement garnies de pointes de cristal et de minéraux de toute espèce; et dans les carrières de marbre ou de pierre calcinable, elles sont remplies de spar, de gypse, de gravier, et d'un sable terreux qui est bon à bâtir, et qui contient beaucoup de chaux; dans les argiles, dans les craies, dans les marnes, et dans toutes les autres espèces de terre, à l'exception des tufs, on trouve ces fentes perpendiculaires ou vides, ou remplies de quelques matières que l'eau y a conduites.

Il me semble qu'on ne doit pas aller chercher loin la cause et l'origine de ces fentes perpendiculaires : comme toutes les matières ont été amenées et déposées par les eaux, il est naturel de penser qu'elles étaient détrempées et qu'elles contenaient d'abord une grande quantité d'eau; peu à peu elles se sont durcies et ressuyées, et en se desséchant elles ont diminué de volume, ce qui les a fait fendre de distance en distance: elles ont dû se fendre perpendiculairement, parce que l'action de la pesanteur des parties les unes sur les autres est nulle dans cette direction, et qu'au contraire elle est tout à fait opposée à cette *disruption* dans la situation horizontale; ce qui a fait que la diminution de volume n'a pu avoir d'effet sensible que dans la direction verticale. Je dis que c'est la diminution du volume par le desséchement qui seule a produit ces fentes perpendiculaires, et que ce n'est pas l'eau contenue dans l'intérieur de ces matières qui a cherché des issues et qui a formé ces fentes; car j'ai souvent observé que les deux parois de ces fentes se répondent dans toute leur hauteur aussi exactement que deux morceaux de bois qu'on viendrait de fendre: leur intérieur est rude, et ne paraît pas avoir essuyé le

____

(1) Voyez les Preuves, art. XVII.

frottement des eaux qui auraient à la longue poli et usé les surfaces; ainsi ces fentes se sont faites ou tout à coup, ou peu à peu par le desséchement, comme nous voyons les gerçures se faire dans le bois, et la plus grande partie de l'eau s'est évaporée par les pores. Mais nous ferons voir, dans notre discours sur les minéraux, qu'il reste encore de cette eau primitive dans les pierres et dans plusieurs autres matières, qu'elle sert à la production des cristaux, des minéraux et de plusieurs autres substances terrestres.

L'ouverture de ces fentes perpendiculaires varie beaucoup pour la grandeur: quelques-unes n'ont qu'un demi-pouce, un pouce; d'autres ont un pied, deux pieds; il y en a qui ont quelquefois plusieurs toises, et ces dernières forment entre les deux parties du rocher ces précipices qu'on rencontre si souvent dans les Alpes et dans toutes les hautes montagnes. On voit bien que celles dont l'ouverture est petite ont été produites par le seul desséchement: mais celles qui présentent une ouverture de quelques pieds de largeur ne se sont pas augmentées à ce point par cette seule cause; c'est aussi parce que la base qui porte le rocher ou les terres supérieures s'est affaissée un peu plus d'un côté que de l'autre, et un petit affaissement dans la base, par exemple une ligne ou deux, suffit pour produire dans une hauteur considérable des ouvertures de plusieurs pieds, et même de plusieurs toises : quelquefois aussi les rochers coulent un peu sur leur base de glaise ou de sable, et les fentes perpendiculaires deviennent plus grandes par ce mouvement. Je ne parle pas encore de ces larges ouvertures, de ces énormes coupures qu'on trouve dans les rochers et dans les montagnes; elles ont été produites par de grands affaissements, comme serait celui d'une caverne intérieure qui, ne pouvant plus soutenir le poids dont elle est chargée, s'affaisse et laisse un intervalle considérable entre les terres supérieures. Ces intervalles sont différents des fentes perpendiculaires: ils paraissent être des portes ouvertes par les mains de la nature pour la communication des nations. C'est de cette façon que se présentent les portes qu'on trouve dans les chaînes de montagnes et les ouvertures de détroits de la mer, comme les Thermopyles, les portes du Caucase, les Cordillières, etc., la porte du détroit de Gibraltar entre les monts Calpé et Abyla, la porte de l'Hellespont, etc. Ces ouvertures n'ont point été formées par la simple séparation des matières, comme les fentes dont nous venons de parler (1), mais par l'affaissement et la destruction d'une partie même des terres, qui a été engloutie ou renversée.

Ces grands affaissements, quoique produits par des causes accidentelles (2) et secondaires, ne laissent pas de tenir une des premières places entre les principaux faits de l'histoire de la terre, et ils n'ont pas peu contribué à changer la face du globe. La plupart sont causés par des feux intérieurs, dont l'explosion fait les tremblements de terre et les volcans; rien n'est comparable à la force (3) de ces

(1) Voyez les Preuves, art. XVII. — (2) *Ibidem.*
(3) Voyez Agricola, *De rebus quæ effluunt e terra, Trans. phil. ab.,* vol. II, page 39; *Ray's Discourses* page 272, etc.

matières enflammées et resserrées dans le sein de la terre ; on a vu des villes entières englouties, des provinces bouleversées, des montagnes renversées par leur effort. Mais quelque grande que soit cette violence, et quelque prodigieux que nous en paraissent les effets, il ne faut pas croire que ces feux viennent d'un feu central, comme quelques auteurs l'ont écrit, ni même qu'ils viennent d'une grande profondeur, comme c'est l'opinion commune, car l'air est absolument nécessaire à leur embrasement, au moins pour l'entretenir. On peut s'assurer, en examinant les matières qui sortent des volcans dans les plus violentes éruptions, que le foyer de la matière enflammée n'est pas à une grande profondeur, et que ce sont des matières semblables à celles qu'on trouve sur la croupe de la montagne, qui ne sont défigurées que par la calcination et la fonte des parties métalliques qui y sont mêlées ; et pour se convaincre que ces matières jetées par les volcans ne viennent pas d'une grande profondeur, il n'y a qu'à faire attention à la hauteur de la montagne, et juger de la force immense qui serait nécessaire pour pousser des pierres et des minéraux à une demi-lieue de hauteur ; car l'Etna, l'Hécla, et plusieurs autres volcans, ont au moins cette élévation au-dessus des plaines. Or, on sait que l'action du feu se fait en tout sens : elle ne pourrait donc pas s'exercer en haut avec une force capable de lancer de grosses pierres à une demi-lieue en hauteur, sans *réagir* avec la même force en bas et vers les côtés ; cette réaction aurait bientôt détruit et percé la montagne de tous côtés, parce que les matières qui la composent ne sont pas plus dures que celles qui sont lancées : et comment imaginer que la cavité qui sert de tuyau ou de canon pour conduire ces matières jusqu'à l'embouchure du volcan, puisse résister à une si grande violence ? D'ailleurs si cette cavité descendait fort bas, comme l'orifice extérieur n'est pas fort grand, il serait comme impossible qu'il en sortît à la fois une aussi grande quantité de matières enflammées et liquides, parce qu'elles se choqueraient entre elles et contre les parois du tuyau, et qu'en parcourant un espace aussi long, elles s'éteindraient et se durciraient. On voit souvent couler du sommet du volcan dans les plaines, des ruisseaux de bitume et de soufre fondu qui viennent de l'intérieur, et qui sont jetés au dehors avec les pierres et les minéraux. Est-il naturel d'imaginer que des matières si peu solides, et dont la masse donne si peu de prise à une violente action, puissent être lancées d'une grande profondeur ? Toutes les observations qu'on fera sur ce sujet prouveront que le feu des volcans n'est pas éloigné du sommet de la montagne, et qu'il s'en faut bien qu'il ne descende (1) au niveau des plaines.

Cela n'empêche pas cependant que son action ne se fasse sentir dans ces plaines par des secousses et des tremblements de terre qui s'étendent quelquefois à une très-grande distance, qu'il ne puisse y avoir des voies souterraines par où la flamme et la fumée peuvent se (2) communiquer d'un volcan à un autre, et que dans ce cas ils ne puissent agir et s'enflammer presque en même temps. Mais c'est du foyer de l'embrasement que nous parlons : il ne peut être qu'à une petite dis-

(1) Voyez Borelli, *de Incendiis Ætnæ*, etc. — (2) Voyez *Trans. phil. abrig'd*, vol. II, page 392.

tance de la bouche du volcan, et il n'est pas nécessaire, pour produire un tremblement de terre de la plaine, que ce foyer soit au-dessous du niveau de la plaine, ni qu'il y ait des cavités intérieures remplies du même feu; car une violente explosion, telle qu'est celle d'un volcan, peut, comme celle d'un magasin à poudre, donner une secousse assez violente pour qu'elle produise par sa réaction un tremblement de terre.

Je ne prétends pas dire pour cela qu'il n'y ait des tremblements de terre produits immédiatement par des feux souterrains; mais (1) il y en a qui viennent de la seule explosion des volcans. Ce qui confirme tout ce que je viens d'avancer à ce sujet, c'est qu'il est très-rare de trouver des volcans dans les plaines; ils sont au contraire tous dans les plus hautes montagnes, et ont tous leur bouche au sommet: si le feu intérieur qui les consume s'étendait jusque dessous les plaines, ne le verrait-on pas dans le temps de ces violentes éruptions s'échapper et s'ouvrir un passage au travers du terrain des plaines? et dans le temps de la première éruption, ces feux n'auraient-ils pas plutôt percé les plaines, et au pied des montagnes où ils n'auraient trouvé qu'une faible résistance, en comparaison de celle qu'ils ont dû éprouver, s'il est vrai qu'ils aient ouvert et fendu une montagne d'une demi-lieue de hauteur pour trouver une issue?

Ce qui fait que les volcans sont toujours dans les montagnes, c'es que les minéraux, les pyrites et les soufres se trouvent en plus grande quantité et plus à découvert dans les montagnes que dans les plaines, et que ces lieux élevés recevant plus aisément et en plus grande abondance les pluies et les autres impressions de l'air, ces matières minérales qui y sont exposées se mettent en fermentation et s'échauffent jusqu'au point de s'enflammer.

Enfin on a souvent observé qu'après de violentes irruptions pendant lesquelles le volcan rejette une très-grande quantité de matières, le sommet de la montagne s'affaisse et diminue à peu près de la même quantité qu'il serait nécessaire qu'il diminuât pour fournir les matières rejetées; autre preuve qu'elles ne viennent pas de la profondeur intérieure du pied de la montagne, mais de la partie voisine du sommet et du sommet même.

Les tremblement de terre ont donc produit dans plusieurs endroits des affaissements considérables, et ont fait quelques-unes des grandes séparations qu'on trouve dans les chaînes des montagnes : toutes les autres ont été produites en même temps que les montagnes mêmes, par les mouvements des courants de la mer; et partout où il n'y a pas eu de bouleversement, on trouve les couches horizontales et les angles correspondants des montagnes (2). Les volcans ont aussi formé des cavernes et des excavations souterraines qu'il est aisé de distinguer de celles qui ont été formées par les eaux, qui, ayant entraîné de l'intérieur des montagnes les sables et les autres matières divisées, n'ont laissé que les pierres et les rochers qui contenaient ces sables, et ont ainsi formé les cavernes que l'on remarque dans les

(1) Voyez les Preuves, art. XVI. — (2) Voyez les Preuves, art. XVII.

lieux élevés ; car celles qu'on trouve dans les plaines ne sont ordinairement que des carrières anciennes ou des mines de sel et d'autres minéraux, comme la carrière de Maestricht et les mines de Pologne, etc., qui sont dans des plaines. Mais les cavernes naturelles appartiennent aux montagnes, et elles reçoivent les eaux du sommet et des environs qui y tombent comme dans des réservoirs d'où elles coulent ensuite sur la surface de la terre lorsqu'elles trouvent une issue. C'est à ces cavités que l'on doit attribuer l'origine des fontaines abondantes et des grosses sources ; et lorsqu'une cave s'affaisse et se comble, il s'ensuit ordinairement (1) une inondation.

On voit, par tout ce que nous venons de dire, combien les feux souterrains contribuent à changer la surface et l'intérieur du globe. Cette cause est assez puissante pour produire d'aussi grands effets : mais on ne croirait pas que les vents pussent causer des altérations (2) sensibles sur la terre ; la mer paraît être leur empire, et après le flux et le reflux, rien n'agit avec plus de puissance sur cet élément ; même le flux et le reflux marchent d'un pas uniforme, et leurs effets s'opèrent d'une manière égale et qu'on prévoit ; mais les vents impétueux agissent, pour ainsi dire, par caprice ; ils se précipitent avec fureur et agitent la mer avec une telle violence qu'en un instant cette plaine calme et tranquille devient hérissée de vagues hautes comme des montagnes, qui viennent se briser contre les rochers et contre les côtes. Les vents changent donc à tout moment la face mobile de la mer : mais la face de la terre, qui paraît si solide, ne devrait-elle pas être à l'abri d'un pareil effet ? On sait cependant que les vents élèvent des montagnes de sable dans l'Arabie et dans l'Afrique, qu'ils en couvrent les plaines, et que souvent ils transportent ces sables à de grandes (3) distances et jusqu'à plusieurs lieues dans la mer, où ils les amoncellent en si grande quantité, qu'ils y ont formé des bancs, des dunes et des îles. On sait que les ouragans sont le fléau des Antilles, de Madagascar et de beaucoup d'autres pays, où ils agissent avec tant de fureur, qu'ils enlèvent quelquefois les arbres, les plantes, les animaux, avec toute la terre cultivée ; ils font remonter et tarir les rivières, ils en produisent de nouvelles, ils renversent les montagnes et les rochers, ils font des trous et des gouffres dans la terre, et changent entièrement la surface des malheureuses contrées où ils se forment. Heureusement il n'y a que peu de climats exposés à la fureur impétueuse de ces terribles agitations de l'air.

Mais ce qui produit les changements les plus grands et les plus généraux sur la surface de la terre, ce sont les eaux du ciel, les fleuves, les rivières et les torrents. Leur première origine vient des vapeurs que le soleil élève au-dessus de la surface des mers, et que les vents transportent dans tous les climats de la terre : ces vapeurs, soutenues dans les airs et poussées au gré du vent, s'attachent au sommet des montagnes qu'elles rencontrent, et s'y accumulent en si grande quantité, qu'elles y forment continuellement des nuages, et retombent incessamment en

(1) Voyez *Trans. phil. ab.*, vol. II, page 322. — (2) Voyez les Preuves, art. XV.
(3) Voyez Bellarmin ; *de Ascen. mentis in Deum*; Varen. *Geogr. gen.*, page 281; *Voyages de Pyrard*, tome 1, page 410.

forme de pluie, de rosée, de brouillard, ou de neige. Toutes ces eaux sont d'abord descendues dans les plaines (1) sans tenir de route fixe; mais peu à peu elles ont creusé leur lit, et, cherchant par leur pente naturelle les endroits les plus bas de la montagne et les terrains les plus faciles à diviser ou à pénétrer, elles ont entraîné les terres et les sables; elles ont formé des ravines profondes en coulant avec rapidité dans les plaines; elles se sont ouvert des chemins jusqu'à la mer, qui reçoit autant d'eau par ses bords qu'elle en perd par l'évaporation : et de même que les canaux et les ravines que les fleuves ont creusés ont des sinuosités et des contours dont les angles sont correspondants entre eux, en sorte que l'un des bords formant un angle saillant dans les terres, le bord opposé fait toujours un angle rentrant, les montagnes et les collines, qu'on doit regarder comme les bords des vallées qui les séparent, ont aussi des sinuosités correspondantes de la même façon, ce qui semble démontrer que les vallées ont été les canaux des courants de la mer, qui les ont creusées peu à peu et de la même manière que les fleuves ont creusé leur lit dans les terres.

Les eaux qui roulent sur la surface de la terre, et qui y entretiennent la verdure et la fertilité, ne sont peut-être que la plus petite partie de celles que les vapeurs produisent; car il y a des veines d'eau qui coulent et de l'humidité qui se filtre à de grandes profondeurs dans l'intérieur de la terre. Dans de certains lieux, en quelque endroit qu'on fouille, on est sûr de faire un puits et de trouver de l'eau ; dans d'autres, on n'en trouve point du tout : dans presque tous les vallons et les plaines basses, on ne manque guère de trouver de l'eau à une profondeur médiocre; au contraire, dans tous les lieux élevés et dans toutes les plaines en montagne, on ne peut en tirer du sein de la terre, et il faut ramasser les eaux du ciel. Il y a des pays d'une vaste étendue où on n'a jamais pu faire un puits, et où toutes les eaux qui servent à abreuver les habitants et les animaux sont contenues dans des mares ou des citernes. En Orient, surtout dans l'Arabie, dans l'Égypte, dans la Perse, etc., les puits sont extrêmement rares, aussi bien que les sources d'eau douce, et ces peuples ont été obligés de faire de grands réservoirs pour recueillir les eaux des pluies et des neiges : ces ouvrages, faits pour la nécessité publique, sont peut-être les plus beaux et les plus magnifiques monuments des Orientaux; il y a des réservoirs qui ont jusqu'à deux lieues de surface, et qui servent à arroser et à abreuver une province entière, au moyen des saignées et des petits ruisseaux qu'on en dérive de tous côtés. Dans d'autres pays, au contraire, comme dans les plaines où coulent les grands fleuves de la terre, on ne peut pas fouiller un peu profondément sans trouver de l'eau, et dans un camp situé aux environs d'une rivière, souvent chaque tente a son puits au moyen de quelques coups de pioche.

Cette quantité d'eau qu'on trouve partout dans les lieux bas, vient des terres supérieures et des collines voisines, au moins pour la plus grande partie : car, dans le temps des pluies et de la fonte des neiges, une partie des eaux coule sur la sur-

(1) Voyez les Preuves, art. X et XVIII.

face de la terre, et le reste pénètre dans l'intérieur à travers les petites fentes des terres et des rochers ; et cette eau sourcille en différents endroits lorsqu'elle trouve des issues ; ou bien elle se filtre dans les sables ; et lorsqu'elle vient à trouver un fond de glaise ou de terre ferme et solide, elle forme des lacs, des ruisseaux, et peut-être des fleuves souterrains dont les cours et l'embouchure nous sont inconnus, mais dont cependant, par les lois de la nature, le mouvement ne peut se faire qu'en allant d'un lieu plus élevé dans un lieu plus bas ; et par conséquent ces eaux sou-terraines doivent tomber dans la mer, ou se rassembler dans quelque lieu bas de la terre, soit à la surface, soit dans l'intérieur du globe ; car nous connaissons sur la terre quelques lacs dans lesquels il n'entre et desquels il ne sort aucune ri-vière, et il y en a un nombre beaucoup plus grand qui, ne recevant aucune rivière considérable, sont les sources des plus grands fleuves de la terre, comme les lacs du fleuve Saint-Laurent, le lac Chiamé, d'où sortent deux grandes rivières qui ar-rosent les royaumes d'Asem et de Pégu, les lacs d'Assiniboïls en Amérique, ceux d'Ozera en Moscovie, celui qui donne naissance au fleuve Bog, et celui dont sort la grande rivière Irtis, etc., et une infinité d'autres qui semblent être les réservoirs (1) d'où la nature verse de tous côtés les eaux qu'elle distribue sur la surface de la terre. On voit bien que ces lacs ne peuvent être produits que par les eaux des terres supérieures, qui coulent par de petits canaux souterrains en se filtrant à travers les graviers et les sables, et viennent toutes se rassembler dans les lieux les plus bas où se trouvent ces grands amas d'eau. Au reste, il ne faut pas croire, comme quelques gens l'ont avancé, qu'il se trouve des lacs au milieu des plus hautes mon-tagnes ; car ceux qu'on trouve dans les Alpes et dans les autres lieux hauts, sont tous surmontés par des terres beaucoup plus hautes, et sont au pied d'autres mon-tagnes peut-être plus élevées que les premières : ils tirent leur origine des eaux qui coulent à l'extérieur ou se filtrent dans l'intérieur de ces montagnes, tout de même que les eaux des vallons et des plaines tirent leur source des collines voisines et des terres plus éloignées qui les surmontent.

Il doit donc se trouver, et il se trouve en effet dans l'intérieur de la terre, des lacs et des eaux répandues, surtout au-dessous des plaines (2) et des grandes val-lées : car les montagnes, les collines et toutes les hauteurs qui surmontent les terres basses, sont découvertes tout autour, et présentent dans leur penchant une coupe perpendiculaire ou inclinée, dans l'étendue de laquelle les eaux qui tombent sur le sommet de la montagne et sur les plaines élevées, après avoir pénétré dans les terres, ne peuvent manquer de trouver issue et de sortir de plusieurs endroits en forme de sources et de fontaines, et par conséquent il n'y aura que peu ou point d'eau sous les montagnes. Dans les plaines, au contraire, comme l'eau qui se filtre dans les terres ne peut trouver d'issue, il y aura des amas d'eau souterrains dans les cavités de la terre, et une grande quantité d'eau qui suintera à travers les fentes des glaises et des terres fermes, ou qui se trouvera dispersée et divisée dans

(1) Voyez les Preuves, art. XI. — (2) Voyez les Preuves, art. XVIII.

les graviers et dans les sables. C'est cette eau qu'on trouve partout dans les lieux bas. Pour l'ordinaire, le fond d'un puits n'est autre chose qu'un petit bassin dans lequel les eaux qui suintent des terres voisines se rassemblent en tombant d'abord goutte à goutte, et ensuite en filets d'eau continus, lorsque les routes sont ouvertes aux eaux les plus éloignées; en sorte qu'il est vrai de dire que, quoique dans les plaines basses on trouve de l'eau partout, on ne pourrait cependant y faire qu'un certain nombre de puits, proportionné à la quantité d'eau dispersée, ou plutôt à l'étendue des terres plus élevées d'où ces eaux tirent leur source.

Dans la plupart des plaines il n'est pas nécessaire de creuser jusqu'au niveau de la rivière pour avoir de l'eau : on la trouve ordinairement à une moindre profondeur, et il n'y a pas d'apparence que l'eau des fleuves et des rivières s'étende loin en se filtrant à travers les terres. On ne doit pas non plus leur attribuer l'origine de toutes les eaux qu'on trouve au-dessous de leur niveau dans l'intérieur de la terre, car dans les torrents, dans les rivières qui tarissent, dans celles dont on détourne le cours, on ne trouve pas, en fouillant dans leur lit, plus d'eau qu'en n'en trouve dans les terres voisines. Il ne faut qu'une langue de terre de cinq ou six pieds d'épaisseur pour contenir l'eau et l'empêcher de s'échapper; et j'ai souvent observé que les bords des ruisseaux et des mares ne sont pas sensiblement humides à six pouces de distance. Il est vrai que l'étendue de la filtration est plus ou moins grande, selon que le terrain est plus ou moins pénétrable; mais si l'on examine les ravines qui se forment dans les terres et même dans les sables, on reconnaîtra que l'eau passe toute dans le petit espace qu'elle se creuse elle-même, et qu'à peine les bords sont mouillés à quelques pouces de distance dans ces sables. Dans les terres végétales même, où la filtration doit être beaucoup plus grande que dans les sables et dans les autres terres, puisqu'elle est aidée de la force du tuyau capillaire, on ne s'aperçoit pas qu'elle s'étende fort loin. Dans un jardin on arrose abondamment, et on inonde, pour ainsi dire, une planche, sans que les planches voisines s'en ressentent considérablement. J'ai remarqué, en examinant de gros monceaux de terre de jardin de huit ou dix pieds d'épaisseur, qui n'avaient pas été remués depuis quelques années et dont le sommet était à peu près de niveau, que l'eau des pluies n'a jamais pénétré à plus de trois à quatre pieds de profondeur; en sorte qu'en remuant cette terre au printemps après un hiver fort humide, j'ai trouvé la terre de l'intérieur de ces monceaux aussi sèche que quand on l'avait amoncelée. J'ai fait la même observation sur des terres accumulées depuis près de deux cents ans : au-dessous de trois ou quatre pieds de profondeur, la terre était aussi sèche que la poussière. Ainsi l'eau ne se communique ni se s'étend pas auss loin qu'on le croit par la seule filtration; cette voie n'en fournit dans l'intérieur de la terre que la plus petite partie; mais, depuis la surface jusqu'à de grandes profondeurs, l'eau descend par son propre poids; elle pénètre par des conduits naturels ou par de petites routes qu'elle s'est ouvertes elle-même; elle suit les racines des arbres, les fentes des rochers, les interstices des terres, et se divise et s'étend de tous côtés en une infinité de petits rameaux et de filets, toujours en descendant, jusqu'à ce qu'elle trouve une issue après avoir rencontré la glaise ou un autre terrain solide sur lequel elle s'est rassemblée.

Il serait fort difficile de faire une évaluation un peu juste de la quantité des eaux souterraines qui n'ont point d'issue apparente (1). Bien des gens ont prétendu qu'elle surpassait de beaucoup celle de toutes les eaux qui sont à la surface de la terre ; et sans parler de ceux qui ont avancé que l'intérieur du globe était absolument rempli d'eau, il y en a qui croient qu'il y a une infinité de fleuves, de ruisseaux, de lacs, dans la profondeur de la terre : mais cette opinion, quoique commune, ne me paraît pas fondée, et je crois que la quantité des eaux souterraines qui n'ont point d'issue à la surface du globe n'est pas considérable ; car s'il y avait un si grand nombre de rivières souterraines, pourquoi ne verrions-nous pas à la surface de la terre des embouchures de quelques-unes de ces rivières, et par conséquent des sources grosses comme des fleuves ? D'ailleurs les rivières et toutes les eaux courantes produisent des changements très-considérables à la surface de la terre ; elles entraînent les terres, creusent les rochers, déplacent tout ce qui s'oppose à leur passage. Il en serait de même des fleuves souterrains ; ils produiraient des altérations sensibles dans l'intérieur du globe. Mais on n'y a point observé de ces changements produits par le mouvement des eaux ; rien n'est déplacé : les couches parallèles et horizontales subsistent partout ; les différentes matières gardent partout leur position primitive, et ce n'est qu'en fort peu d'endroits qu'on a observé quelques veines d'eau souterraines un peu considérables. Ainsi l'eau ne travaille point en grand dans l'intérieur de la terre ; mais elle y fait de l'ouvrage en petit : comme elle est divisée en une infinité de filets, qu'elle est retenue par autant d'obstacles, et enfin qu'elle est dispersée presque partout, elle concourt immédiatement à la formation de plusieurs substances terrestres qu'il faut distinguer avec soin des matières anciennes, et qui, en effet, en diffèrent totalement par leur forme et par leur organisation.

Ce sont donc les eaux rassemblées dans la vaste étendue des mers qui, par le mouvement continuel du flux et du reflux, ont produit les montagnes, les vallées et les autres inégalités de la terre ; ce sont les courants de la mer qui ont creusé les vallons et élevé les collines en leur donnant des directions correspondantes ; ce sont ces mêmes eaux de la mer qui, en transportant les terres, les ont disposées les unes sur les autres par lits horizontaux ; et ce sont les eaux du ciel qui peu à peu détruisent l'ouvrage de la mer, qui rabaissent continuellement la hauteur des montagnes, qui comblent les vallées, les bouches de fleuves et les golfes, et qui ramenant tout au niveau, rendront un jour cette terre à la mer, qui s'en emparera successivement, en laissant à découvert de nouveaux continents entrecoupés de vallons et de montagnes, et tout semblables à ceux que nous habitons aujourd'hui.

A Montbard, le 3 octobre 1744.

(1) Voyez les Preuves, art. X, XI et XVIII.

PREUVES DE LA THÉORIE DE LA TERRE

ARTICLE I.

DE LA FORMATION DES PLANÈTES.

Fecitque cadendo
Undique ne caderet.

MANIL.

Notre objet étant l'histoire naturelle, nous nous dispenserions volontiers de parler d'astronomie : mais la physique de la terre tient à la physique céleste ; et d'ailleurs, nous croyons que, pour une plus grande intelligence de ce qui a été dit, il est nécessaire de donner quelques idées générales sur la formation, le mouvement et la figure de la terre et des planètes.

La terre est un globe d'environ trois mille lieues de diamètre : elle est située à trente millions de lieues du soleil, autour duquel elle fait sa révolution en trois cent soixante-cinq jours. Ce mouvement de révolution est le résultat de deux forces : l'une qu'on peut se représenter comme une impulsion de droite à gauche, ou de gauche à droite ; et l'autre comme une attraction du haut en bas, ou du bas en haut, vers un centre. La direction de ces deux forces et leurs quantités sont combinées et proportionnées de façon qu'il en résulte un mouvement presque uniforme dans une ellipse fort approchante d'un cercle (1). Semblable aux autres

(1) J'ai dit que *la terre est située à trente millions de lieues du soleil*; et c'était en effet l'opinion commune des astronomes en 1745, lorsque j'ai écrit ce traité de la formation des planètes : mais de nouvelles observations, et surtout la dernière, faite en 1769, du passage de Vénus sur le disque du soleil, nous ont démontré que cette distance de trente millions doit être augmentée de trois ou quatre millions de lieues; et c'est par cette raison que dans les deux mémoires de la partie hypothétique de cet ouvrage, j'ai toujours compté trente trois millions de lieues, et non pas trente, pour la distance moyenne de la terre au soleil. Je suis obligé de faire cette remarque, afin qu'on ne me mette pas en opposition avec moi-même.

Je dois encore remarquer que non-seulement on a reconnu, par les nouvelles observations, que le soleil était à quatre millions de lieues de plus de distance de la terre, mais aussi qu'il était plus volumineux d'un sixième, et que par conséquent le volume entier des planètes n'est guère que la huit-centième partie de celui du soleil, et non pas la six cent-cinquantième partie, comme je l'ai avancé d'après les connaissances que nous avions, en 1745, sur ce sujet. Cette différence en moins rend d'autant plus plausible la possibilité de cette projection de la matière des planètes hors du soleil. (*Add. Buff.*)

planètes, la terre est opaque, elle fait ombre, elle reçoit et réfléchit la lumière du soleil, et elle tourne autour de cet astre suivant les lois qui conviennent à sa distance et à sa densité relative : elle tourne aussi sur elle-même en vingt-quatre heures, et l'axe autour duquel se fait ce mouvement de rotation, est incliné de soixante-six degrés et demi sur le plan de l'orbite de sa révolution. Sa figure est celle d'un sphéroïde dont les deux axes diffèrent d'environ une cent soixante et quinzième partie, et le petit axe est celui autour duquel se fait la rotation.

Ce sont là les principaux phénomènes de la terre; ce sont là les résultats des grandes découvertes que l'on a faites par le moyen de la géométrie, de l'astronomie et de la navigation. Nous n'entrerons point ici dans le détail qu'elles exigent pour être démontrées, et nous n'examinerons pas comment on est venu au point de s'assurer de la vérité de tous ces faits; ce serait répéter ce qui a été dit: nous ferons seulement quelques remarques qui pourront servir à éclaircir ce qui est encore douteux ou contesté, et en même temps nous donnerons nos idées au sujet de la formation des planètes, et des différents états par où il est possible qu'elles aient passé avant que d'être parvenues à l'état où nous les voyons aujourd'hui. On trouvera dans la suite de cet ouvrage des extraits de tant de systèmes et de tant d'hypothèses sur la formation du globe terrestre, sur les différents états par où il a passé, et sur les changements qu'il a subis, qu'on ne peut pas trouver mauvais que nous joignions ici nos conjectures à celles des philosophes qui ont écrit sur cette matière, et surtout lorsqu'on verra que nous ne les donnons en effet que pour des simples conjectures, auxquelles nous prétendons seulement assigner un plus grand degré de probabilité qu'à toutes celles qu'on a faites sur le même sujet. Nous nous refusons d'autant moins à publier ce que nous avons pensé sur cette matière, que nous espérons par là mettre le lecteur plus en état de prononcer sur la grande différence qu'il y a entre une hypothèse où il n'entre que des possibilités, et une théorie fondée sur des faits; entre un système tel que nous allons en donner un dans cet article sur la formation et le premier état de la terre, et une histoire physique de son état actuel, telle que nous venons de le donner dans le discours précédent.

Galilée ayant trouvé la loi de la chute des corps, et Képler ayant observé que les aires que les planètes principales décrivent autour du soleil, et celles que les satellites décrivent autour de leur planète principale, sont proportionnelles aux temps, et que les temps des révolutions des planètes et des satellites sont proportionnels aux racines carrées des cubes de leurs distances au soleil ou à leurs planètes principales, Newton trouva que la force qui fait tomber les graves sur la surface de la terre, s'étend jusqu'à la lune et la retient dans son orbite; que cette force diminue en même proportion que le carré de la distance augmente; que par conséquent la lune est attirée par la terre; que la terre et toutes les planètes sont attirées par le soleil, et qu'en général tous les corps qui décrivent autour d'un centre ou d'un foyer des aires proportionnelles aux temps, sont attirés vers ce point. Cette force, que nous connaissons sous le nom de pesanteur, est donc également répandue dans toute la matière; les planètes, les comètes, le soleil, la terre, tout est sujet à ses lois, et elle sert de fondement à l'harmonie de l'univers: nous n'avons rien de mieux prouvé en physique que l'existence actuelle et individuelle de cette force dans les planètes, dans le soleil, dans la terre et dans toute la matière que nous touchons ou que nous apercevons. Toutes les observations ont confirmé l'effet actuel de cette force, et le calcul en a déterminé la quantité et les rapports. L'exactitude des géomètres et la vigilance des astronomes atteignent à peine à la précision de cette mécanique céleste et à la régularité de ses effets.

Cette cause générale étant connue, on en détruirait aisément les phénomènes, si l'action des forces qui les produisent n'était pas trop combinée. Mais qu'on se représente un moment le système du monde sous ce point de vue, et on sentira quel chaos on a eu à débrouiller. Les planètes principales sont attirées par le soleil, le soleil est attiré par les planètes; les satellites sont aussi attirés par leur planète principale; chaque planète est attirée par toutes les autres, et elle les attire aussi. Toutes ces actions et réactions varient suivant les masses et les distances : elles produisent des inégalités, des irrégularités : comment combiner et évaluer une si grande quantité de rapports? Paraît-il possible au milieu de tant d'objets, de suivre un objet particulier? Cependant on a surmonté ces difficultés; le calcul a confirmé ce que la raison avait soupçonné, chaque observation est devenue une nouvelle démonstration, et l'ordre systématique de l'univers est à découvert aux yeux de tous ceux qui savent reconnaître la vérité.

Une seule chose arrête, et est en effet indépendante de cette théorie; c'est la force d'impulsion: l'on voit évidemment que celle d'attraction tirant toujours les planètes vers le soleil, elles tomberaient en ligne perpendiculaire sur cet astre, si elles n'en étaient éloignées par une autre force, qui ne peut être qu'une impulsion en ligne droite, dont l'effet s'exercerait dans la tangente de l'orbite, si la force d'attraction cessait un instant. Cette force d'impulsion a certainement été communiquée aux astres en général par la main de Dieu lorsqu'il donna le branle à l'univers ; mais comme on doit, autant qu'on peut, en physique, s'abstenir d'avoir recours aux causes qui sont hors de la nature, il me paraît que dans le système solaire on peut rendre raison de cette force d'impulsion d'une manière assez vraisemblable, et qu'on peut en trouver une cause dont l'effet s'accorde avec les règles de la mécanique; et qui d'ailleurs ne s'éloigne pas des idées qu'on doit avoir au sujet des changements et des révolutions qui peuvent et doivent arriver dans l'univers.

La vaste étendue du système solaire, ou, ce qui revient au même, la sphère de l'attraction du soleil, ne se borne pas à l'orbe des planètes, même les plus éloignées; mais elle s'étend à une distance indéfinie, toujours en décroissant dans la même raison que le carré de la distance augmente. Il est démontré que les comètes qui se perdent à nos yeux dans la profondeur du ciel, obéissent à cette force, et que leur mouvement, comme celui des planètes, dépend de l'attraction du soleil. Tous ces astres, dont les routes sont différentes, décrivent autour du soleil des aires proportionnelles aux temps, les planètes dans les ellipses plus ou moins approchantes d'un cercle, et les comètes dans les ellipses fort allongées. Les comètes et les planètes se meuvent donc en vertu de deux forces, l'une d'attraction, et l'autre d'impulsion, qui, agissant à la fois et à tout instant, les obligent à décrire ces courbes : mais il faut remarquer que les comètes parcourent le système solaire dans toutes sortes de directions, et que les inclinaisons des plans de leurs orbites sont fort différentes entre elles ; en sorte que, quoique sujettes, comme les planètes, à la même force d'attraction, les comètes n'ont rien de commun dans leur mouvement d'impulsion : elles paraissent à cet égard absolument indépendantes les unes des autres. Les planètes, au contraire, tournent toutes dans le même sens autour du soleil, et presque dans le même plan, n'y ayant que sept degrés et demi d'inclinaison entre les plans les plus éloignés de leurs orbites. Cette conformité de position et de direction dans le mouvement des planètes, suppose nécessairement quelque chose de commun dans leur mouvement d'impulsion, et doit faire soupçonner qu'il leur a été communiqué par une seule et même cause.

Ne peut-on pas imaginer, avec quelque sorte de vraisemblance, qu'une comète, tombant sur la surface du soleil, aura déplacé cet astre, et qu'elle en aura séparé quelques petites parties auxquelles elle aura communiqué un mouvement d'impulsion dans le même sens et par un même choc, en sorte que les planètes auraient autrefois appartenu au corps du soleil, et qu'elles en auraient été détachées par une force impulsive commune à toutes, qu'elles conservent encore aujourd'hui ?

Cela me paraît au moins aussi probable que l'opinion de M. Leibnitz, qui prétend que les planètes et la terre ont été des soleils ; et je crois que son système, dont on trouvera le précis à l'article cinquième, aurait acquis un grand degré de généralité et un peu plus de probabilité s'il se fût élevé à cette idée. C'est ici le cas de croire avec lui que la chose arriva dans le temps que Moïse dit que Dieu sépara la lumière des ténèbres ; car, selon Leibnitz, la lumière fut séparée des ténèbres lorsque les planètes s'éteignirent. Mais ici la séparation est physique et réelle, puisque la matière opaque qui compose les corps des planètes fut réellement séparée de la matière lumineuse qui compose le soleil (1).

Cette idée sur la cause du mouvement d'impulsion des planètes paraîtra moins hasardée lorsqu'on rassemblera toutes les analogies qui y ont rapport, et qu'on voudra se donner la peine d'en estimer les probabilités. La première est cette direction commune de leur mouvement d'impulsion qui fait que les six planètes vont toutes d'occident en orient. Il y a déjà 64 à parier contre un qu'elles n'auraient pas

(1) J'ai dit que *la matière opaque qui compose le corps des planètes fut réellement séparée de la matière lumineuse qui compose le soleil.*

Cela pourrait induire en erreur ; car la matière des planètes au sortir du soleil était aussi lumineuse que la matière même de cet astre, et les planètes ne sont devenues opaques, ou pour mieux dire obscures, que quand leur état d'incandescence a cessé. J'ai déterminé la durée de cet état d'incandescence dans plusieurs matières que j'ai soumises à l'expérience, et j'en ai conclu, par analogie, la durée de l'incandescence de chaque planète dans le premier mémoire de la partie hypothétique.

Au reste, comme le torrent de la matière projetée par la comète hors du corps du soleil a traversé l'immense atmosphère de cet astre, il a entraîné les parties volatiles aériennes et aqueuses qui forment aujourd'hui les atmosphères et les mers des planètes. Ainsi l'on peut dire qu'à tous égards la matière dont sont composées les planètes est la même que celle du soleil, et qu'il n'y a d'autre différence que par le degré de chaleur extrême dans le soleil, et plus ou moins attiédie dans les planètes, suivant le rapport composé de leur épaisseur et de leur densité. (*Add. Buff.*)

ou ce mouvement dans le même sens si la même cause ne l'avait produit ; ce qu'il est aisé de prouver par la doctrine des hasards.

Cette probabilité augmentera prodigieusement par la seconde analogie, qui est que l'inclinaison des orbites n'excède pas 7 degrés et demi : car en comparant les espaces, on trouve qu'il y a 24 contre un pour que deux planètes se trouvent dans des plans éloignés, et par conséquent 24^{-5} ou 7,692,624 à parier contre un que ce n'est pas par hasard qu'elles se trouvent toutes six ainsi placées et renfermées dans l'espace de 7 degrés et demi ; ou, ce qui revient au même, il y a cette probabilité qu'elles ont quelque chose de commun dans le mouvement qui leur a donné cette position. Mais que peut-il y avoir de commun dans l'impression d'un mouvement d'impulsion, si ce n'est la force et la direction des corps qui le communiquent ? On peut donc conclure avec une très-grande vraisemblance que les planètes ont reçu leur mouvement d'impulsion par un seul coup. Cette probabilité, qui équivaut presque à une certitude, étant acquise, je cherche quel corps en mouvement a pu faire ce choc et produire cet effet, et je ne vois que les comètes capables de communiquer un aussi grand mouvement à d'aussi vastes corps.

Pour peu qu'on examine le cours des comètes, on se persuadera aisément qu'il est presque nécessaire qu'il en tombe quelquefois dans le soleil. Celle de 1680 en approcha de si près, qu'à son périhélie elle n'en était pas éloignée de la sixième partie du diamètre solaire : et si elle revient, comme il y a apparence, en l'année 2255, elle pourrait bien tomber cette fois dans le soleil : cela dépend des rencontres qu'elle aura faites sur sa route, et du retardement qu'elle a souffert en passant dans l'atmosphère du soleil (1).

Nous pouvons donc présumer, avec le philosophe que nous venons de citer, qu'il tombe quelquefois des comètes sur le soleil ; mais cette chute peut se faire de différentes façons : si elles y tombent à plomb, ou même dans une direction qui ne soit pas fort oblique, elles demeureront dans le soleil, et serviront d'aliment au feu qui consume cet astre, et le mouvement d'impulsion qu'elles auront perdu et communiqué au soleil, ne produira d'autre effet que celui de le déplacer plus ou moins, selon que la masse de la comète sera plus ou moins considérable. Mais si la chute de la comète se fait dans une direction fort oblique, ce qui doit arriver plus souvent de cette façon que de l'autre, alors la comète ne fera que raser la surface du soleil ou la sillonner à une petite profondeur ; et dans ce cas elle pourra en sortir et en chasser quelques parties de matière auxquelles elle communiquera un mouvement commun d'impulsion, et ces parties poussées hors du soleil, et la comète elle-même, pourront devenir alors des planètes qui tourneront autour de cet astre dans le même sens et dans le même plan. On pourrait peut-être calculer quelle masse, quelle vitesse et quelle direction devrait avoir une comète pour faire sortir du soleil une quantité de matière égale à celle que contiennent les six planètes et

(1) Voyez *Newton*, troisième édition, page 525.

leurs satellites : mais cette recherche serait ici hors de sa place ; il suffira d'observer que toutes les planètes avec les satellites ne font pas la 650e partie de la masse du soleil (1), parce que la densité des grosses planètes, Saturne et Jupiter, est moindre que celle du soleil, et que, quoique la terre soit quatre fois, et la lune près de cinq fois plus dense que le soleil, elles ne sont cependant que comme des atomes en comparaison de la masse de cet astre.

J'avoue que quelque peu considérable que soit une six cent cinquantième partie d'un tout, il paraît au premier coup d'œil qu'il faudrait, pour séparer cette partie du corps du soleil, une très-puissante comète : mais si on fait réflexion à la vitesse prodigieuse des comètes dans leur périhélie, vitesse d'autant plus grande que leur route est plus droite, et qu'elles approchent du soleil de plus près ; si d'ailleurs on fait attention à la densité, à la fixité, et à la solidité de la matière dont elles doivent être composées pour souffrir, sans être détruites, la chaleur inconcevable qu'elles éprouvent auprès du soleil, et si on se souvient en même temps qu'elles présentent aux yeux des observateurs un noyau vif et solide qui réfléchit fortement la lumière du soleil à travers l'atmosphère immense de la comète qui enveloppe et doit obscurcir ce noyau, on ne pourra guère douter que les comètes ne soient composées d'une matière très-solide et très-dense (2), et qu'elles ne contiennent sous un petit volume une grande quantité de matière ; que par conséquent une comète ne puisse avoir assez de masse et de vitesse pour déplacer le soleil, et donner un mouvement de projectile à une quantité de matière aussi considérable que l'est la 650e partie de la masse de cet astre. Ceci s'accorde parfaitement avec ce que l'on sait au sujet de la densité des planètes : on croit qu'elle est d'autant moindre que les planètes sont plus éloignées du soleil, et qu'elles ont moins de chaleur à supporter ; en sorte que Saturne est moins dense que Jupiter, et Jupiter beaucoup moins dense que la terre. En effet, si la densité des planètes était, comme le prétend Newton, proportionnelle à la quantité de chaleur qu'elles ont à supporter, Mercure serait sept fois plus dense que la terre, et vingt-huit fois plus dense que le soleil ; la comète de 1680 serait 28,000 fois plus dense que la terre, ou 112,000 fois plus dense que le soleil ; et en la supposant grosse comme la terre, elle contiendrait sous ce volume une quantité de matière égale à peu près à la neuvième partie de la masse du soleil, ou en ne lui donnant que la centième partie de la grosseur de la terre, sa masse serait encore égale à la 900e partie du soleil ; d'où il est aisé de conclure qu'une telle masse, qui ne fait qu'une petite comète, pourrait séparer et pousser hors du soleil une 900e ou une 650e

(1) Voyez *Newton*, page 405.

(2) J'ai dit que *les comètes sont composées d'une matière très-solide et très-dense.* Ceci ne doit pas être pris comme une assertion positive et générale ; car il doit y avoir de grandes différences entre la densité de telle ou telle comète, comme il y a entre la densité des différentes planètes : mais on ne pourra déterminer cette différence de densité relative entre chacune des comètes, que quand on en connaîtra les périodes de révolution aussi parfaitement que l'on connaît les périodes des planètes. Une comète dont la densité serait seulement, comme la densité de la planète de Mercure, double de celle de la terre, et qui aurait à son périhélie autant de vitesse que la comète de 1680, serait peut-être suffisante pour chasser hors du soleil toute la quantité de matière qui compose les planètes, parce que la matière de la comète étant dans ce cas huit fois plus dense que la matière solaire, elle communiquerait huit fois autant de mouvement, et chasserait une huit centième partie de la masse du soleil, aussi aisément qu'un corps dont la densité serait égale à celle de la matière solaire, pourrait en chasser une centième partie. (*Add. Buff.*)

partie de sa masse, surtout si l'on fait attention à l'immense *vitesse acquise* avec laquelle les comètes se meuvent lorsqu'elles passent dans le voisinage de cet astre.

Une autre analogie, et qui mérite quelque attention, c'est la conformité entre la densité de la matière des planètes et la densité de la matière du soleil. Nous connaissons sur la surface de la terre des matières 14 ou 15,000 fois plus denses les unes que les autres; les densités de l'or et de l'air sont à peu près dans ce rapport: mais l'intérieur de la terre et le corps des planètes sont composés de parties plus similaires, et dont la densité comparée varie beaucoup moins; et la conformité de la densité de la matière des planètes et de la densité de la matière du soleil est telle, que, sur 650 parties qui composent la totalité de la matière des planètes, il y en a plus de 640 qui sont presque de la même densité que la matière du soleil, et qu'il n'y a pas dix parties sur ces 650 qui soient d'une plus grande densité; car Saturne et Jupiter sont à peu près de la même densité que le soleil, et la quantité de matière que ces deux planètes contiennent est au moins 64 fois plus grande que la quantité de matière des quatre planètes inférieures, Mars, la Terre, Vénus et Mercure. On doit donc dire que la matière dont sont composées les planètes en général, est à peu près la même que celle du soleil, et que par conséquent cette matière peut en avoir été séparée.

Mais, dira-t-on, si la comète, en tombant obliquement sur le soleil, en a sillonné la surface et en a fait sortir la matière qui compose les planètes, il paraît que toutes les planètes, au lieu de décrire des cercles dont le soleil est le centre, auraient, au contraire, à chaque révolution, rasé la surface du soleil, et seraient revenues au même point d'où elles étaient parties, comme ferait tout projectile qu'on lancerait avec assez de force d'un point de la surface de la terre pour l'obliger à tourner perpétuellement : car il est aisé de démontrer que ce corps reviendrait à chaque révolution au point d'où il aurait été lancé; et dès lors on ne peut pas attribuer à l'impulsion d'une comète la projection d'une planète hors du soleil, puisque leur mouvement autour de cet astre est différent de ce qu'il serait dans cette hypothèse.

A cela je réponds que la matière qui compose les planètes n'est pas sortie de cet astre en globes tout formés, auxquels la comète aurait communiqué son mouvement d'impulsion, mais que cette matière est sortie sous la forme d'un torrent dont le mouvement des parties antérieures a dû être accéléré par celui des parties postérieures; que d'ailleurs l'attraction des parties antérieures a dû aussi accélérer le mouvement des parties postérieures, et que cette accélération de mouvement, produite par l'une ou l'autre de ces causes, et peut-être par toutes les deux, a pu être telle, qu'elle aura changé la première direction du mouvement d'impulsion, et qu'il a pu en résulter un mouvement tel que nous l'observons aujourd'hui dans les planètes, surtout en supposant que le choc de la comète a déplacé le soleil : car pour donner un exemple qui rendra ceci plus sensible, supposons qu'on tirât du haut d'une montagne une balle de mousquet, et que la force de la poudre fût assez grande pour la pousser au delà du demi-diamètre de la terre; il est certain que cette balle tournerait autour du globe, et reviendrait à chaque révolution passer au point d'où elle aurait été tirée : mais si au lieu d'une balle de mousquet nous supposons qu'on ait tiré une fusée volante où l'action du feu serait durable et accélèrerait beaucoup le mouvement d'impulsion, cette fusée, ou plutôt la cartouche qui la contient, ne reviendrait pas au même point, comme la balle de mousquet, mais décrirait un orbe dont le périgée serait d'autant plus éloigné de la terre, que la force d'accélération aurait été plus grande et aurait changé davantage la première direction, toutes choses étant supposées égales d'ailleurs. Ainsi, pourvu qu'il y ait eu de l'accélération dans le mouvement d'impulsion communiqué au torrent de matière par la chute de la comète, il est très-possible que les planètes qui se sont formées dans ce torrent aient acquis le mouvement que nous leur connaissons dans des cercles ou des ellipses dont le soleil est le centre ou le foyer.

La manière dont se font les grandes éruptions des volcans peut nous donner une idée de cette accélération de mouvement dans le torrent dont nous parlons. On a observé que quand le Vésuve commence à mugir et à rejeter les matières dont il est embrasé, le premier tourbillon qu'il vomit n'a qu'un certain degré de vitesse ; mais cette vitesse est bientôt accélérée par l'impulsion d'un second tourbillon qui succède au premier, puis par l'action d'un troisième, et ainsi de suite : les ondes pesantes de bitume, de soufre, de cendre, de métal fondu, paraissent des nuages massifs ; et quoiqu'ils se succèdent toujours à peu près dans la même direction, ils ne laissent pas de changer beaucoup celle du premier tourbillon, et de le pousser ailleurs et plus loin qu'il ne serait parvenu tout seul.

D'ailleurs ne peut-on pas répondre à cette objection, que le soleil ayant été frappé par la comète, et ayant reçu une partie de son mouvement d'impulsion, il aura lui-même éprouvé un mouvement qui l'aura déplacé, et que, quoique ce mouvement du soleil soit maintenant trop peu sensible pour que dans de petits intervalles de temps les astronomes aient pu l'apercevoir, il se peut cependant que ce mouvement existe encore, et que le soleil se meuve lentement vers différentes parties de l'univers, en décrivant une courbe autour du centre de gravité de tout le système ? et si cela est, comme je le présume, on voit bien que les planètes, au lieu de revenir auprès du soleil à chaque révolution, auront au contraire décrit des orbites dont les points des périhélies sont d'autant plus éloignés de cet astre, qu'il s'est plus éloigné lui-même du lieu qu'il occupait anciennement.

Je sens bien qu'on pourra me dire que si l'accélération du mouvement se fait dans la même direction, cela ne change pas le point du périhélie, qui sera toujours à la surface du soleil ; mais doit-on croire que dans un torrent dont les parties se sont succédé, il n'y a eu aucun changement de direction ? Il est au contraire très-probable qu'il y a eu un très-grand changement de direction pour donner aux planètes le mouvement qu'elles ont.

On pourra me dire aussi que si le soleil a été déplacé par le choc de la comète, il a dû se mouvoir uniformément, et que dès lors ce mouvement étant commun à tout le système, il n'a dû rien changer ; mais le soleil ne pouvait-il pas avoir avant le choc un mouvement autour du centre de gravité du système cométaire, auquel mouvement primitif le choc de la comète aura ajouté une augmentation ou une diminution? et cela suffirait encore pour rendre raison du mouvement actuel des planètes.

Enfin, si l'on ne veut admettre aucune de ces suppositions, ne peut-on pas présumer, sans choquer la vraisemblance, que dans le choc de la comète contre le soleil il y a eu une force élastique qui aura élevé le torrent au-dessus de la surface du soleil, au lieu de le pousser directement, ce qui seul peut suffire pour écarter le point du périhélie et donner aux planètes le mouvement qu'elles ont conservé : et cette supposition n'est pas dénuée de vraisemblance ; car la matière du soleil peut bien être fort élastique, puisque la seule partie de cette matière que nous connaissions, qui est la lumière, semble par ses effets être parfaitement élastique. J'avoue que je ne puis pas dire si c'est par l'une ou par l'autre des raisons que je viens de rapporter que la direction du premier mouvement d'impulsion des planètes a changé ; mais ces raisons suffisent au moins pour faire voir que ce changement est possible et même probable ; et cela suffit aussi à mon objet.

Mais sans insister davantage sur les objections qu'on pourrait faire, non plus que sur les preuves que pourraient fournir les analogies en faveur de mon hypothèse, suivons-en l'objet et tirons des inductions ; voyons donc ce qui a pu arriver lorsque les planètes, et surtout la terre, ont reçu ce mouvement d'impulsion, et dans quel état elles se sont trouvées après avoir été séparées de la masse du soleil. La comète ayant, par un seul coup, communiqué un mouvement de projectile à une quantité de matière égale à la six cent cinquantième partie de la masse du soleil, les particules les moins denses se seront séparées des plus denses, et auront formé par leur attraction mutuelle des globes de différentes densités : Saturne, composé des parties les plus grosses et les plus légères, se sera le plus éloigné du soleil ; ensuite Jupiter, qui est plus dense que Saturne, se sera moins éloigné ; et ainsi de suite. Les planètes les plus grosses et les moins denses sont les plus éloignées, parce qu'elles ont reçu un mouvement d'impulsion plus fort que les plus petites et les plus denses ; car la force d'impulsion se communiquant par les surfaces, le même coup aura fait mouvoir les parties les plus grosses et les plus légères de la matière du soleil avec plus de vitesse que les parties les plus petites et les plus massives : il se sera donc fait une séparation des parties denses de différents degrés, en sorte que la densité de la matière du soleil étant égale à 100, celle de Saturne est égale à 67, celle de Jupiter $= 94\frac{1}{2}$, celle de Mars $= 200$, celle de la terre $= 400$, celle de Vénus $= 800$, et celle de Mercure $= 2800$. Mais la force d'attraction ne se communiquant pas, comme celle d'impulsion, par la surface, et agissant au contraire sur toutes les parties de la masse, elle aura retenu les portions de matières les plus denses ; et c'est pour cette raison que les planètes les plus denses sont les plus voisines du soleil, et qu'elles tournent autour de cet astre avec plus de rapidité que les planètes les moins denses, qui sont aussi les plus éloignées.

Les deux grosses planètes, Jupiter et Saturne, qui sont, comme l'on sait, les parties principales du système solaire, ont conservé ce rapport entre leur densité et leur mouvement d'impulsion, dans une proportion si juste, qu'on doit en être frappé : la densité de Saturne est à celle de Jupiter comme 67 à 94 $\frac{1}{2}$, et leurs vitesses sont à peu près comme 88 $\frac{2}{5}$ à 120 $\frac{1}{72}$, ou comme 67 à 90 $\frac{11}{16}$. Il est rare que de pures conjectures on puisse tirer des rapports aussi exacts. Il est vrai qu'en suivant ce rapport entre la vitesse et la densité des planètes, la densité de la terre ne devrait être que comme 206 $\frac{7}{48}$, au lieu qu'elle est comme 400 (1) : de là on peut conjecturer que notre globe était d'abord une fois moins dense qu'il ne l'est aujourd'hui. A l'égard des autres planètes, Mars, Vénus et Mercure, comme leur densité n'est connue que par conjecture, nous ne pouvons savoir si cela détruirait ou confirmerait notre opinion sur le rapport de la vitesse et de la densité des planètes en général. Le sentiment de Newton est que la densité est d'autant plus grande, que la chaleur à laquelle la planète est exposée est plus grande; et c'est sur cette idée que nous venons de dire que Mars est une fois moins dense que la terre, Vénus une fois plus dense, Mercure sept fois plus dense, et la comète de 1680 vingt-huit mille fois plus dense que la terre. Mais cette proportion entre la densité des planètes et la chaleur qu'elles ont à supporter, ne peut pas subsister lorsqu'on fait attention à Saturne et à Jupiter, qui sont les principaux objets que nous ne devons jamais perdre de vue dans le système solaire; car, selon ce rapport entre la densité et la chaleur, il se trouve que la densité de Saturne serait environ comme 4 $\frac{7}{48}$, et celle de Jupiter comme 14 $\frac{17}{22}$, au lieu de 67 et de 94 $\frac{1}{2}$, différence trop grande pour que le rapport entre la densité et la chaleur que les planètes ont à supporter puisse être admis : ainsi, malgré la confiance que méritent les conjectures de Newton, je crois que la densité des planètes a plus de rapport avec leur vitesse qu'avec le degré de chaleur qu'elles ont à supporter (2). Ceci n'est qu'une cause finale, et l'autre est

(2) J'ai dit *qu'en suivant la proportion de ses rapports la densité du globe de la terre ne devrait être que comme 206 $\frac{7}{48}$, au lieu d'être 400.*

Cette densité de la terre, qui se trouve trop grande relativement à la vitesse de son mouvement autour du soleil, doit être un peu diminuée par une raison qui m'avait échappé; c'est que la lune, qu'on doit regarder ici comme faisant corps avec la terre, est moins dense dans la raison de 702 à 1,000, et que le globe lunaire faisant $\frac{1}{40}$ du volume du globe terrestre, il faut par conséquent diminuer la densité 400 de la terre, d'abord dans la raison de 1,000 à 702, ce qui nous donnerait 281; c'est-à-dire 119 de diminution sur la densité de 400, si la lune était aussi grosse que la terre : mais comme elle n'en fait ici que la 40e partie, cela ne produit qu'une diminution de $\frac{119}{40}$ ou 2 $\frac{5}{7}$, et par conséquent la densité de notre globe relativement à sa vitesse, au lieu de 206 $\frac{7}{48}$, doit être estimée 206 $\frac{7}{48}$ + 2 $\frac{5}{7}$, c'est-à-dire à peu près 209. D'ailleurs l'on doit présumer que notre globe était moins dense au commencement qu'il ne l'est aujourd'hui, et qu'il l'est devenu beaucoup plus, d'abord par le refroidissement, et ensuite par l'affaissement des vastes cavernes dont son intérieur était rempli. Cette opinion s'accorde avec la connaissance que nous avons des bouleversements qui sont arrivés et qui arrivent encore tous les jours à la surface du globe, et jusqu'à d'assez grandes profondeurs : ce fait aide même à expliquer comment il est possible que les eaux de la mer aient autrefois été supérieures de deux mille toises aux parties de la terre actuellement habitées; car ces eaux la couvriraient encore, si, par de grands affaissements, la surface de la terre ne s'était abaissée en différents endroits pour former les bassins de la mer et les autres réceptacles des eaux, tels qu'ils sont aujourd'hui.

Si nous supposons le diamètre du globe terrestre de 2,863 lieues, il en avait deux de plus lorsque les eaux le couvraient à 2,000 toises de hauteur. Cette différence du volume de la terre donne $\frac{1}{477}$ d'augmentation pour sa densité par le seul abaissement des eaux; on peut même doubler, et peut-être tripler cette augmentation de densité ou cette diminution de volume du globe, par l'affaissement et les éboulements des montagnes et par les remblais des vallées; en sorte que depuis la chute des eaux sur la terre, on peut raisonnablement présumer qu'elle a augmenté de plus d'un centième de densité. (*Add. Buff.*)

(2) J'ai dit que, *malgré la confiance que méritent les conjectures de Newton, la densité des planètes a plus de rapport avec leur vitesse qu'avec le degré de chaleur qu'elles ont à supporter.*

un rapport physique dont l'exactitude est régulière dans les deux grosses planètes : il est cependant vrai que la densité de la terre, au lieu d'être $206\frac{7}{8}$, se trouve être 400, et que par conséquent il faut que le globe terrestre se soit condensé dans cette raison de $206\frac{7}{8}$ à 400.

Mais la condensation ou la coction des planètes n'a-t-elle pas quelque rapport avec la quantité de la chaleur du soleil dans chaque planète? et dès lors Saturne, qui est fort éloigné de cet astre, n'aura souffert que peu ou point de condensation, Jupiter se sera condensé de $90\frac{11}{16}$ à $94\frac{1}{2}$: or, la chaleur du soleil dans Jupiter étant à celle du soleil sur la terre comme $14\frac{17}{22}$ sont à 400, les condensations ont dû se faire dans la même proportion; de sorte que Jupiter s'étant condensé de $90\frac{11}{16}$ à $94\frac{1}{2}$, la terre aurait dû se condenser dans la même proportion de $206\frac{7}{8}$ à $215\frac{990}{1151}$, si elle eût été placée dans l'orbite de Jupiter, où elle n'aurait dû recevoir du soleil qu'une chaleur égale à celle que reçoit cette planète. Mais la terre se trouvant beaucoup plus près de cet astre, et recevant une chaleur dont le rapport à celle que reçoit Jupiter est de 400 à $14\frac{17}{22}$, il faut multiplier la quantité de la condensation qu'elle aurait eue dans l'orbe de Jupiter par le rapport de 400 à $14\frac{17}{22}$; ce qui donne à peu près $234\frac{1}{8}$ pour la quantité dont la terre a dû se condenser. Sa densité était $206\frac{7}{8}$: en y ajoutant la quantité de condensation, l'on trouve pour sa densité actuelle $440\frac{7}{8}$; ce qui approche assez de la densité 400, déterminée par la parallaxe de la lune. Au reste, je ne prétends pas donner ici des rapports exacts, mais seulement des approximations, pour faire voir que les densités des planètes ont beaucoup de rapport avec leur vitesse dans leurs orbites.

La comète ayant donc par sa chute oblique sillonné la surface du soleil, aura poussé hors du corps de cet astre une partie de matière égale à la six cent cinquantième partie de sa masse totale : cette matière, qu'on doit considérer dans un état de fluidité, ou plutôt de liquéfaction, aura d'abord formé un torrent; les parties les plus grosses et les moins denses auront été poussées au plus loin; et les parties

Par l'estimation que nous avons faite, dans les mémoires précédents, de l'action de la chaleur solaire sur chaque planète, on a dû remarquer que cette chaleur solaire est en général si peu considérable, qu'elle n'a jamais pu produire qu'une très-légère différence sur la densité de chaque planète ; car l'action de cette chaleur solaire, qui est faible en elle-même, n'influe sur la densité des matières planétaires qu'à la surface même des planètes, et elle ne peut agir sur la matière qui est dans l'intérieur des globes planétaires, puisque cette chaleur solaire ne peut pénétrer qu'à une très-petite profondeur. Ainsi la densité totale de la masse entière de la planète n'a aucun rapport avec cette chaleur qui lui est envoyée du soleil.

Dès lors il me paraît certain que la densité des planètes ne dépend en aucune façon du degré de chaleur qui leur est envoyée du soleil, et qu'au contraire cette densité des planètes doit avoir un rapport nécessaire avec leur vitesse, lequel dépend d'un autre rapport qui me paraît immédiat : c'est celui de leur distance au soleil. Nous avons vu que les parties les plus denses se sont moins éloignées que les parties les moins denses dans le temps de la projection générale. Mercure, qui est composé des parties les plus denses dans la matière projetée hors du soleil, est resté dans le voisinage de cet astre, tandis que Saturne, qui est composé des parties les plus légères de cette même matière projetée, s'en est le plus éloigné. Et comme les planètes les plus distantes du soleil circulent autour de cet astre avec plus de vitesse que les planètes les plus voisines, il s'en suit que leur densité a un rapport médiat avec leur vitesse et plus immédiat avec leur distance au soleil. Les distances des six planètes au soleil sont comme   4,   7,   10, 15, 52, 95.
Leurs densités, comme 2040, 1270, 1000, 730, 292, 184.

Et si l'on suppose les densités en raison inverse des distances, elles seront 2040, 1160, 889 $\frac{1}{2}$, 660, 210, 189. Ce dernier rapport entre leurs densités respectives est peut-être plus réel que le premier, parce qu'il me paraît fondé sur la cause physique qui a dû produire la différence de densité dans chaque planète. (*Add. Buff.*)

les plus petites et les plus denses n'ayant reçu que la même impulsion, ne se seront pas si fort éloignées, la force d'attraction du soleil les aura retenues; toutes
les parties détachées par la comète et poussées les unes par les autres, auront été
contraintes de circuler autour de cet astre, et en même temps l'attraction mutuelle
des parties de la matière en aura formé des globes à différentes distances, dont les
plus voisins du soleil auront nécessairement conservé plus de rapidité pour tourner ensuite perpétuellement autour de cet astre.

Mais, dira-t-on une seconde fois, si la matière qui compose les planètes a été
séparée du corps du soleil, les planètes devraient être, comme le soleil, brûlantes
et lumineuses, et non pas froides et opaques comme elles le sont: rien ne ressemble moins à ce globe de feu qu'un globe de terre et d'eau; et, à en juger par comparaison, la matière de la terre et des planètes est tout à fait différente de celle du
soleil.

A cela on peut répondre que, dans la séparation qui s'est faite des particules plus
ou moins denses, la matière a changé de forme, et que la lumière ou le feu s'est
éteint par cette séparation causée par le mouvement d'impulsion. D'ailleurs ne
peut-on pas soupçonner que si le soleil, ou une étoile brûlante et lumineuse par
elle-même, se mouvait avec autant de vitesse que se meuvent les planètes, le feu
s'éteindrait peut-être, et que c'est par cette raison que toutes les étoiles lumineuses
sont fixes et ne changent pas de lieu, et que ces étoiles que l'on appelle *nouvelles*,
qui ont probablement changé de lieu, se sont éteintes aux yeux mêmes des observateurs? Ceci se confirme par ce qu'on a observé sur les comètes; elles doivent
brûler jusqu'au centre lorsqu'elles passent à leur périhélie : cependant elles ne deviennent pas lumineuses par elles-mêmes; on voit seulement qu'elles exhalent des
vapeurs brûlantes, dont elles laissent en chemin une partie considérable.

J'avoue que si le feu peut exister dans un milieu où il n'y a point ou très-peu de
résistance, il pourrait aussi souffrir un très-grand mouvement sans s'éteindre :
j'avoue aussi que ce que je viens de dire ne doit s'entendre que des étoiles qui disparaissent pour toujours, et que celles qui ont des retours périodiques, et qui se
montrent et disparaissent alternativement sans changer de lieu, sont fort différentes de celles dont je parle : les phénomènes de ces astres singuliers ont été expliqués d'une manière très-satisfaisante par M. de Maupertuis, dans son *Discours sur
la figure des astres*, et je suis convaincu qu'en partant des faits qui nous sont connus,
il n'est pas possible de mieux deviner qu'il l'a fait. Mais les étoiles qui ont paru et
ensuite disparu pour toujours, se sont vraisemblablement éteintes, soit par la vitesse de leur mouvement, soit par quelque autre cause, et nous n'avons point
d'exemple dans la nature qu'un astre lumineux tourne autour d'un autre astre : de
vingt-huit ou trente comètes et de treize planètes qui composent notre système,
et qui se meuvent autour du soleil avec plus ou moins de rapidité, il n'y en a pas
une de lumineuse par elle-même.

On pourrait répondre encore que le feu ne peut pas subsister aussi longtemps
dans les petites que dans les grandes masses, et qu'au sortir du soleil les planètes

ont dû brûler pendant quelque temps, mais qu'elles se sont éteintes faute de matières combustibles, comme le soleil s'éteindra probablement par la même raison, mais dans des âges futurs et aussi éloignés des temps auxquels les planètes se sont éteintes, que sa grosseur l'est de celle des planètes. Quoi qu'il en soit, la séparation des parties plus ou moins denses, qui s'est faite nécessairement dans le temps que la comète a poussé hors du soleil la matière des planètes, me paraît suffisante pour rendre raison de cette extinction de leurs feux.

La terre et les planètes, au sortir du soleil, étaient donc brûlantes et dans un état de liquéfaction totale. Cet état de liquéfaction n'a duré qu'autant que la violence de la chaleur qui l'avait produit ; peu à peu les planètes se sont refroidies, et c'est dans le temps de cet état de fluidité causée par le feu qu'elles auront pris leur figure, et que leur mouvement de rotation aura fait élever les parties de l'équateur en abaissant les pôles. Cette figure, qui s'accorde si bien avec les lois de l'hydrostatique, suppose nécessairement que la terre et les planètes aient été dans un état de fluidité ; et je suis ici de l'avis de M. Leibnitz : cette fluidité était une liquéfaction causée par la violence de la chaleur ; l'intérieur de la terre doit être une matière vitrifiée, dont les sables, les grès, le roc vif, les granits, et peut-être les argiles, sont des fragments et des scories.

On peut donc croire, avec quelque vraisemblance, que les planètes ont appartenu au soleil, qu'elles en ont été séparées par un seul coup qui leur a donné un mouvement d'impulsion dans le même sens et dans le même plan, et que leur position à différentes distances du soleil ne vient que de leurs différentes densités. Il reste maintenant à expliquer par la même théorie le mouvement de rotation des planètes et la formation des satellites ; mais ceci, loin d'ajouter des difficultés ou des impossibilités à notre hypothèse, semble au contraire la confirmer.

Car le mouvement de rotation dépend uniquement de l'obliquité du coup, et il est nécessaire qu'une impulsion, dès qu'elle est oblique à la surface d'un corps, donne à ce corps un mouvement de rotation : ce mouvement de rotation sera égal et toujours le même, si le corps qui le reçoit est homogène ; et il sera inégal, si le corps est composé de parties hétérogènes ou de différente densité : et de là on doit conclure que dans chaque planète la matière est homogène, puisque leur mouvement de rotation est égal : autre preuve de la séparation des parties denses et moins denses lorsqu'elles se sont formées.

Mais l'obliquité du coup a pu être telle, qu'il se sera séparé du corps de la planète principale de petites parties de matière, qui auront conservé la même direction de mouvement que la planète même ; ces parties se seront réunies, suivant leurs densités, à différentes distances de la planète par la force de leur attraction mutuelle, et en même temps elles auront suivi nécessairement la planète dans son cours autour du soleil, en tournant elles-mêmes autour de la planète, à peu près dans le plan de son orbite. On voit bien que ces petites parties que la grande obliquité du coup aura séparées sont les satellites : ainsi la formation, la position et la direction des mouvements des satellites s'accordent parfaitement avec la théorie ; car ils ont tous la même direction de mouvement dans des cercles concentriques autour de leur planète principale; leur mouvement est dans le même plan, et ce plan est celui de l'orbite de la planète. Tous ces effets qui leur sont communs, et qui dépendent de leur mouvement d'impulsion, ne peuvent venir que d'une cause commune, c'est-à-dire d'une impulsion commune de mouvement, qui leur a été communiquée par un seul et même coup donné sous une certaine obliquité.

Ce que nous venons de dire sur la cause du mouvement de rotation et de la formation des satellites acquerra plus de vraisemblance, si nous faisons attention à toutes les circonstances des phénomènes. Les planètes qui tournent le plus vite sur leur axe, sont celles qui ont des satellites. La terre tourne plus vite que Mars dans le rapport d'environ 24 à 15; la terre a un satellite, et Mars n'en a point. Jupiter surtout, dont la rapidité autour de son axe est 5 ou 600 fois plus grande que celle de la terre, a quatre satellites; et il y a grande apparence que Saturne, qui en a cinq et un anneau, tourne encore beaucoup plus vite que Jupiter.

On peut même conjecturer avec quelque fondement que l'anneau de Saturne est parallèle à l'équateur de cette planète, en sorte que le plan de l'équateur de l'anneau et celui de l'équateur de Saturne sont à peu près les mêmes; car en supposant, suivant la théorie précédente, que l'obliquité du coup par lequel Saturne a été mis en mouvement, ait été fort grande, la vitesse autour de l'axe, qui aura résulté de ce coup oblique, aura pu d'abord être telle, que la force centrifuge excédait celle de la gravité; et il se sera détaché de l'équateur et des parties voisines de l'équateur de la planète une quantité considérable de matière, qui aura nécessairement pris la figure d'un anneau, dont le plan doit être à peu près le même que celui de l'équateur de la planète : et cette partie de matière qui forme l'anneau ayant été détachée de la planète dans le voisinage de l'équateur, Saturne en a été abaissé d'autant sous l'équateur; ce qui fait que, malgré la grande rapidité que nous lui supposons autour de son axe, les diamètres de cette planète peuvent n'être pas aussi inégaux que ceux de Jupiter, qui diffèrent de plus d'une onzième partie.

Quelque grande que soit à mes yeux la vraisemblance de ce que j'ai dit jusqu'ici sur la formation des planètes et de leurs satellites, comme chacun a sa mesure, surtout pour estimer des probabilités de cette nature, et que cette mesure dépend de la puissance qu'a l'esprit pour combiner des rapports plus ou moins éloignés, je ne prétends pas contraindre ceux qui n'en voudront rien croire. J'ai cru seulement devoir semer ces idées, parce qu'elles m'ont paru raisonnables, et propres à éclaircir une matière sur laquelle on n'a jamais rien écrit, quelque important qu'en soit le sujet, puisque le mouvement d'impulsion des planètes entre au moins pour la moitié dans la composition du système de l'univers, que l'attraction seule ne peut expliquer. J'ajouterai seulement, pour ceux qui voudraient nier la possibilité de mon système, les questions suivantes :

1° N'est-il pas naturel d'imaginer qu'un corps qui est en mouvement, ait reçu ce mouvement par le choc d'un corps?

2° N'est-il pas très-probable que plusieurs corps qui ont la même direction dans

eur mouvement, ont reçu cette direction par un seul ou par plusieurs coups dirigés dans le même sens?

3° N'est-il pas tout à fait vraisemblable que plusieurs corps ayant la même direction dans leur mouvement et leur position dans un même plan, n'ont pas reçu
cette direction dans le même sens, et cette position dans le même plan par plusieurs coups, mais par un seul et même coup?

4° N'est-il pas très-probable qu'en même temps qu'un corps reçoit un mouvement
d'impulsion, il le reçoive obliquement, et que par conséquent il soit obligé de
tourner sur lui-même d'autant plus vite que l'obliquité du coup aura été plus
grande? Si ces questions ne paraissent pas déraisonnables, le système dont nous
venons de donner une ébauche cessera de paraître une absurdité.

Passons maintenant à quelque chose qui nous touche de plus près, et examinons
la figure de la terre, sur laquelle on a fait tant de recherches et de si grandes observations. La terre étant, comme il paraît par l'égalité de son mouvement diurne
et la constance de l'inclinaison de son axe, composée de parties homogènes, et
toutes ces parties s'attirant en raison de leurs masses, elle aurait pris nécessairement la figure d'un globe parfaitement sphérique, si le mouvement d'impulsion
eût été donné dans une direction perpendiculaire à la surface : mais ce coup ayant
été donné obliquement, la terre a tourné sur son axe dans le même temps qu'elle a
pris sa forme, et de la combinaison de ce mouvement de rotation et de celui de
l'attraction des parties, il a résulté une figure sphéroïde, plus élevée sous le grand
cercle de rotation, et plus abaissée aux deux extrémités de l'axe, et cela parce que
l'action de la force centrifuge provenant du mouvement de rotation, diminue
l'action de la gravité : ainsi la terre étant homogène, et ayant pris sa consistance
en même temps qu'elle a reçu son mouvement de rotation, elle a dû prendre une
figure sphéroïde, dont les deux axes diffèrent d'une 230ᵉ partie. Ceci peut se démontrer à la rigueur, et ne dépend point des hypothèses qu'on voudrait faire sur
la direction de la pesanteur ; car il n'est pas permis de faire des hypothèses contraires à des vérités établies ou qu'on peut établir. Or, les lois de la pesanteur nous
sont connues ; nous ne pouvons douter que les corps ne pèsent les uns sur les
autres en raison directe de leurs masses, et inverse du carré de leurs distances : de
même nous ne pouvons pas douter que l'action générale d'une masse quelconque
ne soit composée de toutes les actions particulières des parties de cette masse.
Ainsi il n'y a point d'hypothèse à faire sur la direction de la pesanteur : chaque
partie de matière s'attire mutuellement en raison directe de sa masse et inverse du
carré de la distance ; et de toutes ces attractions il résulte une sphère lorsqu'il n'y
a point de rotation, et il en résulte un sphéroïde lorsqu'il y a rotation. Ce sphéroïde est plus ou moins accourci aux deux extrémités de l'axe de rotation, à proportion de la vitesse de ce mouvement, et la terre a pris, en vertu de sa vitesse de
rotation et de l'attraction mutuelle de toutes ses parties, la figure d'un sphéroïde,
dont les deux axes sont entre eux comme 229 à 230.

Ainsi, par sa constitution originaire, par son homogénéité, et indépendamment de toute hypothèse sur la direction de la pesanteur, la terre a pris cette figure dans le temps de sa formation, et elle est, en vertu des lois de la mécanique, élevée né-cessairement d'environ six lieues et demie à chaque extrémité du diamètre de l'équateur de plus que sous les pôles.

Je vais insister sur cet article, parce qu'il y a encore des géomètres qui croient que la figure de la terre dépend, dans la théorie, du système de philosophie qu'on embrasse, et de la direction qu'on suppose à la pesanteur. La première chose que nous ayons à démontrer, c'est l'attraction mutuelle de toutes les parties de la ma-tière; et la seconde, l'homogénéité du globe terrestre. Si nous faisons voir claire-ment que ces deux faits ne peuvent pas être révoqués en doute, il n'y aura plus aucune hypothèse à faire sur la direction de la pesanteur : la terre aura eu néces-sairement la figure déterminée par Newton; et toutes les autres figures qu'on voudrait lui donner en vertu des tourbillons ou des autres hypothèses, ne pourront subsister.

On ne peut pas douter, à moins qu'on ne doute de tout, que ce ne soit la force de la gravité qui retient les planètes dans leurs orbites. Les satellites de Saturne gravitent vers Saturne, ceux de Jupiter vers Jupiter, la lune vers la terre, et Saturne, Jupiter, Mars, la terre, Vénus et Mercure, gravitent vers le soleil, de même Saturne et Jupiter gravitent vers leurs satellites, la terre gravite vers la lune, et le soleil gravite vers les planètes. La gravité est donc générale et mutuelle dans toutes les planètes; car l'action d'une force ne peut s'exercer sans qu'il y ait réaction : toutes les pla-nètes agissent donc mutuellement les unes sur les autres. Cette attraction mutuelle sert de fondement aux lois de leur mouvement, et elle est démontrée par les phéno-mènes. Lorsque Saturne et Jupiter sont en conjonction, ils agissent l'un sur l'autre et cette attraction produit une irrégularité dans leur mouvement autour du soleil. Il en est de même de la terre et de la lune ; elles agissent mutuellement l'une sur l'autre ; mais les irrégularités du mouvement de la lune viennent de l'attraction du soleil, en sorte que le soleil, la terre et la lune, agissent mutuellement les uns sur les autres. Or cette attraction mutuelle que les planètes exercent les unes sur les autres, est proportionnelle à leur quantité de matière, lorsque les distances sont égales ; et la même force de gravité qui fait tomber les graves sur la surface de la terre, et qui s'étend jusqu'à la lune, est aussi proportionnelle à la quantité de matière ; donc la gravité totale d'une planète est composée de la gravité de cha-cune des parties qui la composent ; donc toutes les parties de la matière, soit dans la terre, soit dans les planètes, gravitent les unes sur les autres; donc toutes les parties de la matière s'attirent mutuellement : et cela étant une fois prouvé, la terre, par son mouvement de rotation, a dû nécessairement prendre la figure d'un sphéroïde dont les axes sont entre eux comme 229 à 230, et la direction de la pe-santeur est nécessairement perpendiculaire à la surface de ce sphéroïde; par con-séquent il n'y a point d'hypothèse à faire sur la direction de la pesanteur, à moins qu'on ne nie l'attraction mutuelle et générale des parties de la matière : mais on vient de voir que l'attraction mutuelle est démontrée par les observations ; et les expériences des pendules prouvent qu'elle est générale dans toutes les parties de la matière : donc on ne peut pas faire de nouvelles hypothèses sur la direction de la pesanteur, sans aller contre l'expérience et la raison.

Venons maintenant à l'homogénéité du globe terrestre. J'avoue que si l'on suppose que le globe soit plus dense dans certaines parties que dans d'autres, la direction de la pesanteur doit être différente de celle que nous venons d'assigner ; qu'elle sera différente suivant les différentes suppositions qu'on fera, et que la figure de la terre deviendra différente aussi en vertu des mêmes suppositions. Mais quelle raison a-t-on pour croire que cela soit ainsi ? Pourquoi veut-on, par exemple, que les parties voisines du centre soient plus denses que celles qui en sont plus éloignées ? toutes les particules qui composent le globe ne sont-elles pas rassemblées par leur attraction mutuelle ? dès lors chaque particule est un centre, et il n'y a pas de raison pour croire que les parties qui sont autour du centre de grandeur du globe, soient plus denses que celles qui sont autour d'un autre point : mais d'ailleurs, si une partie considérable du globe était plus dense qu'une autre partie, l'axe de rotation se trouverait plus près des parties denses, et il en résulterait une inégalité dans la révolution diurne, en sorte qu'à la surface de la terre nous remarquerions de l'inégalité dans le mouvement apparent des fixes; elles nous paraîtraient se mouvoir beaucoup plus vite ou beaucoup plus lentement au zénith qu'à l'horizon, selon que nous serions posés sur les parties denses ou légères du globe. Cet axe de la terre, ne passant plus par le centre de grandeur du globe, changerait aussi très-sensiblement de position. Mais tout cela n'arrive pas : on sait, au contraire, que le mouvement diurne de la terre est égal et uniforme : on sait qu'à toutes les parties de la surface de la terre les étoiles paraissent se mouvoir avec la même vitesse à toutes les hauteurs ; et s'il y a une mutation dans l'axe, elle est assez insensible pour avoir échappé aux observateurs. On doit donc conclure que le globe est homogène ou presque homogène dans toutes ses parties.

Si la terre était un globe creux et vide, dont la croûte n'aurait, par exemple, que deux ou trois lieues d'épaisseur, il en résulterait : 1º que les montagnes seraient dans ce cas des parties si considérables de l'épaisseur totale de la croûte, qu'il y aurait une grande irrégularité dans les mouvements de la terre par l'attraction de la lune et du soleil ; car quand les parties les plus élevées du globe, comme les Cordillières, auraient la lune au méridien, l'attraction serait beaucoup plus forte sur le globe entier que quand les parties les plus basses auraient de même cet astre au méridien ; 2º l'attraction des montagnes serait beaucoup plus considérable qu'elle ne l'est en comparaison de l'attraction totale du globe, et les expériences faites à la montagne de Chimboraço au Pérou donneraient dans ce cas plus de degrés qu'elles n'ont donné de secondes pour la déviation du fil à plomb ; 3º la pesanteur des corps serait plus grande au-dessus d'une haute montagne, comme le pic de Ténériffe, qu'au niveau de la mer, en sorte qu'on se sentirait considérablement plus pesant et qu'on marcherait plus difficilement dans les lieux élevés que dans les lieux bas. Ces considérations et quelques autres qu'on pourrait y ajouter, doivent nous faire croire que l'intérieur du globe n'est pas vide, et qu'il est rempli d'une matière assez dense.

D'autre côté, si au-dessous de deux ou trois lieues, la terre était remplie d'une matière beaucoup plus dense qu'aucune des matières que nous connaissons, il arriverait nécessairement que toutes les fois que l'on descendrait à des profondeurs même médiocres, on pèserait sensiblement beaucoup plus, les pendules s'accéléreraient beaucoup plus qu'elles ne s'accélèrent en effet lorsqu'on les transporte d'un lieu élevé dans un lieu bas. Ainsi nous pouvons présumer que l'intérieur de la terre est rempli d'une matière à peu près semblable à celle qui compose sa surface. Ce qui peut achever de nous déterminer en faveur de ce sentiment, c'est que dans le temps de la première formation du globe, lorsqu'il a pris la forme d'un sphéroïde aplati sous les pôles, la matière qui le compose était en fusion et par conséquent homogène et à peu près également dense dans toutes ses parties, aussi bien à la surface qu'à l'intérieur. Depuis ce temps la matière de la surface quoique la même a été remuée et travaillée par les causes extérieures; ce qui a produit des matières de différentes densités. Mais on doit remarquer que les matières qui, comme l'or et les métaux, sont les plus denses, sont aussi celles qu'on trouve le plus rarement, et qu'en conséquence de l'action des causes extérieures, la plus grande partie de la matière qui compose le globe à la surface, n'a pas subi de très-grands changements par rapport à sa densité, et les matières les plus communes, comme le sable et la glaise, ne diffèrent pas beaucoup en densité; en sorte qu'il y a tout lieu de conjecturer, avec grande vraisemblance, que l'intérieur de la terre est rempli d'une matière vitrifiée dont la densité est à peu près la même que celle du sable, et que par conséquent le globe terrestre en général peut être regardé comme homogène.

Il reste une ressource à ceux qui veulent absolument faire des suppositions; c'est-à-dire que le globe est composé de couches concentriques de différentes densités : car, dans ce cas, le mouvement diurne sera égal, et l'inclinaison de l'axe constante, comme dans le cas de l'homogénéité. Je l'avoue; mais je demande en même temps s'il n'y a aucune raison de croire que ces couches de différentes densités existent, si ce n'est pas vouloir que les ouvrages de la nature s'ajustent à nos idées abstraites, et si l'on doit admettre en physique une supposition qui n'est fondée sur aucune observation, aucune analogie, et qui ne s'accorde avec aucune des inductions que nous pouvons tirer d'ailleurs.

Il paraît donc que la terre a pris en vertu de l'attraction mutuelle de ses parties et de son mouvement de rotation, la figure d'un sphéroïde dont les deux axes diffèrent d'une 230ᵉ partie : il paraît que c'est là sa figure primitive, qu'elle l'a prise nécessairement dans le temps de son état de fluidité ou de liquéfaction; il paraît qu'en vertu des lois de la gravité et de la force centrifuge, elle ne peut avoir d'autre figure; que du moment même de sa formation, il y a eu cette différence entre les deux diamètres, de six lieues et demie d'élévation de plus sous l'équateur que sous les pôles, et que par conséquent toutes les hypothèses par lesquelles on peut trouver plus

ou moins de différence sont des fictions auxquelles il ne faut faire aucune attention.

Mais, dira-t-on, si la théorie est vraie, si le rapport de 229 à 230 est le vrai rapport des axes, pourquoi les mathématiciens envoyés en Laponie et au Pérou s'ac-
cordent-ils à donner le rapport de 174 à 175? d'où peut venir cette différence de la
pratique à la théorie? et sans faire tort au raisonnement qu'on vient de faire pour
démontrer la théorie, n'est-il pas plus raisonnable de donner la préférence à la
pratique et aux mesures, surtout quand on ne peut pas douter qu'elles n'aient été
prises par les plus habiles mathématiciens de l'Europe (1), et avec toutes les précautions nécessaires pour en constater le résultat?

A cela je réponds que je n'ai garde de donner atteinte aux observations faites sous
l'équateur et au cercle polaire, que je n'ai aucun doute sur leur exactitude, et que
la terre peut bien être réellement élevée d'une 175e partie de plus sous l'équateur
que sous les pôles : mais en même temps je maintiens la théorie, et je vois clairement que ces deux résultats peuvent se concilier. Cette différence des deux résultats de la théorie et des mesures est d'environ quatre lieues dans les deux axes, en
sorte que les parties sous l'équateur sont élevées de deux lieues de plus qu'elles
ne doivent l'être suivant la théorie. Cette hauteur de deux lieues répond assez juste
aux plus grandes inégalités de la surface du globe : elles proviennent du mouvement de la mer et de l'attraction des fluides à la surface de la terre. Je m'explique :
il me paraît que dans le temps que la terre s'est formée, elle a nécessairement dû
prendre, en vertu de l'attraction mutuelle de ses parties et de l'action de la force
centrifuge, la figure d'un sphéroïde dont les axes diffèrent d'une 30e partie. La terre
ancienne et originaire a eu nécessairement cette figure qu'elle a prise lorsqu'elle
était fluide, ou plutôt liquéfiée par le feu; mais lorsqu'après sa formation et son
refroidissement, les vapeurs qui étaient étendues et raréfiées, comme nous voyons
l'atmosphère et la queue d'une comète, se furent condensées, elles tombèrent sur
la surface de la terre, et formèrent l'air et l'eau; et lorsque ces eaux qui étaient à
la surface furent agitées par le mouvement du flux et du reflux, les matières furent
entraînées peu à peu des pôles vers l'équateur, en sorte qu'il est possible que les
parties des pôles se soient abaissées d'environ une lieue, et que les parties de l'é-
quateur se soient élevées de la même quantité. Cela ne s'est pas fait tout à coup,
mais peu à peu et dans la succession des temps : la terre étant à l'extérieur exposée aux vents, à l'action de l'air et du soleil, toutes ces causes irrégulières ont concouru avec le flux et reflux pour sillonner sa surface, y creuser des profondeurs,
y élever des montagnes; ce qui a produit des inégalités, des irrégularités, dans
cette couche de terre remuée dont cependant la plus grande épaisseur ne peut être
que d'une lieue sous l'équateur. Cette inégalité de deux lieues est peut-être la plus
grande qui puisse être, à la surface de la terre; car les plus hautes montagnes n'ont
guère qu'une lieue de hauteur, et les plus grandes profondeurs de la mer n'ont
peut-être pas une lieue. La théorie est donc vraie, et la pratique peut l'être aussi :

(1) M. de Maupertuis, *Figure de la terre.*

la terre a dû d'abord n'être élevée sous l'équateur que d'environ six lieues et demie
de plus qu'au pôle, et ensuite par les changements qui sont arrivés à sa surface,
elle a pu s'élever davantage. L'histoire naturelle confirme merveilleusement cette
opinion, et nous avons prouvé, dans les discours précédents, que c'est le flux et le
reflux, et les autres mouvements des eaux, qui ont produit les montagnes et toutes
les inégalités de la surface du globe; que cette même surface a subi des changements
très-considérables, et qu'à de grandes profondeurs, comme sur les plus grandes
hauteurs, on trouve des os, des coquilles, et d'autres dépouilles d'animaux habitant des mers ou de la surface de la terre.

On peut conjecturer, par ce qui vient d'être dit, que pour trouver la terre ancienne et les matières qui n'ont jamais été remuées, il faudrait creuser dans les
climats voisins des pôles, où la couche de terre remuée doit être plus mince que
dans les climats méridionaux.

Au reste, si l'on examine de près les mesures par lesquelles on a déterminé la
figure de la terre, on verra bien qu'il entre de l'hypothétique dans cette détermination, car elle suppose que la terre a une figure courbe régulière; au lieu qu'on
peut penser que la surface du globe ayant été altérée par une grande quantité de
causes combinées à l'infini, elle n'a peut-être aucune figure régulière, et dès lors
la terre pourrait bien n'être en effet aplatie que d'une 230ᵉ partie, comme le dit
Newton et comme la théorie le demande. D'ailleurs on sait bien que, quoiqu'on ai
exactement la longueur du degré au cercle polaire et à l'équateur, on n'a pas aussi
exactement la longueur du degré en France, et que l'on n'a pas vérifié la mesure de M. Picard. Ajoutez à cela que la diminution et l'augmentation du pendule ne peuvent pas s'accorder avec le résultat des mesures, et qu'au contraire elles
s'accordent à très-peu près, avec la théorie de Newton. En voilà plus qu'il n'en faut
pour qu'on puisse croire que la terre n'est réellement aplatie que d'une 230ᵉ partie,
et que, s'il y a quelque différence, elle ne peut venir que des inégalités que les eaux
et les autres causes extérieures ont produites à la surface; et ces inégalités étant,
selon toutes les apparences, plus irrégulières que régulières, on ne doit pas faire
d'hypothèse sur cela, ni supposer, comme on l'a fait, que les méridiens sont des
ellipses ou d'autres courbes régulières : d'où l'on voit que quand on mesurerait
successivement plusieurs degrés de la terre dans tous les sens, on ne serait pas
encore assuré par là de la quantité d'aplatissement qu'elle peut avoir de moins ou
de plus que la 230ᵉ partie.

Ne doit-on pas conjecturer aussi que si l'inclinaison de l'axe de la terre a changé,
ce ne peut être qu'en vertu des changements arrivés à la surface, puisque tout le
reste du globe est homogène; que par conséquent cette variation est trop peu sensible pour être aperçue par les astronomes, et qu'à moins que la terre ne soit ren-
contrée par quelque comète, ou dérangée par quelque autre cause extérieure, son
axe demeurera perpétuellement incliné comme il l'est aujourd'hui, et comme il l'a
toujours été?

Et afin de n'omettre aucune des conjectures qui me paraissent raisonnables, ne
peut-on pas dire que, comme les montagnes et les inégalités qui sont à la surface

de la terre ont été formées par l'action du flux et reflux, les montagnes et les inégalités que nous remarquons à la surface de la lune ont été produites par une cause semblable; qu'elles sont beaucoup plus élevées que celles de la terre, parce que le flux et reflux y est beaucoup plus fort, puisqu'ici c'est la lune, et là, c'est la terre qui le cause, dont la masse, étant beaucoup plus considérable que celle de la lune, devrait produire des effets beaucoup plus grands, si la lune avait, comme la terre, un mouvement de rotation rapide par lequel elle nous présenterait successivement toutes les parties de sa surface? Mais comme la lune présente toujours la même face à la terre, le flux et le reflux ne peuvent s'exercer dans cette planète qu'en vertu de son mouvement de libration, par lequel elle nous découvre alternativement un segment de sa surface, ce qui doit produire une espèce de flux et de reflux fort différent de celui de nos mers, et dont les effets doivent être beaucoup moins considérables qu'ils ne le seraient, si ce mouvement avait pour cause une révolution de cette planète autour de son axe, aussi prompte que l'est la rotation du globe terrestre.

J'aurais pu faire un livre gros comme celui de Burnet ou de Whiston, si j'eusse voulu délayer les idées qui composent le système qu'on vient de voir; et en leur donnant l'air géométrique, comme l'a fait ce dernier auteur, je leur eusse en même temps donné du poids; mais je pense que des hypothèses, quelque vraisemblables qu'elles soient, ne doivent point être traitées avec cet appareil qui tient un peu de la charlatanerie.

A Buffon, le 20 septembre 1745.

ARTICLE II.

DU SYSTÈME DE M. WHISTON (1).

Cet auteur commence son traité de la *Théorie de la terre* par une dissertation sur la création du monde. Il prétend qu'on a toujours mal entendu le texte de la *Genèse*, qu'on s'est trop attaché à la lettre et au sens qui se présente à la première vue, sans faire attention à ce que la nature, la raison, la philosophie et même la décence exigeaient de l'écrivain pour traiter dignement cette matière. Il dit que les notions qu'on a communément de l'ouvrage des six jours sont absolument fausses, et que la description de Moïse n'est pas une narration exacte et philosophique de la création de l'univers entier et de l'origine de toutes choses, mais une représentation historique de la formation du seul globe terrestre. La terre, selon lui, existait auparavant dans le chaos, et elle a reçu dans le temps mentionné par Moïse la forme, la situation et la consistance nécessaire pour pouvoir être habitée par le genre humain. Nous n'entrerons point dans le détail de ses preuves à cet égard, et nous n'entreprendrons pas d'en faire la réfutation : l'exposition que nous venons de

(1) A New Teory of the Earth, by Will. Whiston. *London*, 1708.

faire suffit pour démontrer la contrariété de son opinion avec la foi, et par conséquent l'insuffisance de ses preuves. Au reste, il traite cette matière en théologien controversiste plutôt qu'en philosophe éclairé.

Partant de ces faux principes, il passe à des suppositions ingénieuses, et qui, quoique extraordinaires, ne laissent pas d'avoir un degré de vraisemblance lorsqu'on veut se livrer avec lui à l'enthousiasme du système. Il dit que l'ancien chaos, l'origine de notre terre, a été l'atmosphère d'une comète; que le mouvement annuel de la terre a commencé dans le temps qu'elle a pris une nouvelle forme : mais que son mouvement diurne n'a commencé qu'au temps de la chute du premier homme; que le cercle de l'écliptique coupait alors le tropique du Cancer au point du paradis terrestre à la frontière d'Assyrie, du côté du nord-ouest; qu'avant le déluge l'année commençait à l'équinoxe d'automne; que les orbites originaires des planètes, et surtout l'orbite de la terre, étaient, avant le déluge, des cercles parfaits; que le déluge a commencé le 18e jour de novembre de l'année 2365 de la période julienne, c'est-à-dire 2349 ans avant l'ère chrétienne; que l'année solaire et l'année lunaire étaient les mêmes avant le déluge, et qu'elles contenaient juste 360 jours; qu'une comète descendant dans le plan de l'écliptique vers son périhélie, a passé tout auprès du globe de la terre le jour même que le déluge a commencé; qu'il y a une grande chaleur dans l'intérieur du globe terrestre, qui se répand constamment du centre à la circonférence; que la constitution intérieure et totale de la terre est comme celle d'un œuf, ancien emblème du globe; que les montagnes sont les parties les plus légères de la terre, etc. Ensuite il attribue au déluge universel toutes les altérations et tous les changements arrivés à la surface et à l'intérieur du globe; il adopte aveuglément les hypothèses de Woodward, et se sert indistinctement de toutes les observations de cet auteur au sujet de l'état présent du globe : mais il y ajoute beaucoup lorsqu'il vient à traiter de l'état futur de la terre : selon lui, elle périra par le feu, et sa destruction sera précédée de tremblements épouvantables, de tonnerres et de météores effroyables; le soleil et la lune auront l'aspect hideux, les cieux paraîtront s'écrouler, l'incendie sera général sur la terre : mais lorsque le feu aura dévoré tout ce qu'elle contient d'impur, lorsqu'elle sera vitrifiée et transparente comme le cristal, les saints et les bienheureux viendront en prendre possession pour l'habiter jusqu'au jugement dernier.

Toutes ces hypothèses semblent, au premier coup d'œil, être autant d'assertions téméraires, pour ne pas dire extravagantes. Cependant l'auteur les a maniées avec tant d'adresse, et les a réunies avec tant de force, qu'elles cessent de paraître absolument chimériques. Il met dans son sujet autant d'esprit et de science qu'il peut en comporter, et on sera toujours étonné que d'un mélange d'idées aussi bizarres et aussi peu faites pour aller ensemble, on ait pu tirer un système éblouissant : ce n'est pas même aux esprits vulgaires, c'est aux yeux des savants qu'il paraîtra tel, parce que les savants sont déconcertés plus aisément que le vulgaire par l'étalage de l'érudition et par la force et la nouveauté des idées. Notre auteur était un astronome célèbre accoutumé à voir le ciel en raccourci, à mesurer les mouvements des

astres, à compasser les espaces des cieux : il n'a jamais pu se persuader que ce petit
grain de sable, cette terre que nous habitons, ait attiré l'attention du Créateur au
point de l'occuper plus longtemps que le ciel et l'univers entier, dont la vaste
étendue contient des millions de millions de soleils et de terres. Il prétend donc
que Moïse ne nous a pas donné l'histoire de la première création, mais seulement
le détail de la nouvelle forme que la terre a prise lorsque la main du Tout-Puissant
l'a tirée du nombre des comètes pour la faire planète, ou, ce qui revient au même,
lorsque d'un monde en désordre et d'un chaos informe il a fait une habitation tranquille et un séjour agréable. Les comètes sont en effet sujettes à des vicissitudes
terribles à cause de l'excentricité de leurs orbites, tantôt, comme dans celle de 1680,
il y fait mille fois plus chaud qu'au milieu d'un brasier ardent; tantôt il y fait mille
fois plus froid que dans la glace, et elles ne peuvent guère être habitées que par
d'étranges créatures, ou, pour trancher court, elles sont inhabitées.

Les planètes, au contraire, sont des lieux de repos où la distance au soleil ne va-
riant pas beaucoup, la température reste à peu près la même, et permet aux espèces
de plantes et d'animaux de croître, de durer et de multiplier.

Au commencement, Dieu créa donc l'univers; mais, selon notre auteur, la terre,
confondue avec les autres astres errants, n'était alors qu'une comète inhabitable,
souffrant alternativement l'excès du froid et du chaud, dans laquelle les matières
se liquéfiant, se vitrifiant, se glaçant tour à tour, formaient un chaos, un abîme enveloppé d'épaisses ténèbres : *et tenebræ erant super faciem abyssi.* Ce chaos était l'atmosphère de la comète qu'il faut se représenter comme un corps composé de matières hétérogènes, dont le centre était occupé par un noyau sphérique, solide et
chaud, d'environ deux mille lieues de diamètre, autour duquel s'étendait une très-
grande circonférence d'un fluide épais, mêlé d'une matière informe, confuse, telle
qu'était l'ancien chaos : *rudis indigestaque moles.* Cette vaste atmosphère ne contenait
que fort peu de parties sèches, solides ou terrestres, encore moins de particules
aqueuses ou aériennes, mais une grande quantité de matières fluides, denses et pesantes, mêlées, agitées et confondues ensemble. Telle était la terre la veille des
six jours; mais dès le lendemain, c'est-à-dire dès le premier jour de la création,
lorsque l'orbite excentrique de la comète eut été changée en une ellipse presque
circulaire, chaque chose prit sa place, et les corps s'arrangèrent suivant la loi de
leur gravité spécifique : les fluides pesants descendirent au plus bas, et abandonnè-
rent aux parties terrestres, aqueuses et aériennes, la région supérieure; celles-ci
descendirent aussi dans leur ordre de pesanteur, d'abord la terre, ensuite l'eau, et
enfin l'air; et cette sphère d'un chaos immense se réduisit à un globe d'un volume
médiocre, au centre duquel est le noyau solide qui conserve encore aujourd'hui la
chaleur que le soleil lui a autrefois communiquée lorsqu'il était noyau de comète.
Cette chaleur peut bien durer depuis six mille ans, puisqu'il en faudrait cinquante
mille à la comète de 1680 pour se refroidir, et qu'elle a éprouvé en passant à son
périhélie une chaleur deux mille fois plus grande que celle d'un fer rouge. Autour
de ce noyau solide et brûlant qui occupe le centre de la terre, se trouve le fluide

dense et pesant qui descendit le premier, et c'est ce fluide qui forme le grand abîme sur lequel la terre porterait comme le liége sur le vif-argent ; mais comme les parties terrestres étaient mêlées de beaucoup d'eau, elles ont, en descendant, entraîné une partie de cette eau, qui n'a pu remonter lorsque la terre a été consolidée, et cette eau forme une couche concentrique au fluide pesant qui enveloppe le noyau : de sorte que le grand abîme est composé de deux orbes concentriques, dont le plus intérieur est un fluide pesant, et le supérieur est de l'eau ; c'est proprement cette couche d'eau qui sert de fondement à la terre, et c'est de cet arrangement admirable de l'atmosphère de la comète que dépendent la théorie de la terre et l'explication des phénomènes.

Car on sent bien que quand l'atmosphère de la comète fut une fois débarrassée de toutes ces matières solides et terrestres, il ne resta plus que la matière légère de l'air, à travers laquelle les rayons du soleil passèrent librement ; ce qui tout d'un coup produisit la lumière : *fiat lux*. On voit bien que les colonnes qui composent l'orbe de la terre s'étant formées avec tant de précipitation, elles se sont trouvées de différentes densités, et que par conséquent les plus pesantes ont enfoncé davantage dans ce fluide souterrain, tandis que les plus légères ne se sont enfoncées qu'à une moindre profondeur ; et c'est ce qui a produit sur la surface de la terre des vallées et des montagnes. Ces inégalités étaient, avant le déluge, dispersées et situées autrement qu'elles ne le sont aujourd'hui : au lieu de la vaste vallée qui contient l'Océan, il y avait sur toute la surface du globe plusieurs petites cavités séparées qui contenaient chacune une partie de cette eau, et faisaient autant de petites mers particulières ; les montagnes étaient aussi plus divisées et ne formaient pas des chaînes comme elles en forment aujourd'hui. Cependant la terre était mille fois plus peuplée, et par conséquent mille fois plus fertile qu'elle ne l'est ; la vie des hommes et des animaux était dix fois plus longue, et tout cela parce que la chaleur intérieure de la terre, qui provient du noyau central, était alors dans toute sa force, et que ce plus grand degré de chaleur faisait éclore et germer un plus grand nombre d'animaux et de plantes, et leur donnait le degré de vigueur nécessaire pour durer plus longtemps et se multiplier plus abondamment : mais cette même chaleur, en augmentant les forces du corps, porta malheureusement à la tête des hommes et des animaux ; elle augmenta les passions, et elle ôta la sagesse aux animaux et l'innocence à l'homme : tout, à l'exception des poissons, qui habitent un élément froid, se ressentit des effets de cette chaleur du noyau ; enfin tout devint criminel et mérita la mort. Elle arriva, cette mort universelle, un mercredi 28 novembre, par un déluge affreux de quarante jours et de quarante nuits ; et ce déluge fut causé par la queue d'une autre comète qui rencontra la terre en revenant de son périhélie.

La queue d'une comète est la partie la plus légère de son atmosphère ; c'est un brouillard transparent, une vapeur subtile, que l'ardeur du soleil fait sortir du corps et de l'atmosphère de la comète, cette vapeur composée de particules aqueuses et aériennes extrêmement raréfiées, suit la comète lorsqu'elle descend à son péri-

élie, et la précède lorsqu'elle remonte, en sorte qu'elle est toujours située du côté
opposé au soleil, comme si elle cherchait à se mettre à l'ombre et à éviter la trop
grande ardeur de cet astre. La colonne qui forme cette vapeur est souvent d'une
longueur immense; et plus une comète approche du soleil, plus la queue est longue et étendue, de sorte qu'elle occupe souvent des espaces très-grands; et comme
plusieurs comètes descendent au-dessous de l'orbe annuel de la terre, il n'est pas
surprenant que la terre se trouve quelquefois enveloppée de la vapeur de cette
queue; c'est précisément ce qui est arrivé dans le temps du déluge: il n'a fallu que
deux heures de séjour dans cette queue de comète pour faire tomber autant d'eau
qu'il y en a dans la mer; enfin cette queue était les cataractes du ciel: *et cataractæ
cæli apertæ sunt*. En effet, le globe terrestre ayant une fois rencontré la queue de la
comète, il doit, en y faisant sa route, s'approprier une partie de la matière qu'elle
contient : tout ce qui se trouvera dans la sphère de l'attraction du globe doit tomber sur la terre, et tomber en forme de pluie, puisque cette queue est en partie
composée de vapeurs aqueuses, voilà donc une pluie du ciel qu'on peut faire aussi
abondante qu'on voudra, et un déluge universel dont les eaux surpasseront aisément
les plus hautes montagnes. Cependant notre auteur, qui, dans cet endroit, ne veut
pas s'éloigner de la lettre du livre sacré, et ne donne pas pour cause unique du déluge cette pluie tirée de si loin; il prend de l'eau partout où il y en a: le grand abîme,
comme nous avons vu, en contient une bonne quantité. La terre à l'approche de la
comète, aura sans doute éprouvé la force de son attraction : les liquides contenus
dans le grand abîme auront été agités par un mouvement de flux et de reflux si
violent, que la croûte superficielle n'aura pu résister; elle se sera fendue en divers
endroits, et les eaux de l'intérieur se seront répandues sur la surface: *et rupti sunt
fontes abyssi*.

Mais que faire de ces eaux que la queue de la comète et le grand abîme ont fournies si libéralement? Notre auteur n'en est point embarrassé. Dès que la terre, en
continuant sa route, se fut éloignée de la comète, l'effet de son attraction, le mouvement de flux et de reflux, cessa dans le grand abîme, et dès lors les eaux supérieures s'y précipitèrent avec violence par les mêmes voies qu'elles en étaient sorties; le grand abîme absorba toutes les eaux superflues, et se trouva d'une capacité
assez grande pour recevoir non-seulement les eaux qu'il avait déjà contenues, mais
encore toutes celles que la queue de la comète avait laissées, parce que, dans le
temps de son agitation et de la rupture de la croûte, il avait grandi l'espace en pous-
sant de tous côtés la terre qui l'environnait. Ce fut aussi dans ce temps que la figure de la terre, qui jusque-là avait été sphérique, devint elliptique, tant par l'effet de
la force centrifuge causée par son mouvement diurne que par l'action de la comète,
et cela parce que la terre, en parcourant la queue de la comète, se trouva posée de
façon qu'elle présentait les parties de l'équateur de cet astre, et que la force de l'attraction de la comète, concourant avec la force centrifuge de la terre, fit élever les
parties de l'équateur avec d'autant plus de facilité que la croûte était rompue et di-

visée en une infinité d'endroits et que l'action du flux et du reflux de l'abîme poussait plus violemment que partout ailleurs les parties sous l'équateur.

Voilà donc l'histoire de la création, les causes du déluge universel, celles de la longueur de la vie des premiers hommes, et celles de la figure de la terre. Tout cela semble n'avoir rien coûté à notre auteur; mais l'arche de Noé paraît l'inquiéter beaucoup. Comment imaginer en effet qu'au milieu d'un désordre aussi affreux, au milieu de la confusion de la queue d'une comète avec le grand abîme, au milieu des ruines de l'orbe terrestre, et dans ces terribles moments où non-seulement les éléments de la terre étaient confondus, mais où il arrivait encore du ciel et du tartare de nouveaux éléments pour augmenter le chaos, comment imaginer que l'arche voguât tranquillement avec sa nombreuse cargaison sur la cime des flots ? Ici notre auteur rame et fait de grands efforts pour arriver et pour donner une raison physique de la conservation de l'arche, mais comme il m'a paru qu'elle était insuffisante, mal imaginée et peu orthodoxe, je ne la rapporterai point; il me suffira de faire sentir combien il est dur pour un homme qui a expliqué de si grandes choses sans avoir recours à une puissance surnaturelle ou au miracle, d'être arrêté par une circonstance particulière: aussi notre auteur aime mieux risquer de se noyer avec l'arche que d'attribuer, comme il le devait, à la bonté immédiate du Tout-Puissant la conservation de ce vaisseau.

Je ne ferai qu'une remarque sur ce système, dont je viens de faire une exposition fidèle; c'est que toutes les fois qu'on sera assez téméraire pour vouloir expliquer par des raisons physiques les vérités théologiques, qu'on se permettra d'interpréter, dans des vues purement humaines, le texte divin des livres sacrés, et que l'on voudra raisonner sur les volontés du Très-Haut et sur l'exécution de ses décrets, on tombera nécessairement dans les ténèbres et dans le chaos où est tombé l'auteur de ce système, qui cependant a été reçu avec grand applaudissement. Il ne doutait ni de la vérité du déluge, ni de l'authenticité des livres sacrés: mais comme il s'en était beaucoup moins occupé que de physique et d'astronomie, il a pris les passages de l'Écriture sainte pour des faits de physique et pour des résultats d'observations astronomiques; et il a si étrangement mêlé la science divine avec nos sciences humaines, qu'il en est résulté la chose du monde la plus extraordinaire, qui est le système que nous venons d'exposer.

ARTICLE III.

DU SYSTÈME DE M. BURNET (1).

Cet auteur est le premier qui ait traité cette matière généralement et d'une manière systématique. Il avait beaucoup d'esprit et était homme de belles-lettres. Son

(1) Thomas Burnet : *Telluris Theoria sacra, orbis nostri originem et mutationes generales, quas aut jam subiit, aut olim subiturus est, complectens*, London, 1681.

ouvrage a eu une grande réputation, et il a été critiqué par quelques savants, entre
autres par M. Keill, qui, épluchant cette matière en géomètre, a démontré les erreurs de Burnet dans un traité qui a pour titre : *Examination of the Theory of the
Earth* ; London, 1734, 2ᵉ édition. Ce même M. Keill a aussi réfuté le système de
Whiston : mais il traite ce dernier auteur bien différemment du premier ; il semble
même qu'il est de son avis dans plusieurs cas, et il regarde comme une chose
fort probable le déluge causé par la queue d'une comète. Mais pour revenir
à Burnet, son livre est élégamment écrit ; il sait peindre et présenter avec
force de grandes images, et mettre sous les yeux des scènes magnifiques. Son plan
est vaste, mais l'exécution manque faute de moyens ; son raisonnement est petit,
ses preuves sont faibles ; et sa confiance est si grande, qu'il la fait perdre à son
lecteur.

Il commence par nous dire qu'avant le déluge la terre avait une forme très-différente de celle que nous lui voyons aujourd'hui. C'était d'abord une masse fluide,
un chaos composé de matières de toutes espèces et de toute sorte de figures : les
plus pesantes descendirent vers le centre, et formèrent au milieu du globe un corps
dur et solide, autour duquel les eaux, plus légères, se rassemblèrent et enveloppèrent
de tous côtés le globe intérieur ; l'air et toutes les liqueurs plus légères que l'eau
la surmontèrent et l'enveloppèrent aussi dans toute la circonférence : ainsi entre
l'orbe et l'air de celui de l'eau il se forma un orbe d'huile et de liqueur grasse plus
légères que l'eau. Mais comme l'air était encore fort impur, et qu'il contenait une
très-grande quantité de petites particules de matière terrestre, peu à peu ces particules descendirent, tombèrent sur la couche d'huile, et formèrent un orbe terrestre mêlé de limon et d'huile ; et ce fut là la première terre habitable et le premier
séjour de l'homme. C'était un excellent terrain, une terre légère, grasse et faite exprès pour se prêter à la faiblesse des premiers germes. La surface du globe terrestre était donc, dans ces premiers temps, égale, uniforme, continue, sans montagnes,
sans mers et sans inégalités. Mais la terre ne demeura qu'environ seize siècles dans
cet état ; car la chaleur du soleil, desséchant peu à peu cette croûte limoneuse, la fit
fendre d'abord à la surface : bientôt ces fentes pénétrèrent plus avant et s'augmen-
tèrent si considérablement avec le temps, qu'enfin elles s'ouvrirent en entier ; dans
un instant toute la terre s'écroula et tomba par morceaux dans l'abîme d'eau qu'elle
contenait : voilà comme se fit le déluge universel.

Mais toutes ces masses de terre, en tombant dans l'abîme, entraînèrent une grande
quantité d'air ; et elles se heurtèrent, se choquèrent, se divisèrent, s'accumulèrent
si irrégulièrement, qu'elles laissèrent entre elles de grandes cavités remplies d'air.
Les eaux s'ouvrirent peu à peu les chemins de ces cavités ; et à mesure qu'elles les
remplissait, la surface de la terre se découvrait dans les parties les plus élevées. Enfin il ne resta de l'eau que dans les parties les plus basses, c'est-à-dire dans les vastes vallées qui contiennent la mer : ainsi notre Océan est une partie de l'ancien
abîme ; le reste est entré dans les cavités intérieures avec lesquelles communique
l'Océan. Les îles et les écueils sont les petits fragments, les continents sont les

grandes masses de l'ancienne croûte ; et comme la rupture et la chute de cette croûte
se sont faites avec confusion, il n'est pas étonnant de trouver sur la terre des éminences, des profondeurs, des plaines et des inégalités de toute espèce.

Cet échantillon du système de Burnet suffit pour en donner une idée: c'est un
roman bien écrit, et un livre qu'on peut lire pour s'amuser, mais qu'on ne doit pas
consulter pour s'instruire. L'auteur ignorait les principaux phénomènes de la terre,
et n'était nullement informé des observations : il a tout tiré de son imagination,
qui, comme l'on sait, sert volontiers aux dépens de la vérité.

ARTICLE IV.

DU SYSTÈME DE M. WOODWARD (1).

On peut dire de cet auteur qu'il a voulu élever un monument immense sur une
base moins solide que le sable mouvant, et bâtir l'édifice du monde avec de la poussière ; car il prétend que dans le temps du déluge il s'est fait une dissolution totale
de la terre. La première idée qui se présente après avoir lu son livre, c'est que cette
dissolution s'est faite par les eaux du grand abîme, qui se sont répandues sur la
surface de la terre, et qui ont délayé et réduit en pâte les pierres, les rochers, les
marbres, les métaux, etc. Il prétend que l'abîme où cette eau était renfermée s'ouvrit
tout d'un coup à la voix de Dieu, et répandit sur la surface de la terre la quantité
énorme d'eau qui était nécessaire pour la couvrir et surmonter de beaucoup les
plus hautes montagnes, et que Dieu suspendit la cause de la cohésion des corps,
ce qui réduisit tout en poussière, etc. Il ne fait pas attention que par ces suppositions il
ajoute au miracle du déluge universel d'autres miracles, ou tout au moins des impossibilités physiques qui ne s'accordent ni avec la lettre de la sainte Écriture, ni
avec les principes mathématiques de la philosophie naturelle. Mais comme cet auteur a le mérite d'avoir rassemblé plusieurs observations importantes, et qu'il connaissait mieux que ceux qui ont écrit avant lui les matières dont le globe est composé, son système, quoique mal conçu et mal digéré, n'a pas laissé d'éblouir les
gens séduits par la vérité de quelques faits particuliers, et peu difficiles sur la vraisemblance des conséquences générales. Nous avons donc cru devoir présenter un extrait de cet ouvrage, dans lequel, en rendant justice au mérite de l'auteur et à l'exactitude de ses observations, nous mettrons le lecteur en état de juger de l'insuffisance de son système et de la fausseté de quelques-unes de ses remarques. M. Woodward dit avoir reconnu par ses yeux que toutes les matières qui composent la terre
en Angleterre, depuis sa surface jusqu'aux endroits les plus profonds où il est descendu, étaient disposées par couches, et que dans un grand nombre de ces couches
il y a des coquilles et d'autres productions marines : ensuite il ajoute que par ses

(1) Jean Woodward: *An Essay towards the natural History of the Earth*, etc.

correspondants et par ses amis il s'est assuré que dans tous les autres pays la terre est composée de même, et qu'on y trouve des coquilles non-seulement dans les plaines et en quelques endroits, mais encore sur les plus hautes montagnes, dans les carrières les plus profondes, et en une infinité d'endroits : il a vu que ces couches étaient horizontales et posées les unes sur les autres, comme le seraient des matières transportées par les eaux et déposées en forme de sédiment. Ces remarques générales, qui sont très-vraies, sont suivies d'observations particulières, par lesquelles il fait voir évidemment que les fossiles qu'on trouve incorporés dans les couches sont de vraies coquilles et de vraies productions marines, et non pas des minéraux, des corps singuliers, des jeux de la nature, etc. A ces observations, quoiqu'en partie faites avant lui, qu'il a rassemblées et prouvées, il en ajoute d'autres qui sont moins exactes ; il assure que toutes les matières des différentes couches sont posées les unes sur les autres dans l'ordre de leur pesanteur spécifique, en sorte que les plus pesantes sont au-dessous, et les plus légères au-dessus. Ce fait général n'est point vrai : on doit arrêter ici l'auteur, et lui montrer les rochers que nous voyons tous les jours au-dessus des glaises, des sables, des charbons de terre, des bitumes, et qui certainement sont plus pesants spécifiquement que toutes ces matières ; car, en effet, si par toute la terre on trouvait d'abord les couches de bitume, ensuite celles de craie, puis celles de marne, ensuite celles de glaise, celles de sable, celles de pierre, celles de marbre, et enfin les métaux, en sorte que la composition de la terre suivît exactement et partout la loi de la pesanteur, et que les matières fussent toutes placées dans l'ordre de leur gravité spécifique, il y aurait apparence qu'elles se seraient toutes précipitées en même temps ; et voilà ce que notre auteur assure avec confiance, malgré l'évidence du contraire ; car, sans être observateur, il ne faut qu'avoir des yeux pour être assuré que l'on trouve des matières pesantes très-souvent posées sur des matières légères, et que par conséquent ces sédiments ne se sont pas précipités tous en même temps, mais qu'au contraire ils ont été amenés et déposés successivement par les eaux. Comme c'est là le fondement de son système, et qu'il porte manifestement à faux, nous ne le suivrons plus loin que pour faire voir combien un principe erroné peut produire de fausses combinaisons et de mauvaises conséquences. Toutes les matières, dit notre auteur, qui composent la terre, depuis les sommets des plus hautes montagnes jusqu'aux plus grandes profondeurs des mines et des carrières, sont disposées par couches, suivant leur pesanteur spécifique : donc, conclut-il, toute la matière qui compose le globe a été dissoute et s'est précipitée en même temps. Mais dans quelle matière et en quel temps a-t-elle été dissoute ? Dans l'eau et dans le temps du déluge. Mais il n'y a pas assez d'eau sur le globe pour que cela se puisse, puisqu'il y a plus de terre que d'eau, et que le fond de la mer est de terre. Eh bien, nous dit-il, il y a de l'eau plus qu'il n'en faut au centre de la terre : il ne s'agit que de la faire monter ; de lui donner tout ensemble la vertu d'un dissolvant universel et la qualité d'un remède préservatif pour les coquilles, qui seules n'ont pas été dissoutes, tandis que les marbres et les rochers l'ont été ; de trouver ensuite le moyen de faire rentrer cette eau dans l'abîme, et de faire cadrer tout cela avec l'histoire du déluge. Voilà le système de la vérité duquel l'auteur ne trouve pas le moyen de pouvoir douter : car quand on lui oppose que l'eau ne peut point dissoudre les marbres, les pierres, les métaux, surtout en quarante jours qu'a duré le déluge, il répond simplement que cependant cela est arrivé. Quand on lui demande quelle était donc la vertu de cette eau de l'abîme pour dissoudre toute la terre et conserver en même temps les coquilles, il dit qu'il n'a jamais prétendu que cette eau fût un dissolvant; mais qu'il est clair, par les faits, que la terre a été dissoute, et que les coquilles ont été préservées. Enfin, lorsqu'on le presse et qu'on lui fait voir évidemment que s'il n'a aucune raison à donner de ces phénomènes, son système n'explique rien, il dit qu'il n'y a qu'à imaginer que dans le temps du déluge la force de la gravité et de la cohérence de la matière a cessé tout à coup, et qu'au moyen de cette supposition, dont l'effet est fort aisé à concevoir on explique d'une manière satisfaisante la dissolution de l'ancien monde. Mais, lui dit-on, si la force qui tient unies les parties de la matière a cessé, pourquoi les coquilles n'ont-elles pas été dissoutes comme tout le reste ? Ici il fait un discours sur l'organisation des coquilles et des os des animaux, par lequel il prétend prouver que leur texture étant fibreuse et différente de celle des minéraux, leur force de cohésion est aussi d'un autre genre. Après tout, il n'y a, dit-il, qu'à supposer que la force de la gravité et de la cohérence n'a pas cessé entièrement, mais seulement qu'elle a été diminuée assez pour désunir toutes les parties des minéraux, mais pas assez pour désunir celles des animaux. A tout ceci on ne peut pas s'empêcher de reconnaître que notre auteur n'était pas aussi bon physicien qu'il était bon observateur; et je ne crois pas qu'il soit nécessaire que nous réfutions sérieusement des opinions sans fondement; surtout lorsqu'elles ont été imaginées contre les règles de la vraisemblance, et qu'on n'en a tiré que des conséquences contraires aux lois de la mécanique.

ARTICLE V.

EXPOSITION DE QUELQUES AUTRES SYSTÈMES.

On voit bien que les trois hypothèses dont nous venons de parler ont beaucoup de choses communes; elles s'accordent toutes en ce point, que dans le temps du déluge la terre a changé de forme, tant à l'extérieur qu'à l'intérieur : ainsi tous ces spéculatifs n'ont pas fait attention que la terre, avant le déluge, étant habitée par les mêmes espèces d'hommes et d'animaux, devait être nécessairement telle, à très-peu près, qu'elle est aujourd'hui, et qu'en effet les livres saints nous apprennent qu'avant le déluge il y avait sur la terre des fleuves, des mers, des montagnes, des forêts et des plantes; que ces fleuves et ces montagnes étaient pour la plupart les mêmes, puisque le Tigre et l'Euphrate étaient les fleuves du paradis terrestre; que la montagne d'Arménie sur laquelle l'arche s'arrêta, était une des plus hautes montagnes du

monde au temps du déluge, comme elle l'est encore aujourd'hui ; que les mêmes plantes et les mêmes animaux qui existent, existaient alors, puisqu'il y est parlé du ser-
pent, du corbeau, et que la colombe rapporta une branche d'olivier : car quoique
M. de Tournefort prétende qu'il n'y a point d'oliviers à plus de 400 lieues du mont
Ararath, et qu'il fasse sur cela d'assez mauvaises plaisanteries (1), il est cependant
certain qu'il y en avait en ce lieu dans le temps du déluge, puisque le livre sacré nous
en assure ; et il n'est pas étonnant que dans un espace de 4000 ans les oliviers aient
été détruits dans ces cantons et se soient multipliés dans d'autres. C'est donc à tort
et contre la lettre de la sainte Ecriture que ces auteurs ont supposé que la terre était,
avant le déluge, totalement différente de ce qu'elle est aujourd'hui ; et cette contradiction de leurs hypothèses avec le texte sacré, aussi bien que leur opposition avec
les vérités physiques, doit faire rejeter leurs systèmes, quand même ils seraient
d'accord avec quelques phénomènes : mais il s'en faut bien que cela soit ainsi. Burnet, qui a écrit le premier, n'avait, pour fonder son système, ni observations ni
faits. Woodvard n'a donné qu'un essai, où il promet beaucoup plus qu'il ne peut
tenir ; son livre est un projet dont on n'a pas vu l'exécution : on voit seulement qu'il
emploie deux observations générales : la première, que la terre est partout composée de matières qui autrefois ont été dans un état de mollesse et de fluidité, qui ont
été transportées par les eaux, et qui se sont déposées par couches horizontales ; la
seconde, qu'il y a des productions marines dans l'intérieur de la terre en une infinité d'endroits. Pour rendre raison de ces faits, il a recours au déluge universel,
ou plutôt il paraît ne les donner que comme preuve du déluge : mais il tombe, aussi
bien que Burnet, dans des contradictions évidentes ; car il n'est pas permis de supposer avec eux qu'avant le déluge il n'y avait point de montagnes, puisqu'il est dit
précisément et très-clairement que les eaux surpassèrent de quinze coudées les plus
hautes montagnes. D'autre côté, il n'est pas dit que ces eaux aient détruit et dissous
ces montagnes ; au contraire ces montagnes sont restées en place, et l'arche s'est
arrêtée sur celle que les eaux ont laissée la première à découvert. D'ailleurs, comment peut-on s'imaginer que pendant le peu de temps qu'a duré le déluge, les eaux
aient pu dissoudre les montagnes et toute la terre ? N'est-ce pas une absurdité de
dire qu'en quarante jours l'eau a dissous tous les marbres, tous les rochers, toutes
les pierres, tous les minéraux ? N'est-ce pas une contradiction manifeste que d'admettre cette dissolution totale, et en même temps de dire que les coquilles et les
productions marines ont été préservées, et que, tout ayant été détruit et dissous,
elles seules ont été conservées, de sorte qu'on les retrouve aujourd'hui entières, et
les mêmes qu'elles étaient avant le déluge ? Je ne craindrai donc pas de dire qu'avec
d'excellentes observations Woodward n'a fait qu'un fort mauvais système. Whiston, qui est venu le dernier, a beaucoup enchéri sur les deux autres ; mais en donnant une vaste carrière à son imagination, au moins n'est-il pas tombé en contradiction : il dit des choses fort peu croyables, mais du moins elles ne sont ni absolument,

(1) *Voyage du Levant*, vol. II, page 336.

ni évidemment impossibles. Comme on ignore ce qu'il y a au centre et dans l'intérieur de la terre, il a cru pouvoir supposer que cet intérieur était occupé par un noyau solide, environné d'un fluide pesant, et ensuite d'eau sur laquelle la croûte extérieure du globe était soutenue, et dans laquelle les différentes parties de cette croûte se sont enfoncées plus ou moins, à proportion de leur pesanteur ou de leur légèreté relative, ce qui a produit les montagnes et les inégalités de la surface de la terre. Il faut avouer que cet astronome a fait ici une faute de mécanique : il n'a pas songé que la terre, dans cette hypothèse, doit faire voûte de tous côtés ; que par conséquent elle ne peut être portée sur l'eau qu'elle contient, et encore moins y enfoncer. A cela près, je ne sache pas qu'il y ait d'autres erreurs de physique dans ce système. Il y en a un grand nombre quant à la métaphysique et à la théologie ; mais enfin on ne peut pas nier absolument que la terre, rencontrant la queue d'une comète, lorsque celle-ci s'approche de son périhélie, ne puisse être inondée, surtout lorsqu'on aura accordé à l'auteur que la queue d'une comète peut contenir des vapeurs aqueuses. On ne peut nier non plus comme une impossibilité absolue, que la queue d'une comète, en revenant du périhélie, ne puisse brûler la terre, si on suppose avec l'auteur que la comète ait passé fort près du soleil, et qu'elle ait été prodigieusement échauffée pendant son passage. Il en est de même du reste de ce système : mais quoiqu'il n'y ait pas d'impossibilité absolue, il y a si peu de probabilité à chaque chose prise séparément, qu'il en résulte une impossibilité pour le tout pris ensemble.

Les trois systèmes dont nous venons de parler ne sont pas les seuls ouvrages qui aient été faits sur la théorie de la terre. Il a paru, en 1729, un mémoire de M. Bourguet, imprimé à Amsterdam avec ses *Lettres philosophiques sur la formation des sels*, etc., dans lequel il donne un échantillon du système qu'il méditait, mais qu'il n'a pas proposé, ayant été prévenu par la mort. Il faut rendre justice à cet auteur ; personne n'a mieux rassemblé les phénomènes et les faits : on lui doit même cette belle et grande observation, qui est une des clefs de la théorie de la terre ; je veux parler de la correspondance des angles des montagnes. Il présente tout ce qui a rapport à ces matières dans un grand ordre : mais, avec tous ces avantages, il paraît qu'il n'aurait pas mieux réussi que les autres à faire une histoire physique et raisonnée des changements arrivés au globe, et qu'il était bien éloigné d'avoir trouvé les vraies causes des effets qu'il rapporte ; pour s'en convaincre, il ne faut que jeter les yeux sur les propositions qu'il déduit des phénomènes, et qui doivent servir de fondement à sa théorie (1). Il dit que le globe a pris sa forme dans un même temps, et non pas successivement ; que la forme et la disposition du globe supposent nécessairement qu'il a été dans un état de fluidité ; que l'état présent de la terre est très-différent de celui dans lequel elle a été pendant plusieurs siècles après sa première formation ; que la matière du globe était dès le commencement moins dense qu'elle ne l'a été depuis qu'il a changé de face ; que la condensation des parties solides du globe diminu`

____

(1) Voyez page 211.

sensiblement avec la vélocité du globe même, de sorte qu'après avoir fait un certain nombre de révolutions sur son axe et autour du soleil, il se trouva tout à coup dans un état de dissolution qui détruisit sa première structure; que cela arriva vers l'équinoxe du printemps; que dans le temps de cette dissolution les coquilles s'introduisirent dans les matières dissoutes; qu'après cette dissolution la terre a pris la forme que nous lui voyons, et qu'aussitôt le feu s'y est mis, la consume peu à peu, et va toujours en augmentant, de sorte qu'elle sera détruite un jour par une explosion terrible, accompagnée d'un incendie général, qui augmentera l'atmosphère du globe et en diminuera le diamètre, et qu'alors la terre, au lieu de couches de sable ou de terre, n'aura que des couches de métal et de minéral calciné, et des montagnes composées d'amalgames de différents métaux. En voilà assez pour faire voir quel était le système que l'auteur méditait. Deviner de cette façon le passé, vouloir prédire l'avenir, et encore deviner et prédire à peu près comme les autres ont prédit et deviné, ne me paraît pas être un effort; aussi cet auteur avait beaucoup plus de connaissances et d'érudition que de vues saines et générales, et il m'a paru manquer de cette partie si nécessaire aux physiciens, de cette métaphysique qui rassemble les idées particulières, qui les rend plus générales, et qui élève l'esprit au point où il doit être pour voir l'enchaînement des causes et des effets.

Le fameux Leibnitz donna en 1683, dans les *Actes de Leipsick* (1), un projet de système bien différent, sous le titre de *Protogœa*. La terre, selon Bourguet et tous les autres, doit finir par le feu; selon Leibnitz, elle a commencé par là, et a souffert beaucoup plus de changements et de révolutions qu'on ne l'imagine. La plus grande partie de la matière terrestre a été embrasée par un feu violent dans le temps que Moïse dit que la lumière fut séparée des ténèbres. Les planètes, aussi bien que la terre, étaient autrefois des étoiles fixes et lumineuses par elle-même. Après avoir brûlé longtemps, il prétend qu'elles se sont éteintes faute de matière combustible, et qu'elles sont devenues des corps opaques. Le feu a produit par la fonte des matières une croûte vitrifiée, et la base de toute la matière qui compose le globe terrestre est du verre, dont les sables ne sont que des fragments: les autres espèces de terres se sont formées du mélange de ces sables avec des sels fixes et de l'eau; et quand la croûte fut refroidie, les parties humides, qui s'étaient élevées en forme de vapeurs, retombèrent et formèrent les mers. Elles enveloppèrent d'abord toute la surface du globe, et surmontèrent même les endroits les plus élevés, qui forment aujourd'hui les continents et les îles. Selon cet auteur, les coquilles et les autres débris de la mer qu'on trouve partout, prouvent que la mer a couvert toute la terre; et la grande quantité de sels fixes, de sables, et d'autres matières fondues et calcinées, qui sont renfermés dans les entrailles de la terre, prouve que l'incendie a été général, et qu'il a précédé l'existence des mers. Quoique ces pensées soient dénuées de preuves, elles sont élevées, et on sent bien qu'elles sont le produit des méditations d'un grand génie. Les idées ont de la liaison, les hypothèses ne sont pas abso-

(1) Page 40.

lument impossibles, et les conséquences qu'on en peut tirer ne sont pas contradictoires : mais le grand défaut de cette théorie, c'est qu'elle ne s'applique point à l'état
présent de la terre ; c'est le passé qu'elle explique ; et ce passé est si ancien, et nous
a laissé si peu de vestiges, qu'on peut en dire tout ce qu'on voudra, et qu'à proportion qu'un homme aura plus d'esprit, il en pourra dire des choses qui auront l'air
plus vraisemblable. Assurer, comme l'assure Whiston, que la terre a été comète, ou
prétendre avec Leibnitz qu'elle a été soleil, c'est dire des choses également possibles ou impossibles, et auxquelles il serait superflu d'appliquer les règles des probabilités. Dire que la mer a autrefois couvert toute la terre, qu'elle a enveloppé le
globe tout entier, et que c'est par cette raison qu'on trouve des coquilles partout,
c'est ne pas faire attention à une chose très-essentielle, qui est l'unité du temps de
la création : car si cela était il faudrait nécessairement dire que les coquillages et
les autres animaux habitants des mers, dont on trouve les dépouilles dans l'intérieur de la terre, ont existé les premiers, et longtemps avant l'homme et les animaux terrestres : or, indépendamment du témoignage des livres sacrés, n'a-t-on
pas raison de croire que toutes les espèces d'animaux et de végétaux sont à peu près
aussi anciennes les unes que les autres ?

M. Scheuchzer, dans une dissertation qu'il a adressée à l'Académie des Sciences
en 1708, attribue, comme Woodward, le changement, ou plutôt la seconde formation de la surface du globe, au déluge universel ; et pour expliquer celle des montagnes, il dit qu'après le déluge Dieu voulant faire rentrer les eaux dans les réservoirs souterrains, avait brisé et déplacé de sa main toute-puissante un grand nombre
de lits auparavant horizontaux, et les avait élevés sur la surface du globe. Toute la
dissertation a été faite pour appuyer cette opinion. Comme il fallait que ces hauteurs ou éminences fussent d'une consistance fort solide, M. Scheuchzer remarque
que Dieu ne les tira que des lieux où il y avait beaucoup de pierres : de là vient,
dit-il, que les pays, comme la Suisse, où il y en a une grande quantité, sont mon-
tagneux, et qu'au contraire ceux qui, comme la Flandre, l'Allemagne, la Hongrie,
la Pologne, n'ont que du sable et de l'argile, même à une assez grande profondeur,
sont presque entièrement sans montagnes (1).

Cet auteur a eu plus qu'aucun autre le défaut de vouloir mêler la physique avec
la théologie ; et quoiqu'il nous ait donné quelques bonnes observations, la partie
systématique de ses ouvrages est encore plus mauvaise que celle de tous ceux qui
l'ont précédé : il a même fait sur ce sujet des déclamations et des plaisanteries ri-
dicules. Voyez la plainte des poissons, *Piscium querelæ*, etc., sans parler de son
gros livre en plusieurs volumes *in-folio*, intitulé, *Physica sacra* ; ouvrage puéril, et qui
paraît fait moins pour occuper les hommes que pour amuser les enfants par les gravures et les images qu'on y a entassées à dessein et sans nécessité.

Stenon, et quelques autres après lui, ont attribué la cause des inégalités de la
surface de la terre à des inondations particulières, à des tremblements de terre, à des

(1) Voyez l'*Histoire de l'Académie*, 1708, page 32.

secousses, des éboulements, etc.; mais les effets de ces causes secondaires n'ont pu produire que quelques légers changements. Nous admettons ces mêmes causes après la cause première, qui est le mouvement du flux et reflux, et le mouvement de la mer d'orient en occident. Au reste, Stenon ni les autres n'ont pas donné de théorie, ni même de faits généraux sur cette matière (1).

Ray prétend que toutes les montagnes ont été produites par des tremblements de terre, et il a fait un traité pour le prouver. Nous ferons voir, à l'article des volcans, combien peu cette opinion est fondée.

Nous ne pouvons nous dispenser d'observer que la plupart des auteurs dont nous venons de parler, comme Burnet, Whiston et Woodward, ont fait une faute qui nous paraît mériter d'être relevée; c'est d'avoir regardé le déluge comme possible par l'action des causes naturelles, au lieu que l'Écriture sainte nous le présente comme produit par la volonté immédiate de Dieu. Il n'y a aucune cause naturelle qui puisse produire sur la surface entière de la terre la quantité d'eau qu'il a fallu pour couvrir les plus hautes montagnes; et quand même on pourrait imaginer une cause proportionnée à cet effet, il serait encore impossible de trouver quelque autre cause capable de faire disparaître les eaux : car en accordant à Whiston que ces eaux sont venues de la queue d'une comète, on doit lui nier qu'il en soit venu du grand abîme, et qu'elles y soient toutes rentrées, puisque le grand abîme étant, selon lui, environné et pressé de tous côtés par la croûte ou l'orbe terrestre, il est impossible que l'attraction de la comète ait pu causer aux fluides contenus dans l'intérieur de cet orbe le moindre mouvement; par conséquent le grand abîme n'aura pas éprouvé, comme il le dit, un flux et reflux violent; dès lors il n'en sera pas sorti et il n'y sera pas entré une seule goutte d'eau; et à moins de supposer que l'eau tombée de la comète a été détruite par miracle, elle serait encore aujourd'hui sur la surface de la terre, couvrant les sommets des plus hautes montagnes. Rien ne caractérise mieux un miracle que l'impossibilité d'en expliquer l'effet par les causes naturelles. Nos auteurs ont fait de vains efforts pour rendre raison du déluge; leurs erreurs de physique au sujet des causes secondes qu'ils emploient, prouvent la vérité du fait tel qu'il est rapporté dans l'Écriture sainte, et démontrent qu'il n'a pu être opéré que par la cause première, par la volonté de Dieu.

D'ailleurs il est aisé de se convaincre que ce n'est ni dans un seul et même temps, ni par l'effet du déluge, que la mer a laissé à découvert les continents que nous habitons : car il est certain, par le témoignage des livres sacrés, que le paradis terrestre était en Asie, et que l'Asie était un continent habité avant le déluge; par conséquent ce n'est pas dans ce temps que les mers ont couvert cette partie considérable du globe. La terre était donc avant le déluge telle à peu près qu'elle est aujourd'hui; et cette énorme quantité d'eau que la justice divine fit tomber sus la terre pour punir l'homme coupable, donna en effet la mort à toutes les créatures : mais elle ne produisit aucun changement à la surface de la terre; elle ne détruisit pas même les

____

(1) Voyez la dissertation *de solido intra solidum*, etc.

plantes, puisque la colombe rapporta une branche d'olivier. Pourquoi donc imaginer, comme l'ont fait la plupart de nos naturalistes, que cette eau changea totalement la surface du globe jusqu'à mille et deux mille pieds de profondeur? pourquoi veulent-ils que ce soit le déluge qui ait apporté sur la terre les coquilles qu'on trouve à sept ou huit cents pieds dans les rochers et dans les marbres? pourquoi dire que c'est dans ce temps que se sont formées les montagnes et les collines? et comment peut-on se figurer qu'il soit possible que ces eaux aient amené des masses et des bancs de coquilles de cent lieues de longueur? Je ne crois pas qu'on puisse persister dans cette opinion, à moins qu'on admette dans le déluge un double miracle, le premier pour l'augmentation des eaux, et le second pour le transport des coquilles; mais comme il n'y a que le premier qui soit rapporté dans l'Écriture sainte, je ne vois pas qu'il soit nécessaire de faire un article de foi du second.

D'autre côté, si les eaux du déluge, après avoir séjourné au-dessus des plus hautes montagnes, se fussent ensuite retirées tout à coup, elles auraient amené une si grande quantité de limon et d'immondices, que les terres n'auraient point été labourables ni propres à recevoir des arbres et des vignes que plusieurs siècles après cette inondation, comme l'on sait que, dans le déluge qui arriva en Grèce, le pays submergé fut totalement abandonné, et ne put recevoir aucune culture que plus de trois siècles après cette inondation (1). Aussi doit-on regarder le déluge universel comme un moyen surnaturel dont s'est servie la toute-puissance divine pour le châtiment des hommes, et non comme un effet naturel dans lequel tout se serait passé selon les lois de la physique. Le déluge universel est donc un miracle dans sa cause et dans ses effets; on voit clairement par le texte de l'Écriture sainte qu'il a servi uniquement pour détruire l'homme et les animaux, et qu'il n'a changé en aucune façon la terre, puisqu'après la retraite des eaux, les montagnes, et même les arbres, étaient à leur place, et que la surface de la terre était propre à recevoir la culture et à produire des vignes et des fruits. Comment toute la race des poissons, qui n'entra pas dans l'arche, aurait-elle pu être conservée si la terre eût été dissoute dans l'eau, ou seulement si les eaux eussent été assez agitées pour transporter les coquilles des Indes en Europe, etc. ?

Cependant cette supposition, que c'est le déluge universel qui a transporté les coquilles de la mer dans tous les climats de la terre, est devenue l'opinion ou plutôt la superstition du commun des naturalistes. Woodward, Scheuchzer et quelques autres appellent ces coquilles pétrifiées les restes du déluge; ils les regardent comme les médailles et les monuments que Dieu nous a laissés de ce terrible événement, afin qu'il ne s'effaçât jamais de la mémoire du genre humain; enfin ils ont adopté cette hypothèse avec tant de respect, pour ne pas dire d'aveuglement, qu'ils ne paraissent s'être occupés qu'à rechercher les moyens de concilier l'Écriture sainte avec leur opinion; et qu'au lieu de se servir de leurs observations et d'en tirer des lumières, ils se sont enveloppés dans les nuages d'une théologie physique, dont

(1) Voyez *Acta erudit.* Lips., anno 1691, page 100.

l'obscurité et la petitesse dérogent à la clarté et à la dignité de la religion, et ne laissent apercevoir aux incrédules qu'un mélange ridicule d'idées humaines et de faits divins. Prétendre en effet expliquer le déluge universel et ses causes physiques, vouloir nous apprendre le détail de ce qui s'est passé dans le temps de cette grande révolution, deviner quels en ont été les effets, ajouter des faits à ceux du livre sacré, tirer des conséquences de ces faits, n'est-ce pas vouloir mesurer la puissance du Très-Haut? Les merveilles que sa main bienfaisante opère dans la nature d'une manière uniforme et régulière sont incompréhensibles, et à plus forte raison les coups d'éclat, les miracles, doivent nous tenir dans le saisissement et dans le silence.

Mais, diront-ils, le déluge universel étant un fait certain, n'est-il pas permis de raisonner sur les conséquences de ce fait? A la bonne heure : mais il faut que vous commenciez par convenir que le déluge universel n'a pu s'opérer par les puissances physiques ; il faut que vous le reconnaissiez comme un effet immédiat de la volonté du Tout-Puissant; il faut que vous vous borniez à en savoir seulement ce que les livres sacrés nous en apprennent, avouer en même temps qu'il ne vous est pas permis d'en savoir davantage, et surtout ne pas mêler une mauvaise physique avec la pureté du livre saint. Ces précautions, qu'exige le respect que nous devons aux décrets de Dieu, étant prises, que reste-t-il à examiner au sujet du déluge? Est-il dit dans l'Écriture sainte que le déluge ait formé les montagnes? Il est dit le contraire. Est-il dit que les eaux fussent dans une agitation assez grande pour enlever du fond des mers les coquilles et les transporter par toute la terre? Non; l'arche voguait tranquillement sur les flots. Est-il dit que la terre souffrit une dissolution totale? Point du tout. Le récit de l'historien sacré est simple et vrai ; celui de ces naturalistes est composé et fabuleux.

ARTICLE VI.

GÉOGRAPHIE.

La surface de la terre n'est pas, comme celle de Jupiter, divisée par bandes alternatives et parallèles à l'équateur : au contraire, elle est divisée d'un pôle à l'autre par deux bandes de terre et deux bandes de mer. La première et principale bande est l'ancien continent, dont la grande longueur se trouve être en diagonale avec l'équateur, et qu'on doit mesurer en commençant au nord de la Tartarie la plus orientale, de là à la terre qui avoisine le golfe Linchidolin, où les Moscovites vont pêcher des baleines, de là à Tobolsk à la mer Caspienne, de la mer Caspienne à la Mecque, de la Mecque à la partie occidentale du pays habité par le peuple de Galles en Afrique, ensuite au Monoemugi, au Monomotapa, et enfin au cap de Bonne-Espérance. Cette ligne qui est la plus grande longueur de l'ancien continent, est d'environ 3,600 lieues (1) : elle n'est interrompue que par la mer Caspienne et par la mer

(1) J'ai dit que *la ligne que l'on peut tirer dans la plus grande longueur de l'ancien continent, est d'environ*

Rouge, dont les largeurs ne sont pas considérables ; et on ne doit pas avoir égard à ces petites irruptions lorsque l'on considère, comme nous le faisons, la surface du globe divisée seulement en quatre parties.

Cette plus grande longueur se trouve en mesurant le continent en diagonale : car si on le mesure, au contraire, suivant les méridiens, on verra qu'il n'y a que 2,500 lieues depuis le cap Nord de Laponie jusqu'au cap de Bonne-Espérance, et qu'on traverse la mer Baltique dans sa longueur, et la mer Méditerranée dans toute sa largeur ; ce qui fait une bien moindre longueur et de plus grandes interruptions que par la première route. A l'égard de toutes les autres distances qu'on pourrait mesurer dans l'ancien continent sous les mêmes méridiens, on les trouvera encore beaucoup plus petites que celles-ci, n'y ayant, par exemple, que 1,800 lieues depuis la pointe méridionale de l'île de Ceylan jusqu'à la côte septentrionale de la Nouvelle-Zemble.

De même, si on mesure le continent parallèlement à l'équateur, on trouvera que la plus grande longueur sans interruption se trouve depuis la côte occidentale de l'Afrique à Trefana, jusqu'à Ning-po sur la côte orientale de la Chine, et qu'elle est environ de 2,800 lieues ; qu'une autre longueur sans interruption peut se mesurer depuis la pointe de la Bretagne à Brest jusqu'à la côte de la

3,600 *lieues.* J'ai entendu des lieues comme on les compte aux environs de Paris, de 2,000 ou 2,100 toises, et qui sont d'environ 27 au degré.

Au reste, dans cet article de géographie générale, j'ai tâché d'apporter l'exactitude que demandent des sujets de cette espèce ; néanmoins il s'y est glissé quelques petites erreurs et quelques négligences. Par exemple, 1° je n'ai pas donné les noms adoptés ou imposés par les Français à plusieurs contrées de l'Amérique ; j'ai suivi en tout les globes anglais faits par Senex, de deux pieds de diamètre, sur lesquels les cartes que j'ai données ont été copiées exactement. Les Anglais sont plus justes que nous à l'égard des nations qui leur sont indifférentes ; ils conservent à chaque pays le nom originaire ou celui que leur a donné le premier qui les a découverts. Au contraire, nous donnons souvent nos noms français à tous les pays où nous abordons, et c'est de là que vient l'obscurité de la nomenclature géographique dans notre langue. Mais comme les lignes qui traversent les deux continents dans leur plus grande longueur sont bien indiquées dans mes cartes par les deux points extrêmes, et par plusieurs autres points intermédiaires, dont les noms sont généralement adoptés, il ne peut y avoir sur cela aucune équivoque essentielle.

2° J'ai aussi négligé de donner le détail du calcul de la superficie des deux continents, parce qu'il est aisé de le vérifier sur un grand globe. Il en résulte que dans la partie qui est à gauche de la ligne de partage, il y a 2,471,092 $^5/_4$ lieues carrées, et 2,469,687 lieues carrées dans la partie qui est à droite de la même ligne, et que par conséquent l'ancien continent contient en tout environ 4,940,780 lieues carrées, ce qui ne fait pas une cinquième partie de la surface du globe.

Et de même, la partie à gauche de la ligne de partage dans le nouveau continent contient 1,069,286 $^5/_6$ lieues carrées, et celle qui est à droite de la même ligne en contient 1,070,926 $^1/_{12}$, en tout 2,140,213 lieues environ ; ce qui ne fait pas la moitié de la surface de l'ancien continent. Et les deux continents ensemble ne contenant que 7,080,993 lieues carrées, leur superficie ne fait pas, à beaucoup près, le tiers de la surface totale du globe, qui est environ de 26 millions de lieues carrées.

3° J'aurais dû donner la petite différence d'inclinaison qui se trouve entre les deux lignes qui partagent les deux continents : je me suis contenté de dire qu'elles étaient l'une et l'autre inclinées à l'équateur d'environ 30 degrés, et en sens opposé. Ceci n'est en effet qu'un environ, celle de l'ancien continent l'étant d'un peu plus de 30 degrés, et celle du nouveau l'étant un peu moins. Si je me fusse expliqué comme je viens de le faire, j'aurais évité l'imputation qu'on m'a faite d'avoir tiré deux lignes d'inégale longueur sous le même angle entre deux parallèles, ce qui prouverait, comme l'a dit un critique anonyme que je ne sais pas les éléments de la géométrie.

4° J'ai négligé de distinguer la haute et la basse Egypte ; en sorte que, dans les pages 122 et 123, il y a une apparence de contradiction ; il semble que, dans le premier de ces endroits, l'Egypte soit mise au rang des terres les plus anciennes ; tandis que, dans le second, je la mets au rang des plus nouvelles. J'ai eu tort de n'avoir pas, dans ce passage, distingué, comme je l'ai fait ailleurs, la haute Egypte, qui est en effet une terre très-ancienne, de la basse Egypte, qui est au contraire une terre très-nouvelle. (*Add. Buff.*)

Tartarie chinoise, et qu'elle est environ de 2,300 lieues ; qu'en mesurant depuis Bergen en Norwége jusqu'à la côte de Kamtschatka, il n'y a plus que 1,800 lieues. Toutes ces lignes ont, comme l'on voit, beaucoup moins de longueur que la première ; ainsi la plus grande étendue de l'ancien continent est en effet depuis le cap oriental de la Tartarie la plus septentrionale jusqu'au cap de Bonne-Espérance, c'est-à-dire de 3,600 lieues (1).

Cette ligne peut être regardée comme le milieu de la bande de terre qui compose l'ancien continent : car en mesurant l'étendue de la surface du terrain des deux côtés de cette ligne, je trouve qu'il y a dans la partie qui est à gauche 2,471,092 $\frac{3}{4}$ lieues carrées, et que, dans la partie qui est à droite de cette ligne, il y a 2,469,687 lieues carrées ; ce qui est une égalité singulière, et qui doit faire présumer, avec une très-grande vraisemblance, que cette ligne est le vrai milieu de l'ancien continent, en même temps qu'elle en est la plus grande longueur.

L'ancien continent a donc en tout environ 4,940,780 lieues carrées, ce qui ne fait pas une cinquième partie de la surface totale du globe ; et on peut regarder ce continent comme une large bande de terre inclinée à l'équateur d'environ 30 degrés (2).

A l'égard du nouveau continent, on peut le regarder aussi comme une bande de terre dont la plus grande longueur doit être prise depuis l'embouchure du fleuve de la Plata jusqu'à cette contrée marécageuse qui s'étend au delà du lac des Assiniboïls. Cette route va de l'embouchure du fleuve de la Plata au lac Caracares ; de là elle passe chez les Malaguais, chez les Chiriguanes, ensuite à Pocona, à Zongo, de Zongo chez les Zamas, les Maranas, les Morvas, de là à Santa-Fé et à Carthagène, puis, par le golfe du Mexique, à la Jamaïque, à Cuba, tout le long de la péninsule de la Floride, chez les Apalaches, les Chicachas, de là au fort Saint-Louis

(1) Voyez la première carte de géographie.

(2) Voici ce que dit sur la figure des continents l'ingénieux auteur de l'*Histoire philosophique et politique des deux Indes* :

« On croit être sûr aujourd'hui que le nouveau continent n'a pas la moitié de la surface du nôtre ; leur figure d'ailleurs offre des ressemblances singulières... Ils paraissent former comme deux bandes de terre qui partent du pôle arctique, et vont se terminer au midi séparées à l'est et à l'ouest par l'Océan qui les environne. Quels que soient, et la structure de ces deux bandes, et le balancement ou la symétrie qui règne dans leur figure, on voit bien que leur équilibre ne dépend pas de leur position ; c'est l'inconstance de la mer qui fait la solidité de la terre. Pour fixer le globe sur sa base, il fallait, ce me semble, un élément qui, flottant sans cesse autour de notre planète, pût contre-balancer par sa pesanteur toutes les autres substances, et par sa fluidité ramener cet équilibre que le combat et le choc des autres éléments auraient pu renverser. L'eau, par la mobilité de sa nature et par sa gravité tout ensemble, est infiniment propre à entretenir cette harmonie et ce balancement des parties du globe autour de son centre...

» Si les eaux qui baignent encore les entrailles du nouvel hémisphère n'en avaient pas inondé la surface, l'homme y aurait de bonne heure coupé les bois, desséché les marais, consolidé un sol pâteux... ouvert une issue aux vents, et donné des digues aux fleuves ; le climat y eût déjà changé. Mais un hémisphère en friche et dépeuplé ne peut annoncer qu'un monde récent, lorsque la mer voisine de ces côtes serpente encore sourdement dans ses veines. »

Nous observerons, à ce sujet, que quoiqu'il y ait plus d'eau sur la surface de l'Amérique que sur celle des autres parties du monde, on ne doit pas en conclure qu'une mer intérieure soit contenue dans les entrailles de cette nouvelle terre ; on doit se borner à inférer de cette grande quantité de lacs, de marais, de larges fleuves, que l'Amérique n'a été peuplée qu'après l'Asie, l'Afrique et l'Europe, où les eaux stagnantes sont en bien moindre quantité : d'ailleurs il y a mille autres indices qui démontrent qu'en général on doit regarder le continent de l'Amérique comme une terre nouvelle, dans laquelle la nature n'a pas eu le temps d'acquérir toutes ses forces, ni celui de les manifester par une très-nombreuse population. (*Add. Buff.*)

ou Crève-Cœur, au fort Le Sueur, et enfin chez les peuples qui habitent au delà du lac des Assiniboïls, où l'étendue des terres n'a pas encore été reconnue (1).

Cette ligne, qui n'est interrompue que par le golfe du Mexique, qu'on doit regarder comme une mer méditerranée, peut avoir environ 2,500 lieues de longueur, et elle partage le nouveau continent en deux parties égales, dont celle qui est à gauche a 1,069,286 $\frac{5}{6}$ lieues carrées de surface, et celle qui est à droite en a 1,070,926 $\frac{1}{12}$. Cette ligne, qui fait le milieu de la bande du nouveau continent, est aussi inclinée à l'équateur d'environ 30 degrés, mais en sens opposé; en sorte que celle de l'ancien continent s'étendant du nord-est au sud-ouest, celle du nouveau s'étend du nord-ouest au sud-est; et toutes ces terres ensemble, tant de l'ancien que du nouveau continent, font environ 7,080,993 lieues carrées, ce qui n'est pas, à beaucoup près, le tiers de la surface totale du globe, qui en contient vingt-cinq millions.

On doit remarquer que ces deux lignes, qui traversent les continents dans leurs plus grandes longueurs, et qui les partagent chacun en deux parties égales, aboutissent toutes les deux au même degré de latitude septentrionale et australe. On peut aussi observer que les deux continents font des avances opposées et qui se regardent, savoir, les côtes de l'Afrique, depuis les îles Canaries jusqu'aux côtes de la Guinée, et celles de l'Amérique depuis la Guiane jusqu'à l'embouchure de Rio-Janeiro.

Il paraît donc que les terres les plus anciennes du globe sont les pays qui sont aux deux côtés de ces lignes à une distance médiocre, par exemple, à 200 ou 250 lieues de chaque côté: et en suivant cette idée, qui est fondée sur les observations que nous venons de rapporter, nous trouverons dans l'ancien continent, que les terres les plus anciennes de l'Afrique sont celles qui s'étendent depuis le cap de Bonne-Espérance jusqu'à la mer Rouge et l'Égypte, sur une largeur d'environ 500 lieues, et que par conséquent toutes les côtes occidentales de l'Afrique, depuis la Guinée jusqu'au détroit de Gibraltar, sont des terres plus nouvelles. De même nous reconnaîtrons qu'en Asie, si on suit la ligne sur la même largeur, les terres les plus anciennes sont l'Arabie Heureuse et Déserte, la Perse et la Géorgie, la Turcomanie, et une partie de la Tartarie indépendante, la Circassie et une partie de la Moscovie, etc.; que par conséquent l'Europe est plus nouvelle, et peut-être aussi la Chine et la partie orientale de la Tartarie. Dans le nouveau continent, nous trouverons que la terre Magellanique, la partie orientale du Brésil, du pays des Amazones, de la Guiane et du Canada, sont des pays nouveaux en comparaison du Tucuman, du Pérou, de la terre ferme et des îles du golfe du Mexique, de la Floride, du Mississipi et du Mexique. On peut encore ajouter à ces observations deux faits qui sont assez remarquables : le vieux et le nouveau continent sont presque opposés l'un à l'autre; l'ancien est plus étendu au nord de l'équateur qu'au sud; au contraire, le nouveau l'est plus au sud qu'au nord de l'équateur; le centre de l'ancien continent est à 16 ou 18 degrés de latitude nord, et le centre du nouveau est à 16 ou 18 degrés de latitude sud; en sorte qu'ils semblent faits pour se contre-

____

(1) Voyez la carte de géographie.

balancer. Il y a encore un rapport singulier entre les deux continents, quoiqu'il me paraisse plus accidentel que ceux dont je viens de parler : c'est que les deux continents seraient chacun partagés en deux parties, qui seraient toutes quatre environnées de la mer de tous côtés, sans deux petits isthmes, celui de Suez et celui de Panama.

Voilà ce que l'inspection attentive du globe peut nous fournir de plus général sur la divison de la terre. Nous nous abstiendrons de faire sur cela des hypothèses et de hasarder des raisonnements qui pourraient nous conduire à de fausses conséquences : mais comme personne n'avait considéré sous ce point de vue la division du globe, j'ai cru devoir communiquer ces remarques. Il est assez singulier que la ligne qui fait la plus grande longueur des continents terrestres les partage en deux parties égales ; il ne l'est pas moins que ces deux lignes commencent et finissent aux mêmes degrés de latitude, et qu'elles soient toutes deux inclinées de même à l'équateur. Ces rapports peuvent tenir à quelque chose de général, que l'on découvrira peut-être et que nous ignorons. Nous verrons dans la suite à examiner plus en détail les inégalités de la figure des continents : il nous suffit d'observer ici que les pays les plus anciens doivent être les plus voisins de ces lignes, et en même temps les plus élevés, et que les terres plus nouvelles en doivent être les plus éloignées, et en même temps les plus basses. Ainsi en Amérique la terre des Amazones, la Guiane et le Canada seront les parties les plus nouvelles : en jetant les yeux sur la carte de ces pays, on voit que les eaux y sont répandues de tous côtés, qu'il y a un grand nombre de lacs et de très-grands fleuves ; ce qui indique encore que ces terres sont nouvelles : au contraire, le Tucuman, le Pérou et le Mexique, sont des pays très-élevés, fort montueux et voisins de la ligne qui partage le continent ; ce qui semble prouver qu'ils sont plus anciens que ceux dont nous venons de parler. De même toute l'Afrique est très-montueuse, et cette partie du monde est fort ancienne ; il n'y a guère que l'Égypte, la Barbarie, et les côtes occidentales de l'Afrique jusqu'au Sénégal, qu'on puisse regarder comme de nouvelles terres. L'Asie est aussi une terre ancienne, et peut-être la plus ancienne de toutes, surtout l'Arabie, la Perse et la Tartarie ; mais les inégalités de cette vaste partie du monde demandent, aussi bien que celles de l'Europe, un détail que nous renvoyons à un autre article. On pourrait dire en général que l'Europe est un pays nouveau ; la tradition sur la migration des peuples et sur l'origine des arts et des sciences paraît l'indiquer : il n'y a pas longtemps qu'elle était encore remplie de marais et couverte de forêts ; au lieu que dans les pays très-anciennement habités il y a peu de bois, peu d'eau, point de marais, beaucoup de landes et de bruyères, une grande quantité de montagnes dont les sommets sont secs et stériles ; car les hommes détruisent les bois, contraignent les eaux, resserrent les fleuves, dessèchent les marais, et avec le temps ils donnent à la terre une face toute différente de celle des pays inhabités ou nouvellement peuplés.

Les anciens ne connaissaient qu'une très-petite partie du globe ; l'Amérique entière, les terres arctiques, la terre australe et Magellanique, une grande partie de l'intérieur d'Afrique, leur étaient entièrement inconnues ; ils ne savaient pas que la zone torride était habitée, quoiqu'ils eussent navigué autour de l'Afrique ; car il y a 2,200 ans que Néco, roi d'Égypte, donna des vaisseaux à des Phéniciens qui partirent de la mer Rouge, côtoyèrent l'Afrique, doublèrent le cap de Bonne-Espérance, et ayant employé deux ans à faire ce voyage, ils entrèrent la troisième année dans le détroit de Gibraltar (1). Cependant les anciens ne connaissaient pas la propriété qu'a l'aimant de se diriger vers les pôles du monde, quoiqu'ils connussent celle qu'il a d'attirer le fer ; ils ignoraient la cause générale du flux et du reflux de la mer ; ils n'étaient pas sûrs que l'Océan environnât le globe sans interruption : quelques-uns, à la vérité, l'ont soupçonné, mais avec si peu de fondement, qu'aucun n'a osé dire, ni même conjecturer, qu'il était possible de faire le tour du monde. Magellan a été le premier qui l'ait fait en l'année 1519, dans l'espace de 1,124 jours. François Drake a été le second en 1577, et il l'a fait en 1,056 jours. Ensuite Thomas Cavendish a fait ce grand voyage en 777 jours, dans l'année 1586. Ces fameux voyageurs ont été les premiers qui aient démontré physiquement la sphéricité et l'étendue de la circonférence de la terre, car les anciens étaient aussi fort éloignés d'avoir une juste mesure de cette circonférence du globe, quoiqu'ils y eussent beaucoup travaillé. Les vents généraux et réglés, et l'usage qu'on en peut faire pour les voyages de long cours, leur étaient absolument inconnus : ainsi on ne doit pas être surpris du peu de progrès qu'ils ont fait dans la géographie, puisque aujourd'hui, malgré toutes les connaissances que l'on a acquises par le secours des sciences mathématiques et par les découvertes des navigateurs, il reste encore bien des choses à trouver et de vastes contrées à découvrir. Presque toutes les terres qui sont du côté du pôle antarctique nous sont inconnues ; on sait seulement qu'il y en a, et qu'elles sont séparées de tous les autres continents par l'Océan. Il reste aussi beaucoup de pays à découvrir du côté du pôle arctique, et l'on est obligé d'avouer, avec quelque espèce de regret, que depuis plus d'un siècle l'ardeur pour découvrir de nouvelles terres s'est extrêmement ralentie : on a préféré, et peut-être avec raison, l'utilité qu'on a trouvée à faire valoir celles qu'on connaissait, à la gloire d'en conquérir de nouvelles.

Cependant la découverte de ces terres australes serait un grand objet de curiosité, et pourrait être utile : on n'a reconnu de ce côté-là que quelques côtes, et il est fâcheux que les navigateurs qui ont voulu tenter cette découverte en différents temps, aient presque toujours été arrêtés par des glaces qui les ont empêchés de prendre terre. La brume, qui est fort considérable dans ces parages, est encore un obstacle. Cependant, malgré ces inconvénients, il est à croire qu'en partant du cap de Bonne-Espérance en différentes saisons, on pourrait enfin reconnaître une partie de ces terres, lesquelles jusqu'ici font un monde à part.

Il y aurait encore un autre moyen, qui peut-être réussirait mieux : comme les glaces et les brumes paraissent avoir arrêté tous les navigateurs qui ont entrepris la découverte des terres australes par l'océan Atlantique, et que les glaces se sont

(1) Voyez *Hérodote*, liv. iv.

présentées dans l'été de ces climats aussi bien que dans les autres saisons, ne pourrait-on pas se promettre un meilleur succès en changeant de route ? il me semble qu'on pourrait tenter d'arriver à ces terres par la mer Pacifique, en partant de Baldivia ou d'un autre port de la côte du Chili, et traversant cette mer sous le 50° degré de latitude sud (1). Il n'y a aucune apparence que cette navigation, qui n'a jamais été faite, fût périlleuse : et il est probable qu'on trouverait dans cette traversée de nouvelles terres ; car ce qui nous reste à connaître du côté du pôle austral est si considérable, qu'on peut, sans se tromper, l'évaluer à plus d'un quart de la superficie du globe ; en sorte qu'il peut y avoir dans ces climats un continent terrestre aussi grand que l'Europe, l'Asie et l'Afrique, prises toutes trois ensemble.

Comme nous ne connaissons point du tout cette partie du globe, nous ne pouvons pas savoir au juste la proportion qui est entre la surface de la terre et celle de la mer ; seulement, autant qu'on en peut juger par l'inspection de ce qui est connu, il paraît qu'il y a plus de mer que de terre.

Si l'on veut avoir une idée de la quantité énorme d'eau que contiennent les mers, on peut supposer une profondeur commune et générale à l'Océan, et, en ne la faisant que de deux cents toises ou de la dixième partie d'une lieue, on verra qu'il y a assez d'eau pour couvrir le globe entier d'une hauteur de six cents pieds d'eau ; et si l'on veut réduire cette eau dans une seule masse, on trouvera qu'elle fait un globe de plus de soixante lieues de diamètre.

(1) J'ajouterai à ce que j'ai dit des terres australes, que depuis quelques années on a fait de nouvelles tentatives pour y aborder, qu'on en a même découvert quelques points après être parti, soit du cap de Bonne-Espérance, soit de l'île de France, mais que ces nouveaux voyageurs ont également trouvé des brumes, de la neige et des glaces dès le 46° ou le 47° degré. Après avoir conféré avec quelques-uns d'entre eux, et ayant pris d'ailleurs toutes les observations que j'ai pu recueillir, j'ai vu qu'ils s'accordent sur ce fait, et que tous ont également trouvé des glaces à des latitudes beaucoup moins élevées qu'on n'en trouve dans l'hémisphère boréal ; ils ont aussi tous également trouvé des brumes à ces mêmes latitudes où ils ont rencontré des glaces, et cela dans la saison même de l'été de ces climats : il est donc très-probable qu'au delà du 50° degré on chercherait en vain des terres tempérées dans cet hémisphère austral, où le refroidissement glacial s'est étendu beaucoup plus loin que dans l'hémisphère boréal. La brume est un effet produit par la présence ou par le voisinage des glaces ; c'est un brouillard épais, une espèce de neige très-fine, suspendue dans l'air et qui le rend obscur : elle accompagne souvent les grandes glaces flottantes, et elle est perpétuelle sur les plages glacées.

Au reste, les Anglais ont fait tout nouvellement le tour de la Nouvelle-Hollande et de la Nouvelle-Zélande. Ces terres australes sont d'une étendue plus grande que l'Europe entière. Celles de la Zélande sont divisées en plusieurs îles : mais celles de la Nouvelle-Hollande doivent plutôt être regardées comme une partie du continent de l'Asie que comme une île du continent austral ; car la Nouvelle-Hollande n'est séparée que par un petit détroit de la terre des Papous ou Nouvelle-Guinée, et tout l'archipel qui s'étend depuis les Philippines vers le sud, jusqu'à la terre d'Arnheim dans la Nouvelle-Hollande, et jusqu'à Sumatra et Java, vers l'occident et le midi, paraît autant appartenir à ce continent de la Nouvelle-Hollande qu'au continent de l'Asie méridionale.

M. le capitaine Cook, qu'on doit regarder comme le plus grand navigateur de ce siècle, et auquel on est redevable d'un nombre infini de nouvelles découvertes, a non-seulement donné la carte des côtes de la Zélande et de la Nouvelle-Hollande, mais il a encore reconnu une très-grande étendue de mer dans la partie australe voisine de l'Amérique ; il est parti de la pointe même de l'Amérique le 30 janvier 1769 et il a parcouru un grand espace sous le 60° degré, sans avoir trouvé des terres. On peut voir, dans la carte qu'il en a donnée, l'étendue de mer qu'il a reconnue, et sa route démontre que s'il existe des terres dans cette partie du globe, elles sont fort éloignées du continent de l'Amérique, puisque la Nouvelle-Zélande, située entre le 35° et le 45° degré de latitude, en est elle-même très-éloignée : mais il faut espérer que quelques autres navigateurs, marchant sur les traces du capitaine Cook, chercheront à parcourir ces mers australes sous le 50° degré, et qu'on ne tardera pas à savoir si ces parages immenses, qui ont plus de deux mille lieues d'étendue, sont des terres ou des mers ; néanmoins je ne présume pas qu'au delà du 50° degré, les régions australes soient assez tempérées pour que leur découverte pût nous être utile. (*Add. Buff.*)

Les navigateurs prétendent que le continent des terres australes est beaucoup plus froid que celui du pôle arctique : mais il n'y a aucune apparence que cette opinion soit fondée, et probablement elle n'a été adoptée des voyageurs que parce qu'ils ont trouvé des glaces à une latitude où l'on n'en trouve presque jamais dans nos mers septentrionales ; mais cela peut venir de quelques causes particulières. On ne trouve plus de glace dès le mois d'avril en deçà des 67e et 68e degrés de latitude septentrionale ; et les sauvages de l'Acadie et du Canada disent que quand elles ne sont pas toutes fondues dans ce mois-là c'est une marque que le reste de l'année sera froid et pluvieux. En 1725 il n'y eut, pour ainsi dire, point d'été, et il plut presque continuellement, aussi non-seulement les glaces des mers septentrionales n'étaient pas fondues au mois d'avril au 67e degré, mais même on en trouva au 15 juin vers les 41e ou 42e degrés (1).

On trouve une grande quantité de ces glaces flottantes dans la mer du Nord, surtout à quelque distance des terres ; elles viennent de la mer de Tartarie dans celle de la Nouvelle-Zemble, et dans les autres endroits de la mer Glaciale. J'ai été assuré par des gens dignes de foi, qu'un capitaine anglais, nommé *Monson*, au lieu de chercher un passage entre les terres du nord pour aller à la Chine, avait dirigé sa route droit au pôle, et en avait approché jusqu'à 2 degrés ; que dans cette route il avait trouvé une haute mer sans aucune glace : ce qui prouve que les glaces se forment auprès des terres, et jamais en pleine mer ; car quand même on voudrait supposer, contre toute apparence, qu'il pourrait faire assez froid au pôle pour que la superficie de la mer fût gelée, on ne concevrait pas comment ces énormes glaces qui flottent pourraient se former si elles ne trouvaient pas un point d'appui contre les terres, d'où ensuite elles se détachent par la chaleur du soleil. Les deux vaisseaux que la compagnie des Indes envoya en 1739 à la découverte des terres australes, trouvèrent des glaces à une latitude de 47 ou 48 degrés ; mais ces glaces n'étaient pas fort éloignées des terres, puisqu'ils les reconnurent, sans cependant pouvoir y aborder (2). Ces glaces doivent venir des terres intérieures et voisines du pôle austral et on peut conjecturer qu'elles suivent le cours de plusieurs grands fleuves dont ces terres inconnues sont arrosées, de même que le fleuve Oby, le Jénisca, et les autres grandes rivières qui tombent dans les mers du Nord, entraînent les glaces qui bouchent, pendant la plus grande partie de l'année le détroit de Waigats, et rendent inabordable la mer de Tartarie par cette route ; tandis qu'au delà de la Nouvelle-Zemble et plus près des pôles, où il y a plus de fleuves et de terres, les glaces sont moins communes et la mer est plus navigable ; en sorte que si on voulait encore tenter le voyage de la Chine et du Japon par les mers du Nord, il faudrait peut-être, pour s'éloigner le plus des terres et des glaces, diriger sa route droit au pôle, et chercher les plus hautes mers, où certainement il n'y a que peu ou point de glaces : car on sait que l'eau salée peut, sans se geler, devenir plus froide que l'eau douce glacée, et par conséquent le froid excessif du pôle peut bien rendre l'eau de

____

(1) Voyez l'*Histoire de l'Académie*, année 1725. — (2) Voyez sur cela la carte de M. Buache, 1739.

la mer plus froide que la glace, sans que pour cela la surface de la mer se gèle, d'autant plus qu'à 80 ou 82 degrés, la surface de la mer, quoique mêlée de beaucoup de neige et d'eau douce, n'est glacée qu'auprès des côtes. En recueillant les témoignages des voyageurs sur le passage de l'Europe à la Chine par la mer du Nord, il paraît qu'il existe, et que s'il a été si souvent tenté inutilement, c'est parce qu'on a toujours craint de s'éloigner des terres et de s'approcher du pôle : les voyageurs l'ont peut-être regardé comme un écueil.

Cependant Guillaume Barents, qui avait échoué, comme bien d'autres, dans son voyage du Nord, ne doutait pas qu'il n'y eût un passage, et que, s'il se fût plus éloigné des terres, il n'eût trouvé une mer libre et sans glaces. Des voyageurs moscovites, envoyés par le czar pour reconnaître les mers du nord, rapportèrent que la Nouvelle-Zemble n'est point une île, mais une terre ferme du continent de la Tartarie, et qu'au nord de la Nouvelle-Zemble c'est une mer libre et ouverte. Un voyageur hollandais nous assure que la mer jette de temps en temps, sur la côte de Corée et du Japon, des baleines qui ont sur le dos des harpons anglais et hollandais. Un autre Hollandais a prétendu avoir été jusque sous le pôle, et assurait. qu'il y faisait aussi chaud qu'il fait à Amsterdam en été. Un Anglais, nommé *Goulden*, qui avait fait plus de trente voyages en Groenland, rapporta au roi Charles II, que deux vaisseaux avec lesquels il faisait voile, n'ayant point trouvé de baleine à la côte de l'île d'Edges, résolurent d'aller plus loin au nord; et qu'étant de retour au bout de quinze jours, ces Hollandais lui dirent qu'ils avaient été jusqu'au 89ᵉ degré de latitude, c'est-à-dire à un degré du pôle, et que là ils n'avaient point trouvé de glaces, mais une mer libre et ouverte, fort profonde, et semblable à celle de la baie de Biscaye, et qu'ils lui montrèrent quatre journaux des deux vaisseaux qui attestaient la même chose, et s'accordaient à fort peu de chose près. Enfin il est rapporté dans les *Transactions philosophiques* que deux navigateurs qui avaient entrepris de découvrir ce passage, firent une route de trois cents lieues à l'orient de la Nouvelle-Zemble; mais qu'étant de retour, la compagnie des Indes, qui avait intérêt que ce passage ne fût pas découvert, empêcha ces navigateurs de retourner (1). Mais la compagnie des Indes de Hollande crut au contraire qu'il était de son intérêt de trouver ce passage : l'ayant tenté inutilement du côté de l'Europe, elle le fit chercher du côté du Japon, et elle aurait apparemment réussi, si l'empereur du Japon n'eût pas interdit aux étrangers toute navigation du côté des terres de Jesso. Ce passage ne peut donc se trouver qu'en allant droit au pôle au delà du Spitzberg; ou bien en suivant le milieu de la haute mer, entre la Nouvelle-Zemble et le Spitzberg, sous le 79ᵉ degré de latitude. Si cette mer a une largeur considérable, on ne doit pas craindre de la trouver glacée à cette latitude, et pas même sous le pôle, par les raisons que nous avons alléguées. En effet, il n'y a pas d'exemple qu'on ait trouvé la surface de la mer glacée au large et à une distance considérable des côtes : le seul exemple d'une mer totalement glacée est celui de la mer Noire ; lle est

____

(1) Voyez le *Recueil des Voyages du Nord*, pag. 200.

étroite et peu salée, et elle reçoit une très-grande quantité de fleuves qui viennent
des terres septentrionales, et qui y apportent des glaces: aussi elle gèle quelquefois
au point que sa surface est entièrement glacée, même à une profondeur considérable; et, si l'on en croit les historiens, elle gela, du tems de l'empereur Copronyme,
de trente coudées d'épaisseur, sans compter vingt coudées de neige qu'il y avait
par-dessus la glace. Ce fait me paraît exagéré: mais il est sûr qu'elle gèle presque
tous les hivers, tandis que les hautes mers, qui sont de mille lieues plus près du
pôle, ne gèlent pas; ce qui ne peut venir que de la différence de la salure et du peu
de glaces qu'elles reçoivent par les fleuves, en comparaison de la quantité énorme
de glaçons qu'ils transportent dans la mer Noire.

Ces glaces, que l'on regarde comme des barrières qui s'opposent à la navigation vers les pôles et à la découverte des terres australes, prouvent seulement qu'il
y a de très-grands fleuves dans le voisinage des climats où on les a rencontrées:
par conséquent elles nous indiquent aussi qu'il y a de vastes continents d'où ces
fleuves tirent leur origine, et on ne doit pas se décourager à la vue de ces obstacles;
car, si l'on y fait attention, l'on reconnaîtra aisément que ces glaces ne doivent
être que dans certains endroits particuliers; qu'il est presque impossible que dans
le cercle entier que nous pouvons imaginer terminer les terres australes du côté de
l'équateur, il y ait partout de grands fleuves qui charrient des glaces, et que par
conséquent il y a grande apparence qu'on réussirait en dirigeant sa route vers quelque autre point de ce cercle. D'ailleurs la description, que nous ont donnée Dampier
et quelques autres voyageurs, du terrain de la Nouvelle-Hollande, nous peut faire
soupçonner que cette partie du globe qui avoisine les terres australes et qui peut-
être en fait partie est un pays moins ancien que le reste de ce continent inconnu.
La Nouvelle-Hollande est une terre basse, sans eaux, sans montagnes, peu habitée,
dont les naturels sont sauvages et sans industrie; tout cela concourt à nous faire
penser qu'ils pourraient être dans ce continent à peu près ce que les sauvages des
Amazones et du Paraguay sont en Amérique. On a trouvé des hommes policés,
des empires et des rois, au Pérou, au Mexique, c'est-à-dire dans les contrées de
l'Amérique les plus élevées, et par conséquent les plus anciennes; les sauvages,
au contraire, se sont trouvés dans les contrées les plus basses et les plus nouvelles.
Ainsi on peut présumer que dans l'intérieur des terres australes on trouverait aussi
des hommes réunis en société dans des contrées élevées, d'où ces grands fleuves
qui amènent à la mer ces glaces prodigieuses tirent leur source.

L'intérieur de l'Afrique nous est inconnu presque autant qu'il l'était aux anciens:
ils avaient, comme nous, fait le tour de cette presqu'île par mer; mais à la vérité
ils ne nous avaient laissé ni cartes, ni descriptions de ses côtes. Pline nous dit
qu'on avait, dès le temps d'Alexandre, fait le tour de l'Afrique; qu'on avait reconnu
dans la mer d'Arabie des débris de vaisseaux espagnols, et que Hannon, général
carthaginois, avait fait le voyage depuis Gades jusqu'à la mer d'Arabie; qu'il avait
même donné par écrit la relation de ce voyage. Outre cela, dit-il, Cornélius Népos
nous apprend que de son temps un certain Eudoxe, persécuté par le roi Lathurus,

fut obligé de s'enfuir; qu'étant parti du golfe Arabique, il était arrivé à Gades, et qu'avant ce temps on commerçait d'Espagne en Éthiopie par mer (1). Cependant, malgré ces témoignages des anciens, on s'était persuadé qu'ils n'avaient jamais doublé le cap de Bonne-Espérance, et l'on a regardé comme une découverte nouvelle cette route que les Portugais ont prise les premiers pour aller aux grandes Indes. On ne sera peut-être pas faché de voir ce qu'on en croyait dans le neuvième siècle.

« On a découvert de notre temps une chose toute nouvelle, et qui était inconnue autrefois à ceux qui ont vécu avant nous. Personne ne croyait que la mer qui s'étend depuis les Indes jusqu'à la Chine, eût communication avec la mer de Syrie, et on ne pouvait se mettre cela dans l'esprit. Voici ce qui est arrivé de notre temps, selon ce que nous en avons appris. On a trouvé dans la mer de *Roum* ou Méditerranée les débris d'un vaisseau arabe que la tempête avait brisé, et tous ceux qui le montaient étant péris, les flots l'ayant mis en pièces, elles furent portées par le vent et par la vague jusque dans la mer des Cozars, et de là au canal de la mer Méditerranée, d'où elles furent enfin jetées sur la côte de Syrie. Cela fait voir que la mer environne tout le pays de la Chine et de Cila, l'extrémité du Turquestan et le pays des Cozars; qu'ensuite elle coule par le détroit jusqu'à ce qu'elle baigne la côte de Syrie. La preuve est tirée de la construction du vaisseau dont nous venons de parler; car il n'y a que les vaisseaux de Siraf dont la fabrique est telle, que les bordages ne sont point cloués, mais joints ensemble d'une manière particulière, de même que s'ils étaient cousus; au lieu que ceux de tous les vaisseaux de la mer Méditerranée et de la côte de Syrie sont cloués, et ne sont pas joints de cette manière (2). »

Voici ce qu'ajoute le traducteur de cette ancienne relation.

« Abuziel remarque comme une chose nouvelle et fort extraordinaire, qu'un vaisseau fût porté de la mer des Indes sur les côtes de Syrie. Pour trouver le passage dans la mer Méditerranée, il suppose qu'il y a une grande étendue de mer audessus de la Chine, qui a communication avec la mer des Cozars, c'est-à-dire de Moscovie. La mer qui est au delà du cap des Courants était entièrement inconnue aux Arabes, à cause du péril extrême de la navigation, et le continent était habité par des peuples si barbares, qu'il n'était pas facile de les soumettre, ni même de les civiliser par le commerce. Les Portugais ne trouvèrent depuis le cap de Bonne-Espérance jusqu'à Sofala aucuns Maures établis, comme ils en trouvèrent depuis dans toutes les villes maritimes jusqu'à la Chine. Cette ville était la dernière que connaissaient les géographes; mais ils ne pouvaient dire si la mer avait communication par l'extrémité de l'Afrique avec la mer de Barbarie, et ils se contentaient de la décrire jusqu'à la côte de *Zinge*, qui est celle de la Cafrerie : c'est pourquoi nous ne pouvons douter que la première découverte du passage de cette mer par le cap de

---

(1) Voyez Plin., *Hist. nat.*, tom. I, lib. II.

(2) Voyez les anciennes relations des *Voyages faits par terre à la Chine*, pag. 53 et 54.

Bonne-Espérance n'ait été faite par les Européens, sous la conduite de Vasco de Gama, ou au moins quelques années avant qu'il doublât le cap, s'il est vrai qu'il se soit trouvé des cartes marines plus anciennes que cette navigation, où le cap était marqué sous le nom de *Fronteira de Afriqua*. Antoine Galvan témoigne, sur le rapport de Francisco de Sousa Tavares, qu'en 1528 l'infant don Fernand lui fit voir une semblable carte qui se trouvait dans le monastère d'Acoboca, et qui était faite il y avait cent vingt ans, peut-être sur celle qu'on dit être à Venise dans le trésor de Saint-Marc, et qu'on croit avoir été copiée sur celle de Marc Paolo, qui marque aussi la pointe de l'Afrique selon le témoignage de Ramusio, etc. » L'ignorance de ces siècles au sujet de la navigation autour de l'Afrique paraîtra peut-être moins singulière que le silence de l'éditeur de cette ancienne relation au sujet des passages d'Hérodote, de Pline, etc., que nous avons cités, et qui prouvent que les anciens avaient fait le tour de l'Afrique.

Quoi qu'il en soit, les côtes de l'Afrique nous sont actuellement bien connues ; mais quelques tentatives qu'on ait faites pour pénétrer dans l'intérieur du pays, on n'a pu parvenir à le connaître assez pour en donner des relations exactes. Il serait cependant fort à souhaiter que, par le Sénégal ou par quelque autre fleuve, on pût remonter bien avant dans les terres et s'y établir : on y trouverait, selon toutes les apparences, un pays aussi riche en mines précieuses que l'est le Pérou ou le Brésil ; car on sait que les fleuves de l'Afrique charrient beaucoup d'or ; et comme ce continent est un pays de montagnes très-élevées, et que d'ailleurs il est situé sous l'équateur, il n'est pas douteux qu'il ne contienne, aussi bien que l'Amérique, les mines des métaux les plus pesants, et les pierres les plus compactes et les plus dures.

La vaste étendue de la Tartarie septentrionale et orientale n'a été reconnue que dans ces derniers temps. Si les cartes des Moscovites sont justes, on connaît à présent les côtes de toute cette partie de l'Asie ; et il paraît que depuis la pointe de la Tartarie orientale jusqu'à l'Amérique septentrionale, il n'y a guère qu'un espace de quatre ou cinq cents lieues : on a même prétendu tout nouvellement que ce trajet était bien plus court ; car dans la gazette d'Amsterdam du 24 janvier 1747, il est dit, à l'article de Pétersbourg, que M. Stoller avait découvert, au delà de Kamtschatka, une des îles de l'Amérique septentrionale, et qu'il avait démontré qu'on pouvait y aller des terres de l'empire de Russie par un petit trajet. Des jésuites et d'autres missionnaires ont aussi prétendu avoir reconnu en Tartarie des sauvages qu'ils avaient catéchisés en Amérique ; ce qui supposerait en effet que le trajet serait encore bien plus court (1). Cet auteur prétend même que les deux continents de l'Ancien et du Nouveau Monde se joignent par le nord, et il dit que les dernières navigations des Japonais donnent lieu de juger que le trajet dont nous avons parlé n'est qu'une baie, au-dessus de laquelle on peut passer par terre d'Asie en Amérique : mais cela demande confirmation ; car jusqu'à présent on a cru, avec quelque

(1) Voyez l'*Histoire de la Nouvelle-France*, par le P. Charlevoix, t. III, pag. 30 et 31.

sorte de vraisemblance, que le continent du pôle arctique est séparé en entier des autres continents, aussi bien que celui du pôle antarctique.

L'astronomie et l'art de la navigation sont portés à un si haut point de perfection, qu'on peut raisonnablement espérer d'avoir un jour une connaissance exacte de la surface entière du globe. Les anciens n'en connaissaient qu'une assez petite partie, parce que, n'ayant pas la boussole, ils n'osaient se hasarder dans les hautes mers. Je sais bien que quelques gens ont prétendu que les Arabes avaient inventé la boussole, et s'en étaient servis longtemps avant nous pour voyager sur la mer des Indes, et commercer jusqu'à la Chine (1) : mais cette opinion m'a tojours paru dénuée de toute vraisemblance; car il n'y a aucun mot dans les langues arabe, turque ou persane, qui puisse signifier la boussole ; ils se servent du mot italien *bossola*; ils ne savent pas même encore aujourd'hui faire des boussoles ni aimanter les aiguilles, et ils achètent des Européens celles dont ils se servent. Ce que dit le P. Martini au sujet de cette invention ne me paraît guère mieux fondé; il prétend que les Chinois connaissaient la boussole depuis plus de trois mille ans (2). Mais si cela est, comment est-il arrivé qu'ils en aient fait si peu d'usage ? pourquoi prenaient-ils dans leurs voyages à la Cochinchine une route beaucoup plus longue qu'il n'était nécessaire ? pourquoi se bornaient-ils à faire toujours les même voyages, dont les plus grands étaient à Java et à Sumatra ? et pourquoi n'auraient-ils pas découvert, avant les Européens, une infinité d'îles abondantes et de terres fertiles dont ils sont voisins, s'ils avaient eu l'art de naviguer en pleine mer ? car peu d'années après la découverte de cette merveilleuse propriété de l'aimant, les Portugais firent de très-grands voyages, ils doublèrent le cap de Bonne-Espérance, ils traversèrent les mers de l'Afrique et des Indes, et tandis qu'ils dirigeaient toutes leurs vues du côté de l'orient et du midi, Christophe Colomb tourna les siennes vers l'occident (3).

Pour peu qu'on y fît attention, il était fort aisé de deviner qu'il y avait des espaces immenses vers l'occident : car en comparant la partie connue du globe, par exemple, la distance de l'Espagne à la Chine, et faisant attention au mouvement de révolution ou de la terre ou du ciel, il était aisé de voir qu'il restait à découvrir une bien plus grande étendue vers l'occident que celle qu'on connaissait vers l'orient. Ce n'est donc pas par le défaut des connaissances astronomiques que les anciens

(1) Voyez l'*Abrégé de l'Histoire des Sarrasins*, de Bergeron. pag, 110.

(2) Voyez *Hist. Sinica*, pag. 106.

(3) Au sujet de la boussole, je dois ajouter que, par le témoignage des auteurs chinois, dont MM. Leroux et de Guignes ont fait l'extrait, il paraît certain que la propriété qu'a le fer aimanté de se diriger vers les pôles a été très-anciennement connue des Chinois. La forme de ses premières boussoles était une figure d'homme qui tournait sur un pivot, et dont le bras droit montrait toujours le midi. Le temps de cette invention, suivant certaines chroniques de la Chine, est 1115 ans avant l'ère chrétienne, et 2700 selon d'autres (*). Mais malgré l'ancienneté de cette découverte, il ne paraît pas que les Chinois en aient jamais tiré l'avantage de faire de longs voyages.

Homère, dans l'*Odyssée*, dit que les Grecs se servirent de l'aimant pour diriger leur navigation lors du siége de Troie; et cette époque est à peu près la même que celle des chroniques chinoises. Ainsi l'on ne peut guère douter que la direction de l'aimant vers le pôle, et même l'usage de la boussole pour la navigation, ne soient des connaissances anciennes, et qui datent de trois mille ans au moins. (*Add. Buff.*)

(°) Voyez l'*Extrait des Annales de la Chine*, par MM. Leroux et de Guignes.

n'ont pas trouvé le Nouveau Monde, mais uniquement par le défaut de la boussole ;
les passages de Platon et d'Aristote où ils parlent de terres fort éloignées au delà
des colonnes d'Hercule, semblent indiquer que quelques navigateurs avaient été
poussés par la tempête jusqu'en Amérique, d'où ils n'étaient revenus qu'avec des
peines infinies ; et on peut conjecturer que quand même les anciens auraient été
persuadés de l'existence de ce continent par la relation de ces navigateurs, ils n'auraient pas même pensé qu'il fût possible de s'y frayer des routes, n'ayant aucun
guide, aucune connaissance de la boussole.

J'avoue qu'il n'est pas absolument impossible de voyager dans les hautes mers
sans boussole et que des gens bien déterminés auraient pu entreprendre d'aller
chercher le Nouveau Monde, en se conduisant seulement par les étoiles voisines
du pôle. L'astrolabe surtout étant connu des anciens, il pouvait leur venir dans
l'esprit de partir de France ou d'Espagne, et de faire route vers l'occident, en laissant toujours l'étoile polaire à droite, et en prenant souvent hauteur pour se conduire à peu près sous le même parallèle : c'est sans doute de cette façon que les
Carthaginois dont parle Aristote trouvèrent le moyen de revenir de ces terres éloignées, en laissant l'étoile polaire à gauche ; mais on doit convenir qu'un pareil voyage
ne pouvait être regardé que comme une entreprise téméraire, et que par conséquent
nous ne devons pas être étonnés que les anciens n'en aient pas même conçu le
projet.

On avait déjà découvert, du temps de Christophe Colomb, les Açores, les Canaries, Madère ; on avait remarqué que lorsque les vents d'ouest avaient régné longtemps, la mer amenait sur les côtes de ces îles des morceaux de bois étrangers,
des cannes d'une espèce inconnue, et même des corps morts qu'on reconnaissait à
plusieurs signes n'être ni européens ni africains (1). Colomb lui-même remarqua
que du côté de l'ouest il venait certains vents qui ne duraient que quelques jours,
et qu'il se persuada être des vents de terre : cependant, quoiqu'il eût sur les anciens
tous ces avantages et la boussole, les difficultés qui restaient à vaincre étaient
encore si grandes, qu'il n'y avait que le succès qui pût justifier l'entreprise : car
supposons pour un instant que le continent du Nouveau Monde eût été plus éloigné,
par exemple, à mille ou quinze cents lieues plus loin qu'il n'est en effet, chose que
Colomb ne pouvait ni savoir ni prévoir, il n'y serait pas arrivé, et peut-être ce
grand pays serait-il encore inconnu. Cette conjecture est d'autant mieux fondée,
que Colomb, quoique le plus habile navigateur de son siècle, fut saisi de frayeur et
d'étonnement dans son second voyage au Nouveau Monde ; car, comme la première
fois il n'avait trouvé que des îles, il dirigea sa route plus au midi pour tâcher de
découvrir une terre ferme, et il fut arrêté par les courants, dont l'étendue considérable et la direction toujours opposée à sa route, l'obligèrent à retourner pour chercher terre à l'occident : il s'imaginait que ce qui l'avait empêché d'avancer du côté
du midi n'était pas des courants, mais que la mer allait en s'élevant vers le ciel, et

(1) Voyez l'*Histoire de Saint-Domingue*, par le P. Charlevoix, tome I, pag. 66 et suivantes.

que peut-être l'un et l'autre se touchaient du côté du midi; tant il est vrai que dans les trop grandes entreprises la plus petite circonstance malheureuse peut tourner la tête et abattre le courage (1).

(1) Sur ce que j'ai dit de la découverte de l'Amérique, un critique plus judicieux que l'auteur des *Lettres à un Américain*, m'a reproché l'espèce de tort que je fais à la mémoire d'un aussi grand homme que Christophe Colomb. *C'est*, dit-il, *le confondre avec ses matelots que de penser qu'il a pu croire que la mer s'élevait vers le ciel, et que peut-être l'un et l'autre se touchaient du côté du midi.* Je souscris de bonne grâce à cette critique qui me paraît juste : j'aurais dû atténuer ce fait, que j'ai tiré de quelque relation; car il est à présumer que ce grand navigateur devait avoir une notion très-distincte de la figure du globe, tant par ses propres voyages que par ceux des Portugais au cap de Bonne-Espérance et aux Indes orientales. Cependant on sait que Colomb, lorsqu'il fut arrivé aux terres du nouveau continent, se croyait peu éloigné de celle de l'orient de l'Asie. Comme l'on n'avait pas encore fait le tour du monde, il ne pouvait en connaître la circonférence, et ne jugeait pas la terre aussi étendue qu'elle l'est en effet. D'ailleurs, il faut avouer que ce premier navigateur vers l'occident ne pouvait qu'être étonné de voir qu'au-dessous des Antilles il ne lui était pas possible de gagner les plages du midi, et qu'il était continuellement repoussé. Cet obstacle subsiste encore aujourd'hui; on ne peut aller des Antilles à la Guiane dans aucune saison, tant les courants sont rapides et constamment dirigés de la Guiane à ces îles. Il faut deux mois pour le retour, tandis qu'il ne faut que cinq ou six jours pour venir de la Guiane aux Antilles; pour retourner, on est obligé de prendre le large à une très-grande distance du côté de notre continent, d'où l'on dirige sa navigation vers la terre ferme de l'Amérique méridionale. Ces courants rapides et constants de la Guiane aux Antilles sont si violents, qu'on ne peut les surmonter à l'aide du vent; et, comme cela est sans exemple dans la mer Atlantique, il n'est pas surprenant que Colomb, qui cherchait à vaincre ce nouvel obstacle, et qui, malgré toutes les ressources de son génie et de ses connaissances dans l'art de la navigation, ne pouvait avancer vers les plages du midi, ait pensé qu'il y avait quelque chose de très-extraordinaire, et peut-être une élévation plus grande dans cette partie de la mer que dans aucune autre; car ces courants de la Guiane aux Antilles coulent réellement avec autant de rapidité que s'ils descendaient d'un lieu plus élevé pour arriver à un endroit plus bas.

Les rivières dont le mouvement peut causer les courants de Cayenne aux Antilles, sont :

1° Le fleuve des Amazones, dont l'impétuosité est très-grande, l'embouchure large de soixante-dix lieues, et la direction plus au nord qu'au sud.

2° La rivière Ouassa, rapide et dirigée de même, et d'à peu près une lieue d'embouchure.

3° L'Oyapok, encore plus rapide que l'Ouassa, et venant de plus loin, avec une embouchure à peu près égale.

4° L'Aprouak, à peu près de même étendue de cours et d'embouchure que l'Ouassa.

5° La rivière de Kaw, qui est plus petite, tant de cours que d'embouchure, mais très-rapide, quoiqu'elle ne vienne que d'une savane noyée à vingt-cinq ou trente lieues de la mer.

6° L'Oyak, qui est une rivière très-considérable, qui se sépare en deux branches à son embouchure pour former l'île de Cayenne. Cette rivière Oyak en reçoit une autre à vingt ou vingt-cinq lieues de distance, qu'on appelle l'Oraput, laquelle est très-impétueuse, et qui prend sa source dans une montagne de rochers, d'où elle descend par des torrents très-rapides.

7° L'un des bras de l'Oyak se réunit près de son embouchure avec la rivière de Cayenne, et ces deux rivières réunis ont plus d'une lieue de largeur; l'autre bras de l'Oyak n'a guère qu'une demi-lieue.

8° La rivière de Kourou, qui est très-rapide, et qui a plus d'une demi-lieue de longueur vers son embouchure, sans compter le Macousia, qui ne vient pas de loin, mais qui ne laisse pas de fournir beaucoup d'eau.

9° Le Sinamari, dont le lit est assez serré, mais qui est d'une grande impétuosité, et qui vient de fort loin.

10° Le fleuve Maroni, dans lequel on a remonté très-haut, quoiqu'il soit de la plus grande rapidité. Il a plus d'une lieue d'embouchure, et c'est après l'Amazone, le fleuve qui fournit la plus grande quantité d'eau. Son embouchure est nette, au lieu que les embouchures de l'Amazone et de l'Orénoque sont semées d'une grande quantité d'îles.

11° Les rivières de Surinam, de Berbiché et d'Essequebo, et quelques autres, jusqu'à l'Orénoque, qui, comme l'on sait, est un fleuve très-grand. Il paraît que c'est de leurs limons accumulés et des terres que ces rivières ont entraînées des montagnes, que sont formées toutes les parties basses de ce vaste continent, dans le milieu duquel on ne trouve que quelques montagnes, dont la plupart ont été des volcans, et qui sont trop peu élevées pour que les neiges et les glaces puissent couvrir les sommets.

Il paraît donc que c'est par le concours de tous les courants de ce grand nombre de fleuves que s'est formé le courant général de la mer depuis Cayenne jusqu'aux Antilles, ou plutôt depuis l'Amazone; et ce courant général dans ces parages s'étend peut-être à plus de soixante lieues de distance de la côte orientale de la Guiane. (*Add. Buff.*)

ARTICLE VII.

SUR LA PRODUCTION DES COUCHES OU DES LITS DE TERRE.

Nous avons fait voir, dans l'acticle premier, qu'en vertu de l'attraction démontrée mutuelle entre les parties de la matière, et en vertu de la force centrifuge qui résulte du mouvement de rotation sur son axe, la terre a nécessairement pris la forme d'un sphéroïde dont les diamètres diffèrent d'une 230° partie, et que ce ne peut être que par les changements arrivés à la surface et causés par les mouvements de l'air et des eaux, que cette différence a pu devenir plus grande, comme on prétend le conclure par les mesures prises à l'équateur et au cercle polaire. Cette figure de la terre, qui s'accorde si bien avec les lois de l'hydrostatique et avec notre théorie, suppose que le globe a été dans un état de liquéfaction dans le temps qu'il a pris sa forme, et nous avons prouvé que le mouvement de projection et celui de rotation ont été imprimés en même temps par une même impulsion. On se persuadera facilement que la terre a été dans un état de liquéfaction produite par le feu, lorsqu'on fera attention à la nature des matières que renferme le globe, dont la plus grande partie, comme les sables et les glaises, sont des matières vitrifiées ou vitrifiables, et lorsque d'un autre côté on réfléchira sur l'impossibilité qu'il y a que la terre ait jamais pu se trouver dans un état de fluidité produite par les eaux, puisqu'il y a infiniment plus de terre que d'eau, et que d'ailleurs l'eau n'a pas la puissance de dissoudre les sables, les pierres et les autres matières dont la terre est composée.

Je vois donc que la terre n'a pu prendre sa figure que dans le temps où elle a été liquéfiée par le feu ; et en suivant nôtre hypothèse, je conçois qu'au sortir du soleil, la terre n'avait d'autre forme que celle d'un torrent de matières fondues et de vapeurs enflammées ; que ce torrent se rassembla par l'attraction mutuelle des parties, et devint un globe auquel le mouvement de rotation donna la figure d'un sphéroïde ; et lorsque la terre fut refroidie, les vapeurs qui s'étaient d'abord étendues, comme nous voyons s'étendre les queues des comètes, se condensèrent peu à peu, tombèrent en eau sur la surface du globe, et déposèrent en même temps un limon mêlé de matières sulfureuses et salines, dont une partie s'est glissée par mouvement des eaux dans les fentes perpendiculaires, où elle a produit les métaux et les minéraux, et le reste est demeuré à la surface de la terre et a produit cette terre rougeâtre qui forme la première couche de la terre, et qui, suivant les différents lieux, est plus ou moins mêlée de particules animales ou végétales réduites en petites molécules dans lesquelles l'organisation n'est plus sensible.

Ainsi dans le premier état de la terre, le globe était, à l'intérieur, composé d'une matière vitrifiée, comme je crois qu'il l'est encore aujourd'hui ; au-dessus de cette matière vitrifiée se sont trouvées les parties que le feu aura le plus divisées, comme

los sables qui ne sont que des fragments de verre ; et au-dessus de ces sables, les
parties les plus légères, les pierres ponces, les écumes, et les scories de la matière
vitrifiée, ont surnagé et ont formé les glaises et les argiles : le tout était recouvert
d'une couche d'eau (1) de 5 à 600 pieds d'épaisseur, qui fut produite par la condensation des vapeurs, lorsque le globe commença à se refroidir ; cette eau déposa
partout une couche limoneuse, mêlée de toutes les matières qui peuvent se sublimer et s'exhaler par la violence du feu ; et l'air fut formé des vapeurs les plus sub-
tiles qui se dégagèrent des eaux par leur légèreté, et les surmontèrent.

Tel était l'état du globe lorsque l'action du flux et reflux, celle des vents et de la
chaleur du soleil, commencèrent à altérer la surface de la terre. Le mouvement
diurne et celui du flux et reflux élevèrent d'abord les eaux sous les climats méridionaux: ces eaux entraînèrent et portèrent vers l'équateur le limon, les glaises,
les sables ; et en élevant les parties de l'équateur, elles abaissèrent peut-être peu à
peu celles des pôles, de cette différence d'environ deux lieues dont nous avons parlé ;
car les eaux brisèrent bientôt et réduisirent en poussière les pierres ponces et les
autres parties spongieuses de la matière vitrifiée qui étaient à la surface ; elles creu-
sèrent des profondeurs et élevèrent des hauteurs qui, dans la suite, sont devenues
des continents ; et elles produisirent toutes les inégalités qu nous remarquons à la
surface de la terre, et qui sont plus considérables vers l'équateur que partout ailleurs: car les plus hautes montagnes sont entre les tropiques et dans le milieu des
zones tempérées ; et les plus basses sont au cercle polaire et au delà, puisque l'on
a, entre les tropiques, les Cordillières et presque toutes les montagnes du Mexique
et du Brésil, les montagnes de l'Afrique: savoir, le grand et le petit Atlas, les monts
de la Lune, etc., et que d'ailleurs les terres qui sont entre les tropiques sont les
plus inégales de tout le globe, aussi bien que les mers, puisqu'il se trouve entre les
tropiques beaucoup plus d'îles que partout ailleurs; ce qui fait voir évidemment
que les plus grandes inégalités de la terre se trouvent en effet dans le voisinage de
l'équateur.

Quelque indépendante que soit ma théorie de cette hypothèse sur ce qui s'est
passé dans le temps de ce premier état du globe, j'ai été bien aise d'y remonter dans
cet article, afin de faire voir la liaison et la possibilité du système que j'ai proposé,
et dont j'ai donné le précis dans l'article premier: on doit seulement remarquer
que ma théorie, qui fait le texte de cet ouvrage, ne part pas de si loin; que je
prends la terre dans un état à peu près semblable à celui où nous la voyons, et que
je ne me sers d'aucune des suppositions qu'on est obligé d'employer lorsqu'on veut
raisonner sur l'état passé du globe terrestre: mais, comme je donne ici une nouvelle idée au sujet du limon des eaux, qui, selon moi, a formé la première couche
de terre qui enveloppe le globe, il me paraît nécessaire de donner aussi les raisons
sur lesquelles je fonde cette opinion. Les vapeurs qui s'élèvent dans l'air produisent

____

(1) Cette opinion, que la terre a été entièrement couverte d'eau, est celle de quelques philosophes anciens, et
même de la plupart des pères de l'Eglise.

les pluies, les rosées, les feux aériens, les tonnerres et les autres météores ; ces vapeurs sont donc mêlées de particules aqueuses, aériennes, sulfureuses, terrestres, etc., et ce sont ces particules solides et terrestres qui forment le limon dont
nous voulons parler. Lorsqu'on laisse déposer l'eau de pluie, il se forme un sédiment
au fond ; lorsqu'après avoir ramassé une quantité de rosée, on la laisse déposer et se
corrompre, elle produit une espèce de limon qui tombe au fond du vase : ce limon
est même fort abondant, et la rosée en produit beaucoup plus que l'eau de pluie : il
est gras, onctueux et rougeâtre.

La première couche qui enveloppe le globe de la terre est composée de ce limon,
mêlé avec des parties de végétaux ou d'animaux détruits, ou bien avec des particules
pierreuses ou sablonneuses. On peut remarquer presque partout que la terre labourable est rougeâtre et mêlée plus ou moins de ces différentes matières. Les particules de sable ou de pierre qu'on y trouve sont de deux espèces, les unes grossières et
massives, les autres plus fines et quelquefois impalpables : les plus grosses viennent de la couche inférieure, dont on les détache en labourant et en travaillant la
terre ; ou bien le limon supérieur, en se glissant et en pénétrant dans la couche inférieure qui est de sable ou d'autres matières divisées, forme ces terres qu'on appelle des sables gras : les autres parties pierreuses qui sont plus fines viennent de
l'air, tombent comme la rosée et les pluies, et se mêlent intimement au limon ;
c'est proprement le résidu de la poussière que l'air transporte, que les vents enlèvent continuellement de la surface de la terre, et qui retombe ensuite, après s'être
imbibé de l'humidité de l'air. Lorsque le limon domine, qu'il se trouve en grande
quantité, et qu'au contraire les parties pierreuses et sablonneuses sont en petit nombre, la terre est rougeâtre, pétrissable et très-fertile ; si elle est en même temps mêlée d'une quantité considérable de végétaux ou d'animaux détruits, la terre est noirâtre, et souvent elle est encore plus fertile que la première : mais si le limon n'est
qu'en petite quantité, aussi bien que les parties végétales ou animales, alors la
terre est blanche et stérile ; et lorsque les parties sablonneuses, pierreuses ou cré-
tacées, qui composent ces terres stériles et dénuées de limon, sont mêlées d'une
assez grande quantité de parties, de végétaux ou d'animaux détruits, elles forment
les terres noires et légères qui n'ont aucune liaison et peu de fertilité ; en sorte que,
suivant les différentes combinaisons de ces trois différentes matières, de limon, des
parties d'animaux et de végétaux, et des particules de sable et de pierre, les terres
sont plus ou moins fécondes et différemment colorées. Nous expliquerons en détail, dans notre discours sur les végétaux, tout ce qui a rapport à la nature et à la
qualité des différentes terres ; mais ici nous n'avons d'autre but que celui de faire
entendre comment s'est formée cette première couche qui enveloppe le globe, et
qui provient du limon des eaux.

Pour fixer les idées, prenons le premier terrain qui se présente, et dans lequel on
a creusé assez profondément ; par exemple, le terrain de Marly-la-Ville, où les puits
sont très-profonds : c'est un pays élevé, mais plat et fertile, dont les couches de
terre sont arrangées horizontalement. J'ai fait venir des échantillons de toutes ces

couches, que M. Dalibard, habile botaniste, et versé d'ailleurs dans toutes les parties des sciences, a bien voulu faire prendre sous ses yeux, et après avoir éprouvé toutes ces matières à l'eau-forte, j'en ai dressé la table suivante.

État des différents lits de terre qui se trouvent à Marly-la-Ville, jusqu'à cent pieds de profondeur (1).

	Pieds.	Pouces.
1° Terre franche rougeâtre, mêlée de beaucoup de limon, d'une très-petite quantité de sable vitrifiable, et d'une quantité un peu plus considérable de sable calcinable, que j'appelle gravier. .	13	
2° Terre franche ou limon mêlé de plus de gravier et d'un peu plus de sable vitrifiable.	2	6
3° Limon mêlée de sable vitrifiable en assez grande quantité, et qui ne faisait que très-peu d'effervescence avec l'eau-forte.	3	
4° Marne dure qui faisait une grande effervescence avec l'eau-forte.	2	
5° Pierre marneuse assez dure.	4	
6° Marne en poudre, mêlée de sable vitrifiable.	5	
7° Sable très-fin, vitrifiable.	1	6
8° Marne en terre, mêlée d'un peu de sable vitrifiable.	3	6
9° Marne dure dans laquelle on trouve du vrai caillou qui est de la pierre à fusil parfaite. . . .	3	6
10° Gravier ou poussière de marne.	1	
11° Eglantine, pierre de la dureté et du grain du marbre, et qui est sonnante.	1	6
12° Gravier marneux.	1	6
13° Marne en pierre dure, dont le grain est fort fin.	1	6
14° Marne en pierre, dont le grain n'est pas si fin.	1	6
15° Marne encore plus grenue et plus grossière.	2	6
16° Sable vitrifiable très-fin, mêlée de coquilles de mer fossiles, qui n'ont aucune adhérence avec le sable, et qui ont encore leur couleur et leur vernis naturels.	1	6
17° Gravier très-menu, ou poussière fine de marne.	2	
18° Marne en pierre dure.	3	6
19° Marne en poudre assez grossière.	1	6
20° Pierre dure et calcinable comme le marbre.	1	
21° Sable gris, vitrifiable, mêlé de coquilles fossiles, et surtout de beaucoup d'huîtres et de spondyles, qui n'ont aucune adhérence avec le sable et qui ne sont nullement pétrifiés.	3	
22° Sable blanc, vitrifiable, mêlé des mêmes coquilles.	2	
23° Sable rayé de rouge et de blanc, vitrifiable et mêlé des mêmes coquilles.	1	
24° Sable plus gros, mais toujours vitrifiable et mêlé des mêmes coquilles.	1	
25° Sable gris, fin, vitrifiable et mêlé des mêmes coquilles.	3	6
26° Sable gras, très-fin, où il n'y a plus que quelques coquilles.	3	
27° Grès.	3	
28° Sable vitrifiable, rayé de rouge et de blanc.	4	
29° Sable blanc, vitrifiable.	3	6
30° Sable vitrifiable, rougeâtre.	15	

Profondeur où l'on a cessé de creuser. . . . . 101 pieds

J'ai dit que j'avais éprouvé toutes ces matières à l'eau-forte, parce que quand l'inspection et la comparaison des matières avec d'autres qu'on connaît ne suffisent pas pour qu'on soit en état de les dénommer et de les ranger dans la classe à laquelle elles appartiennent, et qu'on a peine à se décider par la simple observation, il n'y a pas de moyen plus prompt et peut-être plus sûr que d'éprouver avec l'eau-forte les matières terreuses ou lapidifiques : celles que les esprits acides dissolvent sur-le-champ avec chaleur et ébullition, sont ordinairement calcinables; celles, au

(1) La fouille a été faite pour un puits, dans un terrain qui appartient actuellement à M. de Pommery.

contraire, qui résistent à ces esprits, et sur lesquelles ils ne font aucune impression, sont vitrifiables.

On voit par cette énumération que le terrain de Marly-la-Ville a été autrefois un
fond de mer qui s'est élevé au moins de 75 pieds, puisqu'on trouve des coquilles à
cette profondeur de 75 pieds. Ces coquilles ont été transportées par le mouvement
des eaux en même temps que le sable où on les trouve ; et le tout est tombé en forme
de sédiments qui se sont arrangés de niveau, et qui ont produit les différentes couches de sables gris, blanc, rayé de blanc et de rouge, etc., dont l'épaisseur totale
est de 15 ou 18 pieds ; toutes les autres couches supérieures, jusqu'à la première, ont
été de même transportées par le mouvement des eaux de la mer, et déposées en
forme de sédiments comme on ne peut en douter, tant à cause de la situation horizontale des couches, qu'à cause des différents lits de sable mêlé de coquilles et
de ceux de marne, qui ne sont que des débris, ou plutôt des détriments de coquilles ; la dernière couche elle-même a été formée presque en entier par le limon dont
nous avons parlé, qui s'est mêlé avec une partie de la marne qui était à la surface.

J'ai choisi cet exemple comme le plus désavantageux à notre explication, parce
qu'il paraît d'abord fort difficile de concevoir que le limon de l'air et celui des pluies,
des rosées, aient pu produire une couche de terre franche épaisse de 13 pieds : mais
on doit observer d'abord qu'il est très-rare de trouver, surtout dans les pays un peu
élevés, une épaisseur de terre labourable aussi considérable ; ordinairement les terres ont trois ou quatre pieds, et souvent elles n'ont pas un pied d'épaisseur. Dans
les plaines environnées de collines, cette épaisseur de bonne terre est plus grande,
parce que les pluies détachent les terres de ces collines, et les entraînent dans les
vallées ; mais en ne supposant ici rien de tout cela, je vois que les dernières couches
formées par les eaux de la mer sont des lits de marne fort épais : il est naturel d'imaginer que cette marne avait au commencement une épaisseur encore plus grande,
et que des 13 pieds qui composent l'épaisseur de la couche supérieure, il y en avait
plusieurs de marne lorsque la mer a abandonné ce pays et a laissé le terrain à découvert. Cette marne, exposée à l'air, se sera fondue par les pluies ; l'action de l'air
et de la chaleur du soleil y aura produit des gerçures, de petites fentes, et elle aura
été altérées par toutes ces causes extérieures, au point de devenir une matière divisée et réduite en poussière à la surface, comme nous voyons la marne que nous tirons de la carrière tomber en poudre lorsqu'on la laisse exposée aux injures de l'air :
la mer n'aura pas quitté ce terrain si brusquement qu'elle ne l'ait encore recouvert
quelquefois, soit par les alternatives du mouvement des marées, soit par l'élévation
extraordinaire des eaux dans les gros temps, et elle aura mêlé avec cette couche de
marne de la vase, de la boue et d'autres matières limoneuses ; lorsque le terrain se
se sera enfin trouvé tout à fait élevé au-dessus des eaux, les plantes auront commencé à y croître, et c'est alors que le limon des pluies et des rosées aura peu à peu
coloré et pénétré cette terre, et lui aura donné un premier degré de fertilité, que
les hommes auront bientôt augmenté par la culture, en travaillant et divisant la
surface, et donnant ainsi au limon des rosées et des pluies la facilité de pénétrer

plus avant; ce qui, à la fin, aura produit cette couche de terre franche de 13 pieds d'épaisseur.

Je n'examinerai point ici si la couleur rougeâtre des terres végétales, qui est aussi celle du limon de la rosée et des pluies, ne vient pas du fer qui y est contenu : ce point, qui ne laisse pas d'être important, sera discuté dans notre discours sur les minéraux; il nous suffit d'avoir exposé notre façon de concevoir la formation de la couche superficielle de la terre; et nous allons prouver, par d'autres exemples, que la formation des couches intérieures ne peut être que l'ouvrage des eaux.

La surface du globe, dit Woodward, cette couche extérieure sur laquelle les hommes et les animaux marchent, qui sert de magasin pour la formation des végétaux et des animaux, est, pour la plus grande partie, composée de matière végétale ou animale, qui est dans un mouvement et dans un changement continuel. Tous les animaux et les végétaux qui ont existé depuis la création du monde, ont toujours tiré successivement de cette couche la matière qui a composé leur corps, et ils lui ont rendu à leur mort cette matière empruntée : elle y reste, toujours prête à être reprise de nouveau, et à servir pour former d'autres corps de la même espèce, successivement sans jamais discontinuer; car la matière qui compose un corps est propre et naturellement disposée pour en former un autre de cette espèce (1). Dans les pays inhabités, dans les lieux où on ne coupe pas les bois, où les animaux ne broutent pas les plantes, cette couche de terre végétale s'augmente assez considérablement avec le temps, dans tous les bois, et même dans ceux qu'on coupe, il y a une couche de terreau de 6 ou 8 pouces d'épaisseur, qui n'a été formée que par les feuilles, les petites branches et les écorces qui se sont pourries. J'ai souvent observé sur un ancien grand chemin fait, dit-on, du temps des Romains, qui traverse la Bourgogne dans une longue étendue de terrain, qu'il s'est formé sur les pierres dont ce grand chemin est construit, une couche de terre noire de plus d'un pied d'épaisseur, qui nourrit actuellement des arbres d'une hauteur assez considérable ; et cette couche n'est composée que d'un terrain noir, formé par des feuilles, les écorces et les bois pourris. Comme les végétaux tirent pour leur nourriture beaucoup plus de substance de l'air et de l'eau qu'ils n'en tirent de la terre, il arrive qu'en pourrissant ils rendent à la terre plus qu'ils n'en ont tiré. D'ailleurs une forêt détermine les eaux de la pluie en arrêtant les vapeurs : ainsi dans un bois qu'on conserverait bien longtemps sans y toucher, la couche de terre qui sert à la végétation augmenterait considérablement. Mais les animaux rendant moins à la terre qu'ils n'en tirent, et les hommes faisant des consommations énormes de bois et de plantes pour le feu et pour d'autres usages, il s'ensuit que la couche de terre végétale d'un pays habité doit toujours diminuer et devenir enfin comme le terrain de l'Arabie-Pétrée, et comme celui de tant d'autres provinces de l'Orient, qui est en effet le climat le plus anciennement habité, où l'on ne trouve que du sel et des sa-

(1) Voyez *Essai sur l'Histoire naturelle*, etc., p. 136.

bles ; car le sel fixe des plantes et des animaux reste, tandis que toutes les autres
parties se volatilisent.

Après avoir parlé de cette couche de terre extérieure que nous cultivons, il faut
examiner la position et la formation des couches intérieures. La terre, dit Woodward, paraît, en quelque endroit qu'on la creuse, composée de couches placées
l'une sur l'autre, comme autant de sédiments qui seraient tombés successivement
au fond de l'eau : les couches qui sont les plus enfoncées sont ordinairement les
plus épaisses, et celles qui sont sur celles-ci sont les plus minces par degrés jusqu'à la surface. On trouve des coquilles de mer, des dents, des os de poissons, dans
ces différentes couches ; il s'en trouve non-seulement dans les couches molles,
comme dans la craie, l'argile et la marne, mais même dans les couches les plus
solides et les plus dures, comme dans celles de pierre, de marbre, etc. Ces productions marines sont incorporées avec la pierre ; et lorsqu'on la rompt et qu'on en
sépare la coquille, on observe toujours que la pierre a reçu l'empreinte ou la forme
de la surface avec tant d'exactitude, qu'on voit que toutes les parties étaient exactement contiguës et appliquées à la coquille. « Je me suis assuré, dit cet auteur,
qu'en France, en Flandre, en Hollande, en Espagne, en Italie, en Allemagne, en
Danemark, en Norwége et en Suède, la pierre et les autres substances terrestres
sont disposées par couches, de même qu'en Angleterre ; que ces couches sont divisées par des fentes parallèles ; qu'il y a au dedans des pierres et des autres substances terrestres et compactes, une grande quantité de coquillages et d'autres productions de la mer, disposées de la même manière que dans cette île (1). J'ai appris
que ces couches se trouvaient de même en Barbarie, en Égypte, en Guinée et dans
les autres parties de l'Afrique, dans l'Arabie, la Syrie, la Perse, le Malabar, la Chine
et les autres provinces de l'Asie, à la Jamaïque, aux Barbades, en Virginie, dans
la Nouvelle-Angleterre, au Brésil, au Pérou et dans les autres parties de l'Amérique (2). »

Cet auteur ne dit pas comment et par qui il a appris que les couches de la terre
au Pérou contenaient des coquilles. Cependant, comme en général ses observations
sont exactes, je ne doute pas qu'il n'ait été bien informé ; et c'est ce qui me persuade
qu'on doit trouver des coquilles au Pérou dans les couches de terre, comme on en
trouve partout ailleurs. Je fais cette remarque à l'occasion d'un doute qu'on a formé
depuis peu sur cela, et dont je parlerai tout à l'heure.

Dans une fouille que l'on fit à Amsterdam pour faire un puits, on creusa jusqu'à
232 pieds de profondeur, et on trouva les couches de terre suivantes : 7 pieds de
terre végétale ou terre de jardin, 9 pieds de tourbe, 9 pieds de glaise molle, 8 pieds
d'arène, 4 de terre, 10 d'argile, 4 de terre, 10 pieds d'arène, sur laquelle on a coutume d'appuyer les pilotis qui soutiennent les maisons d'Amsterdam ; ensuite 2 pieds
d'argile, 4 de sablon blanc, 5 de terre sèche, 1 de terre molle, 14 d'arène, 8 d'argile

___
(1) En Angleterre.
(2) *Essai sur l'Histoire naturelle de la terre*, page 40, 41, 42, etc.

mêlée d'arène, 4 d'arène mêlée de coquilles; ensuite une épaisseur de 102 pieds de glaise; et enfin 31 pieds de sable, où l'on cessa de creuser (1).

Il est rare qu'on fouille aussi profondément sans trouver de l'eau; et ce fait est remarquable en plusieurs choses : 1° il fait voir que l'eau de la mer ne communique pas dans l'intérieur de la terre par voie de filtration ou de stillation, comme on le croit vulgairement; 2° nous voyons qu'on trouve des coquilles à 100 pieds au-dessous de la surface de la terre, dans un pays extrêmement bas, et que par conséquent le terrain de la Hollande a été élevé de 100 pieds par les sédiments de la mer; 3° on peut en tirer une induction que cette couche de glaise épaisse de 102 pieds, et la couche de sable qui est au-dessous, dans laquelle on a fouillé à 31 pieds, et dont l'épaisseur entière est inconnue, ne sont peut-être pas fort éloignées de la première couche de la vraie terre ancienne et originaire, telle qu'elle était dans le temps de sa première formation, et avant que le mouvement des eaux eût changé sa surface. Nous avons dit, dans l'article premier, que si l'on voulait trouver la terre ancienne, il faudrait creuser dans les pays du Nord plutôt que vers l'équateur, dans les plaines basses plutôt que dans les montagnes ou dans les terres élevées. Ces conditions se trouvent à peu près rassemblées ici; seulement il aurait été à souhaiter qu'on eût continué cette fouille à une plus grande profondeur, et que l'auteur nous eût appris s'il n'y avait pas de coquilles ou d'autres productions marines dans cette couche de glaise de 102 pieds d'épaisseur, et dans celle de sable qui était au-dessous. Cet exemple confirme ce que nous avons dit, savoir, que plus on fouille dans l'intérieur de la terre, plus on trouve les couches épaisses; ce qui s'explique fort naturellement dans notre théorie.

Non-seulement la terre est composée de couches parallèles et horizontales dans les plaines et dans les collines; mais les montagnes même sont en général composées de la même façon : on peut dire que ces couches y sont plus apparentes que dans les plaines, parce que les plaines sont ordinairement recouvertes d'une quantité assez considérable de sable et de terre que les eaux y ont amenés; et pour trouver les anciennes couches, il faut creuser plus profondément dans les plaines que dans les montagnes.

J'ai souvent observé que lorsqu'une montagne est égale, et que son sommet est de niveau, les couches ou lits de pierre qui la composent sont aussi de niveau; mais si le sommet de la montagne n'est pas posé horizontalement, et s'il penche vers l'orient ou vers tout autre côté, les couches de pierre penchent aussi du même côté. J'avais ouï dire à plusieurs personnes que pour l'ordinaire les bancs ou lits des carrières penchent un peu du côté du levant: mais ayant observé moi-même toutes les carrières et toutes les chaînes de rochers qui se sont présentées à mes yeux, j'ai reconnu que cette opinion est fausse, et que les couches ou bancs de pierre ne penchent du côté du levant que lorsque le sommet de la colline penche de ce même côté; et qu'au contraire, si le sommet s'abaisse du côté du nord, du midi, du

<hr>

(1) Voyez *Varenii Geograph. general.*, page 46.

couchant, ou de tout autre côté, les lits de pierre penchent aussi du côté du nord, du midi, du couchant, etc. Lorsqu'on tire les pierres et les marbres des carrières, on a grand soin de les séparer suivant leur position naturelle, et on ne pourrait pas même les avoir en grand volume si on voulait les couper dans un autre sens. Lorsqu'on les emploie, il faut, pour que la maçonnerie soit bonne, et pour que les pierres durent longtemps, les poser sur leur *lit de carrière* (c'est ainsi que les ouvriers appellent la couche horizontale). Si, dans la maçonnerie, les pierres étaient posées sur un autre sens, elles se fendraient et ne résisteraient pas aussi longtemps au poids dont elles sont chargées. On voit bien que ceci confirme que les pierres se sont formées par couches parallèles et horizontales, qui se sont successivement accumulées les unes sur les autres, et que ces couches ont composé des masses dont la résistance est plus grande dans ce sens que dans tout autre.

Au reste, chaque couche, soit qu'elle soit horizontale ou inclinée, a, dans toute son étendue, une épaisseur égale : c'est-à-dire, chaque lit d'une matière quelconque, pris à part, a une épaisseur égale dans toute son étendue : par exemple, lorsque, dans une carrière, le lit de pierre dure a 3 pieds d'épaisseur en un endroit, il a ces 3 pieds d'épaisseur partout; s'il a 6 pieds d'épaisseur en un endroit, il en a 6 partout. Dans les carrières autour de Paris, le lit de bonne pierre n'est pas épais, et il n'a guère que 18 à 20 pouces d'épaisseur partout; dans d'autres carrières, comme en Bourgogne, la pierre a beaucoup plus d'épaisseur. Il en est de même des marbres; ceux dont le lit est le plus épais sont les marbres blancs et noirs; ceux de couleur sont ordinairement plus minces; et je connais des lits d'une pierre fort dure, et dont les paysans se servent en Bourgogne pour couvrir leurs maisons, qui n'ont qu'un pouce d'épaisseur. Les épaisseurs des différents lits sont donc différentes; mais chaque lit conserve la même épaisseur dans toute son étendue. En général, on peut dire que l'épaisseur des couches horizontales est tellement variée, qu'elle va depuis une ligne et moins encore, jusqu'à 1, 10, 20, 30, et 100 pieds d'épaisseur. Les carrières anciennes et nouvelles qui sont creusées horizontalement, les boyaux des mines, et les coupes à plomb, en long et en travers, de plusieurs montagnes, prouvent qu'il y a des couches qui ont beaucoup d'étendue en tout sens. « Il est bien prouvé, dit l'historien de l'Académie, que toutes les pierres ont été une pâte molle; et comme il y a des carrières presque partout, la surface de la terre a donc été dans tous ces lieux, du moins jusqu'à une certaine profondeur, une vase et une bourbe. Les coquillages qui se trouvent dans presque toutes les carrières, prouvent que cette vase était une terre détrempée par l'eau de la mer; et par conséquent la mer a couvert tous ces lieux-là, et elle n'a pu les couvrir sans couvrir aussi tout ce qui était de niveau ou plus bas, et elle n'a pu couvrir tous les lieux où il y a des carrières, et tous ceux qui sont de niveau ou plus bas, sans couvrir toute la surface du globe terrestre. Ici l'on ne considère point encore les montagnes que la mer aurait dû couvrir aussi, puisqu'il s'y trouve toujours des carrières, et souvent des coquillages. Si on les supposait formées, le raisonnement que nous faisons en deviendrait beaucoup plus fort. »

« La mer, continue-t-il, couvrait donc toute la terre ; et de là vient que tous les bancs ou lits de pierre qui sont dans les plaines sont horizontaux et parallèles entre eux : les poissons auront été les plus anciens habitants du globe, qui ne pouvait encore avoir ni animaux terrestres ni oiseaux. Mais comment la mer s'est-elle retirée dans les grands creux, dans les vastes bassins qu'elle occupe présentement ? Ce qui se présente le plus naturellement à l'esprit, c'est que le globe de la terre, du moins jusqu'à une certaine profondeur, n'était pas solide partout, mais entremêlé de quelques grands creux dont les voûtes se sont soutenues pendant un temps, mais enfin sont venues à fondre subitement ; alors les eaux seront tombées dans ces creux, les auront remplis, et auront laissé à découvert une partie de la surface de la terre, qui sera devenue une habitation convenable aux animaux terrestres et aux oiseaux. Les coquillages des carrières s'accordent fort avec cette idée ; car outre qu'il n'a pu se conserver jusqu'à présent dans les terres que des parties pierreuses, des poissons, on sait qu'ordinairement les coquillages s'amassent en grand nombre dans certains endroits de la mer, où ils sont comme immobiles, et forment des espèces de rochers, et ils n'auront pu suivre les eaux qui les auront subitement abandonnés : c'est par cette dernière raison que l'on trouve infiniment plus de coquillages que d'arêtes ou d'empreintes d'autres poissons ; et cela même prouve une chute soudaine de la mer dans ses bassins. Dans le même temps que les voûtes que nous supposons ont fondu, il est fort possible que d'autres parties de la surface du globe se soient élevées ; et, par la même cause, ce seront là les montagnes qui se seront placées sur cette surface avec des carrières déjà toutes formées. Mais les lits de ces carrières n'ont pas pu conserver la direction horizontale qu'ils avaient auparavant, à moins que les masses des montagnes ne se fussent élevées précisément selon un axe perpendiculaire à la surface de la terre ; ce qui n'a pu être que très-rare : aussi, comme nous l'avons déjà observé en 1708, les lits des carrières des montagnes sont toujours inclinés à l'horizon, mais parallèles entre eux ; car ils n'ont pas changé de position les uns à l'égard des autres, mais seulement à l'égard de la surface de la terre (1).

Ces couches parallèles, ces lits de terre ou de pierre qui ont été formés par les sédiments des eaux de la mer, s'étendent souvent à des distances très-considérables, et même on trouve dans les collines séparées par un vallon les mêmes lits, les mêmes matières, au même niveau. Cette observation que j'ai faite, s'accorde parfaitement avec celle de l'égalité de la hauteur des collines opposées, dont je parlerai tout à l'heure. On pourra s'assurer aisément de la vérité de ces faits ; car dans tous les vallons étroits où l'on découvre des rochers, on verra que les mêmes lits de pierre ou de marbre se trouvent des deux côtés à la même hauteur. Dans une campagne que j'habite souvent, et où j'ai beaucoup examiné les rochers et les carrières, j'ai trouvé une carrière de marbre qui s'étend à plus de 12 lieues en longueur, et dont la largeur est fort considérable, quoique je n'aie pas pu m'assurer précisément de cette étendue en largeur. J'ai souvent observé que ce lit de marbre a la même

(1) Voyez les *Mémoires de l'Académie*, année 1746, page 14 et suiv. de l'*Histoire*.

épaisseur partout; et dans des collines séparées de cette carrière par un vallon de 100 pieds de profondeur et d'un quart de lieue de largeur, j'ai trouvé le même lit de marbre à la même hauteur. Je suis persuadé qu'il en est de même de toutes les carrières de pierre ou de marbre où l'on trouve des coquilles, car cette observation n'a pas lieu dans les carrières de grès. Nous donnerons dans la suite les raisons de cette différence, et nous dirons pourquoi le grès n'est pas disposé, comme les autres matières, par lits horizontaux, et qu'il est en blocs irréguliers pour la forme et pour la position.

On a de même observé que les lits de terre sont les mêmes des deux côtés des détroits de la mer; et cette observation, qui est importante, peut nous conduire à reconnaître les terres et les îles qui ont été séparées du continent; elle prouve, par exemple, que l'Angleterre a été séparée de la France, l'Espagne de l'Afrique, la Sicile de l'Italie : et il serait à souhaiter qu'on eût fait la même observation dans tous les détroits : je suis persuadé qu'on la trouverait vraie presque partout; et pour commencer par le plus long détroit que nous connaissions, qui est celui de Magellan, nous ne savons pas si les mêmes lits de pierre se trouvent à la même hauteur des deux côtés; mais nous voyons, à l'inspection des cartes particulières de ce détroit, que les deux côtes élevées qui le bornent, forment à peu près, comme les montagnes de la terre, des angles correspondants, et que les angles saillants sont opposés aux angles rentrants dans les détours de ce détroit; ce qui prouve que la Terre-de-Feu doit être regardée comme une partie du continent de l'Amérique. Il en est de même du détroit de Forbisher; l'île de Frislande paraît avoir été séparée du continent du Groenland.

Les îles Maldives ne sont séparées les unes des autres que par de petits trajets de mer, de chaque côté desquels se trouvent des bancs et des rochers composés de la même matière : toutes ces îles, qui, prises ensemble, ont près de 200 lieues de longueur, ne formaient autrefois qu'une même terre; elles sont divisées en treize provinces que l'on appelle *atollons*. Chaque atollon contient un grand nombre de petites îles, dont la plupart sont tantôt submergées, et tantôt à découvert; mais ce qu'il y a de remarquable, c'est que ces treize atollons sont chacun environnés d'une chaîne de rochers de même nature de pierre, et qu'il n'y a que trois ou quatre ouvertures dangereuses par où on peut entrer dans chaque atollon : ils sont tous posés de suite et bout à bout; et il paraît évidemment que ces îles étaient autrefois une longue montagne couronnée de rochers (1).

Plusieurs auteurs, comme Verstegan, Twine, Sommer, et surtout Campbell dans sa *Description de l'Angleterre*, au chapitre de la province de Kent, donnent des raisons très-fortes pour prouver que l'Angleterre était autrefois jointe à la France, et qu'elle en a été séparée par un coup de mer, qui, s'étant ouvert cette porte, a laissé à découvert une grande quantité de terres basses et marécageuses tout le long des côtes méridionales de l'Angleterre. Le docteur Wallis fait valoir comme une preuve

(1) Voyez les *Voyages de François Peyrard*, vol. 1, Paris 1719, page 107, etc.

de ce fait la conformité de l'ancien langage des Gallois et des Bretons ; et il ajoute plusieurs observations que nous rapporterons dans les articles suivants.

Si l'on considère, en voyageant, la forme des terrains, la position des montagnes et les sinuosités des rivières, on s'apercevra qu'ordinairement les collines opposées sont non-seulement composées des mêmes matières, au même niveau, mais même qu'elles sont à peu près également élevées. J'ai observé cette égalité de hauteur dans les endroits où j'ai voyagé, et je l'ai toujours trouvée la même, à très-peu près, des deux côtés, surtout dans les vallons serrés, et qui n'ont tout au plus qu'un quart ou un tiers de lieue de largeur ; car dans les grandes vallées qui ont beaucoup plus de largeur, il est assez difficile de juger exactement de la hauteur des collines et de leur égalité, parce qu'il y a erreur d'optique et erreur de jugement. En regardant une plaine ou tout autre terrain de niveau qui s'étend fort au loin, il paraît s'élever ; et, au contraire, en voyant de loin des collines, elles paraissent s'abaisser. Ce n'est pas ici le lieu de donner la raison mathématique de cette différence. D'autre côté il est fort difficile de juger, par le simple coup d'œil, où se trouve le milieu d'une grande vallée, à moins qu'il n'y ait une rivière ; au lieu que, dans les vallons serrés, le rapport des yeux est moins équivoque, et le jugement plus certain. Cette partie de la Bourgogne qui est comprise entre Auxerre, Dijon, Autun et Bar-sur-Seine, et dont une étendue considérable s'appelle le *bailliage de la Montagne*, est un des endroits les plus élevés de la France : d'un côté de la plupart de ces montagnes, qui ne sont que du second ordre, et qu'on ne doit regarder que comme des collines élevées, les eaux coulent vers l'Océan, et de l'autre vers la Méditerranée : il y a des points de partage, comme à Sombernon, Pouilly en Auxois, etc., où on peut tourner les eaux indifféremment vers l'Océan ou vers la Méditerranée. Ce pays élevé est entre-coupé de plusieurs petits vallons assez serrés, et presque tous arrosés de gros ruisseaux ou de petites rivières. J'ai mille et mille fois observé la correspondance des angles de ces collines, et leur égalité de hauteur ; et je puis assurer que j'ai trouvé partout les angles saillants opposés aux angles rentrants, et les hauteurs à peu près égales des deux côtés. Plus on avance dans le pays élevé où sont les points de partage dont nous venons de parler, plus les montagnes ont de hauteur ; mais cette hauteur est toujours la même des deux côtés des vallons, et les collines s'élèvent ou s'abaissent également. En se plaçant à l'extrémité des vallons dans le milieu de la largeur, j'ai toujours vu que le bassin du vallon était environné et surmonté de collines dont la hauteur était égale. J'ai fait la même observation dans plusieurs autres provinces de France. C'est cette égalité de hauteur dans les collines qui fait les plaines en montagnes ; ces plaines forment pour ainsi dire des pays élevés au-dessus d'autres pays : mais les hautes montagnes ne paraissent pas être égales en hauteur ; elles se terminent la plupart en pointes et en pics irréguliers ; et j'ai vu en traversant plusieurs fois les Alpes et l'Apennin, que les angles sont en effet correspondants, mais qu'il est presque impossible de juger à l'œil de l'égalité ou de l'inégalité de hauteur des montagnes opposées, parce que leur sommet se perd dans les brouillards et dans les nues.

Les différentes couches dont la terre est composée ne sont pas disposées suivant l'ordre de leur pesanteur spécifique; souvent on trouve des couches de matières pesantes posées sur des couches de matières plus légères : pour s'en assurer, il ne faut qu'examiner la nature des terres sur lesquelles portent les rochers, et on verra que c'est ordinairement sur des glaises ou sur des sables qui sont spécifiquement moins pesants que la matière du rocher (1). Dans les collines et dans les autres petites élévations, on reconnaît facilement la base sur laquelle portent les rochers; mais il n'en est pas de même des grandes montagnes; non-seulement le sommet est de rochers, mais ces rochers portent sur d'autres rochers; il y a montagnes sur montagnes et rochers sur rochers, à des hauteurs considérables, et dans une si grande étendue de terrain, qu'on ne peut guère s'assurer s'il y a de la terre dessous, et de quelle nature est cette terre. On voit des rochers coupés à pic qui ont plusieurs centaines de pieds de hauteur; ces rochers portent sur d'autres qui peut-être n'en ont pas moins. Cependant ne peut-on pas conclure du petit au grand? et puisque les rochers des petites montagnes dont on voit la base portent sur des terres moins pesantes et moins solides que la pierre, ne peut-on pas croire que la base des hautes montagnes est aussi de terre? Au reste, tout ce que j'ai à prouver ici, c'est qu'il a pu arriver naturellement, par le mouvement des eaux, qu'il se soit accumulé des matières plus pesantes au-dessus des plus légères, et que si cela se trouve en effet dans la plupart des collines, il est probable que cela est arrivé comme je l'explique dans le texte. Mais quand même on voudrait se refuser à mes raisons, en m'objectant que je ne suis pas bien fondé à supposer qu'avant la formation des montagnes, les matières les plus pesantes étaient au-dessous des moins pesantes, je répondrai que je n'assure rien de général à cet égard, parce qu'il y a plusieurs matières dont cet effet a pu se

(1) *J'ai dit que, dans les collines et dans les autres élévations, on reconnaît facilement la base sur laquelle portent les rochers; mais qu'il n'en est pas de même des grandes montagnes, que non-seulement leur sommet est de roc vif,* etc.

J'avoue que cette conjecture, tirée de l'analogie, n'était pas assez fondée; depuis trente-quatre ans que cela est écrit, j'ai acquis des connaissances et recueilli des faits qui m'ont démontré que les grandes montagnes, composées de matières vitrescibles et produites par l'action du feu primitif, tiennent immédiatement à la roche intérieure du globe, laquelle est elle-même un roc vitreux de la même nature : ces grandes montagnes en font partie, et ne sont que les prolongements ou éminences qui se sont formées à la surface du globe dans le temps de sa consolidation; on doit donc les regarder comme des parties constitutives de la première masse de terre, au lieu que les collines et les petites montagnes qui portent sur des argiles, ou sur des sables vitrescibles, ont été formées par un autre élément, c'est-à-dire par le mouvement et le sédiment des eaux dans un temps bien postérieur à celui de la formation des grandes montagnes produites par le feu primitif (*). C'est dans ces pointes ou parties saillantes qui forment le noyau des montagnes, que se trouvent les filons des métaux; et ces montagnes ne sont pas les plus hautes de toutes, quoiqu'il y en ait de fort élevées qui contiennent des mines; mais la plupart de celles où on les trouve sont d'une hauteur moyenne, et toutes sont arrangées uniformément, c'est-à-dire par des élévations insensibles qui tiennent à une chaîne de montagnes considérable, et qui sont coupées de temps en temps par des vallées. (*Add. Buff.*)

(*) L'intérieur des différentes montagnes primitives que j'ai pénétrées par les puits et galeries des mines, à des profondeurs considérables de douze et quinze cents pieds, est partout composé de roc vif vitreux, dans lequel il se trouve de légères anfractuosités irrégulières, d'où il sort de l'eau, des dissolutions vitrioliques et métalliques; en sorte que l'on peut conclure que tout le noyau de ces montagnes est un roc vif adhérent à la masse primitive du globe, quoique l'on voie sur leurs flancs, du côté des vallées, des masses de terre argileuse, des bancs de pierres calcaires, à des hauteurs assez considérables; mais ces masses d'argile et ces bancs calcaires sont des résidus du remblai des concavités de la terre, dans lesquelles les eaux ont creusé les vallées, et qui sont de la seconde époque de la nature. (*Note communiquée par M. de Grignon à M. de Buffon, le 6 août 1777*).

produire, soit que les matières pesantes fussent au-dessous ou au-dessus, ou placées
indifféremment, comme nous les voyons aujourd'hui : car pour concevoir comment
la mer ayant d'abord formé une montagne de glaise, l'a ensuite couronnée de rochers, il suffit de faire attention que les sédiments peuvent venir successivement
de différents endroits, et qu'ils peuvent être de matières différentes; en sorte que
dans un endroit de la mer où les eaux auront déposé d'abord plusieurs sédiments
de glaise, il peut très-bien arriver que tout d'un coup, au lieu de glaise, les eaux
apportent des sédiments pierreux; et cela, parce qu'elles auront enlevé du fond ou
détaché des côtes toute la glaise, et qu'ensuite elles auront attaqué les rochers, ou
bien parce que les premiers sédiments venaient d'un endroit, et les seconds d'un
autre. Au reste, cela s'accorde parfaitement avec les observations par lesquelles on
reconnaît que les lits de terre, de pierre, de gravier, de sable, etc., ne suivent aucune règle dans leur arrangement, où du moins se trouvent placés indifféremment
et comme au hasard les uns au-dessus des autres.

Cependant ce hasard même doit avoir des règles, qu'on ne peut connaître qu'en
estimant la valeur des probabilités et la vraisemblance des conjectures. Nous avons
vu qu'en suivant notre hypothèse sur la formation du globe, l'intérieur de la terre
doit être d'une matière vitrifiée, semblable à nos sables vitrifiables, qui ne sont que
des fragments de verre, et dont les glaises sont peut-être les scories ou les parties
décomposées. Dans cette supposition, la terre doit être composée dans le centre, et
presque jusqu'à la circonférence extérieure, de verre ou d'une matière vitrifiée qui
en occupe presque tout l'intérieur; et au-dessus de cette matière on doit trouver les
sables, les glaises et les autres scories de cette matière vitrifiée. Ainsi, en considérant la terre dans son premier état, c'était d'abord un noyau de verre ou de matière vitrifiée, qui est ou massive comme le verre, ou divisée comme le sable, parce
que cela dépend du degré de l'activité du feu qu'elle aura éprouvé; au-dessus de
cette matière étaient les sables, et enfin les glaises : le limon des eaux et de l'air a
produit l'enveloppe extérieure qui est plus ou moins épaisse suivant la situation du
terrain, plus ou moins colorée suivant les différents mélanges du limon, des sables
et des parties d'animaux ou de végétaux détruits, et plus ou moins féconde suivant
l'abondance ou la disette de ces mêmes parties. Pour faire voir que cette supposition, au sujet de la formation des sables et des glaises, n'est pas aussi gratuite qu'on
pourrait l'imaginer, nous avons cru devoir ajouter à ce que nous venons de dire,
quelques remarques particulières.

Je conçois donc que la terre, dans le premier état, était un globe, ou plutôt un
sphéroïde de matière vitrifiée, de verre, si l'on veut, très-compacte, couvert d'une
croûte légère et friable, formée par les scories de la matière en fusion, d'une véritable pierre ponce : le mouvement et l'agitation des eaux et de l'air brisèrent bientôt et réduisirent en poussière cette croûte de verre spongieuse, cette pierre ponce
qui était à la surface; de là les sables qui, en s'unissant, produisirent ensuite les
grès et le roc vif, ou, ce qui est la même chose, les cailloux en grande masse, qui
doivent, aussi bien que les cailloux en petite masse, leur dureté, leur couleur ou

leur transparence, à la variété de leurs accidents, aux différents degrés de pureté et à la finesse du grain des sables qui sont entrés dans leur composition.

Ces mêmes sables dont les parties constituantes s'unissent par le moyen du feu, s'assimilent et deviennent un corps dur et très-dense, et d'autant plus transparent que le sable est plus homogène, exposés, au contraire, longtemps à l'air, se décomposent par la désunion et l'exfoliation des petites lames dont ils sont formés; ils commencent à devenir terre, et c'est ainsi qu'ils ont pu former les glaises et les argiles. Cette poussière, tantôt d'un jaune brillant, tantôt semblable à des paillettes d'argent dont on se sert pour sécher l'écriture, n'est autre chose qu'un sable très-pur, en quelque façon pourri, presque réduit en ses principes, et qui tend à une décomposition parfaite; avec le temps ces paillettes se seraient atténuées et divisées au point qu'elles n'auraient point eu assez d'épaisseur et de surface pour réfléchir la lumière, et elles auraient acquis toutes les propriétés des glaises. Qu'on regarde au grand jour un morceau d'argile, on y apercevra une grande quantité de ces paillettes talqueuses, qui n'ont pas entièrement perdu leur forme. Le sable peut donc avec le temps produire l'argile, et celle-ci en se divisant acquiert de même les propriétés d'un véritable limon, matière vitrifiable comme l'argile et qui est du même genre.

Cette théorie est conforme à ce qui se passe tous les jours sous nos yeux. Qu'on lave du sable sortant de sa minière, l'eau se chargera d'une assez grande quantité de terre noire, ductile, grasse, de véritable argile. Dans les villes où les rues sont pavées de grès les boues sont toujours noires et très-grasses, et desséchées elles forment une terre de la même nature que l'argile. Qu'on détrempe et qu'on lave de même de l'argile prise dans un terrain où il n'y a ni grès ni cailloux, il se précipitera toujours au fond de l'eau une assez grande quantité de sable vitrifiable.

Mais ce qui prouve parfaitement que le sable, et même le caillou et le verre, existent dans l'argile et n'y sont que déguisés, c'est que le feu, en réunissant les parties de celle-ci, que l'action de l'air et des autres éléments avait peut-être divisées, lui rend sa première forme. Qu'on mette de l'argile dans un fourneau à réverbère échauffé au degré de la calcination, elle se couvrira au dehors d'un émail très-dur: si à l'intérieur elle n'est pas encore vitrifiée, elle aura cependant acquis une très-grande dureté, elle résistera à la lime et au burin, elle étincellera sous le marteau, elle aura enfin toutes les propriétés du caillou; un degré de chaleur de plus la fera couler et la convertira en un véritable verre.

L'argile et le sable sont donc des matières parfaitement analogues et du même genre; si l'argile, en se condensant, peut devenir du caillou, du verre, pourquoi le sable, en se divisant, ne pourrait-il pas devenir de l'argile? Le verre paraît être la véritable terre élémentaire, et tous les mixtes un verre déguisé; les métaux, les minéraux, les sels, etc., ne sont qu'une terre vitrescible; la pierre ordinaire, les autres matières qui lui sont analogues, et les coquilles des testacés, des crustacés, etc., sont les seules substances qu'aucun agent connu n'a pu jusqu'à présent

vitrifier, et les seules qui semblent faire une classe à part (1). Le feu, en réunissant les parties divisées des premières, en fait une matière homogène dure et transparente à un certain degré, sans aucune diminution de pesanteur, et à laquelle il
n'est plus capable de causer aucune altération; celles-ci, au contraire, dans lesquelles il entre une plus grande quantité de principes actifs et volatils, et qui se
calcinent, perdent au feu plus du tiers de leur poids, et reprennent simplement la
forme de terre, sans autre altération que la désunion de leurs principes : ces matières exceptées, qui ne sont pas en grand nombre, et dont les combinaisons ne
produisent pas de grandes variétés dans la nature, toutes les autres substances, et
particulièrement l'argile peuvent être converties en verre, et ne sont essentiellement
par conséquent qu'un verre décomposé. Si le feu fait changer promptement de
forme à ces substances en les vitrifiant, le verre lui-même, soit qu'il ait sa nature
de verre, ou bien celle de sable où de caillou, se change naturellement en argile,
mais par un progrès lent et insensible.

Dans les terrains où le caillou ordinaire est la pierre dominante, les campagnes
en sont ordinairement jonchées, et si le lieu est inculte, et que ces cailloux aient
été longtemps exposés à l'air sans avoir été remués, leur superficie supérieure est
toujours très-blanche, tandis que le côté opposé, qui touche immédiatement, à la
terre, est très-brun et conserve sa couleur naturelle. Si on casse plusieurs de ces
cailloux, on reconnaîtra que la blancheur n'est pas seulement au dehors, mais
qu'elle pénètre dans l'intérieur plus ou moins profondément, et y forme une espèce
de bande, qui n'a dans de certains cailloux que très-peu d'épaisseur, mais qui dans
d'autres occupe presque toute celle du caillou; cette partie blanche est un peu
grenue, entièrement opaque, aussi tendre que la pierre, et elle s'attache à la langue comme les bols, tandis que le reste du caillou est lisse et poli, qu'il n'a ni fil
ni grain, et qu'il a conservé sa couleur naturelle, sa transparence et sa même dureté. Si on met dans un fourneau ce même caillou à moitié décomposé, sa partie
blanche deviendra d'un rouge couleur de tuile, et sa partie brune d'un très-beau

(1) J'ai dit que *les matières calcaires sont les seules qu'aucun feu connu n'a pu jusqu'à présent vitrifier, et
les seules qui semblent, à cet égard, faire une classe à part, toutes les autres matières du globe pouvant être
réduites en verre.*

Je n'avais pas fait alors les expériences par lesquelles je me suis assuré, depuis, que les matières calcaires peuvent, comme toutes les autres, être réduites en verre; il ne faut en effet pour cela qu'un feu plus violent que celui
de nos fourneaux ordinaires. On réduit la pierre calcaire en verre au foyer d'un bon miroir ardent : d'ailleurs
M. d'Arcet, savant chimiste, a fondu du spath calcaire sans addition d'aucune autre matière, aux fourneaux à faire
de la porcelaine de M. le comte de Lauragais : mais ces opérations n'ont été faites que plusieurs années après la
publication de ma *Théorie de la Terre*. On savait seulement que dans les hauts fourneaux qui servent à fondre la
mine de fer, le laitier spumeux, blanc et léger, semblable à de la pierre ponce, qui sort de ces fourneaux lorsqu'ils
sont trop échauffés, n'est qu'une matière vitrée qui provient de la castine ou matière calcaire qu'on jette au fourneau pour aider à la fusion de la mine de fer : la seule différence qu'il y ait à l'égard de la vitrification entre
les matières calcaires et les matières vitrescibles, c'est que celles-ci sont immédiatement vitrifiées par la violente
action du feu, au lieu que les matières calcaires passent par l'état de calcination et forment de la chaux avant de se
vitrifier; mais elles se vitrifient comme les autres, même au feu de nos fourneaux, dès qu'on les mêle avec des
matières vitrescibles, surtout avec celles qui, comme l'*aubuë*, ou terre limoneuse, coulent le plus aisément au
feu. On peut donc assurer sans crainte de se tromper, que généralement toutes les matières du globe peuvent
retourner à leur première origine en se réduisant ultérieurement en verre, pourvu qu'on leur administre le degré
de feu nécessaire à leur vitrification. (*Add. Buff.*)

blanc. Qu'on ne dise point, avec un de nos plus célèbres naturalistes, que ces pierres sont des cailloux imparfaits de différents âges, qui n'ont pas encore acquis leur perfection; car pourquoi seraient-ils tous imparfaits? pourquoi le seraient-ils tous du même côté, et du côté qui est exposé à l'air? Il me semble qu'il est aisé de se convaincre que ce sont au contraire des cailloux altérés, décomposés, qui tendent à reprendre la forme et les propriétés de l'argile et du bol dont ils ont été formés. Si c'est conjecturer que de raisonner ainsi, qu'on expose en plein air le caillou le plus caillou (comme parle ce fameux naturaliste), le plus dur et le plus noir, en moins d'une année il changera de couleur à la surface; et si on a la patience de suivre son expérience, on lui verra perdre insensiblement et par degrés sa dureté, sa transparence et ses autres caractères spécifiques, et approcher de plus en plus chaque jour de la nature de l'argile.

Ce qui arrive au caillou arrive au sable : chaque grain de sable peut être considéré comme un petit caillou, et chaque caillou comme un amas de grains de sable extrêmement fins et exactement engrenés. L'exemple du premier degré de décomposition de sable se trouve dans cette poudre brillante, mais opaque, *mica*, dont nous venons de parler, et dont l'argile et l'ardoise sont toujours parsemées ; les cailloux entièrement transparents, les *quartz*, produisent en se décomposant des talcs gras et doux au toucher, aussi pétrissables et ductiles que la glaise, et vitrifiables comme elle, tels que ceux de Venise et de Moscovie; et il me paraît que le talc est un terme moyen entre le verre ou le caillou transparent et l'argile, au lieu que le caillou grossier et impur en se décomposant passe à l'argile sans intermède.

Notre verre factice éprouve aussi la même altération : il se décompose à l'air, et se pourrit en quelque façon en séjournant dans les terres: d'abord sa superficie s'*irise*, s'écaille, s'exfolie, et en le maniant on s'aperçoit qu'il s'en détache des paillettes brillantes; mais lorsque sa décomposition est plus avancée, il s'écrase entre les doigts et se réduit en poudre talqueuse très-blanche et très-fine ; l'art a même imité la nature pour la décomposition du verre et du caillou. « Est etiam certa » methodus solius aquæ communis ope silices et arenam in liquorem viscosum, » eumdemque in sal viride convertendi, et hoc in oleum rubicundum, etc. Solius » ignis et aquæ ope, speciali experimento durissimos quosque lapides in mucorem » resolvo, qui distillatus subtilem spiritum exhibet et oleum nullis laudibus præ- » dicabile. »

Nous traiterons ces matières encore plus à fond dans notre discours sur les minéraux, et nous nous contenterons d'ajouter ici que les différentes couches qui couvrent le globe terrestre étant encore actuellement ou de matières que nous pouvons considérer comme vitrifiées, ou de matières analogues au verre, qui en ont les propriétés les plus essentielles, et qui toutes sont vitrescibles, et que d'ailleurs, comme il est évident que de la décomposition du caillou et du verre qui se fait chaque jour sous nos yeux, il résulte une véritable terre argileuse, ce n'est donc pas une supposition précaire ou gratuite que d'avancer, comme je l'ai fait, que les glaises, les argiles et les sables ont été formés par les scories et les écumes vitrifiées du globe terrestre, surtout lorsqu'on y joint les preuves *à priori*, que nous avons données pour faire voir qu'il a été dans un état de liquéfaction causée par le feu.

Sur les couches et lits de terre en différents endroits.

* Nous avons quelques exemples des fouilles et des puits, dans lesquels on a observé les différentes natures des couches ou lits de terre jusqu'à de certaines profondeurs; celle du puits d'Amsterdam, qui descendait jusqu'à 232 pieds; celle du puits de Marly-la-Ville, jusqu'à 100 pieds; et nous pourrions en citer plusieurs autres exemples, si les observateurs étaient d'accord dans leur nomenclature : mais les uns appellent *marne* ce qui n'est en effet que de l'argile blanche; les autres nomment *cailloux* des pierres calcaires arrondies; ils donnent le nom de *sable* à du gravier calcaire : au moyen de quoi l'on ne peut tirer aucun fruit de leurs recherches ni de leurs longs mémoires sur ces matières, parce qu'il y a partout incertitude sur la nature des substances dont ils parlent; nous nous bornerons donc aux exemples suivants.

Un bon observateur a écrit à un de mes amis, dans les termes suivants, sur les couches de terre dans le voisinage de Toulon : « Il existe ici, dit-il, un immense dépôt pierreux qui occupe toute la pente de la chaîne de montagnes que nous avons au nord de la ville de Toulon, qui s'étend dans la vallée au levant et au couchant dont une partie forme le sol de la vallée et va se perdre dans la mer; cette matière lapidifique est appelée vulgairement *safre*, et c'est proprement ce tuf que les naturalistes appellent *marga tofacea fistulosa*. M. Guettard m'a demandé des éclaircissements sur ce safre pour en faire usage dans ses mémoires, et quelques morceaux de cette matière pour la connaître. Je lui ai envoyé les uns et les autres, et je crois qu'il en a été content, car il m'en a remercié; il vient même de me marquer qu'il reviendra en Provence et à Toulon au commencement de mai..... Quoi qu'il en soit, M. Guettard n'aura rien de nouveau à dire sur ce dépôt : car M. de Buffon a tout dit à ce sujet dans son premier volume de l'*Histoire naturelle*, à l'article des *Preuves de la Théorie de la Terre*; et il semble qu'en faisant cet article, il avait sous les yeux les montagnes de Toulon et leur croupe.

» A la naissance de cette croupe, qui est d'un tuf plus ou moins dur, on trouve, dans de petites cavités du noyau de la montagne, quelques mines de très-beau sable, qui sont probablement ces pelotes dont parle M. de Buffon. En cassant en d'autres endroits, la superficie du noyau, nous trouvons en abondance des coquilles de mer incorporées avec la pierre..... J'ai plusieurs de ces coquilles, dont l'émail est assez bien conservé. Je les enverrai quelque jour à M. de Buffon (1). »

M. Guettard, qui a fait lui-même plus d'observations en ce genre qu'aucun autre naturaliste, s'exprime dans les termes suivants en parlant des montagnes qui avoisinent Paris :

(1) Lettre de M. de Boissy à M. Guenaud de Montbelliard. *Toulon*, 16 avril 1775.

« Après la terre labourable, qui n'est tout au plus que de deux ou trois pieds, est placé un banc de sable, qui a depuis quatre et six pieds jusqu'à vingt pieds, et souvent même jusqu'à trente de hauteur : ce banc est communément rempli de pierres de la nature de la pierre meulière..... Il y a des cantons où l'on rencontre, dans ce banc sableux, des masses de grès isolées.

» Au-dessous de ce sable, on trouve un tuf qui peut avoir depuis dix ou douze jusqu'à trente, quarante, et même cinquante pieds. Ce tuf n'est cependant pas communément d'une seule épaisseur ; il est assez souvent coupé par différents lits de *fausse* marne, de marne glaiseuse, de *cos*, que les ouvriers appellent *tripoli*, ou de bonne marne, et même de petits bancs de pierres assez dures.... Sous ce banc de tuf commencent ceux qui donnent la pierre à bâtir. Ces bancs varient par la hauteur ; ils n'ont guère d'abord qu'un pied. Il s'en trouve dans des cantons trois ou quatre au-dessus l'un de l'autre : ils en précèdent un qui peut être d'environ dix pieds, et dont les surfaces et l'intérieur sont parsemés de noyaux ou d'empreintes de coquilles ; il est suivi d'un autre qui peut avoir quatre pieds. Il porte sur un de sept à huit, ou plutôt sur deux de trois ou quatre. Après ces bancs, il y en a plusieurs autres qui sont petits, et qui peuvent former en tout un massif de trois toises au moins ; ce massif est suivi des glaises, avant lesquelles cependant on perce un lit de sable.

» Ce sable est rougeâtre et terreux : il a d'épaisseur deux, deux et demi, et trois pieds ; il est noyé d'eau ; il a après lui un banc de fausse glaise bleuâtre, c'est-à-dire d'une terre glaiseuse mêlé de sable : l'épaisseur de ce banc peut avoir deux pieds ; celui qui le suit est au moins de cinq, et d'une glaise noire, lisse, dont les cassures sont brillantes presque comme du jayet ; et enfin cette glaise noire est suivie de la glaise bleue, qui forme un banc de cinq à six pieds d'épaisseur. Dans ces différentes glaises, on trouve des pyrites blanchâtres d'un jaune pâle et de différentes figures.... L'eau qui se trouve au-dessous de toutes ces glaises empêche de pénétrer plus avant.....

» Le terrain des carrières du canton de Moxouris, au haut du faubourg Saint-Marceau, est disposé de la manière suivante :

		Pieds.	Pouc.
1° La terre labourable, d'un pied d'épaisseur.		1	
2° Le tuf, deux toises.		12	
3° Le sable, deux à trois toises.		18	
4° Des terres jaunâtres, de deux toises.		12	
5° Le tripoli, c'est-à-dire, des terres blanches, grasses, fermes, qui se durcissent au soleil, et qui marquent comme la craie, de quatre à cinq toises.		20	
6° Du cailloutage ou mélange de sable gras, de deux toises.		12	
7° De la roche ou rochette, depuis un pied jusqu'à deux.		2	
8° Une espèce de bas appareil ou qui a peu de hauteur, d'un pied jusqu'à deux.		2	
9° Deux *moies* de banc blanc, de chacune six, sept à huit pouces.		1	
10° Le souchet, de dix-huit pouces jusqu'à vingt, en y comprenant son bousin.		1	6
11° Le banc franc, depuis quinze, dix-huit, jusqu'à trente pouces.		1	6
12° Le liais-ferault, de dix à douze pouces.		1	
13° Le banc vert, d'un pied jusqu'à vingt pouces.		1	6

23 6

Pieds. Pouc.

De l'autre part. 95 6
14° Les lambourdes, qui forment deux bancs, un de dix-huit pouces, et l'autre de deux pieds, . .   3 6
15° Plusieurs petits bancs de lambourdes bâtardes, ou moins bonnes que les lambourdes ci-dessus; ils précèdent la nappe d'eau ordinaire des puits : cette nappe est celle que ceux qui fouillent la terre à pots sont obligés de passer pour tirer cette terre ou glaise à poterie, laquelle est entre deux eaux, c'est-à-dire entre cette nappe dont je viens de parler... et une autre beaucoup plus considérable, qui est au-dessous.

En tout. 99

Au reste, je ne rapporte cet exemple que faute d'autres ; car on voit combien il laisse d'incertitude sur la nature des différentes terres. On ne peut donc trop exhorter les observateurs à désigner plus exactement la nature des matières dont ils parlent, et de distinguer ou moins celles qui sont vitrescibles ou calcaires comme dans l'exemple suivant.

Le sol de la Lorraine est partagé en deux grandes zones toutes différentes et bien distinctes : l'orientale, que couvre la chaîne des Vosges, montagnes primitives, toutes composées de matières vitrifiables et cristallisées, granites, porphyres, jaspes, et quartz, jetés par blocs et par groupes, et non par lits et par couches. Dans toute cette chaîne, on ne trouve pas le moindre vestige de productions marines, et les collines qui en dérivent sont de sable vitrifiable. Quand elles finissent, et sur une lisière suivie dans toute la ligne de leur chute, commence l'autre zone toute calcaire, toute en couches horizontales, toute remplie ou plutôt formée de corps marins (1).

Les bancs et les lits de terre du Pérou sont parfaitement horizontaux, et se répondent quelquefois de fort loin dans les différentes montagnes : la plupart de ces montagnes ont deux ou trois cents toises de hauteur, et elles sont presque toujours inaccessibles : elles sont souvent escarpées comme des murailles, et c'est ce qui permet de voir leurs lits horizontaux, dont ces escarpements présentent l'extrémité. Lorsque le hasard a voulu que quelqu'une fût ronde, et qu'elle se trouve absolument détachée des autres, chacun de ces lits est devenu un cylindre très-plat et comme un cône tronqué, qui n'a que très-peu de hauteur; et ces différents lits placés les uns au-dessous des autres, et distingués par leur couleur et par les divers talus de leur contour, ont souvent donné au tout la forme d'un ouvrage artificiel et fait avec la plus grande régularité. On voit dans ce pays-là les montagnes y prendre continuellement l'aspect d'anciens et somptueux édifices, de chapelles, de châteaux, de dômes. Ce sont quelquefois des fortifications formées, de longues courtines munies de boulevards. Il est difficile, en distinguant tous ces objets et la manière dont les couches se répondent, de douter que le terrain ne soit abaissé tout autour; il paraît que ces montagnes, dont la base était plus solidement appuyée, sont restées comme des espèces de témoins et de monuments qui indiquent la hauteur qu'avait anciennement le sol de ces contrées.

La montagne des Oiseaux, appelée en arabe *Gebelleir*, est si égale du haut en bas

(1) Note communiquée à M. de Buffon par M. l'abbé Bexon, le 15 mars 1777.

l'espace d'une demi-lieue, qu'elle semble plutôt un mur régulier bâti par la main des hommes, que non pas un rocher fait ainsi par la nature. Le Nil la touche par un très-long espace, et elle est éloignée de quatre journées et demie du Caire, dans l'Égypte supérieure.

Je puis ajouter à ces observations une remarque faite par la plupart des voyageurs : c'est que dans les Arabies le terrain est d'une nature très-différente ; la partie la plus voisine du mont Liban n'offre que des rochers tranchés et culbutés, et c'est ce qu'on appelle l'*Arabie Pétrée*. C'est de cette contrée, dont les sables ont été enlevés par mouvement des eaux, que s'est formé le terrain stérile de l'Arabie Déserte ; tandis que les limons plus légers et toutes les bonnes terres ont été portées plus loin dans la partie que l'on appelle l'*Arabie Heureuse*. Au reste, les revers dans l'Arabie Heureuse sont, comme partout ailleurs, plus escarpés vers la mer d'Afrique, c'est-à-dire vers l'occident, que vers la mer Rouge, qui est à l'orient. (*Add. Buff.*)

ARTICLE VIII.

SUR LES COQUILLES ET AUTRES PRODUCTIONS DE LA MER QU'ON TROUVE DANS L'INTÉRIEUR DE LA TERRE.

J'ai souvent examiné des carrières du haut en bas, dont les bancs étaient remplis de coquilles ; j'ai vu des collines entières qui en sont composées, des chaînes de rochers qui en contiennent une grande quantité dans toute leur étendue. Le volume de ces productions de la mer est étonnant, et le nombre de ces dépouilles d'animaux marins est si prodigieux, qu'il n'est guère possible d'imaginer qu'il puisse y en avoir davantage dans la mer. C'est en considérant cette multitude innombrable de coquilles et d'autres productions marines, qu'on ne peut pas douter que notre terre n'ait été, pendant un très-long temps, un fond de mer peuplé d'autant de coquillages que l'est actuellement l'Océan : la quantité en est immense, et naturellement on n'imaginerait pas qu'il y eût dans la mer une multitude aussi grande de ces animaux ; ce n'est que par celle des coquilles fossiles et pétrifiées qu'on trouve sur la terre, que nous pouvons en avoir une idée. En effet, il ne faut pas croire, comme se l'imaginent tous les gens qui veulent raisonner sur cela sans avoir rien vu, qu'on ne trouve ces coquilles que par hasard, qu'elles sont dispersées çà et là, ou tout au plus par petits tas, comme des coquilles d'huîtres jetées à la porte, c'est par montagnes qu'on les trouve, c'est par bancs de 100 et de 200 lieues de longueur ; c'est par collines et par provinces qu'il faut les toiser, souvent dans une épaisseur de 50 à 60 pieds, et c'est d'après ces faits qu'il faut raisonner.

Nous ne pouvons donner sur ce sujet un exemple plus frappant que celui des coquilles de Touraine, voici ce qu'en dit l'historien de l'Académie (1) : « Dans tous les

____

(1) Année 1720, pages 5 et suiv.

siècles assez peu éclairés et assez dépourvus du génie d'observation et de recherche,
pour croire que tout ce qu'on appelle aujourd'hui pierres figurées, et les coquillages
même trouvés dans la terre, étaient des jeux de la nature, ou quelques petits accidents particuliers, le hasard a dû mettre au jour une infinité de ces sortes de curiosités, que les philosophes mêmes, si c'étaient des philosophes, ne regardaient
qu'avec une surprise ignorante ou une légère attention : et tout cela périssait sans
aucun fruit pour le progrès des connaissances. Un potier de terre, qui ne savait ni latin ni grec, fut le premier, vers la fin du seizième siècle, qui osa dire dans Paris,
et à la face de tous les docteurs, que les coquilles fossiles étaient de véritables coquilles déposées autrefois par la mer dans les lieux où elles se trouvaient alors ; que
des animaux, et surtout des poissons, avaient donné aux pierres figurées toutes leurs
différentes figures, etc. : et il défia hardiment toute l'école d'Aristote d'attaquer ces preuves : c'est Bernard Palissy, Saintongeois, aussi grand physicien que la
nature seule en puisse former un : cependant son système a dormi près de cent ans,
et le nom même de l'auteur est presque mort. Enfin les idées de Palissy se sont ré-
veillées dans l'esprit de plusieurs savants ; elles ont fait la fortune qu'elles méri-
taient ; on a profité de toutes les coquilles, de toutes les pierres figurées que la terre a
fournies : peut-être seulement sont-elles devenues aujourd'hui trop communes ; et
les conséquences qu'on en tire sont en danger d'être bientôt trop incontestables.

» Malgré cela, ce doit être encore une chose étonnante que le sujet des observations présentes de M. de Réaumur, une masse de 130,080,000 toises cubiques, enfouie
sous terre, qui n'est qu'un amas de coquilles, ou de fragments de coquilles, sans nul
mélange de matière étrangère, ni pierre, ni terre, ni sable : jamais, jusqu'à présent,
les coquilles fossiles n'ont paru en cette énorme quantité, et jamais, quoiqu'en une
quantité beaucoup moindre, elles n'ont paru sans mélange. C'est en Touraine que
se trouve ce prodigieux amas à plus de 36 lieues de la mer : on l'y connaît, parce
que les paysans de ce canton se servent de ces coquilles qu'ils tirent de terre,
comme de marne, pour fertiliser leurs campagnes, qui sans cela seraient absolument stériles. Nous laissons expliquer à M. de Réaumur comment ce moyen assez
particulier, et en apparence assez bizarre, leur réussit : nous nous renfermons dans
la singularité de ce grand tas de coquilles.

» Ce qu'on tire de terre, et qui ordinairement n'y est pas à plus de 8 ou 9 pieds de profondeur, ce ne sont que de petits fragments de coquilles, très-reconnaissables pour en
être des fragments ; car ils ont les cannelures très-bien marquées : seulement ils ont
perdu leur luisant et leur vernis, comme presque tous les coquillages qu'on trouve
en terre, qui doivent y avoir été longtemps enfouis. Les plus petits fragments qui
ne sont que de la poussière, sont encore reconnaissables pour être des fragments
de coquilles, parce qu'ils sont parfaitement de la même matière que les autres ;
quelquefois il se trouve des coquilles entières. On reconnaît les espèces tant des
coquilles entières que des fragments un peu gros : quelques-unes de ces espèces sont
connues sur les côtes du Poitou, d'autres appartiennent à des côtes éloignées. Il y
a jusqu'à des fragments de plantes marines pierreuses, telles que des madrépores,

des champignons de mer, etc. Toute cette matière s'appelle dans le pays du *falun*.

» Le canton qui, en quelque endroit qu'on le fouille, fournit du *falun*, a bien neuf lieues carrées de surface. On ne perce jamais la minière du falun ou *falunière* au delà de 20 pieds : M. de Réaumur en rapporte les raisons, qui ne sont prises que de la commodité des laboureurs et de l'épargne des frais. Ainsi les falunières peuvent avoir une profondeur beaucoup plus grande que celle qu'on leur connaît; cependant nous n'avons fait le calcul des 180,680,000 toises cubiques que sur le pied de 18 pieds de profondeur, et non pas de 20, et nous n'avons mis la lieue qu'à 2,200 toises : tout a donc été évalué fort bas, et peut-être l'amas de coquilles est-il de beaucoup plus grand que nous ne l'avons posé; qu'il soit seulement double, combien la merveille augmente-t-elle !

» Dans les faits de physique, de petites circonstances que la plupart des gens ne s'aviseront pas de remarquer tirent quelquefois à conséquence et donnent des lumières. M. de Réaumur a observé que tous les fragments de coquilles sont, dans leur tas, posés sur le plat et horizontalement : de là il a conclu que cette infinité de fragments ne sont pas venus de ce que, dans le tas formé d'abord de coquilles entières, les supérieures auraient par leur poids brisé les inférieures; car de cette manière il se serait fait des écroulements qui auraient donné aux fragments une infinité de positions différentes. Il faut que la mer ait apporté dans ce lieu-là toutes ces coquilles, soit entières, soit quelques-unes déjà brisées; et comme elle les apportait flottantes, elles étaient posées sur le plat et horizontalement; après qu'elles ont été toutes déposées au rendez-vous commun, l'extrême longueur du temps en aura brisé et presque calciné la plus grande partie sans déranger leur position.

Il paraît assez par là qu'elles n'ont pu être apportées que successivement; et en effet, comment la mer voiturerait-elle tout à la fois une si prodigieuse quantité de coquilles, et toutes dans une position horizontale? Elles ont dû s'assembler dans un même lieu, et par conséquent ce lieu a été le fond d'un golfe ou une espèce de bassin.

» Toutes ces réflexions prouvent que, quoiqu'il ait dû rester et qu'il reste effectivement sur la terre beaucoup de vestiges du déluge universel rapporté par l'Écriture sainte, ce n'est point ce déluge qui a produit l'amas des coquilles de Touraine; peut-être n'y en a-t-il d'aussi grands amas dans aucun endroit du fond de la mer : mais enfin le déluge ne les en aurait pas arrachées; et s'il l'avait fait, ç'aurait été avec une impétuosité et une violence qui n'aurait pas permis à toutes ces coquilles d'avoir une même position : elles ont dû être apportées et déposées doucement, lentement, et par conséquent en un temps beaucoup plus long qu'une année.

» Il faut donc, ou qu'avant, ou qu'après le déluge, la surface de la terre ait été, du moins en quelques endroits, bien différemment disposée de ce qu'elle est aujourd'hui, que les mers et les continents y aient eu un autre arrangement, et qu'enfin il y ait eu un grand golfe au milieu de la Touraine. Les changements qui nous sont connus depuis le temps des histoires ou des fables qui ont quelque chose d'historique, sont, à la vérité, peu considérables; mais ils nous donnent lieu d'imaginer aisément ceux que des temps plus longs pourraient amener. M. de Réaumur imagine comment le golfe de Touraine tenait à l'Océan, et quel était le courant qui y charriait les coquilles : mais ce n'est qu'une simple conjecture donnée pour tenir lieu du véritable fait inconnu, qui sera toujours quelque chose d'approchant. Pour parler sûrement sur cette matière, il faudrait avoir des espèces de cartes géographiques dressées selon toutes les minières de coquillages enfouis en terre : quelle quantité d'observations ne faudrait-il pas, et quel temps pour les avoir ! Qui sait cependant si les sciences n'iront pas un jour jusque-là, du moins en partie ? »

Cette quantité si considérable de coquilles nous étonnera moins, si nous faisons attention à quelques circonstances qu'il est bon de ne pas omettre. La première est que les coquillages se multiplient prodigieusement, et qu'ils croissent en fort peu de temps ; l'abondance d'individus dans chaque espèce prouve leur fécondité. On a un exemple de cette grande multiplication dans les huîtres : on enlève quelquefois dans un seul jour un volume de ces coquillages de plusieurs toises de grosseur ; on diminue considérablement en assez peu de temps les rochers dont on les sépare, et il semble qu'on épuise les autres endroits où on les pêche : cependant l'année suivante on en trouve autant qu'il y en avait auparavant ; on ne s'aperçoit pas que la quantité d'huîtres soit diminuée, et je ne sache pas qu'on ait jamais épuisé les endroits où elles viennent naturellement. Une seconde attention qu'il faut faire, c'est que les coquilles sont d'une substance analogue à la pierre, qu'elles se conservent très-longtemps dans les matières molles, qu'elles se pétrifient aisément dans les matières dures, et que ces productions marines et ces coquilles que nous trouvons sur la terre, étant les dépouilles de plusieurs siècles, elles ont dû former un volume fort considérable.

Il y a, comme on voit, une prodigieuse quantité de coquilles bien conservées dans les marbres, dans les pierres à chaux, dans les craies, dans les marnes, etc. On les trouve, comme je viens de le dire, par collines et par montagnes ; elles font souvent plus de la moitié du volume des matières où elles sont contenues : elles paraissent la plupart bien conservées ; d'autres sont en fragments, mais assez gros pour qu'on puisse reconnaître à l'œil l'espèce de coquille à laquelle ces fragments appartiennent, et c'est là où se bornent les observations et les connaissances que l'inspection peut nous donner. Mais je vais plus loin : je prétends que les coquilles sont l'intermède que la nature emploie pour former la plupart des pierres ; je prétends que les craies, les marnes et les pierres à chaux ne sont composées que de poussière et de détriments de coquilles ; que par conséquent la quantité des coquilles détruites est encore infiniment plus considérable que celle des coquilles conservées. On verra dans le Discours sur les minéraux les preuves que j'en donnerai ; je me contenterai d'indiquer ici le point de vue sous lequel il faut considérer les couches dont le globe est composé. La première couche extérieure est formée du limon de l'air, du sédiment des pluies, des rosées et des parties végétales ou animales, réduites en particules, dans lesquelles l'ancienne organisation n'est pas sensible ; les couches intérieures de craie, de marne, de pierre à chaux, de marbre, sont composées de détriments de coquilles et d'autres productions marines, mêlées avec des fragments de coquilles ou avec des coquilles entières : mais les sables vitrifiables et l'argile sont les matières dont l'intérieur du globe est composé ; elles ont été vitrifiées dans le temps que le globe a pris sa forme, laquelle suppose nécessairement que la matière a été toute en fusion. Le granite, le roc vif, les cailloux et les grès en grande masse, les ardoises, les charbons de terre, doivent leur origine au sable et à l'argile, et ils sont aussi disposés par couches : mais les tufs, les grès et les cailloux qui ne sont pas en grande masse, les cristaux, les métaux, les pyrites, la plupart des minéraux, les soufres, etc., sont des matières dont la formation est nouvelle en comparaison des marbres, des pierres calcinables, des craies, des marnes et de toutes les autres matières qui sont disposées par couches horizontales, et qui contiennent des coquilles et d'autres débris des productions de la mer.

Comme les dénominations dont je viens de me servir pourraient paraître obscures ou équivoques, je crois qu'il est nécessaire de les expliquer. J'entends par le mot d'argile, non-seulement les argiles blanches, jaunes, mais aussi les glaises bleues, molles, dures, feuilletées, etc., que je regarde comme des scories de verre, ou comme du verre décomposé. Par le mot de sable, j'entends toujours le sable vitrifiable, et non-seulement je comprends sous cette dénomination le sable fin qui produit les grès, et que je regarde comme de la poussière de verre, ou plutôt de pierre ponce, mais aussi le sable qui provient du grès usé et détruit par le frottement, et encore le sable gros comme du menu gravier, qui provient du granite et du roc vif, qui est aigre, anguleux, rougeâtre, et qu'on trouve assez communément dans le lit des ruisseaux et des rivières qui tirent immédiatement leurs eaux des hautes montagnes, ou de collines qui sont composées de roc vif ou de granite. La rivière d'Armenson, qui passe à Semur en Auxois, où toutes les pierres sont du roc vif, charrie une grande quantité de ce sable, qui est gros et fort aigre : il est de la même nature que le roc vif, et il n'en est en effet que le débris, comme le gravier calcinable n'est que le débris de la pierre de taille ou de moellon. Au reste, le roc vif et le granite sont une seule et même substance ; mais j'ai cru devoir employer les deux dénominations, parce qu'il y a bien des gens qui en font deux matières différentes ; il en est de même des cailloux et des grès en grande masse : je les regarde comme des espèces de rocs vifs ou de granites, et je les appelle cailloux en grande masse, parce qu'ils sont disposés, comme la pierre calcinable, par couches, et pour les distinguer des cailloux et des grès que j'appelle en petite masse, qui sont les cailloux ronds et les grès que l'on trouve *à la chasse*, comme disent les ouvriers, c'est-à-dire les grès dont les bancs n'ont pas de suite et ne forment pas des carrières continues et qui aient une certaine étendue. Ces grès et ces cailloux sont d'une formation plus nouvelle, et n'ont pas la même origine que les cailloux et les grès en grande masse, qui sont disposés par couches. J'entends par la dénomination d'ardoise, non-seulement l'ardoise bleue que tout le monde connaît, mais les ardoises blanches, grises, rougeâtres, et tous les schistes. Ces matières se trouvent ordinairement au-dessous de l'argile feuilletée, et semble n'être en effet que de l'argile, dont les différentes petites couches ont pris corps en se desséchant, ce qui a produit les délits qui s'y trouvent. Le charbon de terre, la houille, le jais, sont des matières qui appartiennent aussi à l'argile, et qu'on trouve sous l'argile feuilletée ou sous l'ardoise. Par le mot de tuf, j'entends non-seulement le tuf ordinaire qui paraît troué, et, pour ainsi dire, organisé, mais encore toutes les couches de pierre qui se sont faites par le dépôt des eaux courantes, toutes les stalactites, toutes les incrustations, toutes les espèces de pierres fondantes; il n'est pas douteux que ces matières ne soient nouvelles, et qu'elles ne prennent tous les jours de l'accroissement. Le tuf n'est qu'un amas de matières lapidifiques, dans lesquelles on n'aperçoit aucune couche distincte : cette matière est disposée ordinairement en petits cylindres creux, irrégulièrement groupés et formés par des eaux gouttières aux pieds des montagnes ou sur la pente des collines, qui contiennent des lits de marne ou de pierre tendre et calcinable; la masse totale de ces cylindres, qui font un des caractères spécifiques de cette espèce de tuf, est toujours ou oblique ou verticale, selon la direction des filets d'eau qui les forment. Ces sortes de carrières parasites n'ont aucune suite : leur étendue est très-bornée en comparaison des carrières ordinaires, et elle est proportionnée à la hauteur des montagnes qui leur fournissent la matière de leur accroissement. Le tuf recevant chaque jour de nouveaux sucs lapidifiques, ces petites colonnes cylindriques qui laissaient entre elles beaucoup d'intervalle, se confondent à la fin, et avec le temps le tout devient compacte : mais cette matière n'acquiert jamais la dureté de la pierre; c'est alors ce qu'Agricola nomme *marga tofacea fistulosa*. On trouve ordinairement dans ce tuf quantité d'impressions de feuilles d'arbres et de plantes de l'espèce de celles que le terrain des environs produit; on y trouve aussi assez souvent des coquilles terrestres très-bien conservées, mais jamais de coquilles de mer. Le tuf est donc certainement une matière nouvelle, qui doit être mis dans la classe des stalactites, des pierres fondantes, des incrustations, etc. Toutes ces matières nouvelles sont des espèces de pierres parasites qui se forment aux dépens des autres, mais qui n'arrivent jamais à la vraie pétrification.

Le cristal, toutes les pierres précieuses, toutes celles qui ont une figure régulière, même les cailloux en petite masse qui sont formés par couches concentriques, soit que ces sortes de pierres se trouvent dans les fentes perpendiculaires des rochers, ou partout ailleurs, ne sont que des exsudations des cailloux en grande masse, des sucs concrets de ces mêmes matières, des pierres parasites nouvelles, de vraies stalactites de caillou ou de roc vif.

On ne trouve jamais de coquilles ni dans le roc vif ou granite, ni dans les grès; au moins je n'y en ai jamais vu, quoiqu'on en trouve, et même assez souvent, dans le sable vitrifiable, duquel ces matières tirent leur origine : ce qui semble prouver que le sable ne peut s'unir pour former du grès ou du roc vif que quand il est pur; et que s'il est mêlé de substances d'un autre genre, comme sont les coquilles, ce mélange de parties qui lui sont hétérogènes en empêche la réunion. J'ai observé, dans le dessein de m'en assurer, ces petites pelotes qui se forment souvent dans les couches de sable mêlé de coquilles, et je n'y ai jamais trouvé aucune coquille; ces pelotes sont un véritable grès : ce sont des concrétions qui se forment dans le sable aux endroits où il n'est pas mêlé de matières hétérogènes qui s'opposent à la formation des bancs ou d'autres masses plus grandes que ces pelotes.

Nous avons dit qu'on a trouvé à Amsterdam, qui est un pays dont le terrain est fort bas, des coquilles de mer à 100 pieds de profondeur sous la terre, et à Marly-la-Ville, à six lieues de Paris, à 75 pieds : on en trouve de même au fond des mines et dans les bancs des rochers au-dessous d'une hauteur de pierre de 50, 100, 200 et jusqu'à 1000 pieds d'épaisseur, comme il est aisé de le remarquer dans les Alpes et dans les Pyrénées; il n'y a qu'à examiner de près les rochers coupés à plomb, et on voit que dans les lits inférieurs il y a des coquilles et d'autres productions marines : mais, pour aller par ordre, on en trouve sur les montagnes d'Espagne, sur les Pyrénées, sur les montagnes de France, sur celles d'Angleterre, dans toutes les carrières de marbre en Flandre, dans les montagnes de Gueldre, dans toutes les collines autour de Paris, dans toutes celles de Bourgogne et de Champagne, en un mot dans tous les endroits où le fond du terrain n'est pas de grès ou de tuf; et dans la plupart des lieux dont nous venons de parler, il y a presque dans toutes les pierres plus de coquilles que d'autres matières. J'entends ici par coquilles, non-seulement les dépouilles des coquillages, mais celles des crustacés, comme test et pointes d'oursin, et aussi toutes les productions des insectes de mer, comme les madrépores, les coraux, les astroïtes, etc. Je puis assurer, et on s'en convaincra par ses yeux quand on le voudra, que dans la plupart des pierres calcinables et des marbres, il y a une si grande quantité de ces productions marines, qu'elles paraissent surpasser en volume la matière qui les réunit.

Mais suivons. On trouve ces productions marines dans les Alpes, même au-dessus des plus hautes montagnes, par exemple, au-dessus du mont Cenis; on en trouve dans les montagnes de Gênes, dans les Apennins et dans la plupart des carrières de pierre ou de marbre en Italie; on en voit dans les pierres dont sont bâtis les plus anciens édifices des Romains; il y en a dans les montagnes du Tyrol et dans le centre de l'Italie, au sommet du mont Paterno, près de Bologne, dans les mêmes endroits qui produisent cette pierre lumineuse qu'on appelle la pierre de Bologne; on en trouve dans des collines de la Pouille, dans celles de la Calabre, en plusieurs endroits de l'Allemagne et de la Hongrie, et généralement dans tous les lieux élevés de l'Europe (1).

En Asie et en Afrique, les voyageurs en ont remarqué en plusieurs endroits; par exemple, sur la montagne de Castravan, au-dessus de Barut, il y a un lit de pierre blanche, mince comme de l'ardoise, dont chaque feuille contient un grand nombre et une grande diversité de poissons; ils sont la plupart fort plats et fort comprimés, comme est la fougère fossile; et ils sont cependant si bien conservés, qu'on y remarque parfaitement jusqu'aux moindres traits des nageoires, des écailles, et de

____

(1) Voyez sur cela Stenon, Roy, Woodward, etc.

toutes les parties qui distinguent chaque espèce de poisson. On trouve de même beaucoup d'oursins de mer et de coquilles pétrifiées entre Suez et le Caire, et sur toutes les collines et les hauteurs de la Barbarie ; la plupart sont exactement conformes aux espèces qu'on prend actuellement dans la mer Rouge (1). Dans notre Europe, on trouve des poissons pétrifiés en Suisse, en Allemagne, dans la carrière d'Oningen, etc.

La longue chaîne de montagnes, dit M. Bourguet, qui s'étend d'occident en orient, depuis le fond du Portugal jusqu'aux parties les plus orientales de la Chine, celles qui s'étendent collatéralement du côté du nord et du midi, les montagnes d'Afrique et d'Amérique qui nous sont connues, les vallées et les plaines de l'Europe, renferment toutes des couches de terre et de pierres qui sont remplies de coquillages, et de là on peut conclure pour les autres parties du monde qui nous sont inconnues.

Les îles de l'Europe, celles de l'Asie et de l'Amérique où les Européens ont eu occasion de creuser, soit dans les montagnes, soit dans les plaines, fournissent aussi des coquilles ; ce qui fait voir qu'elles ont cela de commun avec les continents qui les avoisinent (2).

En voilà assez pour prouver qu'en effet on trouve des coquilles de mer, des poissons pétrifiés et d'autres productions marines, presque dans tous les lieux où on a voulu les chercher et qu'elles y sont en prodigieuse quantité.

« Il est vrai, dit un auteur anglais (3), qu'il y a eu quelques coquilles de mer dispersées çà et là sur la terre par les armées, par les habitants des villes et des villages, et que La Loubère rapporte, dans son *Voyage de Siam*, que les singes, au cap de Bonne-Espérance, s'amusent continuellement à transporter des coquilles du rivage de la mer au-dessus des montagnes ; mais cela ne peut pas résoudre la question pourquoi ces coquilles sont dispersées dans tous les climats de la terre, et jusque dans l'intérieur des plus hautes montagnes, où elles sont posées par lit, comme elles le sont dans le fond de la mer. »

En lisant une lettre italienne sur les changements arrivés au globe terrestre, imprimée à Paris cette année (1746), je m'attendais à y trouver ce fait rapporté par La Loubère ; il s'accorde parfaitement avec les idées de l'auteur : les poissons pétrifiés ne sont, à son avis, que des poissons rares, rejetés de la table des Romains parce qu'ils n'étaient pas frais ; et à l'égard des coquilles, ce sont, dit-il, les pèlerins de Syrie qui ont rapporté, dans le temps des croisades, celles des mers du Levant qu'on trouve actuellement pétrifiées en France, en Italie et dans les autres États de la chrétienté. Pourquoi n'a-t-il pas ajouté que ce sont les singes qui ont transporté les coquilles au sommet des hautes montagnes et dans tous les lieux où les hommes ne peuvent habiter ? cela n'eût rien gâté et eût rendu son explication encore plus vraisemblable. Comment se peut-il que des personnes éclairées et qui se piquent même de philosophie, aient encore des idées fausses sur ce sujet (4) ?

(1) Voyez les *Voyages de Shaw*, vol. II, page 70 et 84.
(2) Voyez *Lettres philosophiques sur la formation des sels*, page 205. — (3) Tancred. Robinson.
(4) Sur ce que j'ai écrit, au sujet de la lettre italienne, dans laquelle il est dit que ce sont *les pèlerins et autres*

Nous ne nous contenterons donc pas d'avoir dit qu'on trouve des coquilles pétrifiées dans presque tous les endroits de la terre où l'on a fouillé, et d'avoir rapporté
les témoignages des auteurs d'histoire naturelle : comme on pourrait les soupçonner d'apercevoir, en vue de quelques systèmes, des coquilles où il n'y en a point,
nous croyons devoir encore citer les voyageurs qui en ont remarqué par hasard, et
dont les yeux moins exercés n'ont pu reconnaître que les coquilles entières et bien
conservées; leur témoignage sera peut-être d'une plus grande autorité auprès des
gens qui ne sont pas à portée de s'assurer par eux-mêmes de la vérité des faits,
et de ceux qui ne connaissent ni les coquilles ni les pétrifications et qui, n'étant
pas en état d'en faire la comparaison, pourraient douter que les pétrifications fus-

qui, *dans le temps des croisades, ont rapporté de Syrie les coquilles que nous trouvons dans le sein de la
terre en France*, etc., on a pu trouver, comme je le trouve moi-même, que je n'ai pas traité M. de Voltaire assez
sérieusement : j'avoue que j'aurais mieux fait de laisser tomber cette opinion que de la relever par une plaisanterie, d'autant que ce n'est pas mon ton, et que c'est peut-être la seule qui soit dans mes écrits. M. de Voltaire
est un homme qui, par la supériorité de ses talents, mérite les plus grands égards. On m'apporta cette lettre
italienne dans le temps même que je corrigeais la feuille de mon livre où il en est question ; je ne lus cette lettre
qu'en partie, imaginant que c'était l'ouvrage de quelque érudit d'Italie, qui, d'après ses connaissances historiques,
n'avait suivi que son préjugé, sans consulter la nature; et ce ne fut qu'après l'impression de mon volume sur la
Théorie de la terre, qu'on m'assura que la lettre était de M. de Voltaire : j'eus regret alors à mes expressions.
Voilà la vérité : je la déclare autant pour M. de Voltaire que pour moi-même et pour la postérité, à laquelle je ne
voudrais pas laisser douter de la haute estime que j'ai toujours eue pour un homme aussi rare, et qui fait tant
d'honneur à son siècle.

L'autorité de M. de Voltaire ayant fait impression sur quelques personnes, il s'en est trouvé qui ont voulu vérifier
par eux-mêmes si les objections contre les coquilles avaient quelque fondement; je crois devoir donner ici l'extrait
d'un mémoire qui m'a été envoyé, et qui me paraît n'avoir été fait que dans cette vue.

« En parcourant les différentes provinces du royaume et même d'Italie, j'ai vu, dit le P. Chabenat, des pierres
figurées de toutes parts, et dans certains endroits en si grande quantité, et arrangées de façon qu'on ne peut s'empêcher de croire que ces parties de la terre n'aient été autrefois le lit de la mer. J'ai vu des coquillages de toute
espèce, et qui sont parfaitement semblables à leurs analogues vivants. J'en ai vu de la même figure et de la même
grandeur : cette observation m'a paru suffisante pour me persuader que tous ces individus étaient de différents
âges, mais qu'ils étaient de la même espèce. J'ai vu des cornes d'ammon depuis un demi-pouce jusqu'à près de
trois pieds de diamètre. J'ai vu des pétoncles de toutes grandeurs, d'autres bivalves et des univalves également.
J'ai vu outre cela des bélimnites, des champignons de mer, etc.

» La forme et la quantité de toutes ces pierres figurées nous prouve presque invinciblement qu'elles étaient
autrefois des animaux qui vivaient dans la mer. La coquille surtout dont elles sont couvertes semble ne laisser
aucun doute, parce que, dans certaines, elle se trouve aussi luisante, aussi fraîche et aussi naturelle que dans les
vivants; si elle était séparée du noyau, on ne croirait pas qu'elle fût pétrifiée. Il n'en est pas de même de plusieurs
autres pierres figurées que l'on trouve dans cette vaste et belle plaine qui s'étend depuis Montauban jusqu'à
Toulouse, depuis Toulouse jusqu'à Alby et dans les endroits circonvoisins : toute cette vaste plaine est couverte de
terre végétale depuis l'épaisseur d'un demi-pied jusqu'à deux pieds; ensuite on trouve un lit de gros gravier et de
la profondeur d'environ deux pieds; au-dessous du lit de gros gravier est un lit de sable fin à peu près de la même
profondeur; et au-dessous du sable fin on trouve le roc. J'ai examiné attentivement le gros gravier; je l'examine tous
les jours, j'y trouve une infinité de pierres figurées de la même forme et de différentes grandeurs. J'y ai vu beaucoup d'holothuries et d'autres pierres de forme régulière, et parfaitement ressemblantes. Tout ceci semblait me
dire fort intelligiblement que ce pays-ci avait été anciennement le lit de la mer, qui, par quelque révolution soudaine, s'en est retirée et y a laissé ses productions comme dans beaucoup d'autres endroits. Cependant je sus-
pendais mon jugement à cause des objections de M. de Voltaire. Pour y répondre, j'ai voulu joindre l'expérience
à l'observation. »

Le P. Chabenat rapporte ensuite plusieurs expériences pour prouver que les coquilles qui se trouvent dans le
sein de la terre sont de la même nature que celles de la mer; je ne les rapporte pas ici parce qu'elles n'apprennent
rien de nouveau, et personne ne doute de cette identité de nature entre les coquilles fossiles et les coquilles marines.
Enfin le P. Chabenat conclut et termine son mémoire en disant : « On ne peut donc pas douter que toutes ces
coquilles qui se trouvent dans le sein de la terre ne soient de vraies coquilles et des dépouilles des animaux de
la mer qui couvrait autrefois toutes ces contrées, et que par conséquent les objections de M. de Voltaire ne soient
mal fondées. » (*Add. Buff.*)

sont en effet de vraies coquilles et que ces coquilles se trouvassent entassées par
millions dans tous les climats de la terre.

Tout le monde peut voir par ses yeux les bancs de coquilles qui sont dans les collines des environs de Paris, surtout dans les carrières de pierre, comme à la Chaus-
sée près de Sèvres, à Issy, à Passy et ailleurs. On trouve à Villers-Coterets une
grande quantité de pierres lenticulaires; les rochers en sont même entièrement
formés, et elles y sont mêlées sans aucun ordre avec une espèce de mortier pierreux qui les tient toutes liées ensemble. A Chaumont, on trouve une si grande quantité de coquilles pétrifiées, que toutes les collines, qui ne laissent pas d'être assez
élevées, ne paraissent être composées d'autre chose; il en est de même à Courta-
gnon près de Reims, où le banc de coquilles a près de quatre lieues de largeur sur
plusieurs de longueur. Je cite ces endroits parce qu'ils sont fameux, et que les coquilles y frappent les yeux de tout le monde.

A l'égard des pays étrangers, voici ce que les voyageurs ont observé.

« En Syrie, en Phénicie, la pierre vive qui sert de base aux rochers du voisinage
de Latikea, est surmontée d'une espèce de craie molle, et c'est peut-être de là que
la ville a pris son nom de *Promontoire blanc*. La Nakoura, nommée anciennement
Scala Thyriorum, ou *l'Échelle des Tyriens*, est à peu près de la même nature, et l'on y
trouve encore, en y creusant, quantité de toutes sortes de coraux, de coquilles (1).

» On ne trouve sur le mont Sinaï que peu de coquilles fossiles et d'autres semblables marques du déluge, à moins qu'on ne veuille mettre de ce nombre le tamarin
fossile des montagnes voisines de Sinaï : peut-être que la matière première dont
leurs marbres se sont formés, avait une vertu corrosive et peu propre à les conserver; mais à Corondel, où le roc approche davantage de la nature de nos pierres de
taille, je trouvai plusieurs coquilles de moules et quelques pétoncles, comme aussi
un hérisson de mer fort singulier, de l'espèce de ceux qu'on appelle *spatagi*, mais
plus rond et plus uni. Les ruines du petit village d'Ain-el-Mousa, et plusieurs canaux qui servaient à y conduire de l'eau fourmillent de coquillages fossiles. Les
vieux murs de Suez, et ce qui nous reste encore de son ancien port, ont été construits des mêmes matériaux, qui semblent tous avoir été tirés d'un même endroit.
Entre Suez et le Caire, ainsi que sur toutes les montagnes, hauteurs et collines de
la Libye qui ne sont pas couvertes de sable, on trouve une grande quantité de hérissons de mer, comme aussi des coquilles bivalves et de celles qui se terminent
en pointe, dont la plupart sont exactement conformes aux espèces qu'on prend encore aujourd'hui dans la mer Rouge (2). Les sables mouvants qui sont dans le voisinage de Ras-Sem dans le royaume de Barca, couvrent beaucoup de palmiers, de
hérissons de mer et d'autres pétrifications que l'on y trouve communément sans cela.
Ras-Sem signifie *la tête du poisson*, c'est ce qu'on appelle le village pétrifié, où l'on prétend qu'on trouve des hommes, des femmes et des enfants en diverses postures et attitudes, qui, avec leur bétail, leurs aliments et leurs meubles, ont été convertis en pierre.

(1) Voyez les *Voyages de Shaw*. — (2) *Id.*, tome II, page 84.

Mais à la réserve de ces sortes de monuments du déluge, dont il est ici question, et qui ne sont pas particuliers à cet endroit, tout ce qu'on en dit sont de vains contes et fables toutes pures, ainsi que je l'ai appris non-seulement par M. le Maire, qui, dans le temps qu'il était consul à Tripoli, y envoya plusieurs personnes pour en prendre connaissance, mais aussi par des gens graves et de beaucoup d'esprit qui ont été eux-mêmes sur les lieux.

» On trouve devant les pyramides certains morceaux de pierres taillées par le ciseau de l'ouvrier, et parmi ces pierres on voit des rognures qui ont la figure et la grosseur de lentilles ; quelques-unes même ressemblent à des grains d'orge à moitié pelés : or, on prétend que ce sont des restes de ce que les ouvriers mangeaient, qui se sont pétrifiés ; ce qui ne me paraît pas vraisemblable, etc. (1). Ces lentilles et ces grains d'orge sont des pétrifications de coquilles connues par tous les naturalistes sous le nom de pierre lenticulaire.

» On trouve diverses sortes de ces coquillages dont nous avons parlé, aux environs de Maestricht, surtout vers le village de Zichen ou Tichen, et à la petite montagne appelée des Huns (2).

» Aux environs de Sienne, je n'ai pas manqué de trouver auprès de Certaldo, selon l'avis que vous m'en avez donné, plusieurs montagnes de sable toutes farcies de diverses coquilles. Le Monte-Mario, à un mille de Rome, en est tout rempli ; j'en ai remarqué dans les Alpes, j'en ai vu en France et ailleurs. Oléarius, Stenon, Cambden, Speed, et quantité d'autres auteurs, tant anciens que modernes, nous rapportent le même phénomène (3).

» L'île de Cerigo était anciennement appelée *Porphyris*, à cause de la quantité de porphyre qui s'en tirait (Voyage de Thevenot, tom I, page 25). Or on sait que le porphyre est composé de pointes d'oursins réunies par un ciment pierreux et très-dur.

» Vis-à-vis le village d'Inchené, et sur le bord oriental du Nil, je trouvai des plantes pétrifiées qui croissent naturellement dans un espace de terre qui a environ deux lieues de longueur sur une largeur très-médiocre : c'est une production des plus singulières de la nature ; ces plantes ressemblent assez au corail blanc qu'on trouve dans la mer Rouge (4).

» On trouve sur le mont Liban des pétrifications de plusieurs espèces, et, entre autres, des pierres plates où l'on trouve des squelettes de poissons bien conservés et bien entiers, et aussi des châtaignes de la mer Rouge avec de petits buissons de corail de la même mer (5).

» Sur le mont Carmel nous trouvâmes grande quantité de pierres qui, à ce qu'on prétend, ont la figure d'olives, de melons, de pêches et d'autres fruits, que l'on vend d'ordinaire aux pèlerins, non-seulement comme de simples curiosités, mais aussi comme des remèdes contre divers maux. Les olives, qui sont les *lapides judaici*

(1) *Voyages de Shaw*, tome II, page 84.—(2) Voyez le *Voyage de Misson*, tome III, page 109.—(3) *Id.*, tome II, page 312. — (4) *Voyage de Paul Lucas*, tome II, page 380 et 381. — (5) *Idem*, tome III, page 326.

qu'on trouve dans les boutiques des droguistes, ont toujours été regardées comme un spécifique pour la pierre et la gravelle (1). Ces *lapides judaici* sont des pointes d'oursins.

» M. La Roche, médecin, me donna de ces olives pétrifiées, dites *lapis judaicus*, qui croissent en quantité dans ces montagnes, où l'on trouve, à ce qu'on m'a dit, d'autres pierres qui représentent parfaitement au dedans des natures d'hommes et de femmes (2). » Ceci est l'hystérolithe.

« En allant de Smyrne à Tauris, lorsque nous fûmes à Tocat, les chaleurs étant fort grandes, nous laissâmes le chemin ordinaire du côté du nord, pour prendre par les montagnes, où il y a toujours de l'ombrage et de la fraîcheur. En bien des endroits nous trouvâmes de la neige et quantité de très-belle oseille, et sur le haut de quelques-unes de ces montagnes on trouve des coquilles comme sur le bord de la mer, ce qui est assez extraordinaire (3). »

Voici ce que dit Oléarius au sujet des coquilles pétrifiées qu'il a remarquées en Perse et dans les rochers des montagnes où sont taillés les sépulcres, près du village de Pyrmaraus.

« Nous fûmes trois qui montâmes jusque sur le haut du roc par des précipices effroyables, nous entr'aidant les uns les autres ; nous y trouvâmes quatre grandes chambres, et au dedans plusieurs niches taillées dans le roc pour servir de lit : mais ce qui nous surprit le plus, ce fut que nous trouvâmes dans cette voûte, sur le haut de la montagne, des coquilles de moules, et en quelques endroits en si grande quantité, qu'il semblait que toute cette roche ne fût composée que de sable et de coquilles. En revenant de Perse, nous vîmes le long de la mer Caspienne plusieurs de ces montagnes de coquilles. »

Je pourrais joindre à ce qui vient d'être rapporté beaucoup d'autres citations, que je supprime pour ne pas ennuyer ceux qui n'ont pas besoin de preuves surabondantes, et qui se sont assurés, comme moi, par leurs yeux, de l'existence de ces coquilles dans tous les lieux où on a voulu les chercher.

On trouve en France non-seulement les coquilles de nos côtes, mais encore des coquilles qu'on n'a jamais vues dans nos mers. Il y a même des naturalistes qui prétendent que la quantité de ces coquilles étrangères pétrifiées est beaucoup plus grande que celle des coquilles de notre climat : mais je crois cette opinion mal fondée; car, indépendamment des coquillages qui habitent le fond de la mer et de ceux qui sont difficiles à pêcher, et que par conséquent on peut regarder comme inconnus ou même étrangers, quoiqu'ils puissent être nés dans nos mers, je vois en gros qu'en comparant les pétrifications avec les analogues vivants, il y en a plus de nos côtes que d'autres: par exemple, tous les peignes, la plupart des pétoncles, les moules, les huîtres, les glands de mer, la plupart des buccins, les oreilles-de-mer, les patelles, les cœurs-de-bœuf, les nautiles, les oursins à gros tubercules et à grosses pointes, les oursins châtaignes de mer, les étoiles, les dentales, les tubulistes, les

(1) *Voyages de Shaw*, tome II, page 70. — (2) *Voyage de Monconys*, 1re partie, page 334. — (3) Tavernier.

les astroïtes, les cerveaux, les coraux, les madrépores, etc., qu'on trouve pétrifiés en tant d'endroits, sont certainement des productions de nos mers ; et quoiqu'on trouve en grande quantité les cornes d'ammon, les pierres lenticulaires, les pierres judaïques, les columnites, les vertèbres de grandes étoiles, et plusieurs autres pétrifications, comme les grosses vis, le buccin appelé abat-jour, les sabots, etc., dont l'analogue vivant est étranger ou inconnu, je suis convaincu par mes observations que le nombre de ces espèces est petit en comparaison de celui des coquilles pétrifiées de nos côtes : d'ailleurs ce qui fait le fond de nos marbres et de presque toutes nos pierres à chaux et à bâtir, sont des madrépores, des astroïtes et toutes ces autres productions formées par les insectes de la mer, et qu'on appelait autrefois plantes marines. Les coquilles, quelque abondantes qu'elles soient, ne font qu'un petit volume en comparaison de ces productions qui toutes sont originaires de nos mers, et surtout de la Méditerranée.

La mer Rouge est de toutes les mers celle qui produit le plus abondamment des coraux, des madrépores et des plantes marines. Il n'y a peut-être point d'endroit qui en fournisse une plus grande variété que le port de Tor : dans un temps calme il se présente aux yeux une si grande quantité de ces plantes, que le fond de la mer ressemble à une forêt ; il y a des madrépores branchus qui ont jusqu'à 8 et 10 pieds de hauteur. On en trouve beaucoup dans la mer Méditerranée, à Marseille, près des côtes d'Italie et de Sicile ; il y en a aussi en quantité dans la plupart des golfes de l'Océan, autour des îles, sur les bancs, dans tous les climats tempérés où la mer n'a qu'une profondeur médiocre.

M. Peyssonel avait observé et reconnu le premier que les coraux, les madrépores, etc., devaient leur origine à des animaux, et n'étaient point des plantes, comme on le croyait, et comme leur forme et leur accroissement paraissent l'indiquer. On a voulu longtemps douter de la vérité de l'observation de M. Peyssonel : quelques naturalistes, trop prévenus de leurs propres opinions, l'ont même rejetée d'abord avec une espèce de dédain ; cependant ils ont été obligés de reconnaître depuis peu la découverte de M. Peyssonel, et tout le monde est enfin convenu que ces prétendues plantes marines ne sont autre chose que des ruches ou plutôt des loges de petits animaux qui ressemblent aux poissons des coquilles, en ce qu'ils forment, comme eux, une grande quantité de substance pierreuse, dans laquelle ils habitent, comme les poissons dans leurs coquilles. Ainsi les plantes marines, que d'abord l'on avait mises au rang des minéraux, ont ensuite passé dans la classe des végétaux, et sont enfin demeurées pour toujours dans celle des animaux.

Il y a des coquillages qui habitent le fond des hautes mers, et qui ne sont jamais jetés sur les rivages ; les auteurs les appellent *pelagiæ*, pour les distinguer des autres, qu'ils appellent *littorales*. Il est à croire que les cornes d'ammon et quelques autres espèces qu'on trouve pétrifiées, et dont on n'a pas encore trouvé les analogues vivants, demeurent toujours dans le fond des hautes mers, et qu'ils ont été remplis du sédiment pierreux dans le lieu même où ils étaient : il peut se faire aussi qu'il y ait eu de certains animaux dont l'espèce a péri ; ces coquillages pourraient être du nombre. Les os fossiles extraordinaires qu'on trouve en Sibérie, au Canada, en Irlande et dans plusieurs autres endroits, semblent confirmer cette conjecture ; car jusqu'ici on ne connaît pas d'animal à qui on puisse attribuer ces os, qui, pour la plupart, sont d'une grandeur et d'une grosseur démesurées (1).

On trouve ces coquilles depuis le haut jusqu'au fond des carrières ; on les voit aussi dans des puits beaucoup plus profonds ; il y en a au fond des mines de Hongrie (2).

On en trouve à 200 brasses, c'est-à-dire à 1000 pieds de profondeur, dans des rochers qui bordent l'île de Caldé, et dans la province de Pembroke en Angleterre (3).

Non-seulement on trouve, à de grandes profondeurs et au-dessus des plus hautes montagnes, des coquilles pétrifiées, mais on en trouve aussi qui n'ont point changé de nature, qui ont encore le luisant, les couleurs et la légèreté des coquilles de la mer : on trouve des glossopètres et d'autres dents de poisson dans leurs mâchoires ; et il ne faut, pour se convaincre entièrement sur ce sujet, que regarder la coquille de mer et celle de terre, et les comparer. Il n'y a personne qui, après un examen même léger, puisse douter un instant que ces coquilles fossiles et pétrifiées ne soient pas les mêmes que celles de la mer ; on y remarque les plus petites articulations, et même les perles que l'animal vivant produit : on remarque que les dents de poisson sont polies et usées à l'extrémité, et qu'elles ont servi pendant le temps que l'animal était vivant.

(1) J'ai deux observations essentielles à faire sur ce passage : la première, c'est que ces cornes d'ammon, qui paraissent faire un genre plutôt qu'une espèce dans la classe des animaux à coquilles, tant elles sont différentes les unes des autres par la forme et la grandeur, sont réellement les dépouilles d'autant d'espèces qui ont péri et ne subsistent plus. J'en ai vu de si petites, qu'elles n'avaient pas une ligne, et d'autres si grandes, qu'elles avaient plus de trois pieds de diamètre. Des observateurs dignes de foi m'ont assuré en avoir vu de beaucoup plus grandes encore, et entre autres une de huit pieds de diamètre sur un pied d'épaisseur. Ces différentes cornes d'ammon paraissent former des espèces distinctement séparées : les unes sont plus, les autres moins aplaties ; il y en a de plus ou de moins cannelées, toutes spirales, mais différemment terminées, tant à leur centre qu'à leurs extrémités : et ces animaux, si nombreux autrefois, ne se trouvent plus dans aucune de nos mers ; ils ne nous sont connus que par leurs dépouilles, dont je ne puis mieux représenter le nombre immense que par un exemple que j'ai tous les jours sous les yeux. C'est dans une minière de fer en grain, près d'Étivey, à trois lieues de mes forges de Buffon, minière qui est ouverte il y a plus de cent cinquante ans, et dont on a tiré depuis ce temps tout le minéral qui s'est consommé à la forge d'Aisy ; c'est là, dis-je, que l'on voit une si grande quantité de ces cornes d'ammon entières et en fragments, qu'il semble que la plus grande partie de la minière a été modelée dans ces coquilles. La mine de Conflans en Lorraine, qui se traite au fourneau de Saint-Loup en Franche-Comté, n'est de même composée que de bélemnites et de cornes d'ammon : ces dernières coquilles ferrugineuses sont de grandeur si différente, qu'il y en a du poids depuis un gros jusqu'à deux cents livres. Je pourrais citer d'autres endroits où elles sont également abondantes. Il en est de même des bélemnites, des pierres lenticulaires, et de quantité d'autres coquillages dont on ne retrouve point aujourd'hui les analogues vivants dans aucune région de la mer, quoiqu'elles soient presque universellement répandues sur la surface entière de la terre. Je suis persuadé que toutes ces espèces, qui n'existent plus, ont autrefois subsisté pendant tout le temps que la température du globe et des eaux de la mer était plus chaude qu'elle ne l'est aujourd'hui ; et qu'il pourra de même arriver, à mesure que le globe se refroidira, que d'autres espèces actuellement vivantes cesseront de se multiplier, et périront, comme ces premières ont péri, par le refroidissement.

La seconde observation, c'est que quelques-uns de ces ossements énormes, que je croyais appartenir à des animaux inconnus, et dont je supposais les espèces perdues, nous ont paru néanmoins, après les avoir scrupuleusement examinés, appartenir à l'espèce de l'éléphant et à celle de l'hippopotame, mais, à la vérité, à des éléphants et des hippopotames plus grands que ceux du temps présent. Je ne connais dans les animaux terrestres qu'une seule espèce perdue ; c'est celle de l'animal dont j'ai fait dessiner les dents molaires avec leurs dimensions dans les Époques de la nature : les autres grosses dents et grands ossements que j'ai pu recueillir ont appartenu à des éléphants et à des hippopotames. (*Add. Buff.*)

(2) Voyez Woodward. — (3) Voyez *Ray's Discourses*, page 178.

On trouve aussi presque partout, dans la terre, des coquillages de la même espèce, dont les uns sont petits, les autres gros; les uns jeunes, les autres vieux;
quelques-uns imparfaits, d'autres entièrement parfaits : on en voit même de petits
et de jeunes attachés aux gros.

Le poisson à coquille appelé *purpura* a une langue fort longue, dont l'extrémité
est osseuse et pointue; elle lui sert comme de tarière pour percer les coquilles des
autres poissons et pour se nourrir de leur chair : on trouve communément dans
les terres, des coquilles qui sont percées de cette façon; ce qui est une preuve incontestable qu'elles renfermaient autrefois des poissons vivants, et que ces poissons
habitaient dans des endroits où il y avait aussi des coquillages de pourpre qui s'en
étaient nourris (1).

Les obélisques de Saint-Pierre de Rome, de Saint-Jean de Latran, de la place
Navone, viennent, à ce qu'on prétend, des pyramides d'Égypte; elles sont de granite rouge, lequel est une espèce de roc vif ou de grès fort dur. Cette matière,
comme je l'ai dit, ne contient point de coquilles; mais les anciens marbres africains
et égyptiens, et les porphyres que l'on a tirés, dit-on, du temple de Salomon et des
palais des rois d'Égypte, et que l'on a employés à Rome en différents endroits, sont
remplis de coquilles. Le porphyre rouge est composé d'un nombre infini de pointes
de l'espèce d'oursin que nous appelons *châtaigne de mer* : elles sont posées assez
près les unes des autres, et forment tous les petits points blancs qui sont dans ce
porphyre. Chacun de ces points blancs laisse voir encore dans son milieu un petit
point noir, qui est la section du conduit longitudinal de la pointe de l'oursin. Il y
a en Bourgogne, dans un lieu appelé Ficin, à trois lieues de Dijon, une pierre rouge
tout à fait semblable au porphyre par sa composition, et qui n'en diffère que par la
dureté, n'ayant que celle du marbre, qui n'est pas, à beaucoup près, si grande que
celle du porphyre; elle est de même entièrement composée de pointes d'oursins, et
elle est très-considérable par l'étendue de son lit de carrière et par son épaisseur :
on en a fait de très-beaux ouvrages dans cette province, et notamment les gradins
du piédestal de la figure équestre de Louis le Grand, qu'on a élevée au milieu de
la place royale à Dijon. Cette pierre n'est pas la seule de cette espèce que je connaisse : il y a, dans la même province de Bourgogne, près de la ville de Montbart,
une carrière considérable de pierre composée comme le porphyre, mais dont la
dureté est encore moindre que celle du marbre. Ce porphyre tendre est composé
comme le porphyre dur, et il contient même une plus grande quantité de pointes
d'oursins, et beaucoup moins de matière rouge.

Voilà donc les mêmes pointes d'oursins que l'on trouve dans le porphyre ancien
d'Égypte et dans les nouveaux porphyres de Bourgogne, qui ne diffèrent des anciens
que par le degré de dureté et par le nombre, plus ou moins grand, des pointes
d'oursins qu'ils contiennent.

A l'égard de ce que les curieux appellent du porphyre vert, je crois que c'est

(1) Voyez Woodward, page 296 et 300.

plutôt un granite qu'un porphyre; il n'est pas composé de pointes d'oursins comme le porphyre rouge, et sa substance me paraît semblable à celle du granite commun.

En Toscane, dans les pierres dont étaient bâtis les anciens murs de la ville de Volaterra, il y a une grande quantité de coquillages, et cette muraille était faite il y a deux mille cinq cents ans (1). La plupart des marbres antiques, les porphyres et les autres pierres des plus anciens monuments contiennent donc des coquilles, des pointes d'oursins, et d'autres débris des productions marines, comme les marbres que nous tirons aujourd'hui de nos carrières. Ainsi on ne peut pas douter, indépendamment même du témoignage sacré de l'Écriture sainte, qu'avant le déluge la terre n'ait été composée des mêmes matières dont elle l'est aujourd'hui.

Par tout ce que nous venons de dire, on peut être assuré qu'on trouve des coquilles pétrifiées en Europe, en Asie et en Afrique, dans tous les lieux où le hasard a conduit les observateurs : on en trouve aussi en Amérique, au Brésil, dans le Tucuman, dans les terres Magellaniques, et en si grande quantité dans les îles Antilles, qu'au-dessous de la terre labourable, le fond, que les habitants appellent la chaux, n'est autre chose qu'un composé de coquilles, de madrépores, d'astroïtes et d'autres productions de la mer. Ces observations, qui sont certaines, m'auraient fait penser qu'il y a de même des coquilles et d'autres productions marines pétrifiées dans la plus grande partie du continent de l'Amérique, et surtout dans les montagnes, comme l'assure Woodward: cependant M. de La Condamine, qui a demeuré pendant plusieurs années au Pérou, m'a assuré qu'il n'en avait pas vu dans les Cordillières; qu'il en avait cherché inutilement, et qu'il ne croyait pas qu'il y en eût. Cette exception serait singulière, et les conséquences qu'on en pourrait tirer le seraient encore plus : mais j'avoue que, malgré le témoignage de ce célèbre observateur, je doute encore à cet égard, et je suis très-porté à croire qu'il y a dans les montagnes du Pérou, comme partout ailleurs, des coquilles et d'autres pétrifications marines, mais qu'elles ne se sont pas offertes à ses yeux. On sait qu'en matière de témoignage, deux témoins positifs qui assurent avoir vu suffisent pour faire preuve complète, tandis que mille et dix mille témoins négatifs, et qui assurent seulement n'avoir pas vu, ne peuvent que faire naître un doute léger : c'est pour cette raison, et parce que la force de l'analogie m'y contraint, que je persiste à croire qu'on trouvera des coquilles sur les montagnes du Pérou, comme on en trouve presque partout ailleurs, surtout si on les cherche sur la croupe de la montagne, et non pas au sommet.

Les montagnes les plus élevées sont ordinairement composées au sommet de roc vif, de granite, de grès et d'autres matières vitrifiables, qui ne contiennent que peu ou point de coquilles. Toutes ces matières se sont formées dans les couches du sable de la mer qui recouvraient le dessus de ces montagnes. Lorsque la mer a laissé à découvert ces sommets de montagnes, les sables ont coulé dans les plaines, où ils ont été entraînés par la chute des eaux, des pluies, etc., de sorte qu'il n'est de-

____

(1) Voyez Stenon *in prodromo Diss. de solido intra solidum*, page 63.

meuré au-dessus des montagnes que des rochers qui s'étaient formés dans l'intérieur de ces couches de sable. A 200, 300 ou 400 toises plus bas que le sommet de
ces montagnes, on trouve souvent des matières toutes différentes de celles du sommet, c'est-à-dire des pierres, des marbres et d'autres matières calcinables, lesquelles
sont disposées par couches parallèles, et contiennent toutes des coquilles et d'autres
productions marines : ainsi il n'est pas étonnant que M. de La Condamine n'ait
pas trouvé de coquilles sur ces montagnes, surtout s'il les a cherchées dans les
lieux les plus élevés, et dans les parties de ces montagnes qui sont composées de
roc vif, de grès ou de sable vitrifiable ; mais au-dessous de ces couches de sable et
de ces rochers qui font le sommet, il doit y avoir dans les Cordillières, comme dans
toutes les autres montagnes, des couches horizontales de pierres, de marbres, de
terres, etc., où il se trouvera des coquilles ; car dans tous les pays du monde où
l'on a fait des observations, on en a toujours trouvé dans ces couches.

Mais supposons un instant que ce fait soit vrai, et qu'en effet il n'y ait aucune production marine dans les montagnes du Pérou, tout ce qu'on en conclura ne sera
nullement contraire à notre théorie, et il pourrait bien se faire, absolument parlant, qu'il y ait sur le globe des parties qui n'aient jamais été sous les eaux de la
mer, et surtout des parties aussi élevées que le sont les Cordillières : mais, en ce cas,
il y aurait de belles observations à faire sur ces montagnes ; car elles ne seraient
pas composées de couches parallèles entre elles, comme toutes les autres le sont. Les
matières seraient aussi fort différentes de celles que nous connaissons ; il n'y aurait
point de fentes perpendiculaires ; la composition des rochers et des pierres ne res-
semblerait point du tout à la composition des rochers et des pierres des autres
pays ; et enfin nous trouverions dans ces montagnes l'ancienne structure de la
terre telle qu'elle était originairement, et avant que d'être changée et altérée par le
mouvement des eaux : nous verrions dans ces climats le premier état du globe,
les matières anciennes dont il était composé, la forme, la liaison et l'arrangement
naturel de la terre, etc. Mais c'est trop espérer, et sur des fondements trop légers ;
et je pense qu'il faut nous borner à croire qu'on y trouvera des coquilles, comme
on en trouve partout ailleurs.

A l'égard de la manière dont ces coquilles sont disposées et placées dans les couches de terre ou de pierre, voici ce qu'en dit Woodward : « Tous les coquillages qui
se trouvent dans une infinité de couches de terres et de bancs de rochers, sur les
plus hautes montagnes et dans les carrières et les mines les plus profondes, dans
les cailloux de cornaline, de calcédoine, etc., et dans les masses de soufre, de marcassites et d'autres matières minérales et métalliques, sont remplis de la matière
même qui forme les bancs ou les couches, ou les masses qui les renferment, et jamais d'aucune matière hétérogène. La pesanteur spécifique des différentes espèces
de sables ne diffère que très-peu, étant généralement, par rapport à l'eau, comme
$2\frac{4}{9}$ ou $2\frac{9}{16}$ à 1 ; et les coquilles de pétoncle, qui sont à peu près de la même pesanteur, s'y trouvent ordinairement renfermées en grand nombre, tandis qu'on a de
la peine à y trouver des écailles d'huîtres, dont la pesanteur spécifique n'est envi-

ron que comme $2\frac{1}{3}$ à 1, de hérissons de mer, dont la pesanteur n'est que comme 2 ou $2\frac{1}{3}$ à 1, ou d'autres espèces de coquilles plus légères; mais au contraire, dans la craie, qui est plus légère que la pierre, n'étant à la pesanteur de l'eau que comme environ $2\frac{1}{10}$ à 1, on ne trouve que des coquilles de hérissons de mer et d'autres espèces de coquilles plus légères. »

Il faut observer que ce que dit ici Woodward ne doit pas être regardé comme règle générale; car on trouve des coquilles plus légères et plus pesantes dans les mêmes matières; par exemple, des pétoncles, des huîtres et des oursins dans les mêmes pierres et dans les mêmes terres; et même on peut voir au Cabinet du Roi un pétoncle pétrifié en cornaline et des oursins pétrifiés en agate : ainsi la différence de la pesanteur spécifique des coquilles n'a pas influé, autant que le prétend Woodward, sur le lieu de leur position dans les couches de terre ; et la vraie raison pourquoi les coquilles d'oursins et d'autres aussi légères se trouvent plus abondamment dans les craies, c'est que la craie n'est qu'un détriment de coquilles, et que celles des oursins étant plus légères, moins épaisses et plus friables que les autres, elles auront été aisément réduites en poussière et en craie; en sorte qu'il ne se trouve des couches de craie que dans les endroits où il y avait anciennement sous les eaux de la mer une grande abondance de ces coquilles légères, dont les débris ont formé la craie dans laquelle nous trouvons celles qui, ayant résisté au choc et aux frottements, se sont conservées tout entières, ou du moins en parties assez grandes pour que nous puissions les reconnaître.

Nous traiterons ceci plus à fond dans notre Discours sur les minéraux ; contentons-nous seulement d'avertir ici qu'il faut encore donner une modification aux expressions de Woodward : il paraît dire qu'on trouve des coquilles dans les cailloux, dans les cornalines, dans les calcédoines, dans les mines, dans les masses de soufre, aussi souvent et en aussi grand nombre que dans les autres matières, au lieu que la vérité est qu'elles sont très-rares dans toutes les matières vitrifiables ou purement inflammables, et qu'au contraire, elles sont en prodigieuse abondance dans les craies, dans les marnes, dans les marbres et dans les pierres; en sorte que nous ne prétendons pas dire ici qu'absolument les coquilles les plus légères sont dans les matières légères, et les plus pesantes dans celles qui sont aussi les plus pesantes, mais seulement qu'en général cela se trouve plus souvent ainsi qu'autrement. A la vérité, elles sont toutes également remplies de la substance même qui les environne, aussi bien celles qu'on trouve dans les couches horizontales, que celles qu'on trouve en plus petit nombre dans les matières qui occupent les fentes perpendiculaires, parce qu'en effet les unes et les autres ont été également formées par les eaux, quoiqu'en différents temps et de différentes façons les couches horizontales de pierre, de marbre, etc. , ayant été formées par les grands mouvements des ondes de la mer, et les cailloux, les cornalines, les calcédoines et toutes les matières qui sont dans les fentes perpendiculaires, ayant été produits par le mouvement particulier d'une petite quantité d'eau chargée de différents sucs lapidifiques, métalliques, etc.; et dans les deux cas, ces matières étaient réduites en poudre fine et impalpable, qui a rempli l'intérieur des coquilles si pleinement et si absolument. qu'elle n'y a pas laissé le moindre vide, et qu'elle s'en est fait autant de moules, à peu près comme on voit un cachet se mouler sur le tripoli.

Il y a donc dans les pierres, dans les marbres, etc., une multitude très-grande de coquilles qui sont entières, belles et si peu altérées, qu'on peut aisément les comparer avec les coquilles qu'on conserve dans les cabinets ou qu'on trouve sur les rivages de la mer : elles ont précisément la même figure et la même grandeur; elles sont de la même substance, et leur tissu est le même; la matière particulière qui les compose est la même ; elle est disposée et arrangée de la même manière ; la direction de leurs fibres et des lignes spirales est la même, la composition des petites lames formées par les fibres est la même dans les unes et les autres : on voit dans le même endroit les vestiges ou insertions des tendons par le moyen desquels l'animal était attaché et joint à sa coquille ; on y voit les mêmes tubercules, les mêmes *stries*, les mêmes cannelures; enfin tout est semblable, soit au dedans, soit au dehors de la coquille, dans sa cavité ou sur sa convexité, dans sa substance ou sur sa superficie. D'ailleurs ces coquillages fossiles sont sujets aux mêmes accidents ordinaires que les coquillages de la mer ; par exemple, ils sont attachés, les plus petits aux plus gros; ils ont des conduits vermiculaires ; on y trouve des perles et d'autres choses semblables qui ont été produites par l'animal lorsqu'il habitait sa coquille ; leur gravité spécifique est exactement la même que celle de leur espèce qu'on trouve actuellement dans la mer, et par la chimie on y trouve les mêmes choses : en un mot, ils ressemblent exactement à ceux de la mer.

J'ai souvent observé moi-même avec une espèce d'étonnement, comme je l'ai déjà dit, des montagnes entières, des chaînes de rochers, des bancs énormes de carrières, tout composés de coquilles et d'autres débris de productions marines, qui y sont en si grande quantité, qu'il n'y a pas à beaucoup près autant de volume dans la matière qui les lie.

J'ai vu des champs labourés dans lesquels toutes les pierres étaient des pétoncles pétrifiés ; en sorte qu'en fermant les yeux et ramassant au hasard, on pouvait parier de ramasser un pétoncle : j'en ai vu d'entièrement couverts de cornes d'ammon, d'autres dont toutes les pierres étaient des cœurs-de-bœuf ou *bucardites* pétrifiés ; et plus on examinera la terre, plus on sera convaincu que le nombre de ces pétrifications est infini, et on en conclura qu'il est impossible que tous les animaux qui habitaient ces coquilles aient existé dans le même temps.

J'ai même fait une observation en cherchant ces coquilles, qui peut être de quelque utilité; c'est que dans tous les pays où l'on trouve dans les champs et dans les terres labourables un très-grand nombre de ces coquilles pétrifiées, comme pétoncles, cœurs-de-bœuf, etc., entières, bien conservées et totalement séparées, on peut être assuré que la pierre de ces pays est *gélisse*. Ces coquilles ne se sont séparées en si grand nombre que par l'action de la gelée, qui détruit la pierre et laisse subsister plus longtemps la coquille pétrifiée.

Cette immense quantité de fossiles marins que l'on trouve en tant d'endroits, prouve qu'ils n'y ont pas été transportés par un déluge ; car on observe plusieurs milliers de gros rochers et des carrières dans tous les pays où il y a des marbres et de la pierre à chaux, qui sont toutes remplies de vertèbres d'étoiles de mer, de pointes d'oursins, de coquillages et d'autres débris de productions marines. Or si ces coquilles qu'on trouve partout eussent été amenées sur la terre sèche par un déluge ou par une inondation, la plus grande partie serait demeurée sur la surface de la terre, ou du moins elles ne seraient pas enterrées à une grande profondeur, et on ne les trouverait pas dans les marbres les plus solides, à sept ou huit cents pieds de profondeur.

Dans toutes les carrières, ces coquilles font partie de la pierre à l'intérieur ; et on en voit quelquefois à l'extérieur qui sont recouvertes de stalactites qui, comme l'on sait, ne sont pas des matières aussi anciennes que la pierre qui contient les coquilles. Une seconde preuve que cela n'est point arrivé par un déluge, c'est que les os, les cornes, les ergots, les ongles, etc., ne se trouvent que très-rarement, et peut-être point du tout, renfermés dans les marbres et dans les autres pierres dures ; tandis que si c'était l'effet d'un déluge où tout aurait péri, on y devrait trouver les restes des animaux de la terre aussi bien que ceux des mers (1).

C'est, comme nous l'avons dit, une supposition bien gratuite, que de prétendre que toute la terre a été dissoute dans l'eau au temps du déluge, et on ne peut donner quelque fondement à cette idée qu'en supposant un second miracle, qui aurait donné à l'eau la propriété d'un dissolvant universel, miracle dont il n'est fait aucune mention dans l'Écriture sainte. D'ailleurs ce qui anéantit la supposition et la rend même contradictoire, c'est que toutes les matières ayant été dissoutes dans l'eau, les coquilles ne l'ont pas été, puisque nous les trouvons entières et bien conservées dans toutes les masses qu'on prétend avoir été dissoutes : cela prouve évidemment qu'il n'y a jamais eu de telle dissolution, et que l'arrangement des couches horizontales et parallèles ne s'est pas fait en un instant, mais par les sédiments qui se sont amoncelés peu à peu, et qui ont enfin produit des hauteurs considérables par la succession des temps ; car il est évident, pour tous les gens qui se donneront la peine d'observer, que l'arrangement de toutes les matières qui composent le globe est l'ouvrage des eaux. Il n'est donc question que de savoir si cet arrangement a été fait dans le même temps : or nous avons prouvé qu'il n'a pu se faire dans le même temps, puisque les matières ne gardent pas l'ordre de pesanteur spécifique, et qu'il n'y a pas eu de dissolution générale de toutes les matières ; donc cet arrangement a été produit par les eaux, ou plutôt par les sédiments qu'elles ont déposés dans la succession des temps : toute autre révolution, tout autre mouvement, toute autre cause, aurait produit un arrangement très-différent. D'ailleurs, un accident particulier, une révolution, ou un bouleversement, n'aurait pas produit un pareil effet dans le globe tout entier ; et si l'arrangement des terres et des couches avait pour cause des révolutions particulières

(1) Voyez *Ray's Discourses*, page 178 et suiv.

accidentelles, on trouverait les pierres et les terres disposées différemment en différents pays, au lieu qu'on les trouve partout disposées de même par couches parallèles, horizontales ou également inclinées.

Voici ce que dit à ce sujet l'historien de l'Académie (1) :

« Des vestiges très-anciens et en très-grand nombre, d'inondations qui ont dû
être très-étendues, et la manière dont on est obligé de concevoir que les montagnes
se sont formées, prouvent assez qu'il est arrivé autrefois à la surface de la terre
de grandes révolutions. Autant qu'on a pu creuser, on n'a presque vu que des
ruines, des débris, de vastes décombres entassés pêle-mêle, et qui, par une longue
suite de siècles, se sont incorporés ensemble, et unis en une seule masse le plus
qu'il a été possible : s'il y a dans le globe de la terre quelque espèce d'organisation
singulière, elle est plus profonde, et par conséquent nous sera toujours inconnue,
et toutes nos recherches se termineront à fouiller dans les ruines de la croûte
extérieure; elles donneront encore assez d'occupations aux philosophes.

» M. de Jussieu a trouvé aux environs de Saint-Chaumont, dans le Lyonnais,
une grande quantité de pierres écailleuses ou feuilletées, dont presque tous les
feuillets portaient sur leur superficie l'empreinte ou d'un bout de tige, ou d'une
feuille, ou d'un fragment de feuille de quelque plante : les représentations de
feuilles étaient toujours exactement étendues, comme si on avait collé les feuilles
sur les pierres avec la main; ce qui prouve qu'elles avaient été apportées par de
l'eau qui les avait tenues en cet état; elles étaient en différentes situations, et quelquefois deux ou trois se croisaient.

» On imagine bien qu'une feuille déposée par l'eau sur une vase molle, et couverte ensuite d'une autre vase pareille, imprime sur l'une l'image de l'une de ses
deux surfaces, et sur l'autre l'image de l'autre surface, de sorte que ces deux lames
de vase étant durcies et pétrifiées, elles porteront chacune l'empreinte d'une face
différente. Mais ce qu'on aurait cru devoir être, n'est pas : les deux lames ont l'empreinte de la même face de la feuille, l'une en relief et l'autre en creux. M. de Jussieu a observé, dans toutes ces pierres figurées de Saint-Chaumont, ce phénomène,
qui est assez bizarre; nous lui en laissons l'explication, pour passer à ce que ces
sortes d'observations ont de plus général et de plus intéressant.

» Toutes les plantes gravées dans les pierres de Saint-Chaumont sont des plantes
étrangères; non-seulement elles ne se trouvent ni dans le Lyonnais, ni dans le
reste de la France, mais elles ne sont que dans les Indes orientales et dans les climats chauds de l'Amérique : ce sont la plupart des plantes capillaires, et souvent
en particulier des fougères. Leur tissu dur et serré les a rendues plus propres à se
graver et à se conserver dans les moules autant de temps qu'il a fallu. Quelques
feuilles de plantes des Indes, imprimées dans des pierres d'Allemagne, ont paru
étonnantes à M. Leibnitz : voici la même merveille infiniment multipliée; il semble

____

(1) Année 1718, pages 3 et suiv.

même qu'il y ait à cela une certaine affection de la nature : dans toutes les pierres de Saint-Chaumont on ne trouve pas une seule plante du pays.

» Il est certain, par les coquillages, des carrières et des montagnes, que ce pays, ainsi que beaucoup d'autres, a dû autrefois être couvert par l'eau de la mer ; mais comment la mer d'Amérique ou celle des Indes orientales y est-elle venue ?

» On peut, pour satisfaire à plusieurs phénomènes, supposer avec assez de vraisemblance que la mer a couvert tout le globe de la terre : mais alors il n'y avait point de plantes terrestres : et ce n'est qu'après ce temps-là, et lorsqu'une partie du globe a été découverte, qu'il s'est pu faire les grandes inondations qui ont transporté des plantes d'un pays dans d'autres fort éloignés.

» M. de Jussieu croit que comme le lit de la mer hausse toujours par les terres, le limon, les sables que les rivières y charrient incessamment, des mers renfermées d'abord entre certaines digues naturelles sont venues à les surmonter, et se sont répandues au loin. Que les digues aient elles-mêmes été minées par les eaux et s'y soient renversées, ce sera encore le même effet, pourvu qu'on les suppose d'une grandeur énorme. Dans les premiers temps de la formation de la terre, rien n'avait encore pris une forme réglée et arrêtée ; il a pu se faire alors des révolutions prodigieuses et subites dont nous ne voyons plus d'exemples, parce que tout est venu à peu près à un état de consistance, qui n'est pourtant pas tel, que les changements lents et peu considérables qui arrivent ne nous donnent lieu d'en imaginer comme possibles d'autres de même espèce, mais plus grands et plus prompts.

» Par quelqu'une de ces grandes révolutions, la mer des Indes, soit orientales, soit occidentales, aura été poussée jusqu'en Europe, et y aura apporté des plantes étrangères flottantes sur ses eaux ; elle les avait arrachées en chemin, et les allait déposer doucement dans les lieux où l'eau n'était qu'en petite quantité, et pouvait s'évaporer. »

* Il me serait facile d'ajouter à l'énumération des amas de coquilles qui se trouvent dans toutes les parties du monde, un très-grand nombre d'observations particulières qui m'ont été communiquées depuis trente-quatre ans. J'ai reçu des lettres des îles de l'Amérique, par lesquelles on m'assure que presque dans toutes on trouve des coquilles dans leur état de nature ou pétrifiées dans l'intérieur de la terre, et souvent sous la première couche de la terre végétale : M. de Bougainville a trouvé aux îles Malouines des pierres qui se divisent par feuillets, sur lesquelles on remarquait des empreintes de coquilles fossiles d'une espèce inconnue dans ces mers. J'ai reçu des lettres de plusieurs endroits des Grandes-Indes et de l'Afrique, où l'on me marque les mêmes choses. Don Ulloa nous apprend (tom. III, pag. 314 de son *Voyage*) qu'au Chili, dans le terrain qui s'étend depuis Talcaguano jusqu'à la Conception, l'on trouve des coquilles de différentes espèces en très-grande quantité et sans aucun mélange de terre, et que c'est avec ces coquilles que l'on fait de la chaux. Il ajoute que cette particularité ne serait pas si remarquable, si l'on ne trouvait ces coquilles que dans les lieux bas et dans d'autres parages sur lesquels la mer aurait

pu les couvrir; mais ce qu'il y a de singulier, dit-il, c'est que les mêmes tas de coquilles se trouvent dans les collines à 50 toises de hauteur au-dessus du niveau de
la mer. Je ne rapporte pas ce fait comme singulier, mais seulement comme s'accordant avec tous les autres, et comme étant le seul qui me soit connu sur les coquilles fossiles de cette partie du monde, où je suis très-persuadé qu'on trouverait,
comme partout ailleurs, des pétrifications marines, à des hauteurs bien plus grandes que 50 toises au-dessus du niveau de la mer : car le même don Ulloa a trouvé
depuis des coquilles pétrifiées dans les montagnes du Pérou à plus de 2000 toises de
hauteur; et, selon M. Kalm, on voit des coquillages dans l'Amérique septentrionale, sur les sommets de plusieurs montagnes : il dit en avoir vu lui-même sur le
sommet de la montagne Bleue. On en trouve aussi dans les craies des environs de
Montréal; dans quelques pierres qui se tirent près du lac Champlain en Canada, et
encore dans les parties les plus septentrionales de ce nouveau continent, puisque les
Groenlandais croient que le monde a été noyé par un déluge, et qu'ils citent pour
garant de cet événement, les coquilles et les os de baleine qui couvrent les montagnes les plus élevées de leur pays.

Si de là on passe en Sibérie, on trouvera également des preuves de l'ancien séjour
des eaux de la mer sur tous nos continents. Près de la montagne de Jéniséik, on
voit d'autres montagnes moins élevées, sur le sommet desquelles on trouve des
amas de coquilles bien conservées dans leur forme et leur couleur naturelles : ces
coquilles sont toutes vides, et quelques-unes tombent en poudre dès qu'on les touche ; *la mer de cette contrée n'en fournit plus de semblables* : les plus grandes ont un pouce
de large, d'autres sont très-petites.

Mais je puis encore citer des faits qu'on sera bien plus à portée de vérifier : chacun dans sa province n'a qu'à ouvrir les yeux, il verra des coquilles dans tous les terrains d'où l'on tire de la pierre pour faire de la chaux ; il en trouvera aussi dans la
plupart des glaises, quoiqu'en général ces productions marines y soient en bien plus
petite quantité que dans les matières calcaires.

Dans le territoire de Dunkerque, au haut de la montagne des Récollets, près de
celle de Cassel, à 400 pieds du niveau de la basse mer, on trouve un lit de coquillages horizontalement placés et si fortement entassés, que la plus grande partie en
sont brisés, et par-dessus ce lit, une couche de 7 ou 8 pieds de terre et plus; c'est à
six lieues de distance de la mer, et ces coquilles sont de la même espèce que celles
qu'on trouve actuellement dans la mer.

Au mont Gannelon près d'Anet, à quelque distance de Compiègne, il y a plusieurs carrières de très-belles pierres calcaires, entre les différents lits desquelles
il se trouve du gravier mêlé d'une infinité de coquilles ou de portions de coquilles
marines très-légères et fort friables : on y trouve aussi des lits d'huîtres ordinaires
de la plus belle conservation, dont l'étendue est de plus de cinq quarts de lieue en
longueur. Dans l'une de ces carrières, il se trouve trois lits de coquilles dans différents états; dans deux de ces lits elles sont réduites en parcelles, et on ne peut en
reconnaître les espèces, tandis que, dans le troisième lit, ce sont des huîtres qui

n'ont souffert d'autre altération qu'une sécheresse excessive : la nature de la coquille, l'émail et la figure sont les mêmes que dans l'analogue vivant; mais ces coquilles ont acquis de la légèreté et se détachent par feuillets. Ces carrières sont au pied de la montagne et un peu en pente. En descendant dans la plaine on trouve beaucoup d'huîtres, qui ne sont ni changées, ni dénaturées, ni desséchées comme les premières ; elles ont le même poids et le même émail que celles que l'on tire tous les jours de la mer (1).

Aux environs de Paris, les coquilles marines ne sont pas moins communes que dans les endroits qu'on vient de nommer. Les carrières de Bougival, où l'on tire de la marne, fournissent une espèce d'huîtres d'une moyenne grandeur : on pourrait les appeler *huîtres tronquées, ailées et lisses*, parce qu'elles ont le talon aplati, et qu'elles sont comme tronquées en devant. Près de Belleville, où l'on tire du grès, on trouve une masse de sable dans la terre, qui contient des corps branchus, qui pourraient bien être du corail ou des madrépores devenus grès ; ces corps marins ne sont pas dans le sable même, mais dans les pierres, qui contiennent aussi des coquilles de différents genres, telles que des vis, des univalves et des bivalves.

La Suisse n'est pas moins abondante en corps marins fossiles que la France et les autres contrées dont on vient de parler; on trouve au *mont Pilate*, dans le canton de Lucerne, des coquillages de mer pétrifiés, des arêtes et des carcasses de poissons. C'est au-dessous de la *corne du Dôme* où l'on en rencontre le plus; on y a aussi trouvé du corail, des pierres d'ardoises qui se lèvent aisément par feuillets, dans lesquelles on trouve presque toujours un poisson. Depuis quelques années on a même trouvé des mâchoires et des crânes entiers de poissons, garnies de leurs dents.

M. Altman observe que dans une des parties les plus élevées des Alpes aux environs de Grindelvard, où se forment les fameux *Gletchers*, il y a de très-belles carrières de marbre, qu'il a fait graver sur une des planches qui représentent ces montagnes : ces carrières de marbre ne sont qu'à quelques pas de distance du *Gletcher*. Ces marbres sont de différentes couleurs; il y en a du jaspé, du blanc, du jaune, du rouge, du vert : on transporte l'hiver ces marbres sur des traîneaux par-dessus les neiges jusqu'à Underseen, où on les embarque pour les mener à Berne par le lac de Thorne, et ensuite par la rivière d'Are. Ainsi les marbres et les pierres calcaires se trouvent, comme l'on voit, à une très-grande hauteur dans cette partie des Alpes.

M. Cappeler, en faisant des recherches sur le mont Grimsel (dans les Alpes), a observé que les collines et les monts peu élevés qui confinent aux vallées, sont en bonne partie composés de pierre de taille ou pierre molassé, d'un grain plus ou moins fin et plus ou moins serré. Les sommités des monts sont composées, pour la plupart, de pierre à chaux de différentes couleurs et dureté : les montagnes plus élevées que ces rochers calcaires sont composées de granites et

(1) Extrait d'une lettre de M. Leschevin à M. de Buffon, Compiègne, le 8 octobre 1772.

d'autres pierres qui paraissent tenir de la nature du granite et de celle de l'émeri; c'est dans ces pierres graniteuses que se fait la première génération du cristal de roche, au lieu que dans les bancs de pierre à chaux qui sont au-dessous, l'on ne trouve que des concrétions calcaires et des spaths. En général, on a remarqué sur toutes les coquilles, soit fossiles, soit pétrifiées, qu'il y a certaines espèces qui se rencontrent constamment ensemble; tandis que d'autres ne se trouvent jamais dans ces mêmes endroits. Il en est de même dans la mer, où certaines espèces de ces animaux testacés se tiennent constamment ensemble, de même que certaines plantes croissent toujours ensemble, à la surface de la terre (1).

On a prétendu trop généralement qu'il n'y avait point de coquilles ni d'autres productions de la mer sur les plus hautes montagnes. Il est vrai qu'il y a plusieurs sommets et un grand nombre de pics qui ne sont composés que de granites et de roches vitres-cibles, dans lesquels on n'aperçoit aucun mélange, aucune empreinte de coquilles ni d'aucun autre débris des productions marines; mais il y a un bien plus grand nombre de montagnes, et même quelques-unes fort élevées, où l'on trouve de ces débris marins. M. Costa, professeur d'anatomie et de botanique en l'université de Perpignan, a trouvé, en 1774, sur la montagne de Nas, située au midi de la Cerda-gne espagnole, l'une des plus hautes parties des Pyrénées, à quelques toises au-dessous du sommet de cette montagne, une très-grande quantité de pierres *lenticulées*, c'est-à-dire des blocs composés de pierres lenticulaires, et ces blocs étaient de différentes formes et de différents volumes ; les plus gros pouvaient peser quarante ou cinquante livres. Il a observé que la partie de la montagne où ces pierres lenticu-laires se trouvent, semblait s'être affaissée : il vit en effet dans cet endroit une dé-pression irrégulière, oblique, très-inclinée à l'horizon, dont une des extrémités re-garde le haut de la montagne, et l'autre le bas. Il ne put apercevoir distinctement les dimensions de cet affaissement à cause de la neige qui le recouvrait presque partout, quoique ce fût au mois d'août. Les bancs de pierres qui environnent ces pierres lenticulées, ainsi que ceux qui sont immédiatement au-dessous, sont calcaires jus-qu'à plus de cent toises toujours en descendant. Cette montagne de Nas, à en juger par le coup d'œil, semble aussi élevée que le Canigou; elle ne présente nulle part aucune trace de volcan.

Je pourrais citer cent et cent autres exemples de coquilles marines trouvées dans une infinité d'endroits, tant en France que dans les différentes provinces de l'Eu-rope ; mais ce serait grossir inutilement cet ouvrage de faits particuliers déjà trop multipliés, et dont on ne peut s'empêcher de tirer la conséquence très-évidente que nos terres actuellement habitées ont autrefois été, et pendant fort longtemps, cou-vertes par les mers.

Je dois seulement observer, et on vient de le voir, qu'on trouve ces coquilles ma-rines dans des états différents : les unes pétrifiées, c'est-à-dire moulées sur une ma-tière pierreuse ; et les autres dans leur état naturel, c'est-à-dire telles qu'elles existent

____

(1) *Lettres philosophiques* de M. Bourguet, *Bibliothèque raisonnée*, mois d'avril, mai et juin 1730.

dans la mer. La quantité de coquilles pétrifiées, qui ne sont proprement que des
pierres figurées par les coquilles, est infiniment plus grande que celle des coquilles
fossiles, et ordinairement on ne trouve pas les unes et les autres ensemble, ni même
dans les lieux contigus. Ce n'est guère que dans le voisinage et à quelques lieues
de distance de la mer, quel'on trouve des lits de coquilles dans leur état de nature,
et ces coquilles sont communément les mêmes que dans les mers voisines. C'est
au contraire dans les terres plus éloignées de la mer et sur les plus hautes collines
que l'on trouve presque partout des coquilles pétrifiées, dont un grand nombre
d'espèces n'appartiennent point à nos mers, et dont plusieurs même n'ont aucun
analogue vivant: ce sont ces espèces anciennes dont nous avons parlé, qui n'ont
existé que dans les temps de la grande chaleur du globe. De plus de cent espèces
de cornes d'ammon que l'on pourrait compter, dit un de nos savants académiciens,
et qui se trouvent en France aux environs de Paris, de Rouen, de Dive, de Langres
et de Lyon, dans les Cévennes, en Provence et en Poitou, en Angleterre, en Allemagne, et dans d'autres contrées de l'Europe, il n'y en a qu'une seule espèce, nommée
nautilus papyraceus, qui se trouve dans nos mers, et cinq à six espèces qui naissent
dans les mers étrangères. (*Add.Buff.*)

ARTICLE IX.

SUR LES INÉGALITÉS DE LA SURFACE DE LA TERRE.

Les inégalités qui sont à la surface de la terre, qu'on pourrait regarder comme
une imperfection à la figure du globe, sont en même temps une disposition favorable et qui était nécessaire pour conserver la végétation et la vie sur le globe terrestre: il ne faut, pour s'en assurer, que se prêter un instant à concevoir ce que
serait la terre, si elle était égale et régulière à sa surface; on verra qu'au lieu de ces
collines agréables d'où coulent des eaux pures qui entretiennent la verdure de la
terre, au lieu de ces campagnes riches et fleuries où les plantes et les animaux trouvent aisément leur subsistance, une triste mer couvrirait le globe entier, et qu'il
ne resterait à la terre de tous ses attributs que celui d'être une planète obscure,
abandonnée et destinée tout au plus à l'habitation des poissons.

Mais indépendamment de la nécessité morale, laquelle ne doit que rarement faire
preuve en philosophie, il y a une nécessité physique pour que la terre soit irrégulière à sa surface; et cela, parce qu'en la supposant même parfaitement régulière
dans son origine, le mouvement des eaux, les feux souterrains, les vents et les autres causes extérieures auraient nécessairement produit à la longue des irrégularités
semblables à celles que nous voyons.

Les plus grandes inégalités sont les profondeurs de l'Océan comparées à l'élévation des montagnes: cette profondeur de l'Océan est fort différente; même à de
grandes distances des terres; on prétend qu'il y a des endroits qui ont jusqu'à une

lieue de profondeur : mais cela est rare, et les profondeurs les plus ordinaires sont depuis 60 jusqu'à 150 brasses. Les golfes et les parages voisins des côtes sont bien moins profonds, et les détroits sont ordinairement les endroits de la mer où l'eau a le moins de profondeur.

Pour sonder les profondeurs de la mer on se sert ordinairement d'un morceau de plomb de 30 ou 40 livres, qu'on attache à une petite corde. Cette manière est fort bonne pour les profondeurs ordinaires : mais lorsqu'on veut sonder de grandes profondeurs, on peut tomber dans l'erreur, et ne pas trouver le fond où cependant il y en a, parce que la corde étant spécifiquement moins pesante que l'eau, il arrive, après qu'on en a beaucoup dévidé, que le volume de la sonde et celui de la corde ne pèsent plus qu'autant ou moins qu'un pareil volume d'eau ; dès lors la sonde ne descend plus, et elle s'éloigne en ligne oblique, en se tenant toujours à la même hauteur : ainsi, pour sonder de grandes profondeurs, il faudrait une chaîne de fer ou d'autre matière plus pesante que l'eau. Il est assez probable que c'est faute d'avoir fait cette attention que les navigateurs nous disent que la mer n'a pas de fond dans une si grande quantité d'endroits.

En général, les profondeurs dans les hautes mers augmentent ou diminuent d'une manière assez uniforme ; et ordinairement plus on s'éloigne des côtes, plus la profondeur est grande : cependant cela n'est pas sans exception, et il y a des endroits au milieu de la mer où l'on trouve des écueils, comme aux Abrolhos dans la mer Atlantique ; d'autres où il y a des bancs d'une étendue très-considérable, comme le grand banc, le banc appelé le Borneur dans notre Océan, les bancs et les bas-fonds de l'océan Indien, etc.

De même le long des côtes les profondeurs sont fort inégales : cependant on peut donner comme une règle certaine que la profondeur de la mer à la côte est toujours proportionnée à la hauteur de cette même côte, en sorte que si la côte est fort élevée, la profondeur sera fort grande ; et, au contraire, si la plage est basse et le terrain plat, la profondeur est fort petite, comme dans les fleuves, où les rivages élevés annoncent toujours beaucoup de profondeur et où les grèves et les bords de niveau montrent ordinairement un gué, ou du moins une profondeur médiocre.

Il est encore plus aisé de mesurer la hauteur des montagnes que de sonder la profondeur des mers, soit au moyen de la géométrie pratique, soit par le baromètre : cet instrument peut donner la hauteur d'une montagne fort exactement, surtout dans les pays où sa variation n'est pas considérable, comme au Pérou et sous les autres climats de l'équateur. On a mesuré, par l'un ou l'autre de ces moyens, la hauteur de la plupart des éminences qui sont à la surface du globe ; par exemple, on a trouvé que les plus hautes montagnes de la Suisse sont élevées d'environ seize cents toises au-dessus du niveau de la mer plus que le Canigou, qui est une des plus hautes des Pyrénées (1). Il paraît que ce sont les plus hautes de toute l'Europe, puisqu'il en sort une grande quantité de fleuves, qui portent leurs eaux dans différentes mers fort éloignées, comme le Pô, qui se rend dans la mer Adriatique ;

____

(1) Voyez l'*Histoire de l'Académie*, 1708, page 24.

le Rhin, qui se perd dans les sables en Hollande ; le Rhône, qui tombe dans la Méditerranée, et le Danube, qui va jusqu'à la mer Noire. Ces quatre fleuves, dont les embouchures sont si éloignées. les unes des autres, tirent tous une partie de leurs eaux du mont Saint-Gothard et des montagnes voisines ; ce qui prouve que ce point est le plus élevé de l'Europe.

Les plus hautes montagnes de l'Asie sont le mont Taurus, le mont Imaüs, le Caucase et les montagnes du Japon. Toutes ces montagnes sont plus élevées que celles de l'Europe ; celles d'Afrique, le grand Atlas et les monts de la Lune, sont au moins aussi hautes que celles de l'Asie ; et les plus élevées de toutes sont celles de l'Amérique méridionale, surtout celles du Pérou, qui ont jusqu'à 3,000 toises de hauteur au-dessus du niveau de la mer. En général, les montagnes entre les tropiques sont plus élevées que celles des zones tempérées, et celles-ci plus que celles des zones froides ; de sorte que plus on approche de l'équateur, et plus les inégalités de la surface de la terre sont grandes. Ces inégalités, quoique fort considérables par rapport à nous, ne sont rien quand on les considère par rapport au globe terrestre. Trois mille toises de différence sur trois mille lieues de diamètre, c'est une toise sur une lieue, ou un pied sur deux mille deux cents pieds ; ce qui, sur un globe de deux pieds et demi de diamètre, ne fait pas la sixième partie d'une ligne : ainsi la terre, dont la surface nous paraît traversée et coupée par la hauteur énorme des montagnes et par la profondeur affreuse des mers, n'est cependant, relativement à son volume, que très-légèrement sillonnée d'inégalités si peu sensibles, qu'elles ne peuvent causer aucune différence à la figure du globe.

Dans les continents, les montagnes sont continues et forment des chaînes ; dans les îles, elles paraissent être plus interrompues et plus isolées, et elles s'élèvent ordinairement au-dessus de la mer en forme de cône ou de pyramide, et on les appelle des pics. Le pic de Ténériffe, dans l'île de Fer, est une des plus hautes montagnes de la terre : elle a près d'une lieue et demie de hauteur perpendiculaire au-dessus du niveau de la mer. Le pic de Saint-George dans l'une des Açores, le pic d'Adam dans l'île de Ceylan, sont aussi fort élevés. Tous ces pics sont composés de rochers entassés les uns sur les autres, et ils vomissent à leur sommet du feu, des cendres, du bitume, des minéraux et des pierres. Il y a même des îles qui ne sont précisément que des pointes de montagnes, comme l'île Sainte-Hélène, l'île de l'Ascension, la plupart des Canaries et des Açores ; et il faut remarquer que dans la plupart des îles, des promontoires et des autres terres avancées dans la mer, la partie du milieu est toujours la plus élevée, et qu'elles sont ordinairement séparées en deux par des chaînes de montagnes qui les partagent dans leur plus grande longueur, comme en Écosse le mont Gransbain, qui s'étend d'orient en occident, et partage l'île de la Grande-Bretagne en deux parties : il en est de même des îles de Sumatra, de Luçon, de Borneo, des Célèbes, de Cuba et de Saint-Domingue, et aussi de l'Italie, qui est traversée dans toute sa longueur par l'Apennin, de la presqu'île de Corée, de celle de Malaye, etc.

Les montagnes, comme l'on voit, diffèrent beaucoup en hauteur ; les collines sont les plus basses de toutes ; ensuite viennent les montagnes médiocrement élevées, qui sont suivies d'un troisième rang de montagnes encore plus hautes, lesquelles, comme les précédentes, sont ordinairement chargées d'arbres et de plantes, mais qui, ni les unes ni les autres, ne fournissent aucune source, excepté au bas ; enfin les plus hautes de toutes les montagnes sont celles sur lesquelles on ne trouve que du sable, des pierres, des cailloux et des rochers dont les pointes s'élèvent souvent jusque au-dessus des nues : c'est précisément au pied de ces rochers qu'il y a de petits espaces, de petites plaines, des enfoncements, des espèces de vallons où l'eau de la pluie, la neige et la glace s'arrêtent, et où elles forment des étangs, des marais, des fontaines, d'où les fleuves tirent leur origine (1).

La forme des montagnes est aussi fort différente : les unes forment des chaînes dont la hauteur est assez égale dans une très-longue étendue de terrain, d'autres sont coupées par des vallons très-profonds ; les unes ont des contours assez réguliers, d'autres paraissent au premier coup d'œil irrégulières, autant qu'il est possible de l'être ; quelquefois on trouve au milieu d'un vallon ou d'une plaine un monticule isolé : et de même qu'il y a des montagnes de différentes espèces, il y a aussi deux sortes de plaines, les unes en pays bas, les autres en montagnes : les premières sont ordinairement partagées par le cours de quelque grosse rivière ; les autres, quoique d'une étendue considérable, sont sèches, et n'ont tout au plus que quelque petit ruisseau. Ces plaines en montagnes sont souvent fort élevées et toujours de difficile accès ; elles forment des pays au-dessus des autres pays, comme en Auvergne, en Savoie et dans plusieurs autres pays élevés : le terrain en est ferme et produit beaucoup d'herbes et de plantes odoriférantes, ce qui rend ces dessus de montagnes les meilleurs pâturages du monde.

Le sommet des hautes montagnes est composé de rochers plus ou moins élevés, qui ressemblent, surtout vus de loin, aux ondes de la mer (2). Ce n'est pas sur cette observation seule que l'on pourrait assurer, comme nous l'avons fait, que les montagnes ont été formées par les ondes de la mer, et je ne la rapporte que parce qu'elle s'accorde avec toutes les autres. Ce qui prouve évidemment que la mer a couvert et formé les montagnes, ce sont les coquilles et les autres productions marines qu'on trouve partout en si grande quantité, qu'il n'est pas possible qu'elles aient été transportées de la mer actuelle dans des continents aussi éloignés et à des profondeurs aussi considérables. Ce qui le prouve, ce sont les couches horizontales et parallèles qu'on trouve partout, et qui ne peuvent avoir été formées que par les eaux ; c'est la composition des matières, même les plus dures, comme de la pierre et du marbre, à laquelle on reconnaît clairement que les matières étaient réduites en poussière avant la formation de ces pierres et de ces marbres, et qu'elles se sont précipitées au fond de l'eau en forme de sédiment ; c'est encore l'exactitude avec laquelle les coquilles sont moulées dans ces matières ; c'est l'intérieur de ces mêmes coquilles, qui est absolument rempli des matières dans lesquelles elles sont

(1) Voyez *Lettres philosophiques sur la formation des sels*, page 198.
(2) Voyez *Lettres philosophiques sur la formation des sels*, page 196.

renfermées : et enfin ce qui le démontre incontestablement, ce sont les angles correspondants des montagnes et des collines, qu'aucune autre cause que les courants de la mer n'aurait pu former; c'est l'égalité de la hauteur des collines opposées et les lits des différentes matières qu'on y trouve à la même hauteur; c'est la direction des montagnes, dont les chaînes s'étendent en longueur dans le même sens, comme l'on voit s'étendre les ondes de la mer.

A l'égard des profondeurs qui sont à la surface de la terre, les plus grandes sont sans contredit les profondeurs de la mer : mais comme elles ne se présentent point à l'œil, et qu'on n'en peut juger que par la sonde, nous n'entendons parler que des profondeurs de terre ferme, telles que les profondes vallées que l'on voit entre les montagnes, les précipices qu'on trouve entre les rochers, les abîmes qu'on aperçoit du haut des montagnes, comme l'abîme du mont Ararath, les précipices des Alpes, les vallées des Pyrénées. Ces profondeurs sont une suite naturelle de l'élévation des montagnes; elles reçoivent les eaux et les terres qui coulent de la montagne; le terrain en est ordinairement très-fertile et fort habité. Pour les précipices qui sont entre les rochers, ils se forment par l'affaissement des rochers, dont la base cède quelquefois plus d'un côté que de l'autre, par l'action de l'air et de la gelée qui les fait fendre et les sépare, et par la chute impétueuse des torrents qui s'ouvrent des routes et entraînent tout ce qui s'oppose à leur violence : mais ces abîmes, c'est-à-dire ces énormes et vastes précipices qu'on trouve au sommet des montagnes, et au fond desquels il n'est quelquefois pas possible de descendre, quoiqu'ils aient une demi-lieue ou une lieue de tour, ont été formés par le feu; ces abîmes étaient autrefois les foyers des volcans, et toute la matière qui y manque en a été rejetée par l'action et l'explosion de ces feux, qui depuis se sont éteints faute de matière combustible. L'abîme du mont Ararath, dont M. de Tournefort donne la description dans son *Voyage du Levant*, est environné de rochers noirs et brûlés, comme seront quelque jour les abîmes de l'Etna, du Vésuve et de tous les autres volcans, lorsqu'ils auront consumé toutes les matières combustibles qu'ils renferment.

Dans l'*Histoire naturelle de la province de Stafford en Angleterre*, par Plot, il est parlé d'une espèce de gouffre qu'on a sondé jusqu'à la profondeur de 2,600 pieds perpendiculaires, sans qu'on y ait trouvé d'eau : on n'a pu même en trouver le fond, parce que la corde n'était pas assez longue (1).

Les grandes cavités et les mines profondes sont ordinairement dans les montagnes, et elles ne descendent jamais, à beaucoup près, au niveau des plaines : aussi nous ne connaissons par ces cavités que l'intérieur de la montagne, et point du tout celui du globe.

D'ailleurs ces profondeurs ne sont pas en effet fort considérables. Ray assure que les mines les plus profondes n'ont pas un demi-mille de profondeur. La mine de Cotteberg, qui, du temps d'Agricola, passait pour la plus profonde de toutes les mines connues, n'avait que 2,500 pieds de profondeur perpendiculaire. Il est vrai

---

(1) Voyez le *Journal des Savants*, année 1680, p. 12.

qu'il y a des trous dans certains endroits, comme celui dont nous venons de parler dans la province de Stafford, ou le Poolshole dans la province de Derby en Angleterre, dont la profondeur est peut-être plus grande : mais tout cela n'est rien en comparaison de l'épaisseur du globe.

Si les rois d'Egypte, au lieu d'avoir fait des pyramides et élevé d'aussi fastueux monuments de leurs richesses et de leur vanité, eussent fait la même dépense pour sonder la terre et y faire une profonde excavation, comme d'une lieue de profondeur, on aurait peut-être trouvé des matières qui auraient dédommagé de la peine et de la dépense, ou tout au moins on aurait des connaissances qu'on n'a pas sur les matières dont le globe est composé à l'intérieur; ce qui serait peut-être fort utile.

Mais revenons aux montagnes. Les plus élevées sont dans les pays méridionaux; et plus on approche de l'équateur, plus on trouve d'inégalités sur la surface du globe. Ceci est aisé à prouver par une courte énumération des montagnes et des îles.

En Amérique, la chaîne des Cordillières, les plus hautes montagnes de la terre, est précisément sous l'équateur, et elle s'étend des deux côtés bien loin au delà des cercles qui renferment la zone torride.

En Afrique, les hautes montagnes de la Lune et du Monomotapa, le grand et le petit Atlas, sont sous l'équateur, ou n'en sont pas éloignés.

En Asie, le mont Caucase, dont la chaîne s'étend sous différents noms jusqu'aux montagnes de la Chine, est, dans toute cette étendue, plus voisin de l'équateur que des pôles.

En Europe, les Pyrénées, les Alpes, et les montagnes de la Grèce, qui ne sont que la même chaîne, sont encore moins éloignées de l'équateur que des pôles.

Or, ces montagnes dont nous venons de faire l'énumération sont toutes plus élevées, plus considérables et plus étendues en longueur et en largeur que les montagnes des pays septentrionaux.

A l'égard de la direction de ces chaînes de montagnes, on verra que les Alpes, prises dans toute leur étendue, forment une chaîne qui traverse le continent entier depuis l'Espagne jusqu'à la Chine : ces montagnes commencent au bord de la mer en Galice, arrivent aux Pyrénées, traversent la France par le Vivarais et l'Auvergne, séparent l'Italie, s'étendent en Allemagne et au-dessus de la Dalmatie jusqu'en Macédoine, et de là se joignent avec les montagnes d'Arménie, le Caucase, le Taurus, l'Imaüs, et s'étendent jusqu'à la mer de Tartarie. De même le mont Atlas traverse le continent entier de l'Afrique d'occident en orient, depuis le royaume de Fez jusqu'au détroit de la mer Rouge. Les monts de la Lune ont aussi la même direction.

Mais, en Amérique, la direction est toute contraire, et les chaînes des Cordillières et des autres montagnes s'étendent du nord au sud plus que d'orient en occident (1).

(1) Cette dernière assertion doit être modifiée : car quoiqu'il paraisse au premier coup d'œil qu'on puisse suivre les montagnes de l'Espagne jusqu'à la Chine, en passant des Pyrénées en Auvergne, aux Alpes, en Allemagne,

Ce que nous observons ici sur les plus grandes éminences du globe, peut s'observer aussi sur les plus grandes profondeurs de la mer. Les plus vastes et les plus hautes mers sont plus voisines de l'équateur que des pôles, et il résulte de cette observation que les plus grandes inégalités du globe se trouvent dans les climats

en Macédoine, au Caucase, et autres montagnes de l'Asie jusqu'à la mer de Tartarie, et quoiqu'il semble de même que le mont Atlas partage d'occident en orient le continent de l'Afrique, cela n'empêche pas que le milieu de cette grande presqu'île ne soit une chaîne continue de hautes montagnes qui s'étend depuis le mont Atlas aux monts de la Lune, et des monts de la Lune jusqu'aux terres du cap de Bonne-Espérance : en sorte que l'Afrique doit être considérée comme composée de montagnes qui en occupent le milieu dans toute sa longueur, et qui sont disposées du nord au sud et dans la même direction que celles de l'Amérique. Les parties de l'Atlas qui s'étendent depuis le milieu et des deux côtés vers l'occident et vers l'orient, ne doivent être considérées que comme des branches de la chaîne principale. Il en sera de même de la partie des monts de la Lune qui s'étend vers l'occident et vers l'orient; ce sont des montagnes collatérales de la branche principale qui occupe l'intérieur ou le milieu de l'Afrique; et s'il n'y a point de volcans dans cette prodigieuse étendue de montagnes, c'est parce que la mer est des deux côtés fort éloignée du milieu de cette vaste presqu'île; tandis qu'en Amérique la mer est très-voisine du pied des hautes montagnes, et qu'au lieu de former le milieu de la presqu'île de l'Amérique méridionale, elles sont au contraire toutes situées à l'occident, et que l'étendue des basses terres est en entier du côté de l'orient.

La grande chaîne des Cordillières n'est pas la seule, dans le nouveau continent, qui soit dirigée du nord au sud; car dans le terrain de la Guiane, à environ cent cinquante lieues de Cayenne, il y a aussi une chaîne d'assez hautes montagnes qui court également du nord au sud : cette montagne est si escarpée du côté qui regarde Cayenne, qu'elle est, pour ainsi dire, inaccessible. Ce revers à plomb de la chaîne de montagnes semble indiquer qu'il y a de l'autre côté une pente douce et une bonne terre : aussi la tradition du pays est qu'il y a au delà de cette montagne des nations de Sauvages réunis en assez grand nombre. On a dit aussi qu'il y avait une mine d'or dans ces montagnes, et un lac où l'on trouvait des paillettes d'or; mais ce fait ne s'est pas confirmé.

En Europe, la chaîne des montagnes qui commence en Espagne, passe en France, en Allemagne et en Hongrie, se partage en deux grandes branches, dont l'une s'étend en Asie par les montagnes de la Macédoine, du Caucase, etc., et l'autre branche passe de la Hongrie dans la Pologne, la Russie, et s'étend jusqu'aux sources du Wolga et du Borysthène; et se prolongeant encore plus loin, elle gagne une autre chaîne de montagnes en Sibérie, qui aboutit enfin à la mer du Nord à l'occident du fleuve Oby. Ces chaînes de montagnes doivent être regardées comme un sommet presque continu, dans lequel plusieurs grands fleuves prennent leurs sources : les uns, comme le Tage, la Doure en Espagne, la Garonne, la Loire en France, le Rhin en Allemagne, se jettent dans l'Océan; les autres, comme l'Oder, la Vistule, le Niémen, se jettent dans la mer Baltique; enfin d'autres fleuves, comme la Dwina, tombent dans la mer Blanche, et le fleuve Petzora dans la mer Glaciale. Du côté de l'orient, cette même chaîne de montagnes donne naissance à l'Yeucar et l'Èbre en Espagne, au Rhône en France, au Pô en Italie, qui tombent dans la mer Méditerranée; au Danube et au Don, qui se perdent dans la mer Noire; et enfin au Wolga, qui tombe dans la mer Caspienne.

Le sol de la Norwége est plein de rochers et de groupes de montagnes. Il y a cependant des plaines fort unies de six, huit, et dix milles d'étendue. La direction des montagnes n'est point à l'ouest ou l'est, comme celle des autres montagnes de l'Europe; elles vont au contraire, comme les Cordillières, du sud au nord.

Dans l'Asie méridionale, depuis l'île de Ceylan et le cap Comorin, il s'étend une chaîne de montagnes qui sépare le Malabar de Coromandel, traverse le Mogol, regagne le mont Caucase, se prolonge dans le pays des Kalmouks, et s'étend jusqu'à la mer du Nord à l'occident du fleuve Irtis; on en trouve une autre qui s'étend de même du nord au sud jusqu'au cap Razalgat en Arabie, et qu'on peut suivre à quelque distance de la mer Rouge jusqu'à Jérusalem; elle environne l'extrémité de la mer Méditerranée et la pointe de la mer Noire, et de là s'étend par la Russie jusqu'au même point de la mer du Nord.

On peut aussi observer que les montagnes de l'Indostan et celles de Siam courent du sud au nord, et vont également se réunir aux rochers du Thibet et de la Tartarie. Ces montagnes offrent, de chaque côté, des saisons différentes; à l'ouest on a six mois de pluie, tandis qu'on jouit à l'est du plus beau soleil.

Toutes les montagnes de Suisse, c'est-à-dire celles de la Vallésie et des Grisons, celles de la Savoie, du Piémont et du Tyrol, forment une chaîne qui s'étend du nord au sud jusqu'à la Méditerranée. Le mont Pilate, situé dans le canton de Lucerne, à peu près dans le centre de la Suisse, forme une chaîne d'environ quatorze lieues qui s'étend du nord au sud jusque dans le canton de Berne.

On peut donc dire qu'en général les plus grandes éminences du globe sont disposées du nord au sud, et que celles qui courent dans d'autres directions ne doivent être regardées que comme des branches collatérales de ces premières montagnes; et c'est en partie par cette disposition des montagnes primitives, que toutes les pointes des continents se présentent dans la direction du nord au sud, comme on le voit à la pointe de l'Afrique, à celle de l'Amérique, à celle de Californie, à celle du Groenland, au cap Comorin, à Sumatra, à la Nouvelle-Hollande, etc.; ce qui paraît indiquer, comme nous l'avons déjà dit, que toutes les eaux sont venues en plus grande quantité du pôle austral que du pôle boréal.

méridionaux. Ces irrégularités qui se trouvent à la surface du globe sont la cause d'une infinité d'effets ordinaires et extraordinaires; par exemple, entre les rivières de l'Inde et du Gange, il y a une large chersonèse qui est divisée dans son milieu par une chaîne de hautes montagnes que l'on appelle *Le Gate*, qui s'étend du nord au sud depuis les extrémités du mont Caucase jusqu'au cap de Comorin : de l'un des côtés est Malabar, et de l'autre Coromandel ; du côté de Malabar, entre cette chaîne de montagnes et la mer, la saison de l'été est depuis le mois de septembre jusqu'au mois d'avril, et pendant tout ce temps le ciel est serein et sans aucune pluie; de l'autre côté de la montagne, sur la côte de Coromandel, cette même saison est leur hiver, et il y pleut tous les jours en abondance; et du mois d'avril au mois de septembre c'est la saison de l'été, tandis que c'est celle de l'hiver en Malabar; en sorte qu'en plusieurs endroits qui ne sont guère éloignés que de 20 lieues de chemin, on peut en croisant la montagne, changer de saison. On dit que la même chose se trouve au cap de Razalgat en Arabie, et de même à la Jamaïque, qui est séparée dans son milieu par une chaîne de montagnes dont la direction est de l'est à l'ouest, et que les plantations qui sont au midi de ces montagnes éprouvent la chaleur de l'été, tandis que celles qui sont au nord souffrent la rigueur de l'hiver dans ce même temps. Le Pérou, qui est situé sous la ligne et qui s'étend à environ mille lieues vers le midi, est divisé en trois parties longues et étroites, que les habitants du Pérou appellent *lanos*, *sierras*, et *andes*. Les lanos, qui sont les plaines, s'étendent tout le long de la côte de la mer du Sud; les sierras sont des collines avec quelques vallées, et les andes sont ces fameuses Cordillières, les plus hautes montagnes que l'on connaisse. Les lanos ont 10 lieues plus ou moins de largeur ; dans plusieurs endroits les sierras ont 20 lieues de largeur, et les andes autant, quelquefois plus, quelquefois moins : la largeur est de l'est à l'ouest, et la longueur est du nord au sud. Cette partie du monde a ceci de remarquable : 1° dans les lanos, le long de toute cette côte, le vent de sud-ouest souffle constamment, ce qui est contraire à ce qui arrive ordinairement dans la zone torride; 2° il ne pleut ni ne tonne jamais dans les lanos, quoiqu'il y tombe quelquefois un peu de rosée; 3° il pleut presque continuellement sur les andes; 4° dans les sierras, qui sont entre les lanos et les andes, il pleut depuis le mois de septembre jusqu'au mois d'avril.

On s'est aperçu depuis longtemps que les chaînes des plus hautes montagnes allaient d'occident en orient; ensuite, après la découverte du nouveau Monde, on a vu qu'il y en avait de fort considérables qui tournaient du nord au sud : mais personne n'avait découvert avant M. Bourguet, la surprenante régularité de la structure de ces grandes masses; il a trouvé, après avoir passé trente fois les Alpes en

Si l'on consulte une nouvelle mappemonde, dans laquelle on a représenté autour du pôle arctique toutes les terres des quatre parties du monde, à l'exception d'une pointe de l'Amérique, et autour du pôle antarctique toutes les mers et le peu de terres qui composent l'hémisphère pris dans ce sens, on reconnaîtra évidemment qu'il y a eu beaucoup plus de bouleversements dans ce second hémisphère que dans le premier, et que la quantité des eaux y a toujours été et y est encore bien plus considérable que dans notre hémisphère. Tout concourt donc à prouver que les plus grandes inégalités du globe se trouvent dans les parties méridionales, et que la direction la plus générale des montagnes primitives est du nord au sud plutôt que d'orient en occident dans toute l'étendue de la surface du globe. (*Add. Buff.*)

quatorze endroits différents, deux fois l'Apennin, et fait plusieurs tours dans les environs de ces montagnes et dans le mont Jura, que toutes les montagnes sont formées dans leurs contours à peu près comme les ouvrages de fortification. Lorsque
le corps d'une montagne va d'occident en orient, elle forme des avances qui regardent, autant qu'il est possible, le nord et le midi : cette régularité admirable est si
sensible dans les vallons, qu'il semble qu'on y marche dans un chemin couvert fort
régulier; car si, par exemple, on voyage dans un vallon du nord au sud, on remarque que la montagne qui est à droite forme des avances ou des angles qui regardent
l'orient, et ceux de la montagne du côté gauche regardent l'occident; de sorte que
néanmoins les angles saillants de chaque côté répondent réciproquement aux angles rentrants qui leur sont toujours alternativement opposés. Les angles que les
montagnes forment dans les grandes vallées sont moins aigus, parce que la pente
est moins roide, et qu'ils sont plus éloignés les uns des autres; et dans les plaines
ils ne sont sensibles que dans le cours des rivières, qui en occupent ordinairement
le milieu; leurs coudes naturels répondent aux avances les plus marquées, ou aux
angles les plus avancés des montagnes auxquelles le terrain où les rivières coulent,
va aboutir. Il est étonnant qu'on n'ait pas aperçu une chose si visible; et lorsque
dans une vallée la pente de l'une des montagnes qui la bordent est moins rapide
que celle de l'autre, la rivière prend son cours beaucoup plus près de la montagne
la plus rapide, et elle ne coule pas dans le milieu (1).

On peut joindre à ces observations d'autres observations particulières qui les confirment : par exemple, les montagnes de Suisse sont bien plus rapides, et leur
pente est bien plus grande du côté du midi que du côté du nord, et plus grande du
côté du couchant que du côté du levant; on peut le voir dans la montagne Gemmi,
dans le mont Brisé, et dans presque toutes les autres montagnes. Les plus hautes
de ce pays sont celles qui séparent la Vallésie et les Grisons de la Savoie, du Piémont
et du Tyrol; ces pays sont eux-mêmes une continuation de ces montagnes, dont la
chaîne s'étend jusqu'à la Méditerranée, et continue même assez loin sous les eaux
de cette mer : les montagnes des Pyrénées ne sont aussi qu'une continuation de
cette vaste montagne qui commence dans la Vallésie supérieure, et dont les branches s'étendent fort loin au couchant et au midi, en se soutenant toujours à une
grande hauteur, tandis qu'au contraire du côté du nord et de l'est ces montagnes
s'abaissent par degrés jusqu'à devenir des plaines; comme on le voit par les vastes
pays que le Rhin, par exemple, et le Danube arrosent avant que d'arriver à leurs
embouchures, au lieu que le Rhône descend avec rapidité vers le midi dans la mer
Méditerranée. La même observation sur le penchant plus rapide des montagnes du
côté du midi et du couchant, que du côté du nord ou du levant, se trouve vraie dans
les montagnes d'Angleterre et dans celles de Norwége : mais la partie du monde où
cela se voit le plus évidemment, c'est au Pérou et au Chili; la longue chaîne des
Cordillières est coupée très-rapidement du côté du couchant, le long de la mer Pa-

(1) Voyez *Lettres philosophiques sur la formation des sels*, pag. 181 et 200.

cifique, au lieu que du côté du levant elle s'abaisse par degrés dans de vastes plaines arrosées par les plus grandes rivières du monde.

M. Bourguet, à qui on doit cette belle observation de la correspondance des angles des montagnes, l'appelle avec raison *la clef de la théorie de la terre*; cependant il me paraît que s'il en eût senti toute l'importance, il l'aurait employée plus heureusement en la liant avec des faits convenables, et qu'il aurait donné une théorie de la terre plus vraisemblable, au lieu que dans son mémoire, dont on a vu l'exposé, il ne présente que le projet d'un système hypothétique dont la plupart des conséquences sont fausses ou précaires. La théorie que nous avons donnée roule sur quatre faits principaux, desquels on ne peut pas douter après avoir examiné les preuves qui les constatent : le premier est que la terre est partout, et jusqu'à des profondeurs considérables, composée de couches parallèles et de matières qui ont été autrefois dans un état de mollesse; le second, que la mer a couvert pendant quelque temps la terre que nous habitons; le troisième, que les marées et les autres mouvements des eaux produisent des inégalités dans le fond de la mer; et le quatrième, que ce sont les courants de la mer qui ont donné aux montagnes la forme de leurs contours, et la direction correspondante dont il est question.

On jugera, après avoir lu les preuves que contiennent les articles suivants, si j'ai eu tort d'assurer que ces faits, solidement établis, établissent aussi la vraie théorie de la terre. Ce que j'ai dit dans le texte au sujet de la formation des montagnes, n'a pas besoin d'une plus ample explication; mais comme on pourrait m'objecter que je ne rends pas raison de la formation des pics ou pointes de montagnes, non plus que de quelques autres faits particuliers, j'ai cru devoir ajouter ici les observations et les réflexions que j'ai faites sur ce sujet.

J'ai tâché de me faire une idée nette et générale de la manière dont sont arrangées les différentes matières dont se compose le globe, et il m'a paru qu'on pouvait les considérer d'une manière différente de celle dont on les a vues jusqu'ici; j'en fais deux classes générales, auxquelles je les réduis toutes : la première est celle des matières que nous trouvons posées par couches, par lits, par bancs horizontaux ou régulièrement inclinés; et la seconde comprend toutes les matières qu'on trouve par amas, par filons, par veines perpendiculaires et irrégulièrement inclinées. Dans la première classe sont compris les sables, les argiles, les granites ou le roc vif, les cailloux et les grès en grande masse, les charbons de terre, les ardoises, les schistes, etc., et aussi les marnes, les craies, les pierres calcinables, les marbres, etc. Dans la seconde, je mets les métaux, les minéraux, les cristaux, les pierres fines et les cailloux en petites masses. Ces deux classes comprennent généralement toutes les matières que nous connaissons : les premières doivent leur origine aux sédiments transportés et déposés par les eaux de la mer, et on doit distinguer celles qui, étant mises à l'épreuve du feu, se calcinent et se réduisent en chaux, de celles qui se fondent et se réduisent en verre; pour les secondes, elles se réduisent toutes en verre, à l'exception de celles que le feu consume entièrement par l'inflammation.

Dans la première classe, nous distinguerons d'abord deux espèces de sable : l'une, que je regarde comme la matière la plus abondante du globe, qui est vitrifiable, ou plutôt qui n'est qu'un composé de fragments de verre ; l'autre, dont la quantité est beaucoup moindre, qui est calcinable, et qu'on doit regarder comme du débris et de la poussière de pierre, et qui ne diffère du gravier que par la grosseur des grains. Le sable vitrifiable est, en général, posé par couches comme toutes les autres matières : mais ces couches sont souvent interrompues par des masses de rochers de grès, de roc vif, de caillou, et quelquefois ces matières sont aussi des bancs et des lits d'une grande étendue.

En examinant ce sable et ces matières vitrifiables, on n'y trouve que peu de coquilles de mer ; et celles qu'on y trouve ne sont pas placées par lits, elles n'y sont que parsemées et comme jetées au hasard : par exemple, je n'en ai jamais vu dans les grès ; cette pierre, qui est fort abondante en certains endroits, n'est qu'un composé de parties sablonneuses qui se sont réunies : on ne la trouve que dans les pays où le sable vitrifiable domine, et ordinairement les carrières de grès sont dans des collines pointues, dans des terres sablonneuses et dans des éminences entrecoupées. On peut attaquer ces carrières dans tous les sens, et s'il y a des lits, ils sont beaucoup plus éloignés les uns des autres que dans les carrières de pierres calcinables ou de marbres : on coupe dans le massif de la carrière de grès des blocs de toutes sortes de dimensions et dans tous les sens, selon le besoin et la plus grande commodité ; et quoique le grès soit difficile à travailler, il n'a cependant qu'un genre de dureté, c'est de résister à des coups violents sans s'éclater ; car le frottement l'use peu à peu et le réduit aisément en sable, à l'exception de certains clous noirâtres qu'on y trouve, et qui sont d'une matière si dure que les meilleurs limes ne peuvent y mordre. Le roc vif est vitrifiable comme le grès, et il est de la même nature ; seulement il est plus dur, et les parties en sont mieux liées : il y a aussi plusieurs clous semblables à ceux dont nous venons de parler, comme on peut le remarquer aisément sur le sommet des hautes montagnes, qui sont pour la plupart de cette espèce de rochers, et sur lesquels on ne peut pas marcher un peu de temps sans s'apercevoir que ces clous coupent et déchirent le cuir des souliers. Ce roc vif qu'on trouve au-dessus des hautes montagnes, et que je regarde comme une espèce de granite, contient une grande quantité de paillettes talqueuses, et il a tous les genres de dureté au point de ne pouvoir être travaillé qu'avec une peine infinie.

J'ai examiné de près la nature de ces clous (1) qu'on trouve dans le grès et dans

(1) J'ai dit qu'on *trouve dans les grès des espèces de clous*, etc. Cela semble indiquer que les grandes masses de grès doivent leur origine à l'action du feu primitif. J'avais d'abord pensé que cette matière ne devait sa dureté et la réunion de ses parties qu'à l'intermède de l'eau ; mais je me suis assuré depuis, que l'action du feu produit le même effet, et je puis citer sur cela des expériences qui d'abord m'ont surpris, et que j'ai répétées assez souvent pour n'en pouvoir douter.

EXPÉRIENCES.

J'ai fait broyer des grès de différents degrés de dureté, et je les ai fait tamiser en poudre plus ou moins fine

le roc vif, et j'ai reconnu que c'est une matière métallique fondue et calcinée à un feu très-violent, et qui ressemble parfaitement à de certaines matières rejetées par les volcans, dont j'ai vu une très-grande quantité étant en Italie, où l'on me dit que les gens du pays les appelaient *schiarri*. Ce sont des masses noirâtres fort pesantes, sur lesquelles le feu, l'eau, ni la lime, ne peuvent faire aucune impression, dont la matière est différente de celle de la lave ; car celle-ci est une espèce de verre, au lieu que l'autre paraît plus métallique que vitrée. Les clous du grès et du roc vif ressemblent beaucoup à cette première matière ; ce qui semble prouver encore que toutes ces matières ont été autrefois liquéfiées par le feu.

On voit quelquefois en certains endroits, au plus haut des montagnes, une pro-

pour m'en servir à couvrir les cémentations dont je me sers pour convertir le fer en acier : cette poudre de grès répandue sur le cément, et amoncelée en forme de dôme de trois ou quatre pouces d'épaisseur, sur une caisse de trois pieds de longueur et de deux pieds de largeur, ayant subi l'action d'un feu violent dans mes fourneaux d'aspiration pendant plusieurs jours et nuits de suite sans interruption, n'était plus de la poussière de grès, mais une masse solide, que l'on était obligé de casser pour découvrir la caisse qui contenait le fer converti en acier boursouflé, en sorte que l'action du feu sur cette poudre de grès en a fait des masses aussi solides que le grès de médiocre qualité qui ne sonne point sous le marteau. Cela m'a démontré que le feu peut, tout aussi bien que l'eau, avoir aggluliné les sables vitrescibles ; et avoir par conséquent formé les grandes masses de grès qui composent le noyau de quelques-unes de nos montagnes.

Je suis donc très-persuadé que toute la matière vitrescible dont est composée la roche intérieure du globe, et les noyaux de ses grandes éminences extérieures, ont été produits par l'action du feu primitif, et que les eaux n'ont formé que les couches inférieures et accessoires qui enveloppent ces noyaux, qui sont toutes posées par couches parallèles, horizontales ou également inclinées, et dans lesquelles on trouve des débris de coquilles et d'autres productions de la mer.

Ce n'est pas que je prétende exclure l'intermède de l'eau pour la formation des grès et de plusieurs autres matières vitrescibles ; je suis au contraire porté à croire que le sable vitrescible peut acquérir de la consistance, et se réunir en masses plus ou moins dures par le moyen de l'eau, peut-être encore plus aisément que par l'action du feu ; et c'est seulement pour prévenir les objections qu'on ne manquerait pas de faire, si l'on imaginait que j'attribue uniquement à l'intermède de l'eau la solidité et la consistance du grès et des autres matières composées de sable vitrescible. Je dois même observer que les grès qui se trouvent à la superficie ou à peu de profondeur dans la terre, ont tous été formés par l'intermède de l'eau ; car l'on remarque des ondulations et des tournoiements à la surface supérieure des masses de ces grès, et l'on y voit quelquefois des impressions de plantes et de coquilles. Mais on peut distinguer les grès formés par le sédiment des eaux, de ceux qui ont été produits par le feu : ceux-ci sont d'un peu plus gros grain, et s'égrènent plus facilement que les grès dont l'agrégation des parties est due à l'intermède de l'eau. Ils sont plus compactes ; les grains qui les composent ont des angles plus vifs, et en général ils sont plus solides et plus durs que les grès coagulés par le feu.

Les matières ferrugineuses prennent un très-grand degré de dureté par le feu, puisque rien n'est si dur que la fonte de fer ; mais elles peuvent aussi acquérir une dureté considérable par l'intermède de l'eau : je m'en suis assuré en mettant une bonne quantité de limaille de fer dans des vases exposés à la pluie ; cette limaille a formé des masses si dures, qu'on ne pouvait les casser qu'au marteau.

La roche vitreuse qui compose la masse de l'intérieur du globe est plus dure que le verre ordinaire ; mais elle ne l'est pas plus que certaines laves de volcans, et beaucoup moins que la fonte de fer, qui n'est cependant que du verre mêlé de parties ferrugineuses. Cette grande dureté de la roche du globe indique assez que ce sont les parties les plus fixes de toute la matière qui se sont réunies, et que, dès le temps de leur consolidation, elles ont pris la consistance et la dureté qu'elles ont encore aujourd'hui. L'on ne peut donc pas argumenter contre mon hypothèse de la vitrification générale, en disant que les matières réduites en verre par le feu de nos fourneaux, sont moins dures que la roche du globe, puisque la fonte de fer, quelques laves ou basaltes, et même certaines porcelaines, sont plus dures que cette roche, et néanmoins ne doivent comme elle leur dureté qu'à l'action du feu. D'ailleurs les éléments du fer et des autres minéraux qui donnent de la dureté aux matières liquéfiées par le feu ou atténuées par l'eau, existaient ainsi que les terres fixes dès le temps de la consolidation du globe ; et j'ai déjà dit qu'on ne devait pas regarder la roche de son intérieur comme du verre pur, semblable à celui que nous faisons avec du sable et du salin, mais comme un produit vitreux mêlé des matières les plus fixes et les plus capables de soutenir la grande et longue action du feu primitif, dont nous ne pouvons comparer les grands effets que de loin, avec le petit effet de nos feux de fourneaux ; et néanmoins cette comparaison, quoique désavantageuse, nous laisse apercevoir clairement ce qu'il peut y avoir de commun dans les effets du feu primitif et dans les produits de nos feux, et nous démontre en même temps que le degré de dureté dépend moins de celui du feu que de la combinaison des matières soumises à son action. (*Add. Buff.*)

digieuse quantité de blocs d'une grandeur considérable de ce roc vif, mêlé de paillettes talqueuses: leur position est si irrégulière, qu'ils paraissent avoir été lancés
et jetés au hasard ; et on croirait qu'ils sont tombés de quelque hauteur voisine, si
les lieux où on les trouve n'étaient pas élevés au-dessus de tous les autres lieux :
mais leur substance vitrifiable et leur figure anguleuse et carrée comme celle des
rochers de grès, nous découvrent une origine commune entre ces matières. Ainsi
dans les grandes couches de sables vitrifiables il se forme des bancs de grès et de
roc vif, dont la figure et la situation ne suivent pas exactement la position horizontale de ces couches : peu à peu les pluies ont entraîné du sommet des collines et
des montagnes le sable qui les couvrait d'abord, et elles ont commencé par sillonner et découper ces collines dans les intervalles qui se sont trouvés entre les noyaux
de grès, comme on voit que sont découpées les collines de Fontainebleau ; chaque
pointe de colline répond à un noyau qui fait une carrière de grès, et chaque intervalle a été creusé et abaissé par les eaux, qui ont fait couler le sable dans la plaine.
De même les plus hautes montagnes, dont les sommets sont composés de roc vif
et terminés par ces blocs anguleux dont nous venons de parler, auront autrefois été
recouvertes de plusieurs couches de sable vitrifiable dans lequel ces blocs se seront
formés ; et les pluies ayant entraîné tout le sable qui les couvrait et qui les environnait, ils seront demeurés au sommet des montagnes dans la position où ils auront été formés. Ces blocs présentent ordinairement des pointes au-dessus et à l'extérieur ; ils vont en augmentant de grosseur à mesure qu'on descend et qu'on
fouille plus profondément ; souvent même un bloc en rejoint un autre par la base,
ce second un troisième, et ainsi de suite, en laissant entre eux des intervalles irréguliers ; et comme par la succession des temps les pluies ont enlevé et entraîné
tout le sable qui couvrait ces différents noyaux, il ne reste au-dessus des hautes
montagnes que les noyaux mêmes qui forment des pointes plus ou moins élevées,
et c'est là l'origine des pics ou des cornes de montagnes.

Car supposons, comme il est facile de le prouver par les productions marines
qu'on y trouve, que la chaîne des montagnes des Alpes ait été autrefois couverte
des eaux de la mer, et qu'au-dessus de cette chaîne de montagnes il y eût une
grande épaisseur de sable vitrifiable que l'eau de la mer y avait transporté et déposé de la même façon et par les mêmes causes qu'elle a déposé et transporté dans
les lieux un peu plus bas de ces montagnes une grande quantité de ces coquillages,
et considérons cette couche extérieure de sable vitrifiable comme posée d'abord de
niveau et formant un plat pays de sable au-dessus des montagnes des Alpes, lorsqu'elles étaient encore couvertes des eaux de la mer : il se sera formé dans cette épaisseur de sable des noyaux de roc, de grès, de caillou et de toutes les matières qui
prennent leur origine et leur figure dans les sables par une mécanique à peu près
semblable à celle de la cristallisation des sels ; ces noyaux une fois formés auront
soutenu les parties où ils se sont trouvés, et les pluies auront détaché peu à peu
tout le sable intermédiaire, aussi bien que celui qui les environnait immédiatement ; les torrents, les ruisseaux, en se précipitant du haut de ces montagnes, au-

ront entraîné ces sables dans les vallons, dans les plaines, et en auront conduit une partie jusqu'à la mer; de cette façon le sommet des montagnes se sera trouvé à découvert, et les noyaux déchaussés auront paru dans toute leur hauteur (1). C'est ce que nous appelons aujourd'hui des pics ou des cornes de montagnes, et ce qui a formé toutes ces éminences pointues qu'on voit en tant d'endroits; c'est aussi là l'origine de ces roches élevées et isolées qu'on trouve à la Chine et dans d'autres endroits, comme en Irlande, où on leur a donné le nom de *devil's stones*, ou *pierres du diable*, et dont la formation, aussi bien que celle des pics des montagnes, avait toujours paru une chose difficile à expliquer: cependant l'explication que j'en donne est si naturelle, qu'elle s'est présentée d'abord à l'esprit de ceux qui ont vu ces roches, et je dois citer ici ce qu'en dit le P. Du Tertre dans les *Lettres édifiantes*: « De Yan-chuinyen nous vînmes à Ho-theou: nous rencontrâmes en chemin une chose assez particulière; ce sont des roches d'une hauteur extraordinaire et de la figure d'une grosse tour carrée, qu'on voit plantées au milieu des plus vastes plaines. On ne sait comment elles se trouvent là, si ce n'est que ce furent autrefois des montagnes, et que les eaux du ciel ayant peu à peu fait ébouler la terre qui environnait ces masses de pierre, les aient ainsi à la longue escarpées de toutes parts: ce qui fortifie la conjecture, c'est que nous en vîmes quelques-unes qui vers le bas sont encore environnées de terre jusqu'à une certaine hauteur (2). »

Le sommet des plus hautes montagnes est donc ordinairement composé de rochers et de plusieurs espèces de granite, de roc vif, de grès et d'autres matières dures et vitrifiables, et cela souvent jusqu'à deux ou trois cents toises en descendant; ensuite on y trouve souvent des carrières de marbre ou de pierre dure qui sont remplies de coquilles, et dont la matière est calcinable, comme on peut le remarquer à la grande Chartreuse en Dauphiné et sur le mont Cenis, où les pierres et les marbres qui contiennent des coquilles sont à quelques centaines de toises au-dessous des sommets, des pointes et des pics des plus hautes montagnes, quoique ces pierres remplies de coquilles soient elles-mêmes à plus de mille toises au-dessus du niveau de la mer. Ainsi les montagnes où l'on voit des pointes ou des pics sont or-

(1) J'ai tâché d'expliquer comment les pics des montagnes ont été dépouillés des sables vitrescibles qui les environnaient au commencement, et mon explication ne pêche qu'en ce que j'ai attribué la première formation des rochers qui forment le noyau de ces pics à l'intermède de l'eau, au lieu qu'on doit l'attribuer à l'action du feu; ces pics ou cornes de montagnes ne sont que des prolongements et des pointes de la roche intérieure du globe, lesquelles étaient environnées d'une grande quantité de scories et de poussière de verre; ces matières divisées auront été entraînées dans les lieux inférieurs par les mouvements de la mer dans le temps qu'elle a fait retraite, et ensuite les pluies et les torrents des eaux courantes auront encore sillonné du haut en bas les montagnes, et par conséquent achevé de dépouiller les masses de roc vif qui formaient les éminences du globe, et qui, par ce dépouillement, sont demeurées nues et telles que nous les voyons encore aujourd'hui. Je puis dire en général qu'il n'y a aucun autre changement à faire dans toute ma Théorie de la Terre, que celui de la composition des premières montagnes qui doivent leur origine au feu primitif, et non pas à l'intermède de l'eau, comme je l'avais conjecturé; parce que j'étais alors persuadé, par l'autorité de Woodward et de quelques autres naturalistes, que l'on avait trouvé des coquilles au-dessus des sommets de toutes les montagnes, au lieu que, par des observations plus récentes, il paraît qu'il n'y a pas de coquilles sur les plus hauts sommets, mais seulement jusqu'à la hauteur de deux mille toises au-dessus du niveau des mers, d'où il résulte qu'elle n'a peut-être pas surmonté ces hauts sommets, ou du moins qu'elle ne les a baignés que pendant un petit temps, en sorte qu'elle n'a formé que les collines et les montagnes calcaires, qui sont toutes au-dessous de cette hauteur de deux mille toises. (*Add. Buff.*)

(2) Voyez *Lettres édif.*, rec. 11, tome I, page 135, etc.

dinairement de roc vitrifiable, et celles dont les sommets sont plats contiennent pour la plupart des marbres et des pierres dures remplies de productions marines. Il en est de même des collines lorsqu'elles sont de grès ou de roc vif: elles sont pour la plupart entrecoupées de pointes, d'éminences, de tertres et de cavités, de profondeurs et de petits vallons intermédiaires; au contraire, celles qui sont composées de pierres calcinables sont à peu près égales dans toute leur hauteur, et elles ne sont interrompues que par des gorges et des vallons plus grands, plus réguliers, et dont les angles sont correspondants; enfin elles sont couronnées de rochers dont la position est régulière et de niveau.

Quelque différence qui nous paraisse d'abord entre ces deux formes de montagnes, elles viennent cependant toutes deux de la même cause, comme nous venons de le faire voir; seulement on doit observer que ces pierres calcinables n'ont éprouvé aucune altération, aucun changement, depuis la formation des couches horizontales, au lieu que celles de sable vitrifiable ont pu être altérées et interrompues par la production postérieure des rochers et des blocs anguleux qui se sont formés dans l'intérieur de ce sable. Ces deux espèces de montagnes ont des fentes qui sont presque toujours perpendiculaires dans celles de pierres calcinables, et qui paraissent être un peu plus irrégulières dans celles de roc vif et de grès; c'est dans ces fentes qu'on trouve les métaux, les minéraux, les cristaux, les soufres et toutes les matières de la seconde classe, et c'est au-dessous de ces fentes que les eaux se rassemblent pour pénétrer ensuite plus avant et former les veines d'eau qu'on trouve au-dessous de la surface de la terre.

* Nous avons dit que *les plus hautes montagnes du globe sont les Cordillières en Amérique, surtout dans la partie de ces montagnes qui est située sous l'équateur et entre les tropiques*. Nos mathématiciens envoyés au Pérou, et quelques autres observateurs, en ont mesuré les hauteurs au-dessus du niveau de la mer du Sud, les uns géométriquement, les autres par le moyen du baromètre, qui, n'étant pas sujet à de grandes variations dans ce climat, donne une mesure presque aussi exacte que celle de la trigonométrie. Voici le résultat de leurs observations.

HAUTEUR DES MONTAGNES LES PLUS ÉLEVÉES DE LA PROVINCE DE QUITO AU PÉROU.

	Toises.
Cota-catché, au nord de Quito.	2570
Cayambé-orcou sous l'équateur.	3030
Pitchincha, volcan en 1539, 1577 et 1660.	2430
Antisana, volcan en 1590.	3020
Sinchoulogoa, volcan en 1660.	2570
Illinica, présumé volcan.	2717
Coto-paxi, volcan en 1533, 1742 et 1744.	2950
Chimboraço, volcan: on ignore l'époque de son éruption	3220
Cargavi-raso, volcan écroulé en 1698.	2450
Trongouragou, volcan en 1641.	2620
El-altan, l'une des montagnes appelées *Coillanes*.	2730
Sanguai, volcan actuellement enflammé depuis 1728.	2680

I.   25

En comparant ces mesures des montagnes de l'Amérique méridionale avec celles de notre continent, on verra qu'elles sont en général élevées d'un quart de plus que celles de l'Europe, et que presque toutes ont été ou sont encore des volcans embrasés; tandis que celles de l'intérieur de l'Europe, de l'Asie et de l'Afrique, même celles qui sont les plus élevées, sont tranquilles depuis un temps immémorial. Il est vrai que, dans plusieurs de ces dernières montagnes, on reconnaît assez évidemment l'ancienne existence des volcans, tant par les précipices dont les parois sont noires et brûlées, que par la nature des matières qui environnent ces précipices, et qui s'étendent sur la croupe de ces montagnes : mais comme elles sont situées dans l'intérieur des continents, et maintenant très-éloignées des mers, l'action de ces feux souterrains, qui ne peut produire de grands effets que par le choc de l'eau, a cessé lorsque les mers se sont éloignées; et c'est par cette raison que, dans les Cordillières, dont les racines bordent, pour ainsi dire, la mer du Sud, la plupart des pics sont des volcans actuellement agissants, tandis que depuis très-longtemps les volcans d'Auvergne, du Vivarais, du Languedoc et ceux de l'Allemagne, de la Suisse, etc., en Europe ; ceux du mont Ararath en Asie, et ceux du mont Atlas en Afrique, sont absolument éteints.

La hauteur à laquelle les vapeurs se glacent est d'environ 2400 toises sous la zone torride; et en France, de 1500 toises de hauteur : les cimes des hautes montagnes surpassent quelquefois cette ligne de 8 à 900 toises, et toute cette hauteur est couverte de neiges qui ne fondent jamais; les nuages (qui s'élèvent le plus haut) ne les surpassent ensuite que de 3 à 400 toises, et n'excèdent par conséquent le niveau des mers que d'environ 3600 toises : ainsi, s'il y avait des montagnes plus hautes encore, on leur verrait sous la zone torride une ceinture de neige à 2400 toises au-dessus de la mer, qui finirait à 3500 ou 3600 toises, non par la cessation du froid, qui devient toujours plus vif à mesure qu'on s'élève, mais parce que les vapeurs n'iraient pas plus haut.

M. de Keralio, savant physicien, a recueilli toutes les mesures prises par différentes personnes sur la hauteur des montagnes dans plusieurs contrées.

En Grèce, M. Bernouilli a déterminé la hauteur de l'Olimphe à 1017 toises : ainsi la neige n'y est pas constante, non plus que sur le Pélion en Thessalie, le Cathalylium et le Cyllenou ; la hauteur de ces monts n'atteint pas le degré de la glace. M. Bouguer donne deux mille cinq cents toises de hauteur au pic de Ténériffe, dont le sommet est toujours couvert de neige. L'Etna, les monts norwégiens, l'Hémus, l'Athos, l'Atlas, le Caucase, et plusieurs autres, tels que le mont Ararath, le Taurus, le Libanon, sont en tout temps couverts de neige à leurs sommets.

Toises.

Selon Pontoppidam, les plus hauts monts de Norwége ont. 3000
    Nota. Cette mesure, ainsi que la suivante, me paraissent exagérées.
Selon M. Brovallius, les plus hauts monts de Suède ont. 2353

Selon les *Mémoires de l'Académie royale des Sciences* (année 1718), les plus hautes
montagnes de France sont les suivantes :

	Toises.
Le Cantal.	489
Le mont Ventoux.	1036
Le Canigou des Pyrénées.	1441
Le Moussec.	1253
Le Saint-Barthélemi.	1184
Le mont d'Or en Auvergne, volcan éteint.	1048

Selon M. Needham, les montagnes de Savoie ont en hauteur :

	Toises
Le couvent du grand Saint-Bernard.	1241
Le roc au sud-ouest de ce mont.	1274
Le mont Serène.	1282
L'allée Blanche.	1249
Le mont Tourné.	1683
Selon M. Facio de Duille, le mont Blanc, ou la montagne Maudite, a.	2243

Il est certain que les principales montagnes de Suisse sont plus hautes que celles
de France, d'Espagne, d'Italie et d'Allemagne; plusieurs savants ont déterminé,
comme il suit, la hauteur de ces montagnes.

Suivant M. Mikhéli, la plupart de ces montagnes, comme le Grimselberg, le Wet-
terhorn, le Schrekhorn, l'Eighesschneeberg, le Ficherhorn, le Stroubel, le Fourke,
le Loukmanier, le Crispalt, le Mougle, la cime du Baduts et du Gothard, ont de
2400 à 2750 toises de hauteur au-dessus du niveau de la mer : mais je soupçonne
que ces mesures données par M. Mikhéli sont trop fortes, d'autant qu'elles excèdent
de moitié celles qu'ont données MM. Cassini, Scheuchzer et Mariotte, qui pourraient
bien être trop faibles, mais non pas à cet excès ; et ce qui fonde mon doute, c'est
que dans les régions froides et tempérées où l'air est toujours orageux, le baromètre
est sujet à trop de variations, même inconnues des physiciens, pour qu'ils puissent
compter sur les résultats qu'il présente.

SUR LA FORMATION DES MONTAGNES.

Toutes les vallées et tous les vallons de la surface de la terre, ainsi que toutes
les montagnes et les collines, ont eu deux causes primitives : la première est le feu,
et la seconde l'eau. Lorsque la terre a pris sa consistance, il s'est élevé à sa surface
un grand nombre d'aspérités, il s'est fait des boursouflures comme dans un bloc de
verre ou de métal fondu. Cette première cause a donc produit les premières et les
plus hautes montagnes qui tiennent par leur base à la roche intérieure du globe,
et sous lesquelles, comme partout ailleurs, il a dû se trouver des cavernes qui se
sont affaissées en différents temps : mais, sans considérer ce second événement de
l'affaissement des cavernes, il est certain que, dans le premier temps où la surface

de la terre s'est consolidée, elle était sillonnée partout de profondeurs et d'éminences uniquement produites par l'action du premier refroidissement. Ensuite, lorsque
les eaux se sont dégagées de l'atmosphère, ce qui est arrivé dès que la terre a cessé
d'être brûlante au point de les rejeter en vapeurs, ces mêmes eaux ont couvert
toute la surface de la terre actuellement habitée, jusqu'à la hauteur de 2000 toises ;
et pendant leur long séjour sur nos continents, le mouvement du flux et du reflux,
et celui des courants, ont changé la disposition et la forme des montagnes et des
vallées primitives. Ces mouvements auront formé des collines dans les vallées, ils
auront recouvert et environné de nouvelles couches de terre le pied et les croupes
des montagnes ; et les courants auront creusé des sillons, des vallons, dont tous les
angles se correspondent. C'est à ces deux causes, dont l'une est bien plus ancienne
que l'autre, qu'il faut rapporter la forme extérieure que nous présente la surface de
la terre. Ensuite, lorsque les mers se sont abaissées, elles ont produit des escarpements du côté de l'occident où elles s'écoulaient le plus rapidement, et ont laissé
des pentes douces du côté de l'orient.

Les éminences qui ont été formées par le sédiment et les dépôts de la mer ont une
structure bien différente de celles qui doivent leur origine au feu primitif : les premières sont toutes disposées par couches horizontales et contiennent une infinité de
productions marines ; les autres, au contraire, ont une structure moins régulière
et ne renferment aucun indice de productions de la mer. Ces montagnes de première et de seconde formation n'ont rien de commun que les fentes perpendiculaires qui se trouvent dans les unes comme dans les autres ; mais ces fentes sont un
effet commun de deux causes bien différentes. Les matières vitrescibles, en se refroidissant, ont diminué de volume, et se sont par conséquent fendues de distance
en distance : celles qui sont composées de matières calcaires amenées par les eaux,
se sont fendues par le dessèchement.

J'ai observé plusieurs fois sur les collines isolées, que le premier effet des pluies
est de dépouiller peu à peu leur sommet et d'en entraîner les terres, qui forment
au pied de la colline une zone uniforme et très-épaisse de bonne terre ; tandis que
le sommet est devenu chauve et dépouillé dans son contour ; voilà l'effet que produisent et doivent produire les pluies : mais une preuve qu'il y a une autre cause
qui avait précédemment disposé les matières autour de la colline, c'est que, dans
toutes et même dans celles qui sont isolées, il y a toujours un côté où le terrain
est meilleur ; elles sont escarpées d'une part, et en pente douce de l'autre ; ce qui
prouve l'action et la direction du mouvement des eaux d'un côté plus que l'autre.

ARTICLE X.

DES FLEUVES.

Nous avons dit que, généralement parlant, les plus grandes montagnes occupent
le milieu des continents, que les autres occupent le milieu des îles, des presqu'îles

et des terres avancées dans la mer; que dans l'ancien continent les plus grandes chaînes de montagnes sont dirigées d'occident en orient, et que celles qui tournent vers le nord ou vers le sud ne sont que des branches de ces chaînes principales : on verra de même que les plus grands fleuves sont dirigés comme les plus grandes montagnes, et qu'il y en a peu qui suivent la direction des branches de ces montagnes. Pour s'en assurer et le voir en détail, il n'y a qu'à jeter les yeux sur un globe, et parcourir l'ancien continent depuis l'Espagne jusqu'à la Chine; on trouvera qu'à commencer par l'Espagne, le Vigo, le Douro, le Tage et la Guadiana vont d'orient en occident, et l'Èbre d'occident en orient, et qu'il n'y a pas une rivière remarquable dont le cours soit dirigé du sud au nord, ou du nord au sud, quoique l'Espagne soit environnée de la mer en entier du côté du midi, et presque en entier du côté du nord. Cette observation sur la direction des fleuves en Espagne prouve non-seulement que les montagnes de ce pays sont dirigées d'occident en orient, mais encore que le terrain méridional et qui avoisine le détroit, et celui du détroit même, est une terre plus élevée que les côtes de Portugal; et de même du côté du nord, que les montagnes de Galice, des Asturies, etc., ne sont qu'une continuation des Pyrénées; et que c'est cette élévation des terres, tant au nord qu'au sud, qui ne permet pas aux fleuves d'arriver par là jusqu'à la mer.

On verra aussi, en jetant les yeux sur la carte de France, qu'il n'y a que le Rhône qui soit dirigé du nord au midi; et encore, dans près de la moitié de son cours, depuis les montagnes jusqu'à Lyon, est-il dirigé de l'orient vers l'occident; mais qu'au contraire tous les autres grands fleuves, comme la Loire, la Charente, la Garonne, et même la Seine, ont leur direction d'orient en occident.

On verra de même qu'en Allemagne il n'y a que le Rhin qui, comme le Rhône, a la plus grande partie de son cours du midi au nord; mais que les autres grands fleuves, comme le Danube, la Drave, et toutes les grandes rivières qui tombent dans ces fleuves, vont d'occident en orient se rendre dans la mer Noire.

On reconnaîtra que cette mer Noire, que l'on doit plutôt considérer comme un grand lac que comme une mer, a presque trois fois plus d'étendue d'orient en occident que du midi au nord, et que par conséquent sa position est semblable à la direction des fleuves en général; qu'il en est de même de la mer Méditerranée, dont la longueur, d'orient en occident, est environ six fois plus grande que sa largeur moyenne, prise du nord au midi.

A la vérité, la mer Caspienne, suivant la carte qui en a été levée par ordre du czar Pierre Ier, a plus d'étendue du midi au nord que d'orient en occident; au lieu que dans les anciennes cartes elle était presque ronde, ou plus large d'orient en occident que du midi au nord : mais si l'on fait attention que le lac Aral peut être regardé comme ayant fait partie de la mer Caspienne, dont il n'est séparé que par des plaines de sable, on trouvera encore que la longueur, depuis le bord occidental de la mer Caspienne jusqu'au bord oriental du lac Aral, est plus grande que la longueur depuis le bord méridional jusqu'au bord septentrional de la même mer.

On trouvera de même que l'Euphrate et le golfe Persique sont dirigés d'occident en orient, et que presque tous les fleuves de la Chine vont d'occident en orient. Il en est de même de tous les fleuves de l'intérieur de l'Afrique au delà de la Barbarie : ils coulent tous d'orient en occident et d'occident en orient; il n'y a que les rivières de Barbarie et le Nil qui coulent du midi au nord. A la vérité, il y a de grandes rivières en Asie qui coulent en partie du nord au midi, comme le Don, le Wolga, etc. ; mais en prenant la longueur entière de leur cours, on verra qu'ils ne se tournent du côté du midi que pour se rendre dans la mer Noire et dans la mer Caspienne, qui sont des lacs dans l'intérieur des terres.

On peut donc dire en général que dans l'Europe, l'Asie et l'Afrique, les fleuves et les autres eaux méditerranées s'étendent plus d'orient en occident que du nord au sud; ce qui vient de ce que les chaînes de montagnes sont dirigées pour la plupart dans ce sens, et que d'ailleurs le continent entier de l'Europe et de l'Asie est plus large dans ce sens que dans l'autre; car il y a deux manières de concevoir cette direction des fleuves. Dans un continent long et étroit, comme est celui de l'Amérique méridionale, et dans lequel il n'y a qu'une chaîne principale de montagnes qui s'étend du nord au sud, les fleuves, n'étant retenus par aucune autre chaîne de montagnes, doivent couler dans le sens perpendiculaire à celui de la direction des montagnes, c'est-à-dire d'orient en occident, ou d'occident en orient : c'est en effet dans ce sens que coulent toutes les grandes rivières de l'Amérique, parce qu'à l'exception des Cordillières, il n'y a pas de chaînes de montagnes fort étendues, et qu'il n'y en a point dont les directions soient parallèles aux Cordillières. Dans l'ancien continent, comme dans le nouveau, la plus grande partie des eaux ont leur plus grande étendue d'occident en orient, et le plus grand nombre des fleuves coulent dans cette direction, mais c'est par une autre raison; c'est qu'il y a plusieurs longues chaînes de montagnes parallèles les unes aux autres, dont la direction est d'occident en orient, et que les fleuves et les autres eaux sont obligés de suivre les intervalles qui séparent ces chaînes de montagnes : par conséquent, une seule chaîne de montagnes, dirigée du nord au sud, produira des fleuves dont la direction sera la même que celle des fleuves qui sortiraient de plusieurs chaînes de montagnes dont la direction commune serait d'orient en occident; et c'est par cette raison particulière que les fleuves d'Amérique ont cette direction comme ceux de l'Europe, de l'Afrique et de l'Asie.

Pour l'ordinaire, les rivières occupent le milieu des vallées, ou plutôt la partie la plus basse du terrain compris entre les deux collines ou montagnes opposées. Si les deux collines qui sont de chaque côté de la rivière ont chacune une pente à peu près égale, la rivière occupe à peu près le milieu du vallon ou de la vallée intermédiaire. Que cette vallée soit large ou étroite, si la pente des collines ou des terres élevées qui sont de chaque côté de la rivière est égale, la rivière occupera le milieu de la vallée. Au contraire, si l'une des collines a une pente plus rapide que n'est la pente de la colline opposée, la rivière ne sera plus dans le milieu de la vallée; mais elle sera d'autant plus voisine de la colline

la plus rapide, que cette rapidité de pente sera plus grande que celle de la
pente de l'autre colline ; l'endroit le plus bas du terrain, dans ce cas, n'est plus
le milieu de la vallée; il est beaucoup plus près de la colline dont la pente
est la plus grande, et c'est par cette raison que la rivière en est aussi plus
près. Dans tous les endroits où il y a d'un côté de la rivière des montagnes
ou des collines fort rapides, et de l'autre côté des terres élevées en pente douce,
on trouvera toujours que la rivière coule au pied de ces collines rapides, et
qu'elle les suit dans toutes leurs directions, sans s'écarter de ces collines, jusqu'à ce que de l'autre côté il se trouve d'autres collines dont la pente soit assez
considérable pour que le point le plus bas du terrain se trouve plus éloigné qu'il
ne l'était de la colline rapide. Il arrive ordinairement que par la succession des
temps la pente de la colline la plus rapide diminue et vient à s'adoucir, parce que
les pluies entraînent les terres en plus grande quantité, et les enlèvent avec plus
de violence sur une pente rapide que sur une pente douce: la rivière est alors
contrainte de changer de lit pour retrouver l'endroit le plus bas du vallon. Ajoutez à cela que comme toutes les rivières grossissent et débordent de temps en
temps, elles transportent et déposent des limons en différents endroits, et que souvent il s'accumule des sables dans leur lit, ce qui fait refluer les eaux et en change
la direction. Il est assez ordinaire de trouver dans les plaines un grand nombre
d'anciens lits de la rivière, surtout si elle est impétueuse et sujette à de fréquentes
inondations, et si elle entraîne beaucoup de sable et de limon.

Dans les plaines et dans les larges vallées où coulent les grands fleuves, le fond
du lit du fleuve est ordinairement l'endroit le plus bas de la vallée: mais souvent
la surface de l'eau du fleuve est plus élevée que les terres qui sont adjacentes à
celles des bords du fleuve. Supposons, par exemple, qu'un fleuve soit à pleins bords,
c'est-à-dire que les bords et l'eau du fleuve soient de niveau, et que l'eau peu
après commence à déborder des deux côtés : la plaine sera bientôt inondée jusqu'à
une largeur considérable, et l'on observera que des deux côtés du fleuve les bords
seront inondés les derniers : ce qui prouve qu'ils sont plus élevés que le reste
du terrain; en sorte que de chaque côté du fleuve, depuis les bords jusqu'à
un certain point de la plaine, il y a une pente insensible, une espèce de talus qui
fait que la surface de l'eau du fleuve est plus élevée que le terrain de la plaine,
surtout lorsque le fleuve est à pleins bords. Cette élévation du terrain aux bords des
fleuves provient du dépôt du limon dans les inondations: l'eau est communément très-bourbeuse dans les grandes crues des rivières; lorsqu'elle commence à déborder, elle coule très-lentement par-dessus les bords ; elle dépose le
limon qu'elle contient et s'épure pour ainsi dire à mesure qu'elle s'éloigne davantage au large dans la plaine : de même toutes les parties de limon que le courant de
la rivière n'entraîne pas, sont déposées sur les bords, ce qui les élève peu à peu
au-dessus du reste de la plaine.

Les fleuves sont, comme l'on sait, toujours plus larges à leur embouchure ; à
mesure qu'on avance dans les terres et qu'on s'éloigne de la mer, ils diminuent

de largeur: mais ce qui est plus remarquable et peut-être moins connu, c'est que dans l'intérieur des terres, à une distance considérable de la mer, ils vont droit, et suivent la même direction dans de grandes longueurs ; et à mesure qu'ils approchent de leur embouchure, les sinuosités de leur cours se multiplient. J'ai ouï dire à un voyageur, homme d'esprit et bon observateur (1), qui a fait plusieurs grands voyages par terre dans la partie de l'ouest de l'Amérique septentrionale, que les voyageurs, et même les sauvages, ne se trompaient guère sur la distance où ils se trouvaient de la mer; que pour reconnaître s'ils étaient bien avant dans l'intérieur des terres, ou s'ils étaient dans un pays voisin de la mer, ils suivaient le bord d'une grande rivière et que quand la direction de la rivière était droite dans une longueur de quinze ou vingt lieues, ils jugeaient qu'ils étaient fort loin de la mer : qu'au contraire, si la rivière avait des sinuosités, et changeait souvent de direction dans son cours, ils étaient assurés de n'être pas fort éloignés de la mer. M. Fabry a vérifié lui-même cette remarque, qui lui a été fort utile dans ses voyages, lorsqu'il parcourait des pays inconnus ou presque inhabités. Il y a encore une remarque qui peut être utile en pareil cas; c'est que, dans les grands fleuves, il y a, le long des bords, un remous considérable, et d'autant plus considérable qu'on est moins éloigné de la mer, que le lit du fleuve est plus large; ce qui peut encore servir d'indice pour juger si l'on est à de grandes ou à de petites distances de l'embouchure : et comme les sinuosités des fleuves se multiplient à mesure qu'ils s'approchent de la mer, il n'est pas étonnant que quelques-unes de ces sinuosités venant à s'ouvrir, forment des bouches par où une partie des eaux du fleuve arrive à la mer; et c'est une des raisons pourquoi les grands fleuves se divisent ordinairement en plusieurs bras pour arriver à la mer.

Le mouvement des eaux dans le cours des fleuves se fait d'une manière fort différente de celle qu'ont supposée les auteurs qui ont voulu donner des théories mathématiques sur cette matière : non-seulement la surface d'une rivière en mouvement n'est pas de niveau en la prenant d'un bord à l'autre, mais même, selon les circonstances, le courant qui est dans le milieu est considérablement plus élevé ou plus bas que l'eau qui est près des bords. Lorsqu'une rivière grossit subitement par la fonte des neiges, ou lorsque, par quelque autre cause, sa rapidité augmente, si la direction de la rivière est droite, le milieu de l'eau, où est le courant, s'élève, et la rivière forme une espèce de courbe convexe ou d'élévation très-sensible, dont le plus haut point est dans le milieu du courant. Cette élévation est quelquefois fort considérable; et M. Hupeau, habile ingénieur des ponts et chaussées, m'a dit avoir un jour mesuré cette différence de niveau de l'eau du bord de l'Aveyron, et de celle du courant, ou du milieu de ce fleuve, et avoir trouvé trois pieds de différence; en sorte que le milieu de l'Aveyron était de trois pieds plus élevé que l'eau du bord. Cela doit en effet arriver toutes les fois que l'eau aura une très-grande rapidité : la vitesse avec laquelle elle est emportée diminuant l'action de sa pesanteur,

(1) M. Fabry.

l'eau qui forme le courant ne se met pas en équilibre par tout son poids avec l'eau qui est près des bords ; et c'est ce qui fait qu'elle demeure plus élevée que celle-ci. D'autre côté, lorsque les fleuves approchent de leur embouchure, il arrive assez ordinairement que l'eau qui est près des bords est plus élevée que celle du milieu, quoique le courant soit rapide ; la rivière paraît alors former une courbe concave dont le point le plus bas est dans le plus fort du courant : ceci arrive toutes les fois que l'action des marées se fait sentir dans un fleuve. On sait que dans les grandes rivières le mouvement des eaux occasionné par les marées est sensible à cent ou deux cents lieues de la mer ; on sait aussi que le courant du fleuve conserve son mouvement au milieu des eaux de la mer jusqu'à des distances considérables : il y a donc, dans ce cas, deux mouvements contraires dans l'eau du fleuve ; le milieu, qui forme le courant, se précipite vers la mer, et l'action de la marée forme un contre-courant, un remous, qui fait remonter l'eau qui est voisine des bords, tandis que celle du milieu descend ; et comme alors toute l'eau du fleuve doit passer par le courant qui est au milieu, celle des bords descend continuellement vers le milieu, et descend d'autant plus qu'elle est plus élevée et refoulée avec plus de force par l'action des marées.

Il y a deux espèces de remous dans les fleuves. Le premier, qui est celui dont nous venons de parler, est produit par une force vive, telle qu'est celle de l'eau de la mer dans les marées, qui non-seulement s'oppose comme obstacle au mouvement de l'eau du fleuve, mais comme corps en mouvement, et en mouvement contraire et opposé à celui du courant de l'eau du fleuve ; ce remous fait un contre-courant d'autant plus sensible que la marée est plus forte. L'autre espèce de remous n'a pour cause qu'une force morte, comme est celle d'un obstacle, d'une avance de terre, d'une île dans la rivière, etc. Quoique ce remous n'occasionne pas ordinairement un contre-courant bien sensible, il l'est cependant assez pour être reconnu, et même pour fatiguer les conducteurs de bateaux sur les rivières. Si cette espèce de remous ne fait pas toujours un contre-courant, il produit nécessairement ce que les gens de rivière appellent une *morte*, c'est-à-dire des eaux mortes, qui ne coulent pas comme le reste de la rivière, mais qui tournoient de façon que quand les bateaux y sont entraînés, il faut employer beaucoup de force pour les en faire sortir. Ces eaux mortes sont fort sensibles dans toutes les rivières rapides au passage des ponts. La vitesse de l'eau augmente, comme l'on sait, à proportion que le diamètre des canaux par où elle passe diminue, la force qui la pousse étant supposée la même ; la vitesse d'une rivière augmente donc au passage d'un pont, dans la raison inverse de la somme de la largeur des arches à la largeur totale de la rivière, et encore faut-il augmenter cette raison de celle de la longueur des arches, ou, ce qui est le même, de la largeur du pont : l'augmentation de la vitesse de l'eau étant donc très-considérable en sortant de l'arche d'un pont, celle qui est à côté du courant est poussée latéralement et de côté entre les bords de la rivière ; et par cette réaction, il se forme un mouvement de tournoiement quelquefois très-fort. Lorsqu'on passe sous le pont Saint-Esprit, les conducteurs sont forcés d'avoir une grande attention à ne pas perdre le fil du courant de l'eau, même après avoir passé le pont ; car s'ils laissaient écarter le bateau à droite ou à gauche, on serait porté contre le rivage avec danger de périr, ou tout au moins on serait entraîné dans le tournoiement des eaux mortes, d'où l'on ne pourrait sortir qu'avec beaucoup de peine. Lorsque ce tournoiement, causé par le mouvement du courant et par le mouvement opposé du remous, est fort considérable, cela forme une espèce de petit gouffre ; et l'on voit souvent dans les rivières rapides, à la chute de l'eau, au delà des arrière-becs des piles d'un pont, qu'il se forme de ces petits gouffres ou tournoiements d'eau, dont le milieu paraît être vide, et former une espèce de cavité cylindrique autour de laquelle l'eau tournoie avec rapidité. Cette apparence de cavité cylindrique est produite par l'action de la force centrifuge, qui fait que l'eau tâche de séloigner et s'éloigne en effet du centre du tourbillon causé par le tournoiement.

Lorsqu'il doit arriver une grande crue d'eau, les gens de rivière s'en aperçoivent par un mouvement particulier qu'ils remarquent dans l'eau ; ils disent que la rivière *mouve de fond* : c'est-à-dire que l'eau du fond de la rivière coule plus vite qu'elle ne coule ordinairement. Cette augmentation de vitesse dans l'eau du fond de la rivière annonce toujours, selon eux, un prompt et subit accroissement des eaux. Le mouvement et le poids des eaux supérieures, qui ne sont point encore arrivées, ne laissent pas d'agir sur les eaux de la partie inférieure de la rivière, et leur communiquent ce mouvement ; car il faut, à certains égards, considérer un fleuve qui est contenu et qui coule dans son lit, comme une colonne d'eau contenue dans un tuyau, et le fleuve entier comme un très-long canal, où tous les mouvements se communiquent d'un bout à l'autre. Or, indépendamment du mouvement des eaux supérieures, leur poids seul pourrait faire augmenter la vitesse de la rivière, et peut-être la faire mouvoir de fond ; car on sait qu'en mettant à l'eau plusieurs bateaux à la fois, on augmente dans ce moment la vitesse de la partie inférieure de la rivière, en même temps qu'on retarde la vitesse de la partie supérieure.

La vitesse des eaux courantes ne suit pas exactement, ni même à beaucoup près, la proportion de la pente. Un fleuve dont la pente serait uniforme et double de la pente d'un autre fleuve, ne devrait, à ce qu'il paraît, couler qu'une fois plus rapidement que celui-ci : mais il coule en effet beaucoup plus vite encore ; sa vitesse, au lieu d'être double, est ou triple, ou quadruple, etc. Cette vitesse dépend beaucoup plus de la quantité d'eau et du poids des eaux supérieures que de la pente ; et lorsqu'on veut creuser le lit d'un fleuve ou celui d'un égout, etc., il ne faut pas distribuer la pente également sur toute la longueur ; il est nécessaire, pour donner plus de vitesse à l'eau, de faire la pente beaucoup plus forte au commencement qu'à l'embouchure, où elle doit être presque insensible, comme nous le voyons dans les fleuves : lorsqu'ils approchent de leur embouchure, la pente est presque nulle, et cependant ils ne laissent pas de conserver une rapidité d'autant plus grande que le fleuve a plus d'eau ; en sorte que dans les grandes rivières, quand même le terrain serait de niveau, l'eau ne laisserait pas de couler rapidement, non-seulement par la vitesse acquise (1), mais encore par l'action et le poids des eaux supérieures. Pour mieux faire sentir la vérité de ce que je viens de dire, supposons que la partie de la Seine qui est entre le Pont-Neuf et le Pont-Royal fût parfaitement de niveau, et que partout elle eût dix pieds de profondeur; imaginons pour un instant que tout d'un coup on pût mettre à sec le lit de la rivière au-dessous du Pont-Royal et au-dessus du Pont-Neuf: alors l'eau qui serait entre ces deux ponts, quoique nous l'ayons supposée parfaitement de niveau, coulera des deux côtés en haut et en bas, et continuera de couler jusqu'à ce qu'elle se soit épuisée; car, quoiqu'elle soit de niveau, comme elle est chargée d'un poids de dix pieds d'épaisseur d'eau, elle coulera des deux côtés avec une vitesse proportionnelle à ce poids, et cette vitesse diminuant toujours à mesure que la quantité d'eau diminuera, elle ne cessera de couler que quand elle aura baissé jusqu'au niveau du fond. Le poids de l'eau contribue donc beaucoup à la vitesse de l'eau; et c'est pour cette raison que la plus grande vitesse du courant n'est ni à la surface de l'eau ni au fond, mais à peu près dans le milieu de la hauteur de l'eau, parce qu'elle est produite par l'action du poids de l'eau qui est à la surface, et par la réaction du fond. Il y a même quelque chose de plus, c'est que si le fleuve avait acquis une très-grande vitesse, il pourrait non-seulement la conserver en traversant un terrain de niveau, mais même il serait en état de surmonter une éminence sans se répandre beaucoup des deux côtés, ou du moins sans causer une grande inondation.

On serait porté à croire que les ponts, les levées et les autres obstacle qu'on établit sur les rivières, diminuent considérablement la vitesse totale du cours de l'eau; cependant cela n'y fait qu'une très-petite différence. L'eau s'élève à la rencontre de l'avant-bec d'un pont: cette élévation fait qu'elle agit davantage par son poids, ce qui augmente la vitesse du courant entre les piles, d'autant plus que les piles sont plus larges et les arches plus étroites; en sorte que le retardement que ces obstacles causent à la vitesse totale du cours de l'eau est presque insensible. Les coudes, les sinuosités, les terres avancées, les îles, ne diminuent aussi que très-peu la vitesse totale du cours de l'eau. Ce qui produit une diminution très-considérable dans cette vitesse, c'est l'abaissement des eaux, comme au contraire l'augmentation du volume d'eau augmente cette vitesse plus qu'aucune autre cause.

Si les fleuves étaient toujours à peu près également pleins, le meilleur moyen de diminuer la vitesse de l'eau et de les contenir, serait d'en élargir le canal: mais comme presque tous les fleuves sont sujets à grossir et à diminuer beaucoup, il faut, au contraire, pour les contenir, rétrécir leur canal, parce que dans les basses eaux si le canal est fort large, l'eau qui passe dans le milieu y creuse un lit parti-

(1) C'est faute d'avoir fait ces réflexions que M. Kuhn dit que la source du Danube est au moins de deux milles d'Allemagne plus élevée que son embouchure; que la mer Méditerranée est de 6 3/4 milles d'Allemagne plus basse que les sources du Nil; que la mer Atlantique est plus basse d'un demi-mille que la Méditerranée, etc., ce qui est absolument contraire à la vérité. Au reste, le principe faux dont M. Kuhn tire toutes ces conséquences n'est pas la seule erreur qui se trouve dans cette pièce sur l'origine des fontaines qui a remporté le prix de l'Académie de Bordeaux en 1741.

culier, y forme des sinuosités ; et lorsqu'elle vient à grossir, elle suit cette direction qu'elle a prise dans ce lit particulier, elle vient frapper avec force contre les bords du canal, ce qui détruit les levées et cause de grands dommages. On pourrait prévenir en partie ces effets de la fureur de l'eau, en faisant, de distance en distance, de petits golfes dans les terres, c'est-à-dire en enlevant le terrain de l'un des bords jusqu'à une certaine distance dans les terres : et pour que ces petits golfes soient avantageusement placés, il faut les faire dans l'angle obtus des sinuosités du fleuve ; car alors le courant de l'eau se détourne et tournoie dans ces petits golfes, ce qui en diminue la vitesse. Ce moyen serait peut-être fort bon pour prévenir la chute des ponts dans les endroits où il n'est pas possible de faire des barres auprès du pont ; ces barres soutiennent l'action du poids de l'eau ; les golfes dont nous venons de parler en diminuent le courant ; aussi tous deux produiraient à peu près le même effet, c'est-à-dire la diminution de la vitesse.

La manière dont se font les inondations mérite une attention particulière. Lorsqu'une rivière grossit, la vitesse de l'eau augmente toujours de plus en plus jusqu'à ce que le fleuve commence à déborder : dans cet instant la vitesse de l'eau diminue ; ce qui fait que le débordement une fois commencé, il s'ensuit toujours une inondation qui dure plusieurs jours : car quand même il arriverait une moindre quantité d'eau après le débordement qu'il n'en arrivait auparavant, l'inondation ne laisserait pas de se faire, parce qu'elle dépend beaucoup plus de la diminution de la vitesse de l'eau que de la quantité de l'eau qui arrive. Si cela n'était pas ainsi, on verrait souvent des fleuves déborder pour une heure ou deux, et rentrer ensuite dans leur lit, ce qui n'arrive jamais : l'inondation dure au contraire toujours pendant quelques jours, soit que la pluie cesse, ou qu'il arrive une moindre quantité d'eau, parce que le débordement a diminué la vitesse, et que par conséquent la même quantité d'eau n'étant plus emportée dans le même temps qu'elle l'était auparavant, c'est comme s'il en arrivait une plus grande quantité. L'on peut remarquer, à l'occasion de cette diminution, que s'il arrive qu'un vent constant souffle contre le courant de la rivière, l'inondation sera beaucoup plus grande qu'elle n'aurait été sans cette cause accidentelle, qui diminue la vitesse de l'eau ; comme au contraire, si le vent souffle dans la même direction que suit le courant de la rivière, l'inondation sera bien moindre, et diminuera plus promptement. Voici ce que dit M. Granger du débordement du Nil :

« La crue du Nil et son inondation a longtemps occupé les savants ; la plupart n'ont trouvé que du merveilleux dans la chose du monde la plus naturelle, et qu'on voit dans tous les pays du monde. Ce sont les pluies qui tombent dans l'Abyssinie et dans l'Éthiopie qui font la croissance et l'inondation de ce fleuve : mais on doit regarder le vent du nord comme cause primitive, 1° parce qu'il chasse les nuages qui portent cette pluie du côté de l'Abyssinie ; 2° parce qu'étant le traversier des deux embouchures du Nil, il en fait refouler les eaux à contre-mont, et empêche par là qu'elles ne se jettent en trop grande quantité dans la mer : on s'assure tous les ans de ce fait lorsque le vent étant au nord et changeant tout à coup au sud, le Nil perd dans un jour ce dont il était crû dans quatre (1). »

Les inondations sont ordinairement plus grandes dans les parties supérieures des fleuves que dans les parties inférieures et voisines de leur embouchure, parce que, toutes choses étant égales d'ailleurs, la vitesse d'un fleuve va toujours en augmentant jusqu'à la mer; et quoique ordinairement la pente diminue d'autant plus qu'il est plus près de son embouchure, la vitesse cependant est souvent plus grande par les raisons que nous avons rapportées. Le père Castelli, qui a écrit fort sensément sur cette matière, remarque très-bien que la hauteur des levées qu'on a faites pour contenir le Pô, va toujours en diminuant jusqu'à la mer, en sorte qu'à Ferrare, qui est à 50 ou 60 milles de distance de la mer, les levées ont près de 20 pieds de hauteur au-dessus de la surface ordinaire du Pô ; au lieu que plus bas, à 10 ou 12 milles de distance de la mer, les levées n'ont pas 12 pieds, quoique le canal du fleuve y soit aussi étroit qu'à Ferrare.

Au reste, la théorie du mouvement des eaux courantes est encore sujette à beaucoup de difficultés et d'obscurités, et il est très-difficile de donner des règles générales qui puissent s'appliquer à tous les cas particuliers : l'expérience est ici plus nécessaire que la spéculation ; il faut non-seulment connaître par expérience les effets ordinaires des fleuves en général, mais il faut encore connaître en particulier la rivière à laquelle on a affaire, si l'on veut en raisonner juste et y faire des travaux utiles et durables. Les remarques que j'ai données ci-dessus sont nouvelles pour la plupart: il serait à désirer qu'on rassemblât beaucoup d'observations semblables; on parviendrait peut-être à éclaircir cette matière, et à donner des règles certaines pour contenir et diriger les fleuves, et prévenir la ruine des ponts, des levées, et les autres dommages que cause la violente impétuosité des eaux (2).

(1) *Voyage de Granger*, Paris, 1745, pages 13 et 14.

(2) Au sujet de la théorie des eaux courantes, je vais ajouter une observation nouvelle, que j'ai faite depuis que j'ai établi des usines où la différente vitesse de l'eau peut se reconnaître assez exactement. Sur neuf roues qui composent le mouvement de ces usines, dont les unes reçoivent leur impulsion par une colonne d'eau de deux à trois pieds, et les autres de cinq à six pieds de hauteur, j'ai été assez surpris d'abord de voir que toutes ces roues tournoient plus vite la nuit que le jour, et que la différence était d'autant plus grande que la colonne d'eau était plus haute et plus large. Par exemple, si l'eau a six pieds de chute, c'est-à-dire si le biez près de la vanne a six pieds de hauteur d'eau, et que l'ouverture de la vanne ait deux pieds de hauteur, la roue tournera pendant la nuit d'un dixième et quelquefois d'un neuvième plus vite que pendant le jour, et s'il y a moins de hauteur d'eau, la différence entre la vitesse pendant la nuit et pendant le jour sera moindre, mais toujours assez sensible pour être reconnue. Je me suis assuré de ce fait, en mettant des marques blanches sur les roues, et en comptant avec une montre à secondes le nombre de leurs révolutions dans un même temps, soit la nuit, soit le jour, et j'ai constamment trouvé, par un très-grand nombre d'observations, que le temps de la plus grande vitesse des roues était l'heure la plus froide de la nuit, et qu'au contraire celui de la moindre vitesse était le moment de la plus grande chaleur du jour ; ensuite j'ai de même reconnu que la vitesse de toutes les roues est généralement plus grande en hiver qu'en été. Ces faits, qui n'ont été remarqués par aucun physicien, sont importants dans la pratique. La théorie en est bien simple, cette augmentation de vitesse dépend uniquement de la densité de l'eau, laquelle augmente par le froid et diminue par le chaud ; et, comme il ne peut passer que le même volume par la vanne, il se trouve que ce volume d'eau, plus dense pendant la nuit et en hiver qu'il ne l'est pendant le jour ou en été, agit avec plus de masse sur la roue, et lui communique par conséquent une plus grande quantité de mouvement. Ainsi, toutes choses étant égales d'ailleurs, on aura moins de perte à faire chômer ses usines à l'eau pendant la chaleur du jour, et à les faire travailler pendant la nuit: j'ai vu dans mes forges que cela ne laissait pas d'influer d'un douzième sur le produit de la fabrication du fer.

Une seconde observation, c'est que de deux roues, l'une plus voisine que l'autre du biez, mais du reste parfaitement égales, et toutes deux mues par une égale quantité d'eau qui passe par des vannes égales, celle des roues

Les plus grands fleuves de l'Europe sont le Wolga, qui a environ 650 lieues de cours depuis Reschow jusqu'à Astracan sur la mer Caspienne ; le Danube, dont le cours est d'environ 450 lieues depuis les montagnes de Suisse jusqu'à la mer Noire ; le Don, qui a 400 lieues de cours depuis la source du Sosna, qu'il reçoit, jusqu'à son embouchure dans la mer Noire ; le Niéper, dont le cours est d'environ 350 lieues, qui se jette aussi dans la mer Noire ; la Dwina, qui a environ 300 lieues de cours, et qui va se jeter dans la mer Blanche, etc.

Les plus grands fleuves de l'Asie sont le Hoanho de la Chine, qui a 850 lieues de cours en prenant sa source à Raja-Ribron, et qui tombe dans la mer de la Chine, au midi du golfe de Changi ; le Jénisca de la Tartarie, qui a 800 lieues environ d'étendue, depuis le lac Selinga jusqu'à la mer septentrionale de la Tartarie ; le fleuve Oby, qui en a environ 600, depuis le lac Kila jusque dans la mer du Nord, au delà du détroit de Waigats ; le fleuve Amour de la Tartarie orientale, qui a environ 575 lieues de cours, en comptant depuis la source du fleuve Kerlon, qui s'y jette, jusqu'à la mer de Kamtschatka, où il a son embouchure ; le fleuve Menamcon, qui a son embouchure à Poulo-Condor, et qu'on peut mesurer depuis la source du Longmu, qui s'y jette ; le fleuve Kian, dont le cours est environ de 550 lieues en le mesurant depuis la source de la rivière Kinxa, qu'il reçoit, jusqu'à son embouchure dans la mer de la Chine ; le Gange, qui a aussi environ 550 lieues de cours ; l'Euphrate, qui en a 500, en le prenant depuis la source de la rivière Irma, qu'il reçoit ; l'Indus, qui a environ 400 lieues de cours, et qui tombe dans la mer d'Arabie à la partie occidentale de Guzarate ; le fleuve Sirderoias, qui a une étendue de 400 lieues environ, et qui se jette dans le lac Aral.

Les plus grands fleuves de l'Afrique sont le Sénégal, qui a 1125 lieues environ de cours, en y comprenant le Niger, qui n'en est en effet qu'une continuation, et en remontant le Niger jusqu'à la source du Gambarou, qui se jette dans le Niger ; le Nil, dont la longueur est de 970 lieues, et qui prend sa source dans la haute Éthiopie, où il fait plusieurs contours ; il y a aussi le Zaïr et le Coanza, desquels on connaît environ 400 lieues, mais qui s'étendent bien plus au loin dans les terres de Monoémugi ; le Couama, dont on ne connaît aussi qu'environ 400 lieues, et qui vient de plus loin, des terres de la Cafrerie ; le Quilmanci, dont le cours entier est de 400 lieues, et qui prend sa source dans le royaume de Gingiro.

qui est la plus voisine du biez tourne toujours plus vite que l'autre qui en est plus éloignée, et à laquelle l'eau ne peut arriver qu'après avoir parcouru un certain espace dans le courant particulier qui aboutit à cette roue. On sent bien que le frottement de l'eau contre les parois de ce canal doit en diminuer la vitesse ; mais cela seul ne suffit pas pour rendre raison de la différence considérable qui se trouve entre le mouvement de ces deux roues: elle provient en premier lieu de ce que l'eau contenue dans ce canal cesse d'être pressée latéralement, comme elle l'est en effet lorsqu'elle entre par la vanne du biez et qu'elle frappe immédiatement les aubes de la roue: secondement, cette inégalité de vitesse, qui se mesure sur la distance du biez à ces roues, vient encore de ce que l'eau qui vient d'une vanne n'est pas une colonne qui ait les dimensions de la vanne ; car l'eau forme dans son passage un cône irrégulier, d'autant plus déprimé sur les côtés, que la masse d'eau dans le biez a plus de largeur. Si les aubes de la roue sont très-près de la vanne, l'eau s'y applique presque à la hauteur de l'ouverture de la vanne ; mais si la roue est plus éloignée du biez, l'eau s'abaisse dans le coursier, et ne frappe plus les aubes de la roue à la même hauteur ni avec autant de vitesse que dans le premier cas, et ces deux causes réunies produisent cette diminution de vitesse dans les roues qui sont éloignées du biez (*Add. Buff.*)

Enfin les plus grands fleuves de l'Amérique, qui sont aussi les plus larges fleuves du monde, sont la rivière des Amazones, dont le cours est de plus de 1200 lieues, si l'on remonte jusqu'au lac qui est près de Guanuco, à 30 lieues de Lima, où le Maragnon prend sa source; et si l'on remonte jusqu'à la source de la rivière Napo, à quelque distance de Quito, le cours de la rivière des Amazones est de plus de mille lieues.

On pourrait dire que le cours du fleuve Saint-Laurent en Canada est de plus de 900 lieues, depuis son embouchure en remontant le lac Ontario et le lac Érié, de là au lac Huron, ensuite au lac Supérieur, de là au lac Alemipigo, au lac Cristinaux, et enfin au lac des Assiniboïls, les eaux de tous ces lacs tombant des uns dans les autres, et enfin dans le fleuve Saint-Laurent.

Le fleuve Mississipi a plus de 700 lieues d'étendue depuis son embouchure jusqu'à quelques-unes de ses sources qui ne sont pas éloignées du lac des Assiniboïls dont nous venons de parler.

Le fleuve de la Plata a plus de 800 lieues de cours, en le remontant depuis son embouchure jusqu'à la source de la rivière Parana, qu'il reçoit.

Le fleuve Orénoque a plus de 575 lieues de cours, en comptant depuis la source de la rivière Caketa près de Pasto, qui se jette en partie dans l'Orénoque, et coule aussi en partie vers la rivière des Amazones.

La rivière Madera, qui se jette dans celle des Amazones, a plus de 660 ou 670 lieues.

Pour savoir à peu près la quantité d'eau que la mer reçoit par tous les fleuves qui y arrivent, supposons que la moitié du globe soit couverte par la mer, et que l'autre moitié soit terre sèche, ce qui est assez juste; supposons aussi que la moyenne profondeur de la mer, en la prenant dans toute son étendue, soit d'un quart de mille d'Italie, c'est-à-dire d'environ 230 toises: la surface de toute la terre étant de 170,981,012 milles, la surface de la mer est de 85,490,506 milles carrés, qui, étant multipliés par $\frac{1}{4}$, profondeur de la mer, donnent 21,372,626 milles cubiques pour la quantité d'eau contenue dans l'Océan tout entier. Maintenant, pour calculer la quantité d'eau que l'Océan reçoit des rivières, prenons quelque grand fleuve dont la vitesse et la quantité d'eau nous soient connues : le Pô, par exemple, qui passe en Lombardie, et qui arrose un pays de 380 milles de longueur, suivant Riccioli; sa largeur, avant qu'il se divise en plusieurs bouches pour tomber dans la mer, est de 100 perches de Bologne, ou de 1000 pieds, et sa profondeur de 10 pieds; sa vitesse est telle, qu'il parcourt 4 milles dans une heure : ainsi le Pô fournit à la mer 200,000 perches cubiques d'eau en une heure, 4,800,000 dans un jour. Mais un mille cubique contient 125,000,000 de perches cubiques : ainsi il faut vingt-six jours pour qu'il porte à la mer un mille cubique d'eau. Reste maintenant à déterminer la proportion qu'il y a entre la rivière du Pô et toutes les rivières de la terre prises ensemble, ce qu'il est impossible de faire exactement ; mais pour le savoir à peu près, supposons que la quantité d'eau que la mer reçoit par les grandes rivières dans tous les pays, soit proportionnelle à l'étendue et à la surface de ces pays, et que par conséquent le pays arrosé par le Pô et par les rivières qui y tombent, soit à la surface de toute la terre sèche en même proportion que le Pô est à toutes les rivières de la terre. Or, par les cartes les plus exactes, le Pô, depuis sa source jusqu'à son embouchure, traverse un pays de 380 milles de longueur, et les rivières qui y tombent de chaque côté viennent de sources et de rivières qui sont à environ 60 milles de distance du Pô : ainsi ce fleuve et les rivières qu'il reçoit arrosent un pays de 380 milles de long et de 120 milles de large ; ce qui fait 45,600 milles carrés. Mais la surface de toute la terre sèche est de 85,490,506 milles carrés ; par conséquent la quantité d'eau que toutes les rivières portent à la mer sera 1,874 fois plus grande que la quantité que le Pô lui fournit : mais comme vingt-six rivières comme le Pô fournissent un mille cubique d'eau à la mer par jour, il s'ensuit que dans l'espace d'un an, 1,874 rivières comme le Pô fourniront à la mer 26,308 milles cubiques d'eau, et que dans l'espace de 812 ans toutes ces rivières fourniraient à la mer 21,372,626 milles cubiques d'eau, c'est-à-dire autant qu'il y en a dans l'Océan, et que par conséquent il ne faudrait que 812 ans pour le remplir.

Il résulte de ce calcul que la quantité d'eau que l'évaporation enlève de la surface de la mer, que les vents transportent sur la terre, et qui produit tous les ruisseaux et tous les fleuves, est d'environ 245 lignes, ou de 20 à 21 pouces par an, ou d'environ les deux tiers d'une ligne par jour ; ceci est une très-petite évaporation, quand même on la doublerait ou triplerait, afin de tenir compte de l'eau qui retombe sur la mer et qui n'est pas transportée sur la terre. Voyez sur ce sujet l'écrit de Halley dans les *Transactions philosophiques*, n° 192, où il fait voir évidemment et par le calcul que les vapeurs qui s'élèvent au-dessus de la mer, et que les vents transportent sur la terre, sont suffisantes pour former toutes les rivières et entretenir toutes les eaux qui sont à la surface de la terre.

Après le Nil, le Jourdain est le fleuve le plus considérable qui soit dans le Levant et même dans la Barbarie ; il fournit à la mer Morte environ six millions de tonnes d'eau par jour : toute cette eau, et au delà, est enlevée par l'évaporation ; car en comptant, suivant le calcul de Halley, 6,914 tonnes d'eau qui se réduit en vapeurs sur chaque mille superficiel, on trouve que la mer Morte, qui a 72 milles de long sur 18 milles de large, doit perdre tous les jours par l'évaporation près de neuf millions de tonnes d'eau, c'est-à-dire non-seulement toute l'eau qu'elle reçoit du Jourdain, mais encore celle des petites rivières qui y arrivent des montagnes de Moab et d'ailleurs : par conséquent elle ne communique avec aucune autre mer par des canaux souterrains.

Les fleuves les plus rapides de tous sont le Tigre, l'Indus, le Danube, l'Yrtis en Sibérie, le Malmistra en Cilicie, etc. Mais, comme nous l'avons dit au commencement de cet article, la mesure de la vitesse des eaux d'un fleuve dépend de deux causes : la première est la pente, et la seconde le poids et la quantité d'eau. En examinant sur le globe quels sont les fleuves qui ont le plus de pente, on trouvera que le Danube en a beaucoup moins que le Pô, le Rhin et le Rhône, puisque, tirant quelques-unes de ses sources des mêmes montagnes, le Danube a un cours beaucoup plus long qu'aucun de ces trois autres fleuves, et qu'il tombe dans la mer

Noire, qui est plus élevée que la Méditerranée, et peut-être plus que l'Océan.

Tous les grands fleuves reçoivent beaucoup d'autres rivières dans toute l'étendue de leur cours ; on a compté, par exemple, que le Danube reçoit plus de deux cents tant ruisseaux que rivières. Mais en ne comptant que les rivières assez considérables que les fleuves reçoivent, on trouvera que le Danube en reçoit trente ou trente-une ; le Wolga en reçoit trente-deux ou trente-trois, le Don cinq ou six, le Niéper dix-neuf ou vingt, la Dwina onze ou douze ; et de même en Asie le Hoanho reçoit trente-quatre ou trente-cinq rivières ; le Jénisca en reçoit plus de soixante, l'Oby tout autant, le fleuve Amour environ quarante, le Kian ou fleuve de Nankin en reçoit environ trente, le Gange plus de vingt, l'Euphrate dix ou onze, etc. En Afrique, le Sénégal reçoit plus de vingt rivières : le Nil ne reçoit aucune rivière qu'à plus de cinq cents lieues de son embouchure ; la dernière qui y tombe est le Moraba, et de cet endroit jusqu'à sa source il reçoit environ douze ou treize rivières. En Amérique, le fleuve des Amazones en reçoit plus de soixante, et toutes fort considérables ; le fleuve Saint-Laurent environ quarante, en comptant celles qui tombent dans les lacs ; le fleuve Mississipi plus de quarante, le fleuve de la Plata plus de cinquante, etc.

Il y a sur la surface de la terre des contrées élevées qui paraissent être des points de partage marqués par la nature pour la distribution des eaux. Les environs du mont Saint-Gothard sont un de ces points en Europe. Un autre point est le pays situé entre les provinces de Belozera et de Vologda en Moscovie, d'où descendent des rivières dont les unes vont à la mer Blanche, d'autres à la mer Noire, et d'autres à la mer Caspienne en Asie ; le pays des Tartares Mongols, d'où il coule des rivières dont les unes vont se rendre dans la mer Tranquille ou mer de la Nouvelle-Zemble, d'autres au golfe Linchidolin, d'autres à la mer de Corée, d'autres à celle de la Chine, et de même le petit Thibet, dont les eaux coulent vers la mer de la Chine, vers le golfe de Bengale, vers le golfe de Cambaïe et vers le lac Aral ; en Amérique la province de Quito, qui fournit des eaux à la mer du Sud, à la mer du Nord et au golfe du Mexique.

Il y a dans l'ancien continent environ quatre cent trente fleuves qui tombent immédiatement dans l'Océan ou dans la Méditerranée et la mer Noire, et dans le nouveau continent on ne connaît guère que cent quatre-vingts fleuves qui tombent immédiatement dans la mer : au reste, je n'ai compris dans ce nombre que des rivières grandes au moins comme l'est la Somme en Picardie.

Toutes ces rivières transportent à la mer avec leurs eaux une grande quantité de parties minérales et salines qu'elles ont enlevées des différents terrains par où elles ont passé. Les particules de sel, qui, comme l'on sait, se dissolvent aisément, arrivent à la mer avec les eaux des fleuves. Quelques physiciens, et entre autres Halley, ont prétendu que la salure de la mer ne provenait que des sels de la terre que les fleuves y transportent ; d'autres ont dit que la salure de la mer était aussi ancienne que la mer même, et que ce sel n'avait été créé que pour l'empêcher de se corrompre : mais on peut croire que l'eau de la mer est préservée de la corruption par l'agitation des vents et par celle du flux et du reflux, autant que par le sel qu'elle contient ; car quand on la garde dans un tonneau, elle se corrompt au bout de quelques jours, et Boyle rapporte qu'un navigateur, pris par un calme qui dura treize jours, trouva la mer si infectée au bout de ce temps, que si le calme n'eût cessé, la plus grande partie de son équipage aurait péri. L'eau de la mer est aussi mêlée d'une huile bitumineuse, qui lui donne un goût désagréable, et qui la rend très-malsaine. La quantité de sel que l'eau de la mer contient est d'environ une quarantième partie, et la mer est à peu près également salée partout, au-dessus comme au fond, également sous la ligne et au cap de Bonne-Espérance, quoiqu'il y ait quelques endroits, comme à la côte de Mozambique, où elle est plus salée qu'ailleurs. On prétend aussi qu'elle est moins salée dans la zone arctique : cela peut venir de la grande quantité de neige et des grands fleuves qui tombent dans ces mers, et de ce que la chaleur du soleil n'y produit que peu d'évaporation, en comparaison de l'évaporation qui se fait dans les climats chauds.

Quoi qu'il en soit, je crois que les vraies causes de la salure de la mer sont non-seulement les bancs de sel qui ont pu se trouver au fond de la mer et le long des côtes, mais encore les sels mêmes de la terre que les fleuves y transportent continuellement, et que Halley a eu quelque raison de présumer qu'au commencement du monde la mer n'était que peu ou point salée, qu'elle l'est devenue par degrés et à mesure que les fleuves y ont amené des sels ; que cette salure augmente peut-être tous les jours et augmentera toujours de plus en plus, et que par conséquent il a pu conclure qu'en faisant des expériences pour reconnaître la quantité de sel dont l'eau d'un fleuve est chargée lorsqu'elle arrive à la mer, et qu'en supputant la quantité d'eau que tous les fleuves y portent, on viendrait à connaître l'ancienneté du monde par le degré de la salure de la mer.

Les plongeurs et les pêcheurs de perles assurent, au rapport de Boyle, que plus on descend dans la mer, plus l'eau est froide ; que le froid est même si grand à une profondeur considérable, qu'ils ne peuvent le souffrir, et que c'est par cette raison qu'ils ne demeurent pas aussi longtemps sous l'eau, lorsqu'ils descendent à une profondeur un peu grande, que quand ils ne descendent qu'à une petite profondeur. Il me paraît que le poids de l'eau pourrait en être la cause aussi bien que le froid, si on descendait à une grande profondeur, comme trois ou quatre cents brasses ; mais, à la vérité, les plongeurs ne descendent jamais à plus de cent pieds ou environ. Le même auteur rapporte que dans un voyage aux Indes orientales, au delà de la ligne, à environ 35 degrés de latitude sud, on laissa tomber une sonde à quatre cents brasses de profondeur, et qu'ayant retiré cette sonde qui était de plomb et qui pesait environ trente à trente-cinq livres, elle était devenue si froide qu'il semblait toucher un morceau de glace. On sait aussi que les voyageurs, pour rafraîchir leur vin, descendent les bouteilles à plusieurs brasses de profondeur dans la mer ; et plus on les descend, plus le vin est frais.

Tous ces faits pourraient faire présumer que l'eau de la mer est plus salée au fond qu'à la surface ; cependant on a des témoignages contraires, fondés sur des expériences qu'on a faites pour tirer dans des vases qu'on ne débouchait qu'à une certaine profondeur, de l'eau de la mer, laquelle ne s'est pas trouvée plus salée que celle de la surface : il y a même des endroits où l'eau de la surface étant salée, l'eau du fond se trouve douce ; et cela doit arriver dans tous les lieux où il y a des fontaines et des sources qui sourdent du fond de la mer, comme auprès de Goa, à Ormus, et même dans la mer de Naples où il y a des sources chaudes dans le fond (1).

Il y a d'autres endroits où l'on a remarqué des sources bitumineuses et des couches de bitume au fond de la mer, et sur la terre il y a une grande quantité de ces sources qui portent le bitume mêlé avec l'eau dans la mer. A la Barbade il y a une source de bitume pur qui coule des rochers jusqu'à la mer ; le sel et le bitume sont donc les matières dominantes dans l'eau de la mer ; mais elle est encore mêlée de beaucoup d'autres matières ; car le goût de l'eau n'est pas le même dans toutes les parties de l'Océan. D'ailleurs l'agitation et la chaleur du soleil altèrent le goût que devrait avoir l'eau de la mer ; et les couleurs différentes des différentes mers, et des mêmes mers en différents temps, prouvent que l'eau de la mer contient des matières de bien des espèces, soit qu'elle les détache de son propre fond, soit qu'elles y soient amenées par les fleuves.

Presque tous les pays arrosés par de grands fleuves sont sujets à des inondations périodiques, surtout les pays bas et voisins de leur embouchure ; et les fleuves qui tirent leurs sources de fort loin sont ceux qui débordent le plus régulièrement. Tout le monde a entendu parler des inondations du Nil : il conserve dans un grand espace, et fort loin dans la mer, la douceur et la blancheur de ses eaux. Strabon et les autres anciens auteurs ont écrit qu'il avait sept embouchures, mais aujourd'hui il n'en reste que deux qui sont navigables : il y a un troisième canal qui descend à Alexandrie pour remplir les citernes, et un quatrième canal qui est encore plus petit. Comme on a négligé depuis fort longtemps de nettoyer les canaux, ils se sont comblés. Les anciens employaient à ce travail un grand nombre d'ouvriers et de soldats, et tous les ans, après l'inondation, l'on enlevait le limon et le sable qui étaient dans les canaux ; ce fleuve en charrie une très-grande quantité. La cause

(1) Au sujet de la salure de la mer, il y a deux opinions, qui toutes deux sont fondées et en partie vraies. Halley attribue la salure de la mer uniquement aux sels de la terre que les fleuves y transportent, et pense même qu'on peut reconnaître l'ancienneté du monde par le degré de cette salure des eaux de la mer. Leibnitz croit au contraire que le globe de la terre ayant été liquéfié par le feu, les sels et les autres parties empyreumatiques ont produit avec les vapeurs aqueuses une eau lixivielle et salée, et que par conséquent la mer avait son degré de salure dès le commencement. Les opinions de ces deux grands physiciens, quoique opposées, doivent être réunies, et peuvent même s'accorder avec la mienne : il est en effet très-probable que l'action du feu combinée avec celle de l'eau, a fait la dissolution de toutes les matières salines qui se sont trouvées à la surface de la terre dès le commencement, et que par conséquent le premier degré de salure de mer provient de la cause indiquée par Leibnitz ; mais cela n'empêche pas que la seconde cause désignée par Halley n'ait aussi très-considérablement influé sur le degré de la salure actuelle de la mer, qui ne peut manquer d'aller toujours en augmentant, parce qu'en effet les fleuves ne cessent de transporter à la mer une grande quantité de sels fixes, que l'évaporation ne peut enlever ; ils restent donc mêlés avec la masse des eaux, qui, dans la mer, se trouvent généralement d'autant plus salées qu'elles sont plus éloignées de l'embouchure des fleuves, et que la chaleur du climat y produit une plus grande évaporation. La preuve que cette seconde cause y fait peut-être autant et plus que la première, c'est que tous les lacs dont il sort des fleuves ne sont point salés, tandis que presque tous ceux qui reçoivent des fleuves sans qu'il en sorte, sont imprégnés de sel. La mer Caspienne, le lac Aral, la mer Morte, etc., ne doivent leur salure qu'aux sels que les fleuves y transportent, et que l'évaporation ne peut enlever. (*Add. Buff.*)

du débordement du Nil vient des pluies qui tombent en Éthiopie : elles commencent au mois d'avril, et ne finissent qu'au mois de septembre. Pendant les trois premiers mois, les jours sont sereins et beaux : mais dès que le soleil se couche, il pleut jusqu'à ce qu'il se lève ; ce qui est accompagné ordinairement de tonnerres et d'éclairs. L'inondation ne commence en Egypte que vers le 17 de juin ; elle augmente ordinairement pendant environ quarante jours, et diminue pendant tout autant de temps : tout le plat pays de l'Egypte est inondé. Mais ce débordement est bien moins considérable aujourd'hui qu'il ne l'était autrefois ; car Hérodote nous dit que le Nil était cent jours à croître et autant à décroître. Si le fait est vrai, on ne peut guère en attribuer la cause qu'à l'élévation du terrain que le limon des eaux a haussé peu à peu, et à la diminution de la hauteur des montagnes de l'intérieur de l'Afrique dont il tire sa source ; il est assez naturel d'imaginer que ces montagnes ont diminué, parce que les pluies abondantes qui tombent dans ces climats pendant la moitié de l'année, entraînent les sables et les terres du dessus des montagnes dans les vallons, d'où les torrents les charrient dans le canal du Nil, qui en emporte une bonne partie en Egypte, où il les dépose dans ses débordements.

Le Nil n'est pas le seul fleuve dont les inondations soient périodiques et annuelles : on a appelé la rivière de Pégu *le Nil indien*, parce que les débordements se font tous les ans régulièrement ; il inonde ce pays à plus de trente lieues de ses bords, et il laisse, comme le Nil, un limon qui fertilise si fort la terre, que les pâturages y deviennent excellents pour le bétail, et que le riz y vient en si grande abondance, qu'on en charge tous les ans un grand nombre de vaisseaux sans que le pays en manque. Le Niger, ou, ce qui revient au même, la partie supérieure du Sénégal, déborde aussi comme le Nil, et l'inondation qui couvre tout le plat pays de la Nigritie commence à peu près dans le même temps que celle du Nil, vers le 15 juin ; elle augmente aussi pendant quarante jours. Le fleuve de la Plata, au Brésil, déborde aussi tous les ans, et dans le même temps que le Nil ; le Gange, l'Indus, l'Euphrate et quelques autres débordent aussi tous les ans, mais tous les autres fleuves n'ont pas de débordements périodiques : et quand il arrive des inondations, c'est un effet de plusieurs causes qui se combinent pour fournir une plus grande quantité d'eau qu'à l'ordinaire, et pour retarder en même temps la vitesse du fleuve.

Nous avons dit que dans presque tous les fleuves la pente de leur lit va toujours en diminuant jusqu'à leur embouchure d'une manière assez insensible : mais il y en a dont la pente est très-brusque dans certains endroits ; ce qui forme ce qu'on appelle *une cataracte*, qui n'est autre chose qu'une chute d'eau plus vive que le courant ordinaire du fleuve. Le Rhin, par exemple, a deux cataractes : l'une à Bilefeld, et l'autre auprès de Schaffhouse. Le Nil en a plusieurs, et entre autres deux qui sont très-violentes et qui tombent de fort haut entre deux montagnes. La rivière Vologda, en Moscovie, a aussi deux cataractes auprès de Ladoga. Le Zaïr, fleuve de Congo, commence par une forte cataracte qui tombe du haut d'une montagne.

Mais la plus fameuse cataracte est celle de la rivière Niagara en Canada (1); elle tombe de 156 pieds de hauteur perpendiculaire comme un torrent prodigieux, et elle a plus d'un quart de lieue de largeur : la brume ou le brouillard que l'eau fait en tombant se voit de cinq lieues et s'élève jusqu'aux nues ; il s'y forme un très bel arc-en-ciel lorsque le soleil donne dessus. Au-dessous de cette cataracte, il y a des tournoiements d'eau si terribles, qu'on ne peut y naviguer jusqu'à six milles de distance; et au-dessus de la cataracte, la rivière est beaucoup plus étroite qu'elle ne l'est dans les terres supérieures. Voici la description qu'en donne le P. Charlevoix.

« Mon premier soin fut de visiter la plus belle cascade qui soit peut-être dans la nature; mais je reconnus d'abord que le baron de La Hontan s'était trompé sur sa hauteur et sur sa figure, de manière à faire juger qu'il ne l'avait point vue.

» Il est certain que si on mesure sa hauteur par les trois montagnes qu'il faut franchir d'abord, il n'y a pas beaucoup à rabattre de 600 pieds que lui donne la carte de M. Delisle, qui sans doute n'a avancé ce paradoxe que sur la foi du baron de La Hontan et du P. Hennepin : mais après que je fus arrivé au sommet de la troisième montagne, j'observai que dans l'espace de trois lieues que je fis ensuite jusqu'à cette chute d'eau, quoiqu'il faille quelquefois monter, il faut encore plus descendre ; et c'est à quoi ces voyageurs paraissent n'avoir pas fait assez d'attention. Comme on ne peut approcher la cascade que de côté, ni la voir que de profil, il n'est pas aisé d'en mesurer la hauteur avec les instruments : on a voulu le faire avec une longue corde attachée à une longue perche ; et après avoir souvent réitéré cette manière, on n'a trouvé que 115 ou 120 pieds de profondeur : mais il n'est pas possible de s'assurer si la perche n'a pas été arrêtée par quelque rocher qui avançait ; car quoiqu'on l'eût toujours retirée mouillée aussi bien qu'un bout de la corde à quoi elle était attachée, cela ne prouve rien, puisque l'eau qui se précipite de la montagne rejaillit fort haut en écumant. Pour moi, après l'avoir considérée de tous les endroits d'où l'on peut l'examiner à son aise, j'estime qu'on ne saurait lui donner moins de 140 ou 150 pieds.

» Quant à sa figure, elle est en fer à cheval, et elle a environ 400 pas de circonférence : mais, précisément dans son milieu, elle est partagée en deux par une île fort étroite et d'un demi-quart de lieue de long, qui y aboutit. Il est vrai que ces

(1) J'ai dit que la cataracte de la rivière de Niagara au Canada était la plus fameuse, et qu'elle tombait de 156 pieds de hauteur perpendiculaire. J'ai depuis été informé * qu'il se trouve en Europe une cataracte qui tombe de 300 pieds de hauteur; c'est celle de Terni, petite ville sur la route de Rome à Bologne. Elle est formée par la rivière de Velino, qui prend sa source dans les montagnes de l'Abruzze. Après avoir passé par Riète, ville frontière du royaume de Naples, elle se jette dans le lac de Luco, qui paraît entretenu par des sources abondantes, car elle en sort plus forte qu'elle n'y est entrée, et va jusqu'au pied de la montagne *del Marmoro*, d'où elle se précipite par un saut perpendiculaire de 300 pieds; elle tombe comme dans un abîme, d'où elle s'échappe avec une espèce de fureur. La rapidité de sa chute brise ses eaux avec tant d'effort contre les rochers et sur le fond de cet abîme, qu'il s'en élève une vapeur humide, sur laquelle les rayons du soleil forment des arcs-en-ciel, qui sont très-variés ; et lorsque le vent du midi souffle et rassemble ce brouillard contre la montagne, au lieu de plusieurs petits arcs-en-ciel, on n'en voit plus qu'un seul qui couronne toute la cascade. (*Add. Buff.*)

(*) Note communiquée à M. de Buffon par M. Fresnaye, conseiller au conseil de Saint-Domingue.

deux parties ne tardent pas à se rejoindre : celle qui était de mon côté, et qu'on ne voyait que de profil, a plusieurs pointes qui avancent; mais celle que je découvrais en face me parut fort unie. Le baron de La Hontan y ajoute un torrent qui vient de l'ouest : il faut que dans la fonte des neiges les eaux sauvages viennent se décharger là par quelque ravine, etc. (1). »

Il y a une autre cataracte à trois lieues d'Albanie, dans la province de la Nouvelle-York, qui a environ 50 pieds de hauteur perpendiculaire, et de cette chute d'eau il s'élève aussi un brouillard dans lequel on aperçoit un léger arc-en-ciel, qui change de place à mesure qu'on s'en éloigne ou qu'on s'en approche.

En général, dans tous les pays où le nombre d'hommes n'est pas assez considérable pour former des sociétés policées, les terrains sont plus réguliers et le lit des fleuves plus étendu, mons égal et rempli de cataractes. Il a fallu des siècles pour rendre le Rhône et la Loire navigables. C'est en contenant les eaux, en les dirigeant, et en nettoyant le fond des fleuves, qu'on leur donne un cours assuré ; dans toutes les terres où il y a peu d'habitants, la nature est brute, et quelquefois difforme.

Il y a des fleuves qui se perdent dans les sables, d'autres qui semblent se précipiter dans les entrailles de la terre : le Guadalquivir en Espagne, la rivière de Gothembourg en Suède, et le Rhin même, se perdent dans la terre. On assure que dans la partie occidentale de l'île Saint-Domingue il y a une montagne d'une hauteur considérable, au pied de laquelle sont plusieurs cavernes où les rivières et les ruisseaux se précipitent avec tant de bruit, qu'on l'entend de sept ou huit lieues.

Au reste, le nombre de ces fleuves qui se perdent dans le sein de la terre est fort petit, et il n'y a pas d'apparence que ces eaux descendent bien bas dans l'intérieur du globe; il est plus vraisemblable qu'elles se perdent, comme celles du Rhin, en se divisant dans les sables : ce qui est fort ordinaire aux petites rivières qui arrosent les terrains secs et sablonneux; on en a plusieurs exemples en Afrique, en Perse, en Arabie, etc.

Les fleuves du Nord transportent dans les mers une prodigieuse quantité de glaçons qui, venant à s'accumuler, forment ces masses énormes de glace si funestes aux voyageurs. Un des endroits de la mer Glaciale où elles sont le plus abondantes, est le détroit de Waigats, qui est gelé en entier pendant la plus grande partie de l'année : ces glaces sont formées des glaçons que le fleuve Oby transporte presque continuellement; elles s'attachent le long des côtes, et s'élèvent à une hauteur considérable des deux côtés du détroit : le milieu du détroit est l'endroit qui gèle le dernier, et où la glace est le moins élevée ; lorsque le vent cesse de venir du nord et qu'il souffle dans la direction du détroit, la glace commence à fondre et à se rompre dans le milieu; ensuite il s'en détache des côtes de grandes masses qui voyagent dans la haute mer. Le vent, qui pendant tout l'hiver vient du nord et

<hr>

(1) Tome III, pages 332 et suivantes.

passe sur les terres gelées de la Nouvelle-Zemble, rend le pays arrosé par l'Oby et toute la Sibérie si froids, qu'à Tobolsk même, qui est au 57ᵉ degré, il n'y a point d'arbres fruitiers, tandis qu'en Suède, à Stockholm, et même à de plus hautes lati- tudes, on a des arbres fruitiers et des légumes. Cette différence ne vient pas, comme on l'a cru, de ce que la mer de Laponie est moins froide que celle du détroit, ou de ce que la terre de la Nouvelle-Zemble l'est plus que celle de la Laponie, mais uniquement de ce que la mer Baltique et le golfe de Bothnie adoucissent un peu la rigueur des vents du nord, au lieu qu'en Sibérie il n'y a rien qui puisse tempérer l'activité du froid. Ce que je dis ici est fondé sur de bonnes observations ; il ne fait jamais aussi froid sur les côtes de la mer que dans l'intérieur des terres : il y a des plantes qui passent l'hiver en plein air à Londres, et qu'on ne peut conserver à Pa- ris ; et la Sibérie, qui fait un vaste continent où la mer n'entre pas, est par cette raison plus froide que la Suède, qui est environnée de la mer presque de tous côtés.

Le pays du monde le plus froid est le Spitzberg : c'est une terre au 78ᵉ degré de latitude, toute formée de petites montagnes aiguës ; ces montagnes sont composées de gravier et de certaines pierres plates, semblables à de petites pierres d'ardoise grise, entassées les unes sur les autres. Ces collines se forment, disent les voyageurs, de ces petites pierres et de ces graviers que les vents amoncèlent ; elles croissent à vue d'œil, et les matelots en découvrent tous les ans de nouvelles ; on ne trouve dans ce pays que des rennes, qui paissent une petite herbe fort courte et de la mousse. Au-dessus de ces petites montagnes, et à plus d'une lieue de la mer, on a trouvé un mât qui avait une poulie attachée à un de ses bouts ; ce qui a fait penser que la mer passait autrefois sur ces montagnes, et que ce pays est formé nouvellement : il est inhabité et inhabitable ; le terrain qui forme ces petites montagnes n'a aucune liaison, et il en sort une vapeur si froide et si pénétrante, qu'on est gelé pour peu qu'on y demeure.

Les vaisseaux qui vont au Spitzberg pour la pêche de la baleine y arrivent au mois de juillet, et en partent vers le 15 d'août ; les glaces empêcheraient d'entrer dans cette mer avant ce temps, et d'en sortir après : on y trouve des morceaux pro- digieux de glaces épaisses de 60, 70 et 80 brasses. Il y a des endroits où il semble que la mer soit glacée jusqu'au fond : ces glaces qui sont si élevées au-dessus du niveau de la mer, sont des glaires et luisantes comme du verre.

Il y a aussi beaucoup de glaces dans les mers du nord de l'Amérique, comme dans la baie de l'Ascension, dans les détroits de Hudson, de Cumberland, de Davis, de Forbisher, etc. Robert Lade nous assure que les montagnes de Frisland sont entiè- rement couvertes de neige, et toutes les côtes de glace, comme un boulevard qui ne permet pas d'en approcher : « Il est, dit-il, fort remarquable que dans cette mer on trouve des îles de glace de plus d'une demi-lieue de tour, extrêmement élevées, et qui ont 70 ou 80 brasses de profondeur dans la mer ; cette glace, qui est douce, est peut-être formée dans les détroits des terres voisines, etc. Ces îles ou montagnes de glace sont si mobiles, que dans les temps orageux elles suivent la course d'un vaisseau, comme si elles étaient entraînées dans le même sillon : il y en a de si grosses, que leur superficie au-dessus de l'eau surpasse l'extrémité des mâts des plus gros navires, etc. (1). »

On trouve dans le recueil des voyages qui ont servi à l'établissement de la compagnie des Indes de Hollande, un petit journal historique au sujet des glaces de la Nouvelle-Zemble, dont voici l'extrait : « Au cap de Troost le temps fut si embrumé, qu'il fallut amarrer le vaisseau à un banc de glace qui avait 36 brasses de profondeur dans l'eau, et environ 16 brasses au-dessus, si bien qu'il avait 52 brasses d'épaisseur...

» Le 10 d'août, les glaces s'étant séparées, les glaçons commencèrent à flotter, et alors on remarqua que le gros banc de glace auquel le vaisseau avait été amarré, touchait au fond, parce que tous les autres passaient au long et le heurtaient sans l'ébranler ; on craignit donc de demeurer pris dans les glaces, et on tâcha de sortir de ce parage, quoiqu'en passant on trouvât déjà l'eau prise, le vaisseau faisant craquer la glace bien loin autour de lui : enfin on aborda un autre banc, où l'on porta vite l'ancre de touée, et l'on s'y amarra jusqu'au soir.

» Après le repas, pendant le premier quart, les glaces commencèrent à se rompre avec un bruit si terrible, qu'il n'est pas possible de l'exprimer. Le vaisseau avait le cap au courant qui charriait les glaçons, si bien qu'il fallut filer du câble pour se retirer ; on compta plus de 400 gros bancs de glace, qui enfonçaient de 10 brasses dans l'eau, et paraissaient de la hauteur de 2 brasses au-dessus.

» Ensuite on amarra le vaisseau à un autre banc qui enfonçait de 6 grandes brasses, et l'on y mouilla en croupière. Dès qu'on y fut établi, on vit encore un autre banc peu éloigné de cet endroit-là, dont le haut s'élevait en pointe, tout de même que la pointe d'un clocher, et il touchait le fond de la mer ; on s'avança vers ce banc, et l'on trouva qu'il avait 20 brasses de haut dans l'eau, et à peu près 12 brasses au-dessus.

» Le 11 août on nagea encore vers un autre banc qui avait 18 brasses de profondeur, et 10 brasses au-dessus de l'eau...

» Le 21, les Hollandais entrèrent assez avant dans le port des glaces, et y demeurèrent à l'ancre pendant la nuit : le lendemain matin ils se retirèrent et allèrent amarrer leur bâtiment à un banc de glace sur lequel ils montèrent et dont ils admirèrent la figure comme une chose très-singulière ; ce banc était couvert de terre sur le haut, et on y trouva près de quarante œufs ; la couleur n'en était pas non plus comme celle de la glace, elle était d'un bleu céleste. Ceux qui étaient là raisonnèrent beaucoup sur cet objet ; les uns disaient que c'était un effet de la glace, et les autres soutenaient que c'était une terre gelée. Quoi qu'il en fût, ce banc était extrêmement haut, il avait environ 18 brasses sous l'eau et 10 brasses au-dessus (2). »

(1) Voyez la traduction des *Voyages de Lade*, par M. l'abbé Prevost, tome II, pages 305 et suivantes.
(2) *Troisième voyage des Hollandais par le Nord*, tome I, pages 46 et suivantes.

Wafer rapporte que près de la Terre-de-Feu il a rencontré plusieurs glaces flottantes très-élevées, qu'il prit d'abord pour des îles. Quelques-unes, dit-il, paraissaient avoir une lieue ou deux de long, et la plus grosse de toutes lui parut avoir 4 ou 500 pieds de haut.

Toutes ces glaces, comme je l'ai dit dans l'article VI, viennent des fleuves qui les transportent dans la mer, celles de la mer de la Nouvelle-Zemble et du détroit de Waigats viennent de l'Oby, et peut-être du Jénisca et des autres grands fleuves de la Sibérie et de la Tartarie; celles du détroit d'Hudson viennent de la baie de l'Ascension, où tombent plusieurs fleuves du nord de l'Amérique; celles de la Terre-de-Feu viennent du continent austral; et s'il y en a moins sur les côtes de la Laponie septentrionale que sur celles de la Sibérie et au détroit de Waigats, quoique la Laponie septentrionale soit plus près du pôle, c'est que toutes les rivières de la Laponie tombent dans le golfe de Bothnie, et qu'aucune ne va dans la mer du Nord. Elles peuvent aussi se former dans les détroits où les marées s'élèvent beaucoup plus haut qu'en pleine mer, et où par conséquent les glaçons qui sont à la surface peuvent s'amonceler et former ces bancs de glaces qui ont quelques brasses de hauteur : mais pour celles qui ont 4 ou 500 pieds de hauteur, il me paraît qu'elles ne peuvent se former ailleurs que contre des côtes élevées; et j'imagine que dans le temps de la fonte des neiges qui couvrent le dessus de ces côtes, il en découle des eaux qui, tombant sur des glaces, se glacent elles-mêmes de nouveau, et augmentent ainsi le volume des premières jusqu'à cette hauteur de 4 ou 500 pieds ; qu'ensuite dans un été plus chaud, par l'action des vents et par l'agitation de la mer, et peut-être même par leur propre poids, ces glaces collées contre les côtes se détachent et voyagent ensuite dans la mer au gré du vent, et qu'elles peuvent arriver jusque dans les climats tempérés avant que d'être entièrement fondues.

ARTICLE XI.

DES MERS ET DES LACS

L'Océan environne de tous côtés les continents, il pénètre en plusieurs endroits dans l'intérieur des terres, tantôt par des ouvertures assez larges, tantôt par de petits détroits ; il forme des mers méditerranées, dont les unes participent immédiatement à ses mouvements du flux et de reflux, et dont les autres semblent n'avoir rien de commun que la continuité des eaux : nous allons suivre l'Océan dans tous ces contours, et faire en même temps l'énumération de toutes les mers méditerranées; nous tâcherons de les distinguer de celles qu'on doit appeler golfes, et aussi de celles qu'on devrait regarder comme des lacs.

La mer qui baigne les côtes occidentales de la France fait un golfe entre les terres de l'Espagne et celles de la Bretagne : ce golfe, que les navigateurs appellent le *golfe de Biscaye* , est fort ouvert, et la pointe de ce golfe la plus avancée dans les terres est entre Bayonne et Saint-Sébastien ; une autre partie du golfe, qui est aussi fort avancée, c'est celle qui baigne les côtes du pays d'Aunis à la Rochelle et à Rochefort. Ce golfe commence au cap d'Ortegal et finit à Brest, où commence un détroit entre la pointe de Bretagne et le cap Lézard : ce détroit, qui d'abord est assez large, fait un petit golfe dans le terrain de la Normandie, dont la pointe la plus avancée dans les terres est à Avranches ; le détroit continue sur une assez grande largeur jusqu'au Pas-de-Calais, où il est fort étroit ; ensuite il s'élargit tout à coup fort considérablement, et finit entre le Texel et la côte d'Angleterre à Norwich ; au Texel il forme une petite mer méditerranée qu'on appelle *Zuyderzée* et plusieurs autres grandes lagunes, dont les eaux ont peu de profondeur aussi bien que celles de Zuyderzée.

Après cela l'Océan forme un grand golfe qu'on appelle la mer d'Allemagne ; et ce golfe pris dans toute son étendue, commence à la pointe septentrionale de l'Écosse, en descendant tout le long des côtes orientales de l'Écosse et de l'Angleterre jusqu'à Norwich, de là au Texel tout le long des côtes de Hollande et d'Allemagne, de Jutland et de la Norwége jusqu'au-dessus de Bergen : on pourrait même prendre ce grand golfe pour une mer méditerranée, parce que les îles Orcades ferment en partie son ouverture, et semblent être dirigées comme si elles étaient une continuation des montagnes de Norwége. Ce grand golfe forme un large détroit qui commence à la pointe méridionale de la Norwége, et qui continue sur une grande largeur jusqu'à l'île de Zélande, où il se rétrécit tout à coup, et forme, entre les côtes de la Suède, les îles du Danemarck et de Jutland, quatre petits détroits ; après quoi il s'élargit comme un petit golfe, dont la pointe la plus avancée est à Lubeck ; de là il continue sur une assez grande largeur jusqu'à l'extrémité méridionale de la Suède ; ensuite il s'élargit toujours de plus en plus, et forme la mer Baltique, qui est une mer méditerranée qui s'étend du midi au nord dans une étendue de près de 300 lieues, en y comprenant le golfe de Bothnie, qui n'est en effet que la continuation de la mer Baltique. Cette mer a de plus deux autres golfes : celui de Livonie, dont la pointe la plus avancée dans les terres est auprès de Mittau et de Riga ; et celui de Finlande, qui est un bras de la mer Baltique, qui s'étend entre la Livonie et la Finlande jusqu'à Pétersbourg, et communique au lac Ladoga, et même au lac Onega, qui communique par le fleuve Onega à la mer Blanche. Toute cette étendue d'eau qui forme la mer Baltique, le golfe de Bothnie, celui de Finlande et celui de Livonie, doit être regardée comme un grand lac qui est entretenu par les eaux des fleuves qu'il reçoit en très-grand nombre, comme l'Oder, la Vistule, le Niemen, la Dwina en Allemagne et en Pologne, plusieurs autres rivières en Livonie et en Finlande, d'autres plus grands encore qui viennent des terres de la Laponie, comme le fleuve de Tornéa, les rivières Calis, Lula, Pitha, Uma, et plusieurs autres encore qui viennent de la Suède : ces fleuves, qui sont assez considérables, sont au nombre de plus de quarante, y compris les rivières qu'ils reçoivent ; ce qui ne peut manquer de produire une très-grande quantité d'eau, qui est probablement plus que suffisante pour entretenir la mer Baltique. D'ailleurs cette mer n'a aucun mouvement de flux et de reflux, quoiqu'elle soit étroite : elle est aussi fort peu salée ; et si l'on considère le gisement des terres et le nombre des lacs et des marais de la Finlande et de la Suède, qui sont presque contigus à cette mer, on sera très-porté à la regarder non pas comme une mer, mais comme un grand lac formé dans l'intérieur des terres par l'abondance des eaux, qui ont forcé les passages auprès du Danemarck pour s'écouler dans l'Océan, comme elles y coulent en effet, au rapport de tous les navigateurs.

Au sortir du grand golfe qui forme la mer d'Allemagne, et qui finit au-dessus de Bergen, l'Océan suit la côte de la Norwége, de la Laponie suédoise, de la Laponie septentrionale, et de la Laponie moscovite, à la partie orientale de laquelle il forme un assez large détroit qui aboutit à une mer méditerranée, qu'on appelle la mer Blanche. Cette mer peut encore être regardée comme un grand lac ; car elle reçoit douze ou treize rivières toutes assez considérables, et qui sont plus que suffisantes pour l'entretenir, elle n'est que peu salée. D'ailleurs, il ne s'en faut presque rien qu'elle n'ait communication avec la mer Baltique en plusieurs endroits : elle en a même une effective avec le golfe de Finlande, car en remontant le fleuve Onega on arrive au lac du même nom ; de ce lac Onega il y a deux rivières de communication avec le lac Ladoga ; ce dernier lac communique par un large bras avec le golfe de Finlande, et il y a dans la Laponie suédoise plusieurs endroits dont les eaux coulent presque indifféremment, les unes vers la mer Blanche, les autres vers le golfe de Bothnie, et les autres vers celui de Finlande ; et tout ce pays étant rempli de lacs et de marais, il semble que la mer Baltique et la mer Blanche soient les réceptacles de toutes ces eaux, qui se déchargent ensuite dans la mer Glaciale et dans la mer d'Allemagne.

En sortant de la mer Blanche, et en côtoyant l'île de Candenos et les côtes septentrionales de la Russie, on trouve que l'Océan fait un petit bras dans les terres à l'embouchure du fleuve Petzora ; ce petit bras, qui a environ quarante lieues de longueur sur huit ou dix de largeur, est plutôt un amas d'eau formé par le fleuve qu'un golfe de la mer, et l'eau y est aussi fort peu salée. Là les terres font un cap avancé et terminé par les petites îles Maurice et d'Orange ; et entre ces terres et celles qui avoisinent le détroit de Waigats au midi, il y a un petit golfe d'environ trente lieues dans sa plus grande profondeur au dedans des terres : ce golfe appartient immédiatement à l'Océan, et n'est pas formé des eaux de la terre. On trouve ensuite le détroit de Waigats, qui est à très-peu près sous le 70e degré de latitude nord ; ce détroit n'a pas plus de huit ou dix lieues de longueur, et communique à une mer qui baigne les côtes septentrionales de la Sibérie ; comme ce détroit est fermé par les glaces pendant la plus grande partie de l'année, il est assez difficile d'arriver dans la mer qui est au delà. Le passage de ce détroit a été tenté inutilement par un grand nombre de navigateurs ; et ceux qui l'ont passé heureusement ne nous ont pas laissé de cartes exactes de cette mer, qu'ils ont appelée *mer Tranquille* : il paraît seulement par les cartes les plus récentes, et par le dernier globe de Senex, fait en 1739 ou 1740, que cette mer Tranquille pourrait bien être entièrement méditerranée, et ne pas communiquer avec la grande mer de Tartarie; car elle paraît renfermée et bornée au midi par les terres des Samoïèdes, qui sont aujourd'hui bien connues; et ces terres, qui la bornent au midi, s'étendent depuis le détroit de Waigats jusqu'à l'embouchure du fleuve Jénisca; au levant elle est bornée par la terre de Jelmorland, au couchant par celle de la Nouvelle-Zemble; et quoiqu'on ne connaisse pas l'étendue de cette mer méditerranée du côté du nord et du nord-est, comme on y connaît des terres non interrompues, il est très-probable que cette mer Tranquille est une mer méditerranée, une espèce de cul-de-sac fort difficile à aborder, et qui ne mène à rien. Ce qui le prouve, c'est qu'en partant du détroit de Waigats on a côtoyé la Nouvelle-Zemble dans la mer Glaciale tout le long de ses côtes occidentales et septentrionales jusqu'au cap Désiré; qu'après ce cap on a suivi les côtes à l'est de la Nouvelle-Zemble jusqu'à un petit golfe qui est environ à 75 degrés, où les Hollandais passèrent un hiver mortel en 1596; qu'au delà de ce petit golfe on a découvert la terre de Jelmorland en 1664, laquelle n'est éloignée que de quelques lieues des terres de la Nouvelle-Zemble, en sorte que le seul petit endroit qui n'ait pas été reconnu, est auprès du petit golfe dont nous venons de parler, et cet endroit n'a peut-être pas trente lieues de longueur: de sorte que si la mer Tranquille communique à l'Océan, il faut que ce soit à l'endroit de ce petit golfe, qui est le seul par où cette mer méditerranée peut se joindre à la grande mer; et comme ce petit golfe est à 75 degrés nord et que, quand même la communication existerait, il faudrait toujours s'élever de cinq degrés vers le nord pour gagner la grande mer, il est clair que si l'on veut tenter la route du nord pour aller à la Chine, il vaut beaucoup mieux passer au nord de la Nouvelle-Zemble à 77 ou 78 degrés, où d'ailleurs la mer est plus libre et moins glacée, que de tenter encore le chemin du détroit glacé de Waigats, avec l'incertitude de ne pouvoir sortir de cette mer méditerranée.

En suivant donc l'Océan tout le long des côtes de la Nouvelle-Zemble et du Jelmorland, on a reconnu ces terres jusqu'à l'embouchure du Chotanga, qui est environ au 73e degré; après quoi l'on trouve un espace d'environ 200 lieues, dont les côtes ne sont pas encore connues: on a su seulement par le rapport des Moscovites qui ont voyagé par terre dans ces climats, que les terres ne sont point interrompues, et leurs cartes y marquent des fleuves et des peuples qu'ils ont appelés *Populi Patati*. Cet intervalle de côtes encore inconnues est depuis l'embouchure du Chotanga jusqu'à celle du Kauvoina au 66e degré de latitude: là l'Océan fait un golfe dont le point le plus avancé dans les terres est à l'embouchure du Len, qui est un fleuve très-considérable; ce golfe est formé par les eaux de l'Océan, il est fort ouvert, et il appartient à la mer de Tartarie; on l'appelle le *golfe Linchidolin* et les Moscovites y pêchent la baleine.

De l'embouchure du fleuve Len, on peut suivre les côtes septentrionales de la Tartarie dans un espace de plus de 500 lieues vers l'orient jusqu'à une grande péninsule ou terre avancée où habitent les peuples Schelates; cette pointe est l'extrémité la plus septentrionale de la Tartarie la plus orientale et elle est située sous le 72ᵉ degré environ de latitude nord. Dans cette longueur de plus de 500 lieues, l'Océan ne fait aucune irruption dans les terres, aucun golfe, aucun bras ; il forme seulement un coude considérable à l'endroit de la naissance de cette péninsule des peuples Schelates, à l'embouchure du fleuve Korvinea : cette pointe de terre fait aussi l'extrémité orientale de la côte septentrionale du continent de l'ancien monde, dont l'extrémité occidentale est au cap Nord en Laponie, en sorte que l'ancien continent a environ 1700 lieues de côtes septentrionales, en y comprenant les sinuosités des golfes, en comptant depuis le cap Nord de Laponie jusqu'à la pointe de la terre des Schelates, et il y a environ 1100 lieues en naviguant sous le même parallèle.

Suivons maintenant les côtes orientales de l'ancien continent, en commençant à cette pointe de la terre des peuples Schelates, et en descendant vers l'équateur : l'Océan fait d'abord un coude entre la terre des peuples Schelates et celle des peuples Tschurtschis, qui avance considérablement dans la mer ; au midi de cette terre il forme un petit golfe fort ouvert, qu'on appelle *le golfe Suctoikret*, et ensuite un autre plus petit golfe qui avance même comme un bras à 40 ou 50 lieues dans la terre de Kamtschatka ; après quoi l'Océan entre dans les terres par un large détroit rempli de plusieurs petites îles, entre la pointe méridionale de la terre de Kamtschatka et la pointe septentrionale de la terre d'Yeço, et il forme une grande mer méditerranée dont il est bon que nous suivions toutes les parties. La première est la mer de Kamtschatka, dans laquelle se trouve une île très-considérable qu'on appelle *l'île Amour* ; cette mer de Kamtschatka pousse un bras dans les terres au nord-est ; mais ce petit bras et la mer de Kamtschatka elle-même pourraient bien être, au moins en partie, formés par l'eau des fleuves qui arrivent, tant des terres de Kamtschatka que de celles de la Tartarie. Quoi qu'il en soit, cette mer de Kamtschatka communique par un très-large détroit avec la mer de Corée, qui fait la seconde partie de cette mer méditerranée ; et toute cette mer, qui a plus de 600 lieues de longueur, est bornée à l'occident et au nord par les terres de Corée et de Tartarie, à l'orient et au midi par celles de Kamtschatka, d'Yeço et du Japon, sans qu'il y ait d'autre communication avec l'Océan que celle du détroit dont nous avons parlé, entre Kamtschatka et Yeço : car on n'est pas assuré si celui que quelques cartes ont marqué entre le Japon et la terre d'Yeço existe réellement ; et quand même ce détroit existerait, la mer de Kamtschatka et celle de Corée ne laisseraient pas d'être toujours regardées comme formant ensemble une mer méditerranée, séparée de l'Océan de tous côtés, et qui ne doit pas être prise pour un golfe, car elle ne communique pas directement avec le grand Océan par son détroit méridional qui est entre le Japon et la Corée ; la mer de la Chine, à laquelle elle communique par ce détroit, est plutôt encore une mer méditerranée qu'un golfe de l'Océan.

Nous avons dit, dans le Discours précédent, que la mer avait un mouvement constant d'orient en occident, et que par conséquent la grande mer Pacifique fait des efforts continuels contre les terres orientales. L'inspection attentive du globe confirmera les conséquences que nous avons tirées de cette observation ; car si l'on examine le gisement des terres, à commencer de Kamtschatka jusqu'à la Nouvelle-Bretagne, découverte en 1700 par Dampier, et qui est à 4 ou 5 degrés de l'équateur latitude sud, on sera très-porté à croire que l'Océan a rongé toutes les terres de ces climats dans une profondeur de 4 ou 500 lieues ; que par conséquent les bornes orientales de l'ancien continent ont été reculées, et qu'il s'étendait autrefois beaucoup plus vers l'orient : car on remarquera que la Nouvelle-Bretagne et Kamtschatka, qui sont les terres les plus avancées vers l'orient, sont sous le même méridien ; on observera que toutes ces terres sont dirigées du nord au midi. Kamtschatka fait une pointe d'environ 160 lieues du nord au midi ; et cette pointe, qui, du côté de l'orient, est baignée par la mer Pacifique, et de l'autre par la mer méditerranée dont nous venons de parler, est partagée dans cette direction du nord au midi par une chaîne de montagnes. Ensuite Yeço et le Japon forment une terre dont la direction est aussi du nord au midi dans une étendue de plus de 400 lieues entre la grande mer et celle de Corée, et les chaînes de montagnes d'Yeço et de cette partie du Japon ne peuvent pas manquer d'être dirigées du nord au midi, puisque ces terres, qui ont 400 lieues de longueur dans cette direction, n'en ont pas plus de 50, 60, ou 100 de largeur dans l'autre direction de l'est à l'ouest : ainsi Kamtschatka, Yeço et la partie orientale du Japon sont des terres qu'on doit regarder comme contiguës et dirigées du nord au sud, et suivant toujours la même direction, l'on trouve, après la pointe du cap Ava au Japon, l'île de Barne-veldt et trois autres îles qui sont posées les unes au dessus des autres, exactement dans la direction du nord au sud et qui occupent en tout un espace d'environ 100 lieues : on trouve ensuite dans la même direction trois autres îles appelées *les îles des Callanos*, qui sont encore toutes trois posées les unes au-dessus des autres dans la même direction du nord au sud ; après quoi on trouve les îles des Larrons au nombre de quatorze ou quinze, qui sont toutes posées les unes au-dessus des autres, dans la même direction du nord au sud, et qui occupent toutes ensemble, y compris les îles des Callanos, un espace de 300 lieues de longueur dans cette direction du nord au sud, sur une largeur si petite, que dans l'endroit où elle est la plus grande, ces îles n'ont pas 700 lieues : il me paraît donc que Kamtschatka, Yeço, le Japon oriental, les îles Barneveldt, du Prince, des Callanos et des Larrons, ne sont que la même chaîne de montagnes et le reste de l'ancien pays que l'Océan a rongé et couvert peu à peu.

Toutes ces contrées ne sont en effet que des montagnes, et ces îles des pointes de montagnes, les terrains moins élevés ont été submergés par l'Océan ; et si ce qui est rapporté dans les *Lettres édifiantes* est vrai, et qu'en effet on ait découvert une quantité d'îles qu'on a appelées *les Nouvelles-Philippines*, et que leur position soit réellement telle qu'elle est donnée par le P. Gobien, on ne pourra guère douter que les îles les plus orientales de ces Nouvelles-Philippines ne soient une continuation de la chaîne de montagnes qui forme les îles des Larrons ; car ces îles orientales au nombre de onze, sont toutes placées les unes au-dessus des autres dans la même direction du

nord au sud; elles occupent en longueur un espace de plus de 200 lieues, et la plus
large n'a pas 7 ou 8 lieues de largeur dans la direction de l'est à l'ouest.

Mais si l'on trouve ces conjectures trop hasardées, et qu'on m'oppose les grands intervalles qui sont entre les îles voisines du cap Ava, du Japon, et celles des Callanos,
et entre ces îles et celles des Larrons, et encore entre celles des Larrons et des Nouvelles-Philippines, dont en effet le premier est d'environ 160 lieues, le second de 50
ou 60, et le troisième près de 120, je répondrai que les chaînes des montagnes s'é-
tendent souvent beaucoup plus loin sous les eaux de la mer, et que ces intervalles
sont petits en comparaison de l'étendue de terre que présentent ces montagnes dans
cette direction, qui est de plus de 1,100 lieues, en les prenant depuis l'intérieur de
la presqu'île de Kamtschatka. Enfin, si l'on se refuse totalement à cette idée que
je viens de proposer au sujet des 500 lieues que l'Océan doit avoir gagnées sur les
côtes orientales du continent, et de cette suite de montagnes que je fais passer par
les îles des Larrons, on ne pourra pas s'empêcher de m'accorder au moins que Kamtschatka, Yeço, le Japon, les îles Bongo, Tanaxima, celle de Lequeo-grande, l'île
des Rois, celle de Formose, celle de Vaif, de Bashe, de Babuyanes, la grande île de
Luçon, les autres Philippines, Mindanao, Gilolo, etc., et enfin la Nouvelle-Guinée,
qui s'étend jusqu'à la Nouvelle-Bretagne, située sous le même méridien que Kamtschatka, ne fassent une continuité de terres de plus de 2,200 lieues, qui n'est
interrompue que par de petits intervalles dont le plus grand n'a peut-être pas 20
lieues; en sorte que l'océan forme, dans l'intérieur des terres du continent oriental,
un très-grand golfe, qui commence à Kamtschatka, et finit à la Nouvelle-Bretagne;
que ce golfe est semé d'îles; qu'il est figuré comme le serait tout autre enfoncement
que les eaux pourraient faire à la longue en agissant continuellement contre des
rivages et des côtes, et que par conséquent on peut conjecturer avec quelque vraisemblance, que l'Océan, par son mouvement constant d'orient en occident, a gagné
peu à peu cette étendue sur le continent oriental, et qu'il a de plus formé
les mers méditerranées de Kamtschatka, de Corée, de la Chine, et peut-être
tout l'archipel des Indes : car la terre et la mer y sont mêlées de façon qu'il
paraît évidemment que c'est un pays inondé, duquel on ne voit plus que les éminences et les terres élevées, et dont les terres plus basses sont cachées par les eaux;
aussi cette mer n'est-elle pas profonde comme les autres, et les îles innombrables
qu'on y trouve ne sont presque toutes que des montagnes.

* La mer du Sud, qui, comme l'on sait, a beaucoup plus d'étendue en largeur
que la mer Atlantique, paraît être bornée par deux chaînes de montagnes qui se
correspondent jusqu'au delà de l'équateur : la première de ces chaînes est celle des
montagnes de la Californie, du Nouveau-Mexique, de l'isthme de Panama et des
Cordillières du Pérou, du Chili, etc.; l'autre est la chaîne de montagnes qui s'étend
depuis le Kamtschatka, et passe par Yeço par le Japon, et s'étend jusqu'aux îles des
Larrons, et même aux Nouvelles-Philippines. La direction de ces chaînes de montagnes, qui paraissent être les anciennes limites de la mer Pacifique, est précisément
du nord au sud; en sorte que l'ancien continent était borné à l'orient par l'une de

ces chaînes, et le nouveau continent par l'autre. Leur séparation s'est faite dans le temps où les eaux arrivant du pôle austral, ont commencé à couler entre ces deux chaînes de montagnes qui semblent se réunir, ou du moins se rapprocher de très-près vers les contrées septentrionales ; et ce n'est pas le seul indice qui nous démontre l'ancienne réunion des deux continents vers le nord. D'ailleurs cette continuité des deux continents entre Kamtschatka et les terres les plus occidentales de l'Amérique, paraît maintenant prouvée par les nouvelles découvertes des navigateurs, qui ont trouvé sous ce même parallèle une grande quantité d'îles voisines les unes des autres ; en sorte qu'il ne reste que peu ou point d'espaces de mer entre cette partie orientale de l'Asie et la partie occidentale de l'Amérique sous le cercle polaire. (*Add. Buff.*)

Si l'on examine maintenant toutes ces mers en particulier, à commencer au détroit de la mer de Corée vers celle de la Chine, où nous en étions demeurés, on trouvera que cette mer de la Chine forme dans sa partie septentrionale un golfe fort profond, qui commence à l'île Fungma, et se termine à la frontière de la province de Pékin, à une distance d'environ 45 ou 50 lieues de cette capitale de l'empire chinois ; ce golfe, dans sa partie la plus intérieure et la plus étroite, s'appelle le *golfe de Changi* ; il est très-probable que ce golfe de Changi et une partie de cette mer de la Chine ont été formés par l'Océan, qui a inondé tout le plat pays de ce continent, dont il ne reste que les terres les plus élevées, qui sont les îles dont nous avons parlé ; dans cette partie méridionale sont les golfes de Tunquin et de Siam, auprès duquel est la presqu'île de Malaie, formée par une longue chaîne de montagnes dont la direction est du nord au sud, et les îles Ondamans qui sont une autre chaîne de montagnes, dans la même direction, et qui ne paraissent être qu'une suite des montagnes de Sumatra.

L'Océan fait ensuite un grand golfe qu'on appelle *le golfe de Bengale*, dans lequel on peut remarquer que les terres de la presqu'île de l'Inde font une courbe concave vers l'orient, à peu près comme le grand golfe du continent oriental ; ce qui semble aussi avoir été produit par le même mouvement de l'Océan d'orient en occident : c'est dans cette presqu'île que sont les montagnes de Gates, qui ont une direction du nord au sud jusqu'au cap de Comorin, et il semble que l'île de Ceylan en ait été séparée et qu'elle ait fait autrefois partie de ce continent. Les Maldives ne sont qu'une autre chaîne de montagnes, dont la direction est encore la même, c'est-à-dire du nord au sud : après cela est la mer d'Arabie, qui est un très-grand golfe, duquel partent quatre bras qui s'étendent dans les terres, les deux plus grands du côté de l'occident, et les deux plus petits du côté de l'orient. Le premier de ces bras du côté de l'orient est le petit golfe de Cambaie, qui n'a guère que 50 ou 60 lieues de profondeur, et qui reçoit deux rivières assez considérables ; savoir : le fleuve Tapti et la rivière de Baroche, que Pietro della Valle appelle le Mehi. Le second bras vers l'orient est cet endroit fameux par la vitesse et la hauteur des marées, qui y sont plus grandes qu'en aucun lieu du monde, en sorte que ce bras, ou ce petit golfe tout entier n'est qu'une terre, tantôt couverte par le flux, et tantôt découverte par le reflux, qui s'étend à plus de 50 lieues : il tombe dans cet endroit plusieurs grands fleuves, tels que l'Indus, le Padar, etc., qui ont amené une grande quantité de terre et de limon à leurs embouchures ; ce qui a peu à peu élevé le terrain du golfe, dont la pente est si douce, que la marée s'étend à une distance extrêmement grande. Le premier bras du golfe Arabique vers l'occident est le golfe Persique, qui a plus de 250 lieues d'étendue dans les terres, et le second est la mer Rouge, qui en a plus de 680 en comptant depuis l'île de Socotora. On doit regarder ces deux bras comme deux mers méditerranées, en les prenant au delà des détroits d'Ormus et de Bab-el-Mandel ; et quoiqu'elles soient toutes deux sujettes à un grand flux et reflux, et qu'elles participent par conséquent aux mouvements de l'Océan, c'est parce qu'elles ne sont pas éloignées de l'équateur, où le mouvement des marées est beaucoup plus grand que dans les autres climats, et que d'ailleurs elles sont toutes deux fort longues et fort étroites. Le mouvement des marées est beaucoup plus violent dans la mer Rouge que dans le golfe Persique, parce que la mer Rouge, qui est près de trois fois plus longue et presque aussi étroite que le golfe Persique, ne reçoit aucun fleuve dont le mouvement puisse s'opposer à celui du flux, au lieu que le golfe Persique en reçoit de très-considérables à son extrémité la plus avancée dans les terres. Il paraît ici assez visiblement que la mer Rouge a été formée par une ir-ruption de l'Océan dans les terres ; car si on examine le gisement des terres au-dessus et au-dessous de l'ouverture qui lui sert de passage, on verra que ce passage n'est qu'une coupure, et que de l'un et de l'autre côté de ce passage les côtes sui-vent une direction droite et sur la même ligne, la côte d'Arabie depuis le cap Razal-gat jusqu'au cap Fartaque étant dans la même direction que la côte d'Afrique depuis le cap de Guardafu jusqu'au cap de Sands.

A l'extrémité de la mer Rouge est cette fameuse langue de terre qu'on appelle *l'isthme de Suez*, qui fait une barrière aux eaux de la mer Rouge et empêche la com-munication des mers. On a vu dans le Discours précédent les raisons qui peuvent faire croire que la mer Rouge est plus élevée que la Méditerranée, et que si l'on coupait l'isthme de Suez, il pourrait s'ensuivre une inondation et une augmentation de la Méditerranée ; nous ajouterons à ce que nous avons dit, que quand même on ne voudrait pas convenir que la mer Rouge fût plus élevée que la Méditerranée, on ne pourra pas nier qu'il n'y ait aucun flux et reflux dans cette partie de la Méditer-ranée voisine des bouches du Nil, et qu'au contraire il y a dans la mer Rouge un flux et reflux très-considérable et qui élève les eaux de plusieurs pieds, ce qui seul suffirait pour faire passer une grande quantité d'eau dans la Méditerranée si l'isthme était rompu. D'ailleurs nous avons un exemple cité à ce sujet par Varenius, qui prouve que les mers ne sont pas également élevées dans toutes leurs parties ; voici ce qu'il en dit page 100 de sa Géographie : « Oceanus Germanicus, qui est » Atlantici pars, inter Frisiam et Hollandiam se effundens, efficit sinum qui, etsi » parvus sit respectus celebrium sinuum maris, tamen et ipse dicitur mare, aluit-» que Hollandiæ emporium celeberrimum, Amstelodamum. Non procul inde abest » lacus Harlemensis, qui etiam mare Harlemense dicitur. Hujus altitudo non est

» minor altitudine sinus illius Belgici, quem diximus, et mittit ramum ad urbem
» Leidam, ubi in varias fossas divaricatur. Quoniam itaque nec lacus hic, neque
» sinus ille, Hollandici maris inundant adjacentes agros (de naturali constitutione
» loquor, non ubi tempestatibus urgentur, propter quas aggeres facti sunt), patet
» inde quod non sint altiores quam agri Hollandiæ. At vero Oceanum Germanicum
» esse altiorem quam terras hasce experti sunt Leidenses, cum suscepissent fossam
» seu alveum ex urbe sua ad Oceani Germanici littora, prope Cattorum vicum per-
» ducere (distantia est duorum milliarium), ut, recepto per alveum hunc mari, pos-
» sent navigationem instituere in Oceanum Germanicum, et hinc in varias terræ
» regiones. Verum enimvero, cum magnam jam alvei partem perfecissent, desis-
» tere coacti sunt, quoniam tum demum per observationem cognitum est Oceani
» Germanici aquam esse altiorem quam agrum inter Leidam et littus Oceani illius;
» unde locus ille, ubi fodere desierunt, dicitur *Het malle Gat*. Oceanus itaque Germa-
» nicus est aliquantum altior quam sinus ille Hollandicus, etc. » Ainsi on peut croire
que la mer Rouge est plus haute que la Méditerranée, comme la mer d'Allemagne
est plus haute que la mer de Hollande. Quelques anciens auteurs, comme Hérodote
et Diodore de Sicile, parlent d'un canal de communication du Nil et de la Méditerranée avec la mer Rouge, et en dernier lieu M. Delisle a donné une carte en 1704, dans
laquelle il a marqué un bout de canal qui sort du bras le plus oriental du Nil, et
qu'il juge devoir être une partie de celui qui faisait autrefois cette communication
du Nil avec la mer Rouge (1). Dans la troisième partie du livre qui a pour titre : *Connaissance de l'ancien Monde*, imprimé en 1707, on trouve le même sentiment, et il y
est dit, d'après Diodore de Sicile, que ce fut Néco, roi d'Égypte, qui commença ce
canal, que Darius, roi de Perse, le continua, et que Ptolémée II l'acheva et le conduisit jusqu'à la ville d'Arsinoé ; qu'il le faisait ouvrir et fermer selon qu'il en avait
besoin. Sans que je prétende vouloir nier ces faits, je suis obligé d'avouer qu'ils me
paraissent douteux, et je ne sais pas si la violence et la hauteur des marées dans
la mer Rouge ne se seraient pas nécessairement communiquées aux eaux de ce canal ; il me semble qu'au moins il aurait fallu de grandes précautions pour contenir
les eaux, éviter les inondations, et beaucoup de soin pour entretenir ce canal en bon
état : aussi les historiens qui nous disent que ce canal a été entrepris et achevé, ne
nous disent pas s'il a duré ; et les vestiges qu'on prétend en reconnaître aujourd'hui,
sont peut-être tout ce qui en a jamais été fait. On a donné à ce bras de l'Océan le
nom de mer Rouge, parce qu'elle a en effet cette couleur dans tous les endroits où
il se trouve des madrépores sur son fond : voici ce qui est rapporté dans *l'Histoire
générale des Voyages*, tome I, pages 198 et 199. « Avant que de quitter la mer Rouge,
D. Jean examina quelles peuvent avoir été les raisons qui ont fait donner ce nom
au golfe Arabique par les anciens, et si cette mer est en effet différente des autres
par la couleur. Il observa que Pline rapporte plusieurs sentiments sur l'origine de
ce nom : les uns le font venir d'un roi nommé Érythros, qui régna dans ces cantons,

(1) Voyez les *Mémoires de l'Académie des Sciences*, année 1704.

et dont le nom en grec signifie rouge ; d'autres se sont imaginé que la réflexion du soleil produit une couleur rougeâtre sur la surface de l'eau ; et d'autres, que l'eau du golfe a naturellement cette couleur. Les Portugais, qui avaient déjà fait plusieurs voyages à l'entrée des détroits, assuraient que toute la côte d'Arabie étant fort rouge, le sable et la poussière qui s'en détachaient, et que le vent poussait dans la mer, teignaient les eaux de la même couleur.

» D. Jean, qui, pour vérifier ces opinions, ne cessa point jour et nuit, depuis son départ de Socotora, d'observer la nature de l'eau et les qualités des côtes jusqu'à Suez, assure que, loin d'être naturellement rouge, l'eau est de la couleur des autres mers, et que le sable ou la poussière n'ayant rien de rouge non plus, ne donnent point cette teinte à l'eau du golfe. La terre sur les deux côtés est généralement brune, et noire même en quelques endroits ; dans d'autres lieux elle est blanche ce n'est qu'au delà de Suaquen, c'est-à-dire sur des côtes où les Portugais n'avaient point encore pénétré, qu'il vit en effet trois montagnes rayées de rouge ; encore étaient-elles d'un roc fort dur, et le pays voisin était de la couleur ordinaire.

» La vérité donc est que cette mer, depuis l'entrée jusqu'au fond du golfe, est partout de la même couleur, ce qu'il est facile de se démontrer à soi-même en puisant de l'eau à chaque lieu : mais il faut avouer aussi que dans quelques endroits elle paraît rouge par accident, et dans d'autres verte et blanche. Voici l'explication de ce phénomène. Depuis Suaquen jusqu'à Kossir, c'est-à-dire pendant l'espace de 136 lieues, la mer est remplie de bancs et de rochers de corail : on leur donne ce nom, parce que leur forme et leur couleur les rendent si semblables au corail, qu'il faut une certaine habileté pour ne pas s'y tromper ; ils croissent comme des arbres, et leurs branches prennent la forme de celles du corail ; on en distingue deux sortes, l'une blanche et l'autre fort rouge ; ils sont couverts en plusieurs endroits d'une espèce de gomme ou de glu verte, et dans d'autres lieux, orange foncé. Or l'eau de cette mer étant plus claire et plus transparente qu'aucune autre eau du monde, de sorte qu'à vingt brasses de profondeur l'œil pénètre jusqu'au fond, surtout depuis Suaquen jusqu'à l'extrémité du golfe, il arrive qu'elle paraît prendre la couleur des choses qu'elle couvre ; par exemple, lorsque les rocs sont comme enduits de glu verte, l'eau qui passe par-dessus paraît d'un vert plus foncé que les rocs mêmes : et lorsque le fond est uniquement de sable, l'eau paraît blanche : de même, lorsque les rocs sont de corail, dans le sens que j'ai donné à ce terme, et que la glu qui les environne est rouge ou rougeâtre, l'eau se teint, ou plutôt semble se teindre en rouge. Ainsi, comme les rocs de cette couleur sont plus fréquents que les blancs et les verts, D. Jean conclut qu'on a dû donner au golfe Arabique le nom de mer Rouge plutôt que celui de mer Verte ou Blanche ; il s'applaudit de cette découverte avec d'autant plus de raison, que la méthode par laquelle il s'en était assuré ne pouvait lui laisser aucun doute. Il faisait amarrer une flûte contre les rocs dans les lieux qui n'avaient point assez de profondeur pour permettre aux vaisseaux d'approcher, et souvent les matelots pouvaient exécuter ses ordres à leur aise, sans avoir la mer plus haut que l'estomac à plus d'une demi-lieue des rocs ; la plus grande partie des pierres ou des cailloux qu’ils en tiraient dans les lieux où l’eau paraissait rouge avaient aussi cette couleur; dans l’eau qui paraissait verte, les pierres étaient vertes; et si l’eau paraissait blanche, le fond était d’un sable blanc, où l’on n’apercevait point d’autre mélange. »

Depuis l’entrée de la mer Rouge au cap Guardafu jusqu’à la pointe de l’Afrique au cap de Bonne-Espérance, l’Océan a une direction assez égale, et il ne forme aucun golfe considérable dans l’intérieur des terres; il y a seulement une espèce d’enfoncement à la côte de Mélinde, qu’on pourrait regarder comme faisant partie d’un grand golfe, si l’île de Madagascar était réunie à la terre ferme. Il est vrai que cette île, quoique séparée par le large détroit de Mozambique, paraît avoir appartenu autrefois au continent : car il y a des sables fort hauts et d’une vaste étendue dans ce détroit, surtout du côté de Madagascar; ce qui reste de passage absolument libre dans ce détroit n’est pas fort considérable.

En remontant la côte occidentale de l’Afrique depuis le cap de Bonne-Espérance jusqu’au cap Négro, les terres sont droites et dans la même direction, et il semble que toute cette longue côte ne soit qu’une suite de montagnes; c’est au moins un pays élevé qui ne produit, dans une étendue de plus de 500 lieues, aucune rivière considérable, à l’exception d’une ou de deux dont on n’a reconnu que l’embouchure : mais au delà du cap Négro la côte fait une courbe dans les terres, qui, dans toute l’étendue de cette courbe, paraissent être un pays plus bas que le reste de l’Afrique, et qui est arrosé de plusieurs fleuves, dont les plus grands sont le Coanza et le Zaïr; on compte depuis le cap Négro jusqu’au Gonzalvez vingt-quatre embouchures de rivières toutes considérables, et l’espace contenu entre ces deux caps est d’environ 420 lieues en suivant les côtes. On peut croire que l’Océan a un peu gagné sur ces terres basses de l’Afrique, non pas par son mouvement naturel d’orient en occident, qui est dans une direction contraire à celle qu’exigerait l’effet dont il est question, mais seulement parce que ces terres étant plus basses que toutes les autres, il les aura surmontées et minées presque sans effort. Du cap Gonzalvez au cap des Trois-Pointes, l’Océan forme un golfe fort ouvert qui n’a rien de remarquable, sinon un cap fort avancé et situé à peu près dans le milieu de l’étendue des côtes qui forme ce golfe : on l’appelle *le cap Formosa*. Il y a aussi trois îles dans la partie la plus méridionale de ce golfe, qui sont les îles Fernandopo, du Prince et de Saint-Thomas; ces îles paraissent être la continuation d’une chaîne de montagnes situées entre Rio del Rey et le fleuve Jamoer. Du cap des Trois-Pointes au cap Palmas, l’Océan rentre un peu dans les terres, et du cap Palmas au cap Tagrin, il n’y a rien de remarquable dans le gisement des terres; mais auprès du cap Tagrin, l’Océan fait un très-petit golfe dans les terres de Sierra-Léona, et plus haut un autre encore plus petit où sont les îles Bisagas. Ensuite on trouve le cap Vert, qui est fort avancé dans la mer, et dont il paraît que les îles du même nom ne sont que la continuation, ou, si l’on veut, celle du cap Blanc, qui est une terre élevée, encore plus considérable et plus avancée que celle du cap Vert. On trouve ensuite la côte montagneuse et sèche qui commence au cap Blanc et finit au cap Bajador; les îles

Canaries paraissent être une continuation de ces montagnes. Enfin entre les terres de Portugal et de l'Afrique, l'Océan fait un golfe fort ouvert, au milieu duquel est le fameux détroit de Gibraltar, par lequel l'Océan coule dans la Méditerranée avec une grande rapidité. Cette mer s'étend à près de 900 lieues dans l'intérieur des terres, et elle a plusieurs choses remarquables : premièrement elle ne participe pas d'une manière sensible au mouvement du flux et du reflux, et il n'y a que dans le golfe de Venise, où elle se rétrécit beaucoup, que ce mouvement se fait sentir ; on prétend aussi s'être aperçu de quelque petit mouvement à Marseille et à la côte de Tripoli : en second lieu elle contient de grandes îles, celle de Sicile, celles de Sardaigne, de Corse, de Chypre, de Majorque, etc., et l'une des plus grandes presqu'îles du monde, qui est l'Italie : elle a aussi un archipel, ou plutôt c'est de cet archipel de notre mer Méditerranée que les autres amas d'îles ont emprunté ce nom : mais cet archipel de la Méditerranée me paraît appartenir plutôt à la mer Noire, et il semble que ce pays de la Grèce ait été en partie noyé par les eaux surabondantes de la mer Noire, qui coulent dans la mer de Marmara, et delà dans la mer Méditerranée.

Je sais bien que quelques gens ont prétendu qu'il y avait dans le détroit de Gibraltar un double courant : l'un supérieur qui portait l'eau de l'Océan dans la Méditerranée, et l'autre inférieur, dont l'effet, disent-ils, est contraire ; mais cette opinion est évidemment fausse et contraire aux lois de l'hydrostatique. On a dit de même que dans plusieurs autres endroits il y avait de ces courants inférieurs, dont la direction était opposée à celle du courant supérieur, comme dans le Bosphore, dans le détroit du Sund, etc. ; et Marsigli rapporte même des expériences qui ont été faites dans le Bosphore, et qui prouvent ce fait ; mais il y a grande apparence que les expériences ont été mal faites, puisque la chose est impossible et qu'elle répugne à toutes les notions que l'on a sur le mouvement des eaux. D'ailleurs Greaves, dans sa *Pyramidographie*, pl. 101 et 102, prouve par des expériences bien faites, qu'il n'y a dans le Bosphore aucun courant inférieur dont la direction soit opposé au courant supérieur. Ce qui a pu tromper Marsigli et les autres, c'est que dans le Bosphore, comme dans le détroit de Gibraltar et dans tous les fleuves qui coulent avec quelque rapidité, il y a un remous considérable le long des rivages, dont la direction est ordinairement différente, et quelquefois contraire à celle du courant principal des eaux.

* J'ai dit trop généralement et assuré trop positivement, qu'*il ne se trouvait pas dans la mer des endroits où les eaux eussent un courant inférieur opposé et dans une direction contraire au mouvement du courant supérieur* : j'ai reçu depuis des informations qui semblent prouver que cet effet existe et peut même se démontrer dans de certaines plages de la mer ; les plus précises sont celles que M. Deslandes, habile navigateur, a eu la bonté de me communiquer par ses lettres des 6 décembre 1770 et 5 novembre 1773, dont voici l'extrait :

« Dans votre *Théorie de la terre*, art. xi, *Des mers et des lacs*, vous dites que quelques personnes ont prétendu qu'il y avait dans le détroit de Gibraltar un double courant, supérieur et inférieur, dont l'effet est contraire ; mais que ceux qui ont eu de pareilles opinions auront sans doute pris des remous qui se forment au rivage, par la rapidité de l'eau, pour un courant véritable, et que c'est une hypothèse mal fondée. C'est d'après la lecture de ce passage que je me détermine à vous envoyer mes observations à ce sujet.

» Deux mois après mon départ de France, je pris connaissance de terre entre les caps Gonzalvez et de Sainte-Catherine : la force des courants, dont la direction est au nord-nord-ouest, suivant exactement le gisement des terres qui sont ainsi situées, m'obligea de mouiller. Les vents généraux, dans cette partie, sont de sud-sud-est, sud-sud-ouest et sud-ouest : je fus deux mois et demi dans l'attente inutile de quelque changement, faisant presque tous les jours de vains efforts pour gagner du côté de Loango, où j'avais affaire. Pendant ce temps, j'ai observé que la mer descendait dans la direction ci-dessus avec sa force, depuis une demie jusqu'à une lieue à l'heure, et qu'à de certaines profondeurs, les courants remontaient en dessous avec au moins autant de vitesse qu'ils descendaient en dessus.

» Voici comme je me suis assuré de la hauteur de ces différents courants. Étant mouillé par huit brasses d'eau, la mer extrêmement claire, j'ai attaché un plomb de trente livres au bout d'une ligne ; à environ deux brasses de ce plomb, j'ai mis une serviette liée à la ligne par un de ses coins, laissant tomber le plomb dans l'eau ; aussitôt que la serviette y entrait, elle prenait la direction du premier courant : continuant à l'observer, je la faisais descendre ; d'abord que je m'apercevais que le courant n'agissait plus, j'arrêtais ; pour lors elle flottait indifféremment autour de la ligne. Il y avait donc dans cet endroit interruption de cours. Ensuite, baissant ma serviette à un pied plus bas, elle prenait une direction contraire à celle qu'elle avait auparavant. Marquant la ligne à la surface de l'eau, il y avait trois brasses de distance à la serviette, d'où j'ai conclu, après différents examens, que, sur les huit brasses d'eau, il y en avait trois qui couraient sur le nord-nord-ouest, et cinq en sens contraire sur le sud-sud-est.

» Réitérant l'expérience le même jour, jusqu'à cinquante brasses, étant à la distance de six à sept lieues de terre, j'ai été surpris de trouver la colonne d'eau courant sur la mer, plus profonde à raison de la hauteur du fond ; sur cinquante brasses, j'en ai estimé de douze à quinze dans la première direction : ce phénomène n'a pas eu lieu pendant deux mois et demi que j'ai été sur cette côte, mais bien à peu près un mois en différents temps. Dans les interruptions, la marée descendait en total dans le golfe de Guinée.

» Cette division des courants me fit naître l'idée d'une machine qui, coulée jusqu'au courant inférieur, présentant une grande surface, aurait entraîné mon navire contre les courants supérieurs ; j'en fis l'épreuve en petit sur un canot, et je parvins à faire équilibrer entre l'effet de la marée supérieure joint à l'effet du vent sur le canot, et l'effet de la marée inférieure sur la machine. Les moyens me manquèrent pour faire de plus grandes tentatives. Voilà, monsieur, un fait évidemment vrai, et que tous les navigateurs qui ont été dans ces climats peuvent vous confirmer.

» Je pense que les vents sont pour beaucoup dans les causes générales de ces effets, ainsi que les fleuves qui se déchargent dans la mer le long de cette côte, charriant une grande quantité de terre dans le golfe de Guinée. Enfin le fond de cette partie, qui oblige par sa pente la marée de rétrograder lorsque l'eau, étant parvenue à un certain niveau, se trouve pressée par la quantité nouvelle qui la charge sans cesse, pendant que les vents agissent en sens contraire sur la surface, la contraint en partie de conserver son cours ordinaire. Cela me paraît d'autant plus probable, que la mer entre de tous côtés dans ce golfe, et n'en sort que par des révolutions qui sont fort rares. La lune n'a aucune part apparente dans ceci, cela arrivant indifféremment dans tous ses quartiers.

» J'ai eu occasion de me convaincre de plus en plus que la seule pression de l'eau parvenue à son niveau, jointe à l'inclinaison nécessaire du fond, sont les seules et uniques causes qui produisent ce phénomène. J'ai éprouvé que ces courants n'ont lieu qu'à raison de la pente plus ou moins rapide du rivage, et j'ai tout lieu de croire qu'ils ne se font sentir qu'à douze ou quinze lieues au large, qui est l'éloignement le plus grand le long de la côte d'Angole, où l'on puisse se promettre avoir fond... Quoique sans moyens certains de pouvoir m'assurer que les courants du large n'é- prouvent pas un pareil changement, voici la raison qui me semble l'assurer. Je prends pour exemple une de mes expériences faite par une hauteur de fond moyenne, telle que trente-cinq brasses d'eau : j'éprouvais jusqu'à la hauteur de cinq à six brasses, le cours dirigé dans le nord-nord-ouest; en faisant couler davantage, comme de deux à trois brasses, ma ligne tendait à l'ouest-nord-ouest; ensuite trois ou quatre brasses de profondeur de plus me l'amenaient à l'ouest-sud-ouest, puis au sud-ouest et au sud ; enfin, à vingt-cinq ou vingt-six brasses, au sud-sud-est, et jusqu'au fond, au sud-est et à l'est-sud-est : d'où j'ai tiré les conséquences suivan- tes, que je pouvais comparer l'Océan entre l'Afrique et l'Amérique à un grand fleuve dont le cours est presque continuellement dirigé dans le nord-ouest; que, dans son cours, il transporte un sable ou limon qu'il dépose sur ses bords, lesquels se trouvant rehaussés augmentent le volume d'eau, ou, ce qui est la même chose, élèvent son niveau, et l'obligent de rétrograder selon la pente du rivage. Mais il y a un pre- mier effort qui le dirigeait d'abord : il ne retourne donc pas directement; mais, obéissant encore au premier mouvement, ou cédant avec peine à ce dernier obstacle, il doit nécessairement décrire une courbe plus ou moins allongée, jusqu'à ce qu'il rencontre ce courant du milieu avec lequel il peut se réunir en partie, ou qui lui sert de point d'appui pour suivre la direction contraire que lui impose le fond: comme il faut considérer la masse d'eau en mouvement continuel, le fond subira toujours les premiers changements comme étant plus près de la cause et plus pressé, et ira en sens contraire du courant supérieur, pendant qu'à des hauteurs différen- tes il n'y sera pas encore parvenu. Voilà, monsieur, quelles sont mes idées. Au reste, j'ai tiré parti plusieurs fois de ces courants inférieurs; et moyennant une machine que j'ai coulée à différentes profondeurs, selon la hauteur du fond où je me trou- vais, j'ai remonté contre le courant supérieur. J'ai éprouvé que, dans un temps calme, avec une surface trois fois plus grande que la proue noyée du vaisseau, on

peut faire d'un tiers à une demi-lieue par heure. Je me suis assuré de cela plusieurs fois, tant par ma hauteur en latitude que par les bateaux que je mouillais,
dont je me trouvais fort éloigné dans une heure, et enfin par la distance des pointes
le long de la terre. »

Ces observations de M. Deslandes me paraissent décisives, et j'y souscris avec
plaisir; je ne puis même assez le remercier de nous avoir démontré que mes idées
sur ce sujet n'étaient justes que pour le général, mais que, dans quelques circonstances, elles souffraient des exceptions. Cependant il n'en est pas moins certain que
l'Océan s'est ouvert la porte du détroit de Gibraltar, et que par conséquent l'on ne
peut douter que la mer Méditerranée n'ait en même temps pris une grande augmentation par l'irruption de l'Océan. J'ai appuyé cette opinion, non-seulement sur
le courant des eaux de l'Océan dans la Méditerranée, mais encore sur la nature du
terrain et la correspondance des mêmes couches de terre des deux côtés du détroit,
ce qui a été remarqué par plusieurs navigateurs instruits. « L'irruption qui a formé
la Méditerranée est visible et évidente, ainsi que celle de la mer Noire par le détroit des Dardanelles, où le courant est toujours très-violent, et les angles saillants
et rentrants des deux bords très-marqués, ainsi que la ressemblance des couches
de matières qui sont les mêmes des deux côtés (1). »

Au reste, l'idée de M. Deslandes, qui considère la mer entre l'Afrique et l'Amérique comme un grand fleuve dont le cours est dirigé vers le nord-ouest, s'accorde
parfaitement avec ce que j'ai établi sur le mouvement des eaux venant du pôle
austral en plus grande quantité que du pôle boréal. (*Add. Buff.*)

Parcourons maintenant toutes les côtes du nouveau continent, et commençons
par le point du cap Hold-with-hope, situé au 73ᵉ degré latitude nord : c'est la terre
la plus septentrionale que l'on connaisse dans le Nouveau-Groenland; elle n'est éloignée du cap Nord de Laponie que d'environ 160 ou 180 lieues. De ce cap on peut
suivre la côte du Groenland jusqu'au cercle polaire; là l'Océan forme un large détroit entre l'Islande et les terres du Groenland. On prétend que ce pays voisin de
l'Islande n'est pas l'ancien Groenland que les Danois possédaient autrefois comme
province dépendante de leur royaume; il y avait dans cet ancien Groenland des
peuples policés et chrétiens, des évêques, des églises, des villes considérables par
leur commerce; les Danois y allaient aussi souvent et aussi aisément que les Espagnols pourraient aller aux Canaries; il existe encore, à ce qu'on assure, des titres
et des ordonnances pour les affaires de ce pays, et tout cela n'est pas bien ancien
cependant, sans qu'on puisse deviner comment ni pourquoi, ce pays est absolument
perdu, et l'on n'a trouvé dans le Nouveau-Groenland aucun indice de ce que nous
venons de rapporter; les peuples y sont sauvages; il n'y a aucun vestige d'édifice,
pas un mot de leur langue qui ressemble à la langue danoise, enfin rien qui puisse
faire juger que c'est le même pays; il est même presque désert et bordé de glaces
pendant la plus grande partie de l'année. Mais comme ces terres sont d'une très-

(1) Fragment d'une lettre écrite à M. de Buffon en 1772.

vaste étendue, et que les côtes ont été très-peu fréquentées par les navigateurs modernes, ces navigateurs ont pu manquer le lieu où habitent les descendants de ces peuples policés; ou bien il se peut que les glaces étant devenues plus abondantes dans cette mer, elles empêchent aujourd'hui d'aborder en cet endroit: tout ce pays cependant, à en juger par les cartes, a été côtoyé et reconnu en entier; il forme une grande presqu'île, à l'extrémité de laquelle sont les deux détroits de Forbisher et l'île de Frisland, où il fait un froid extrême, quoiqu'ils ne soient qu'à la hauteur des Orcades, c'est-à-dire à 60 degrés.

Entre la côte occidentale du Groenland et celle de la terre de Labrador, l'Océan fait un golfe et ensuite une grande mer méditerranée, la plus froide de toutes les mers, et dont les côtes ne sont pas encore bien reconnues. En suivant ce golfe droit au nord, on trouve le large détroit de Davis, qui conduit à la mer Christiane, terminée par la baie de Baffin, qui fait un cul-de-sac, dont il paraît qu'on ne peut sortir que pour tomber dans un autre cul-de-sac, qui est la baie d'Hudson. Le détroit de Cumberland, qui peut, aussi bien que celui de Davis, conduire à la mer Christiane, est plus étroit et plus sujet à être glacé; celui d'Hudson, quoique beaucoup plus méridional, est aussi glacé pendant une partie de l'année; et on a remarqué dans ces détroits et dans ces mers méditerranées un mouvement de flux et reflux très-fort, tout au contraire de ce qui arrive dans les mers méditerranées de l'Europe, soit dans la Méditerranée, soit dans la mer Baltique, où il n'y a point de flux et de reflux : ce qui ne peut venir que de la différence du mouvement de la mer, qui, se faisant toujours d'orient en occident, occasionne de grandes marées dans les détroits qui sont opposés à cette direction de mouvement, c'est-à-dire dans les détroits dont les ouvertures sont tournées vers l'orient; au lieu que dans ceux de l'Europe, qui présentent leur ouverture à l'occident, il n'y a aucun mouvement : l'Océan, par son mouvement général, entre dans les premiers et suit les derniers; et c'est par cette même raison qu'il y a de violentes marées dans les mers de la Chine, de Corée et de Kamtschatka.

En descendant du détroit d'Hudson vers la terre de Labrador, on voit une ouverture étroite, dans laquelle Davis, en 1586, remonta jusqu'à 30 lieues, et fit quelque petit commerce avec les habitants; mais personne, que je sache, n'a depuis tenté la découverte de ce bras de mer, et on ne connaît de la terre voisine que le pays des Esquimaux : le fort Pontchartrain est la seule habitation et la plus septentrionale de tout ce pays, qui n'est séparé de l'île de Terre-Neuve que par le petit détroit de Belle-Ile, qui n'est pas trop fréquenté; et comme la côte orientale de Terre-Neuve est dans la même direction que la côte de Labrador, on doit regarder l'île de Terre-Neuve comme une partie du continent, de même que l'île Royale paraît être une partie du continent de l'Acadie : le grand banc et les autres bancs sur lesquels on pêche la morue ne sont pas de hauts fonds, comme on pourrait le croire; ils sont à une profondeur considérable sous l'eau, et produisent dans cet endroit des courants très-violents. Entre le cap Breton et Terre-Neuve est un détroit assez large par lequel on entre dans une petite mer méditerranée qu'on appelle le golfe de

Saint-Laurent : cette petite mer a un bras qui s'étend assez considérablement dans les terres, et qui semble n'être que l'embouchure du fleuve Saint-Laurent : le mouvement du flux et reflux est extrêmement sensible dans ce bras de mer; et à Québec même, qui est plus avancé dans les terres, les eaux s'élèvent de plusieurs pieds. Au sortir du golfe de Canada, et en suivant la côte de l'Acadie, on trouve un petit golfe qu'on appelle la baie de Boston, qui fait un petit enfoncement carré dans les terres. Mais avant que de suivre cette côte plus loin, il est bon d'observer que depuis l'île de Terre-Neuve jusqu'aux îles Antilles les plus avancées, comme la Barbade et Antigoa, et même jusqu'à celle de la Guiane, l'Océan fait un très-grand golfe qui a plus de 500 lieues d'enfoncement jusqu'à la Floride. Ce golfe du nouveau continent est semblable à celui de l'ancien continent dont nous avons parlé; et tout de même que dans le continent oriental, l'Océan, après avoir fait un golfe entre les terres de Kamtschatka et de la Nouvelle-Bretagne, forme ensuite une vaste mer méditerranée qui comprend la mer de Kamtschatka, celle de Corée, celle de la Chine, etc. Dans le nouveau continent, l'Océan, après avoir fait un grand golfe entre les terres de Terre-Neuve et celles de la Guiane, forme une très-grande mer méditerranée qui s'étend depuis les Antilles jusqu'au Mexique : ce qui confirme ce que nous avons dit au sujet des effets du mouvement de l'Océan d'orient en occident; car il semble que l'Océan ait gagné tout autant de terrain sur les côtes orientales de l'Amérique, qu'il en a gagné sur les côtes orientales de l'Asie, et ces deux grands golfes ou enfoncements que l'Océan a formés dans ces deux continents sont sous le même degré de latitude, et à peu près de la même étendue; ce qui fait des rapports ou des convenances singulières, et qui paraissent venir de la même cause.

Si l'on examine la position des îles Antilles à commencer par celle de la Trinité, qui est la plus méridionale, on ne pourra guère douter que les îles de la Trinité, de Tabago, de la Grenade, les îles des Granadilles, celles de Saint-Vincent, de la Martinique, de Marie-Galande, de la Désirade, d'Antigoa, de la Barbade, avec toutes les autres îles qui les accompagnent, ne fassent une chaîne de montagnes dont la direction est du sud au nord, comme celle de l'île de Terre-Neuve et de la terre des Esquimaux. Ensuite la direction de ces îles Antilles est de l'est à l'ouest en commençant à l'île de la Barbade, passant par Saint-Barthélemi, Porto-Rico, Saint-Domingue et l'île de Cuba, à peu près comme les terres du cap Breton, de l'Acadie, de la Nouvelle-Angleterre. Toutes ces îles sont si voisines les unes des autres, qu'on peut les regarder comme une bande de terre non interrompue et comme les parties les plus élevées d'un terrain submergé : la plupart de ces îles ne sont en effet que des pointes de montagnes, et la mer qui est au delà est une vraie méditerranée, où le mouvement du flux et reflux n'est guère plus sensible que dans notre mer Méditerranée, quoique les ouvertures qu'elles présentent à l'Océan soient directement opposées au mouvement des eaux d'orient en occident; ce qui devrait contribuer à rendre ce mouvement sensible dans le golfe du Mexique; mais comme cette mer méditerranée est fort large, le mouvement du flux et reflux qui lui est communiqué par l'Océan, se répandant sur un aussi grand espace, perd une grande partie de sa vitesse, et devient presque insensible à la côte de la Louisiane et dans plusieurs autres endroits.

L'ancien et le nouveau continent paraissent donc tous les deux avoir été rongés par l'Océan à la même hauteur et à la même profondeur dans les terres; tous deux ont ensuite une vaste mer méditerranée et une grande quantité d'îles qui sont encore situées à peu près à la même hauteur; la seule différence est que l'ancien continent étant beaucoup plus large que le nouveau, il y a dans la partie occidentale de cet ancien continent une mer méditerranée occidentale qui ne peut pas se trouver dans le nouveau continent; mais il paraît que tout ce qui est arrivé aux terres orientales de l'Ancien Monde est aussi arrivé de même aux terres orientales du Nouveau Monde, et que c'est à peu près dans leur milieu et à la même hauteur que s'est faite la plus grande destruction des terres, parce qu'en effet c'est dans ce milieu et près de l'équateur qu'est le plus grand mouvement de l'Océan.

Les côtes de la Guiane, comprises entre l'embouchure du fleuve Orenoque et celle de la rivière des Amazones, n'offrent rien de remarquable; mais cette rivière, la plus large de l'univers, forme une étendue d'eau considérable auprès de Coropa, avant que d'arriver à la mer par deux bouches différentes qui forment l'île de Caviana. De l'embouchure de la rivière des Amazones jusqu'au cap de Saint-Roch, la côte va presque droit de l'ouest à l'est; du cap Saint-Roch au cap Saint-Augustin, elle va du nord au sud; et du cap Saint-Augustin à la baie de Tous-les-Saints, elle retourne vers l'ouest; en sorte que cette partie du Brésil fait une avance considérable dans la mer, qui regarde directement une pareille avance de terre que fait l'Afrique en sens opposé. La baie de Tous-les-Saints est un petit bras de l'Océan qui a environ 50 lieues de profondeur dans les terres, et qui est fort fréquenté des navigateurs. De cette baie jusqu'au cap de Saint-Thomas, la côte va droit du nord au midi, et ensuite dans une direction sud-ouest jusqu'à l'embouchure du fleuve de la Plata, où la mer fait un petit bras qui remonte à plus de 100 lieues dans les terres. De là à l'extrémité de l'Amérique, l'Océan paraît faire un grand golfe terminé par les terres voisines de la Terre-de-Feu, comme l'île Falkland, les terres du cap de l'Assomption, l'île Beauchêne et les terres qui forment le détroit de La Roche, découvert en 1671 : on trouve au fond de ce golfe le détroit de Magellan, qui est le plus long de tous les détroits, et où le flux et reflux est extrêmement sensible; au delà est celui de Le Maire, qui est plus court et plus commode; et enfin le cap Horn, qui est la pointe du continent de l'Amérique méridionale.

On doit remarquer au sujet de ces pointes formées par les continents, qu'elles sont toutes posées de la même façon; elles regardent toutes le midi, et la plupart sont coupées par des détroits qui vont de l'orient à l'occident : la première est celle de l'Amérique méridionale, qui regarde le midi ou le pôle austral, et qui est coupée par le détroit de Magellan; la seconde est celle du Groenland, qui regarde aussi directement le midi, et qui est coupée de même de l'est à l'ouest par les détroits de Forbisher ; la troisième est celle de l'Afrique, qui regarde aussi le midi, et qui a au delà du cap de Bonne-Espérance des bancs et des hauts fonds qui paraissent en avoir été séparés ; la quatrième est la pointe de la presqu'île de l'Inde, qui est coupée par un détroit qui forme l'île de Ceylan, et qui regarde le midi, comme tous les autres. Jusqu'ici nous ne voyons pas qu'on puisse donner la raison de cette singularité, et dire pourquoi les pointes de toutes les grandes presqu'îles sont toutes tournées vers le midi, et presque toutes coupées à leurs extrémités par des détroits.

En remontant de la Terre-de-Feu tout le long des côtes occidentales de l'Amérique méridionale, l'Océan rentre assez considérablement dans les terres, et cette côte semble suivre exactement la direction des hautes montagnes qui traversent du midi au nord toute l'Amérique méridionale depuis l'équateur jusqu'à la Terre-de-Feu. Près de l'équateur, l'Océan fait un golfe assez considérable qui commence au cap Saint-François, et s'étend jusqu'à Panama, où est le fameux isthme qui, comme celui de Suez, empêche la communication des deux mers, et sans lesquelles il y aurait une séparation entière de l'ancien et du nouveau continent en deux parties. De là il n'y a rien de remarquable jusqu'à la Californie, qui est une presqu'île fort longue, entre les terres de laquelle et celles du Nouveau-Mexique, l'Océan fait un bras qu'on appelle la *mer Vermeille*, qui a plus de 200 lieues d'étendue en longueur. Enfin on a suivi les côtes occidentales de la Californie jusqu'au 43ᵉ degré ; et à cette latitude, Drake, qui le premier a fait la découverte de la terre qui est au nord de la Californie, et qu'il a appelée *Nouvelle-Albion*, fut obligé, à cause de la rigueur du froid, de changer sa route, et de s'arrêter dans une petite baie qui porte son nom ; de sorte qu'au delà du 43ᵉ ou 44ᵉ degré, les mers de ces climats n'ont pas été reconnues, non plus que les terres de l'Amérique septentrionale, dont les derniers peuples qui sont connus sont les Moozemlekis sous le 48ᵉ degré, et les Assiniboïls sous le 51ᵉ, et les premiers sont beaucoup plus reculés vers l'ouest que les seconds. Tout ce qui est au delà, soit terre, soit mer, dans une étendue de plus de mille lieues en longueur et d'autant en largeur, est inconnu, à moins que les Moscovites dans leurs dernières navigations n'aient, comme ils l'ont annoncé, reconnu une partie de ces climats en partant de Kamtschatka, qui est la terre la plus voisine du côté de l'orient.

L'Océan environne donc toute la terre sans interruption de continuité, et on peut faire le tour du globe en passant à la pointe de l'Amérique méridionale ; mais on ne sait pas encore si l'Océan environne de même la partie septentrionale du globe, et tous les navigateurs qui ont tenté d'aller d'Europe à la Chine par le nord-est ou par le nord-ouest, ont également échoué dans leurs entreprises.

Les lacs diffèrent des mers méditerranées en ce qu'ils ne tirent aucune eau de l'Océan, et qu'au contraire s'ils ont communication avec les mers, ils leur fournissent des eaux : ainsi la mer Noire, que quelques géographes ont regardée comme une suite de la Méditerranée, et par conséquent comme un appendice de l'Océan, n'est qu'un lac ; parce qu'au lieu de tirer des eaux de la Méditerranée elle lui en fournit, et coule avec rapidité par le Bosphore dans le lac appelé *mer de Marmara*, et de là par le détroit des Dardanelles dans la mer de Grèce. La mer Noire a environ deux cent cinquante lieues de longueur sur cent de largeur, et elle reçoit un grand nombre de fleuves dont les plus considérables sont le Danube, le Niéper, le Don, le Bog, le Donjec, etc. Le Don, qui se réunit avec le Donjec, forme, avant que d'arriver à la mer Noire, un lac ou un marais fort considérable, qu'on appelle *le Palus Méotide*, dont l'étendue est de plus de cent lieues en longueur, sur vingt ou vingt-cinq de largeur. La mer de Marmara, qui est au-dessous de la mer Noire, est un lac plus petit que le Palus Méotide, et il n'a qu'environ cinquante lieues de longueur sur huit ou neuf de largeur. Quelques anciens, et entre autres Diodore de Sicile, ont écrit que le Pont-Euxin, ou la mer Noire, n'était autrefois que comme une grande rivière ou un grand lac qui n'avait aucune communication avec la mer de Grèce; mais que ce grand lac s'étant augmenté considérablement avec le temps par les eaux des fleuves qui y arrivent, il s'était enfin ouvert un passage, d'abord du côté des îles Cyanées, et ensuite du côté de l'Hellespont. Cette opinion me paraît assez vraisemblable, et même il est facile d'expliquer le fait: car en supposant que le fond de la mer Noire fût autrefois plus bas qu'il ne l'est aujourd'hui, on voit bien que les fleuves qui y arrivent auront élevé le fond de cette mer par le limon et les sables qu'ils entraînent, et que par conséquent il a pu arriver que la surface de cette mer se soit élevée assez pour que l'eau ait pu se faire une issue ; et comme les fleuves continuent toujours à amener du sable et des terres, et qu'en même temps la quantité d'eau diminue dans les fleuves, à proportion que les montagnes dont ils tirent leurs sources s'abaissent, il peut arriver, par une longue suite de siècles, que le Bosphore se remplisse: mais comme ces effets dépendent de plusieurs causes, il n'est guère possible de donner sur cela quelque chose de plus que de simples conjectures. C'est sur ce témoignage des anciens que M. de Tournefort dit, dans son *Voyage du Levant*, que la mer Noire, recevant les eaux d'une grande partie de l'Europe et de l'Asie, après avoir augmenté considérablement, s'ouvrit un chemin par le Bosphore, et ensuite forma la Méditerranée, ou l'augmenta si considérablement, que d'un lac qu'elle était autrefois, elle devint une grande mer, qui s'ouvrit ensuite elle-même un chemin par le détroit de Gibraltar, et que c'est probablement dans ce temps que l'île Atlantide dont parle Platon a été submergée. Cette opinion ne peut se soutenir, dès qu'on est assuré que c'est l'Océan qui coule dans la Méditerranée, et non pas la Méditerranée dans l'Océan. D'ailleurs M. de Tournefort n'a pas combiné deux faits essentiels, et qu'il rapporte cependant tous deux: le premier, c'est que la mer Noire reçoit neuf ou dix fleuves, dont il n'y en a pas un qui ne lui fournisse plus d'eau que le Bosphore n'en laisse sortir; le second, c'est que la mer Méditerranée ne reçoit pas plus d'eau par les fleuves que la mer Noire; cependant elle est sept ou huit fois plus grande, et ce que le Bosphore lui fournit ne fait pas la dixième partie de ce qui tombe dans la mer Noire : comment veut-il que cette dixième partie de ce qui tombe dans une petite mer ait formé non-seulement une grande mer, mais encore ait si fort augmenté la quantité des eaux, qu’elles aient renversé les terres à l’endroit du détroit, pour aller ensuite submerger une île plus grande que l’Europe? Il est aisé de voir que cet endroit de M. de Tournefort n’est pas assez réfléchi. La mer Méditerranée tire au contraire au moins dix fois plus d’eau de l’Océan qu’elle n’en tire de la mer Noire, parce que le Bosphore n’a que huit cents pas de largeur dans l’endroit le plus étroit, au lieu que le détroit de Gibraltar en a plus de cinq mille dans l’endroit le plus serré, et qu’en supposant les vitesses égales dans l’un et dans l’autre détroit, celui de Gibraltar a bien plus de profondeur.

M. de Tournefort, qui plaisante sur Polybe au sujet de l’opinion que le Bosphore se remplira, et qui la traite de fausse prédiction, n’a pas fait assez d’attention aux circonstances, pour prononcer comme il le fait sur l’impossibilité de cet événement. Cette mer, qui reçoit huit ou dix grands fleuves, dont la plupart entraînent beaucoup de terre, de sable et de limon, ne se remplit-elle pas peu à peu ? les vents et le courant naturel des eaux vers le Bosphore ne doivent-ils pas y transporter une partie de ces terres amenées par ces fleuves? Il est donc, au contraire, très-probable que par la succession des temps le Bosphore se trouvera rempli, lorsque les fleuves qui arrivent dans la mer Noire auront beaucoup diminué; or, tous les fleuves diminuent de jour en jour, parce que tous les jours les montagnes s’abaissent; les vapeurs qui s’arrêtent autour des montagnes étant les premières sources des rivières, leur grosseur et leur quantité d’eau dépend de la quantité de ces vapeurs, qui ne peut manquer de diminuer à mesure que les montagnes diminuent de hauteur.

Cette mer reçoit, à la vérité, plus d’eau par les fleuves que la Méditerranée, et voici ce qu’en dit le même auteur : « Tout le monde sait que les plus grandes eaux de l’Europe tombent dans la mer Noire par le moyen du Danube, dans lequel se dégorgent les rivières de Souabe, de Franconie, de Bavière, d’Autriche, de Hongrie, de Moravie, de Carinthie, de Croatie, de Bothnie, de Servie, de Transylvanie, de Valachie; celles de la Russie Noire et de la Podolie se rendent dans la même mer par le moyen du Niester ; celles des parties méridionales et orientales de la Pologne, de la Moscovie septentrionale et du pays des Cosaques, y entrent par le Niéper ou Borysthène ; le Tanaïs et le Copa arrivent aussi dans la mer Noire par le Bosphore Cimmérien ; les rivières de la Mingrélie, dont le Phase est la principale, se vident aussi dans la mer Noire, de même que le Casalmac, le Sangaris et les autres fleuves de l’Asie Mineure qui ont leur cours vers le nord; néanmoins le Bosphore de Thrace n’est comparable à aucune de ces grandes rivières (1). »

Tout cela prouve que l’évaporation suffit pour enlever une quantité d’eau très-considérable, et c’est à cause de cette grande évaporation qui se fait sur la Méditerranée, que l’eau de l’Océan coule continuellement pour y arriver par le détroit de Gibraltar. Il est assez difficile de juger de la quantité d’eau que reçoit une mer; il faudrait connaître la largeur, la profondeur et la vitesse de tous les fleuves qui y

(1) Voyez le *Voyage du Levant* de Tournefort, vol. II, page 123.

arrivent, savoir de combien ils augmentent et diminuent dans les différentes saisons de l'année : et quand même tous ces faits seraient acquis, le plus important et le plus difficile reste encore, c'est de savoir combien cette mer perd par l'évaporation ; car en la supposant même proportionnelle aux surfaces, on voit bien que dans un climat chaud elle doit être plus considérable que dans un pays froid. D'ailleurs l'eau mêlée de sel et de bitume s'évapore plus lentement que l'eau douce ; une mer agitée, plus promptement qu'une mer tranquille ; la différence de profondeur y fait aussi quelque chose : en sorte qu'il entre tant d'éléments dans cette théorie de l'évaporation, qu'il n'est guère possible de faire sur cela des estimations qui soient exactes.

L'eau de la mer Noire paraît être moins claire, et elle est beaucoup moins salée que celle de l'Océan. On ne trouve aucune île dans toute l'étendue de cette mer : les tempêtes y sont très-violentes et plus dangereuses que sur l'Océan, parce que toutes les eaux étant contenues dans un bassin qui n'a pour ainsi dire, aucune issue, elles ont une espèce de mouvement de tourbillon, lorsqu'elles sont agitées, qui bat les vaisseaux de tous les côtés avec une violence insupportable (1).

Après la mer Noire, le plus grand lac de l'univers est la mer Caspienne, qui s'étend du midi au nord sur une longueur d'environ trois cents lieues, et qui n'a guère que cinquante lieues de largeur en prenant une mesure moyenne. Ce lac reçoit l'un des plus grands fleuves du monde, qui est le Wolga, et quelques autres rivières considérables, comme celles de Kur, de Faic, de Gempo ; mais ce qu'il y a de singulier, c'est qu'elle n'en reçoit aucune dans toute cette longueur de trois cents lieues du côté de l'orient. Le pays qui l'avoisine de ce côté est un désert de sable que personne n'avait reconnu jusqu'à ces derniers temps ; le czar Pierre Iᵉʳ y ayant envoyé des ingénieurs pour lever la carte de la mer Caspienne, il s'est trouvé que cette mer avait une figure tout à fait différente de celle qu'on lui donnait dans les cartes géographiques ; on la représentait ronde, elle est fort longue et assez étroite ; on ne connaissait donc point du tout les côtes orientales de cette mer, non plus que le pays voisin ; on ignorait jusqu'à l'existence du lac Aral, qui en est éloigné vers l'orient d'environ cent lieues ; ou si on connaissait quelques-unes des côtes de ce lac Aral, on croyait que c'était une partie de la mer Caspienne : en sorte qu'avant les découvertes du czar, il y avait dans ce climat un terrain de plus de trois cents lieues de longueur sur cent et cent cinquante de largeur, qui n'était pas encore connu. Le lac Aral est à peu près de figure oblongue, et peut avoir quatre-vingt dix ou cent lieues dans sa plus grande longueur, sur cinquante ou soixante de largeur ; il reçoit deux fleuves très-considérables, qui sont le Sirderoias et l'Oxus, et les eaux de ce lac n'ont aucune issue, non plus que celles de la mer Caspienne : et de même que la mer Caspienne ne reçoit aucun fleuve du côté de l'orient, le lac Aral n'en reçoit aucun du côté de l'occident ; ce qui doit faire présumer qu'autrefois ces deux lacs n'en formaient qu'un seul, et que les fleuves ayant diminué peu

____

(1) Voyez les *Voyages de Chardin*, page 142.

à peu et ayant amené une très-grande quantité de sable et de limon, tout le pays qui les sépare aura été formé de ces sables. Il y a quelques petites îles dans la mer Caspienne, et ses eaux sont beaucoup moins salées que celles de l'Océan. Les tempêtes y sont aussi fort dangereuses, et les grands bâtiments n'y sont pas d'usage pour la navigation, parce qu'elle est peu profonde et semée de bancs et d'écueils au-dessous de la surface de l'eau. Voici ce qu'en dit Pietro della Valle, tom. III, pag. 285 : « Les plus grands vaisseaux que l'on voit sur la mer Caspienne, le long des côtes de la province de Mazende en Perse, où est bâtie la ville de Ferhabad, quoiqu'ils les appellent *navires*, me paraissent plus petits que nos tartanes ; ils sont fort hauts de bord, enfoncent peu dans l'eau, et ont le fond plat : ils donnent aussi cette forme à leurs vaisseaux, non-seulement à cause que la mer Caspienne n'est pas profonde à la rade et sur les côtes, mais encore parce qu'elle est remplie de bancs de sable, et que les eaux sont basses en plusieurs endroits ; tellement que si les vaisseaux n'étaient fabriqués de cette façon, on ne pourrait pas s'en servir sur cette mer. Certainement je m'étonnais, et avec quelque fondement, ce me semble, pourquoi ils ne pêchaient à Ferhabad que des saumons qui se trouvent à l'embouchure du fleuve, et de certains esturgeons très-mal conditionnés, de même que de plusieurs autres sortes de poissons qui se rendent à l'eau douce, et qui ne valent rien, et comme j'en attribuais la cause à l'insuffisance qu'ils ont en l'art de naviguer et de pêcher, ou à la crainte qu'ils avaient de se perdre s'ils pêchaient en haute mer, parce que je sais d'ailleurs que les Persans ne sont pas d'habiles gens sur cet élément, et qu'ils n'entendent presque pas la navigation, le kan d'Esterabad, qui fait sa résidence sur le port de mer, et à qui par conséquent les raisons n'en sont pas inconnues par l'expérience qu'il en a, m'en débita une, savoir, que les eaux sont si basses à vingt et trente milles dans la mer, qu'il est impossible d'y jeter des filets qui aillent au fond, et d'y faire aucune pêche qui soit de la conséquence de celles de nos tartanes ; de sorte que c'est par cette raison qu'ils donnent à leurs vaisseaux la forme que je vous ai marquée ci-dessus, et qu'ils ne les montent d'aucune pièce de canon, parce qu'il se trouve fort peu de corsaires et de pirates qui courent cette mer. »

Struys, le P. Avril et d'autres voyageurs ont prétendu qu'il y avait dans le voisinage de Kilan deux gouffres où les eaux de la mer Caspienne étaient englouties, pour se rendre ensuite par des canaux souterrains dans le golfe Persique. De Fer et d'autres géographes ont même marqué ces gouffres sur leurs cartes : cependant ces gouffres n'existent pas ; les gens envoyés par le czar s'en sont assurés. Le fait des feuilles de saule qu'on voit en quantité sur le golfe Persique, et qu'on prétendait venir de la mer Caspienne, parce qu'il n'y a pas de saules sur le golfe Persique, étant avancé par les mêmes auteurs, est apparemment aussi peu vrai que celui des prétendus gouffres ; et Gemelli Carreri, aussi bien que les Moscovites, assure que ces gouffres sont absolument imaginaires. En effet, si l'on compare l'étendue de la mer Caspienne avec celle de la mer Noire, on trouvera que la première est de près d'un tiers plus petite que la seconde ; que la mer Noire reçoit beaucoup plus d'eau que la mer Caspienne ; que par conséquent l'évaporation suffit dans l'une et dans l'autre pour enlever toute l'eau qui arrive dans ces deux lacs, et qu'il n'est pas nécessaire d'imaginer des gouffres dans la mer Caspienne plutôt que dans la mer Noire (1).

Il y a des lacs qui sont comme des mares qui ne reçoivent aucune rivière, et desquels il n'en sort aucune ; il y en a d'autres qui reçoivent des fleuves et desquels il sort d'autres fleuves, et enfin d'autres qui seulement reçoivent des fleuves. La mer Caspienne et le lac Aral sont de cette dernière espèce ; ils reçoivent les eaux de plusieurs fleuves, et les contiennent : la mer Morte reçoit de même le Jourdain, et il n'en sort aucun fleuve. Dans l'Asie Mineure il y a un petit lac de la même espèce qui reçoit les eaux d'une rivière dont la source est auprès de Cogni, et qui n'a, comme les précédents, d'autre voie que l'évaporation pour rendre les eaux qu'il reçoit. Il y en a un beaucoup plus grand en Perse, sur lequel est située la ville de Marago ; il est de figure ovale, et il a environ dix ou douze lieues de longueur sur six ou sept de largeur : il reçoit la rivière de Tauris, qui n'est pas considérable. Il y a aussi un pareil petit lac en Grèce, à douze ou quinze lieues de Lépante. Ce sont là les seuls lacs de cette espèce qu'on connaisse en Asie ; en Europe il n'y en a pas un qui soit un peu considérable. En Afrique il en a plusieurs, mais qui sont tous assez petits, comme le lac qui reçoit le fleuve Ghir, celui dans lequel tombe le fleuve Zez, celui qui reçoit la rivière de Touguedout, et celui auquel aboutit le fleuve Tafilet. Ces quatre lacs sont assez près les uns des autres ; et ils sont situés vers les frontières de Barbarie, près des déserts de Zara. Il y en a un autre situé dans la contrée de Kovar, qui reçoit la rivière du pays de Berdoa. Dans l'Amérique septentrionale, où il y a plus de lacs qu'en aucun pays du monde, on n'en connaît pas un

(1) A tout ce que j'ai dit pour prouver que la mer Caspienne n'est qu'un lac qui n'a point de communication avec l'Océan, et qui n'en a jamais fait partie, je puis ajouter une réponse que j'ai reçue de l'académie de Pétersbourg, à quelques questions que j'avais faites au sujet de cette mer.

« Augusto 1748, octob. 5, etc. Cancellaria academiæ scientiarum mandavit ut Astrachanensis gubernii cancella-
» ria responderet ad sequentia : 1° Suntne vortices in mari Caspico necne ? 2° Quæ genera piscium illud inhabi-
» tant ? Quomodo appellantur ? et an marini tantum aut et fluviatiles ibidem reperiuntur ? 3° Qualia genera con-
» charum, quæ species ostrearum et cancrorum occurrunt ? 4° Quæ genera marinarum avium in ipso mari aut
» circa illud versantur ? Ad quæ Astrachanensis cancellaria die 13 Mart. 1749, sequentibus respondit.

» Ad 1, in mari Caspico vortices occurrunt nusquam : hinc est, quod nec in mappis marinis exstant, nec ab ullo
» officialium rei navalis visi esse perhibentur.

» Ad 2, pisces Caspium mare inhabitant ; acipenseres, sturioli *Gmelin*, in siluri, cyprini clavati, bramæ, percæ,
» cyprini ventre acuto (ignoti alibi pisces), tincæ, salmones, qui, ut e mari fluvios intrare, ita et in mare e fluviis
» remeare solent.

» Ad 3, conchæ in littoribus maris obviæ quidem sunt, sed parvæ, candidæ, aut ex una parte rubræ. Cancri ad
» littora observantur magnitudine fluviatilibus similes ; ostreæ autem et capita Medusæ visa sunt nusquam.

» Ad 4, aves marinæ quæ circa mare Caspium versantur, sunt anseres vulgares et rubri, pellicani, cygni, anates,
» rubræ et nigricantes aquilæ, corvi aquatici, grues, plateæ, ardeæ albæ, cinereæ et nigricantes, ciconiæ albæ,
» gruibus similes, Karawaiki (ignotum avis nomen), larorum variæ species, sturni nigri et lateribus albis instar
» picarum, phasiani, anseres parvi nigricantes, Tudaki (ignotum avis nomen) albo colore præditi. »

Ces faits, qui sont précis et authentiques, confirment pleinement ce que j'ai avancé ; savoir, que la mer Caspienne n'a aucune communication souterraine avec l'Océan ; et ils prouvent de plus qu'elle n'en a jamais fait partie, puisqu'on n'y trouve point d'huîtres ni d'autres coquillages de la mer, mais seulement les espèces de ceux qui sont dans les rivières. On ne doit donc regarder cette mer que comme un grand lac formé dans le milieu des terres par les eaux des fleuves, puisqu'on n'y trouve que les mêmes poissons et les mêmes coquillages qui habitent les fleuves, et point du tout ceux qui peuplent l'Océan ou la Méditerranée. (*Add. Buff.*)

de cette espèce, à moins qu'on ne veuille regarder comme tels deux petits amas d'eaux formés par des ruisseaux, l'un auprès de Guatimapo, et l'autre à quelques lieues de Réal-Nuevo, tous deux dans le Mexique : mais dans l'Amérique méridionale, au Pérou, il y a deux lacs consécutifs, dont l'un, qui est le lac Titicaca, est fort grand, qui reçoivent une rivière dont la source n'est pas éloignée de Cusco, et desquels il ne sort aucune autre rivière : il y en a un plus petit dans le Tucuman, qui reçoit la rivière Salta, et un autre un peu plus grand dans le même pays, qui reçoit la rivière de Saint-Iago, et encore trois ou quatre autres entre le Tucumant et le Chili.

Les lacs dont il ne sort aucun fleuve et qui n'en reçoivent aucun, sont en plus grand nombre que ceux dont je viens de parler : ces lacs ne sont que des espèces de mares où se rassemblent les eaux pluviales, ou bien ce sont des eaux souterraines qui sortent en forme de fontaines dans les lieux bas, où elles ne peuvent ensuite trouver d'écoulement. Les fleuves qui débordent peuvent aussi laisser dans les terres des eaux stagnantes, qui se conservent ensuite pendant longtemps, et qui ne se renouvellent que dans le temps des inondations. La mer, par de violentes agitations, a pu inonder quelquefois de certaines terres, et y former des lacs salés, comme celui de Harlem et plusieurs autres de la Hollande, auxquels il ne paraît pas qu'on puisse attribuer une autre origine ; ou bien la mer, en abandonnant par son mouvement naturel de certaines terres, y aura laissé des eaux dans les lieux les plus bas, qui y ont formé des lacs que l'eau des pluies entretient. Il y a en Europe plusieurs petits lacs de cette espèce, comme en Irlande, en Jutland, en Italie ; dans le pays des Grisons, en Pologne, en Moscovie, en Finlande, en Grèce; mais tous ces lacs sont très-peu considérables. En Asie il y en a un près de l'Euphrate, dans le désert d'Irac, qui a plus de quinze lieues de longueur, un autre aussi en Perse, qui est à peu près de la même étendue que le premier, et sur lequel sont situées les villes de Kélat, de Tétuan, de Vastan et de Van; un autre petit dans le Korasan auprès de Ferrior; un autre petit dans la Tartarie indépendante, qu'on appelle *le lac Lévi*; deux autres dans la Tartarie moscovite; un autre à la Cochinchine, et enfin un à la Chine, qui est assez grand, et qui n'est pas fort éloigné de Nankin; ce lac cependant communique à la mer voisine par un canal de quelques lieues. En Afrique il y a un petit lac de cette espèce dans le royaume de Maroc; un autre près d'Alexandrie, qui paraît avoir été laissé par la mer ; un autre assez considérable, formé par les eaux pluviales dans le désert d'Azarad, environ sous le 30° degré de latitude; ce lac a huit ou dix lieues de longueur; un autre encore plus grand, sur lequel est située la ville de Gaoga, sous le 27° degré; un autre, mais beaucoup plus petit, près de la ville de Kanum, sous le 30° degré; un près de l'embouchure de la rivière de Gambia; plusieurs autres dans le Congo à 2 ou 3 degrés de latitude sud ; deux autres dans le pays des Cafres, l'un appelé le *lac Rufumbo*, qui est médiocre, et l'autre dans la province d'Arbuta, qui est peut-être le plus grand lac de cette espèce, ayant vingt-cinq lieues environ de longueur sur sept ou huit de largeur. Il y a aussi un de ces lacs à Madagascar près de la côte orientale, environ sous le 29° degré de latitude sud.

En Amérique, dans le milieu de la péninsule de la Floride, il y a un de ces lacs, au milieu duquel est une île appelée *Serrope*. Le lac de la ville de Mexico est aussi de cette espèce; et ce lac, qui est à peu près rond, a environ dix lieues de diamètre. Il y en a un autre encore plus grand dans la Nouvelle-Espagne, à vingt-cinq lieues de distance ou environ de la côte de la baie de Campêche, et un autre plus petit dans la même contrée près des côtes de la mer du Sud. Quelques voyageurs ont prétendu qu'il y avait dans l'intérieur des terres de la Guiane un très-grand lac de cette espèce; ils l'ont appelé *le lac d'Or*, ou *le lac Parime*; ils ont raconté des merveilles de la richesse des pays voisins, et de l'abondance des paillettes d'or qu'on trouvait dans l'eau de ce lac; ils donnent à ce lac une étendue de plus de quatre cents lieues de longueur, et de plus de cent vingt-cinq de largeur; il n'en sort, disent-ils, aucun fleuve, et il n'y en entre aucun. Quoique plusieurs géographes aient marqué ce grand lac sur leurs cartes, il n'est pas certain qu'il existe, et il l'est encore bien moins qu'il existe tel qu'ils nous le représentent.

Mais les lacs les plus ordinaires et les plus communément grands sont ceux qui, après avoir reçu un autre fleuve, ou plusieurs petites rivières, donnent naissance à d'autres grands fleuves. Comme le nombre de ces lacs est fort grand, je ne parlerai que des plus considérables, ou de ceux qui auront quelque singularité. En commençant par l'Europe, nous avons en Suisse le lac de Genève, celui de Constance, etc. : en Hongrie celui de Balaton : en Livonie un lac qui est assez grand, et qui sépare les terres de cette province de celles de la Moscovie : en Finlande le lac Lapwert, qui est fort long, et qui se divise en plusieurs bras; le lac Oula, qui est de figure ronde : en Moscovie le lac Ladoga, qui a plus de vingt-cinq lieues de longueur sur plus de douze de largeur; le lac Onega, qui est aussi long mais moins large; le lac Ilmen; celui de Béloséro, d'où sort l'une des sources du Wolga; l'Iwan-Oséro, duquel sort l'une des sources du Don; deux autres lacs dont le Vitzogda tire son origine : en Laponie le lac dont sort le fleuve de Kimini; un autre beaucoup plus grand, qui n'est pas éloigné de la côte de Wardhus; plusieurs autres, desquels sortent les fleuves de Lula, de Pitha, d'Uma, qui tous ne sont pas fort considérables : en Norwége deux autres à peu près de même grandeur que ceux de Laponie: en Suède le lac Véner, qui est grand, aussi bien que le lac Méler, sur lequel est situé Stockholm; deux autres lacs moins considérables, dont l'un est près d'Elvédal, et l'autre de Linkoping.

Dans la Sibérie et dans la Tartarie moscovite et indépendante, il y a un grand nombre de ces lacs, dont les principaux sont le grand lac Baraba, qui a plus de cent lieues de longueur, et dont les eaux tombent dans l'Irtis; le grand lac Estraguel, à la source du même fleuve Irtis; plusieurs autres moins grands, à la source du Jénisca; le grand lac Kita, à la source de l'Oby; un autre grand lac, à la source de l'Angara; le lac Baïcal, qui a plus de soixante-dix lieues de longueur, et qui est formé par le même fleuve Angara; le lac Péhu, d'où sort le fleuve Urak, etc. : à la Chine et dans la Tartarie chinoise, le lac Dalai, d'où sort la grosse rivière d'Argus, qui tombe dans le fleuve Amour; le lac des Trois-Montagnes, d'où sort la ri-

vière **Hélum,** qui tombe dans le même fleuve Amour ; les lacs de Cinhal, de Cok-
mor et de Sorama, desquels sortent les sources du fleuve Hoarbo ; deux autres
grands lacs voisins du fleuve de Nankin, etc. : dans le Tunquin le lac de Guadag,
qui est considérable : dans l'Inde le lac Chiamat, d'où sort le fleuve Laquia, et qui
est voisin des sources du fleuve Ava, du Longenu, etc., ce lac a plus de quarante
lieues de largeur sur cinquante de longueur : un autre lac à l'origine du Gange ; un
autre près de Cachemire, à l'une des sources du fleuve Indus, etc.

En Afrique on a le lac Cayar et deux ou trois autres qui sont voisins de l'embouchure du Sénégal ; le lac de Guarde et celui du Sigisme, qui tous deux ne font qu'un
même lac de forme presque triangulaire, qui a plus de cent lieues de longueur sur
soixante-quinze de largeur, et qui contient une île considérable : c'est dans ce lac
que le Niger perd son nom ; et au sortir de ce lac qu'il traverse, on l'appelle *Sénégal.*
Dans le cours du même fleuve, en remontant vers la source, on trouve un autre
lac considérable qu'on appelle *le lac Bournou,* où le Niger quitte encore son nom,
car la rivière qui y arrive s'appelle *Gambaru* ou *Gombarow.* En Éthiopie, aux sources
du Nil, est le grand lac Gambia, qui a plus de cinquante lieues de longueur. Il y
a aussi plusieurs lacs sur la côte de Guinée, qui paraissent avoir été formés par la
mer ; et il n'y a que peu d'autres lacs d'une grandeur un peu considérable dans le
reste de l'Afrique.

L'Amérique septentrionale est le pays des lacs : les plus grands sont le lac Supérieur, qui a plus de cent vingt-cinq lieues de longueur sur cinquante de largeur ;
le lac Huron, qui a près de cent lieues de longueur sur environ quarante de largeur ;
le lac des Illinois, qui, en y comprenant la baie des Puants, est tout aussi étendu
que le lac Huron ; le lac Érié et le lac Ontario, qui ont tous deux plus de quatre-
vingts lieues de longueur sur vingt ou vingt-cinq de largeur ; le lac Mistasin, au
nord de Québec, qui a environ cinquante lieues de longueur ; le lac Champlain, au
midi de Québec, qui est à peu près de la même étendue que le lac Mistasin ; le lac
Alemigigon et le lac des Cristinaux, tous deux au nord du lac Supérieur, et qui sont
aussi fort considérables ; le lac des Assiniboïls, qui contient plusieurs îles, et dont
l'étendue en longueur est de plus de soixante-quinze lieues. Il y en a aussi deux de
médiocre grandeur dans le Mexique, indépendamment de celui de Mexico : un autre beaucoup plus grand, appelé *le lac Nicaragua,* dans la province du même nom ;
ce lac a plus de soixante ou soixante-dix lieues d'étendue en longueur.

Enfin dans l'Amérique méridionale il y en a un petit à la source du Maragnon ;
un autre plus grand à la source de la rivière du Paraguay ; le lac Titicaca, dont les
eaux tombent dans le fleuve de la Plata ; deux autres plus petits dont les eaux coulent aussi vers ce même fleuve, et quelques autres qui ne sont pas considérables,
dans l'intérieur des terres du Chili.

Tous les lacs dont les fleuves tirent leur origine, tous ceux qui se trouvent dans
le cours des fleuves ou qui en sont voisins et qui y versent leurs eaux, ne sont point
salés : presque tous ceux, au contraire, qui reçoivent des fleuves, sans qu'il en sorte
d'autres fleuves, sont salés ; ce qui semble favoriser l'opinion que nous avons ex-

posée au sujet de la salure de la mer, qui pourrait bien avoir pour cause les sels que les fleuves détachent des terres, et qu'ils transportent continuellement à la mer : car l'évaporation ne peut pas enlever les sels fixes, et par conséquent ceux que les fleuves portent dans la mer y restent ; et quoique l'eau des fleuves paraisse douce, on sait que cette eau douce ne laisse pas de contenir une petite quantité de sel, et, par la succession des temps, la mer a dû acquérir un degré de salure considérable, qui doit toujours aller en augmentant. C'est ainsi, à ce que j'imagine, que la mer Noire, la mer Caspienne, le lac Aral, la mer Morte, etc., sont devenus salés ; les fleuves qui se jettent dans ces lacs y ont amené successivement tous les sels qu'ils ont détachés des terres, et l'évaporation n'a pu les enlever. A l'égard des lacs qui sont comme des mares, qui ne reçoivent aucun fleuve, et desquels il n'en sort aucun, ils sont ou doux, ou salés, suivant leur différente origine ; ceux qui sont voisins de la mer sont ordinairement salés, et ceux qui en sont éloignés sont doux, et cela parce que les uns ont été formés par des inondations de la mer, et que les autres ne sont que des fontaines d'eau douce, qui, n'ayant pas d'écoulement, forment une grande étendue d'eau. On voit aux Indes plusieurs étangs et réservoirs faits par l'industrie des habitants, qui ont jusqu'à deux ou trois lieues de superficie, dont les bords sont revêtus d'une muraille de pierre ; ces réservoirs se remplissent pendant la saison des pluies, et servent aux habitants pendant l'été, lorsque l'eau leur manque absolument, à cause du grand éloignement où ils sont des fleuves et des fontaines.

Les lacs qui ont quelque chose de particulier sont la mer Morte, dont les eaux contiennent beaucoup plus de bitume que de sel ; ce bitume, qu'on appelle *bitume de Judée*, n'est autre chose que de l'asphalte, et aussi quelques auteurs ont appelé la mer Morte *lac Asphaltite*. Les terres aux environs du lac contiennent une grande quantité de ce bitume. Bien des gens se sont persuadé, au sujet de ce lac, des choses semblables à celles que les poëtes ont écrites du lac d'Averne, que le poisson ne pouvait y vivre, que les oiseaux qui passaient par dessus étaient suffoqués : mais ni l'un ni l'autre de ces lacs ne produit ces funestes effets ; ils nourrissent tous deux du poisson, les oiseaux volent par dessus, les hommes s'y baignent sans aucun danger.

Il y a, dit-on, en Bohême dans la campagne de Boleslaw, un lac où il y a des trous d'une profondeur si grande, qu'on n'a pu la sonder, et il s'élève de ces trous des vents impétueux qui parcourent toute la Bohême, et qui pendant l'hiver élèvent souvent en l'air des morceaux de glace de plus de cent livres de pesanteur. On parle d'un lac en Islande qui pétrifie ; le lac Néagh, en Irlande, a aussi la même propriété : mais ces pétrifications produites par l'eau de ces lacs ne sont sans doute autre chose que des incrustations comme celles que fait l'eau d'Arcueil.

SUR LES PARTIES SEPTENTRIONALES DE LA MER ATLANTIQUE.

* A la vue des îles et des golfes qui se multiplient ou s'agrandissent autour du

Groenland, il est difficile, disent les navigateurs, de ne pas soupçonner que la mer ne refoule, pour ainsi dire, des pôles vers l'équateur : ce qui peut autoriser cette conjecture, c'est que le flux qui monte jusqu'à dix-huit pieds au cap des États, ne s'élève que de huit pieds à la baie de Disko, c'est-à-dire à dix degrés plus haut de latitude nord.

Cette observation des navigateurs, jointe à celle de l'article précédent, semble confirmer encore ce mouvement des mers depuis les régions australes aux septentrionales, où elles sont contraintes, par l'obstacle des terres, de refouler ou refluer vers les plages du midi.

Dans la baie de Hudson, les vaisseaux ont à se préserver des montagnes de glaces auxquelles des navigateurs ont donné quinze à dix-huit cents pieds d'épaisseur, et qui, étant formées par un hiver permanent de cinq à six ans dans de petits golfes éternellement remplis de neige, en ont été détachées par les vents du nord-ouest ou par quelque cause extraordinaire.

Le vent du nord-ouest, qui règne presque continuellement durant l'hiver, et très-souvent en été, excite dans la baie même des tempêtes effroyables. Elles sont d'autant plus à craindre, que les bas-fonds y sont très-communs. Dans les contrées qui bordent cette baie, le soleil ne se lève, ne se couche jamais sans un grand cône de lumière : lorsque ce phénomène a disparu, l'aurore boréale en prend la place. Le ciel y est rarement serein ; et, dans le printemps et dans l'automne, l'air est habituellement rempli de brouillards très-épais, et, durant l'hiver, d'une infinité de petites flèches glaciales sensibles à l'œil. Quoique les chaleurs de l'été soient assez vives durant deux mois ou six semaines, le tonnerre et les éclairs sont rares.

La mer, le long des côtes de Norwége, qui sont bordées par des rochers, a ordinairement depuis cent jusqu'à quatre cents brasses de profondeur, et les eaux sont moins salées que dans les climats plus chauds. La quantité de poissons huileux dont cette mer est remplie, la rend grasse au point d'en être presque inflammable : le flux n'y est point considérable, et la plus haute marée n'y est que de huit pieds.

On a fait, dans ces dernières années, quelques observations sur la température des terres et des eaux dans les climats les plus voisins du pôle boréal.

« Le froid commence dans le Groenland à la nouvelle année, et devient si perçant aux mois de février et de mars, que les pierres se fendent en deux, et que la mer fume comme un four, surtout dans les baies. Cependant le froid n'est pas aussi sensible au milieu de ce brouillard épais que sous un ciel sans nuages : car, dès qu'on passe des terres à cette atmosphère de fumée qui couvre la surface et le bord des eaux, on sent un air plus doux et le froid moins vif, quoique les habits et les cheveux y soient bientôt hérissés de bruine et de glaçons. Mais aussi cette fumée cause plutôt des engelures qu'un froid sec ; et, dès qu'elle passe de la mer dans une atmosphère plus froide, elle se change en une espèce de verglas, que le vent disperse dans l'horizon, et qui cause un froid si piquant, qu'on ne peut sortir au grand air sans risquer d'avoir les pieds et les mains entièrement gelés. C'est dans cette saison que l'on voit glacer l'eau sur le feu avant de bouillir : c'est alors que l'hiver pave un chemin de glace sur la mer, entre les îles voisines, et dans les baies et les détroits...

» La plus belle saison du Groenland est l'automne ; mais sa durée est courte, et souvent interrompue par des nuits de gelées très-froides. C'est à peu près dans ce temps-là que, sous une atmosphère noircie de vapeurs, on voit les brouillards qui se gèlent quelquefois jusqu'au verglas, former sur la mer comme un tissu glacé de toiles d'araignées, et dans les campagnes, charger l'air d'atomes luisants, ou le hérisser de glaçons pointus, semblables à de fines aiguilles.

» On a remarqué plus d'une fois que le temps et la saison prennent dans le Groenland une température opposée à celle qui règne dans toute l'Europe ; en sorte que si l'hiver est très-rigoureux dans les climats tempérés, il est doux au Groenland, et très-vif en cette partie du nord, quand il est le plus modéré dans nos contrées. A la fin de 1739, l'hiver fut si doux à la baie de Disko, que les oies passèrent, au mois de janvier suivant, de la zone tempérée dans la glaciale, pour y chercher un air plus chaud, et qu'en 1740 on ne vit point de glace à Disko jusqu'au mois de mars, tandis qu'en Europe elle régna constamment depuis octobre jusqu'au mois de mai...

» De même l'hiver de 1763, qui fut extrêmement froid dans toute l'Europe, se fit si peu sentir au Groenland, qu'on y a vu quelquefois des étés moins doux. »

Les voyageurs nous assurent que, dans ces mers voisines du Groenland, il y a des montagnes de glaces flottantes très-hautes, et d'autres glaces flottantes comme des radeaux, qui ont plus de deux cents toises de longueur sur soixante ou quatre-vingts de largeur : mais ces glaces, qui forment des plaines immenses sur la mer, n'ont communément que neuf à douze pieds d'épaisseur : il paraît qu'elles se forment immédiatement sur la surface de la mer dans la saison la plus froide, au lieu que les autres glaces flottantes et très-élevées viennent de la terre, c'est-à-dire des environs des montagnes et des côtes, d'où elles ont été détachées et roulées dans la mer par des fleuves. Ces dernières glaces entraînent beaucoup de bois, qui sont ensuite jetés par la mer sur les côtes orientales du Groenland ; il paraît que ces bois ne peuvent venir que de la terre de Labrador, et non pas de la Norwége, parce que les vents du nord-est, qui sont très-violents dans ces contrées, repousseraient ces bois, comme les courants, qui portent du sud au détroit de Davis et à la baie de Hudson, arrêteraient tout ce qui peut venir de l'Amérique aux côtes du Groenland.

La mer commence à charrier des glaces au Spitzberg dans les mois d'avril et de mai ; elles viennent au détroit de Davis en très-grande quantité, partie de la Nouvelle-Zemble, et la plupart le long de la côte orientale du Groenland, portées de l'est à l'ouest, suivant le mouvement général de la mer.

L'on trouve dans le Voyage du capitaine Phipps les indices et les faits suivants.

« Dès 1527, Robert Thorne, marchand de Bristol, fit naître l'idée d'aller aux Indes orientales par le pôle boréal.... Cependant on ne voit pas qu'on ait formé aucune expédition pour les mers du cercle polaire avant 1607, lorsque Henri Hudson fut envoyé par plusieurs marchands de Londres à la découverte du passage à la Chine et au Japon par le pôle boréal.... Il pénétra jusqu'au 80° 23', et il ne put aller plus loin.

» En 1609, sir Thomas Smith fut sur la côte méridionale du Spitzberg, et il apprit, par des gens qu'il avait envoyés à terre, que les lacs et les mares d'eau n'étaient pas tous gelés (c'était le 26 mai), et que l'eau en était douce : il dit aussi qu'on arriverait aussitôt au pôle de ce côté, que par tout autre chemin qu'on pourrait trouver, parce que le soleil produit une grande chaleur dans ce climat, et parce que les glaces ne sont pas d'une grosseur aussi énorme que celles qu'ils avaient vues vers le 73° degré. Plusieurs autres voyageurs ont tenté des voyages au pôle pour y découvrir ce passage, mais aucun n'a réussi.... »

Le 5 juillet, M. Phipps vit des glaces en quantité vers le 79° 34' de latitude ; le temps était brumeux ; et, le 6 juillet, il continua sa route jusqu'au 79° 59' 39", entre la terre du Spitzberg et les glaces : le 7, il continua de naviguer entre les glaces flottantes, en cherchant une ouverture au nord par où il aurait pu entrer dans une mer libre : mais la glace ne formait qu'une seule masse au nord-nord-ouest, et au 80° 36' la mer était entièrement glacée ; en sorte que toutes les tentatives de M. Phipps pour trouver un passage ont été infructueuses.

« Pendant que nous essuyions, dit ce navigateur, une violente rafale le 12 septembre, le docteur Irving mesura la température de la mer dans cet état d'agitation, et il trouva qu'elle était beaucoup plus chaude que celle de l'atmosphère: Cette observation est d'autant plus intéressante, qu'elle est conforme à un passage des *Questions naturelles de Plutarque*, où il dit que la mer devient chaude lorsqu'elle est agitée par les flots....

» Ces rafales sont aussi ordinaires au printemps qu'en automne ; il est donc probable que si nous avions mis à la voile plus tôt, nous aurions eu en allant le temps aussi mauvais qu'il l'a été à notre retour. » Et comme M. Phipps est parti d'Angleterre à la fin de mai, il croit qu'il a profité de la saison la plus favorable pour son expédition.

« Enfin, continue-t-il, si la navigation au pôle était praticable, il y avait la plus grande probabilité de trouver, après le solstice, la mer ouverte au nord, parce qu'alors la chaleur des rayons du soleil a produit tout son effet, et qu'il reste d'ailleurs une assez grande portion d'été pour visiter les mers qui sont au nord et à l'ouest du Spitzberg. »

Je suis entièrement du même avis que cet habile navigateur, et je ne crois pas que l'expédition au pôle puisse se renouveler avec succès, ni qu'on arrive jamais au delà du 82° ou du 83° degré. On assure qu'un vaisseau du port de Whilby, vers la fin du mois d'avril 1774, a pénétré jusqu'au 80° sans trouver de glaces assez fortes pour gêner la navigation ; on cite aussi un capitaine *Robinson*, dont le journal fait foi qu'en 1773 il a atteint le 81° 30' ; et enfin on cite un vaisseau de guerre hollandais qui protégeait les pêcheurs de cette nation, et qui s'est avancé, dit-on, il y a cinquante ans, jusqu'au 88e degré. Le docteur Campbell, ajoute-t-on, tenait ce fait d'un certain docteur *Daillie*, qui était à bord du vaisseau, et qui professait la médecine à Londres en 1745. C'est probablement le même navigateur que j'ai cité moi-même sous le nom du capitaine Mouton ; mais je doute beaucoup de la réalité de ce fait, et je suis maintenant très-persuadé qu'on tenterait vainement d'aller au delà du 82 ou 83e degré et que si le passage par le nord est possible, ce ne peut être qu'en prenant la route de la baie de Hudson.

Voici ce que dit à ce sujet le savant et ingénieux auteur de l'*Histoire des deux Indes* : « La baie de Hudson a été longtemps regardée et on la regarde encore comme la route la plus courte de l'Europe aux Indes orientales et aux contrées les plus riches de l'Asie.

« Ce fut Cabot qui le premier eut l'idée d'un passage par le nord-ouest à la mer du Sud. Ses succès se terminèrent à la découverte de l'île de Terre-Neuve. On vit entrer dans la carrière après lui un grand nombre de navigateurs anglais..... Ces mémorables et hardies expéditions eurent plus d'éclat que d'utilité. La plus heureuse ne donna pas la moindre conjecture sur le but qu'on se proposait..... On croyait enfin que c'était courir après des chimères, lorsque la découverte de la baie de Hudson ranima les espérances prêtes à s'éteindre.

» A cette époque une ardeur nouvelle fait recommencer les travaux, et enfin arrive la fameuse expédition de 1746, d'où l'on voit sortir quelques clartés après des ténèbres profondes qui duraient depuis deux siècles. Sur quoi les derniers navigateurs fondent-ils de meilleures espérances? D'après quelles. expériences osent-ils former leurs conjectures ? C'est ce qui mérite une discussion.

» Trois vérités dans l'histoire de la nature doivent passer désormais pour démontrées. La première est que les marées viennent de l'Océan, et qu'elles entrent plus ou moins avant dans les autres mers, à proportion que ces divers canaux communiquent avec le grand réservoir par des ouvertures plus ou moins considérables : d'où il s'ensuit que ce mouvement périodique n'existe point ou ne se fait presque pas sentir dans la Méditerranée, dans la Baltique, et dans les autres golfes qui leur ressemblent. La seconde vérité de fait est que les marées arrivent plus tard et plus faibles dans les lieux éloignés de l'Océan que dans les endroits qui le sont moins. La troisième est que les vents violents qui soufflent avec la marée la font remonter au delà de ses bornes ordinaires, et qu'ils la retardent en la diminuant, lorsqu'ils soufflent dans un sens contraire.

» D'après ces principes, il est constant que si la baie de Hudson était un golfe enclavé dans des terres, et qu'il ne fût ouvert qu'à la mer Atlantique, la marée y devrait être peu marquée, qu'elle devrait s'affaiblir en s'éloignant de sa source, et qu'elle devrait perdre de sa force lorsqu'elle aurait à lutter contre les vents. Or il est prouvé, par des observations faites avec la plus grande intelligence, avec la plus grande précision, que la marée s'élève à une grande hauteur dans toute l'étendue de la baie; il est prouvé qu'elle s'élève à une plus grande hauteur au fond de la baie que dans le détroit même ou au voisinage; il est prouvé que cette hauteur augmente encore lorsque les vents opposés au détroit se font sentir ; il doit donc être prouvé que la baie de Hudson a d'autres communications avec l'Océan que celle qu'on a déjà trouvée.

» Ceux qui ont cherché à expliquer des faits si frappants en supposant une communication de la baie de Hudson avec celle de Baffin, avec le détroit de Davis, se sont manifestement égarés. Ils ne balanceraient pas à abandonner leur conjecture, qui n'a d'ailleurs aucun fondement, s'ils voulaient faire attention que la marée est beaucoup plus basse dans le détroit de Davis, dans la baie de Baffin, que dans celle de Hudson.

» Si les marées qui se font sentir dans le golfe dont il s'agit ne peuvent venir ni de l'océan Atlantique, ni d'aucune autre mer septentrionale, où elles sont toujours beaucoup plus faibles, on ne pourra s'empêcher de penser qu'elles doivent avoir leur source dans la mer du Sud. Ce système doit tirer un grand appui d'une vérité incontestable, c'est que les plus hautes marées qui se fassent remarquer sur ces côtes, sont toujours causées par les vents du nord-ouest qui soufflent directement contre ce détroit.

» Après avoir constaté, autant que la nature le permet, l'existence d'un passage si longtemps et si inutilement désiré, il reste à déterminer dans quelle partie de la baie il doit se trouver. Tout invite à croire que le *Welcome* à la côte occidentale, doit fixer les efforts dirigés jusqu'ici de toutes parts sans choix et sans méthode. On y voit le fond de la mer à la profondeur de onze brasses : c'est un indice que l'eau y vient de quelque océan, parce qu'une semblable transparence est incompatible avec des décharges de rivières, de neiges fondues et de pluies. Des courants, dont on ne saurait expliquer la violence qu'en les faisant partir de quelque mer occidentale, tiennent ce lieu débarrassé de glaces, tandis que le reste du golfe en est entièrement couvert. Enfin les baleines, qui cherchent constamment dans l'arrière-saison à se retirer dans des climats plus chauds, s'y trouvent en fort grand nombre à la fin de l'été ; ce qui paraît indiquer un chemin pour se rendre, non à l'océan septentrional, mais à la mer du Sud.

» Il est raisonnable de conjecturer que le passage est court. Toutes les rivières qui se perdent dans la côte occidentale de la baie de Hudson sont faibles et petites ; ce qui paraît prouver qu'elles ne viennent pas de loin, et que par conséquent les terres qui séparent les deux mers ont peu d'étendue : cet argument est fortifié par la force et la régularité des marées. Partout où le flux et le reflux observent des temps à peu près égaux, avec la seule différence qui est occasionnée par le retardement de la lune dans son retour au méridien, on est assuré de la proximité de l'Océan, d'où viennent ces marées. Si le passage est court et qu'il ne soit pas avancé dans le nord, comme tout l'indique, on doit présumer qu'il n'est pas difficile ; la rapidité des courants qu'on observe dans ces parages et qui ne permettent pas aux glaces de s'y arrêter, ne peut que donner du poids à cette conjecture. »

Je crois, avec cet excellent écrivain, que s'il existe en effet un passage praticable, ce ne peut être que dans le fond de la baie de Hudson, et qu'on le tenterait vaine-

ment par la baie de Baffin, dont le climat est très-froid, et dont les côtes sont glacées, surtout vers le nord : mais ce qui doit faire douter encore beaucoup de l'existence de ce passage par le fond de la baie de Hudson, ce sont les terres que Behring
et Tschirikow ont découvertes, en 1741, sous la même latitude que la baie de
Hudson ; car ces terres semblent faire partie du grand continent de l'Amérique,
qui paraît continu sous cette même latitude jusqu'au cercle polaire : ainsi ce ne
serait qu'au-dessous du 55ᵉ degré que ce passage pourrait aboutir à la mer du Sud.
(*Add. Buff.*)

SUR LES LACS SALÉS DE L'ASIE.

* Dans la contrée des Tartares Uflens, ainsi appelés parce qu'ils habitent les bords
de la rivière Uf, il se trouve, dit M. Pallas, des lacs dont l'eau est aujourd'hui
salée, et qui ne l'était pas autrefois. Il dit la même chose d'un lac près de Miacs,
dont l'eau était ci-devant douce, et qui est actuellement salée.

L'un des lacs les plus fameux par la quantité de sel qu'on en tire est celui qui se
trouve vers les bords de la rivière Isel, et que l'on nomme *Soratschya*. Le sel en est
en général amer : la médecine l'emploie comme un bon purgatif ; deux onces de
ce sel forment une dose très-forte. Vers Kurtenesch, les bas-fonds se couvrent d'un
sel amer, qui s'élève comme un tapis de neige à deux pouces de hauteur ; le lac salé
de Korjackof fournit annuellement trois cent mille pieds cubiques de sel (1), le lac
de Jennu en donne aussi en abondance.

Dans les voyages de MM. de l'académie de Pétersbourg, il est fait mention du lac
salé de Jamuscha en Sibérie ; ce lac, qui est à peu près rond, n'a qu'environ neuf
lieues de circonférence. Ses bords sont couverts de sel, et le fond est revêtu de cristaux de sel. L'eau est salée au suprême degré ; et, quand le soleil y donne, le lac
paraît rouge comme une belle aurore. Le sel est blanc comme neige, et se forme
en cristaux cubiques. Il y en a une quantité si prodigieuse, qu'en peu de temps on
pourrait en charger un grand nombre de vaisseaux ; et dans les endroits où l'on en
prend, on en retrouve d'autre cinq à six jours après. Il suffit de dire que les provinces de Tobolsk et Jéniséik en sont approvisionnées, et que ce lac suffirait pour
fournir cinquante provinces semblables. La couronne s'en est réservé le commerce,
de même que celui de toutes les autres salines. Ce sel est d'une bonté parfaite ; il
surpasse tous les autres en blancheur, et on n'en trouve nulle part d'aussi propre pour
saler la viande. Dans le midi de l'Asie, on trouve aussi des lac salés ; un près de
l'Euphrate, un autre près de Barra. Il y en a encore, à ce qu'on dit, près d'Haleb et
dans l'île de Chypre à Larnaca ; ce dernier est voisin de la mer. La vallée de sel de
Barra, n'étant pas loin de l'Euphrate, pourrait être labourée, si l'on en faisait couler
les eaux dans ce fleuve, et que le terrain fût bon ; mais à présent cette terre rend

---

(1) Le pied cubique pèse trente-cinq livres, de seize onces chacune.

un bon sel pour la cuisine, et même en si grande quantité, que les vaisseaux de
Bengale le chargent en retour pour lest. (*Add. Buff.*)

ARTICLE XII.

DU FLUX ET DU REFLUX.

L'eau n'a qu'un mouvement naturel qui lui vient de sa fluidité; elle descend
toujours des lieux les plus élevés dans les lieux les plus bas, lorsqu'il n'y a point
de digues ou d'obstacles qui la retiennent ou qui s'opposent à son mouvement; et
lorsqu'elle est arrivée au lieu le plus bas, elle y reste tranquille et sans mouvement, à moins que quelque cause étrangère et violente ne l'agite et ne l'en fasse
sortir. Toutes les eaux de l'Océan sont rassemblées dans les lieux les plus bas de la
superficie de la terre; ainsi les mouvements de la mer viennent des causes extérieures. Le principal mouvement est celui du flux et du reflux, qui se fait alternativement en sens contraire, et duquel il résulte un mouvement continuel et général de toutes les mers d'orient en occident; ces deux mouvements ont un rapport
constant et régulier avec les mouvements de la lune. Dans les pleines et dans les
nouvelles lunes, ce mouvement des eaux d'orient en occident est plus sensible, aussi
bien que celui du flux et du reflux; celui-ci se fait sentir dans l'intervalle de six
heures et demie sur la plupart des rivages, en sorte que le flux arrive toutes les
fois que la lune est au-dessus ou au-dessous du méridien, et le reflux succède toutes les fois que la lune est dans son plus grand éloignement du méridien, c'est-à-
dire toutes les fois qu'elle est à l'horizon, soit à son coucher, soit à son lever. Le
mouvement de la mer d'orient en occident est continuel et constant, parce que
tout l'Océan dans le flux se meut d'orient en occident, et pousse vers l'occident
une très-grande quantité d'eau, et que le reflux ne paraît se faire en sens contraire
qu'à cause de la moindre quantité d'eau qui est alors poussée vers l'occident; car le
flux doit plutôt être regardé comme une intumescence et le reflux comme une détumescence des eaux, laquelle, au lieu de troubler le mouvement d'orient en occident, le produit et le rend continuel, quoiqu'à la vérité il soit plus fort pendant
l'intumescence, et plus faible pendant la détumescence par la raison que nous venons d'exposer.

Les principales circonstances de ce mouvement sont, 1° qu'il est plus sensible
dans les nouvelles et pleines lunes que dans les quadratures : dans le printemps et
l'automne il est aussi plus violent que dans les autres temps de l'année, et il est le
plus faible dans le temps des solstices, ce qui s'explique fort naturellement par la
combinaison des forces de l'attraction de la lune et du soleil. 2° Les vents changent
souvent la direction et la quantité de ce mouvement, surtout les vents qui soufflent
constamment de même côté; il en est de même des grands fleuves qui portent leurs
eaux dans la mer, et qui y produisent un mouvement de courant qui s'étend sou-

vent à plusieurs lieues ; et lorsque la direction du vent s'accorde avec le mouvement général, comme est celui d'orient en occident, il en devient plus sensible. On
en a un exemple dans la mer Pacifique où le mouvement d'orient en occident est
constant et très-sensible. 3° On doit remarquer que lorsqu'une partie d'un fluide se
meut, toute la masse du fluide se meut aussi : or, dans le mouvement des marées,
il y a une très-grande partie de l'Océan qui se meut sensiblement ; toute la masse
des mers se meut donc en même temps, et les mers sont agitées par ce mouvement
dans toute leur étendue et dans toute leur profondeur.

Pour bien entendre ceci, il faut faire attention à la nature de la force qui produit
le flux et le reflux, et réfléchir sur son action et sur ses effets. Nous avons dit que
la lune agit sur la terre par une force que les uns appellent attraction, et les autres
pesanteur : cette force d'attraction ou de pesanteur pénètre le globe de la terre dans
toutes les parties de sa masse ; elle est exactement proportionnelle à la quantité de
matière, et en même temps elle décroît comme le carré de la distance augmente.
Cela posé, examinons ce qui doit arriver en supposant la lune au méridien d'une
plage de la mer. La surface des eaux étant immédiatement sous la lune, est alors
plus près de cet astre que de toutes les autres parties du globe, soit de la terre, soit
de la mer ; dès lors cette partie de la mer doit s'élever vers la lune, en formant une
éminence dont le sommet correspond au centre de cet astre : pour que cette éminence puisse se former, il est nécessaire que les eaux, tant de la surface environnante que du fond de cette partie de la mer, y contribuent ; ce qu'elles font en
effet à proportion de la proximité où elles sont de l'astre qui exerce cette action
dans la raison inverse du carré de la distance. Ainsi la surface de cette partie de la
mer s'élevant la première, les eaux de la surface des parties voisines s'élèveront aussi,
mais à une moindre hauteur, et les eaux du fond de toutes ces parties éprouveront
le même effet et s'élèveront par la même cause, en sorte que, toute cette partie de
la mer devenant plus haute et formant une éminence, il est nécessaire que les eaux
de la surface et du fond des parties éloignées et sur lesquelles cette force d'attraction n'agit pas, viennent avec précipitation pour remplacer les eaux qui se sont
élevées : c'est là ce qui produit le flux qui est plus ou moins sensible sur les différentes côtes, et qui, comme l'on voit, agite la mer non-seulement à sa surface,
mais jusqu'aux plus grandes profondeurs. Le reflux arrive ensuite par la pente naturelle des eaux ; lorsque l'astre a passé et qu'il n'exerce plus sa force, l'eau, qui
s'était élevée par l'action de cette puissance étrangère, reprend son niveau et regagne les rivages et les lieux qu'elle avait été forcée d'abandonner : ensuite, lorsque
la lune passe au méridien de l'antipode du lieu où nous avons supposé qu'elle a
d'abord élevé les eaux, le même effet arrive : les eaux, dans cet instant où la lune
est absente et la plus éloignée, s'élèvent sensiblement, autant que dans le temps où
elle est présente et la plus voisine de cette partie de la mer. Dans le premier cas,
les eaux s'élèvent, parce qu'elles sont plus près de l'astre que toutes les autres parties du globe ; et dans le second cas, c'est par la raison contraire, elles ne s'élèvent
que parce qu'elles en sont plus éloignées que toutes les autres parties du globe : et

l'on voit bien que cela doit produire le même effet ; car alors les eaux de cette partie étant moins attirées que tout le reste du globe, elles s'éloigneront nécessairement du reste du globe, et formeront une éminence dont le sommet répondra au point de la moindre action, c'est-à-dire au point du ciel directement opposé à celui où se trouve la lune, ou, ce qui revient au même, au point où elle était treize heures auparavant, lorsqu'elle avait élevé les eaux la première fois : car lorsqu'elle est parvenue à l'horizon, le reflux étant arrivé, la mer est alors dans son état naturel, et les eaux sont en équilibre et de niveau ; mais quand la lune est au méridien opposé, cet équilibre ne peut plus subsister, puisque les eaux de la partie opposée à la lune étant à la plus grande dist..nce où elles puissent être de cet astre, elles sont moins attirées que le reste du globe, qui, étant intermédiaire, se trouve être plus voisin de la lune, et dès lors leur pesanteur relative, qui les tient toujours en équilibre et de niveau, les pousse vers le point opposé à la lune, pour que cet équilibre se conserve. Ainsi dans les deux cas, lorsque la lune est au méridien d'un lieu ou au méridien opposé, les eaux doivent s'élever à très-peu près de la même quantité ; et par conséquent s'abaisser et refluer de la même quantité lorsque la lune est à l'horizon, à son coucher ou à son lever. On voit bien qu'un mouvement dont la cause et l'effet sont tels que nous venons de l'expliquer, ébranle nécessairement la masse entière des mers, et la remue dans toute son étendue et dans toute sa profondeur ; et si ce mouvement paraît insensible dans les hautes mers, et lorsqu'on est éloigné des terres, il n'en est cependant pas moins réel : le fond et la surface sont remués à peu près également ; et même les eaux du fond, que les vents ne peuvent agiter comme celles de la surface, éprouvent bien plus régulièrement cette action que celles de la surface, et elles ont un mouvement plus réglé et qui est toujours alternativement dirigé de la même façon.

De ce mouvement alternatif de flux et de reflux il résulte, comme nous l'avons dit, un mouvement continuel de la mer de l'orient vers l'occident, parce que l'astre qui produit l'intumescence des eaux va lui-même d'orient en occident, et qu'agissant successivement dans cette direction, les eaux suivent le mouvement de l'astre dans la même direction. Ce mouvement de la mer d'orient en occident est très-sensible dans tous les détroits : par exemple, au détroit de Magellan, le flux élève les eaux à près de vingt pieds de hauteur, et cette intumescence dure six heures, au lieu que le reflux ou la détumescence ne dure que deux heures (1), et l'eau coule vers l'occident ; ce qui prouve évidemment que le reflux n'est pas égal au flux, et que de tous deux il résulte un mouvement vers l'occident, mais beaucoup plus fort dans le temps du flux que dans celui du reflux ; et c'est pour cette raison que, dans les hautes mers éloignées de toute terre, les marées ne sont sensibles que par le mouvement général qui en résulte, c'est-à-dire par ce mouvement d'orient en occident.

Les marées sont plus fortes, et elles font hausser et baisser les eaux bien plus

____

(1) Voyez le *Voyage de Narbrough.*

considérablement dans la zone torride entre les tropiques, que dans le reste de l'Océan; elles sont aussi beaucoup plus sensibles dans les lieux qui s'étendent d'orient en occident, dans les golfes qui sont longs et étroits, et sur les côtes où il y a des îles et des promontoires: le plus grand flux qu'on connaisse est, comme nous l'avons dit dans l'article précédent, à l'une des embouchures du fleuve Indus, où les eaux s'élèvent de trente pieds; il est aussi fort remarquable auprès de Malaye, dans le détroit de la Sonde, dans la mer Rouge, dans la baie de Nelson, à 55 degrés de latitude septentrionale, où il s'élève à quinze pieds, à l'embouchure du fleuve Saint-Laurent, sur les côtes de la Chine, sur celles du Japon, à Panama, dans le golfe de Bengale, etc.

Le mouvement de la mer d'orient en occident est très-sensible dans de certains endroits; les navigateurs l'ont souvent observé en allant de l'Inde à Madagascar et en Afrique; il se fait sentir aussi avec beaucoup de force dans la mer Pacifique, et entre les Moluques et le Brésil : mais les endroits où ce mouvement est le plus violent sont les détroits qui joignent l'Océan à l'Océan; par exemple, les eaux de la mer sont portées avec une si grande force d'orient en occident par le détroit de Magellan, que ce mouvement est sensible même à une grande distance dans l'océan Atlantique; et on prétend que c'est ce qui a fait conjecturer à Magellan qu'il y avait un détroit par lequel les deux mers avaient une communication. Dans le détroit des Manilles et dans tous les canaux qui séparent les îles Maldives, la mer coule d'orient en occident, comme aussi dans le golfe du Mexique entre Cuba et Yucatan; dans le golfe de Paria, ce mouvement est si violent, qu'on appelle le détroit la gueule du Dragon; dans la mer de Canada, ce mouvement est aussi très-violent, aussi bien que dans la mer de Tartarie et dans le détroit de Waigats, par lequel l'Océan, en coulant avec rapidité d'orient en occident, charrie des masses énormes de glace de la mer de Tartarie dans la mer du Nord de l'Europe. La mer Pacifique coule de même d'orient en occident par les détroits du Japon; la mer du Japon coule vers la Chine; l'océan Indien coule vers l'occident dans le détroit de Java et par les détroits des autres îles de l'Inde. On ne peut donc pas douter que la mer n'ait un mouvement constant et général d'orient en occident, et l'on est assuré que l'océan Atlantique coule vers l'Amérique, et que la mer Pacifique s'en éloigne, comme on le voit évidemment au cap des Courants, entre Lima et Panama.

Au reste, les alternatives du flux et du reflux sont régulières et se font de six heures et demie en six heures et demie sur la plupart des côtes de la mer, quoiqu'à différentes heures, suivant le climat et la position des côtes : ainsi les côtes de la mer sont battues continuellement des vagues qui enlèvent à chaque fois de petites parties de matières qu'elles transportent au loin et qui se déposent au fond; et de même les vagues portent sur les plages basses des coquilles, des sables qui restent sur les bords, et qui, s'accumulant peu à peu par couches horizontales, forment à la fin des dunes et des hauteurs aussi élevées que des collines, et qui sont en effet des collines tout à fait semblables aux autres collines, tant par leur forme que par leur composition intérieure; ainsi la mer apporte beaucoup de productions marines sur les plages basses, et elle emporte au loin toutes les matières qu'elle peut enlever des côtes élevées contre lesquelles elle agit, soit dans le temps du flux, soit dans le temps des orages et des grands vents.

Pour donner une idée de l'effort que fait la mer contre les hautes côtes, je crois devoir rapporter un fait qui m'a été assuré par une personne très-digne de foi, et que j'ai cru d'autant plus facilement, que j'ai vu moi-même quelque chose d'approchant. Dans la principale des îles Orcades il y a des côtes composées de rochers coupés à plomb et perpendiculaires à la surface de la mer, en sorte qu'en se plaçant au-dessus de ces rochers, on peut laisser tomber un plomb jusqu'à la surface de l'eau, en mettant la corde au bout d'une perche de neuf pieds. Cette opération, que l'on peut faire dans le temps que la mer est tranquille, a donné la mesure de la hauteur de la côte, qui est de deux cents pieds. La marée dans cet endroit est fort considérable, comme elle l'est ordinairement dans tous les endroits où il y a des terres avancées et des îles : mais lorsque le vent est fort, ce qui est très-ordinaire en Écosse, et qu'en même temps la marée monte, le mouvement est si grand et l'agitation si violente, que l'eau s'élève jusqu'au sommet des rochers qui bordent la côte, c'est-à-dire à deux cents pieds de hauteur, et qu'elle y tombe en forme de pluie ; elle jette même à cette hauteur des graviers et des pierres qu'elle détache du pied des rochers; et quelques-unes de ces pierres, au rapport du témoin oculaire que je cite ici, sont plus larges que la main.

J'ai vu moi-même dans le port de Livourne, où la mer est beaucoup plus tranquille, et où il n'y a point de marée, une tempête au mois de décembre 1731, où l'on fut obligé de couper les mâts de quelques vaisseaux qui étaient à la rade, dont les ancres avaient quitté ; j'ai vu, dis-je, l'eau de la mer s'élever au-dessus des fortifications, qui me parurent avoir une élévation très-considérable au-dessus des eaux ; et comme j'étais sur celles qui sont les plus avancées, je ne pus regagner la ville sans être mouillé de l'eau de la mer beaucoup plus qu'on ne peut l'être par la pluie la plus abondante.

Ces exemples suffisent pour faire entendre avec quelle violence la mer agit contre les côtes; cette violente agitation détruit, use, ronge et diminue peu à peu le terrain des côtes; la mer emporte toutes ces matières, et les laisse tomber dès que le calme a succédé à l'agitation. Dans ces temps d'orage, l'eau de la mer, qui est ordinairement la plus claire de toutes les eaux, est trouble et mêlée des différentes matières que le mouvement des eaux détache des côtes et du fond; et la mer rejette alors sur les rivages une infinité de choses qu'elle apporte de loin, et qu'on ne trouve jamais qu'après les grandes tempêtes, comme de l'ambre gris sur les côtes occidentales de l'Irlande, de l'ambre jaune sur celles de Poméranie, des cocos sur les côtes des Indes, etc., et quelquefois des pierres ponces et d'autres pierres singulières. Nous pouvons citer, à cette occasion, un fait rapporté dans les nouveaux Voyages aux îles de l'Amérique : « Étant à Saint-Domingue, dit l'auteur, on me donna entre autres choses quelques pierres très-légères que la mer amène à la côte quand il a fait de grands vents du sud : il y en avait une de deux pieds et demi de

long sur dix-huit pouces de large et environ un pied d'épaisseur, qui ne pesait pas
tout à fait cinq livres ; elle était blanche comme la neige, bien plus dure que les
pierres ponces, d'un grain fin, ne paraissant point du tout poreuse ; et cependant,
quand on la jetait dans l'eau, elle bondissait comme un ballon qu'on jette contre
terre, à peine enfonçait-elle un demi-travers de doigt. J'y fis faire quatre trous de
tarière pour y planter quatre bâtons, et soutenir deux planches légères qui renfermaient les pierres dont je la chargeais : j'ai eu le plaisir de lui en faire porter une
fois cent soixante livres, et une autre fois trois poids de fer de cinquante livres
pièces. Elle servait de chaloupe à mon nègre, qui se mettait dessus et allait se promener autour de la caye. » Cette pierre devait être une pierre ponce d'un grain
très-fin et serré, qui venait de quelque volcan, et que la mer avait transportée,
comme elle transporte l'ambre gris, les cocos, la pierre ponce ordinaire, les graines
des plantes, les roseaux, etc. On peut voir sur cela les discours de Ray : c'est principalement sur les côtes d'Irlande et d'Écosse qu'on a fait des observations de cette
espèce. La mer, par son mouvement général d'orient en occident, doit porter sur
les côtes de l'Amérique les productions de nos côtes ; et ce n'est peut-être que par
des mouvements irréguliers et que nous ne connaissons pas, qu'elle apporte sur
nos rivages les productions des Indes orientales et occidentales ; elle apporte aussi
des productions du nord. Il y a grande apparence que les vents entrent pour beaucoup dans les causes de ces effets. On a vu souvent dans les hautes mers, et dans
un très-grand éloignement des côtes, des plages entières couvertes de pierres
ponces : on ne peut guère soupçonner qu'elles puissent venir d'ailleurs que des
volcans des îles ou de la terre ferme, et ce sont apparemment les courants qui les
transportent au milieu des mers. Avant qu'on connût la partie méridionale de
l'Afrique, et, dans le temps où on croyait que la mer des Indes n'avait aucune
communication avec notre Océan, on commença à la soupçonner par un indice de
cette nature.

Le mouvement alternatif du flux et du reflux, et le mouvement constant de
la mer d'orient en occident, offrent différents phénomènes dans les différents
climats ; ces mouvements se modifient différemment suivant le gisement des
terres et la hauteur des côtes : il y a des endroits où le mouvement général
d'orient en occident n'est pas sensible ; il y en a d'autres où la mer a même un
mouvement contraire, comme sur la côte de Guinée ; mais ces mouvements contraires au mouvement général sont occasionnés par les vents, par la position des
terres, par les eaux des grands fleuves, et par la disposition du fond de la mer ;
toutes ces causes produisent des courants qui altèrent et changent souvent tout à
fait la direction du mouvement général dans plusieurs endroits de la mer. Mais
comme ce mouvement des mers d'orient en occident est le plus grand, le plus
général et le plus constant, il doit aussi produire les plus grands effets, et, tout
pris ensemble, la mer doit avec le temps gagner du terrain vers l'occident, et en
laisser vers l'orient, quoiqu'il puisse arriver que sur les côtes où le vent d'ouest
souffle pendant la plus grande partie de l'année, comme en France, en Angleterre,

la mer gagne du terrain vers l'orient: mais, encore une fois, ces exceptions particulières ne détruisent pas l'effet de la cause générale.

ARTICLE XIII.

DES INÉGALITÉS DU FOND DE LA MER ET DES COURANTS.

On peut distinguer les côtes de la mer en trois espèces : 1° les côtes élevées, qui
sont de rochers et de pierres dures, coupées ordinairement à plomb à une hauteur
considérable, et qui s'élèvent quelquefois à sept ou huit cents pieds ; 2° les basses
côtes, dont les unes sont unies et presque de niveau avec la surface de la mer, et
dont les autres ont une élévation médiocre et sont souvent bordées de rochers à
fleur d'eau, qui forment des brisants et rendent l'approche des terres fort difficile ;
3° les dunes, qui sont des côtes formées par les sables que la mer accumule, ou
que les fleuves déposent ; ces dunes forment des collines plus ou moins élevées.

Les côtes d'Italie sont bordées de marbres et de pierres de plusieurs espèces,
dont on distingue de loin les différentes carrières ; les rochers qui forment la côte
paraissent à une très-grande distance comme autant de piliers de marbres qui sont
coupés à plomb. Les côtes de France depuis Brest jusqu'à Bordeaux sont presque
partout environnées de rochers à fleur d'eau qui forment des brisants ; il en est de
même de celles d'Angleterre, d'Espagne, et de plusieurs autres côtes de l'Océan et
de la Méditerranée, qui sont bordées de rochers et de pierres dures, à l'exception
de quelques endroits dont on a profité pour faire les baies, les ports et les havres.

La profondeur de l'eau le long des côtes est ordinairement d'autant plus grande
que ces côtes sont plus élevées, et d'autant moindre qu'elles sont plus basses ; l'inégalité du fond de la mer le long des côtes correspond aussi ordinairement à l'inégalité de la surface du terrain des côtes. Je dois citer ici ce qu'en dit un célèbre
navigateur.

« J'ai toujours remarqué que dans les endroits où la côte est défendue par des
rochers escarpés, la mer y est très-profonde, et qu'il est rare d'y pouvoir ancrer ; et,
au contraire, dans les lieux où la terre penche du côté de la mer, quelque élevée
qu'elle soit plus avant dans le pays, le fond y est bon, et par conséquent l'ancrage.
A proportion que la côte penche ou est escarpée près de la mer, à proportion trou-
vons-nous aussi communément que le fond pour ancrer est plus ou moins profond
ou escarpé : aussi mouillons-nous plus près ou plus loin de la terre, comme nous
jugeons à propos ; car il n'y a point, que je sache, de côte au monde, ou dont
j'aie entendu parler, qui soit d'une hauteur égale et qui n'ait des hauts et des bas.
Ce sont ces hauts et ces bas, ces montagnes et ces vallées, qui font les inégalités
des côtes et des bras de mer, des petites baies et des havres, etc., où l'on peut
ancrer sûrement, parce que telle est la surface de la terre, tel est ordinairement le
fond qui est couvert d'eau. Ainsi l'on trouve plusieurs bons havres sur les côtes

où la terre borne la mer par des rochers escarpés, et cela parce qu'il y a des pentes spacieuses entre ces rochers : mais dans les lieux où la pente d'une montagne ou d'un rocher n'est pas à quelque distance en terre d'une montagne à l'autre, et que, comme sur la côte de Chili et du Pérou, le penchant va du côté de la mer, ou est dedans, que la côte est perpendiculaire ou fort escarpée depuis les montagnes voisines, comme elle est en ces pays-là depuis les montagnes d'Andes qui règnent le long de la côte, la mer y est profonde, et pour des havres ou bras de mer il n'y en a que peu ou point ; toute cette côte est trop escarpée pour y ancrer, et je ne connais point de côtes où il y ait si peu de rades commodes aux vaisseaux. Les côtes de Galice, de Portugal, de Norwége, de Terre-Neuve, etc., sont comme la côte du Pérou et des hautes îles de l'Archipélague, mais moins dépourvues de bons havres. Là où il y a de petits espaces de terre, il y a de bonnes baies aux extrémités de ces espaces dans les lieux où ils s'avancent dans la mer, comme sur la côte de Caracas, etc. Les îles de Jean Fernando, de Sainte-Hélène, etc., sont des terres hautes dont la côte est profonde. Généralement parlant, tel est le fond qui paraît au-dessus de l'eau, tel est celui que l'eau couvre ; et pour mouiller sûrement, il faut ou que le fond soit au niveau, ou que sa pente soit bien peu sensible ; car s'il est escarpé, l'ancre glisse et le vaisseau est emporté. De là vient que nous ne nous mettons jamais en devoir de mouiller dans les lieux où nous voyons les terres hautes et les montagnes escarpées qui bornent la mer : aussi, étant à vue des îles des États, proche la terre del Fuego, avant que d'entrer dans les mers du Sud, nous ne songeâmes seulement pas à mouiller après que nous eûmes vu la côte, parce qu'il nous parut près de la mer des rochers escarpés. Cependent il peut y avoir de petits havres où des barques ou autres petits bâtiments peuvent mouiller ; mais nous ne nous mîmes pas en peine de les chercher.

» Comme les côtes hautes et escarpées ont ceci d'incommode qu'on n'y mouille que rarement, elles ont aussi ceci de commode, qu'on les découvre de loin, et qu'on en peut approcher sans danger ; aussi est-ce pour cela que nous les appelons côtes hardies, ou, pour parler plus naturellement, côtes exhaussées. Mais pour les terres basses, on ne les voit que de fort près, et il y a plusieurs lieux dont on n'ose approcher, de peur d'échouer avant que de les apercevoir, d'ailleurs il y a plusieurs des bancs qui se forment par le concours des grosses rivières, qui des terres basses se jettent dans la mer.

» Ce que je viens de dire, qu'on mouille d'ordinaire sûrement près des terres basses, peut se confirmer par plusieurs exemples. Au midi de la baie de Campêche les terres sont basses pour la plupart : aussi peut-on ancrer tout le long de la côte, et il y a des endroits à l'orient de la ville de Campêche où vous avez autant de brasses d'eau que vous êtes éloigné de la terre, c'est-à-dire depuis neuf à dix lieues de distance, jusqu'à ce que vous en soyez à quatre lieues ; et de là jusqu'à la côte la profondeur va toujours en diminuant. La baie de Honduras est encore un pays bas, et continue de même tout le long de là aux côtes de Porto-Bello et de Carthagène, jusqu'à ce qu'on soit à la hauteur de Sainte-Marthe ; de là le pays est encore bas jusque vers la côte de Caracas, qui est haute. Les terres des environs de Surinam sur la même côte sont hautes, et l'ancrage y est bon ; il en est de même de là à la côte de Guinée. Telle est aussi la baie de Panama, et les livres de pilotage ordonnent aux pilotes d'avoir toujours la sonde à la main et de ne pas approcher d'une telle profondeur, soit de nuit, soit de jour. Sur les mêmes mers, depuis les hautes mers de Guatimala en Mexique jusqu'à la Californie, la plus grande partie de la côte est basse : aussi peut-on y mouiller sûrement. En Asie, la côte de la Chine, les baies de Siam et de Bengale, toute la côte de Coromandel et la côte des environs de Malacca, et près de là l'île de Sumatra du même côté, la plupart de ces côtes sont basses et bonnes pour ancrer : mais à côté de l'occident de Sumatra les côtes sont escarpées et hardies ; telles sont aussi la plupart des îles situées à l'orient de Sumatra, comme les îles de Bornéo, des Célèbes, de Gilolo, et quantité d'autres îles de moindre considération qui sont dispersées par-ci par-là sur ces mers, et qui ont de bonnes rades avec plusieurs fonds bas. Mais les îles de l'Océan de l'Inde orientale, surtout l'ouest de ces îles, sont des terres hautes et escarpées : principalement les parties occidentales, non-seulement de Sumatra, mais aussi de Java, de Timor, etc. On n'aurait jamais fait si l'on voulait produire tous les exemples qu'on pourrait trouver ; on dira seulement, en général, qu'il est rare que les hautes côtes soient sans eaux profondes, et au contraire les terres basses et les mers peu creuses se trouvent presque toujours ensemble (1). »

On est donc assuré qu'il y a des inégalités dans le fond de la mer, et des montagnes très-considérables, par les observations que les navigateurs ont faites avec la sonde. Les plongeurs assurent aussi qu'il y a d'autres petites inégalités formées par des rochers, et qu'il fait très-froid dans les vallées de la mer. En général, dans les grandes mers les profondeurs augmentent, comme nous l'avons dit, d'une manière assez uniforme, en s'éloignant ou en s'approchant des côtes. Par la carte que M. Buache a dressée de la partie de l'Océan comprise entre les côtes d'Afrique et d'Amérique, et par les coupes qu'il donne de la mer depuis le cap Tagrin jusqu'à la côte de Rio-Grande, il paraît qu'il y a des inégalités dans tout l'Océan, comme sur la terre ; que les abrolhos où il y a des vigies et où l'on trouve quelques rochers à fleur d'eau, ne sont que des sommets de très-grosses et de très-grandes montagnes dont l'île Dauphine est une des plus hautes pointes ; que les îles du cap Vert ne sont de même que des sommets de montagnes : qu'il y a un grand nombre d'écueils dans cette mer, où l'on est obligé de mettre des vigies ; qu'ensuite le terrain tout autour de ces abrolhos descend jusqu'à des profondeurs inconnues, et aussi autour de ces îles.

A l'égard de la qualité des différents terrains qui forment le fond de la mer (2),

<hr>

(1) *Voyage de Dampierre autour du monde*, t. II, pag. 476 et suivantes.

(2) M. l'abbé Dicquemare, savant physicien, a fait sur ce sujet des réflexions et quelques observations particulières, qui me paraissent s'accorder parfaitement avec ce que j'en ai dit dans ma *Théorie de la terre*.

« Les entretiens avec des pilotes de toutes langues ; la discussion des cartes et des sondes écrites, anciennes et récentes ; l'examen des corps qui s'attachent à la sonde ; l'inspection des rivages, des bancs ; celle des couches qui forment l'intérieur de la terre, jusqu'à une profondeur à peu près semblable à la longueur des lignes des sondes comme il est impossible de l'examiner de près, et qu'il faut s'en rapporter aux plongeurs et à la sonde, nous ne pouvons rien dire de bien précis : nous savons seulement qu'il y a des endroits couverts de bourbe et de vase à une grande épaisseur, et sur lesquels les ancres n'ont point de tenue ; c'est probablement dans ces endroits que se dépose le limon des fleuves. Dans d'autres endroits, ce sont des sables semblables aux sables que nous connaissons, et qui se trouvent de même de différente couleur et de différente grosseur, comme nos sables terrestres ; dans d'autres, ce sont des coquillages amoncelés des madrépores, des coraux, et d'autres productions animales, lesquelles commencent à s'unir, à prendre corps, et à former des pierres ; dans d'autres, ce sont des fragments de pierre, des graviers, et même souvent des pierres toutes formées, et des marbres : par exemple, dans les îles Maldives on ne bâtit qu'avec de la pierre dure que l'on tire sous les eaux à quelques brasses de profondeur ; à Marseille on tire de très-beau marbre du fond de la mer : j'en ai vu plusieurs échantillons ; et bien loin que la mer altère et gâte les pierres et les marbres, nous prouverons, dans notre discours sur les minéraux, que c'est dans la mer qu'ils se forment et qu'ils se conservent, au lieu que le soleil, la terre, l'air et l'eau des pluies, les corrompent et les détruisent.

Nous ne pouvons donc pas douter que le fond de la mer ne soit composé comme la terre que nous habitons, puisqu'en effet on y trouve les mêmes matières, et qu'on tire de la surface du fond de la mer les mêmes choses que nous tirons de la surface de la terre ; et de même qu'on trouve au fond de la mer de vastes endroits couverts de

les plus ordinaires ; quelques réflexions sur ce que la physique, la cosmographie et l'histoire naturelle ont de plus analogue avec cet objet, nous ont fait soupçonner, nous ont même persuadé, dit M. l'abbé Dicquemare, *qu'il doit exister, dans bien des parages, deux fonds différents, dont l'un recouvre souvent l'autre par intervalles : le fond ancien ou permanent, qu'on peut nommer fond général, et le fond accidentel ou particulier.* Le premier, qui doit faire la base d'un tableau général, est le sol même du bassin de la mer. Il est composé des mêmes couches que nous trouvons partout dans le sein de la terre, telles que la marne, la pierre, la glaise, le sable, les coquillages, que nous voyons disposés horizontalement, d'une épaisseur égale, sur une fort grande étendue... Ici, ce sera un fond de marne ; là, un de glaise, de sable, de roches. Enfin le nombre des fonds généraux qu'on peut discerner par la sonde, ne va guère qu'à six ou sept espèces. Les plus étendues et les plus épaisses de ces couches, se trouvant découvertes ou coupées en biseau, forment dans la mer de grands espaces, où l'on doit reconnaître le fond général, indépendamment de ce que les courants et autres circonstances peuvent y déposer d'étranger à sa nature. Il est encore des fonds permanents dont nous n'avons point parlé : ce sont ces étendues immenses de madrépores, de coraux, qui recouvrent souvent un fond de rochers, et ces bancs d'une énorme étendue de coquillages, que la prompte multiplication ou d'autres causes y ont accumulés ; ils y sont comme par peuplades. Une espèce paraît occuper une certaine étendue, l'espace suivant est occupé par une autre, comme on le remarque à l'égard des coquilles fossiles, dans une grande partie de l'Europe, et peut-être partout. Ce sont même ces remarques sur l'intérieur de la terre, et des lieux où la mer découvre beaucoup, où l'on voit toujours une espèce dominer comme par cantons qui nous ont mis à portée de conclure sur la prodigieuse quantité des individus, et sur l'épaisseur des bancs du fond de la mer, dont nous ne pouvons guère connaître par la sonde que la superficie.

» Le fond accidentel ou particulier... est composé d'une quantité prodigieuse de pointes d'oursins de toute espèce, que les marins nomment *pointes d'alênes* ; de fragments de coquilles quelquefois pourries de crustacés, de madrépores, de plantes marines, de pyrites, de granites arrondis par le frottement, de particules de nacre, de mica, peut-être même de talc, auxquels ils donnent des noms conformes à l'apparence ; quelques coquilles entières, mais en petite quantité, et comme semées dans des étendues médiocres ; de petits cailloux, quelques cristaux, des sables colorés, un léger limon, etc. Tous ces corps, disséminés par les courants, l'agitation de la mer, etc., provenant en partie des fleuves, des éboulements de falaises et autres causes accidentelles, ne recouvrent souvent qu'imparfaitement le fond général, qui se représente à chaque instant, quand on sonde fréquemment dans les mêmes parages... J'ai remarqué que *depuis près d'un siècle une grande partie des fonds généraux du golfe de Gascogne et de la Manche n'ont presque pas changé ; ce qui fonde encore mon opinion sur les deux fonds.* » (*Add. Buff.*)

coquillages, de madrépores et d'autres ouvrages des insectes de la mer, on trouve aussi sur la terre une infinité de carrières et de bancs de craie et d'autres matières remplies de ces mêmes coquillages, de ces madrépores, etc., en sorte qu'à tous égards les parties découvertes du globe ressemblent à celles qui sont couvertes par les eaux, soit pour la composition et pour le mélange des matières, soit par les inégalités de la superficie.

C'est à ces inégalités du fond de la mer qu'on doit attribuer l'origine des courants; car on sent bien que si le fond de l'Océan était égal et de niveau, il n'y aurait dans la mer d'autre courant que le mouvement général d'orient en occident, et quelques autres mouvements qui auraient pour cause l'action des vents, et qui en suivraient la direction : mais une preuve certaine que la plupart des courants sont produits par le flux et le reflux, et dirigés par les inégalités du fond de la mer, c'est qu'ils suivent régulièrement les marées, et qu'ils changent de direction à chaque flux et à chaque reflux. Voyez sur cet article ce que dit Pietro della Valle, vol. VI, p. 363, au sujet des courants du golfe de Cambaie, et le rapport de tous les navigateurs, qui assurent unanimement que dans les endroits où le flux et le reflux de la mer est le plus violent et le plus impétueux, les courants sont aussi plus rapides.

Ainsi on ne peut pas douter que le flux et le reflux ne produisent des courants dont la direction suit toujours celle des collines ou des montagnes opposées entre lesquelles ils coulent. Les courants qui sont produits par les vents suivent aussi la direction de ces mêmes collines qui sont cachées sous l'eau; car ils ne sont presque jamais opposés directement au vent qui les produit, non plus que ceux qui ont le flux et le reflux pour cause, ne suivent pas pour cela la même direction.

Pour donner une idée nette de la production des courants, nous observerons d'abord qu'il y en a dans toutes les mers; que les uns sont plus rapides et les autres plus lents; qu'il y en a de fort étendus tant en longueur qu'en largeur; et d'autres qui sont plus courts et plus étroits; que la même cause, soit le vent, soit le flux et le reflux, qui produit ces courants, leur donne à chacun une vitesse et une direction souvent très-différentes; qu'un vent du nord, par exemple, qui devrait donner aux eaux un mouvement général vers le sud, dans toute l'étendue de la mer où il exerce son action, produit, au contraire, un grand nombre de courants séparés les uns des autres et bien différents en étendue et en direction : quelques-uns vont droit au sud, d'autres au sud-est, d'autres au sud-ouest; les uns sont fort rapides, d'autres sont lents; il y en a de plus et moins forts, de plus et moins larges, de plus et moins étendus, et cela dans une variété de combinaisons si grande, qu'on ne peut leur trouver rien de commun que la cause qui les produit; et lorsqu'un vent contraire succède, comme cela arrive souvent dans toutes les mers, et régulièrement dans l'océan Indien, tous ces courants prennent une direction opposée à la première, et suivent en sens contraire les même routes et le même cours, en sorte que ceux qui allaient au sud vont au nord, ceux qui coulaient vers le sud-est vont au nord-ouest, et ils ont la même étendue en longueur et en largeur, la même vitesse, etc.; et leur cours au milieu des autres eaux de la mer se fait précisément de la même façon qu'il se ferait sur la terre entre deux rivages opposés et voisins, comme on le voit aux Maldives et entre toutes les îles de la mer des Indes, où les courants vont, comme les vents pendant six mois dans une direction, et pendant six autres mois dans la direction opposée. On a fait la même remarque sur les courants qui sont entre les bancs de sable et entre les hauts-fonds ; et en général tous les courants, soit qu'ils aient pour cause le mouvement du flux et du reflux, ou l'action des vents, ont chacun constamment la même étendue, la même largeur et la même direction dans tout leur cours, et ils sont très-différents les uns des autres en longueur, en largeur, en rapidité et en direction ; ce qui ne peut venir que des inégalités des collines, des montagnes et des vallées qui sont au fond de la mer, comme l'on voit qu'entre deux îles le courant suit la direction des côtes aussi bien qu'entre les bancs de sable, les écueils et les hauts-fonds. On doit donc regarder les collines et les montagnes du fond de la mer comme les bords qui contiennent et qui dirigent les courants, et dès lors un courant est un fleuve dont la largeur est déterminée par celle de la vallée dans laquelle il coule, dont la rapidité dépend de la force qui le produit, combinée avec le plus ou le moins de largeur de l'intervalle par où il doit passer, et enfin dont la direction est tracée par la position des collines et des inégalités entre lesquelles il doit prendre son cours.

Ceci étant entendu, nous allons donner une raison palpable de ce fait singulier dont nous avons parlé, de cette correspondance des angles des montagnes et des collines, qui se trouve partout, et qu'on peut observer dans tous les pays du monde. On voit, en jetant les yeux sur les ruisseaux, les rivières et toutes les eaux courantes, que les bords qui les contiennent forment toujours des angles alternativement opposés ; de sorte que quand un fleuve fait un coude, l'un des bords du fleuve forme d'un côté une avance ou un angle rentrant dans les terres , et l'autre bord forme au contraire une pointe ou un angle saillant hors des terres, et que dans toutes les sinuosités de leurs cours cette correspondance des angles alternativement opposés se trouve toujours : elle est, en effet, fondée sur les lois du mouvement des eaux et l'égalité de l'action des fluides, et il nous serait facile de démontrer la cause de cet effet ; mais il nous suffit ici qu'il soit général et universellement reconnu, et que tout le monde puisse s'assurer par ses yeux que toutes les fois que le bord d'une rivière fait une avance dans les terres, que je suppose à main gauche, l'autre bord fait, au contraire, une avance hors des terres à main droite.

Dès lors les courants de la mer, qu'on doit regarder comme de grands fleuves ou des eaux courantes sujettes aux mêmes lois que les fleuves de la terre, formeront de même, dans l'étendue de leur cours, plusieurs sinuosités, dont les avances et les angles seront rentrants d'un côté et saillants de l'autre côté ; et comme les bords de ces courants sont les collines et les montagnes qui se trouvent au-dessous ou au-dessus de la surface des eaux, ils auront donné à ces éminences cette même forme qu'on remarque aux bords des fleuves. Ainsi on ne doit pas s'étonner que nos collines et nos montagnes, qui ont été autrefois couvertes des eaux de la mer, et qui ont été formées par le sédiment des eaux , aient pris par le mouvement des courants cette figure régulière, et que tous les angles en soient alternativement opposés : elles ont été les bords des courants ou des fleuves de la mer, elles ont donc nécessairement pris une figure et des directions semblables à celles des bords des fleuves de la terre; et par conséquent toutes les fois que le bord à main gauche aura formé un angle rentrant, le bord à main droite aura formé un angle saillant, comme nous l'observons dans toutes les collines opposées.

Cela seul, indépendamment des autres preuves que nous avons données, suffirait pour faire voir que la terre de nos continents a été autrefois sous les eaux de la mer; et l'usage que je fais de cette observation de la correspondance des angles des montagnes, et la cause que j'en assigne, me paraissent être des sources de lumières et de démonstration dans le sujet dont il est question : car ce n'était point assez d'avoir prouvé que les couches extérieures de la terre ont été formées par les sédiments de la mer, que les montagnes se sont élevées par l'entassement successif de ces mêmes sédiments, qu'elles sont composées de coquilles et d'autres productions marines; il fallait encore rendre raison de cette régularité de figure des collines dont les angles sont correspondants, et en trouver la vraie cause, que personne jusqu'à présent n'avait même soupçonnée, et qui cependant, étant réunie avec les autres, forme un corps de preuves aussi complet qu'on puisse en avoir en physique, et fournit une théorie appuyée sur des faits et indépendante de toute hypothèse, sur un sujet qu'on n'avait jamais tenté par cette voie, et sur lequel il paraissait avoué qu'il était permis et même nécessaire de s'aider d'une infinité de suppositions et d'hypothèses gratuites, pour pouvoir dire quelque chose de conséquent et de systématique.

Les principaux courants de l'Océan sont ceux qu'on a observés dans la mer Atlantique près de la Guinée; ils s'étendent depuis le cap Vert jusqu'à la baie de Fernandopo : leur mouvement est d'occident en orient, et il est contraire au mouvement général de la mer, qui se fait d'orient en occident. Ces courants sont fort violents, en sorte que les vaisseaux peuvent venir en deux jours de Moura à Rio de Bénin, c'est-à-dire faire une route de plus de cent cinquante lieues, et il leur faut six ou sept semaines pour y retourner ; ils ne peuvent même sortir de ces parages qu'en profitant des vents orageux qui s'élèvent tout à coup dans ces climats : mais il y a des saisons entières pendant lesquelles ils sont obligés de rester, la mer étant continuellement calme, à l'exception du mouvement des courants, qui est toujours dirigé vers les côtes dans cet endroit; ces courants ne s'étendent guère qu'à vingt lieues de distance des côtes. Auprès de Sumatra il y a des courants rapides qui coulent du midi vers le nord, et qui probablement ont formé le golfe qui est entre Malaye et l'Inde. On trouve des courants semblables entre l'île de Java et la terre de Magellan. Il y a aussi de très-grands courants entre le cap de Bonne-Espérance et l'île de Madagascar, et sur la côte d'Afrique, entre la terre de Natal et le Cap. Dans la mer Pacifique, sur les côtes du Pérou et du reste de l'Amérique, la mer se meut du midi au nord, et il y règne constamment un vent de midi qui semble être la cause de ces courants; on observe le même mouvement du midi au nord sur les côtes du Brésil, depuis le cap Saint-Augustin jusqu'aux îles Antilles, à l'embouchure du détroit des Manilles, aux Philippines, et au Japon dans le port de Kibuxia.

Il y a des courants très-violents dans la mer voisine des îles Maldives ; et entre ces îles ces courants coulent, comme je l'ai dit, constamment pendant six mois d'orient en occident, et rétrogradent pendant les six autres mois d'occident en orient; ils suivent la direction des vents moussons, et il est probable qu'ils sont produits par ces vents, qui, comme l'on sait, soufflent dans cette mer six mois de l'est à l'ouest, et six mois en sens contraire.

Au reste, nous ne faisons ici mention que des courants dont l'étendue et la rapidité sont fort considérables, car il y a dans toutes les mers une infinité de courants que les navigateurs ne reconnaissent qu'en comparant la route qu'ils ont faite avec celle qu'ils auraient dû faire, et ils sont souvent obligés d'attribuer à l'action de ces courants la dérive (1) de leur vaisseau. Le flux et le reflux, les vents et toutes

(1) On doit ajouter à l'énumération des courants de la mer le fameux courant de *Moscka*, *Moche* ou *Male*, sur les côtes de Norwége, dont un savant suédois nous a donné la description dans les termes suivants :

« Ce courant, qui a pris son nom du rocher de Moschensiele, situé entre les deux îles de Lofœde et de Woerœn, s'étend à quatre milles vers le sud et vers le nord.

» Il est extrêmement rapide, surtout entre les rochers de Mösche et la pointe de Lofœde; mais plus il s'approche des deux iles de Woerœn et de Roest, moins il a de rapidité. Il achève son cours du nord au sud en six heures, puis du sud au nord en autant de temps.

» Ce courant est si rapide, qu'il fait un grand nombre de petits tournants, que les habitants du pays ou les Norwégiens appellent *gargamer*.

» Son cours ne suit point celui des eaux de la mer dans leur flux et dans leur réflux : il y est plutôt tout contraire. Lorsque les eaux de l'Océan montent, elles vont du sud au nord, et alors le courant va du nord au sud : lorsque la mer se retire, elle va du nord au sud, et pour lors le courant va du sud au nord.

» Ce qu'il y a de plus remarquable, c'est que tant en allant qu'en revenant, il ne décrit pas une ligne droite, ainsi que les autres courants qu'on trouve dans quelques détroits, où les eaux de la mer montent et descendent; mais il y va en ligne circulaire.

» Quand les eaux de la mer ont monté à moitié, celles du courant vont au sud-sud-est. Plus la mer s'élève, plus il se tourne vers le sud; de là il se tourne vers le sud-ouest, et du sud-ouest vers l'ouest.

» Lorsque les eaux de la mer ont entièrement monté, le courant va vers le nord-ouest, et ensuite vers le nord : vers le milieu du reflux, il recommence son cours, après l'avoir suspendu pendant quelques moments...

» Le principal phénomène qu'on observe est son retour par l'ouest du sud-sud-est vers le nord, ainsi que du nord vers le sud-est. S'il ne revenait pas par le même chemin, il serait fort difficile et presque impossible de passer de la pointe de Lofœde aux deux grandes îles de Woerœn et de Roest. Il y a cependant aujourd'hui deux paroisses qui seraient nécessairement sans habitants, si le courant ne prenait pas le chemin que je viens de dire; mais comme il le prend en effet, ceux qui veulent passer de la pointe de Lofœde à ces deux îles, attendent que la mer ait monté à moitié, parce qu'alors le courant se dirige vers l'ouest : lorsqu'ils veulent revenir de ces îles vers la pointe de Lofœde, ils attendent le mi-reflux; parce qu'alors le courant est dirigé vers le continent; ce qui fait qu'on passe avec beaucoup de facilité... Or, il n'y a point de courant sans pente; et ici l'eau monte d'un côté et descend de l'autre:

» Pour se convaincre de cette vérité, il suffit de considérer qu'il y une petite langue de terre qui s'étend à seize milles de Norwége, dans la mer, depuis la pointe de Lofœde, qui est le plus à l'ouest, jusqu'à celle de Loddinge, qui est la plus orientale. Cette petite langue de terre est environnée par la mer ; et soit pendant le flux, soit pendant le reflux, les eaux y sont toujours arrêtées, parce qu'elles ne peuvent avoir d'issue que par six petits détroits ou passages qui divisent cette langue de terre en autant de parties. Quelques-uns de ces détroits ne sont larges que d'un demi-quart de mille, et quelquefois moitié moins ; ils ne peuvent donc contenir qu'une petite quantité d'eau. Ainsi, lorsque la mer monte, les eaux qui vont vers le nord s'arrêtent en grande partie au sud de cette langue de terre : elles sont donc bien plus élevées vers le sud que vers le nord. Lorsque la mer se retire et va vers le sud, il arrive pareillement que les eaux s'arrêtent en grande partie au nord de cette langue de terre, et sont par conséquent bien plus hautes vers le nord que vers le sud.

I.   34

les autres causes qui peuvent donner de l'agitation aux eaux de la mer, doivent produire des courants, lesquels seront plus ou moins sensibles dans les différents endroits. Nous avons vu que le fond de la mer est, comme la surface de la terre, hérissé de montagnes, semé d'inégalités, et coupé par des bancs de sable; dans tous ces endroits montueux et entrecoupés, les courants seront violents, dans les lieux plats où le fond de la mer se trouvera de niveau, ils seront presque insensibles : la rapidité du courant augmentera à proportion des obstacles que les eaux trouveront, ou plutôt du rétrécissement des espaces par lesquels elles tendent à passer. Entre deux chaînes de montagnes qui seront dans la mer, il se formera nécessairement un courant qui sera d'autant plus violent que ces deux montagnes

» Les eaux arrêtées de cette manière, tantôt au nord, tantôt au sud, ne peuvent trouver d'issue qu'entre la pointe de Lofœde et de l'île de Woeroen, et qu'entre cette île et celle de Roest.

» La pente qu'elles ont lorsqu'elles descendent, cause la rapidité du courant; et par la même raison cette rapidité est plus grande vers la pointe de Lofœde que partout ailleurs. Comme cette pointe est plus près de l'endroit où les eaux s'arrêtent, la pente y est aussi plus forte; et plus les eaux du courant s'étendent vers les îles de Woeroen et de Roest, plus il perd de sa vitesse...

» Après cela, il est aisé de concevoir pourquoi ce courant est toujours diamétralement opposé à celui des eaux de la mer. Rien ne s'oppose à celle-ci, soit qu'elles montent, soit qu'elles descendent; au lieu que celles qui sont arrêtées au-dessus de la pointe de Lofœde ne peuvent se mouvoir ni en ligne droite, ni au-dessus de cette même pointe, tant que la mer n'est point descendue plus bas, et n'a pas, en se retirant, emmené les eaux que celles qui sont arrêtées au-dessus de Lofœde doivent remplacer...

» Au commencement du flux et du reflux, les eaux de la mer ne peuvent pas détourner celles du courant; mais lorsqu'elles ont monté ou descendu à moitié, elles ont assez de force pour changer de direction. Comme il ne peut alors se tourner vers l'est, parce que l'eau est toujours stable près de la pointe de Lofœde, ainsi que je l'ai déjà dit, il faut nécessairement qu'il aille vers l'ouest, où l'eau est plus basse. » Cette explication me paraît bonne et conforme aux vrais principes de la théorie des eaux courantes. »

Nous devons encore ajouter ici la description du fameux courant de Charybde et Scylla, près de la Sicile, sur lequel M. Brydone a fait nouvellement des observations qui semblent prouver que sa rapidité et la violence de tous ses mouvements est fort diminuée.

« Le fameux rocher de Scylla est sur la côte de la Calabre, le cap Pelore sur celle de Sicile, et le célèbre détroit du Phare court entre les deux. L'on entend, à quelques milles de distance de l'endroit du détroit, le mugissement du courant; il augmente à mesure qu'on s'approche, et, en plusieurs endroits. l'eau forme de grands tournants, lors même que tout le reste de la mer est uni comme une glace. Les vaisseaux sont attirés par ces tournants d'eaux, cependant on court peu de danger quand le temps est calme : mais si les vagues rencontrent ces tournants violents, elles forment une mer terrible. Le courant porte directement vers le rocher de Scylla : il est à environ un mille de l'entrée du Phare. Il faut convenir que réellement ce fameux Scylla n'approche pas de la description formidable qu'Homère en a faite; le passage n'est pas aussi prodigieusement étroit ni aussi difficile qu'il le représente : il est probable que depuis ce temps il s'est fort élargi, et que la violence du courant a diminué en même proportion. Le rocher a près de deux cents pieds d'élévation; on y trouve plusieurs cavernes et une espèce de fort bâti au sommet. Le fanal est à présent sur le cap Pelore. L'entrée du détroit entre ce cap et la Coda di Volpe en Calabre paraît avoir à peine un mille de largeur; son canal s'élargit, et il a quatre milles auprès de Messine, qui est éloignée de douze milles de l'entrée du détroit. Le célèbre gouffre ou tournant de Charybde est près de l'entrée du havre de Messine : il occasionne souvent dans l'eau un mouvement si irrégulier, que les vaisseaux ont beaucoup de peine à y entrer. Aristote fait une longue et terrible description de ce passage difficile. Homère, Lucrèce, Virgile et plusieurs autres poëtes l'ont décrit comme un objet qui inspirait la plus grande terreur. Il n'est certainement pas si formidable aujourd'hui; et il est très-probable que le mouvement des eaux depuis ce temps a émoussé les pointes escarpées des rochers, et détruit les obstacles qui resserraient les flots. Le détroit s'est élargi considérablement dans cet endroit. Les vaisseaux sont néanmoins obligés de ranger la côte de Calabre de très-près, afin d'éviter l'attraction violente occasionnée par le tournoiement des eaux; et lorsqu'ils sont arrivés à la partie la plus étroite et la plus rapide du détroit, entre le cap Pelore et Scylla, ils sont en grand danger d'être jetés directement contre ce rocher. De là vient le proverbe,

Incidit in Scyllam cupiens vitare Charybdin.

On a placé un autre fanal pour avertir les marins qu'ils approchent de Charybde, comme le fanal du cap Pelore les avertit qu'ils approchent de Scylla. » (Add. Buff.)

seront plus voisines ; il en sera de même entre deux bancs de sable ou entre deux îles voisines : aussi remarque-t-on dans l'Océan Indien, qui est entrecoupé d'une infinité d'îles et de bancs, qu'il y a partout des courants très-rapides qui rendent la navigation de cette mer fort périlleuse ; ces courants ont en général des directions semblables à celles des vents, ou du flux et du reflux qui les produisent.

Non-seulement toutes les inégalités du fond de la mer doivent former des courants, mais les côtes mêmes doivent faire un effet en partie semblable. Toutes les côtes font refouler les eaux à des distances plus ou moins considérables : ce refoulement des eaux est une espèce de courant que les circonstances peuvent rendre continuel et violent ; la position oblique d'une côte, le voisinage d'un golfe ou de quelque grand fleuve en promontoire, en un mot, tout obstacle particulier qui s'oppose au mouvement général produira toujours un courant : or, comme rien n'est plus irrégulier que le fond et les bords de la mer, on doit donc cesser d'être surpris du grand nombre de courants qu'on y trouve presque partout.

Au reste, tous ces courants ont une largeur déterminée et qui ne varie point : cette largeur du courant dépend de celle de l'intervalle qui est entre les deux éminences qui lui servent de lit. Les courants coulent dans la mer comme les fleuves coulent sur la terre, ils y produisent des effets semblables ; ils forment leur lit ; ils donnent aux éminences entre lesquelles ils coulent une figure régulière, et dont les angles sont correspondants : ce sont, en un mot, ces courants qui ont creusé nos vallées, figuré nos montagnes, et donné à la surface de notre terre, lorsqu'elle était sous l'eau de la mer, la forme qu'elle conserve encore aujourd'hui.

Si quelqu'un doutait de cette correspondance des angles des montagnes, j'oserais en appeler aux yeux de tous les hommes, surtout lorsqu'ils auront lu ce qui vient d'être dit : je demande seulement qu'on examine, en voyageant, la position des collines opposées, et les avances qu'elles font dans les vallons ; on se convaincra par ses yeux que le vallon était le lit, et les collines les bords des courants ; car les côtés opposés des collines se correspondent exactement, comme les deux bords d'un fleuve. Dès que les collines à droite du vallon font une avance, les collines à gauche du vallon font une gorge. Ces collines ont aussi, à très-peu près, la même élévation ; et il est très-rare de voir une grande inégalité de hauteur dans deux collines opposées, et séparées par un vallon : je puis assurer que plus j'ai regardé les contours et les hauteurs des collines, plus j'ai été convaincu de la correspondance des angles, et de cette ressemblance qu'elles ont avec les lits et les bords des rivières ; et c'est par des observations réitérées sur cette régularité surprenante et sur cette ressemblance frappante, que mes premières idées sur la théorie de la terre me sont venues. Qu'on ajoute à cette observation celle des couches parallèles et horizontales et celle des coquillages répandus dans toute la terre et incorporés dans toutes les différentes matières, et on verra s'il peut y avoir plus de probabilité dans un sujet de cette espèce.

ARTICLE XIV.

DES VENTS RÉGLÉS.

Rien ne paraît plus irrégulier et plus variable que la force et la direction des vents dans nos climats ; mais il y a des pays où cette irrégularité n'est pas si grande, et d'autres où le vent souffle constamment dans la même direction, et presque avec la même force.

Quoique les mouvements de l'air dépendent d'un grand nombre de causes, il y en a cependant de principales dont on peut estimer les effets ; mais il est difficile de juger des modifications que d'autres causes secondaires peuvent y apporter. La plus puissante de toutes ces causes est la chaleur du soleil, laquelle produit successivement une raréfaction considérable dans les différentes parties de l'atmosphère ; ce qui fait le vent d'est, qui souffle constamment entre les tropiques, où la raréfaction est la plus grande.

La force d'attraction du soleil, et même celle de la lune sur l'atmosphère, sont des causes dont l'effet est sensible en comparaison de celles dont nous venons de parler. Il est vrai que cette force produit dans l'air un mouvement semblable à celui du flux et du reflux dans la mer : mais ce mouvement n'est rien en comparaison des agitations de l'air qui sont produites par la raréfaction ; car il ne faut pas croire que l'air, parce qu'il a du ressort et qu'il est huit cents fois plus léger que l'eau, doive recevoir par l'action de la lune un mouvement de flux fort considérable. Pour peu qu'on y réfléchisse, on verra que ce mouvement n'est guère plus considérable que celui du flux et du reflux des eaux de la mer ; car la distance à la lune étant supposée la même, une mer d'eau ou d'air, ou de telle autre matière fluide qu'on voudra imaginer, aura à peu près le même mouvement, parce que la force qui produit ce mouvement pénètre la matière, et est proportionnelle à sa quantité. Ainsi une mer d'eau, d'air ou de vif-argent, s'élèverait à peu près à la même hauteur par l'action du soleil et de la lune ; et dès lors on voit que le mouvement que l'attraction des astres peut causer dans l'atmosphère n'est pas assez considérable pour produire une grande agitation (1) ; et quoiqu'elle doive causer un léger mouvement de l'air d'orient en occident, ce mouvement est tout à fait insensible en comparaison de celui que la chaleur du soleil doit produire en raréfiant l'air ; et comme la raréfaction sera toujours plus grande dans les endroits où le soleil est au zénith, il est clair que le courant d'air doit suivre le soleil et former un vent constant et général d'orient en occident. Ce vent souffle continuellement sur la mer dans la zone torride, et dans la plupart des endroits de la terre entre les tropiques : c'est le même vent que nous sentons au lever du soleil ; et en général les vents d'est sont bien

---

(1) L'effet de cette cause a été déterminé géométriquement dans différentes hypothèses, et calculé par M. d'Alembert. Voyez *Réflexions sur la cause générale des vents*, Paris, 1757.

plus fréquents et bien plus impétueux que les vents d'ouest; ce vent général d'orient en occident s'étend même au delà des tropiques, et il souffle si constamment dans la mer Pacifique, que les navires qui vont d'Acapulco aux Philippines font cette route, qui est de plus de deux mille sept cents lieues, sans aucun risque, et, pour ainsi dire, sans avoir besoin d'être dirigés. Il en est de même de la mer Atlantique entre l'Afrique et le Brésil; ce vent général y souffle constamment. Il se fait sentir aussi entre les Philippines et l'Afrique, mais d'une manière moins constante, à cause des îles et des différents obstacles qu'on rencontre dans cette mer : car il souffle pendant les mois de janvier, février, mars et avril, entre la côte de Mozambique et l'Inde : mais pendant les autres mois il cède à d'autres vents; et quoique ce vent d'est soit moins sensible sur les côtes qu'en pleine mer, et encore moins dans le milieu des continents que sur les côtes de la mer, cependant il y a des lieux où il souffle presque continuellement, comme sur les côtes orientales du Brésil, sur les côtes de Loange en Afrique, etc.

Ce vent d'est, qui souffle continuellement sous la ligne, fait que lorsqu'on part d'Europe pour aller en Amérique, on dirige le cours du vaisseau du nord au sud dans la direction des côtes d'Espagne et d'Afrique jusqu'à 20 degrés en deçà de la ligne, où l'on trouve ce vent d'est qui vous porte directement sur les côtes d'Amérique : et de même dans la mer Pacifique l'on fait en deux mois le voyage de Callao ou d'Acapulco aux Philippines à la faveur de ce vent d'est, qui est continuel; mais le retour des Philippines à Acapulco est plus long et plus difficile. A 28 ou 30 degrés de ce côté-ci de la ligne, on trouve des vents d'ouest assez constants; et c'est pour cela que les vaisseaux qui reviennent des Indes occidentales en Europe ne prennent pas la même route pour aller et pour revenir : ceux qui viennent de la Nouvelle-Espagne font voile le long des côtes et vers le nord jusqu'à ce qu'ils arrivent à la Havane dans l'île de Cuba, et de là ils gagnent du côté du nord pour trouver les vents d'ouest, qui les amènent aux Açores et ensuite en Espagne. De même dans la mer du Sud, ceux qui reviennent des Philippines ou de la Chine au Pérou ou au Mexique, gagnent le nord jusqu'à la hauteur du Japon, et naviguent sous ce parallèle jusqu'à une certaine distance de Californie, d'où, en suivant la côte de la Nouvelle-Espagne, ils arrivent à Acapulco. Au reste, ces vents d'est ne soufflent pas toujours du même point; mais en général ils sont au sud-est depuis le mois d'avril jusqu'au mois de novembre, et ils sont au nord-est depuis novembre jusqu'en avril.

Le vent d'est contribue par son action à augmenter le mouvement général de la mer d'orient en occident : il produit aussi des courants qui sont constants et qui ont leur direction, les uns de l'est à l'ouest, les autres de l'est au sud-ouest ou au nord-ouest, suivant la direction des éminences et des chaînes de montagnes qui sont au fond de la mer, dont les vallées ou les intervalles qui les séparent servent de canaux à ces courants. De même les vents alternatifs qui soufflent tantôt de l'est, et tantôt de l'ouest, produisent aussi des courants qui changent de direction en même temps que ces vents en changent aussi.

Les vents qui soufflent constamment pendant quelques mois sont ordinairement suivis de vents contraires, et les navigateurs sont obligés d'attendre celui qui leur est favorable; lorsque ces vents viennent à changer, il y a plusieurs jours et quelquefois un mois ou deux de calme ou de tempêtes dangereuses.

Ces vents généraux, causés par la raréfaction de l'atmosphère, se combinent différemment par différentes causes dans différents climats. Dans la partie de la mer Atlantique qui est sous la zone tempérée, le vent du nord souffle presque constamment pendant les mois d'octobre, novembre, décembre et janvier : c'est pour cela que ces mois sont les plus favorables pour s'embarquer lorsqu'on veut aller de l'Europe aux Indes, afin de passer la ligne à la faveur de ces vents ; et l'on sait par expérience que les vaisseaux qui partent au mois de mars d'Europe, n'arrivent quelquefois pas plus tôt au Brésil que ceux qui partent au mois d'octobre suivant. Le vent du nord règne presque continuellement pendant l'hiver dans la Nouvelle-Zemble et dans les autres côtes septentrionales. Le vent du midi souffle pendant le mois de juillet au cap Vert : c'est alors le temps des pluies, ou l'hiver de ces climats. Au cap de Bonne-Espérance le vent de nord-ouest souffle pendant le mois de septembre. A Patna, dans l'Inde, ce même vent du nord-ouest souffle pendant les mois de novembre, décembre et janvier, et il produit de grandes pluies ; mais les vents d'est soufflent pendant les neuf autres mois. Dans l'océan Indien, entre l'Afrique et l'Inde, et jusqu'aux îles Moluques, les vents moussons règnent d'orient en occident depuis janvier jusqu'au commencement de juin, et les vents d'occident commencent aux mois d'août et de septembre, et pendant l'intervalle de juin et de juillet il y a de très-grandes tempêtes, ordinairement par des vents du nord : mais sur les côtes ces vents varient davantage qu'en pleine mer.

Dans le royaume de Guzarate et sur les côtes de la mer voisine, les vents de nord soufflent depuis le mois de mars jusqu'au mois de septembre, et pendant les autres mois de l'année il règne presque toujours des vents de midi. Les Hollandais, pour revenir de Java, partent ordinairement aux mois de janvier et de février par un vent d'est qui se fait sentir jusqu'à 18 degrés de latitude australe, et ensuite ils trouvent des vents de midi qui les portent jusqu'à Sainte-Hélène.

Il y a des vents réglés qui sont produits par la fonte des neiges ; les anciens Grecs les ont observés. Pendant l'été les vents de nord-ouest et pendant l'hiver ceux de sud-ouest se font sentir en Grèce, dans la Thrace, dans la Macédoine, dans la mer Égée, et jusqu'en Égypte et en Afrique ; on remarque des vents de même espèce dans le Congo, à Guzarate, à l'extrémité de l'Afrique, qui sont tous produits par la fonte des neiges. Le flux et le reflux de la mer produisent aussi des vents réglés qui ne durent que quelques heures, et dans plusieurs endroits on remarque des vents qui viennent de terre pendant la nuit, et de la mer pendant le jour, comme sur les côtes de la Nouvelle-Espagne, sur celles de Congo, à la Havane, etc.

Les vents de nord sont assez réglés dans les climats des cercles polaires : mais plus on approche de l'équateur, plus ces vents de nord sont faibles ; ce qui est commun aux deux pôles.

Dans l'océan Atlantique et Éthiopique il y a un vent d'est général entre les tropiques, qui dure toute l'année sans aucune variation considérable, à l'exception de quelques petits endroits où il change suivant les circonstances et la position des côtes. 1° Auprès de la côte d'Afrique, aussitôt que vous avez passé les îles Canaries, vous êtes sûr de trouver un vent frais de nord-est à environ 28 degrés de latitude nord : ce vent passe rarement le nord-est ou le nord-nord-est, et il vous accompagne jusqu'à 10 degrés de latitude nord, à environ cent lieues de la côte de Guinée, où l'on trouve au 4° degré latitude nord les calmes et tornados; 2° ceux qui vont aux îles Canaries trouvent, en approchant de l'Amérique, que ce même vent de nord-est tourne de plus en plus à l'est, à mesure qu'on approche davantage; 3° les limites de ces vents variables dans cet Océan sont plus grandes sur les côtes d'Amérique que sur celles d'Afrique. Il y a dans cet Océan un endroit où les vents de sud et de sud-ouest sont continuels; savoir, tout le long de la côte de Guinée dans un espace d'environ cinq cents lieues, depuis Sierra-Leona jusqu'à l'île de Saint-Thomas. L'endroit le plus étroit de cette mer est depuis la Guinée jusqu'au Brésil, où il n'y a qu'environ cinq cents lieues : cependant les vaisseaux qui partent de la Guinée ne dirigent pas leur cours droit au Brésil, mais ils descendent du côté du sud, surtout lorsqu'ils partent aux mois de juillet et d'août, à cause des vents de sud-est qui règnent dans ce temps.

Dans la mer Méditerranée le vent souffle de la terre vers la mer au coucher du soleil, et au contraire de la mer vers la terre au lever, en sorte que le matin c'est un vent du levant, et le soir un vent du couchant. Le vent du midi, qui est pluvieux et qui souffle ordinairement à Paris, en Bourgogne et en Champagne, au commencement de novembre, et qui cède à une bise douce et tempérée, produit le beau temps qu'on appelle vulgairement l'été de la Saint-Martin.

Le docteur Lister, d'ailleurs bon observateur, prétend que le vent d'est général qui se fait sentir entre les tropiques pendant toute l'année, n'est produit que par la respiration de la plante appelée lentille de mer, qui est extrêmement abondante dans ces climats, et que la différence des vents sur la terre ne vient que de la différente disposition des arbres et des forêts; et il donne très-sérieusement cette ridicule imagination pour cause des vents, en disant qu'à l'heure de midi le vent est plus fort, parce que les plantes ont plus chaud et respirent l'air plus souvent, et qu'il souffle d'orient en occident, parce que toutes les plantes font un peu le tournesol, et respirent toujours du côté du soleil.

D'autres auteurs, dont les vues étaient plus saines, ont donné pour cause de ce vent constant le mouvement de la terre sur son axe : mais cette opinion n'est que spécieuse, et il est facile de faire comprendre aux gens même les moins initiés en mécanique, que tout fluide qui environnerait la terre, ne pourrait avoir aucun mouvement particulier en vertu de la rotation du globe, que l'atmosphère ne peut avoir d'autre mouvement que celui de cette même rotation, et que tout tournant ensemble et à la fois, ce mouvement de rotation est aussi insensible dans l'atmosphère qu'il l'est à la surface de la terre.

La principale cause de ce mouvement constant est, comme nous l'avons dit, la chaleur du soleil; on peut voir sur cela le traité de Halley dans les *Transactions philosophiques*; et en général toutes les causes qui produiront dans l'air une raréfaction ou une condensation considérable, produiront des vents dont les directions seront toujours directes ou opposées aux lieux où sera la plus grande rréfaction ou la plus grande condensation.

La pression des nuages, les exhalaisons de la terre, l'inflammation des météores, la résolution des vapeurs en pluie, etc., sont aussi des causes qui toutes produisent des agitations considérables dans l'atmosphère; chacune de ces causes se combinant de différentes façons produit des effets différents. Il me paraît donc qu'on tenterait vainement de donner une théorie des vents, et qu'il faut se borner à travailler à en faire l'histoire: c'est dans cette vue que j'ai rassemblé des faits qui pourront y servir.

Si nous avions une suite d'observations sur la direction, la force et la variation des vents, dans les différents climats; si cette suite d'observations était exacte et assez étendue pour qu'on pût voir d'un coup d'œil le résultat de ces vicissitudes de l'air dans chaque pays, je ne doute pas qu'on n'arrivât à ce degré de connaissance dont nous sommes encore si fort éloignés, à une méthode par laquelle nous pourrions prévoir et prédire les différents états du ciel et la différence des saisons: mais il n'y a pas assez longtemps qu'on fait des observations météorologiques, il y en a beaucoup moins qu'on les fait avec soin, et il s'en écoulera peut-être beaucoup avant qu'on sache en employer les résultats, qui sont cependant les seuls moyens que nous ayons pour arriver à quelque connaissance positive sur ce sujet.

Sur la mer, les vents sont plus réguliers que sur la terre, parce que la mer est un espace libre, et dans lequel rien ne s'oppose à la direction du vent; sur la terre, au contraire, les montagnes, les forêts, les villes, etc., forment des obstacles qui font changer la direction des vents, et qui souvent produisent des vents contraires aux premiers. Ces vents réfléchis par les montagnes se font souvent sentir dans toutes les provinces qui en sont voisines, avec une impétuosité souvent aussi grande que celle du vent direct qui les produit; ils sont aussi très-irréguliers parce que leur direction dépend du contour, de la hauteur et de la situation des montagnes qui les réfléchissent. Les vents de mer soufflent avec plus de force et plus de continuité que les vents de terre; ils sont aussi beaucoup moins variables et durent plus longtemps. Dans les vents de terre, quelque violents qu'ils soient, il y a des moments de rémission et quelquefois des instants de repos; dans ceux de mer, le courant d'air est constant et continuel sans aucune interruption: la différence de ces effets dépend de la cause que nous venons d'indiquer.

En général, sur la mer, les vents d'est et ceux qui viennent des pôles sont plus forts que les vents d'ouest et que ceux qui viennent de l'équateur; dans les terres, au contraire, les vents d'ouest et du sud sont plus ou moins violents que les vents d'est et du nord, suivant la situation des climats. Au printemps et en automne les vents sont plus violents qu'en été ou en hiver, tant sur mer que sur terre; on peut en donner plusieurs raisons : 1° le printemps et l'automne sont les saisons des plus grandes marées, et par conséquent les vents que ces marées produisent sont plus violents dans ces deux saisons ; 2° le mouvement que l'action du soleil et de la lune produit dans l'air, c'est-à-dire le flux et le reflux de l'atmosphère, est aussi plus grand dans la saison des équinoxes ; 3° la fonte des neiges au printemps, et la résolution des vapeurs que le soleil a élevées pendant l'été, qui retombent en pluies abondantes pendant l'automne, produisent, ou du moins augmentent les vents ; 4° le passage du chaud au froid, ou du froid au chaud, ne peut se faire sans augmenter ou diminuer considérablement le volume de l'air, ce qui seul doit produire de très-grands vents.

On remarque souvent dans l'air des courants contraires ; on voit des nuages qui se meuvent dans une direction, et d'autres nuages plus élevés ou plus bas que les premiers, qui se meuvent dans une direction contraire ; mais cette contrariété de mouvement ne dure pas longtemps, et n'est ordinairement produite que par la résistance de quelque nuage à l'action du vent, et par la répulsion du vent direct qui règne seul dès que l'obstacle est dissipé.

Les vents sont plus violents dans les lieux élevés que dans les plaines ; et plus on monte dans les hautes montagnes, plus la force du vent augmente jusqu'à ce qu'on soit arrivé à la hauteur ordinaire des nuages, c'est-à-dire à environ un quart ou un tiers de lieue de hauteur perpendiculaire : au delà de cette hauteur le ciel est ordinairement serein, au moins pendant l'été, et le vent diminue ; on prétend même qu'il est tout à fait insensible au sommet des plus hautes montagnes : cependant la plupart de ces sommets, et même les plus élevés, étant couverts de glace et de neige, il est naturel de penser que cette région de l'air est agitée par les vents dans le temps de la chute de ces neiges ; ainsi ce ne peut être que pendant l'été que les vents ne s'y font pas sentir. Ne pourrait-on pas dire qu'en été les vapeurs légères qui s'élèvent au sommet de ces montagnes retombent en rosée, au lieu qu'en hiver elles se condensent, se gèlent, et retombent en neige ou en glace, ce qui peut produire en hiver des vents au-dessus de ces montagnes, quoiqu'il n'y en ait point en été ?

Un courant d'air augmente de vitesse comme un courant d'eau, lorsque l'espace de son passage se rétrécit : le même vent qui ne se fait sentir que médiocrement dans une plaine large et découverte, devient violent en passant par une gorge de montagne, ou seulement entre deux bâtiments élevés, et le point de la plus violente action du vent est au-dessus de ces mêmes bâtiments, ou de la gorge de la montagne ; l'air étant comprimé par la résistance de ces obstacles, a plus de masse, plus de densité, et la même vitesse subsistant, l'effort ou le coup du vent, le *momentum*, en devient beaucoup plus fort. C'est ce qui fait qu'auprès d'une église ou d'une tour les vents semblent être beaucoup plus violents qu'ils ne le sont à une certaine distance de ces édifices. J'ai souvent remarqué que le vent réfléchi par un bâtiment isolé ne laissait pas d'être bien plus violent que le vent direct qui produisait ce vent réfléchi : et lorsque j'en ai cherché la raison, je n'en ai pas trouvé d'autre que celle que je viens de rapporter : l'air chassé se comprime contre ce bâtiment et se réfléchit non-seulement avec la vitesse qu'il avait auparavant, mais encore avec plus de masse ; ce qui rend en effet son action beaucoup plus violente (1).

A ne considérer que la densité de l'air, qui est plus grande à la surface de la terre que dans tout autre point de l'atmosphère, on serait porté à croire que la plus grande action du vent devrait être aussi à la surface de la terre, et je crois que cela est en effet ainsi toutes les fois que le ciel est serein : mais lorsqu'il est chargé de nuages, la plus violente action du vent est à la hauteur de ces nuages, qui sont plus denses que l'air, puisqu'ils tombent en forme de pluie ou de grêle. On doit donc dire que la force du vent doit s'estimer non-seulement par sa vitesse, mais aussi par la densité de l'air, de quelque cause que puisse provenir cette densité, et qu'il doit arriver souvent qu'un vent qui n'aura pas plus de vitesse qu'un autre vent, ne laissera pas de renverser des arbres et des édifices, uniquement parce que l'air poussé par ce vent sera plus dense. Ceci fait voir l'imperfection des machines qu'on a imaginées pour mesurer la vitesse du vent.

Les vents particuliers, soit qu'ils soient directs ou réfléchis, sont plus violents que les vents généraux. L'action interrompue des vents de terre dépend de cette compression de l'air, qui rend chaque bouffée beaucoup plus violente qu'elle ne le serait si le vent soufflait uniformément ; quelque fort que soit un vent continu, il ne causera jamais les désastres que produit la fureur de ces vents qui soufflent, pour ainsi dire, par accès : nous en donnerons des exemples dans l'article qui suit.

On pourrait considérer les vents et leurs différentes directions sous des points de vue généraux, dont on tirerait peut-être des inductions utiles ; par exemple, il me paraît qu'on pourrait diviser les vents par zones ; que le vent d'est qui s'étend à environ 25 ou 30 degrés de chaque côté de l'équateur, doit être regardé comme exerçant son action tout autour du globe dans la zone torride : le vent du nord souffle presque aussi constamment dans la zone froide que le vent d'est dans la zone torride ; et on a reconnu qu'à la Terre-de-Feu et dans les endroits les moins éloignés du pôle austral où l'on est parvenu, le vent vient aussi du pôle. Ainsi l'on

(1) Je dois rapporter ici une observation qui me paraît avoir échappé à l'attention des physiciens, quoique tout le monde soit en état de la vérifier ; c'est que le vent réfléchi est plus violent que le vent direct, et d'autant plus qu'on est plus près de l'obstacle qui le renvoie. J'en ai fait nombre de fois l'expérience, en approchant d'une tour qui a près de cent pieds de hauteur, et qui se trouve située au nord, à l'extrémité de mon jardin, à Montbard : lorsqu'il souffle un grand vent du midi, on se sent fortement poussé jusqu'à trente pas de la tour, après quoi il y a intervalle de cinq ou six pas où l'on cesse d'être poussé, et où le vent, qui est réfléchi par la tour, fait, pour ainsi dire, équilibre avec le vent direct : après cela, plus on approche de la tour, et plus le vent qui en est réfléchi est violent ; il vous repousse en arrière avec beaucoup plus de force que le vent direct ne vous poussait en avant. La cause de cet effet, qui est général, et dont on peut faire l'épreuve contre tous les grands bâtiments, contre les collines coupées à plomb, etc., n'est pas difficile à trouver. L'air dans le vent direct n'agit que par sa vitesse et sa masse ordinaire ; dans le vent réfléchi, la vitesse est un peu diminuée, mais la masse est considérablement augmentée par la compression que l'air souffre contre l'obstacle qui le réfléchit ; et comme la quantité de tout mouvement est composée de la vitesse multipliée par la masse, cette quantité est bien plus grande après la compression qu'auparavant. C'est une masse d'air ordinaire qui vous pousse dans le premier cas, et c'est une masse d'air une ou deux fois plus dense qui vous repousse dans le second cas. (*Add. Buff.*)

peut dire que le vent d'est occupant la zone torride, les vents du nord occupent les zones froides ; et à l'égard des zones tempérées, les vents qui y règnent ne sont, pour ainsi dire, que des courants d'air, dont le mouvement est composé de ceux de ces deux vents principaux qui doivent produire tous les vents dont la direction tend à l'occident ; et à l'égard des vents d'ouest dont la direction tend à l'orient, et qui règnent souvent dans la zone tempérée, soit dans la mer Pacifique, soit dans l'Océan Atlantique, on peut les regarder comme des vents réfléchis par les terres de l'Asie et de l'Amérique, mais dont la première origine est due aux vents d'est et de nord.

Quoique nous ayons dit que, généralement parlant, le vent d'est règne tout autour du globe à environ 25 ou 30 degrés de chaque côté de l'équateur, il est cependant vrai que dans quelques endroits il s'étend à une bien moindre distance, et que sa direction n'est pas partout de l'est à l'ouest ; car en deçà de l'équateur il est un peu est-nord-est, et au delà de l'équateur, il est est-sud-est ; et plus on s'éloigne de l'équateur, soit au nord, soit au sud, plus la direction du vent est oblique : l'équateur est la ligne sous laquelle la direction du vent de l'est à l'ouest est la plus exacte. Par exemple, dans l'Océan Indien le vent général d'orient en occident ne s'étend guère au delà de 15 degrés : en allant de Goa au cap de Bonne-Espérance on ne trouve ce vent d'est qu'au delà de l'équateur, environ au 12ᵉ degré de latitude sud, et il ne se fait pas sentir en deçà de l'équateur ; mais lorsqu'on est arrivé à ce 12ᵉ degré de latitude sud, on a ce vent jusqu'au 28ᵉ degré de latitude sud. Dans la mer qui sépare l'Afrique de l'Amérique, il y a un intervalle, qui est depuis le 4ᵉ degré de latitude nord jusqu'au 10ᵉ ou 11ᵉ degré de latitude nord, où ce vent général n'est pas sensible ; mais au delà de ce 10ᵉ ou 11ᵉ degré, ce vent règne et s'étend jusqu'au 30ᵉ degré.

Il y a aussi beaucoup d'exceptions à faire au sujet des vents moussons, dont le mouvement est alternatif : les uns durent plus ou moins longtemps, les autres s'étendent à de plus grandes ou à de moindres distances ; les autres sont plus ou moins réguliers, plus ou moins violents. Nous rapporterons ici, d'après Varenius, les principaux phénomènes de ces vents. « Dans l'Océan Indien, entre l'Afrique et l'Inde jusqu'aux Moluques, les vents d'est commencent à régner au mois de janvier, et durent jusqu'au commencement de juin ; au mois d'août ou de septembre commence le mouvement contraire, et les vents d'ouest règnent pendant trois ou quatre mois ; dans l'intervalle de ces moussons, c'est-à-dire à la fin de juin, au mois de juillet et au commencement d'août, il n'y a sur cette mer aucun vent frais, et on éprouve de violentes tempêtes qui viennent du septentrion.

» Ces vents sont sujets à de plus grandes variations en approchant des terres ; car les vaisseaux ne peuvent partir de la côte de Malabar, non plus que des autres ports de la côte occidentale de la presqu'île de l'Inde, pour aller en Afrique, en Arabie, en Perse, etc., que depuis le mois de janvier jusqu'au mois d'avril ou de mai : car dès la fin de mai et pendant les mois de juin, de juillet et d'août, il se fait de si violentes tempêtes par les vents de nord ou de nord-est, que les vaisseaux ne peuvent tenir à la mer ; au contraire, de l'autre côté de cette presqu'île, c'est-à-dire sur la mer qui baigne la côte de Coromandel, on ne connaît point ces tempêtes.

» On part de Java, de Ceylan et de plusieurs endroits au mois de septembre pour aller aux îles Moluques, parce que le vent d'occident commence alors à souffler dans ces parages ; cependant, lorsqu'on s'éloigne de l'équateur de 15 degrés de latitude australe, on perd ce vent d'ouest et on retrouve le vent général, qui est dans cet endroit un vent de sud-est. On part de même de Cochin, pour aller à Malacca, au mois de mars, parce que les vents d'ouest commencent à souffler dans ce temps. Ainsi ces vents d'occident se font sentir en différents temps dans la mer des Indes : on part, comme l'on voit, dans un temps pour aller de Java aux Moluques, dans un autre temps pour aller de Cochin à Malacca, dans un autre pour aller de Malacca à la Chine, et encore dans un autre pour aller de la Chine au Japon.

» A Banda les vents d'occident finissent à la fin de mars ; il règne des vents variables et des calmes pendant le mois d'avril ; au mois de mai les vents d'orient recommencent avec une grande violence. A Ceylan les vents d'occident commencent vers le milieu du mois de mars, et durent jusqu'au commencement d'octobre que reviennent les vents d'est, ou plutôt d'est-nord-est. A Madagascar, depuis le milieu d'avril jusqu'à la fin de mai, on a des vents de nord et de nord-ouest ; mais au mois de février et de mars ce sont des vents d'orient et de midi. De Madagascar au cap de Bonne-Espérance, le vent du nord et les vents collatéraux soufflent pendant les mois de mars et d'avril. Dans le golfe de Bengale le vent de midi se fait sentir avec violence après le 20 d'avril ; auparavant il règne dans cette mer des vents de sud-ouest ou de nord-ouest. Les vents d'ouest sont aussi très-violents dans la mer de la Chine pendant les mois de juin et de juillet ; c'est aussi la saison la plus convenable pour aller de la Chine au Japon : mais pour revenir du Japon à la Chine, ce sont les mois de février et de mars qu'on préfère, parce que les vents d'est ou de nord-est règnent alors dans cette mer.

» Il y a des vents qu'on peut regarder comme particuliers à de certaines côtes : par exemple, le vent du sud est presque continuel sur les côtes du Chili et du Pérou : il commence au 46ᵉ degré ou environ de latitude sud, et il s'étend jusqu'au delà de Panama ; ce qui rend le voyage de Lima à Panama beaucoup plus aisé à faire et plus court que le retour. Les vents d'occident soufflent presque continuellement, ou du moins très-fréquemment, sur les côtes de la terre Magellanique, aux environs du détroit de Le Maire ; sur la côte de Malabar les vents de nord et de nord-ouest règnent presque continuellement ; sur la côte de Guinée le vent de nord-ouest est aussi fort fréquent, et à une certaine distance de cette côte, en pleine mer, on retrouve le vent de nord-est ; les vents d'occident règnent sur les côtes du Japon, aux mois de novembre et de décembre. »

Les vents alternatifs ou périodiques dont nous venons de parler sont des vents de mer ; mais il y a aussi des vents de terre qui sont périodiques, et qui reviennent

ou dans une certaine saison, ou à de certains jours, ou même à de certaines heures :
par exemple, sur la côte de Malabar, depuis le mois de septembre jusqu'au mois
d'avril, il souffle un vent de terre qui vient du côté de l'orient ; ce vent commence
ordinairement à minuit et finit à midi, et il n'est plus sensible dès qu'on s'éloigne
à douze ou quinze lieues de la côte ; et depuis midi jusqu'à minuit il règne un vent
de mer qui est fort faible, et qui vient de l'occident : sur la côte de la Nouvelle-Espagne en Amérique, et sur celle de Congo en Afrique, il règne des vents de terre
pendant la nuit, et des vents de mer pendant le jour ; à la Jamaïque les vents soufflent de tous côtés à la fois pendant la nuit, et les vaisseaux ne peuvent alors y arriver sûrement, ni en sortir avant le jour.

En hiver, le port de Cochin est inabordable, et il ne peut en sortir aucun vaisseau, parce que les vents y soufflent avec une telle impétuosité, que les bâtiments
ne peuvent pas tenir à la mer, et que d'ailleurs le vent d'ouest, qui y souffle avec
fureur, amène à l'embouchure du fleuve de Cochin une si grande quantité de sable,
qu'il est impossible aux navires, et même aux barques, d'y entrer pendant six mois
de l'année ; mais les vents d'est qui soufflent pendant les six autres mois, repous-
sent ces sables dans la mer, et rendent libre l'entrée de la rivière. Au détroit de
Bab-el-Mandel il y a des vents de sud-est qui règnent tous les ans dans la même
saison, et qui sont toujours suivis de vents de nord-ouest. A Saint-Domingue il y
a deux vents différents qui s'élèvent régulièrement presque chaque jour : l'un, qui
est un vent de mer, vient du côté de l'orient, et il commence à dix heures du matin ;
l'autre, qui est un vent de terre, et qui vient de l'occident, s'élève à six ou sept
heures du soir, et dure toute la nuit. Il y aurait plusieurs autres faits de cette espèce à tirer des voyageurs, dont la connaissance pourrait peut-être nous conduire
à donner une histoire des vents, qui serait un ouvrage très-utile pour la navigation
et pour la physique.

SUR L'ÉTAT DE L'AIR AU-DESSUS DES HAUTES MONTAGNES.

* Il est prouvé, par des observations constantes et mille fois réitérées, que plus
on s'élève au-dessus du niveau de la mer ou des plaines, plus la colonne de mercure des baromètres descend, et que par conséquent le poids de la colonne d'air diminue d'autant plus qu'on s'élève plus haut ; et comme l'air est un fluide élastique
et compressible, tous les physiciens ont conclu de ces expériences du baromètre,
que l'air est beaucoup plus comprimé et plus dense dans les plaines, qu'il ne l'est
au-dessus des montagnes. Par exemple, si le baromètre, étant à vingt-sept pouces
au haut de la montagne, ce qui fait un tiers de différence dans le poids de la colonne
d'air, on a dit que la compression de cet élément étant toujours proportionnelle
au poids incombant, l'air du haut de la montagne est en conséquence d'un tiers
moins dense que celui de la plaine, puisqu'il est comprimé par un poids moindre
d'un tiers. Mais de fortes raisons me font douter de la vérité de cette conséquence,
qu'on a regardée comme légitime et même naturelle.

Faisons pour un moment abstraction de cette compressibilité de l'air que plusieurs causes peuvent augmenter, diminuer, détruire ou compenser; supposons que l'atmosphère soit également dense partout : si son épaisseur n'était que de trois lieues, il est sûr qu'en s'élevant à une lieue, c'est-à-dire de la plaine au haut de la montagne, le baromètre, étant chargé d'un tiers de moins, descendrait de vingt-sept pouces à dix-huit. Or l'air, quoique compressible, me paraît être également dense à toutes les hauteurs, et voici les faits et les réflexions sur lesquels je fonde cette opinion.

1° Les vents sont aussi puissants, aussi violents au-dessus des plus hautes montagnes que dans les plaines les plus basses ; tous les observateurs sont d'accord sur ce fait. Or si l'air y était d'un tiers moins dense, leur action serait d'un tiers plus faible, et tous les vents ne seraient que des zéphyrs à une lieue de hauteur, ce qui est absolument contraire à l'expérience.

2° Les aigles et plusieurs autres oiseaux, non-seulement volent au sommet des plus hautes montagnes, mais même ils s'élèvent encore au dessus à de grandes hauteurs. Or je demande s'ils pourraient exécuter leur vol, ni même se soutenir dans un fluide qui serait une fois moins dense, et si le poids de leur corps, malgré tous leurs efforts, ne les ramènerait pas en bas.

3° Tous les observateurs qui ont grimpé au sommet des plus hautes montagnes conviennent qu'on y respire aussi facilement que partout ailleurs, et que la seule incommodité qu'on y ressent est celle du froid, qui augmente à mesure qu'on s'élève plus haut. Or si l'air était d'un tiers moins dense au sommet des montagnes, la respiration de l'homme, et des oiseaux qui s'élèvent encore plus haut, serait non-seulement gênée, mais arrêtée, comme nous le voyons dans la machine pneumatique dès qu'on a pompé le quart ou le tiers de la masse de l'air contenu dans le récipient.

4° Comme le froid condense l'air autant que la chaleur le raréfie, et qu'à mesure qu'on s'élève sur les hautes montagnes, le froid augmente d'une manière très-sensible, n'est-il pas nécessaire que les degrés de la condensation de l'air suivent le rapport du degré du froid ? et cette condensation peut égaler et même surpasser celle de l'air des plaines, où la chaleur qui émane de l'intérieur de la terre est bien plus grande qu'au sommet des montagnes, qui sont les pointes les plus avancées et les plus refroidies de la masse du globe. Cette condensation de l'air par le froid, dans les hautes régions de l'atmosphère, doit donc compenser la diminution de densité produite par la diminution de la charge ou poids incombant, et par conséquent l'air doit être aussi dense sur les sommets froids des montagnes que dans les plaines. Je serais même porté à croire que l'air y est plus dense, puisqu'il semble que les vents y soient plus violents; et que les oiseaux qui volent au-dessus de ces sommets de montagnes semblent se soutenir dans les airs d'autant plus aisément qu'ils s'élèvent plus haut.

De là je pense qu'on peut conclure que l'air libre est à peu près également dense à toutes les hauteurs, et que l'atmosphère aérienne ne s'étend pas à beaucoup près aussi haut qu'on l'a déterminé, en ne considérant l'air que comme une masse élastique, comprimée par le poids incombant : ainsi l'épaisseur totale de notre atmosphère pourrait bien n'être que de trois lieues, au lieu de quinze ou vingt comme l'ont dit les physiciens (1).

Nous concevons à l'entour de la terre une première couche de l'atmosphère, qui est remplie de vapeurs qu'exhale ce globe, tant par sa chaleur propre que par celle du soleil. Dans cette couche, qui s'étend à la hauteur des nuages, la chaleur que répandent les exhalaisons du globe produit et soutient une raréfaction qui fait équilibre à la pression de la masse d'air supérieur, de manière que la couche basse de l'atmosphère n'est point aussi dense qu'elle le devrait être à proportion de la pression qu'elle éprouve : mais à la hauteur où cette raréfaction cesse, l'air subit toute la condensation que lui donne le froid de cette région où la chaleur émanée du globe est fort atténuée, et cette condensation paraît même être plus grande que celle que peut imprimer sur les régions inférieures, soutenues par la raréfaction, le poids des couches supérieures : c'est du moins ce que me semble prouver un autre phénomène, qui est la condensation et la suspension des nuages dans la couche élevée où nous les voyons se tenir. Au-dessous de cette moyenne région, dans laquelle le froid et la condensation commencent, les vapeurs s'élèvent sans être visibles, si ce n'est dans quelques circonstances où une partie de cette couche froide paraît se rabattre jusqu'à la surface de la terre ; et où la chaleur émanée de la terre, éteinte pendant quelques moments par des pluies, se ranimant avec plus de force, les vapeurs s'épaississent à l'entour de nous en brumes et en brouillards ; sans cela elles ne deviennent visibles que lorsqu'elles arrivent à cette région où le froid les condense en flocons, en nuages, et par là même arrête leur ascension, leur gravité, augmentée à proportion qu'elles sont devenues plus denses, les établissant dans un équilibre qu'elles ne peuvent plus franchir. On voit que les nuages sont généralement plus élevés en été, et constamment encore plus élevés dans les climats chauds ; c'est que, dans cette saison et dans ces climats, la couche de l'évaporation de la terre a plus de hauteur. Au contraire, dans les plages glaciales des pôles, où cette évaporation de la chaleur du globe est beaucoup moindre, la couche dense de l'air paraît toucher à la surface de la terre et y retenir les nuages qui ne s'élèvent plus, et enveloppent ces parages d'une brume perpétuelle. (*Add. Buff.*)

SUR QUELQUES VENTS QUI VARIENT RÉGULIÈREMENT.

* Il y a de certains climats et de certaines contrées particulières où les vents

---

(1) M. Alhazen, par la durée des crépuscules, a prétendu que la hauteur de l'atmosphère est de 44,331 toises. Kepler, par cette même durée, lui donne 41,110 toises.

M. de La Hire, en parlant de la réfraction horizontale de 32 minutes, établit le terme moyen de la hauteur de l'atmosphère à 34,585 toises.

M. Mariotte, par ses expériences sur la compressibilité de l'air, donne à l'atmosphère plus de 80,000 toises. Cependant, en ne prenant pour l'atmosphère que la partie de l'air où s'opère la réfraction, ou du moins presque la totalité de la réfraction, M. Bouguer ne trouve que 5,158 toises, c'est-à-dire deux lieues et demie ou trois lieues ; et je crois ce résultat plus certain et mieux fondé que tous les autres.

varient, mais constamment et régulièrement, les uns au bout de six mois, les autres
après quelques semaines, et enfin d'autres du jour à la nuit, ou du soir au matin.
J'ai dit, page 277 de ce volume, « qu'à Saint-Domingue il y a deux vents différents qui,
» s'élèvent régulièrement presque chaque jour ; que l'un est un vent de mer qui
» vient de l'orient, et que l'autre est un vent de terre qui vient de l'occident. »
M. Fresnaye m'a écrit que je n'avais pas été exactement informé. « Les deux vents
réguliers, dit-il, qui soufflent à Saint-Domingue, sont tous deux des vents de mer,
et soufflent l'un de l'est le matin, et l'autre de l'ouest le soir, qui n'est que le même
vent renvoyé ; comme il est évident que c'est le soleil qui le cause, il y a un
moment de bourrasque que tout le monde remarque entre une heure et deux de
l'après-midi. Lorsque le soleil a décliné, raréfiant l'air de l'ouest, il chasse dans l'est
les nuages que le vent du matin avait confinés dans la partie opposée. Ce sont ces
nuages renvoyés qui, depuis avril et mai jusque vers l'automne, donnent dans la
partie du Port-au-Prince les pluies réglées qui viennent constamment de l'est. Il n'y
a pas d'habitant qui ne prédise la pluie du soir entre six et neuf heures, lorsque,
suivant leur expression, *la brise a été renvoyée.* Le vent d ouest ne dure pas toute la
nuit, il tombe régulièrement vers le soir ; et c'est lorsqu'il a cessé que les nuages
poussés à l'orient ont la liberté de tomber, dès que leur poids excède un pareil
volume d'air. Le vent que l'on sent la nuit est exactement un vent de terre, qui
n'est ni de l'est ni de l'ouest, mais dépend de la projection de la côte. Au Port-au-
Prince, ce vent du midi est d'un froid intolérable dans les mois de janvier et de
février : comme il traverse la ravine de la rivière froide, il y est modifié (1). »

SUR LES LAVANGES.

* Dans les hautes montagnes, il y a des vents accidentels qui sont produits par
des causes particulières, et notamment par les lavanges. Dans les Alpes, aux environs des glacières, on distingue plusieurs espèces de lavanges. Les unes sont
appelées *lavanges venteuses,* parce qu'elles produisent un grand vent ; elles se forment lorsqu'une neige nouvellement tombée vient à être mise en mouvement, soit
par l'agitation de l'air, soit en fondant par-dessous au moyen de la chaleur intérieure de la terre : alors la neige se pelotonne, s'accumule et tombe en coulant en
grosses masses vers le vallon ; ce qui cause une grande agitation dans l'air, parce
qu'elle coule avec rapidité et en très-grand volume, et les vents que ces masses
produisent sont si impétueux, qu'ils renversent tout ce qui s'oppose à leur passage,
jusqu'à rompre de gros sapins. Ces lavanges couvrent d'une neige très-fine tout le
terrain auquel elles peuvent atteindre, et cette poudre de neige voltige dans l'air
au caprice des vents, c'est-à-dire sans direction fixe ; ce qui rend ces neiges dangereuses pour les gens qui se trouvent alors en campagne, parce qu'on ne sait pas

(1) Note communiquée à M. de Buffon par M. Fresnaye, conseiller au conseil supérieur de Saint-Domingue, en
date du 10 mars 1777. (*Add. Buff.*)

trop de quel côté tourner pour les éviter, car en peu de moments on se trouve enveloppé et même entièrement enfoui dans la neige.

Une autre espèce de lavanges, encore plus dangereuse que la première, sont celles que les gens du pays appellent *schlaglauwen*, c'est-à-dire *lavanges frappantes* ; elles ne surviennent pas aussi rapidement que les premières, et néanmoins elles renversent tout ce qui se trouve sur leur passage, parce qu'elles entraînent avec elles une grande quantité de terres, de pierres, de cailloux, et même des arbres tout entiers, en sorte qu'en passant et en arrivant dans le vallon, elles tracent un chemin de destruction en écrasant tout ce qui s'oppose à leur passage. Comme elles marchent moins rapidement que les lavanges qui ne sont que de neige, on les évite plus aisément : elles s'annoncent de loin ; car elles ébranlent, pour ainsi dire, les montagnes et les vallons par leur poids et leur mouvement, qui causent un bruit égal à celui du tonnerre.

Au reste, il ne faut qu'une très-petite cause pour produire ces terribles effets ; il suffit de quelques flocons de neige tombés d'un arbre ou d'un rocher, ou même du son des cloches, du bruit d'une arme à feu, pour que quelques portions de neige se détachent du sommet, se pelotonnent et grossissent en descendant jusqu'à devenir une masse aussi grosse qu'une petite montagne.

Les habitants des contrées sujettes aux lavanges ont imaginé des précautions pour se garantir de leurs effets ; ils placent leurs bâtiments contre quelques petites éminences qui puissent rompre la force de la lavange : ils plantent aussi des bois derrière leurs habitations ; on peut voir au mont Saint-Gothard une forêt de forme triangulaire, dont l'angle aigu est tourné vers le mont, et qui semble plantée exprès pour détourner les lavanges et les éloigner du village d'Urseren et des bâtiments situés au pied de la montagne ; et il est défendu, sous de grosses peines, de toucher à cette forêt, qui est, pour ainsi dire, la sauvegarde du village. On voit de même, dans plusieurs autres endroits, des murs de précaution dont l'angle aigu est opposé à la montagne, afin de rompre et détourner les lavanges ; il y a une muraille de cette espèce à Davis, au pays des Grisons, au-dessus de l'église du milieu, comme aussi vers les bains de Leuk ou Louèche en Valais. On voit dans ce même pays des Grisons et dans quelques autres endroits, dans les gorges de montagne, des voûtes de distance en distance, placées à côté du chemin et taillées dans le roc, qui servent aux passagers de refuge contre les lavanges. (*Add. Buff.*)

ARTICLE XV.

DES VENTS IRRÉGULIERS, DES OURAGANS, DES TROMBES ET DE QUELQUES AUTRES PHÉNOMÈNES CAUSÉS PAR L'AGITATION DE LA MER ET DE L'AIR.

Les vents sont plus irréguliers sur terre que sur mer, et plus irréguliers dans les pays élevés que dans les pays de plaines. Les montagnes non-seulement changent la direction des vents, mais même elles en produisent qui sont ou constants ou variables suivant les différentes causes : la fonte des neiges qui sont au-dessus des montagnes produit ordinairement des vents constants qui durent quelquefois assez longtemps ; les vapeurs qui s'arrêtent contre les montagnes, et qui s'y accumulent, produisent des vents variables, qui sont très-fréquents dans tous les climats, et il y a autant de variations dans ces mouvements de l'air, qu'il y a d'inégalités sur la surface de la terre. Nous ne pouvons donc donner sur cela que des exemples, et rapporter les faits qui sont avérés ; et comme nous manquons d'observations suivies sur la variation des vents, et même sur celle des saisons dans les différents pays, nous ne prétendons pas expliquer toutes les causes de ces différences, et nous nous bornerons à indiquer celles qui nous paraîtront les plus naturelles et les plus probables.

Dans les détroits, sur toutes les côtes avancées, à l'extrémité et aux environs de tous les promontoires, des presqu'îles et des caps, et dans tous les golfes étroits, les orages sont fréquents ; mais il y a outre cela des mers beaucoup plus orageuses que d'autres. L'Océan Indien, la mer du Japon, la mer Magellanique, celle de la côte d'Afrique au delà des Canaries, et de l'autre côté vers la terre de Natal, la mer Rouge, la mer Vermeille, sont toutes fort sujettes aux tempêtes. L'Océan Atlantique est aussi plus orageux que le grand Océan, qu'on a appelé, à cause de sa tranquillité, *mer Pacifique :* cependant cette mer Pacifique n'est absolument tranquille qu'entre les tropiques, et jusqu'au quart environ des zones tempérées ; et plus on approche des pôles, plus elle est sujette à des vents variables, dont le changement subit cause souvent des tempêtes.

Tous les continents terrestres sont sujets à des vents variables qui produisent souvent des effets singuliers : dans le royaume de Cachemire, qui est environné des montagnes du Caucase, on éprouve à la montagne Pire-Pinjale des changements soudains ; on passe, pour ainsi dire, de l'été à l'hiver en moins d'une heure : il y règne deux vents directement opposés, l'un de nord et l'autre de midi, que, selon Bernier, on sent successivement en moins de deux cents pas de distance. La position de cette montagne doit être singulière, et mériterait d'être observée. Dans la presqu'île de l'Inde, qui est traversée du nord au sud par les montagnes de Gate, on a l'hiver d'un côté de ces montagnes, et l'été de l'autre côté dans le même temps, en sorte que sur la côte de Coromandel l'air est serein et tranquille, et fort chaud, tandis qu'à celle de Malabar, quoique sous la même latitude, les pluies, les orages, les tempêtes, rendent l'air aussi froid qu'il peut l'être dans ce climat ; et au contraire lorsqu'on a l'été à Malabar, on a l'hiver à Coromandel. Cette même différence se trouve des deux côtés du cap de Rasalgate en Arabie : dans la partie de la mer qui est au nord du cap, il règne une grande tranquillité, tandis que dans la partie qui est au sud on éprouve de violentes tempêtes. Il en est encore de même dans l'île de Ceylan : l'hiver et les grands vents se font sentir dans la partie septentrionale de l'île, tandis que dans les parties méridionales il fait un très-beau temps d'été ; et au contraire quand la partie septentrionale jouit de la douceur de l'été, la partie méridionale à son tour est plongée dans un air sombre, orageux et pluvieux. Cela arrive non-seulement dans plusieurs endroits du continent des Indes, mais aussi dans plusieurs îles : par exemple, à Céram, qui est une longue île dans le voisinage d'Amboine, on a l'hiver dans la partie septentrionale de l'île, et l'été en même temps dans la partie méridionale, et l'intervalle qui sépare les deux saisons n'est pas de trois ou quatre lieues.

En Égypte il règne souvent pendant l'été des vents du midi qui sont si chauds, qu'ils empêchent la respiration ; ils élèvent une si grande quantité de sable, qu'il semble que le ciel est couvert de nuages épais ; ce sable est si fin et il est chassé avec tant de violence, qu'il pénètre partout, et même dans les coffres les mieux fermés : lorsque ces vents durent plusieurs jours, ils causent des maladies épidémiques, et souvent elles sont suivies d'une grande mortalité. Il pleut très-rarement en Égypte ; cependant tous les ans il y a quelques jours de pluie pendant les mois de décembre, janvier et février. Il s'y forme aussi des brouillards épais qui sont plus fréquents que les pluies, surtout aux environs du Caire : ces brouillards commencent au mois de novembre, et continuent pendant l'hiver ; ils s'élèvent avant le lever du soleil ; pendant toute l'année il tombe une rosée si abondante, lorsque le ciel est serein, qu'on pourrait la prendre pour une petite pluie.

Dans la Perse l'hiver commence en novembre et dure jusqu'en mars : le froid y est assez fort pour y former de la glace, et il tombe beaucoup de neige dans les montagnes, et souvent un peu dans les plaines ; depuis le mois de mars jusqu'au mois de mai il s'élève des vents qui soufflent avec force et qui ramènent la chaleur ; du mois de mai au mois de septembre le ciel est serein, et la chaleur de la saison est modérée pendant la nuit par des vents frais qui s'élèvent tous les soirs, et qui durent jusqu'au lendemain matin ; et en automne il se fait des vents qui, comme ceux du printemps, soufflent avec force ; cependant, quoique ces vents soient assez violents, il est rare qu'ils produisent des ouragans et des tempêtes : mais il s'élève souvent pendant l'été, le long du golfe Persique, un vent très-dangereux que les habitants appellent *Samyel*, et qui est encore plus chaud et plus terrible que celui d'Égypte dont nous venons de parler ; ce vent est suffoquant et mortel ; son action est presque semblable à celle d'un tourbillon de vapeur enflammée, et on ne peut en éviter les effets lorsqu'on s'y trouve malheureusement enveloppé. Il s'élève aussi sur la mer Rouge, en été, et sur les terres de l'Arabie, un vent de même espèce qui suffoque les hommes et les animaux, et qui transporte une si grande quantité de sable, que bien des gens prétendent que cette mer se trouvera comblée avec le temps par l'entassement successif des sables qui y tombent : il y a souvent de ces nuées de sable en Arabie, qui obscurcissent l'air et qui forment des tourbillons dangereux. A la Vera-Cruz, lorsque le vent de nord souffle, les maisons de la ville sont presque enterrées sous le sable qu'un vent pareil amène : il s'élève aussi des vents chauds en été à Négapatan dans la presqu'île de l'Inde, aussi bien qu'à Péta-pouli et à Masulipatan. Ces vents brûlants, qui font périr les hommes, ne sont heureusement pas de longue durée, mais ils sont violents ; et plus ils ont de vitesse, et plus ils sont brûlants, au lieu que tous les autres vents rafraîchissent d'autant plus qu'ils ont plus de vitesse. Cette différence ne vient que du degré de chaleur de l'air : tant que la chaleur de l'air est moindre que celle du corps des animaux, le mouvement de l'air est rafraîchissant ; mais si la chaleur de l'air est plus grande que celle du corps, alors le mouvement de l'air ne peut qu'échauffer et brûler. A Goa, l'hiver, ou plutôt le temps des pluies et des tempêtes, est aux mois de mai, de juin et de juillet ; sans cela les chaleurs y seraient insupportables.

Le cap de Bonne-Espérance est fameux par ses tempêtes et par le nuage singulier qui les produit : ce nuage ne paraît d'abord que comme une petite tache ronde dans le ciel, et les matelots l'ont appelé *œil de bœuf* ; j'imagine que c'est parce qu'il se soutient à une très-grande hauteur qu'il paraît si petit. De tous les voyageurs qui ont parlé de ce nuage, Kolbe me paraît être celui qui l'a examiné avec le plus d'attention : voici ce qu'il en dit, tome I, pages 224 et suivantes : « Le nuage qu'on voit sur les montagnes de *la Table*, ou du *Diable*, ou du *Vent*, est composé, si je ne me trompe, d'une infinité de petites particules poussées premièrement contre les montagnes du cap qui sont à l'est, par les vents d'est qui règnent pendant presque toute l'année dans la zone torride ; ces particules ainsi poussées sont arrêtées dans leur cours par ces hautes montagnes, et se ramassent sur leur côté oriental ; alors elles deviennent visibles et y forment de petits monceaux ou assemblages de nuages, qui, étant incessamment poussés par le vent d'est, s'élèvent au sommet de ces montagnes. Ils n'y restent pas longtemps tranquilles et arrêtés ; contraints d'avancer, ils s'engouffrent entre les collines qui sont devant eux, où ils sont serrés et pressés comme dans une manière de canal ; le vent les presse au-dessous, et les côtés opposés des deux montagnes les retiennent à droite et à gauche. Lorsqu'en avançant toujours ils parviennent au pied de quelque montagne où la campagne est un peu plus ouverte, ils s'étendent, se déploient et deviennent de nouveau invisibles ; mais bientôt ils sont chassés sur les montagnes par les nouveaux nuages qui sont poussés derrière eux, et parviennent ainsi, avec beaucoup d'impétuosité, sur les montagnes les plus hautes du Cap, qui sont celles du *Vent* et de *la Table*, où règne alors un vent tout contraire : là il se fait un conflit affreux, ils sont poussés par derrière et repoussés par devant ; ce qui produit des tourbillons horribles, soit sur les hautes montagnes dont je parle, soit dans la vallée de *la Table*, où ces nuages voudraient se précipiter. Lorsque le vent de nord-ouest a cédé le champ de bataille, celui du sud-est augmente et continue de souffler avec plus ou moins de violence pendant son semestre ; il se renforce pendant que le nuage de l'œil de bœuf est épais parce que les particules qui viennent s'y amasser par derrière, s'efforcent d'avancer ; il diminue lorsqu'il est moins épais, parce qu'alors moins de particules pressent par derrière ; il baisse entièrement lorsque le nuage ne paraît plus, parce qu'il n'y vient plus de l'est de nouvelles particules, ou qu'il n'en arrive pas assez ; le nuage enfin ne se dissipe point, ou plutôt paraît toujours à peu près de même grosseur, parce que de nouvelles matières remplacent par derrière celles qui se dissipent par devant.

» Toutes ces circonstances du phénomène conduisent à une hypothèse qui en explique si bien toutes les parties : 1° Derrière la montagne de *la Table* on remarque une espèce de sentier ou une traînée de légers brouillards blancs, qui, commençant sur la descente orientale de cette montagne, aboutit à la mer et occupe dans son étendue les montagnes de *Pierre*. Je me suis très-souvent occupé à contempler cette traînée, qui, suivant moi, était causée par le passage rapide des particules dont je parle, depuis les montagnes de *Pierre* jusqu'à celle de *la Table*.

» Ces particules, que je suppose, doivent être extrêmement embarrassées dans leur marche par les fréquents chocs et contre-chocs causés non-seulement par les montagnes, mais encore par les vents de sud et d'est qui règnent aux lieux circonvoisins du Cap : c'est ici ma seconde observation. J'ai déjà parlé des deux montagnes qui sont situées sur les pointes de la baie *Falzo* ou fausse baie : l'une s'appelle *la Lèvre pendante*, et l'autre *Norwége*. Lorsque les particules que je conçois sont poussées sur ces montagnes par les vents d'est, elles en sont repoussées par les vents du sud, ce qui les porte sur les montagnes voisines ; elles y sont arrêtées pendant quelque temps et y paraissent en nuages, comme elles le faisaient sur les deux montagnes de la baie *Falzo*, et même un peu davantage. Ces nuages sont souvent fort épais sur la *Hollande* Hottentote, sur les montagnes de *Stellenbosch*, de *Drakenstein* et de *Pierre*, mais surtout sur la montagne de *la Table* et sur celle du *Diable*.

» Enfin ce qui confirme mon opinion est que constamment deux ou trois jours avant que les vents de sud-est soufflent, on aperçoit sur *la Tête du lion* de petits nuages noirs qui la couvrent ; ces nuages sont, suivant moi, composés de particules dont j'ai parlé : si le vent de nord-ouest règne encore lorsqu'elles arrivent, elles sont arrêtées dans leur course ; mais elles ne sont jamais chassées fort loin jusqu'à ce que le vent de sud-est commence. »

Les premiers navigateurs qui ont approché du cap de Bonne-Espérance ignoraient les effets de ces nuages funestes, qui semblent se former lentement et tranquillement, et sans aucun mouvement sensible dans l'air, et qui tout d'un coup lancent la tempête et causent un orage qui précipite les vaisseaux dans le fond de la mer, surtout lorsque les voiles sont déployées. Dans la terre de Natal il se forme aussi un petit nuage semblable à l'*œil de bœuf* du cap de Bonne-Espérance, et de ce nuage il sort un vent terrible et qui produit les mêmes effets. Dans la mer qui est entre l'Afrique et l'Amérique, surtout sous l'équateur, et dans les parties voisines de l'équateur, il s'élève très-souvent de ces espèces de tempêtes. Près de la côte de Guinée il se fait quelquefois trois ou quatre de ces orages en un jour : ils sont causés et annoncés, comme ceux du cap de Bonne-Espérance, par de petits nuages noirs ; le reste du ciel est ordinairement fort serein et la mer tranquille. Le premier coup de vent qui sort de ces nuages est furieux, et ferait périr les vaisseaux en pleine mer si l'on ne prenait pas auparavant la précaution de caler les voiles. C'est principalement aux mois d'avril, de mai et de juin qu'on éprouve ces tempêtes sur la mer de Guinée, parce qu'il n'y règne aucun vent réglé dans cette saison, et plus bas, en descendant de Loango, la saison de ces orages sur la mer voisine des côtes de Loango est celle des mois de janvier, février, mars et avril. De l'autre côté de l'Afrique, au cap de Guardafui, il s'élève de ces espèces de tempêtes au mois de mai, et les nuages qui les produisent sont ordinairement au nord, comme ceux du cap de Bonne-Espérance.

Toutes ces tempêtes sont donc produites par des vents qui sortent d'un nuage, et qui ont une direction, soit du nord au sud, soit du nord-est au sud-ouest, etc. : mais il y a d'autres espèces de tempêtes que l'on appelle des ouragans, qui sont encore plus violentes que celles-ci, et dans lesquelles les vents semblent venir de tous les côtés ; ils ont un mouvement de tourbillon et de tournoiement auquel rien ne peut résister. Le calme précède ordinairement ces horribles tempêtes, et la mer paraît alors aussi unie qu'une glace ; mais dans un instant la fureur des vents élève les vagues jusqu'aux nues. Il y a des endroits dans la mer où l'on ne peut pas aborder, parce que alternativement il y a toujours ou des calmes ou des ouragans de cette espèce : les Espagnols ont appelé ces endroits *calmes* et *tornados*. Les plus considérables sont auprès de la Guinée, à deux ou trois degrés latitude nord : ils ont environ trois cents ou trois cent cinquante lieues de longueur sur autant de largeur, ce qui fait un espace de plus de cent mille lieues carrées. Le calme ou les orages sont presque continuels sur cette côte de Guinée, et il y a des vaisseaux qui y ont été retenus trois mois sans pouvoir sortir.

Lorsque les vents contraires arrivent à la fois dans le même endroit, comme à un centre, ils produisent ces tourbillons et ces tournoiements d'air par la contrariété de leur mouvement, comme les courants contraires produisent dans l'eau des gouffres ou des tournoiements : mais lorsque ces vents trouvent en opposition d'autres vents qui contre-balancent de loin leur action, alors ils tournent autour d'un grand espace dans lequel il règne un calme perpétuel ; et c'est ce qui forme les calmes dont nous parlons, et desquels il est souvent impossible de sortir. Ces endroits de la mer sont marqués sur les globes de Senex, aussi bien que les directions des différents vents qui règnent ordinairement dans toutes les mers. A la vérité je serais porté à croire que la contrariété seule des vents ne pourrait pas produire cet effet, si la direction des côtes et la forme particulière du fond de la mer dans ces endroits n'y contribuaient pas ; j'imagine donc que les courants causés en effet par les vents, mais dirigés par la forme des côtes et des inégalités du fond de la mer, viennent tous aboutir dans ces endroits, et que leurs directions opposées et contraires forment les *tornados* en question dans une plaine environnée de tous côtés d'une chaîne de montagnes.

Les gouffres ne paraissent être autre chose que des tournoiements d'eau causés par l'action de deux ou de plusieurs courants opposés. L'Euripe, si fameux par la mort d'Aristote, absorbe et rejette alternativement les eaux sept fois en vingt-quatre heures : ce gouffre est près des côtes de la Grèce. Le Charybde, qui est près du détroit de Sicile, rejette et absorbe les eaux trois fois en vingt-quatre heures. Au reste, on n'est pas trop sûr du nombre de ces alternatives de mouvement dans ces gouffres. Le docteur Placentia, dans son traité qui a pour titre *l'Egeo redivivo*, dit que

l'Euripe a des mouvements irréguliers pendant dix-huit ou dix-neuf jours de chaque mois, et des mouvements réguliers pendant onze jours; qu'ordinairement il
ne grossit que d'un pied, et rarement de deux pieds; il dit aussi que les auteurs ne
s'accordent pas sur le flux et le reflux de l'Euripe; que les uns disent qu'il se fait
deux fois, d'autres sept, d'autres onze, d'autres douze, d'autres quatorze fois en
vingt-quatre heures; mais que *Loirius* l'ayant examiné de suite pendant un jour
entier, il l'avait observé à chaque six heures d'une manière évidente et avec un
mouvement si violent, qu'à chaque fois il pouvait faire tourner alternativement
les roues d'un moulin.

Le plus grand gouffre que l'on connaisse est celui de la mer de Norwége; on assure qu'il a plus de vingt lieues de circuit; il absorbe pendant six heures tout ce
qui est dans son voisinage, l'eau, les baleines, les vaisseaux, et rend ensuite pendant autant de temps tout ce qu'il a absorbé.

Il n'est pas nécessaire de supposer dans le fond de la mer des trous et des abîmes
qui engloutissent continuellement les eaux, pour rendre raison de ces gouffres; on
sait que quand l'eau a deux directions contraires, la composition de ces mouvements produit un tournoiement circulaire, et semble former un vide dans le centre
de ce mouvement, comme on peut l'observer dans plusieurs endroits auprès des
piles qui soutiennent les arches des ponts, surtout dans les rivières rapides. Il en
est de même des gouffres de la mer: ils sont produits par le mouvement de deux
ou plusieurs courants contraires; et comme le flux et le reflux sont la principale
cause des courants, en sorte que pendant le flux ils sont dirigés d'un côté, et que
pendant le reflux ils vont en sens contraire, il n'est pas étonnant que les gouffres
qui résultent de ces courants attirent et engloutissent pendant quelques heures tout
ce qui les environne, et qu'ils rejettent ensuite pendant tout autant de temps tout
ce qu'ils ont absorbé.

Les gouffres ne sont donc que des tournoiements d'eau qui sont produits par des
courants opposés, et les ouragans ne sont que des tourbillons ou tournoiements
d'air produits par des vents contraires : ces ouragans sont communs dans la mer de
la Chine et du Japon, dans celle des îles Antilles, et en plusieurs autres endroits
de la mer, surtout auprès des terres avancées et des côtes élevées; mais ils sont encore plus fréquents sur la terre, et les effets en sont quelquefois prodigieux. « J'ai
vu, dit Bellarmin, je ne le croirais pas si je ne l'eusse pas vu, une fosse énorme
creusée par le vent, et toute la terre de cette fosse emportée sur un village, en sorte
que l'endroit d'où la terre avait été enlevée paraissait un trou épouvantable, et que
le village fut entièrement enterré par cette terre transportée (1). » On peut voir
dans l'*Histoire de l'Académie des sciences* et dans les *Transactions philosophiques* le détail des effets de plusieurs ouragans qui paraissent inconcevables, et qu'on aurait
de la peine à croire, si les faits n'étaient attestés par un grand nombre de témoins
oculaires, véridiques et intelligents.

(1) Bellarminus, *de ascensu mentis in Deum.*

Il en est de même des trombes, que les navigateurs ne voient jamais sans crainte et sans admiration. Ces trombes sont fort fréquentes auprès de certaines côtes de la Méditerranée, surtout lorsque le ciel est fort couvert, et que le vent souffle en même temps de plusieurs côtés ; elles sont plus communes près des caps de Laodicée, de Grecgo et de Carmel que dans les autres parties de la Méditerranée. La plupart de ces trombes sont autant de cylindres d'eau qui tombent des nues, quoiqu'il semble quelquefois, surtout quand on est à quelque distance, que l'eau de la mer s'élève en haut.

Mais il faut distinguer deux espèces de trombes. La première, qui est la trombe dont nous venons de parler, n'est autre chose qu'une nuée épaisse, comprimée, resserrée et réduite en un petit espace par des vents opposés et contraires, lesquels, soufflant en même temps de plusieurs côtés, donnent à la nuée la forme d'un tourbillon cylindrique, et font que l'eau tombe tout à la fois sous cette forme cylindrique ; la quantité d'eau est si grande et la chute en est si précipitée, que si malheureusement une de ces trombes tombait sur un vaisseau, elle le briserait et le submergerait dans un instant. On prétend, et cela pourrait être fondé, qu'en tirant sur la trombe plusieurs coups de canons chargés à boulets, on la rompt, et que cette commotion de l'air la fait cesser assez promptement : cela revient à l'effet des cloches qu'on sonne pour écarter les nuages qui portent le tonnerre et la grêle.

L'autre espèce de trombe s'appelle typhon ; et plusieurs auteurs ont confondu le typhon avec l'ouragan, surtout en parlant des tempêtes de la mer de la Chine, qui est en effet sujette à tous deux : cependant ils ont des causes bien différentes. Le typhon ne descend pas des nuages comme la première espèce de trombe ; il n'est pas uniquement produit par le tournoiement des vents comme l'ouragan : il s'élève de la mer vers le ciel avec une grande violence ; et quoique ces typhons ressemblent aux tourbillons qui s'élèvent sur la terre en tournoyant, ils ont une autre origine. On voit souvent, lorsque les vents sont violents et contraires, les ouragans élever des tourbillons de sable, de terre, et souvent ils enlèvent et transportent dans ce tourbillon les maisons, les arbres, les animaux. Les typhons de mer, au contraire, restent dans la même place, et ils n'ont pas d'autre cause que celle des feux souterrains ; car la mer est alors dans une grande ébullition, et l'air est si fort rempli d'exhalaisons sulfureuses, que le ciel paraît caché d'une croûte couleur de cuivre, quoiqu'il n'y ait aucun nuage et qu'on puisse voir à travers ces vapeurs le soleil et les étoiles : c'est à ces feux souterrains qu'on peut attribuer la tiédeur de la mer de la Chine en hiver, où ces typhons sont très-fréquents (1).

Nous allons donner quelques exemples de la manière dont ils se produisent. Voici ce que dit Thévenot dans son *Voyage du Levant* : « Nous vîmes des trombes dans le golfe Persique, entre les îles Quésomo, Laréca et Ormus. Je crois que peu de personnes ont considéré les trombes avec toute l'attention que j'ai faites, dans la rencontre dont je viens de parler, et peut-être qu'on n'a jamais fait les remarques que

____

(1) Voyez *Acta erud. Lips.* supp. tome 1, page 405.

le hasard m'a donné lieu de faire ; je les exposerai avec toute la simplicité dont je fais profession dans tout le récit de mon voyage, afin de rendre les choses plus sensibles et plus aisées à comprendre.

» La première qui parut à nos yeux était du côté du nord ou tramontane, entre nous et l'île Quésomo, à la portée d'un fusil du vaisseau ; nous avions alors la proue à grec-levant ou nord-est. Nous aperçûmes d'abord en cet endroit l'eau qui bouillonnait et était élevée de la surface de la mer d'environ un pied ; elle était blanchâtre, et au-dessus paraissait comme une fumée noire un peu épaisse, de manière que cela ressemblait proprement à un tas de paille où l'on aurait mis le feu, mais qui ne ferait encore que fumer : cela faisait un bruit sourd, semblable à celui d'un torrent qui court avec beaucoup de violence dans un profond vallon ; mais ce bruit était mêlé d'un autre un peu plus clair, semblable à un fort sifflement de serpents ou d'oies. Un peu après nous vîmes comme un canal obscur qui avait assez de ressemblance à une fumée qui va montant aux nues en tournant avec beaucoup de vitesse, et ce canal paraissait gros comme le doigt, et le même bruit continuait toujours. Ensuite la lumière nous en ôta la vue, et nous connûmes que cette trombe était finie, parce que nous vîmes que cette trombe ne s'élevait plus, et ainsi la durée n'avait pas été de plus d'un demi-quart d'heure. Celle-là finie, nous en vîmes une autre du côté du midi, qui commença de la même manière qu'avait fait la précédente ; presque aussitôt il s'en fit une semblable à côté de celle-ci vers le couchant, et incontinent après une troisième à côté de cette seconde : la plus éloignée des trois pouvait être à portée du mousquet loin de nous ; elles paraissaient toutes trois comme trois tas de paille hauts d'un pied et demi ou de deux, qui fumaient beaucoup, et faisaient même bruit que la première. Ensuite nous vîmes tout autant de canaux qui venaient depuis les nues sur ces endroits où l'eau était élevée, et chacun de ces canaux était large par le bout qui tenait à la nue, comme le large bout d'une trompette, et faisait la même figure (pour l'expliquer intelligiblement) que peut faire la mamelle ou la tette d'un animal tirée perpendiculairement par quelque poids. Ces canaux paraissaient blancs d'une blancheur blafarde, et je crois que c'était l'eau qui était dans ces canaux transparents qui les faisait paraître blancs ; car apparemment ils étaient déjà formés avant que de tirer l'eau, selon qu'on peut juger par ce qui suit ; et lorsqu'ils étaient vides, ils ne paraissaient pas, de même qu'un canal de verre fort clair, exposé au jour devant nos yeux à quelque distance, ne paraît pas, s'il n'est rempli de quelque liqueur teinte. Ces canaux n'étaient pas droits, mais courbés en quelques endroits ; même ils n'étaient pas perpendiculaires ; au contraire, depuis les nues où ils paraissaient entés jusqu'aux endroits où ils tiraient de l'eau, ils étaient fort inclinés ; et ce qui est de plus particulier, c'est que la nue où était attachée la seconde de ces trois ayant été chassée du vent, ce canal la suivit sans se rompre et sans quitter le lieu où il tirait l'eau, et passant derrière le canal de la première, ils furent quelque temps croisés comme en sautoir, ou en croix de Saint-André. Au commencement ils étaient tous trois gros comme le doigt, si ne n'est auprès de la nue qu'ils étaient plus gros, comme j'ai déjà remarqué ;

mais dans la suite celui de la première de ces trois se grossit considérablement.
Pour ce qui est des deux autres, je n'en ai autre chose à dire, car la dernière formée
ne dura guère davantage qu'avait duré celle que nous avions vue du côté du nord.
La seconde du côté du midi dura environ un quart d'heure : mais la première de
ce même côté dura un peu davantage, et ce fut celle qui nous donna le plus de
crainte ; et c'est de celle-là qu'il me reste encore quelque chose à dire. D'abord son
canal était gros comme le doigt ; ensuite il se fit gros comme le bras, et après comme
la jambe, et enfin gros comme un gros tronc d'arbre, autant qu'un homme pourrait embrasser. Nous voyions distinctement au travers de ce corps transparent l'eau
qui montait en serpentant un peu, et quelquefois il diminuait un peu de grosseur,
tantôt par haut et tantôt par bas : pour lors il ressemblait justement à un boyau
rempli de quelque matière fluide que l'on presserait avec les doigts, ou par haut
pour faire descendre cette liqueur, ou par bas pour la faire monter ; et je me per-
suadai que c'était la violence du vent qui faisait ces changements, faisant monter
l'eau fort vite lorsqu'il pressait le canal par le bas, et la faisant descendre lorsqu'il
le pressait par le haut. Après cela il diminua tellement de grosseur, qu'il était plus
menu que le bras, comme un boyau qu'on allonge en le tirant perpendiculairement ; ensuite il retourna gros comme la cuisse ; après il redevint fort menu ; enfin
je vis que l'eau élevée sur la superficie de la mer commençait à s'abaisser, et le
bout du canal qui lui touchait, s'en sépara et s'étrécit, comme si on l'eût lié, et alors
la lumière qui nous parut par le moyen d'un nuage qui se détourna, m'en ôta la
vue. Je ne laissai pas de regarder encore quelque temps si je ne le reverrais point,
parce que j'avais remarqué que par trois ou quatre fois le canal de la seconde de
ce même côté du midi nous avait paru se rompre par le milieu, et incontinent après
nous le revoyions entier, et ce n'était que la lumière qui nous en cachait la moitié ;
mais j'eus beau regarder avec toute l'attention possible, je ne revis plus celui-ci,
et il ne se fit plus de trombe, etc.

» Ces trombes sont fort dangereuses sur mer ; car si elles viennent sur un vaisseau, elles se mêlent dans les voiles, en sorte que quelquefois elles l'enlèvent, et, le
laissant ensuite retomber, elles le coulent à fond, et cela arrive particulièrement
quand c'est un petit vaisseau ou une barque. Tout au moins, si elles n'enlèvent
pas un vaisseau, elles rompent toutes les voiles, ou bien laissent tomber dedans
toute l'eau qu'elles tiennent, ce qui le fait souvent couler à fond. Je ne doute point
que ce ne soit par de semblables accidents que plusieurs des vaisseaux dont on n'a
jamais eu de nouvelles ont été perdus, puisqu'il n'y a que trop d'exemples de ceux
que l'on a su de certitude avoir péri de cette manière. »

Je soupçonne qu'il y a plusieurs illusions d'optique dans les phénomènes que ce
voyageur nous raconte ; mais j'ai été bien aise de rapporter les faits tels qu'il a cru
les voir, afin qu'on puisse ou les vérifier, ou du moins les comparer avec ceux que
rapportent les autres voyageurs. Voici la description qu'en donne Le Gentil dans
son *Voyage autour du monde* : « A onze heures du matin, l'air étant chargé de nuages,
nous vîmes autour de notre vaisseau, à un quart de lieue environ de distance, six

trombes de mer qui se formèrent avec un bruit sourd, semblable à celui que fait l'eau en coulant dans les canaux souterrains ; ce bruit s'accrut peu à peu, et ressemblait au sifflement que font les cordages d'un vaisseau lorsqu'un vent impétueux s'y mêle. Nous remarquâmes d'abord l'eau qui bouillonnait et qui s'élevait au-dessus de la surface de la mer d'environ un pied et demi ; il paraissait au-dessus de ce bouillonnement un brouillard, ou plutôt une fumée épaisse, d'une couleur pâle, et cette fumée formait une espèce de canal qui montait à la nue.

» Les canaux ou manches de ces trombes se pliaient selon que le vent emportait les nues auxquelles ils étaient attachés ; et malgré l'impulsion du vent, non-seulement ils ne se détachaient pas, mais encore il semblait qu'ils s'allongeassent pour les suivre, en s'étrécissant et se grossissant à mesure que le nuage s'élevait ou se baissait.

» Ces phénomènes nous causèrent beaucoup de frayeur, et nos matelots, au lieu de s'enhardir, fomentaient leur peur par les contes qu'ils débitaient. Si ces trombes, disaient-ils, viennent à tomber sur notre vaisseau, elles l'enlèveront, et, le laissant ensuite retomber, elles le submergeront. D'autres (et ceux-ci étaient les officiers) répondaient d'un ton décisif qu'elles n'enlèveraient pas le vaisseau, mais que, venant à le rencontrer sur la route, cet obstacle romprait la communication qu'elles avaient avec l'eau de la mer, et qu'étant pleines d'eau, toute l'eau qu'elles renfermaient tomberait perpendiculairement sur le tillac du vaisseau et le briserait.

» Pour prévenir ce malheur, on amena les voiles et on chargea le canon, les gens de mer prétendant que le bruit du canon, agitant l'air, fait crever les trombes et les dissipe : mais nous n'eûmes pas besoin de recourir à ce remède ; quand elles eurent couru pendant dix minutes autour du vaisseau, les unes à un quart de lieue, les autres à une moindre distance, nous vîmes que les canaux s'étrécissaient peu à peu, qu'ils se détachèrent de la superficie de la mer, et qu'enfin ils se dissipèrent (1). »

Il paraît, par la description que ces deux voyageurs donnent des trombes, qu'elles sont produites, au moins en partie, par l'action d'un feu ou d'une fumée qui s'élève du fond de la mer avec une grande violence, et qu'elles sont fort différentes de l'autre espèce de trombe qui est produite par l'action des vents contraires, et par la compression forcée et la résolution subite d'un ou de plusieurs nuages , comme le décrit M. Shaw : « Les trombes, dit-il (2), que j'ai eu occasion de voir, m'ont paru autant de cylindres d'eau qui tombaient des nuées, quoique par la réflexion des colonnes qui descendent, ou par les gouttes qui se détachent de l'eau qu'elles contiennent et qui tombent, il semble quelquefois, surtout quand on est à quelque distance, que l'eau s'élève de la mer en haut. Pour rendre raison de ce phénomène, on peut supposer que les nuées étant assemblées dans un même endroit par des vents opposés, ils les obligent, en les pressant avec violence, de se condenser et de descendre en tourbillons. »

(1) Tome I, page 191. — (2) Tome II, page 56.

Il reste beaucoup de faits à acquérir avant qu'on puisse donner une explication complète de ces phénomènes, il me paraît seulement que s'il y a sous les eaux de la mer des terrains mêlés de soufre, de bitume et de minéraux, comme l'on n'en peut guère douter, on peut concevoir que ces matières venant à s'enflammer, produisent une grande quantité d'air (1) comme en produit la poudre à canon; que cette quantité d'air nouvellement généré et prodigieusement raréfié s'échappe et monte avec rapidité, ce qui doit élever l'eau et peut produire ces trombes qui s'élèvent de la mer vers le ciel: et de même si par l'inflammation des matières sulfureuses que contient un nuage, il se forme un courant d'air qui descende perpendiculairement du nuage vers la mer, toutes les parties aqueuses que contient le nuage, peuvent suivre le courant d'air et former une trombe qui tombe du ciel sur la mer. Mais il faut avouer que l'explication de cette espèce de trombe, non plus que celle que nous avons donnée par le tournoiement des vents et la compression des nuages, ne satisfait pas encore à tout; car on aura raison de nous demander pourquoi l'on ne voit pas plus souvent sur la terre, comme sur la mer, de ces espèces de trombes qui tombent perpendiculairement des nuages.

L'*Histoire de l'Académie*, année 1727, fait mention d'une trombe de terre qui parut à Capestan près de Béziers: c'était une colonne assez noire qui descendait d'une nue jusqu'à terre, et diminuait toujours de largeur en approchant de la terre, où elle se terminait en pointe; elle obéissait au vent, qui soufflait de l'ouest au sud-ouest; elle était accompagnée d'une espèce de fumée fort épaisse et d'un bruit pareil à celui d'une mer fort agitée, arrachant quantité de rejetons d'olivier, déracinant des arbres et jusqu'à un gros noyer qu'elle transporta jusqu'à quarante ou cinquante pas, et marquant son chemin par une large trace bien battue, où trois carrosses de front auraient passé. Il parut une autre colonne de la même figure, mais qui se joignit bientôt à la première; et après que tout eut disparu, il tomba une grande quantité de grêle.

Cette espèce de trombe paraît être encore différente des deux autres : il n'est pas dit qu'elle contînt de l'eau, et il semble, tant par ce que je viens d'en rapporter, que par l'explication qu'en a donnée M. Andoque, lorsqu'il a fait part de l'observation de ce phénomène à l'Académie, que cette trombe n'était qu'un tourbillon de vent épaissi et rendu visible par la poussière et les vapeurs condensées qu'il contenait. Dans la même histoire, année 1741, il est parlé d'une trombe vue sur le lac de Genève: c'était une colonne dont la partie supérieure aboutissait à un nuage assez noir, et dont la partie inférieure, qui était plus étroite, se terminait un peu au-dessus de l'eau. Ce météore ne dura que quelques minutes; et dans le moment qu'il se dissipa, on aperçut une vapeur épaisse qui montait de l'endroit où il avait paru, et là même les eaux du lac bouillonnaient et semblaient faire effort pour s'élever. L'air était fort calme pendant le temps que parut cette trombe; et lorsqu'elle se dissipa, il ne s'ensuivit ni vent ni pluie. « Avec tout ce que nous savons

____

(1) Voyez l'*Analyse de l'air* de M. Hales, et le *Traité de l'artillerie* de M. Robins.

déjà, dit l'historien de l'Académie, sur les trombes marines, ne serait-ce pas une preuve de plus qu'elles ne se forment point par le seul conflit des vents, et qu'elles sont presque toujours produites par quelque éruption de vapeurs souterraines, ou même de volcans, dont on sait d'ailleurs que le fond de la mer n'est pas exempt? Les tourbillons d'air et les ouragans, qu'on croit communément être la cause de ces sortes de phénomènes, pourraient donc bien n'en être que l'effet ou une suite accidentelle. »

SUR LA VIOLENCE DES VENTS DU MIDI DANS QUELQUES CONTRÉES SEPTENTRIONALES

* Les voyageurs russes ont observé qu'à l'entrée du territoire de Milim, il y a sur le bord de la Lena, à gauche, une grande plaine entièrement couverte d'arbres renversés, et que tous ces arbres sont couchés du sud au nord en ligne droite, sur une étendue de plusieurs lieues; en sorte que tout ce district, autrefois couvert d'une épaisse forêt, est aujourd'hui jonché d'arbres dans cette même direction du sud au nord. Cet effet des vents méridionaux dans le nord a aussi été remarqué ailleurs. Dans le Groenland, principalement en automne, il règne des vents si impétueux, que les maisons s'en ébranlent et se fendent; les tentes et les bateaux en sont emportés dans les airs. Les Groenlandais assurent même que quand ils veulent sortir pour mettre leurs canots à l'abri, ils sont obligés de ramper sur le ventre, de peur d'être le jouet des vents. En été, on voit s'élever de semblables tourbillons, qui bouleversent les flots de la mer, et font pirouetter les bateaux. Les plus fières tempêtes viennent du sud, tournent au nord et s'y calment : c'est alors que la glace des baies est enlevée de son lit, et se disperse sur la mer en morceaux. (*Add. Buff.*)

SUR LES TROMBES.

* M. de La Nux, que j'ai déjà eu occasion de citer plusieurs fois dans mon ouvrage, et qui a demeuré plus de quarante ans dans l'île de Bourbon, s'est trouvé à portée de voir un grand nombre de trombes, sur lesquelles il a bien voulu me communiquer ses observations, que je crois devoir donner ici par extrait.

Les trombes que cet observateur a vues, se sont formées, 1° dans des jours calmes et des intervalles de passage du vent de la partie du nord à celle du sud, quoiqu'il en ait vu une qui s'est formée avant ce passage du vent à l'autre, et dans le courant même d'un vent de nord, c'est-à-dire assez longtemps avant que ce vent eût cessé; le nuage duquel cette trombe dépendait, et auquel elle tenait, était encore violemment poussé; le soleil se montrait en même temps derrière lui, eu égard à la direction du vent : c'était le 6 janvier, vers les onze heures du matin.

2° Ces trombes se sont formées pendant le jour, dans des nuées détachées, fort épaisses en apparence, bien plus étendues que profondes, et bien terminées par dessous parallèlement à l'horizon, le dessous de ces nuées paraissant toujours fort noir.

3° Toutes ces trombes se sont montrées d'abord sous la forme de cônes renversés, dont les bases étaient plus ou moins larges.

4° De ces différentes trombes qui s'annonçaient par ces cônes renversés, et qui quelquefois tenaient au même nuage, quelques-unes n'ont pas eu leur entier effet : les unes se sont dissipées à une petite distance du nuage ; les autres sont descendues vers la surface de la mer, et en apparence fort près, sous la forme d'un long cône aplati, très-étroit et pointu par le bas. Dans le centre de ce cône, et sur toute sa longueur, régnait un canal blanchâtre, transparent, et d'un tiers environ du diamètre du cône, dont les deux côtés étaient fort noirs, surtout dans le commencement de leur apparence.

Elles ont été observées d'un point de l'île de Bourbon élevé de cent cinquante toises au-dessus du niveau de la mer, et elles étaient, pour la plupart, à trois, quatre ou cinq lieues de distance de l'endroit de l'observation, qui était la maison même de l'observateur.

Voici la description détaillée de ces trombes.

Quand le bout de la *manche*, qui pour lors est fort pointu, est descendu environ au quart de la distance du nuage à la mer, on commence à voir sur l'eau, qui d'ordinaire est calme et d'un blanc transparent, une petite noirceur circulaire, effet du frémissement (ou tournoiement) de l'eau : à mesure que la pointe de cette manche descend, l'eau bouillonne, et d'autant plus que cette pointe approche de plus près la surface de la mer, et l'eau de la mer s'élève successivement en tourbillon, à plus ou moins de hauteur, et d'environ vingt pieds dans les plus grosses trombes. Le bout de la manche est toujours au-dessus du tourbillon, dont la grosseur est proportionnée à celle de la trombe qui le fait mouvoir. Il ne paraît pas que le bout de la manche atteigne jusqu'à la surface de la mer, autrement qu'en se joignant au tourbillon qui s'élève.

On voit quelquefois sortir du même nuage de gros et de petits cônes de trombes ; il y en a qui ne paraissent que comme des filets, d'autres un peu plus forts. Du même nuage on voit sortir assez souvent dix ou douze petites trombes toutes complètes dont la plupart se dissipent très-près de leur sortie et remontent visiblement à leur nuage : dans ce dernier cas, la manche s'élargit tout à coup jusqu'à l'extrémité inférieure, et ne paraît plus qu'un cylindre suspendu au nuage, déchiré par en bas, et de peu de longueur.

Les trombes à large base, c'est-à-dire les grosses trombes s'élargissent insensiblement dans toute leur longueur, et par le bas qui paraît s'éloigner de la mer et se rapprocher de la nue. Le tourbillon qu'elles excitent sur l'eau diminue peu à peu, et bientôt la manche de cette trombe s'élargit dans sa partie inférieure et prend une forme presque cylindrique : c'est dans cet état que des deux côtés élargis du canal on voit comme de l'eau entrer en tournoyant vivement et abondamment dans le nuage ; et c'est enfin par le raccourcissement successif de cette espèce de cylindre que finit l'apparence de la trombe.

Les plus grosses trombes se dissipent le moins vite; quelques-unes des plus grosses durent plus d'une demi-heure.

On voit assez ordinairement tomber de fortes ondées, qui sortent du même endroit du nuage d'où sont sorties et auxquelles tiennent encore quelquefois les trombes : ces ondées cachent souvent aux yeux celles qui ne sont pas encore dissipées. J'en ai vu, dit M. de La Nux, deux le 26 octobre 1755, très-distinctement au milieu d'une ondée qui devint si forte, qu'elle m'en déroba la vue.

Le vent, ou l'agitation de l'air inférieur sous la nuée, ne rompt ni les grosses, ni les petites trombes; seulement cette impulsion les détourne de la perpendiculaire : les plus petites forment des courbes très-remarquables, et quelquefois des sinuosités; en sorte que leur extrémité qui aboutissait à l'eau de la mer était fort éloignée de l'aplomb de l'autre extrémité qui était dans le nuage.

On ne voit plus de nouvelles trombes se former lorsqu'il est tombé de la pluie des nuages d'où elles partent.

« Le 14 juin de l'année 1756, sur les quatre heures après midi, j'étais, dit M. de La Nux, au bord de la mer, élevé de vingt à vingt-cinq pieds au-dessus de son niveau. Je vis sortir d'un même nuage douze à quatorze trombes complètes, dont trois seulement considérables, et surtout la dernière. Le canal du milieu de la manche était si transparent, qu'à travers je voyais les nuages que derrière elle, à mon égard, le soleil éclairait. Le nuage, magasin de tant de trombes, s'étendait à peu près du sud-est au nord-ouest, et cette grosse trombe, dont il s'agit uniquement ici, me restait vers le sud-sud-ouest : le soleil était déjà fort bas, puisque nous étions dans les jours les plus courts. Je ne vis point d'ondées tomber du nuage : son élévation pouvait être de cinq ou six cents toises au plus. »

Plus le ciel est chargé de nuages, et plus il est aisé d'observer les trombes et toutes les apparences qui les accompagnent.

M. de La Nux pense, peut-être avec raison, que ces trombes ne sont que des portions visqueuses du nuage, qui sont entraînées par différents tourbillons, c'est-à-dire par des tournoiements de l'air supérieur engouffré dans les masses des nuées dont le nuage total est composé.

Ce qui paraît prouver que ces trombes sont composées de parties visqueuses, c'est leur ténacité, et, pour ainsi dire, leur cohérence; car elles font des inflexions et des courbures, même en sens contraire, sans se rompre : si cette matière des trombes n'était pas visqueuse, pourrait-on concevoir comment elles se courbent et obéissent aux vents sans se rompre ? Si toutes les parties n'étaient pas fort adhérentes entre elles, le vent les dissiperait, ou tout au moins les ferait changer de forme; mais comme cette forme est constante dans les trombes grandes et petites, c'est un indice presque certain de la ténacité visqueuse de la matière qui les compose.

Ainsi le fond de la matière des trombes est une substance visqueuse contenue dans les nuages, et chaque trombe est formée par un tourbillon d'air qui s'engouffre entre les nuages, et boursouflant le nuage inférieur, le perce et descend avec son enveloppe de matière visqueuse; et comme les trombes qui sont complètes descendent depuis le nuage jusque sur la surface de la mer, l'eau frémira, bouillonnera, tourbillonnera à l'endroit vers lequel le bout de la trombe sera dirigé par l'effet de l'air qui sort de l'extrémité de la trombe comme du tuyau d'un soufflet : les effets de ce soufflet sur la mer augmenteront à mesure qu'il s'en approchera, et que l'orifice de cette espèce de tuyau, s'il vient à s'élargir, laissera sortir plus d'air.

On a cru mal à propos que les trombes enlevaient l'eau de la mer, et qu'elles en renfermaient une grande quantité : ce qui a fortifié ce préjugé, ce sont les pluies, ou plutôt les averses qui tombent souvent aux environs des trombes. Le canal du milieu de toutes les trombes est toujours transparent, de quelque côté qu'on les regarde : si l'eau de la mer paraît monter, ce n'est pas dans ce canal, mais seulement dans ses côtés; presque toutes les trombes souffrent des inflexions, et ces inflexions se font souvent en sens contraire, en forme d'S, dont la tête est au nuage et la queue à la mer. Les espèces de trombes dont nous venons de parler ne peuvent donc contenir de l'eau, ni pour la verser à la mer, ni pour la monter au nuage : ainsi ces trombes ne sont à craindre que par l'impétuosité de l'air qui sort de leur orifice inférieur, car il paraîtra certain à tous ceux qui auront occasion d'observer ces trombes, qu'elles ne sont composées que d'un air engouffré dans un nuage visqueux, et déterminé par son tournoiement vers la surface de la mer.

M. de La Nux a vu des trombes autour de l'île de Bourbon dans les mois de janvier, mai, juin, octobre, c'est-à-dire en toutes saisons; il en a vu dans des temps calmes et pendant de grands vents; néanmoins on peut dire que ces phénomènes ne se montrent que rarement, et ne se montrent guère que sur la mer, parce que la viscosité des nuages ne peut provenir que des parties bitumineuses et grasses que la chaleur du soleil et les vents enlèvent à la surface des eaux de la mer, et qui se trouvent rassemblées dans des nuages assez voisins de sa surface; c'est par cette raison qu'on ne voit pas de pareilles trombes sur la terre, où il n'y a pas, comme sur la surface de la mer, une abondante quantité de parties bitumineuses et huileuses que l'action de la chaleur pourrait en détacher. On en voit cependant quelquefois sur la terre, et même à de grandes distances de la mer : ce qui peut arriver lorsque les nuages visqueux sont poussés rapidement par un vent violent de la mer vers les terres. M. de Grignon a vu, au mois de juin 1768, en Lorraine, près de Vauvillier, dans les coteaux qui sont une suite de l'empiétement des Vosges, une trombe très-bien formée; elle avait environ cinquante toises de hauteur; sa forme était celle d'une colonne, et elle communiquait à un gros nuage fort épais, et poussé par un ou plusieurs vents violents, qui faisaient tourner rapidement la trombe, et produisaient des éclairs et des coups de tonnerre. Cette trombe ne dura que sept ou huit minutes, et vint se briser sur la base du coteau, qui est élevée de cinq ou six cents pieds (1).

Plusieurs voyageurs ont parlé de trombes de mer, mais personne ne les a si bien observées que M. de La Nux. Par exemple, ces voyageurs disent qu'il s'élève au-

____

(1) Note communiquée par M. de Grignon à M. de Buffon, le 6 août 1777.

dessus de la mer une fumée noire, lorsqu'il se forme quelques trombes; nous pouvons assurer que cette apparence est trompeuse et ne dépend que de la situation
de l'observateur. S'il est placé dans un lieu assez élevé pour que le tourbillon
qu'une trombe excite sur l'eau ne surpasse pas à ses yeux l'horizon sensible, il ne
verra que de l'eau s'élever et retomber en pluie, sans aucun mélange de fumée, et
on le reconnaîtra avec la dernière évidence, si le soleil éclaire le lieu du phénomène.

Les trombes dont nous venons de parler n'ont rien de commun avec les bouillonnements et les fumées que les feux sous-marins excitent quelquefois, et dont
nous avons fait mention ailleurs; ces trombes ne renferment ni n'excitent aucune
fumée. Elles sont assez rares partout: seulement les lieux de la mer où l'on en
voit le plus souvent sont les plages des climats chauds, et en même temps celles
où les calmes sont ordinaires et où les vents sont les plus inconstants ; elles sont
peut-être aussi plus fréquentes près des îles et vers les côtes que dans la pleine
mer. (*Add. Buff.*)

ARTICLE XVI.

DES VOLCANS ET DES TREMBLEMENTS DE TERRE.

Les montagnes ardentes qu'on appelle *volcans* renferment dans leur sein le soufre, le bitume et les matières qui servent d'aliment à un feu souterrain, dont l'effet,
plus violent que celui de la poudre ou du tonnerre, a de tout temps étonné, effrayé
les hommes et désolé la terre. Un volcan est un canon d'un volume immense, dont
l'ouverture a souvent plus d'une demi-lieue: cette large bouche à feu vomit des torrents de fumée et de flammes, des fleuves de bitume, de soufre et de métal fondu,
des nuées de cendre et de pierres, et quelquefois elle lance à plusieurs lieues de
distance des masses de rochers énormes, et que toutes les forces humaines réunies
ne pourraient pas mettre en mouvement. L'embrasement est si terrible, et la quantité des matières ardentes, fondues, calcinées, vitrifiées, que la montagne rejette,
est si abondante, qu'elles enterrent les villes, les forêts; couvrent les campagnes
de cent et de deux cents pieds d'épaisseur, et forment quelquefois des collines et des
montagnes qui ne sont que des monceaux de ces matières entassées. L'action de ce
feu est si grande, la force de l'explosion est si violente, qu'elle produit par sa réaction
des secousses assez fortes pour ébranler et faire trembler la terre, agiter la mer,
renverser les montagnes, détruire les villes et les édifices les plus solides à des distances même très-considérables.

Ces effets, quoique naturels, ont été regardés comme des prodiges; et quoiqu'on
voie en petit des effets du feu assez semblables à ceux des volcans, le grand, de
quelque nature qu'il soit, a si fort le droit de nous en étonner, que je ne suis pas

surpris que quelques auteurs aient pris ces montagnes pour les soupiraux d'un feu central, et le peuple pour les bouches de l'enfer. L'étonnement produit la crainte, et la crainte fait naître la superstition : les habitants de l'île d'Islande croient que les mugissements de leur volcan sont les cris des damnés, et que leurs éruptions sont les effets de la fureur et du désespoir de ces malheureux.

Tout cela n'est cependant que du bruit, du feu et de la fumée : il se trouve dans une montagne des veines de soufre, de bitume et d'autres matières inflammables; il s'y trouve en même temps des minéraux, des pyrites, qui peuvent fermenter, et qui fermentent en effet toutes les fois qu'elles sont exposées à l'air ou à l'humidité : il s'en trouve ensemble une très-grande quantité; le feu s'y met et cause une explosion proportionnée à la quantité des matières enflammées, et dont les effets sont aussi plus ou moins grands dans la même proportion : voilà ce que c'est qu'un volcan pour un physicien; et il lui est facile d'imiter l'action de ces feux souterrains, en mettant ensemble une certaine quantité de soufre et de limaille de fer qu'on enterre à une certaine profondeur, et de faire ainsi un petit volcan, dont les effets sont les mêmes, proportion gardée, que ceux des grands; car il s'enflamme par la seule fermentation, il jette la terre et les pierres dont il est couvert, et il fait de la fumée, de la flamme et des explosions.

Il y a en Europe trois fameux volcans, le mont Etna en Sicile, le mont Hécla en Islande, et le mont Vésuve en Italie près de Naples. Le mont Etna brûle depuis un temps immémorial; ses éruptions sont très-violentes, et les matières qu'il rejette si abondantes, qu'on peut y creuser jusqu'à soixante-huit pieds de profondeur, où l'on a trouvé des pavés de marbre et des vestiges d'une ancienne ville qui a été couverte et enterrée sous cette épaisseur de terre rejetée, de la même façon que la ville d'Héraclée a été couverte par les matières rejetées du Vésuve. Il s'est formé de nouvelles bouches de feu dans l'Etna en 1650, 1669, et en d'autres temps. On voit les flammes et les fumées de ce volcan depuis Malte, qui en est à soixante lieues; il s'en élève continuellement de la fumée, et il y a des temps où cette montagne ardente vomit avec impétuosité des flammes et des matières de toute espèce. En 1537 il y eut une éruption de ce volcan qui causa un tremblement de terre dans toute la Sicile pendant douze jours, et qui renversa un très-grand nombre de maisons et d'édifices; il ne cessa que par l'ouverture d'une nouvelle bouche à feu qui brûla tout à cinq lieues aux environs de la montagne; les cendres rejetées par le volcan étaient si abondantes et lancées avec tant de force, qu'elles furent portées jusqu'en Italie, et des vaisseaux qui étaient éloignés de la Sicile en furent incommodés. Fazelli décrit fort au long les embrasements de cette montagne, dont il dit que le pied a cent lieues de circuit.

Ce volcan a maintenant deux bouches principales : l'une est plus étroite que l'autre. Ces deux ouvertures fument toujours : mais on n'y voit jamais de feu que dans le temps des éruptions; on prétend qu'on a trouvé des pierres qu'il a lancées jusqu'à soixante mille pas.

En 1683 il arriva un terrible tremblement en Sicile, causé par une violente éruption de ce volcan; il détruisit entièrement la ville de Catane, et fit périr plus de soixante mille personnes dans cette ville seule, sans compter ceux qui périrent dans les autres villes ou villages voisins.

L'Hécla lance ses feux à travers les glaces et les neiges d'une terre gelée; ses éruptions sont cependant aussi violentes que celles de l'Etna et des autres volcans des pays méridionaux. Il jette beaucoup de cendres, de pierres ponces, et quelquefois, dit-on, de l'eau bouillante; on ne peut pas habiter à six lieues de distance de ce volcan, et toute l'île d'Islande est fort abondante en soufre. On peut voir l'histoire des   ntes éruptions de l'Hécla dans Dithmar Bleffken.

Le mont Vésuve, à ce que disent les historiens, n'a pas toujours brûlé, et il n'a commencé que du temps du septième consulat de Tite Vespasien et de Flavius Domitien : le sommet s'étant ouvert, ce volcan rejeta d'abord des pierres et des rochers, et ensuite du feu et des flammes en si grande abondance qu'elles brûlèrent deux villes voisines, et des fumées si épaisses, qu'elles obscurcissaient la lumière du soleil. Pline, voulant considérer cet incendie de trop près, fut étouffé par la fumée (1). Dion Cassius rapporte que cette éruption du Vésuve fut si violente, qu'il jeta des cendres et des fumées sulfureuses en si grande quantité et avec tant de force, qu'elles furent portées jusqu'à Rome, et même au delà de la mer Méditerranée en Afrique et en Égypte. L'une des deux villes qui furent couvertes des matières rejetées par ce premier incendie du Vésuve est celle d'Héraclée, qu'on a retrouvée dans ces derniers temps à plus de soixante pieds de profondeur sous ces matières, dont la surface était devenue, par la succession du temps, une terre labourable et cultivée. La relation d'une découverte d'Héraclée est entre les mains de tout le monde : il serait seulement à désirer que quelqu'un versé dans l'histoire naturelle et la physique, prît la peine d'examiner les différentes matières qui composent cette épaisseur de terrain de soixante pieds, qu'il fît en même temps attention à la disposition et à la situation de ces mêmes matières, aux altérations qu'elles ont produites ou souffertes elles-mêmes, à la direction qu'elles ont suivie, à la dureté qu'elles ont acquise, etc.

Il y a apparence que Naples est situé sur un terrain creux et rempli de minéraux brûlants, puisque le Vésuve et la Solfatare semblent avoir des communications intérieures; car quand le Vésuve brûle, la Solfatare jette des flammes; lorsqu'il cesse, la Solfatare cesse aussi. La ville de Naples est à peu près à égale distance entre les deux.

Une des dernières et des plus violentes éruptions du Vésuve a été celle de l'année 1737; la montagne vomissait par plusieurs bouches de gros torrents de matières métalliques fondues et ardentes, qui se répandaient dans la campagne et s'allaient jeter dans la mer. M. de Montalègre, qui communiqua cette relation à l'Académie des Sciences, observa avec horreur un de ces fleuves de feu, et vit que son cours était de six ou sept milles depuis sa source jusqu'à la mer, sa largeur de

(1) Voyez l'Epître de Pline le Jeune à Tacite.

cinquante ou soixante pas, sa profondeur de vingt-cinq ou trente palmes, et, dans certains fonds ou vallées de cent vingt; la matière qu'il roulait était semblable à l'écume qui sort du fourneau d'une forge, etc. (1).

En Asie, surtout dans les îles de l'Océan Indien, il y a un grand nombre de volcans; l'un des plus fameux est le mont Albours auprès du mont Taurus, à huit lieues de Hérat : son sommet fume continuellement, et il jette fréquemment des flammes et d'autres matières en si grande abondance, que toute la campagne aux environs est couverte de cendres. Dans l'île de Ternate il y a un volcan qui rejette beaucoup de matière semblable à la pierre ponce. Quelques voyageurs prétendent que ce volcan est plus enflammé et plus furieux dans le temps des équinoxes que dans les autres saisons de l'année, parce qu'il règne alors de certains vents qui contribuent à embraser la matière qui nourrit ce feu depuis tant d'années. L'île de Ternate n'a que sept lieues de tour, et n'est qu'un sommet de montagne; on monte toujours depuis le rivage jusqu'au milieu de l'île, où le volcan s'élève à une hauteur très-considérable et à laquelle il est très-difficile de parvenir. Il coule plusieurs ruisseaux d'eau douce qui descendent sur la croupe de cette même montagne; et lorsque l'air est calme et que la saison est douce, ce gouffre embrasé est dans une moindre agitation que quand il fait de grands vents et des orages. Ceci confirme ce que j'ai dit dans le discours précédent, et semble prouver évidemment que le feu qui consume les volcans ne vient pas de la profondeur de la montagne, mais du sommet, ou du moins d'une profondeur assez petite, et que le foyer de l'embrasement n'est pas éloigné du sommet du volcan ; car si cela n'était pas ainsi, les grands vents ne pourraient pas contribuer à leur embrasement. Il y a quelques autres volcans dans les Moluques. Dans l'une des îles Maurice, à soixante-dix lieues des Moluques, il y a un volcan dont les effets sont aussi violents que ceux de la montagne de Ternate. L'île de Sorca, l'une des Moluques, était autrefois habitée; il y avait au milieu de cette île un volcan, qui était une montagne très-élevée. En 1693, ce volcan vomit du bitume et des matières enflammées en si grande quantité, qu'il se forma un lac ardent qui s'étendit peu à peu, et toute l'île fut abîmée et disparut. Au Japon il y a aussi plusieurs volcans, et dans les îles voisines du Japon les navigateurs ont remarqué plusieurs montagnes dont les sommets jettent des flammes pendant la nuit, et de la fumée pendant le jour. Aux îles Philippines il y a aussi plusieurs montagnes ardentes. Un des plus fameux volcans des îles de l'Océan Indien, et en même temps un des plus nouveaux, est celui qui est près de la ville de Panarucan dans l'île de Java : il s'est ouvert en 1586, on n'avait pas mémoire qu'il eût brûlé auparavant; et à la première éruption il poussa une énorme quantité de soufre, de bitume et de pierres. La même année, le mont Gounapi dans l'île de Banda, qui brûlait seulement depuis dix-sept ans, s'ouvrit et vomit avec un bruit affreux des rochers et des matières de toute espèce. Il y a encore quelques autres volcans dans les Indes, comme à Sumatra et dans le nord

(1) Voyez l'*Histoire de l'Académie*, année 1737, pages 7 et 8.

de l'Asie, au delà du fleuve de Jénisca et de la rivière de Pésida : mais ces deux derniers volcans ne sont pas bien reconnus.

En Afrique il y a une montagne, ou plutôt une caverne appelée Beniguazeval, auprès de Fez, qui jette toujours de la fumée, et quelquefois des flammes. L'une des îles du cap Vert, appelée l'île de Fuogue, n'est qu'une grosse montagne qui brûle continuellement : ce volcan rejette, comme les autres, beaucoup de cendres et de pierres ; et les Portugais, qui ont plusieurs fois tenté de faire des habitations dans cette île, ont été contraints d'abandonner leur projet par la crainte des effets du volcan. Aux Canaries, le pic de Ténériffe, autrement appelé la montagne de Teide, qui passe pour être l'une des plus hautes montagnes de la terre, jette du feu, des cendres et de grosses pierres : du sommet coulent des ruisseaux de soufre fondu du côté du sud à travers les neiges ; ce soufre se coagule bientôt et forme des veines dans la neige, qu'on peut distinguer de fort loin.

En Amérique il y a un très-grand nombre de volcans, et surtout dans les montagnes du Pérou et du Mexique : celui d'Aréquipa est un des plus fameux ; il causa souvent des tremblements de terre plus communs dans le Pérou que dans aucun autre pays du monde. Le volcan de Carrapa et celui de Malahallo sont, au rapport des voyageurs, les plus considérables après celui d'Aréquipa ; mais il y en a beaucoup d'autres dont on n'a pas une connaissance exacte. M. Bouguer, dans la relation qu'il a donnée de son voyage au Pérou, dans le volume des *Mémoires de l'Académie* de l'année 1744, fait mention de deux volcans, l'un appelé Cotopaxi, et l'autre Pichincha ; le premier est à quelque distance, et l'autre est très-voisin de la ville de Quito : il a même été témoin d'un incendie du Cotopaxi en 1742, et de l'ouverture qui se fit dans cette montagne d'une nouvelle bouche à feu ; cette éruption ne fit cependant d'autre mal que celui de fondre les neiges de la montagne et de produire ainsi des torrents d'eau si abondants, qu'en moins de trois heures ils inondèrent un pays de dix-huit lieues d'étendue, et renversèrent tout ce qui se trouva sur leur passage.

Au Mexique il y a plusieurs volcans, dont les plus considérables sont Popochampèche et Popocatepec : ce fut auprès de ce dernier volcan que Cortez passa pour aller au Mexique, et il y eut des Espagnols qui montèrent jusqu'au sommet, où ils virent la bouche du volcan qui a environ une demi-lieue de tour. On trouve aussi de ces montagnes de soufre à la Guadeloupe, à Tercère et dans les autres îles des Açores : et si on voulait mettre au nombre des volcans toutes les montagnes qui fument ou desquelles il s'élève même des flammes, on pourrait en compter plus de soixante : mais nous n'avons parlé que de ces volcans redoutables auprès desquels on n'ose habiter, et qui rejettent des pierres et des matières minérales à une grande distance.

Ces volcans, qui sont en si grand nombre dans les Cordillières, causent, comme je l'ai dit, des tremblements de terre presque continuels, ce qui empêche qu'on y bâtisse avec de la pierre au-dessus du premier étage ; et pour ne pas risquer d'être écrasés, les habitants de ces parties du Pérou ne construisent les étages supérieurs de leurs maisons qu'avec des roseaux et du bois léger. Il y a aussi dans ces montagnes plusieurs précipices et de larges ouvertures dont les parois sont noires et brûlées, comme dans le précipice du mont Ararath en Arménie, qu'on appelle *l'abîme*; ces abîmes sont les bouches des anciens volcans qui se sont éteints.

Il y a eu dernièrement un tremblement de terre à Lima dont les effets ont été terribles; la ville de Lima et le port de Callao ont été presque entièrement abîmés; mais le mal a encore été plus considérable au Callao. La mer a couvert de ses eaux tous les édifices, et par conséquent noyé tous les habitants; il n'est resté qu'une tour. De vingt-cinq vaisseaux qu'il y avait dans ce port, il y en a eu quatre qui ont été portés à une lieue dans les terres, et le reste a été englouti par la mer. A Lima, qui est une très-grande ville, il n'est resté que vingt-sept maisons sur pied; il y a eu un grand nombre de personnes qui ont été écrasées, surtout des moines et des religieuses, parce que leurs édifices sont plus exhaussés, et qu'ils sont construits de matières plus solides que les autres maisons. Ce malheur est arrivé dans le mois d'octobre 1746 pendant la nuit : la secousse a duré quinze minutes.

Il y avait autrefois, près du port de Pisco au Pérou, une ville célèbre, située sur le rivage de la mer : mais elle fut presque entièrement ruinée et désolée par le tremblement de terre qui arriva le 19 octobre 1682; car la mer, ayant quitté ses bornes ordinaires, engloutit cette ville malheureuse, qu'on a tâché de rétablir un peu plus loin à un bon quart de lieue de la mer.

Si l'on consulte les historiens et les voyageurs, on y trouvera des relations de plusieurs tremblements de terre et d'éruptions de volcans, dont les effets ont été aussi terribles que ceux que nous venons de rapporter. Posidonius, cité par Strabon dans son premier livre, rapporte qu'il y avait une ville en Phénicie, située auprès de Sidon, qui fut engloutie par un tremblement de terre, et avec elle le territoire voisin et les deux tiers même de la ville de Sidon, et que cet effet ne se fit pas subitement, de sorte qu'il donna le temps à la plupart des habitants de fuir; que ce tremblement s'étendit presque par toute la Syrie et jusqu'aux îles Cyclades et en Eubée, où les fontaines d'Aréthuse tarirent tout à coup et ne reparurent que plusieurs jours après par de nouvelles sources éloignées des anciennes; et ce tremblement ne cessa pas d'agiter l'île, tantôt dans un endroit, tantôt dans un autre, jusqu'à ce que la terre se fût ouverte dans la campagne de Lépante et qu'elle eût rejeté une grande quantité de terre et de matières enflammées. Pline, dans son premier livre, chap. 84, rapporte que sous le règne de Tibère il arriva un tremblement de terre qui renversa douze villes d'Asie; et dans son second livre, chap. 83, il fait mention dans les termes suivants d'un prodige causé par un tremblement de terre : « Factum est semel (quod equidem in Etruscæ disciplinæ voluminibus » inveni) ingens terrarum portentum, Lucio Marco, Sex. Julio coss., in agro Muti- » nensi. Namque montes duo inter se concurrerunt, crepitu maximo adsultantes, » recedentesque, inter eos flammâ fumoque in cœlum exeunte interdiu, spectante » e viâ Æmiliâ magnâ equitum Romanorum, familiarumque et viatorum multitu- » dine. Eo concursu villæ omnes elisæ; animalia permulta, quæ intra fuerant

» exanimata sunt, etc. » Saint Augustin (de Miraculis, lib. II, cap. 3) dit que par
un très-grand tremblement de terre il y eut cent villes renversées dans la Libye.
Du temps de Trajan, la ville d'Antioche et une grande partie du pays adjacent
furent abîmés par un tremblement de terre; et du temps de Justinien, en 528, cette
ville fut une seconde fois détruite par la même cause, avec plus de quarante mille
de ses habitants; et soixante ans après, du temps de saint Grégoire, elle essuya un
troisième tremblement, avec perte de soixante mille de ses habitants. Du temps de
Saladin, en 1182, la plupart des villes de Syrie et du royaume de Jérusalem furent
détruites par la même cause. Dans la Pouille et dans la Calabre il est arrivé plus
de tremblements de terre qu'en aucune partie de l'Europe : du temps du pape Pie II,
toutes les églises et les palais de Naples furent renversés; il y eut près de trente
mille personnes de tuées, et tous les habitants qui restèrent furent obligés de
demeurer sous des tentes jusqu'à ce qu'ils eussent rétabli leurs maisons. En 1629
il y eut des tremblements de terre dans la Pouille, qui firent périr sept mille personnes; et en 1638 la ville de Sainte-Euphémie fut engloutie, et il n'est resté en sa
place qu'un lac de fort mauvaise odeur; Raguse et Smyrne furent aussi presque
entièrement détruites. Il y eut en 1692 un tremblement de terre qui s'étendit en
Angleterre, en Hollande, en Flandre, en Allemagne, en France, et qui se fit sentir
principalement sur les côtes de la mer et auprès des grandes rivières; il ébranla
au moins deux mille six cents lieues carrées; il ne dura que deux minutes : le
mouvement était plus considérable dans les montagnes que dans les vallées. En
1688, le 10 de juillet, il y eut un tremblement de terre à Smyrne qui commença par
un mouvement d'occident en orient. Le château fut renversé d'abord, ses quatre
murs s'étant entr'ouverts et enfoncés de six pieds dans la mer. Ce château, qui
était un isthme, est à présent une véritable île éloignée de la terre d'environ cent
pas, dans l'endroit où la langue de terre a manqué; les murs qui étaient du couchant au levant sont tombés : ceux qui allaient du nord au sud sont restés sur pied.
La ville, qui est à dix milles du château, fut renversée presque aussitôt; on vit en
plusieurs endroits des ouvertures à la terre, on entendit divers bruits souterrains :
il y eut de cette manière cinq ou six secousses jusqu'à la nuit; la première dura
environ une demi-minute : les vaisseaux qui étaient à la rade furent agités, le terrain de la ville a baissé de deux pieds; il n'est resté qu'environ le quart de la ville,
et principalement les maisons qui étaient sur les rochers : on a compté quinze ou
vingt mille personnes accablées par ce tremblement de terre. En 1695, dans un
tremblement de terre qui se fit sentir à Bologne en Italie, on remarqua, comme une
chose particulière, que les eaux devinrent troubles un jour auparavant.

» Il se fit un si grand tremblement de terre à Tercère le 4 mai 1614, qu'il renversa en la ville d'Angra onze églises et neuf chapelles, sans les maisons particulières; et en la ville de Praya il fut si effroyable, qu'il n'y demeura presque pas
une maison debout; et le 16 juin 1628 il y eut un si horrible tremblement dans
l'île de Saint-Michel, que proche de là la mer s'ouvrit et fit sortir de son sein, en
un lieu où il y avait plus de cent cinquante toises d'eau, une île qui avait plus

d'une lieue et demie de long et plus de soixante toises de haut (1). Il s'en était fait un autre en 1591, qui commença le 26 juillet, et dura dans l'île de Saint-Michel, jusqu'au 12 du mois suivant; Tercère et Fayal furent agitées le lendemain avec tant de violence, qu'elles paraissaient tourner : mais ces affreuses secousses n'y recommencèrent que quatre fois, au lieu qu'à Saint-Michel elles ne cessèrent point un moment pendant plus de quinze jours; les insulaires, ayant abandonné leurs maisons qui tombaient d'elles-mêmes à leurs yeux, passèrent tout ce temps exposés aux injures de l'air. Une ville entière nommée Villa-Franca, fut renversée jusqu'aux fondements, et la plupart de ses habitants écrasés sous les ruines. Dans plusieurs endroits, les plaines s'élevèrent en collines, et dans d'autres quelques montagnes s'aplanirent ou changèrent de situation; il sortit de la terre une source d'eau vive qui coula pendant quatre jours, et qui parut ensuite sécher tout d'un coup; l'air et la mer, encore plus agités, retentissaient d'un bruit qu'on aurait pris pour le mugissement de quantité de bêtes féroces; plusieurs personnes mouraient d'effroi; il n'y eut point de vaisseaux dans les ports même qui ne souffrissent des atteintes dangereuses, et ceux qui étaient à l'ancre ou à la voile à vingt lieues aux environs des îles, furent encore plus maltraités. Les tremblements de terre sont fréquents aux Açores; vingt ans auparavant il en était arrivé un dans l'île de Saint-Michel, qui avait renversé une montagne fort haute. Il s'en fit un à Manille, au mois de septembre 1627, qui aplanit une des deux montagnes qu'on appelle *Carvallos*, dans la province de Cagayan. En 1645, la troisième partie de la ville fut ruinée par un pareil accident, et trois cents personnes y périrent; l'année suivante elle en souffrit encore un autre. Les vieux Indiens disent qu'ils étaient autrefois plus terribles, et qu'à cause de cela on ne bâtissait les maisons que de bois, ce que font aussi les Espagnols, depuis le premier étage.

» La quantité de volcans qui se trouvent dans l'île confirme ce qu'on a dit jusqu'à présent parce qu'en certain temps ils vomissent des flammes, ébranlent la terre, et font tous ces effets que Pline attribue à ceux d'Italie, c'est-à-dire de faire changer de lit aux rivières et retirer les mers voisines, de remplir de cendres tous les environs, et d'envoyer des pierres fort loin avec un bruit semblable à celui du canon (2).

» L'an 1646, la montagne de l'île de Machian se fendit avec des bruits et un fracas épouvantables, par un terrible tremblement de terre, accident qui est fort ordinaire en ces pays-là : il sortit tant de feux par cette fente, qu'ils consumèrent plusieurs négreries avec les habitants et tout ce qui y était. On voyait encore, l'an 1685, cette prodigieuse fente, et apparemment elle subsiste toujours; on la nommait l'ornière de Machian, parce qu'elle descendait du haut en bas de la montagne, comme un chemin qui y aurait été creusé, mais qui de loin ne paraissait être qu'une ornière. »

L'*Histoire de l'Académie* fait mention, dans les termes suivants, des tremblements

(1) Voyez les *Voyages de Mandelslo*.
(2) Voyez le *Voyage de Gemelli Carreri*, page 129.

de terre qui se sont faits en Italie en 1702 et 1703 : « Les tremblements commencèrent en Italie au mois d'octobre 1702 et continuèrent jusqu'au mois de juillet 1703 : les pays qui en ont le plus souffert, et qui sont aussi ceux par où ils commencèrent, sont la ville de Norcia avec ses dépendances dans l'Etat ecclésiastique, et la province de l'Abruzze. Ces pays sont contigus et situés au pied de l'Apennin, du côté du midi.

» Souvent les tremblements ont été accompagnés de bruits épouvantables dans l'air, et souvent aussi on a entendu ces bruits sans qu'il y ait eu de tremblements, le ciel étant même fort serein. Le tremblement du 2 février 1703, qui fut le plus violent de tous, fut accompagné, du moins à Rome, d'une grande sérénité du ciel et d'un grand calme dans l'air : il dura à Rome une demi-minute, et à Aquila, capitale de l'Abruzze, trois heures. Il ruina toute la ville d'Aquila, ensevelit cinq mille personnes sous les ruines, et fit un grand ravage dans les environs.

» Communément les balancements de la terre ont été du nord au sud, ou à peu près ; ce qui a été remarqué par le mouvement des lampes des églises.

» Il s'est fait dans un champ deux ouvertures, d'où il est sorti avec violence une grande quantité de pierres qui l'ont entièrement couvert et rendu stérile ; après les pierres il s'élança de ces ouvertures deux jets d'eau qui surpassaient de beaucoup en hauteur les arbres de cette campagne, qui durèrent un quart d'heure, et inondèrent jusqu'aux campagnes voisines. Cette eau est blanchâtre, semblable à de l'eau de savon, et n'a aucun goût.

» Une montagne qui est près de Sigillo, bourg éloigné d'Aquila de vingt-deux milles, avait sur son sommet une plaine assez grande, environnée de rochers qui lui servaient comme de murailles. Depuis le tremblement du 2 février, il s'est fait, à la place de cette plaine, un gouffre de largeur inégale, dont le plus grand diamètre est de vingt-cinq toises, et le moindre de vingt : on n'a pu en trouver le fond, quoiqu'on ait été jusqu'à trois cents toises. Dans le temps que se fit cette ouverture, on en vit sortir des flammes, et ensuite une très-grosse fumée, qui dura trois jours avec quelques interruptions.

» A Gênes, le 1ᵉʳ et le 2 juillet 1703, il y eut deux petits tremblements ; le dernier ne fut senti que par des gens qui travaillaient sur le môle : en même temps la mer dans le port s'abaissa de six pieds, en sorte que les galères touchèrent le fond, et cette basse mer dura près d'un quart d'heure.

» L'eau soufrée qui est dans le chemin de Rome à Tivoli s'est diminuée de deux pieds et demi de hauteur, tant dans le bassin que dans le fossé. En plusieurs endroits de la plaine appelée *Testine*, il y avait des sources et des ruisseaux d'eaux qui formaient des marais impraticables ; tout s'est séché. L'eau du lac appelé l'*Enfer* a diminué aussi de trois pieds en hauteur. A la place des anciennes sources qui ont tari, il en est sorti de nouvelles environ à une lieue des premières ; en sorte qu'il y a apparence que ce sont les mêmes eaux qui ont changé de route (1). »

(1) Page 40, année 1704.

Le même tremblement de terre qui, en 1538, forma le *Monte di Cenere* auprès de Pouzzoles, remplit en même temps le lac Lucrin de pierres, de terres et de cendres; de sorte qu'actuellement ce lac est un terrain marécageux.

Il y a des tremblements de terre qui se font sentir au loin dans la mer. M. Shaw rapporte qu'en 1724, étant à bord de *la Gazelle*, vaisseau algérien de cinquante canons, on sentit trois violentes secousses l'une après l'autre, comme si à chaque fois on avait jeté d'un endroit fort élevé un poids de vingt ou trente tonneaux sur le lest : cela arriva dans un endroit de la Méditerranée où il y avait plus de deux cents brasses d'eau. Il rapporte aussi que d'autres avaient senti des tremblements de terre bien plus considérables en d'autres endroits, et un entre autres à quarante lieues ouest de Lisbonne.

Schouten, en parlant d'un tremblement de terre qui se fit aux îles Moluques, dit que les montagnes furent ébranlées, et que les vaisseaux qui étaient à l'ancre sur trente et quarante brasses, se tourmentèrent comme s'ils se fussent donné des culées sur le rivage, sur des rochers, ou sur des bancs. « L'expérience, continue-t-il, nous apprend tous les jours que la même chose arrive en pleine mer où l'on ne trouve point de fond, et que, quand la terre tremble, les vaisseaux viennent tout d'un coup à se tourmenter jusque dans les endroits où la mer était tranquille (1). » Le Gentil, dans son *Voyage autour du monde*, parle des tremblements de terre dont il a été témoin, dans les termes suivants : « J'ai, dit-il, fait quelques remarques sur ces tremblements de terre. La première est qu'une demi-heure avant que la terre s'agite, tous les animaux paraissent saisis de frayeur; les chevaux hennissent, rompent leurs licous, et fuient de l'écurie; les chiens aboient; les oiseaux, épouvantés et presque étourdis, entrent dans les maisons; les rats et les souris sortent de leurs trous, etc. La seconde est que les vaisseaux qui sont à l'ancre sont agités si violemment, qu'il semble que toutes les parties dont ils sont composés vont se désunir; les canons sautent sur leurs affûts, et les mâts, par cette agitation, rompent leurs haubans : c'est ce que j'aurais eu de la peine à croire, si plusieurs témoignages unanimes ne m'en avaient convaincu. Je conçois bien que le fond de la mer est une continuation de la terre; que si cette terre est agitée, elle communique son agitation aux eaux qu'elle porte : mais ce que je ne conçois pas, c'est ce mouvement irrégulier du vaisseau, dont tous les membres et les parties prises séparément participent à cette agitation, comme si tout le vaisseau faisait partie de la terre, et qu'il ne nageât pas dans une matière fluide; son mouvement devrait être tout au plus semblable à celui qu'il éprouverait dans une tempête. D'ailleurs, dans l'occasion où je parle, la surface de la mer était unie, et ses flots n'étaient point élevés, toute l'agitation était intérieure, parce que le vent ne se mêla point au tremblement de terre. La troisième remarque est que si la caverne de la terre où le feu souterrain est renfermé va du septentrion au midi, et si la ville est pareillement située dans sa longueur du septentrion au midi, toutes les maisons sont renversées; au lieu que

(1) Voyez tome VI, page 103.

si cette veine ou caverne fait son effet en prenant la ville par sa largeur, le tremblement de terre fait moins de ravage, etc. (1). »

Il arrive que dans les pays sujets aux tremblements de terre, lorsqu'il se fait un
nouveau volcan, les tremblements de terre finissent et ne se font sentir que dans
les éruptions violentes du volcan, comme on l'a observé dans l'île Saint-Christophe.

Ces énormes ravages produits par les tremblements de terre ont fait croire à
quelques naturalistes que les montagnes et les inégalités de la surface du globe
n'étaient que le résultat des effets de l'action des feux souterrains, et que toutes les
irrégularités que nous remarquons sur la terre devaient être attribuées à ces
secousses violentes et aux bouleversements qu'elles ont produits. C'est, par
exemple, le sentiment de Ray; il croit que toutes les montagnes ont été formées
par des tremblements de terre ou par l'explosion des volcans, comme le mont *di
Cenere*, l'île nouvelle près de Santorin, etc.: mais il n'a pas pris garde que ces petites
élévations formées par l'éruption d'un volcan, ou par l'action d'un tremblement de
terre, ne sont pas intérieurement composées de couches horizontales, comme le
sont toutes les autres montagnes ; car en fouillant dans le mont *di Cenere*, on trouve
les pierres calcinées, les cendres, les terres brûlées, le mâchefer, les pierres ponces,
tous mêlés et confondus comme un monceau de décombres. D'ailleurs, si les tremblements de terre et les feux souterrains eussent produit les grandes montagnes de
la terre, comme les Cordillières, le mont Taurus, les Alpes, etc., la force prodigieuse
qui aurait élevé ces masses énormes aurait en même temps détruit une grande
partie de la surface du globe, et l'effet du tremblement aurait été d'une violence
inconcevable, puisque les plus fameux tremblements de terre dont l'histoire fasse
mention n'ont pas eu assez de force pour élever des montagnes : par exemple, il y
eut, du temps de Valentinien Ier, un tremblement de terre qui se fit sentir dans
tout le monde connu, comme le rapporte Ammien Marcellin (1), et cependant il
n'y eut aucune montagne élevée par ce grand tremblement.

Il est cependant vrai qu'en calculant on pourrait trouver qu'un tremblement de
terre assez violent pour élever les plus hautes montagnes, ne le serait pas assez
pour déplacer le reste du globe.

Car supposons pour un instant que la chaîne des hautes montagnes qui traverse
l'Amérique méridionale, depuis la pointe des terres Magellaniques jusqu'aux montagnes de la Nouvelle-Grenade et au golfe de Darien, ait été élevée tout à la fois et
produite par un tremblement de terre, et voyons par le calcul l'effet de cette explosion. Cette chaîne de montagnes a environ dix-sept cents lieues de longueur, et
communément quarante lieues de largeur, y compris les Sierras, qui sont des
montagnes moins élevées que les Andes ; la surface de ce terrain est donc de
soixante-huit mille lieues carrées. Je suppose que l'épaisseur de la matière déplacée
par le tremblement est d'une lieue, c'est-à-dire que la hauteur moyenne de ces
montagnes, prise du sommet jusqu'au pied, ou plutôt jusqu'aux cavernes qui, dans

(1) Voyez le *Nouveau voyage autour du monde de M. Le Gentil*, tome 1, pages 172 et suivantes.
(2) Lib. XXVI, cap. xiv.

cette hypothèse, doivent les supporter, n'est que d'une lieue; ce qu'on m'accordera facilement; alors je dis que la force de l'explosion ou du tremblement de terre aura élevé à une lieue de hauteur une quantité de terre égale à soixante-huit mille lieues cubiques; or, l'action étant égale à la réaction, cette explosion aura communiqué au reste du globe la même quantité de mouvement : mais le globe entier est de 12,310,523,801 lieues cubiques, dont ôtant 68,000, il reste 12,310,455,801 lieues cubiques, dont la quantité de mouvement aura été égale à celle de 68,000 lieues cubiques élevées à une lieue ; d'où l'on voit que la force qui aura été assez grande pour déplacer 68,000 lieues cubiques et les pousser à une lieue, n'aura pas déplacé d'un pouce le reste du globe.

Il n'y aurait donc pas d'impossibilité absolue à supposer que les montagnes ont été élevées par des tremblements de terre, si leur composition intérieure, aussi bien que leur forme extérieure, n'étaient pas évidemment l'ouvrage des eaux de la mer. L'intérieur est composé de couches régulières et parallèles remplies de coquilles, l'extérieur a une figure dont les angles sont partout correspondants : est-il croyable que cette composition uniforme et cette forme régulière aient été produites par des secousses irrégulières et des explosions subites ?

Mais comme cette opinion a prévalu chez quelques physiciens, et qu'il nous paraît que la nature et les effets des tremblements de terre ne sont pas bien entendus, nous croyons qu'il est nécessaire de donner sur cela quelques idées qui pourront servir à éclaircir cette matière.

La terre ayant subi de grands changements à sa surface, on trouve, même à des profondeurs considérables, des trous, des cavernes, des ruisseaux souterrains, et des endroits vides qui se communiquent quelquefois par des fentes et des boyaux. Il y a deux espèces de cavernes : les premières sont telles qui sont produites par l'action des feux souterrains et des volcans; l'action du feu soulève, ébranle et jette au loin les matières supérieures, et en même temps elle divise, fend et dérange celles qui sont à côté, et produit ainsi des cavernes, des grottes, des trous et des anfractuosités : mais cela ne se trouve ordinairement qu'aux environs des hautes montagnes où sont les volcans, et ces espèces de cavernes produites par l'action du feu sont plus rares que les cavernes de la seconde espèce qui sont produites par les eaux. Nous avons vu que les différentes couches qui composent le globe terrestre à sa surface sont toutes interrompues par des fentes perpendiculaires dont nous expliquerons l'origine dans la suite; les eaux des pluies et des vapeurs, en descendant par ces fentes perpendiculaires, se rassemblent sur la glaise, et forment des sources et des ruisseaux; elles cherchent par leur mouvement naturel toutes les petites cavités et les petits vides, et elles tendent toujours à couler et à s'ouvrir des routes, jusqu'à ce qu'elles trouvent une issue ; elles entraînent en même temps les sables, les terres, les graviers et les autres matières qu'elles peuvent diviser, et peu à peu elles se font des chemins; elles forment dans l'intérieur de la terre des espèces de petites tranchées ou de canaux qui leur servent de lit ; elles sortent enfin, soit à la surface de la terre, soit dans la mer, en forme de fontaines : les matières qu'elles entraînent laissent des vides dont l'étendue peut être fort considérable, et ces vides forment des grottes et des cavernes, dont l'origine est, comme l'on voit, bien différente de celle des cavernes produites par les tremblements de terre.

Il y a deux espèces de tremblements de terre : les uns causés par l'action des feux souterrains et par l'explosion des volcans, qui ne se font sentir qu'à de petites distances et dans les temps que les volcans agissent, ou avant qu'ils s'ouvrent : lorsque les matières qui forment les feux souterrains viennent à fermenter, à s'échauffer et à s'enflammer, le feu fait effort de tous côtés ; et s'il ne trouve pas naturellement des issues, il soulève la terre et se fait un passage en la rejetant ; ce qui produit un volcan, dont les effets se répètent et durent à proportion de la quantité des matières inflammables. Si la quantité des matières qui s'enflamment est peu considérable, il peut arriver un soulèvement et une commotion, un tremblement de terre, sans que pour cela il se forme un volcan : l'air produit et raréfié par le feu souterrain peut aussi trouver de petites issues par où il s'échappera, et dans ce cas il n'y aura encore qu'un tremblement sans éruption et sans volcan, mais lorsque la matière enflammée est en grande quantité, et qu'elle est resserrée par des matières solides et compactes, alors il y a commotion et volcan. Mais toutes ces commotions ne font que la première espèce des tremblements de terre, et elles ne peuvent ébranler qu'un petit espace. Une éruption très-violente de l'Etna causera, par exemple, un tremblement de terre dans toute l'île de Sicile ; mais il ne s'étendra jamais à des distances de trois ou quatre cents lieues. Lorsque dans le mont Vésuve il s'est formé quelques nouvelles bouches à feu, il s'est fait en même temps des tremblements de terre à Naples et dans le voisinage du volcan : mais ces tremblements n'ont jamais ébranlé les Alpes, et ne se sont pas communiqués en France ou aux autres pays éloignés du Vésuve. Ainsi les tremblements de terre produits par l'action des volcans sont bornés à un petit espace, c'est proprement l'effet de la réaction du feu ; et ils ébranlent la terre, comme l'explosion d'un magasin à poudre produit une secousse et un tremblement sensible à plusieurs lieues de distance.

Mais il y a une autre espèce de tremblement de terre bien différente pour les effets et peut-être pour les causes : ce sont les tremblements qui se font sentir à de grandes distances, et qui ébranlent une longue suite de terrain sans qu'il paraisse aucun nouveau volcan ni aucune éruption. On a des exemples de tremblements qui se sont fait sentir en même temps en Angleterre, en France, en Allemagne, et jusqu'en Hongrie : ces tremblements s'étendent toujours beaucoup plus en longueur qu'en largeur ; ils ébranlent une bande ou une zone de terrain avec plus ou moins de violence en différents endroits, et ils sont presque toujours accompagnés d'un bruit sourd, semblable à celui d'une grosse voiture qui roulerait avec rapidité.

Pour bien entendre quelles peuvent être les causes de cette espèce de tremblement, il faut se souvenir que toutes les matières inflammables et capables d'explosion, produisent, comme la poudre, par l'inflammation, une grande quantité d'air ; que cet air produit par le feu est dans l'état d'une très-grande raréfaction, et que par l'état de compression où il se trouve dans le sein de la terre, il doit produire des effets très-violents. Supposons donc qu'à une profondeur très-considérable, comme à cent ou deux cents toises, il se trouve des pyrites et d'autres matières sulfureuses, et que par la fermentation produite par la filtration des eaux ou par d'autres causes elles viennent à s'enflammer, et voyons ce qui doit arriver : d'abord ces matières ne sont pas disposées régulièrement par couches horizontales, comme le sont les matières anciennes qui ont été formées par le sédiment des eaux ; elles sont au contraire dans les fentes perpendiculaires, dans les cavernes au pied de ces fentes, et dans les autres endroits où les eaux peuvent agir et pénétrer. Ces matières, venant à s'enflammer, produiront une grande quantité d'air, dont le ressort, comprimé dans un petit espace, comme celui d'une caverne, non-seulement ébranlera le terrain supérieur, mais cherchera des routes pour s'échapper et se mettre en liberté. Les routes qui se présentent sont les cavernes et les tranchées formées par les eaux et par les ruisseaux souterrains ; l'air raréfié se précipitera avec violence dans tous ces passages qui lui sont ouverts, et il formera un vent furieux dans ces routes souterraines, dont le bruit se fera entendre à la surface de la terre, et en accompagnera l'ébranlement et les secousses ; ce vent souterrain produit par le feu s'étendra tout aussi loin que les cavités ou tranchées souterraines, et causera un tremblement plus ou moins violent à mesure qu'il s'éloignera du foyer, et qu'il trouvera des passages plus ou moins étroits ; ce mouvement se faisant en longueur, l'ébranlement se fera de même ; et le tremblement se fera sentir dans une longue zone de terrain : cet air ne produira aucune éruption, aucun volcan, parce qu'il aura trouvé assez d'espace pour s'étendre, ou bien parce qu'il aura trouvé des issues, et qu'il sera sorti en forme de vent et de vapeur. Et quand même on ne voudrait pas convenir qu'il existe en effet des routes souterraines par lesquelles cet air et ces vapeurs souterraines peuvent passer, on conçoit bien que, dans le lieu même où se fait la première explosion, le terrain étant soulevé à une hauteur considérable, il est nécessaire que celui qui avoisine ce lieu se divise et se fende horizontalement pour suivre le mouvement du premier, ce qui suffit pour faire des routes qui, de proche en proche, peuvent communiquer le mouvement à une très-grande distance : cette explication s'accorde avec tous les phénomènes. Ce n'est pas dans le même instant ni à la même heure qu'un tremblement de terre se fait sentir en deux endroits distants, par exemple, de cent ou de deux cents lieues ; il n'y a point de feu ni d'éruption au dehors par ces tremblements qui s'étendent au loin, et le bruit qui les accompagne presque toujours marque le mouvement progressif de ce vent souterrain. On peut encore confirmer ce que nous venons de dire, en le liant avec d'autres faits : on sait que les mines exhalent des vapeurs ; indépendamment des vents produits par le courant des eaux, on y remarque souvent des courants d'un air malsain et de vapeurs suffocantes : on sait aussi qu'il y a sur la terre des trous, des abîmes, des lacs profonds qui produisent des vents, comme le lac de Boleslaw en Bohême, dont nous avons parlé.

Tout ceci bien entendu, je ne vois pas trop comment on peut croire que les

tremblements de terre ont dû produire des montagnes, puisque la cause même de
ces tremblements sont des matières minérales et sulfureuses qui ne se trouvent
ordinairement que dans les fentes perpendiculaires des montagnes et dans les autres cavités de la terre, dont le plus grand nombre a été produit par les eaux ; que
ces matières en s'enflammant ne produisent qu'une explosion momentanée et des
vents violents qui suivent les routes souterraines des eaux ; que la durée des tremblements n'est en effet que momentanée à la surface de la terre, et que par conséquent leur cause n'est qu'une explosion et non pas un incendie durable ; et qu'enfin ces tremblements qui ébranlent un grand espace, et qui s'étendent à des
distances très-considérables, bien loin d'élever des chaînes de montagnes, ne sou-
lèvent pas la terre d'une quantité sensible, et ne produisent pas la plus petite colline
dans toute la longueur de leur cours.

Les tremblements de terre sont, à la vérité, bien plus fréquents dans les endroits
où sont les volcans qu'ailleurs, comme en Sicile et à Naples : on sait, par les observations faites en différents temps, que les plus violents tremblements de terre
arrivent dans le temps des grandes éruptions des volcans ; mais ces tremblements
ne sont pas ceux qui s'étendent le plus loin, et ils ne pourraient jamais produire
une chaîne de montagnes.

On a quelquefois observé que les matières rejetées de l'Etna, après avoir été refroidies pendant plusieurs années, et ensuite humectées par l'eau des pluies, se
sont rallumées, et ont jeté des flammes avec une explosion assez violente, qui produisait même une espèce de petit tremblement.

En 1669, dans une furieuse éruption de l'Etna, qui commença le 11 mars, le sommet de la montagne baissa considérablement, comme tous ceux qui avaient vu
cette montagne avant cette éruption s'en aperçurent (1) ; ce qui prouve que le
feu du volcan vient plutôt du sommet que de la profondeur intérieure de la montagne. Borelli est du même sentiment, et il dit précisément « que le feu des volcans ne vient pas du centre ni du pied de la montagne, mais qu'au contraire il sort
du sommet et ne s'allume qu'à une très-petite profondeur (2). »

Le mont Vésuve a souvent rejeté, dans ses éruptions, une grande quantité d'eau
bouillante : M. Ray, dont le sentiment est que le feu des volcans vient d'une très-
grande profondeur, dit que c'est de l'eau de la mer qui communique aux cavernes
intérieures du pied de cette montagne ; il en donne pour preuve la sécheresse et
l'aridité du sommet du Vésuve, et le mouvement de la mer, qui, dans le temps de
ces violentes éruptions, s'éloigne des côtes, et diminue au point d'avoir laissé quelquefois à sec le port de Naples. Mais quand ces faits seraient bien certains, ils ne
prouveraient pas d'une manière solide que le feu des volcans vient d'une grande
profondeur ; car l'eau qu'ils rejettent est certainement l'eau des pluies qui pénètre
par les fentes, et qui se ramasse dans les cavités de la montagne : on voit découler
des eaux vives et des ruisseaux du sommet des volcans, comme il en découle des

(1) Voyez *Trans. Phil. Ab*, vol. II, page 13. — (2) Voyez Borelli, *de Incendiis montis Etnæ.*

autres montagnes élevées ; et comme elles sont creuses et qu'elles ont été plus
ébranlées que les montagnes, il n'est pas étonnant que les eaux se ramassent dans
les cavernes qu'elles contiennent dans leur intérieur, et que ces eaux soient rejetées dans le temps des éruptions avec les autres matières. A l'égard du mouvement
de la mer, il provient uniquement de la secousse communiquée aux eaux par l'explosion ; ce qui doit les faire affluer ou refluer, suivant les différentes circonstances.

Les matières que rejettent les volcans sortent le plus souvent sous la forme d'un
torrent de minéraux fondus, qui inonde tous les environs de ces montagnes : ces
fleuves de matières liquéfiées s'étendent même à des distances considérables ; et en
se refroidissant, ces matières, qui sont en fusion, forment des couches horizontales
ou inclinées, qui, pour la position, sont semblables aux couches formées par les
sédiments des eaux. Mais il est fort aisé de distinguer ces couches produites par
l'expansion des matières rejetées des volcans, de celles qui ont pour origine les sédiments de la mer : 1° parce que ces couches ne sont pas d'égale épaisseur partout ;
2° parce qu'elles ne contiennent que des matières qu'on reconnaît évidemment
avoir été calcinées, vitrifiées ou fondues ; 3° parce qu'elles ne s'étendent pas à une
grande distance. Comme il y a au Pérou un grand nombre de volcans, et que le
pied de la plupart des montagnes des Cordillières est recouvert de ces matières
rejetées par ces volcans, il n'est pas étonnant qu'on ne trouve pas de coquilles
marines dans ces couches de terre ; elles ont été calcinées et détruites par l'action
du feu. Mais je suis persuadé que si l'on creusait dans la terre argileuse qui, selon
M. Bouger, est la terre ordinaire de la vallée de Quito, on y trouverait des coquilles, comme l'on en trouve partout ailleurs ; en supposant que cette terre soit vraiment de l'argile, et qu'elle ne soit pas, comme celle qui est au pied des montagnes,
un terrain formé par les matières rejetées des volcans.

On a souvent demandé pourquoi les volcans se trouvent tous dans les hautes
montagnes. Je crois avoir satisfait en partie à cette question dans le discours précédent ; mais comme je ne suis pas entré dans un assez grand détail, j'ai cru que je
ne devais pas finir cet article sans développer davantage ce que j'ai dit sur ce sujet.

Les pics ou les pointes des montagnes étaient autrefois recouvertes et environnées de sables et de terres que les eaux pluviales ont entraînés dans les vallées ; il
n'est resté que les rochers et les pierres qui formaient le noyau de la montagne.
Ce noyau, se trouvant à découvert et déchaussé jusqu'au pied, aura encore été dégradé par les injures de l'air ; la gelée en aura détaché de grosses et de petites parties qui auront roulé au bas ; en même temps elle aura fait fendre plusieurs rochers
au sommet de la montagne ; ceux qui forment la base de ce sommet se trouvant
découverts, et n'étant plus appuyés par les terres qui les environnaient, auront un
peu cédé ; et en s'écartant les uns des autres, ils auront formé de petits intervalles :
cet ébranlement de rochers inférieurs n'aura pu se faire sans communiquer aux
rochers supérieurs un mouvement plus grand : ils se seront fendus ou écartés les
uns des autres. Il se sera donc formé dans ce noyau de montagne une infinité de
petites et de grandes fentes perpendiculaires, depuis le sommet jusqu'à la base des

rochers inférieurs ; les pluies auront pénétré dans toutes ces fentes, et elles auront
détaché dans l'intérieur de la montagne toutes les parties minérales et toutes les
autres matières qu'elles auront pu enlever ou dissoudre ; elles auront formé des
pyrites, des soufres et d'autres matières combustibles, et lorsque, par succession
des temps, ces matières se seront accumulées en grande quantité, elles auront fer-
menté, et en s'enflammant elles auront produit les explosions et les autres effets
des volcans. Peut-être aussi y avait-il, dans l'intérieur de la montagne, des amas
de ces matières minérales déjà formées, avant que les pluies pussent y pénétrer ;
dès qu'il se sera fait des ouvertures ou des fentes qui auront donné passage à l'eau
et à l'air, ces matières se seront enflammées et auront formé un volcan. Aucun de
ces mouvements ne pouvant se faire dans les plaines, puisque tout est en repos, et
que rien ne peut se déplacer, il n'est pas surprenant qu'il n'y ait aucun volcan dans
les plaines, et qu'ils se trouvent tous en effet dans les hautes montagnes.

Lorsqu'on a ouvert des minières de charbon de terre, que l'on trouve ordinairement dans l'argile à une profondeur considérable, il est arrivé quelquefois que le
feu s'est mis à ces matières ; il y a même des mines de charbon en Ecosse, en
Flandre, etc., qui brûlent continuellement depuis plusieurs années : la communication de l'air suffit pour produire cet effet. Mais ces feux qui se sont allumés dans
ces mines, ne produisent que de légères explosions, et ils ne forment pas des volcans, parce que tout étant solide et plein dans ces endroits, le feu ne peut pas être
excité, comme celui des volcans, dans lesquels il y a des cavités et des vides où
l'air pénètre ; ce qui doit nécessairement étendre l'embrasement, et peut augmenter
l'action du feu au point où nous la voyons lorsqu'elle produit les terribles effets dont
nous avons parlé.

SUR LES TREMBLEMENTS DE TERRE.

Il y a deux causes qui produisent les tremblements de terre : la première est l'affaissement subit des cavités de la terre ; et la seconde, encore plus fréquente et plus
violente que la première, est l'action des feux souterrains.

Lorsqu'une caverne s'affaisse dans le milieu des continents, elle produit par sa
chute une commotion qui s'étend à une plus ou moins grande distance, selon la
quantité du mouvement donné par la chute de cette masse à la terre ; et à moins
que le volume n'en soit fort grand et ne tombe de très-haut, sa chute ne produira
pas une secousse assez violente pour qu'elle se fasse ressentir à de grandes distances : l'effet en est borné aux environs de la caverne affaissée ; et si le mouvement
se propage plus loin, ce n'est que par de petits trémoussements et de légères trépidations.

Comme la plupart des montagnes primitives reposent sur des cavernes, parce
que, dans le moment de la consolidation, ces éminences ne se sont formées que
par des boursouflures, il s'est fait, et il se fait encore de nos jours, des affaisse-

ments dans ces montagnes toutes les fois que les voûtes des cavernes minées par les eaux ou ébranlées par quelque tremblement viennent à s'écrouler : une portion de la montagne s'affaisse en bloc, tantôt perpendiculairement, mais plus souvent en s'inclinant beaucoup, et quelquefois même en culbutant. On en a des exemples frappants dans plusieurs parties des Pyrénées, où les couches de la terre, jadis horizontales, sont souvent inclinées de plus de 45 degrés ; ce qui démontre que la masse entière de chaque portion de montagne dont les bancs sont parallèles entre eux, a penché tout en bloc et s'est assise, dans le moment de l'affaissement, sur une base inclinée de 45 degrés : c'est la cause la plus générale de l'inclinaison des couches dans les montagnes. C'est par la même raison que l'on trouve souvent, entre deux éminences voisines, des couches qui descendent de la première et remontent à la seconde, après avoir traversé le vallon. Ces couches sont horizontales, et gisent à la même hauteur dans les deux collines opposées, entre lesquelles la caverne s'étant écroulée, la terre s'est affaissée, et le vallon s'est formé sans autre dérangement dans les couches de la terre que le plus ou moins d'inclinaison, suivant la profondeur du vallon et la pente des deux coteaux correspondants.

C'est là le seul effet sensible de l'affaissement des cavernes dans les montagnes et dans les autres parties des continents terrestres : mais toutes les fois que cet effet arrive dans le sein de la mer, où les affaissements doivent être plus fréquents que sur la terre, puisque l'eau mine continuellement les voûtes dans tous les endroits où elles soutiennent le fond de la mer, alors ces affaissements non-seulement dérangent et font pencher les couches de la terre, mais ils produisent encore un autre effet sensible en faisant baisser le niveau des mers; sa hauteur s'est déjà déprimée de deux mille toises par ces affaissements successifs depuis la première occupation des eaux ; et comme toutes les cavernes sous-marines ne sont pas encore, à beaucoup près, entièrement écroulées, il est plus probable que l'espace des mers s'approfondissant de plus en plus, se rétrécira par la surface, et que, par conséquent, l'étendue de tous les continents terrestres continuera toujours d'augmenter par la retraite et l'abaissement des eaux.

Une seconde cause, plus puissante que la première, concourt avec elle pour produire le même effet ; c'est la rupture et l'affaissement des cavernes par l'effort des feux sous-marins. Il est certain qu'il ne se fait aucun affaissement dans le fond de la mer, que sa surface ne baisse; et si nous considérons en général les effets des feux souterrains, nous reconnaîtrons que, dès qu'il y a du feu, la commotion de la terre ne se borne point à de simples trépidations, mais que l'effort du feu soulève, entr'ouvre la mer et la terre par des secousses violentes et réitérées, qui non-seulement renversent et détruisent des terres voisines, mais encore ébranlent celles qui sont éloignées, et ravagent ou bouleversent tout ce qui se trouve sur la route de leur direction.

Ces tremblements de terre, causés par les feux souterrains, précèdent ordinairement les éruptions des volcans et cessent avec elles, et quelquefois même au moment où ce feu renfermé s'ouvre un passage dans les flancs de la terre, et porte sa flamme dans les airs. Souvent aussi ces tremblements épouvantables continuent tant que les éruptions durent : ces deux effets sont intimement liés ensemble ; et jamais il ne se fait une grande éruption dans un volcan sans qu'elle ait été précédée ou du moins accompagnée d'un tremblement de terre, au lieu que très-souvent on ressent des secousses même assez violentes sans éruptions de feu. Ces mouvements où le feu n'a point de part proviennent non-seulement de la première cause que nous avons indiquée, c'est-à-dire de l'écroulement des cavernes, mais aussi de l'action des vents et des orages souterrains. On a nombre d'exemples de terres soulevées ou affaissées par la force de ces vents intérieurs. M. le chevalier Hamilton, homme aussi respectable par son caractère, qu'admirable par l'étendue de ses connaissances et de ses recherches en ce genre, m'a dit avoir vu entre Trente et Vérone, près du village de Roveredo, plusieurs monticules composés de grosses masses de pierres calcaires, qui ont été évidemment soulevées par diverses explosions causées par des vents souterrains. Il n'y a pas le moindre indice de l'action du feu sur ces rochers ni sur leurs fragments : tout le pays des deux côtés du grand chemin, dans une longueur de près d'une lieue, a été bouleversé de place en place par ces prodigieux efforts des vents souterrains. Les habitants disent que cela est arrivé tout à coup par l'effet d'un tremblement de terre.

Mais la force du vent, quelque violent qu'on puisse le supposer, ne me paraît pas une cause suffisante pour produire d'aussi grands effets; et quoiqu'il n'y ait aucune apparence de feu dans ces monticules soulevés par la commotion de la terre, je suis persuadé que ces soulèvements se sont faits par des explosions électriques de la foudre souterraine, et que les vents intérieurs n'y ont contribué qu'en produisant ces orages électriques dans les cavités de la terre. Nous réduirons donc à trois causes tous les mouvements convulsifs de la terre : la première et la plus simple est l'affaissement subit des cavernes ; la seconde, les orages et les coups de foudre souterraine; et la troisième, l'action et les efforts des feux allumés dans l'intérieur du globe. Il me paraît qu'il est aisé de rapporter à l'une de ces trois causes tous les phénomènes qui accompagnent ou qui suivent les tremblements de terre.

Si les mouvements de la terre produisent quelquefois des éminences, ils forment encore plus souvent des gouffres. Le 15 octobre 1773, il s'est ouvert un gouffre sur le territoire du bourg Induno, dans les États de Modène, dont la cavité a plus de quatre cents brasses de largeur, sur deux cents de profondeur. En 1726, dans la partie septentrionale de l'Islande, une montagne d'une hauteur considérable s'enfonça en une nuit par un tremblement de terre, et un lac très-profond prit sa place. Dans la même nuit, à une lieue et demie de distance, un ancien lac, dont on ignorait la profondeur, fut entièrement desséché, et son fond s'éleva de manière à former un monticule assez haut, que l'on voit encore aujourd'hui. Dans les mers voisines de la Nouvelle-Bretagne, les tremblements de terre, dit M. Bougainville, ont de terribles conséquences pour la navigation. Les 7, 12 juin et 27 juillet 1766, il y en a eu trois à Boéro, et le 22 de ce même mois un à la Nouvelle-Bretagne. Quelquefois ces tremblements anéantissent des îles et des bancs de sable connus ; quelquefois aussi ils en créent où il n'y en avait pas.

Il y a des tremblements de terre qui s'étendent très-loin, et toujours plus en longueur qu'en largeur : l'un des plus considérables est celui qui se fit ressentir au Canada en 1663 ; il s'étendit sur plus de deux cents lieues de largeur, c'est-à-dire sur plus de vingt mille lieues superficielles. Les effets du dernier tremblement de terre du Portugal, se sont fait de nos jours ressentir encore plus loin : M. le chevalier de Saint-Sauveur, commandant pour le roi à Merueis a dit à M. de Gensanne qu'en se promenant à la rive gauche de la Jouante, en Languédoc, le ciel devint tout à coup fort noir, et qu'un moment après il aperçut au bas du coteau qui est à la rive droite de cette rivière, un globe de feu qui éclata d'une manière terrible. Il sortit de l'intérieur de la terre un tas de rochers considérable, et toute cette chaîne de montagnes se fendit depuis Merueis jusqu'à Florac, sur près de six lieues de longueur : cette fente a, dans certains endroits, plus de deux pieds de largeur, et elle est en partie comblée. Il y a d'autres tremblements de terre qui semblent se faire sans secousses et sans grande émotion. Kolbe rapporte que, le 24 septembre 1707, depuis huit heures du matin jusqu'à dix heures, la mer monta sur la contrée du cap de Bonne-Espérance, et en descendit sept fois de suite et avec une telle vitesse, que d'un moment à l'autre la plage était alternativement couverte et découverte par les eaux.

Je puis ajouter, au sujet des effets des tremblements de terre et de l'éboulement des montagnes par l'affaissement des cavernes, quelques faits assez récents et qui sont bien constatés. En Norwége, un promontoire appelé *Hammers-fields* tomba tout à coup en entier. Une montagne fort élevée, et presque adjacente à celle de Chimboraço, l'une des plus hautes des Cordillières, dans la province de Quito, s'écroula tout à coup. Le fait avec ses circonstances est rapporté dans les Mémoires de MM. de La Condamine et Bouguer. Il arrive souvent de pareils éboulements et de grands affaissements dans les îles des Indes méridionales. A *Gamma-canore*, où les Hollandais ont un établissement, une haute montagne s'écroula tout à coup en 1673, par un temps calme et fort beau : ce qui fut suivi d'un tremblement de terre qui renversa les villages d'alentour, où plusieurs milliers de personnes périrent : le 11 août 1772, dans l'île de Java, province de *Cheribou*, l'une des plus riches possessions des Hollandais, une montagne d'environ trois lieues de circonférence s'abîma tout à coup, s'enfonçant et se relevant alternativement comme les flots de la mer agitée : en même temps elle laissait échapper une quantité prodigieuse de globes de feu qu'on apercevait de très-loin, et qui jetaient une lumière aussi vive que celle du jour ; toutes les plantations et trente-neuf négreries ont été englouties, avec deux mille cent quarante habitants, sans compter les étrangers. Nous pourrions recueillir plusieurs autres exemples de l'affaissement des terres et de l'écroulement des montagnes par la rupture des cavernes, par les secousses des tremblements de terre et par l'action des volcans : mais nous en avons dit assez pour qu'on ne puisse contester les inductions et les conséquences générales que nous avons tirées de ces faits particuliers. (*Add. Buff.*)

DES VOLCANS.

* Les anciens nous ont laissé quelques notices des volcans qui leur étaient connus, et particulièrement de l'Etna et du Vésuve. Plusieurs observateurs savants et curieux ont, de nos jours, examiné de plus près la forme et les effets de ces volcans : mais la première chose qui frappe en comparant ces descriptions, c'est qu'on doit renoncer à transmettre à la postérité la topographie exacte et constante de ces montagnes ardentes ; leur forme s'altère et change, pour ainsi dire, chaque jour ; leur surface s'élève ou s'abaisse en différents endroits, chaque éruption produit de nouveaux gouffres ou des éminences nouvelles ; s'attacher à décrire tous ces changements, c'est vouloir suivre et représenter les ruines d'un bâtiment incendié. Le Vésuve de Pline et l'Etna d'Empédocle présentaient une face et des aspects différents de ceux qui nous sont aujourd'hui si bien représentés par MM. Hamilton et Brydone ; et, dans quelques siècles, ces descriptions récentes ne ressembleront plus à leur objet. Après la surface des mers, rien sur le globe n'est plus mobile et plus inconstant que la surface des volcans : mais de cette inconstance même et de cette variation de mouvements et de formes on peut tirer quelques conséquences générales en réunissant les observations particulières. (*Add. Buff.*)

EXEMPLE DES CHANGEMENTS ARRIVÉS DANS LES VOLCANS.

* La base de l'Etna peut avoir soixante lieues de circonférence, et sa hauteur perpendiculaire est d'environ deux mille toises au-dessus du niveau de la Méditerranée. On peut donc regarder cette énorme montagne comme un cône obtus, dont la superficie n'a guère moins de trois cents lieues carrées : cette superficie conique est partagée entre quatre zones placées concentriquement les unes au-dessus des autres. La première et la plus large s'étend à plus de six lieues, toujours en montant doucement, depuis le point le plus éloigné de la base de la montagne ; et cette zone de six lieues de largeur est peuplée et cultivée presque partout. La ville de Catane et plusieurs villages se trouvent dans cette première enceinte, dont la superficie est de plus de deux cent vingt lieues carrées. Tout le fond de ce vaste terrain n'est que de la lave ancienne et moderne, qui a coulé des différents endroits de la montagne où se sont faites les explosions des feux souterrains ; et la surface de cette lave, mêlée avec les cendres rejetées par ces différentes bouches à feu, s'est convertie en une bonne terre actuellement semée de grains et plantée de vignobles, à l'exception de quelques endroits où la lave, encore trop récente, ne fait que commencer à changer de nature, et présente quelques espaces dénués de terre. Vers le haut de cette zone, on voit déjà plusieurs *cratères* ou coupes plus ou moins larges et profondes, d'où sont sorties les matières qui ont formé les terrains au-dessous.

La seconde zone commence au-dessus de six lieues (depuis le point le plus éloigné de la circonférence de la montagne). Cette seconde zone a environ deux lieues de largeur en montant: la pente en est plus rapide partout que celle de la première zone; et cette rapidité augmente à mesure qu'on s'élève et qu'on s'approche du sommet. Cette seconde zone, de deux lieues de largeur, peut avoir en superficie quarante ou quarante-cinq lieues carrées : de magnifiques forêts couvrent toute cette étendue, et semblent former un beau collier de verdure à la tête blanche et chenue de ce respectable mont. Le fond du terrain de ces belles forêts n'est néanmoins que de la lave et des cendres converties par le temps en terres excellentes ; et, ce qui est encore plus remarquable, c'est l'inégalité de la surface de cette zone : elle ne présente partout que des collines, ou plutôt des montagnes, toutes produites par les différentes éruptions du sommet de l'Etna et des autres bouches à feu qui sont au-dessous de ce sommet, et dont plusieurs ont autrefois agi dans cette zone, actuellement couverte de forêts.

Avant d'arriver au sommet, et après avoir passé les belles forêts qui recouvrent la croupe de cette montagne, on traverse une troisième zone, où il ne croît que de petits végétaux. Cette région est couverte de neige en hiver, qui fond pendant l'été; mais ensuite on trouve la ligne de neige permanente qui marque le commencement de la quatrième zone, et s'étend jusqu'au sommet de l'Etna. Ces neiges et ces glaces occupent environ deux lieues en hauteur, depuis la région des petits végétaux jusqu'au sommet, lequel est également couvert de neige et de glace; il est exactement d'une figure conique, et l'on voit dans son intérieur le grand cratère du volcan, duquel il sort continuellement des tourbillons de fumée. L'intérieur de ce cratère est en forme de cône renversé, s'élevant également de tous côtés : il n'est composé que de cendres et d'autres matières brûlées, sorties de la bouche du volcan, et qui est au contre du cratère. L'extérieur de ce sommet est fort escarpé; la neige y est couverte de cendres, et il y fait un très-grand froid. Sur le côté septentrional de cette région de neige, il y a plusieurs petits lacs qui ne dégèlent jamais. En général, le terrain de cette dernière zone est assez égal et d'une même pente, excepté dans quelques endroits; et ce n'est qu'au-dessous de cette région de neige qu'il se trouve un grand nombre d'inégalités, d'éminences et de profondeurs produites par les éruptions, et que l'on voit les collines et les montagnes plus ou moins nouvellement formées, et composées de matières rejetées par ces différentes bouches à feu.

Le cratère du sommet de l'Etna, en 1770, avait, selon M. Brydone, plus d'une lieue de circonférence, et les auteurs anciens et modernes lui ont donné des dimensions très-différentes : néanmoins tous ces auteurs ont raison, parce que toutes les dimensions de cette bouche à feu ont changé; et tout ce que l'on doit inférer de la comparaison des différentes descriptions qu'on en a faites, c'est que le cratère, avec ses bords, s'est éboulé quatre fois depuis six ou sept cents ans. Les matériaux dont il est formé retombent dans les entrailles de la montagne, d'où ils sont ensuite rejetés par de nouvelles éruptions qui forment un autre cratère, lequel s'augmente et s'élève par degrés, jusqu'à ce qu'il retombe de nouveau dans le même gouffre du volcan.

Ce haut sommet de la montagne n'est pas le seul endroit où le feu souterrain ait fait éruption : on voit, dans tout le terrain qui forme les flancs et la croupe de l'Etna, et jusqu'à de très-grandes distances du sommet, plusieurs autres cratères qui ont donné passage au feu, et qui sont environnés de morceaux de rochers qui en sont sortis dans différentes éruptions. On peut même compter plusieurs collines, toutes formées par l'éruption de ces petits volcans qui environnent le grand ; chacune de ces collines offre à son sommet une coupe ou cratère, au milieu duquel on voit la bouche ou plutôt le gouffre profond de ces volcans particuliers. Chaque éruption de l'Etna a produit une nouvelle montagne ; et peut-être, dit M. Brydone, que leur nombre servirait mieux que toute autre méthode à déterminer celui des éruptions de ce fameux volcan.

La ville de Catane, qui est au bas de la montagne, a souvent été ruinée par le torrent des laves qui sont sorties du pied de ces nouvelles montagnes, lorsqu'elles se sont formées. En montant de Catane à Nicolosi, on parcourt douze milles de chemin dans un terrain formé d'anciennes laves, et dans lequel on voit des bouches de volcans éteints, qui sont à présent des terres couvertes de blé, de vignobles et de vergers. Les laves qui forment cette région proviennent de l'éruption de ces petites montagnes qui sont répandues partout sur les flancs de l'Etna ; elles sont toutes, sans exception, d'une figure régulière, soit hémisphérique, soit conique ; chaque éruption crée ordinairement une de ces montagnes. Ainsi l'action des feux souterrains ne s'élève pas toujours jusqu'au sommet de l'Etna ; souvent ils ont éclaté sur la croupe, et, pour ainsi dire, jusqu'au pied de cette montagne ardente. Ordinairement chacune de ces éruptions du flanc de l'Etna produit une montagne nouvelle, composée des rochers, des pierres et des cendres lancés par la force du feu ; et le volume de ces montagnes nouvelles est plus ou moins énorme, à proportion du temps qu'a duré l'éruption : si elle se fait en peu de jours, elle ne produit qu'une colline d'environ une lieue de circonférence à la base, sur trois ou quatre cents pieds de hauteur perpendiculaire ; mais si l'éruption a duré quelques mois, comme celle de 1669, elle produit alors une montagne considérable, de deux ou trois lieues de circonférence sur neuf cents ou mille pieds d'élévation ; et toutes ces collines enfantées par l'Etna, qui a douze mille pieds de hauteur, ne paraissent être que de petites éminences faites pour accompagner la majesté de la mère-montagne.

Dans le Vésuve, qui n'est qu'un très-petit volcan en comparaison de l'Etna, les éruptions des flancs de la montagne sont rares, et les laves sortent ordinairement du cratère qui est au sommet ; au lieu que dans l'Etna les éruptions se sont faites bien plus souvent par les flancs de la montagne que par son sommet, et les laves sont sorties de chacune de ces montagnes formées par des éruptions sur les côtés de l'Etna. M. Brydone dit, d'après M. Recupero, que les masses de pierres lancées par l'Etna s'élèvent si haut, qu'elles emploient vingt-une secondes de temps à descendre et retomber à terre, tandis que celles du Vésuve tombent en neuf secondes ; ce qui donne douze cent quinze pieds pour la hauteur à laquelle s'élèvent les pierres lancées par le Vésuve, et six mille six cent quinze pieds pour la hauteur à

laquelle montent celles qui sont lancées par l'Etna; d'où l'on pourrait conclure, si les
observations sont justes, que la force de l'Etna est à celle du Vésuve comme 441
sont à 81, c'est-à-dire cinq à six fois plus grande. Et ce qui prouve d'une manière
démonstrative que le Vésuve n'est qu'un très-faible volcan en comparaison de
l'Etna, c'est que celui-ci paraît avoir enfanté d'autres volcans plus grands que le
Vésuve. « Assez près de la *caverne des Chèvres*, dit M. Brydone, on voit deux des
plus belles montagnes qu'ait enfantées l'Etna; chacun des cratères de ces deux
montagnes est beaucoup plus large que celui du Vésuve : ils sont à présent remplis
par des forêts de chênes, et revêtus jusqu'à une grande profondeur d'un sol très-
fertile; le fond du sol est composé de laves, dans cette région comme dans toutes
les autres, depuis le pied de la montagne jusqu'au sommet. La montagne conique
qui forme le sommet de l'Etna et contient son cratère a plus de trois lieues de circonférence; elle est extrèmement rapide, et couverte de neige et de glace en tout
temps. Ce grand cratère a plus d'une lieue de circonférence en dedans, il forme
une excavation qui ressemble à un vaste amphithéâtre; il en sort des nuages de fumée qui ne s'élèvent point en l'air, mais roulent vers le bas de la montagne : le
cratère est si chaud, qu'il est très-dangereux d'y descendre. La grande bouche du
volcan est près du centre du cratère; quelques-uns des rochers lancés par le volcan
hors de son cratère sont d'une grandeur incroyable : le plus gros qu'ait vomi le
Vésuve est de forme ronde et a environ douze pieds de diamètre; ceux de l'Ena sont
bien plus considérables, et proportionnés à la différence qui se trouve entre les
deux volcans. »

Comme toute la partie qui environne le sommet de l'Etna présente un terrain
égal, sans collines ni vallées jusqu'à plus de deux lieues de distance en descendant,
et qu'on y voit encore aujourd'hui les ruines de la tour du philosophe Empédocle,
qui vivait quatre cents ans avant l'ère chrétienne, il y a toute apparence que depuis
ce temps le grand cratère du sommet de l'Etna n'a fait que peu ou point d'éruptions;
la force du feu a donc diminué, puisqu'il n'agit plus avec violence au sommet, et
que toutes les éruptions modernes se sont faites dans les régions plus basses de la
montagne. Cependant, depuis quelques siècles, les dimensions de ce grand cratère
du sommet de l'Etna ont souvent changé : on le voit par les mesures qu'en ont données les auteurs siciliens en différents temps. Quelquefois il s'est écroulé, ensuite
il s'est reformé en s'élevant peu à peu jusqu'à ce qu'il s'écroulât de nouveau. Le
premier de ces écroulements, bien constaté, est arrivé en 1157, un second en 1329,
un troisième en 1444, et le dernier en 1669. Mais je ne crois pas qu'on doive en
conclure, avec M. Brydone, que dans peu le cratère s'écroulera de nouveau; l'opinion que cet effet doit arriver tous les cent ans ne me paraît pas assez fondée, et je
serais au contraire très-porté à présumer que le feu n'agissant plus avec la même
violence au sommet de ce volcan, ses forces ont diminué et continueront à s'affaiblir à mesure que la mer s'éloignera davantage : il l'a déjà fait reculer de plusieurs
milles par ses propres forces, il en a construit les digues et les côtes par ses torrents
de laves; et d'ailleurs on sait, par la diminution de la rapidité du Charybde et du

Scylla, et par plusieurs autres indices, que la mer de Sicile a considérablement
baissé depuis deux mille cinq cents ans : ainsi l'on ne peut guère douter qu'elle ne
continue à s'abaisser, et que par conséquent l'action des volcans voisins ne se ra-
lentisse, en sorte que le cratère de l'Etna pourra rester très-longtemps dans son
état actuel, et que, s'il vient à retomber dans ce gouffre, ce sera peut-être pour la
dernière fois. Je crois encore pouvoir présumer que quoique l'Etna doive être regardé comme une des montagnes primitives du globe, à cause de sa hauteur et de
son immense volume, et que très-anciennement il ait commencé d'agir dans le
temps de la retraite générale des eaux, son action a néanmoins cessé après cette
retraite, et qu'elle ne s'est renouvelée que dans des temps assez modernes, c'est-à-
dire lorsque la mer Méditerranée, s'étant élevée par la rupture du Bosphore et de
Gibraltar, a inondé les terres entre la Sicile et l'Italie, et s'est approchée de la base
de l'Etna. Peut-être la première des éruptions nouvelles de ce fameux volcan est-
elle encore postérieure à cette époque de la nature. « Il me paraît évident, dit
M. Brydone, que l'Etna ne brûlait pas au siècle d'Homère, ni même longtemps auparavant ; autrement il serait impossible que ce poëte eût tant parlé de la Sicile sans
faire mention d'un objet si remarquable. » Cette réflexion de M. Brydone est très-
juste ; ainsi ce n'est qu'après le siècle d'Homère qu'on doit dater les nouvelles éruptions de l'Etna : mais on peut voir, par les tableaux poétiques de Pindare, de Virgile, et par les descriptions des autres auteurs anciens et modernes, combien en
dix-huit ou dix-neuf cents ans la face entière de cette montagne et des contrées
adjacentes a subi de changements et d'altérations par les tremblements de terre,
par les éruptions, par les torrents de laves, et enfin par la formation de la plupart
des collines et des gouffres produits par tous ces mouvements. Au reste, j'ai tiré
les faits que je viens de rapporter de l'excellent ouvrage de M. Brydone, et j'estime
assez l'auteur pour croire qu'il ne trouvera pas mauvais que je ne sois pas de son
avis sur la puissance de l'aspiration des volcans et sur quelques autres conséquences
qu'il a cru devoir tirer des faits ; personne, avant M. Brydone, ne les avait si bien
observés et si clairement présentés, et tous les savants doivent se réunir pour donner à son ouvrage les éloges qu'il mérite.

Les torrents de verre en fusion, auxquels on a donné le nom de *laves*, ne sont pas,
comme on pourrait le croire, le premier produit de l'éruption d'un volcan : ces éruptions s'annoncent ordinairement par un tremblement de terre plus ou moins violent, premier effet de l'effort du feu qui cherche à sortir et à s'échapper au dehors ;
bientôt il s'échappe en effet, et s'ouvre une route dont il élargit l'issue, en projetant
au dehors les rochers et toutes les terres qui s'opposaient à son passage ; ces matériaux, lancés à une grande distance, retombent les uns sur les autres, et forment
une éminence plus ou moins considérable, à proportion de la durée et de la violence
de l'éruption. Comme toutes les terres rejetées sont pénétrées de feu, et la plupart
converties en cendres ardentes, l'éminence qui en est composée est une montagne
de feu solide, dans laquelle s'achève la vitrification d'une grande partie de la matière par le fondant des cendres ; dès lors cette matière fondue fait effort pour s'é-

couler, et la lave éclate et jaillit ordinairement au pied de la nouvelle montagne qui vient de la produire : mais dans les petits volcans, qui n'ont pas assez de force pour lancer au loin les matières qu'ils rejettent, la lave sort du haut de la montagne. On voit cet effet dans les éruptions du Vésuve : la lave semble s'élever jusque dans le cratère ; le volcan vomit auparavant des pierres et des cendres qui, retombant à plomb sur l'ancien cratère, ne font que l'augmenter ; et c'est à travers cette matière additionnelle nouvellement tombée, que la lave s'ouvre une issue. Ces deux effets, quoique différents en apparence, sont néanmoins les mêmes : car dans un petit volcan qui, comme le Vésuve, n'a pas assez de puissance pour enfanter de nouvelles montagnes en projetant au loin les matières qu'il rejette, toutes retombent sur le sommet ; elles en augmentent la hauteur, et c'est au pied de cette nouvelle couronne de matière, que la lave s'ouvre un passage pour s'écouler. Ce dernier effort est ordinairement suivi du calme du volcan ; les secousses de la terre au dedans, les projections au dehors, cessent dès que la lave coule : mais les torrents de ce verre en fusion produisent des effets encore plus étendus, plus désastreux que ceux du mouvement de la montagne dans son éruption ; ces fleuves de feu ravagent, détruisent et même dénaturent la surface de la terre. Il est comme impossible de leur opposer une digue ; les malheureux habitants de Catane en ont fait la triste expérience : comme leur ville avait souvent été détruite en totalité ou en partie par les torrents de lave, ils ont construit de très-fortes murailles de cinquante-cinq pieds de hauteur ; environnés de ces remparts, ils se croyaient en sûreté : les murailles résistèrent en effet au feu et au poids du torrent, mais cette résistance ne servit qu'à le gonfler ; il s'éleva jusqu'au-dessus de ces remparts, retomba sur la ville et détruisit tout ce qui se trouva sur son passage.

Ces torrents de laves ont souvent une demi-lieue, et quelquefois jusqu'à deux lieues de largeur. « La dernière lave que nous avons traversée, dit M. Brydone, avant d'arriver à Catane, est d'une si vaste étendue, que je croyais qu'elle ne finirait jamais ; elle n'a certainement pas moins de six ou sept milles de large, et elle paraît être en plusieurs endroits d'une profondeur énorme : elle a chassé en arrière les eaux de la mer à plus d'un mille, et a formé un large promontoire élevé et noir, devant lequel il y a beaucoup d'eau. Cette lave est stérile et n'est couverte que de très-peu de terreau : cependant elle est ancienne, car, au rapport de Diodore de Sicile, cette même lave a été vomie par l'Etna au temps de la seconde guerre punique : lorsque Syracuse était assiégée par les Romains, les habitants de *Taurominum* envoyèrent un détachement pour secourir les assiégés ; les soldats furent arrêtés dans leur marche par ce torrent de lave qui avait déjà gagné la mer avant leur arrivée au pied de la montagne ; il leur coupa entièrement le passage... Ce fait, confirmé par d'autres auteurs et même par des inscriptions et des monuments, s'est passé il y a deux mille ans ; et cependant cette lave n'est encore couverte que de quelques végétaux parsemés, et elle est absolument incapable de produire du blé et des vins ; il y a seulement quelques gros arbres dans les crevasses qui sont remplies d'un bon terreau. La surface des laves devient avec le temps un sol très-fertile.

« En allant en Piémont, continue M. Brydone, nous passâmes sur un large pont construit entièrement de lave. Près de là, la rivière se prolonge à travers une autre lave, qui est très-remarquable et probablement une des plus anciennes qui soient sorties de l'Etna ; le courant, qui est extrêmement rapide, l'a rongée en plusieurs endroits jusqu'à la profondeur de cinquante ou soixante pieds ; et selon M. Recupero, son cours occupe une longueur d'environ quarante milles : elle est sortie d'une éminence très-considérable sur le côté septentrional de l'Etna ; et comme elle a trouvé quelques vallées qui sont à l'est, elle a pris son cours de ce côté ; elle interrompt la rivière d'Alcantara à diverses reprises, et enfin elle arrive à la mer près de l'embouchure de cette rivière. La ville de Jaci et toutes celles de cette côte sont fondées sur des rochers immenses de laves, entassés les uns sur les autres, et qui sont en quelques endroits d'une hauteur surprenante ; car il paraît que ces torrents enflammés se durcissent en rochers dès qu'ils sont arrivés à la mer... De Jaci à Catane on ne marche que sur la lave ; elle a formé toute cette côte, et, en beaucoup d'endroits, les torrents de lave ont repoussé la mer à plusieurs milles en arrière de ses anciennes limites... A Catane, près d'une voûte qui est à présent à trente pieds de profondeur, on voit un endroit escarpé où l'on distingue plusieurs couches de lave, avec une de terre très-épaisse sur la surface de chacune : s'il faut deux mille ans pour former sur la lave une légère couche de terre, il a dû s'écouler un temps plus considérable entre chacune des éruptions qui ont donné naissance à ces couches. On a percé à travers sept laves séparées, placées les unes sur les autres, et dont la plupart sont couvertes d'un lit épais de bon terreau ; ainsi la plus basse de ces couches paraît s'être formée il y a quatorze mille ans... En 1669, la lave forma un promontoire à Catane, dans un endroit où il y avait plus de cinquante pieds de profondeur d'eau, et ce promontoire est élevé de cinquante autres pieds au-dessus du niveau actuel de la mer. Ce torrent de lave sortit au-dessus de Montpelieri, vint frapper contre cette montagne, se partagea ensuite en deux branches, et ravagea tout le pays qui est entre Montpelieri et Catane, dont elle escalada les murailles, avant de se verser dans la mer : elle forma plusieurs collines où il y avait autrefois des vallées, et combla un lac étendu et profond, dont on n'aperçoit pas aujourd'hui le moindre vestige... La côte de Catane à Syracuse est partout éloignée de trente milles au moins du sommet de l'Etna ; et néanmoins cette côte, dans une longueur de près de dix lieues, est formée des laves de ce volcan : la mer a été repoussée fort loin, en laissant des rochers élevés et des promontoires de laves qui défient la fureur des flots, et leur présentent des limites qu'ils ne peuvent franchir. Il y avait, dans le siècle de Virgile, un beau port au pied de l'Etna ; il n'en reste aucun vestige aujourd'hui : c'est probablement celui qu'on a appelé mal à propos *le port d'Ulysse*. On montre aujourd'hui le lieu de ce port à trois ou quatre milles dans l'intérieur du pays : ainsi la lave a gagné toute cette étendue sur la mer, et a formé tous ces nouveaux terrains... L'étendue de cette contrée couverte de laves et d'autres matières brûlées est, selon M. Recupero, de cent quatre-vingt-trois milles en circonférence, et ce cercle augmente encore à chaque grande éruption. »

Voilà donc une terre d'environ trois cents lieues superficielles toute couverte ou formée par les projections des volcans, dans laquelle, indépendamment du pic de l'Etna, l'on trouve d'autres montagnes en grand nombre, qui toutes ont leurs cratères propres et nous démontrent autant de volcans particuliers : il ne faut donc pas regarder l'Etna comme un seul volcan, mais comme un assemblage, une gerbe de volcans, dont la plupart sont éteints ou brûlent d'un feu tranquille, et quelques autres, en petit nombre, agissent encore avec violence. Le haut sommet de l'Etna ne jette maintenant que des fumées, et, depuis très-longtemps, il n'a fait aucune projection au loin, puisqu'il est partout environné d'un terrain sans inégalités à plus de deux lieues de distance, et qu'au-dessus de cette haute région couverte de neige, on voit une large zone de grandes forêts, dont le sol est une bonne terre de plusieurs pieds d'épaisseur. Cette zone inférieure est, à la vérité, semée d'inégalités, et présente des éminences, des vallons, des collines, et même d'assez grosses montagnes : mais, comme presque toutes ces inégalités sont couvertes d'une grande épaisseur de terre, et qu'il-faut une longue succession de temps pour que les matières volcanisées se convertissent en terre végétale, il me paraît qu'on peut regarder le sommet de l'Etna et les autres bouches à feu qui l'environnaient, jusqu'à quatre ou cinq lieues au-dessous, comme des volcans presque éteints, ou du moins assoupis depuis nombre de siècles ; car les éruptions dont on peut citer les dates depuis deux mille cinq cents ans, se sont faites dans la région plus basse, c'est-à-dire à cinq, six et sept lieues de distance du sommet. Il me paraît donc qu'il y a eu deux âges différents pour les volcans de la Sicile : le premier très-ancien, où le sommet de l'Etna a commencé d'agir, lorsque la mer universelle a laissé ce sommet à découvert et s'est abaissée à quelques centaines de toises au-dessous ; c'est dès lors que se sont faites les premières éruptions qui ont produit les laves du sommet et formé les collines qui se trouvent au-dessous dans la région des forêts : mais ensuite les eaux, ayant continué de baisser, ont totalement abandonné cette montagne, ainsi que toutes les terres de la Sicile et des continents adjacents ; et, après cette entière retraite des eaux, la Méditerranée n'était qu'un lac d'assez médiocre étendue, et ses eaux étaient très-éloignées de la Sicile et de toutes les contrées dont elle baigne aujourd'hui les côtes. Pendant tout ce temps, qui a duré plusieurs milliers d'années, la Sicile a été tranquille ; l'Etna et les autres anciens volcans qui environnent son sommet ont cessé d'agir ; et ce n'est qu'après l'augmentation de la Méditerranée par les eaux de l'Océan et de la mer Noire, c'est-à-dire après la rupture de Gibraltar et du Bosphore, que les eaux sont venues attaquer de nouveau les montagnes de l'Etna par leur base, et qu'elles ont produit les éruptions modernes et récentes, depuis le siècle de Pindare jusqu'à ce jour ; car ce poëte est le premier qui ait parlé des éruptions des volcans de la Sicile. Il en est de même du Vésuve : il a fait longtemps partie des volcans éteints de l'Italie, qui sont en très-grand nombre, et ce n'est qu'après l'augmentation de la mer Méditerranée, que les eaux s'en étant rapprochées, ses éruptions se sont renouvelées. La mémoire des premières, et même de toutes celles qui avaient précédé le siècle de Pline, était entièrement oblitérée ; et l'on ne doit pas en être surpris, puisqu'il s'est passé peut-être plus de dix mille ans depuis la retraite entière des mers jusqu'à l'augmentation de la Méditerranée, et qu'il y a ce même intervalle de temps entre la première action du Vésuve et son renouvellement. Toutes ces considérations semblent prouver que les feux souterrains ne peuvent agir avec violence que quand ils sont assez voisins des mers pour éprouver un choc contre un grand volume d'eau, quelques autres phénomènes particuliers paraissent encore démontrer cette vérité. On a vu quelquefois les volcans rejeter une grande quantité d'eau, et aussi des torrents de bitume. Le P. *de La Torre*, très-habile physicien, rapporte que le 10 mars 1755, il sortit du pied de la montagne de l'Etna un large torrent d'eau qui inonda les campagnes d'alentour. Ce torrent roulait une quantité de sable si considérable, qu'elle remplit une plaine très-étendue. Ces eaux étaient fort chaudes. Les pierres et les sables laissés dans la campagne ne différaient en rien des pierres et du sable qu'on trouve dans la mer. Ce torrent d'eau fut immédiatement suivi d'un torrent de matière enflammée, qui sortit de la même ouverture.

Cette même éruption de 1755 s'annonça, dit M. d'Arthenay, par un si grand embrasement, qu'il éclairait plus de vingt-quatre milles de pays du côté de Catane ; les explosions furent bientôt si fréquentes, que, dès le 3 mars, on apercevait une nouvelle montagne au-dessus du sommet de l'ancienne, de la même manière que nous l'avons vu au Vésuve dans ces derniers temps. Enfin les jurats de Mascali ont mandé le 12, que le 9 du même mois les explosions devinrent terribles ; que la fumée augmenta à tel point que tout le ciel en fut obscurci ; qu'à l'entrée de la nuit il commença à pleuvoir un déluge de petites pierres, pesant jusqu'à trois onces, dont tout le pays et les cantons circonvoisins furent inondés ; qu'à cette pluie affreuse, qui dura plus de cinq quarts d'heure, en succéda une autre de cendres noires, qui continua toute la nuit ; que le lendemain, sur les huit heures du matin, le sommet de l'Etna vomit un fleuve d'eau comparable au Nil ; que les anciennes laves les plus impraticables par leurs montuosités, leurs coupures et leurs pointes, furent en un clin d'œil converties par ce torrent en une vaste plaine de sable ; que l'eau, qui heureusement n'avait coulé que pendant un demi-quart d'heure, était très-chaude ; que les pierres et les sables qu'elle avait charriés avec elle ne différaient en rien des pierres et du sable de la mer ; qu'après l'inondation il était sorti de la même bouche un petit ruisseau de feu qui coula pendant vingt-quatre heures ; que le 11, à un mille environ au-dessous de cette bouche, il se fit une crevasse par où déboucha une lave qui pouvait avoir cent toises de largeur et deux milles d'étendue, et qu'elle continuait son cours au travers de la campagne le jour même que M. d'Arthenay écrivait cette relation.

Voici ce que dit M. Brydone, au sujet de cette éruption : « Une partie des belles forêts qui composent la seconde région de l'Etna fut détruite en 1755 par un très-singulier phénomène. Pendant une éruption du volcan, un immense torrent d'eau bouillante sortit, *à ce qu'on imagine*, du grand cratère de la montagne, en se répandant en un instant sur sa base, en renversant et détruisant tout ce qu'il rencontra dans sa course. Les traces de ce torrent étaient encore visibles (en 1770); le terrain commençait à recouvrer sa verdure et sa végétation, qui ont paru quelque temps avoir été anéanties. Le sillon que ce torrent d'eau a laissé semble avoir environ un mille et demi de largeur, et davantage en quelques endroits. Les gens éclairés du pays croient communément que le volcan a quelque communication avec la mer, et qu'il éleva cette eau par une force de succion. Mais, dit M. Brydone, l'absurdité de cette opinion est trop évidente pour avoir besoin d'être réfutée; la force de succion seule, même en supposant un vide parfait, ne pourrait jamais élever l'eau à plus de trente-trois ou trente-quatre pieds, ce qui est égal au poids d'une colonne d'air dans toute la hauteur de l'atmosphère. » Je dois observer que M. Brydone me paraît se tromper ici, puisqu'il confond la force du poids de l'atmosphère avec la force de succion produite par l'action du feu. Celle de l'air, lorsqu'on fait le vide, est en effet limitée à moins de trente-quatre pieds; mais la force de succion ou d'aspiration du feu n'a point de bornes; elle est, dans tous les cas, proportionnelle à l'activité et à la quantité de la chaleur qui l'a produite, comme on le voit dans les fourneaux où l'on adapte des tuyaux aspiratoires. Ainsi l'opinion *des gens éclairés du pays*, loin d'être absurde, me paraît bien fondée : il est nécessaire que les cavités des volcans communiquent avec la mer; sans cela ils ne pourraient vomir ces immenses torrents d'eau, ni même faire aucune éruption, puisque aucune puissance, à l'exception de l'eau choquée contre le feu, ne peut produire d'aussi violents effets.

Le volcan Pacayita, nommé *volcan de l'eau* par les Espagnols, jette des torrents d'eau dans toutes ses éruptions; la dernière détruisit, en 1775, la ville de Guatimala, et les torrents d'eau et de laves descendirent jusqu'à la mer du Sud.

On a observé sur le Vésuve, qu'il vient de la mer un vent qui pénètre dans la montagne : le bruit qui se fait entendre dans certaines cavités, comme s'il passait quelque torrent par-dessous, cesse aussitôt que les vents de terre soufflent; et on s'aperçoit en même temps que les exhalaisons de la bouche du Vésuve deviennent beaucoup moins considérables; au lieu que lorsque le vent vient de la mer, ce bruit semblable à un torrent recommence, ainsi que les exhalaisons de flamme et de fumée, les eaux de la mer s'insinuant aussi dans la montagne, tantôt en grande, tantôt en petite quantité; et il est arrivé plusieurs fois à ce volcan de rendre en même temps de la cendre et de l'eau.

Un savant, qui a comparé l'état moderne du Vésuve avec son état actuel, rapporte que, pendant l'intervalle qui précéda l'éruption de 1631, l'espèce d'entonnoir que forme l'intérieur du Vésuve s'était revêtu d'arbres et de verdure; que la petite plaine qui le terminait était abondante en excellents pâturages; qu'en partant du bord supérieur du gouffre, on avait un mille à descendre pour arriver à cette plaine, et qu'elle avait, vers son milieu, un autre gouffre dans lequel on descendait également pendant un mille, par des chemins étroits et tortueux, qui conduisaient dans un espace plus vaste, entouré de cavernes, d'où il sortait des *vents si impétueux et si froids, qu'il était impossible d'y résister.* Suivant le même observateur, la sommité du

Vésuve avait alors cinq milles de circonférence. Après cela on ne doit point être étonné que quelques physiciens aient avancé que ce qui semble former aujourd'hui deux montagnes n'en était qu'une autrefois; que le volcan était au centre; mais que le côté méridional s'étant éboulé par l'effet de quelque éruption, il avait formé ce vallon, qui sépare le Vésuve du mont *Somma*.

M. Steller observe que les volcans de l'Asie septentrionale sont presque toujours isolés, qu'ils ont à peu près la même croûte ou surface, et qu'on trouve toujours des lacs sur le sommet et des eaux chaudes au pied des montagnes où les volcans se sont éteints. « C'est, dit-il, une nouvelle preuve de la correspondance que la nature a mise entre la mer, les montagnes, les volcans et les eaux chaudes. On trouve nombre de sources de ces eaux chaudes dans différents endroits du Kamtschatka. L'île de Sjanw, à quarante lieues de Ternate, a un volcan dont on voit souvent sortir de l'eau, des cendres, etc. » Mais il est inutile d'accumuler ici des faits en plus grand nombre pour prouver la communication des volcans avec la mer : la violence de leurs éruptions serait seule suffisante pour le faire présumer; et le fait général de la situation près de la mer de tous les volcans actuellement agissants, achève de le démontrer. Cependant, comme quelques physiciens ont nié la réalité et même la possibilité de cette communication des volcans à la mer, je ne dois pas laisser échapper un fait que nous devons à feu M. de La Condamine, homme aussi véridique qu'éclairé. Il dit « qu'étant monté au sommet du Vésuve, le 4 juin 1755, et même sur les bords de l'entonnoir qui s'est formé autour de la bouche du volcan depuis sa dernière explosion il aperçut dans le gouffre, à environ quarante toises de profondeur, une grande cavité en voûte vers le nord de la montagne : il fit jeter de grosses pierres dans cette cavité, et il compta à sa montre douze secondes avant qu'on cessât de les entendre rouler; à la fin de leur chute, on crut entendre un bruit semblable à celui que ferait une pierre en tombant dans un bourbier; et quand on n'y jetait rien, on entendait un bruit semblable à celui des flots agités. » Si la chute de ces pierres jetées dans le gouffre s'était faite perpendiculairement et sans obstacles, on pourrait conclure des douze secondes de temps une profondeur de deux mille cent soixante pieds, ce qui donnerait au goufre du Vésuve plus de profondeur que le niveau de la mer ; car, selon le P. *de la Torre*, cette montagne n'avait, en 1753, que seize cent soixante-dix-sept pieds d'élévation au-dessus de la surface de la mer; et cette élévation est encore diminuée depuis ce temps. Il paraît donc hors de doute que les cavernes de ce volcan descendent au-dessous du niveau de la mer, et que par conséquent il peut avoir communication avec elle.

J'ai reçu d'un témoin oculaire et bon observateur une note bien faite et détaillée sur l'état du Vésuve, le 15 juillet de cette même année 1753 : je vais la rapporter, comme pouvant servir à fixer les idées sur ce que l'on doit présumer et craindre des effets de ce volcan, dont la puissance me paraît être bien affaiblie.

« Rendu au pied du Vésuve, distant de Naples de deux lieues, on monte pendant une heure et demie sur des ânes, et l'on en emploie autant pour faire le reste du chemin à pied; c'en est la partie la plus escarpée et la plus fatigante; on se tient à la ceinture de deux hommes qui précèdent, et l'on marche dans les cendres et dans les pierres anciennement élancées.

» Chemin faisant, on voit les laves des différentes éruptions : la plus ancienne qu'on trouve, dont l'âge est incertain, mais à qui la tradition donne deux cents ans, est de couleur gris de fer, et a toutes les apparences d'une pierre ; elle s'emploie actuellement pour le pavé de Naples et pour certains ouvrages de maçonnerie. On en trouve d'autres, qu'on dit être de soixante, de quarante et de vingt ans ; la dernière est de l'année 1752..... Ces différentes laves, à l'exception de la plus ancienne, ont de loin l'apparence d'une terre brune, noirâtre, raboteuse, plus ou moins fraîchement labourée. Vue de près, c'est une matière absolument semblable à celle qui reste du fer épuré dans les fonderies ; elle est plus ou moins composée de terre et de minéral ferrugineux, et approche plus ou moins de la pierre.

» Arrivé à la cime qui, avant les éruptions, était solide, on trouve un premier bassin, dont la circonférence, dit-on, a deux milles d'Italie, et dont la profondeur paraît avoir quarante pieds, entouré d'une croûte de terre de cette même hauteur, qui va en s'épaississant vers sa base, et dont le bord supérieur a deux pieds de largeur. Le fond de ce premier bassin est couvert d'une matière jaune, verdâtre, sulfureuse, durcie, et chaude, sans être ardente, qui, par différentes crevasses, laisse sortir de la fumée.

» Dans le milieu de ce premier bassin, on en voit un second, qui a moitié de la circonférence du premier, et pareillement la moitié de sa profondeur ; son fond est couvert d'une matière brune, noirâtre, telles que les laves les plus fraîches qui se trouvent sur la route.

» Dans le second bassin s'élève un monticule creux dans son intérieur, ouvert dans sa cime, et pareillement ouvert depuis sa cime jusqu'à sa base, vers le côté de la montagne où l'on monte. Cette ouverture latérale peut avoir à la cime vingt pieds, et à la base quatre pieds de largeur. La hauteur du monticule est environ de quarante pieds ; le diamètre de sa base peut en avoir autant, et celui de l'ouverture de sa cime la moitié.

» Cette base, élevée au-dessus du second bassin d'environ vingt pieds, forme un troisième bassin actuellement rempli d'une matière liquide et ardente, dont le coup d'œil est entièrement semblable au métal fondu qu'on voit dans les fourneaux d'une fonderie. Cette matière bouillonne continuellement avec violence, son mouvement a l'apparence d'un lac médiocrement agité, et le bruit qu'il produit est semblable à celui des vagues.

» De minute en minute, il se fait de cette manière des élans comme ceux d'un gros jet d'eau ou de plusieurs jets d'eau réunis ensemble. Ces élans produisent une gerbe ardente qui s'élève à la hauteur de trente à quarante pieds, et retombe en différents arcs, partie dans son propre bassin, partie dans le fond du second bassin couvert de la matière noire : c'est la lueur réfléchie de ces jets ardents, quelquefois peut-être l'extrémité supérieure de ces jets mêmes qu'on voit depuis Naples pendant la nuit. Le bruit que font ces élans dans leur élévation et dans leur chute paraît composé de celui que fait un feu d'artifice en partant, et de celui que produisent les vagues de la mer poussées par un vent violent contre un rocher.

» Ces bouillonnements entremêlés de ces élans, produisent un transvasement continuel de cette matière. Par l'ouverture de quatre pieds qui se trouve à la base du monticule, on voit couler, sans discontinuer, un ruisseau ardent de la largeur de l'ouverture, qui, dans un canal incliné et avec un mouvement moyen, descend dans le second bassin, couvert de matière noire, s'y divise en plusieurs ruisselets encore ardents, s'y arrête et s'y éteint.

» Ce ruisseau ardent est actuellement une nouvelle lave, qui ne coule que depuis huit jours ; et si elle continue et augmente, elle produira avec le temps un nouveau dégorgement dans la plaine, semblable à celui qui se fit il y a deux ans : le tout est accompagné d'une épaisse fumée qui n'a point l'odeur du soufre, mais celle précisément que répand un fourneau où l'on cuit des tuiles.

» On peut, sans aucun danger, faire le tour de la cime sur le bord de la croûte, parce que le monticule creusé d'où partent les jets ardents, est assez distant des bords pour ne laisser rien à craindre ; on peut pareillement sans danger descendre dans le premier bassin ; on pourrait même se tenir sur les bords du second, si la réverbération de la matière ardente ne l'empêchait.

» Voilà l'état actuel du Vésuve, ce 15 juillet 1753 : il change sans cesse de forme et d'aspect ; il ne jette actuellement point de pierres, et l'on n'en voit sortir aucune flamme (1). »

Cette observation semble prouver évidemment que le siége de l'embrasement de ce volcan, et peut-être de tous les autres volcans, n'est pas à une grande profondeur dans l'intérieur de la montagne, et qu'il n'est pas nécessaire de supposer leur foyer au niveau de la mer ou plus bas, et de faire partir de là l'explosion dans le temps des éruptions ; il suffit d'admettre des cavernes et des tentes perpendiculaires au-dessous, ou plutôt à côté du foyer, lesquelles servent de tuyaux d'aspiration et de ventilateurs au fourneau du volcan.

M. de La Condamine, qui a eu plus qu'aucun autre physicien les occasions d'observer un grand nombre de volcans dans les Cordillières, a aussi examiné le mont Vésuve et toutes les terres adjacentes.

« Au mois de juin 1755, le sommet du Vésuve formait, dit-il, un entonnoir ouvert dans un amas de cendres, de pierres calcaires et de soufre, qui brûlait encore de distance en distance, qui teignait le sol de sa couleur, et qui s'exhalait par diverses crevasses, dans lesquelles la chaleur était assez grande pour enflammer en peu de temps un bâton enfoncé à quelques pieds dans ces fentes.

» Les éruptions de ce volcan sont assez fréquentes depuis plusieurs années ; et chaque fois qu'il lance des flammes et vomit des matières liquides, la forme extérieure de la montagne et sa hauteur reçoivent des changements considérables... Dans une petite plaine à mi-côte, entre la montagne de cendres et de pierres sorties

(1) Note communiquée à M. de Buffon, et envoyée de Naples, au mois de septembre 1753.

du volcan, est une enceinte demi-circulaire de rochers escarpés de deux cents pieds
de haut, qui bordent cette petite plaine du côté du nord. On peut voir, d'après les
soupiraux récemment ouverts dans les flancs de la montagne, les endroits par où
se sont échappés, dans le temps de sa dernière éruption, les torrents de laves dont
tout ce vallon est rempli.

» Ce spectacle présente l'apparence des flots métalliques refroidis et congelés ; on
peut s'en former une idée imparfaite en imaginant une mer d'une matière épaisse
et tenace, dont les vagues commenceraient à se calmer. Cette mer avait ses îles :
ce sont des masses isolées, semblables à des rochers creux et spongieux, ouverts en
arcades et en grottes bizarrement percées, sous lesquelles la matière ardente et
liquide s'était fait des dépôts ou des réservoirs qui ressemblaient à des fourneaux.
Ces grottes, leurs voûtes et leurs piliers..., étaient chargés de scories suspendues
en forme de grappes irrégulières de toutes les couleurs et de toutes les nuances...

» Toutes les montagnes ou coteaux des environs de Naples seront visiblement
reconnus à l'examen, pour des amas de matières vomies par des volcans qui n'existent plus, et dont les éruptions antérieures aux histoires ont vraisemblablement
formé les ports de Naples et de Pouzzoles. Ces mêmes matières se reconnaissent
sur toute la route de Naples à Rome, et aux portes de Rome même...

» Tout l'intérieur de la montagne de Frascati..., la chaîne de collines qui s'étend
de cet endroit à Grotta-Ferrata, à Castel-Gandolfo, jusqu'au lac d'Albano, la montagne de Tivoli en grande partie, celle de Caparola, de Viterbe, etc., sont composées
de divers lits de pierres calcinées, de cendres pures, de scories, de matières semblables au mâchefer, à la terre cuite, à la lave proprement dite, enfin toutes pareilles
à celles dont est composé le sol de Portici, et à celles qui sont sorties des flancs du
Vésuve sous tant de formes différentes... Il faut donc nécessairement que toute
cette partie de l'Italie ait été bouleversée par des volcans...

» Le lac d'Albano, dont les bords sont semés de matières calcinées, n'est que la
bouche d'un ancien volcan, etc... La chaîne des volcans d'Italie s'étend jusqu'en
Sicile, et offre encore un assez grand nombre de foyers visibles sous différentes
formes. En Toscane, les exhalaisons de *Firenzuola*, les eaux thermales de *Pise* ; dans
l'État ecclésiastique, celles de *Viterbe*, de *Narcia*, de *Nocera*, etc. ; dans le royaume
de Naples, celles d'*Ischia*, la *Solfatara*, le Vésuve ; en Sicile et dans les îles voisines
de l'Etna, les volcans de *Lipari*, *Stromboli*, etc., d'autres volcans de la même chaîne,
éteints ou épuisés de temps immémorial, n'ont laissé que des résidus qui, bien
qu'ils ne frappent pas toujours au premier aspect, n'en sont pas moins reconnaissables aux yeux attentifs... »

» Il est vraisemblable, dit M. l'abbé Mecati, que dans les siècles passés le royaume
de Naples avait, outre le Vésuve, plusieurs autres volcans...

» Le mont Vésuve, dit le P. de La Torre, semble une partie détachée de cette
chaîne de montagnes qui sous le nom d'*Apennins* divise toute l'Italie dans sa longueur... Ce volcan est composé de trois monts différents : l'un est le Vésuve proprement dit ; les deux autres sont les monts *Somma* et d'*Otajano*. Ces deux derniers,

placés plus occidentalement, forment une espèce de demi-cerle autour du Vésuve, avec lequel ils ont des racines communes.

» Cette montagne était autrefois entourée de campagnes fertiles, et couverte elle-même d'arbres et de verdure, excepté sa cime, qui était plate et stérilo, et où l'on voyait plusieurs cavernes entr'ouvertes. Elle était environnée de quantité de rochers qui en rendaient l'accès difficile, et dont les pointes, qui étaient fort hautes, cachaient le vallon élevé qui se trouve entre le Vésuve et les monts *Somma* et d'*Otajano*. La cime du Vésuve, qui s'est abaissée depuis considérablement, se faisant alors beaucoup plus remarquer, il n'est pas étonnant que les anciens aient cru qu'il n'avait qu'un sommet...

» La largeur du vallon est, dans toute son étendue, de deux mille deux cent vingt pieds de Paris, et sa longueur équivaut à peu près à sa largeur... Il entoure la moitié du Vésuve..., et il est, ainsi que tous les côtés du Vésuve, rempli de sable brûlé et de petites pierres ponces. Les rochers qui s'étendent des monts *Somma* et d'*Otajano*, offrent tout au plus quelques brins d'herbe, tandis que ces monts sont extérieurement couverts d'arbres et de verdure. Ces rochers paraissent, au premier coup d'œil, des pierres brûlées ; mais, en les observant attentivement, on voit qu'ils sont, ainsi que les rochers de ces autres montagnes, composés de lits de pierres naturelles, de terre couleur châtaigne, de craie et de pierres blanches qui ne paraissent nullement avoir été liquéfiées par le feu...

» On voit tout autour du Vésuve les ouvertures qui s'y sont faites en différents temps, et par lesquelles sortent les laves, ces torrents de matières, qui sortent quelquefois des flancs, et qui tantôt courent sur la croupe de la montagne, se répandent dans les campagnes, et quelquefois jusqu'à la mer, et s'endurcissent comme une pierre lorsque la matière vient à se refroidir...

» A la cime du Vésuve on ne voit qu'une espèce d'ourlet ou de rebord de quatre à cinq palmes de large, qui, prolongé autour de la cime, décrit une circonférence de cinq mille six cent vingt-quatre pieds de Paris. On peut marcher commodément sur ce rebord. Il est tout couvert d'un sable brûlé, qui est rouge en quelques endroits, et sous lequel on trouve des pierres partie naturelles, partie calcinées... On remarque, dans deux élévations de ce rebord, des lits de pierres naturelles, arrangées comme dans toutes les montagnes, ce qui détruit le sentiment de ceux qui regardent le Vésuve comme une montagne qui s'est élevée peu à peu au-dessus du plan du vallon...

» La profondeur du gouffre où la matière bouillonne, est de cinq cent quarante-trois pieds : pour la hauteur de la montagne depuis sa cime jusqu'au niveau de la mer, elle est de seize cent soixante-dix-sept pieds, qui font le tiers d'un mille d'Italie.

» Cette hauteur a vraisemblablement été plus considérable. Les éruptions qui ont changé la forme extérieure de la montagne, en ont aussi diminué l'élévation, par les parties qu'elles ont détachées du sommet et qui ont roulé dans le gouffre. »

D'après tous ces exemples, si nous considérons la forme extérieure que nous présentent la Sicile et les autres terres ravagées par le feu, nous reconnaîtrons évidemment qu'il n'existe aucun volcan simple et purement isolé. La surface de ces contrées offre partout une suite et quelquefois une gerbe de volcans. On vient de le voir au sujet de l'Etna, et nous pouvons en donner un second exemple dans l'Hécla. L'Islande, comme la Sicile, n'est en grande partie qu'un groupe de volcans, et nous allons le prouver par les observations.

L'Islande entière ne doit être regardée que comme une vaste montagne parsemée de cavités profondes, cachant dans son sein des amas de minéraux, de matières vitrifiées et bitumineuses et s'élevant de tous côtés du milieu de la mer qui la baigne, en forme d'un cône court et écrasé. Sa surface ne présente à l'œil que des sommets de montagnes blanchis par des neiges et des glaces, et plus bas l'image de la confusion et du bouleversement. C'est un énorme monceau de pierres et de rochers brisés, quelquefois poreux et à demi calcinés, effrayants par la noirceur et les traces de feu qui y sont empreintes. Les fentes et les creux de ces rochers ne sont remplis que d'un sable rouge, et quelquefois noir ou blanc; mais dans les vallées que les montagnes forment entre elles, on trouve des plaines agréables.

La plupart des *jokuts*, qui sont des montagnes de médiocre hauteur, quoique couvertes de glaces, et qui sont dominées par d'autres montagnes plus élevées, sont des volcans qui, de temps à autre, jettent des flammes et causent des tremblements de terre; on en compte une vingtaine dans toute l'île. Les habitants des environs des montagnes ont appris, par leurs observations, que lorsque les glaces et la neige s'élèvent à une hauteur considérable, et qu'elles ont bouché les cavités par lesquelles il est anciennement sorti des flammes, on doit s'attendre à des tremblements de terre, qui sont suivis immanquablement d'éruptions de feu. C'est par cette raison qu'à présent les Islandais craignent que les jokuts qui jetèrent des flammes en 1728, dans le canton de Skatfield, ne s'enflamment bientôt, la glace et la neige s'étant accumulées sur leur sommet, et paraissant fermer les soupiraux qui favorisent les exhalaisons de ces feux souterrains.

En 1721, le jokut appelé *Koëllegan*, à cinq ou six lieues à l'ouest de la mer, auprès de la baie de Portland, s'enflamma après plusieurs secousses de tremblement de terre. Cet incendie fondit des morceaux de glace d'une grosseur énorme, d'où se formèrent des torrents impétueux, qui portèrent fort loin l'inondation avec la terreur, et entraînèrent jusqu'à la mer des quantités prodigieuses de terre, de sable et de pierres. Les masses solides de glace et l'immense quantité de terre, de pierres et de sable qu'emporta cette inondation, comblèrent tellement la mer, qu'à un demi-mille des côtes, il s'en forma une petite montagne qui paraissait encore au-dessus de l'eau en 1750. On peut juger combien cette inondation amena de matières à la mer, puisqu'elle la fit remonter ou plutôt reculer à douze milles au delà de ces anciennes côtes.

La durée entière de cette inondation fut de trois jours, et ce ne fut qu'après ce temps qu'on put passer au pied des montagnes comme auparavant...

L'Hécla, que l'on a toujours regardé comme un des plus fameux volcans de l'uni-

vers, à cause de ses éruptions terribles, est aujourd'hui un des moins dangereux
de l'Islande. Les monts de Koëtlegan dont on vient de parler, et le mont de Krafle,
ont fait récemment autant de ravage que l'Hécla en faisait autrefois. On remarque
que ce dernier volcan n'a jeté des flammes que dix fois dans l'espace de huit cents
ans: savoir, dans les années 1104, 1157, 1222, 1300, 1341, 1362, 1389, 1558, 1636, et
pour la dernière fois en 1693. Cette éruption commença le 13 février, et continua
jusqu'au mois d'août suivant. Tous les autres incendies n'ont de même duré que
quelques mois. Il faut donc observer que l'Hécla ayant fait les plus grands ravages
au quatorzième siècle, à quatre reprises différentes, a été tout à fait tranquille pendant le quinzième, et a cessé de jeter du feu pendant cent soixante ans. Depuis
cette époque, il n'a fait qu'une seule éruption au seizième siècle, et deux au dix-
septième. Actuellement on n'aperçoit sur ce volcan ni feu, ni fumée, ni exhalai-
son ; on y trouve seulement dans quelques petits creux, ainsi que dans beaucoup
d'autres endroits de l'île, de l'eau bouillante, des pierres, du sable et des cendres.

En 1726, après quelques secousses de tremblements de terre, qui ne furent sensibles que dans les cantons du nord, le mont Krafle commença à vomir, avec un
fracas épouvantable, de la fumée, du feu, des cendres et des pierres. Cette éruption
continua pendant deux ou trois ans, sans faire aucun dommage, parce que tout
retombait sur ce volcan ou autour de sa base.

En 1728, le feu s'étant communiqué à quelques montagnes situées près du Krafle,
elles brûlèrent pendant plusieurs semaines. Lorsque les matières minérales qu'elles
renfermaient furent fondues, il s'en forma un ruisseau de feu qui coula fort doucement vers le sud, dans les terrains qui sont au-dessous de ces montagnes. Ce
ruisseau brûlant s'alla jeter dans un lac, à trois lieues du mont Krafle, avec un
grand bruit, et en formant un bouillonnement et un tourbillon d'écume horrible.
La lave ne cessa de couler qu'en 1729, parce qu'alors vraisemblablement la matière
qui la formait était épuisée. Ce lac fut rempli d'une grande quantité de pierres calcinées, qui firent considérablement élever ses eaux : il a environ vingt lieues de
circuit, et il est situé à une pareille distance de la mer. On ne parlera pas des
autres volcans d'Islande; il suffit d'avoir fait remarquer les plus considérables.

On voit par cette description, que rien ne ressemble plus aux volcans secondaires
de l'Etna que les jokuts de l'Hécla, que dans tous deux le haut du sommet est
tranquille ; que celui du Vésuve s'est prodigieusement abaissé, et que probablement ceux de l'Etna et de l'Hécla étaient autrefois beaucoup plus élevés qu'ils ne
le sont aujourd'hui.

Quoique la topographie des volcans, dans les autres parties du monde, ne nous
soit pas aussi bien connue que celle des volcans d'Europe, nous pouvons néanmoins juger, par analogie et par la conformité de leurs effets, qu'ils se ressemblent
à tous égards : tous sont situés dans les îles ou sur le bord des continents ; presque tous sont environnés de volcans secondaires; les uns sont agissants, les autres
éteints ou assoupis; et ceux-ci sont en bien plus grand nombre, même dans les
Cordillières, qui paraissent être le domaine le plus ancien des volcans. Dans l'Asie

méridionale, les îles de la Sonde, les Moluques et les Philippines, ne retracent que destruction par le feu, et sont encore pleines de volcans. Les îles du Japon en contiennent de même un assez grand nombre ; c'est le pays de l'univers qui est aussi le plus sujet aux tremblements de terre ; il y a des fontaines chaudes en beaucoup d'endroits. La plupart des îles de l'océan Indien et de toutes les mers de ces régions orientales ne nous présentent que des pics et des sommets isolés qui vomissent le feu, que des côtes et des rivages tranchés restes d'anciens continents qui ne sont plus : il arrive même encore souvent aux navigateurs d'y rencontrer des parties qui s'affaissent journellement ; et l'on y a vu des îles entières disparaître ou s'engloutir avec leurs volcans sous les eaux. Les mers de la Chine sont chaudes ; preuve de la forte effervescence des bassins maritimes en cette partie : les ouragans y sont affreux ; on y remarque souvent des trombes ; les tempêtes sont toujours annoncées par un bouillonnement général et sensible des eaux, et par divers météores et autres exhalaisons dont l'atmosphère se charge et se remplit.

Le volcan de Ténériffe a été observé par le docteur Thomas Heberden, qui a résidé plusieurs années au bourg d'Oratava, situé au pied du pic ; il trouva en y allant quelques grosses pierres dispersées de tous côtés à plusieurs lieues du sommet de cette montagne ; les unes paraissaient entières, d'autres semblaient avoir été brûlées et jetées à cette distance par le volcan. En montant la montagne, il vit encore des rochers brûlés qui étaient dispersés en assez grosses masses.

« En avançant, dit-il, nous arrivâmes à la fameuse grotte de Zegds, qui est environnée de tous côtés par des masses énormes de rochers brûlés...

» A un quart de lieue plus haut, nous trouvâmes une plaine sablonneuse, du milieu de laquelle s'élève une pyramide de sable ou de cendres jaunâtres, que l'on appelle *le Pain de sucre*. Autour de sa base, on voit sans cesse transpirer des vapeurs fuligineuses : de là jusqu'au sommet, il peut y avoir un demi quart de lieue ; mais la montée en est très-difficile par sa hauteur escarpée et le peu d'assiette qu'on trouve dans tout ce terrain...

» Cependant nous parvînmes à ce que l'on appelle *la Chaudière*. Cette ouverture a douze ou quinze pieds de profondeur ; ses côtés se rétrécissant toujours jusqu'au fond, forment une concavité qui ressemble à un cône tronqué dont la base serait renversée... La terre en est fort chaude ; et d'environ vingt soupiraux, comme d'autant de cheminées, s'exhale une fumée ou vapeur épaisse, dont l'odeur est très-sulfureuse. Il semble que tout le sol soit mêlé ou poudré de soufre ; ce qui lui donne une surface brillante et colorée...

» On aperçoit une couleur verdâtre, mêlée d'un jaune brillant comme de l'or, presque sur toutes les pierres qu'on trouve aux environs : une autre partie peu étendue de ce pain de sucre est blanche comme la chaux ; et une autre, plus basse, ressemble à de l'argile rouge qui serait couverte de sel.

» Au milieu d'un autre rocher nous découvrîmes un trou qui n'avait pas plus de deux pouces de diamètre, d'où procédait un bruit pareil à celui d'un volume considérable d'eau qui bouillirait sur un grand feu. »

Les Açores, les Canaries, les îles du cap Vert, l'île de l'Ascension, les Antilles,
qui paraissent être les restes des anciens continents qui réunissaient nos contrées
à l'Amérique, ne nous offrent presque toutes que des pays brûlés ou qui brûlent
encore. Les volcans anciennement submergés avec les contrées qui les portaient,
excitent sous les eaux des tempêtes si terribles, que, dans une de ces tourmentes
arrivées aux Açores, le suif des sondes se fondait par la chaleur du fond de la
mer. (*Add. Buff.*)

DES VOLCANS ÉTEINTS.

* Le nombre des volcans éteints est sans comparaison beaucoup plus grand que
celui des volcans actuellement agissants ; on peut même assurer qu'il s'en trouve
en très-grande quantité dans presque toutes les parties de la terre. Je pourrais citer
ceux que M. de La Condamine a remarqués dans les Cordillières, ceux que M. Fresnaye a observés à Saint-Domingue, dans le voisinage du Port-au-Prince, ceux du
Japon et des autres îles orientales et méridionales de l'Asie, dont presque toutes
les contrées habitées ont autrefois été ravagées par le feu; mais je me bornerai à
donner pour exemple ceux de l'île de France et de l'île de Bourbon, que quelques
voyageurs instruits ont reconnus d'une manière évidente.

» Le terrain de l'île de France est recouvert, dit M. l'abbé de La Caille, d'une
quantité prodigieuse de pierres de toutes sortes de grosseurs, dont la couleur est
cendrée noire; une grande partie est criblée de trous : elles contiennent la plupart
beaucoup de fer, et la surface de la terre est couverte de mines de ce métal; on y
trouve aussi beaucoup de pierres ponces, surtout sur la côte nord de l'île, des laves
ou espèce de laitier de fer, des grottes profondes et d'autres vestiges manifestes de
volcans éteints...

» L'île de Bourbon, continue M. l'abbé de La Caille, quoique plus grande que
l'île de France, n'est cependant qu'une grosse montagne, qui est comme fendue
dans toute sa hauteur en trois endroits différents. Son sommet est couvert de bois
et inhabité, et sa pente, qui s'étend jusqu'à la mer, est défrichée et cultivée dans
les deux tiers de son contour; le reste est recouvert de laves d'un volcan qui brûle
lentement et sans bruit : il ne paraît même un peu ardent que dans la saison des
pluies...

» L'île de l'Ascension est visiblement formée et brûlée par un volcan; elle est
couverte d'une terre rouge semblable à de la brique pilée ou à de la glaise brûlée...
L'île est composée de plusieurs montagnes d'élévation moyenne, comme de cent à
cent cinquante toises : il y en a une plus grosse qui est au sud-est de l'île, haute
d'environ quatre cents toises... Son sommet est double et allongé; mais toutes les
autres sont terminées en cône assez parfait, et couvertes de terre rouge : la terre et
une partie des montagnes sont jonchées d'une quantité prodigieuse de roches cri-
blées d'une infinité de trous, de pierres calcaires et fort légères, dont un grand

nombre ressemble à du laitier ; quelques-unes sont recouvertes d'un vernis blanc sale, tirant sur le vert : il y a aussi beaucoup de pierres ponces. »

Le célèbre Cook dit que, dans une excursion que l'on fit dans l'intérieur de l'île d'Otaïti, on trouva que les rochers avaient été brûlés comme ceux de Madère, et que toutes les pierres portaient des marques incontestables du feu ; qu'on aperçoit aussi des traces de feu dans l'argile qui est sur les collines, et que l'on peut supposer qu'Otaïti et nombre d'îles voisines sont les débris d'un continent qui a été englouti par l'explosion d'un feu souterrain. Philippe Carteret dit qu'une des îles de la Reine-Charlotte, située vers le 11° 10′ de latitude sud, est d'une hauteur prodigieuse et d'une figure conique, et que son sommet a la forme d'un entonnoir, dont on voit sortir de la fumée, mais point de flammes ; que sur le côté le plus méridional de la terre de la Nouvelle-Bretagne, se trouvent trois montagnes, de l'une desquelles il sort une grosse colonne de fumée.

L'on trouve des basaltes à l'île de Bourbon, où le volcan quoique affaibli, est encore agissant ; à l'île de France, où tous les feux sont éteints ; à Madagascar où il y a des volcans agissants et d'autres éteints : mais pour ne parler que des basaltes qui se trouvent en Europe, on sait, à n'en pouvoir douter, qu'il y en a des masses considérables en Irlande, en Angleterre, en Auvergne, en Saxe sur les bords de l'Elbe, en Misnie sur la montagne de Cottener, à Marienbourg, à Weilbourg dans le comté de Nassau, à Lauterbach, à Bilstein, dans plusieurs endroits de la Hesse, dans la Lusace, dans la Bohême, etc. Ces basaltes sont les plus belles laves qu'aient produites les volcans qui sont actuellement éteints dans toutes ces contrées : mais nous nous contenterons de donner ici l'extrait des descriptions détaillées des volcans éteints qui se trouvent en France.

« Les montagnes d'Auvergne, dit M. Guettard, qui ont été, à ce que je crois, autrefois des volcans... sont celles de Volvic à deux lieues de Riom, du Puy-de-Dôme proche Clermont et du mont d'Or. Le volcan de Volvic a formé par ses laves différents lits posés les uns sur les autres, qui composent ainsi des masses énormes, dans lesquelles on a pratiqué des carrières qui fournissent de la pierre à plusieurs endroits assez éloignés de Volvic... Ce fut à Moulins que je vis les laves pour la première fois... et étant à Volvic, je reconnus que la montagne n'était presque qu'un composé de différentes matières qui sont jetées dans les éruptions des volcans...

» La figure de cette montagne est conique ; sa base est formée par des rochers de granite gris blanc ou d'une couleur de rose pâle ;... le reste de la montagne n'est qu'un amas de pierres ponces, noirâtres ou rougeâtres, entassées les unes sur les autres sans ordre ni liaison... Aux deux tiers de la montagne, on rencontre des espèces de rochers irréguliers, hérissés de pointes informes contournées en tout sens, de couleur rouge obscur ou d'un noir sale et mat, et d'une substance dure et solide, sans avoir de trous comme les pierres ponces... Avant d'arriver au sommet, on trouve un trou large de quelques toises, d'une forme conique, et qui approche d'un entonnoir... La partie de la montagne qui est au nord et à l'est m'a paru n'être que de pierres ponces... Les bancs de pierre de Volvic suivent l'inclinaison de la mon-

tagne, et semblent se continuer sur cette montagne, et avoir communication avec
ceux que les ravins mettent à découvert un peu au-dessous du sommet... Ces pierres sont d'un gris de fer qui semblent se charger d'une fleur blanche qu'on dirait
en sortir comme une efflorescence : elles sont dures, quoique spongieuses et remplies de petits trous irréguliers.

» La montagne du Puy-de-Dôme n'est qu'une masse de matière qui n'annonce
que les effets les plus terribles du feu le plus violent... Dans les endroits qui ne sont
point couverts de plantes et d'arbres, on ne marche que parmi des pierres ponces,
sur des quartiers de laves, et dans une espèce de gravier ou de sable formé par
une sorte de mâchefer, et par de très-petites pierres ponces mêlées de cendres...

» Ces montagnes présentent plusieurs pics, qui ont tous une cavité moins large
au fond qu'à l'ouverture... Un de ces pics, le chemin qui y conduit, et tout l'espace
qui se trouve de là jusqu'au Puy-de-Dôme, ne sont qu'un amas de pierres ponces;
et il en est de même pour ce qui est des autres pics, qui sont au nombre de quinze
ou seize, placés sur la même ligne du sud au nord, et qui ont tous des entonnoirs.

» Le sommet du pic du mont d'Or est un rocher d'une pierre d'un blanc cendré
tendre, semblable à celle du sommet des montagnes de cette terre volcanisée; elle
est seulement un peu moins légère que celle du Puy-de-Dôme. Si je n'ai pas trouvé
sur cette montagne des vestiges de volcan en aussi grande quantité qu'aux deux
autres, cela vient en grande partie de ce que le mont d'Or est plus couvert, dans
toute son étendue, de plantes et de bois que la montagne de Volvic et le Puy-de-
Dôme... Cependant la partie sud-ouest est entièrement découverte, et n'est remplie
que de pierres et de rochers qui me paraissent avoir été exempts des effets du
feu...

» Mais la pointe du mont d'Or est un cône pareil à ceux de Volvic et du Puy-de-
Dôme: à l'est de cette pointe est le pic *du Capucin*, qui affecte également la figure
conique; mais la sienne n'est pas aussi régulière que celle des précédents : il semble même que ce pic ait plus souffert dans sa composition ; tout y paraît plus irrégulier, plus rompu, plus brisé... Il y a encore plusieurs pics dont la base est appuyée sur le dos de la montagne : ils sont tous dominés par le mont d'Or, dont la
hauteur est de cinq cent neuf toises..... Le pic du mont d'Or est très-roide : il finit
en une pointe de quinze ou vingt pieds de large en tout sens...

» Plusieurs montagnes entre Thiers et Saint-Chaumont ont une figure conique ;
ce qui me fait penser, dit M. Guettard, qu'elles pouvaient avoir brûlé... Quoique je
n'aie pas été à Pontgibault, j'ai des preuves que les montagnes de ce canton sont
des volcans éteints; j'en ai reçu des morceaux de laves qu'il était facile de reconnaître pour tels par les points jaunes et noirâtres d'une matière vitrifiée, qui est le
caractère le plus certain d'une pierre de volcan. »

Le même M. Guettard et M. Faujas ont trouvé sur la rive gauche du Rhône, et
assez avant dans le pays, de très-gros fragments de basaltes en colonnes... En remontant dans le Vivarais, ils ont trouvé dans un torrent un amas prodigieux de
matières de volcan, qu'ils ont suivi jusqu'à sa source; il ne leur a pas été difficile de

reconnaître le volcan ; c'est une montagne fort élevée, sur le sommet de laquelle ils ont trouvé la bouche, d'environ quatre-vingts pieds de diamètre : la lave est partie visiblement du dessous de cette bouche ; elle a coulé en grandes masses par les ravins l'espace de sept ou huit mille toises ; la matière s'est amoncelée toute brûlante en certains endroits ; venant ensuite à s'y figer, elle s'est gercée et fendue dans toute sa hauteur, et a laissé toute la plaine couverte d'une quantité innombrable de colonnes, depuis quinze jusqu'à trente pieds de hauteur, sur environ sept pouces de diamètre.

» Ayant été me promener à Montferrier, dit M. Montet, village éloigné de Montpellier d'une lieue,... je trouvai quantité de pierres noires détachées les unes des autres, de différentes figures et grosseurs ;... et les ayant comparées avec d'autres qui sont certainement l'ouvrage des volcans,... je les trouvai de même nature que ces dernières : ainsi je ne doutai point que ces pierres de Montferrier ne fussent elles-mêmes une lave très-dure ou une matière fondue par un volcan éteint depuis un temps immémorial. Toute la montagne de Montferrier est parsemée de ces pierres ou laves ; le village en est bâti en partie, et les rues en sont pavées... Ces pierres présentent, pour la plupart, à leurs surfaces, de petits trous ou de petites porosités qui annoncent bien qu'elles sont formées d'une matière fondue par un volcan ; on trouve cette lave répandue dans toutes les terres qui avoisinent Montferrier...

» Du côté de Pezenas, les volcans éteints y sont en grand nombre... toute la contrée en est remplie, principalement depuis le cap d'Agde, qui est lui-même un volcan éteint, jusqu'au pied de la masse des montagnes qui commencent à cinq lieues au nord de cette côte, et sur le penchant ou à peu de distance desquelles sont situés les villages de Livran, Peret, Fontès, Néfiez, Gabian, Faugères. On trouve, en allant du midi au nord, une espèce de cordon ou de chapelet fort remarquable, qui commence au cap d'Agde, et qui comprend les monts Saint-Thibery et le Causse (montagnes situées au milieu des plaines de Bressan) ; le pic de la tour de Valros, dans le territoire de ce village ; le pic de Montredon au territoire de Tourbe, et celui de Sainte-Marthe auprès du prieuré royal de Cassan, dans le territoire de Gabian. Il part encore du pied de la montagne, à la hauteur du village de Fontès, une longue et large masse qui finit au midi auprès de la grange des Prés.. et qui est terminée, dans la direction du levant au couchant, entre le village de Caus et celui de Nizas... Ce canton a cela de remarquable, qu'il n'est presque qu'une masse de laves, et qu'on observe au milieu une bouche ronde d'environ deux cents toises de diamètre, aussi reconnaissable qu'il soit possible, qui a formé un étang qu'on a depuis desséché, au moyen d'une profonde saignée faite entièrement dans une lave dure et formée par couches, ou plutôt par ondes immédiatement contiguës...

» On trouve, dans tous ces endroits, de la lave et des pierres ponces ; presque toute la ville de Pézenas est pavée de lave ; le rocher d'Agde n'est que de la lave très-dure, et toute cette ville est bâtie et pavée de cette lave, qui est très-noire... Presque tout le territoire de Gabian, où l'on voit la fameuse fontaine de pétrole, est parsemée de laves et de pierres ponces.

» On trouve aussi au Causse de Bassan et de Saint-Thibery une quantité considérable de basaltes... qui sont ordinairement des prismes à six faces, de dix à quatorze pieds de long... Ces basaltes se trouvent dans un endroit où les vestiges d'un ancien volcan sont on ne peut pas plus reconnaissables.

» Les bains de Balaruc... nous offrent partout les débris d'un volcan éteint; les pierres qu'on y rencontre ne sont que des pierres ponces de différentes grosseurs...

» Dans tous les volcans que j'ai examinés, j'ai remarqué que la matière ou les pierres qu'ils ont vomies sont sous différentes formes : les unes sont en masse contiguë, très-dures et pesantes, comme le rocher d'Agde ; d'autres, comme celles de Montferrier et la lave de Tourbes, ne sont point en masses ; ce sont des pierres détachées, d'une pesanteur et d'une dureté considérables. »

M. Villet, de l'académie de Marseille, m'a envoyé, pour le Cabinet du Roi, quelques échantillons de laves et d'autres matières trouvées dans les volcans éteints de Provence, et il m'écrit qu'à une lieue de Toulon on voit évidemment les vestiges d'un ancien volcan, et qu'étant descendu dans une ravine au pied de cet ancien volcan de la montagne d'Ollioules, il fut frappé, à l'aspect d'un rocher détaché du haut, de voir qu'il était calciné; qu'après en avoir brisé quelques morceaux, il trouva, dans l'intérieur, des parties sulfureuses si bien caractérisées, qu'il ne douta plus de l'ancienne existence de ces volcans éteints aujourd'hui.

M. Valmont de Bomare a observé, dans le territoire de Cologne, les vestiges de plusieurs volcans éteints.

Je pourrais citer un très-grand nombre d'autres exemples qui tous concourent à prouver que le nombre des volcans éteints est peut-être cent fois plus grand que celui des volcans actuellement agissants, et l'on doit observer qu'entre ces deux états il y a, comme dans tous les autres effets de la nature, des états mitoyens, des degrés et des nuances dont on ne peut saisir que les principaux points. Par exemple, les solfatares ne sont ni des volcans agissants ni des volcans éteints, et semblent participer des deux. Personne ne les a mieux décrites qu'un de nos savants académiciens, M. Fougeroux de Bondaroy, et je vais rapporter ici ses principales observations.

« La solfatare située à quatre milles de Naples, à l'ouest, et à deux milles de la mer, est fermée par des montagnes qui l'entourent de tous côtés. Il faut monter pendant environ une demi-heure avant que d'y arriver. L'espace compris entre les montagnes forme un bassin d'environ douze cents pieds de longueur sur huit cents pieds de largeur. Il est dans un fond par rapport à ces montagnes, sans cependant être aussi bas que le terrain qu'on a été obligé de traverser pour y arriver. La terre qui forme le fond de ce bassin est un sable très-fin, uni et battu; le terrain est sec et aride, les plantes n'y croissent point; la couleur du sable est jaunâtre... Le soufre qui s'y trouve en grande quantité, réuni avec ce sable, sert sans doute à le colorer.

» Les montagnes qui terminent la plus grande partie du bassin n'offrent que des rochers dépouillés de terre et de plantes ; les uns fendus, dont les parties sont brûlées et calcinées, et qui tous n'offrent aucun arrangement et n'ont aucun ordre dans leur position... Ils sont recouverts d'une plus ou moins grande quantité de soufre qui se sublime dans cette partie de la montagne, et dans celle du bassin qui en est proche.

» Le côté opposé... offre un meilleur terrain ;... aussi n'y voit-on pas de fourneaux pareils à ceux dont nous allons parler, et qui se trouvent communément dans la partie que l'on vient de décrire.

» Dans plusieurs endroits du fond du bassin on voit des ouvertures, des fenêtres, ou des bouches d'où il sort de la fumée accompagnée d'une chaleur qui brûlerait vivement les mains, mais qui n'est pas assez grande pour allumer du papier...

» Les endroits voisins donnent une chaleur qui se fait sentir à travers les souliers ; et il s'en exhale une odeur de soufre désagréable... Si l'on fait entrer dans le terrain un morceau de bois pointu, il sort aussitôt une vapeur, une fumée pareille à celle qu'exhalent les fentes naturelles...

» Il sublime, par les ouvertures, du soufre en petite quantité, et un sel connu sous le nom de sel *ammoniac*, et qui en a les caractères...

» On trouve sur plusieurs des pierres qui environnent la solfatare, des filets d'alun qui y a fleuri naturellement... Enfin on retire encore du soufre de la solfatare... Cette substance est contenue dans des pierres de couleur grisâtre, parsemées de parties brillantes, qui dénotent celles du soufre cristallisé entre celles de la pierre :... et ces pierres sont aussi quelquefois chargées d'alun...

» En frappant du pied dans le milieu du bassin, on reconnaît aisément que le terrain en est creux en dessous.

» Si l'on traverse le côté de la montagne le plus garni de fourneaux, et qu'on la descende, on trouve des laves, des pierres ponces, des écumes de volcans, etc. ; enfin tout ce qui, par comparaison avec les matières que donne aujourd'hui le Vésuve, peut démontrer que la solfatare a formé la bouche d'un volcan...

» Le bassin de la solfatare a souvent changé de forme ; on peut conjecturer qu'il en prendra encore d'autres, différentes de celle qu'il offre aujourd'hui; ce terrain se mine et se creuse tous les jours; il forme maintenant une voûte qui couvre un abîme... Si cette voûte venait à s'affaisser, il est probable que, se remplissant d'eau, elle produirait un lac. »

M. Fougeroux de Bondaroy a aussi fait plusieurs observations sur les solfatares de quelques autres endroits de l'Italie.

« J'ai été, dit-il, jusqu'à la source d'un ruisseau que l'on passe entre Rome et Tivoli, et dont l'eau a une forte odeur de foie de soufre ;.., elle forme deux petits lacs d'environ quarante toises dans leur plus grande étendue...

» L'un de ces lacs, suivant la corde que nous avons été obligés de filer, a en certains endroits jusqu'à soixante, soixante-dix ou quatre-vingts brasses... On voit sur ses eaux plusieurs petites îles flottantes, qui changent quelquefois de place ;... elles sont produites par des plantes réduites en une espèce de tourbe, sur lesquelles les eaux, quoique corrosives, n'ont plus de prise...

» J'ai trouvé la chaleur de ces eaux de 20 degrés, tandis que le thermomètre à l'air libre était à 18 degrés ; ainsi les observations que nous avons faites n'indiquent qu'une très-faible chaleur dans ces eaux... elles exhalent une odeur fort désagéable... et cette vapeur change la couleur des végétaux et celle du cuivre. »

» La solfatare de Viterbe, dit M. l'abbé Mazéas, n'a une embouchure que de trois à quatre pieds ; ses eaux bouillonnent et exhalent une odeur de foie de soufre, et pétrifient aussi leurs canaux, comme celles de Tivoli... Leur chaleur est au degré de l'eau bouillante, quelquefois au-dessous... Des tourbillons de fumée, qui s'en élèvent quelquefois, annoncent une chaleur plus grande ; et néanmoins le fond du bassin est tapissé des mêmes plantes qui paraissent au fond des lacs et des marais : ces eaux produisent du vitriol dans les terrains ferrugineux, etc.

» Dans plusieurs montagnes de l'Apennin, et principalement celles qui sont sur le chemin de Bologne à Florence, on trouve des feux ou simplement des vapeurs qui n'ont besoin que de l'approche d'une flamme pour brûler elles-mêmes...

» Les feux de la montagne Cenida, proche de Pietramala, sont placés à différentes hauteur de la montagne, sur laquelle on compte quatre bouches à feu qui jettent des flammes... Un de ces feux est dans un espace circulaire entouré de buttes... La terre y paraît brûlée, et les pierres sont plus noires que celles des environs ; il en sort çà et là une flamme bleue, vive, ardente, claire, qui s'élève à trois ou quatre pieds de hauteur.., Mais au delà de l'espace circulaire on ne voit aucun feu, quoique, à plus de soixante pieds du centre des flammes, on s'aperçoive encore de la chaleur que conserve le terrain...

» Le long d'une fente ou crevasse voisine du feu, on entend un bruit sourd comme serait celui d'un vent qui traverserait un souterrain... Près de ce lieu on trouve deux sources d'eau chaude... Ce terrain, dans lequel le feu existe depuis du temps, n'est ni enfoncé ni relevé... On ne voit près du foyer aucune pierre de volcan, ni rien qui puisse annoncer que ce feu ait jeté ; cependant des monticules près de cet endroit, rassemblent tout ce qui peut prouver qu'elles ont été anciennement formées ou au moins changées par les volcans... En 1767, on ressentit même des secousses de tremblements de terre dans les environs, sans que le feu changeât, ni qu'il donnât plus ou moins de fumée.

» Environ à dix lieues de Modène, dans un endroit appelé *Barrigazzo*, il y a cinq ou six bouches où paraissent des flammes dans certains temps, qui s'éteignent par un vent violent : il y a aussi des vapeurs qui demandent l'approche d'un corps enflammé pour prendre feu... Mais, malgré les restes non équivoques d'anciens volcans éteints, qui subsistent dans la plupart de ces montagnes, les feux qui s'y voient aujourd'hui ne sont point de nouveaux volcans qui s'y forment, puisque ces feux ne jettent aucune substance de volcans. »

Les eaux thermales, ainsi que les fontaines de pétrole et des autres bitumes et huiles terrestres, doivent être regardées comme une autre nuance entre les volcans éteints et les volcans en action : lorsque les feux souterrains se trouvent voisins d'une mine de charbon, ils la mettent en distillation, et c'est là l'origine de la plupart des sources de bitume ; ils causent de même la chaleur des eaux thermales qui coulent dans leur voisinage. Mais ces feux souterrains brûlent tranquillement aujourd'hui ; on ne reconnaît leurs anciennes explosions que par les matières qu'ils ont autrefois rejetées : ils ont cessé d'agir lorsque les mers s'en sont éloignées ; et je ne crois pas, comme je l'ai dit, qu'on ait jamais à craindre le retour de ces funestes explosions, puisqu'il y a toute raison de penser que la mer se retirera de plus en plus. (*Add. Buff.*)

DES LAVES ET BASALTES.

* A tout ce que nous venons d'exposer au sujet des volcans, nous ajouterons quelques considérations sur le mouvement des laves, sur le temps nécessaire à leur refroidissement, et sur celui qu'exige leur conversion en terre végétale.

La lave qui s'écoule ou jaillit du pied des éminences formées par les matières que le volcan vient de rejeter, est un verre impur en liquéfaction, et dont la matière tenace et visqueuse n'a qu'une demi-fluidité ; ainsi les torrents de cette matière vitrifiée coulent lentement en comparaison des torrents d'eau ; et néanmoins ils arrivent souvent à d'assez grandes distances : mais il y a dans ces torrents de feu un mouvement de plus que dans les torrents d'eau ; ce mouvement tend à soulever toute la masse qui coule, et il est produit par la force expansive de la chaleur dans l'intérieur du torrent embrasé ; la surface extérieure se refroidissant la première, le feu liquide continue à couler au-dessous ; et comme l'action de la chaleur se fait en tout sens, ce feu, qui cherche à s'échapper, soulève les parties supérieures déjà consolidées, et souvent les force à s'élever perpendiculairement : c'est de là que proviennent ces grosses masses de laves en forme de rochers qui se trouvent dans le cours de presque tous les torrents où la pente n'est pas rapide. Par l'effort de cette chaleur intérieure, la lave fait souvent des explosions, sa surface s'entr'ouvre, et la matière liquide jaillit de l'intérieur et forme ces masses élevées au-dessus du niveau du torrent. Le P. *de La Torre* est, je crois, le premier qui ait remarqué ce mouvement intérieur dans les laves ardentes ; et ce mouvement est d'autant plus violent qu'elles ont plus d'épaisseur et que la pente est plus douce : c'est un effet général et commun dans toutes les matières liquéfiées par le feu, et dont on peut donner des exemples que tout le monde est à portée de vérifier dans les forges (1).

Si l'on observe les gros lingots de fonte de fer qu'on appelle gueuses, qui coulent

---

(1) La lave des fourneaux à fondre le fer subit les mêmes effets. Lorsque cette matière vitreuse coule lentement sur la *damé*, et qu'elle s'accumule à sa base, on voit se former des éminences, qui sont des bulles de verre concaves, sous une forme hémisphérique. Ces bulles crèvent lorsque la force expansive est très-active, et que la matière a moins de fluidité : alors il en sort avec bruit un jet rapide de flamme : lorsque cette matière vitreuse est assez adhérente pour souffrir une grande dilatation, ces bulles, qui se forment à sa surface, prennent un volume de huit à dix pouces de diamètre sans se crever, lorsque la vitrification en est moins achevée, et qu'elle a une consistance visqueuse et tenace ; ces bulles occupent peu de volume, et la matière, en s'affaissant sur elle-même, forme des éminences concaves, que l'on nomme *yeux de crapaud*. Ce qui se passe ici en petit dans le *laitier* des fourneaux de forge, arrive en grand dans les laves des volcans.

dans un moule ou canal dont la pente est presque horizontale, on s'apercevra aisément qu'elles tendent à se courber en effet d'autant plus qu'elles ont plus d'épaisseur (1). Nous avons démontré, par les expériences rapportées dans les mémoires précédents, que les temps de la consolidation sont à très-peu près proportionnels aux épaisseurs, et que la surface de ces lingots étant déjà consolidée, l'intérieur en est encore liquide : c'est cette chaleur intérieure qui soulève et fait tomber le lingot; et si son épaisseur était plus grande, il y aurait, comme dans les torrents de lave, des explosions, des ruptures à la surface, et des jets perpendiculaires de matière métallique poussée au dehors par l'action du feu renfermé dans l'intérieur du lingot. Cette explication, tirée de la nature même de la chose, ne laisse aucun doute sur l'origine de ces éminences qu'on trouve fréquemment dans les vallées et les plaines que les laves ont parcourues et couvertes.

Mais, lorsqu'après avoir coulé de la montagne et traversé les campagnes, la lave toujours ardente arrive aux rivages de la mer, son cours se trouve tout à coup arrêté : le torrent de feu se jette comme un ennemi puissant, et fait d'abord reculer les flots; mais l'eau, par son immensité, par sa froide résistance et par la puissance de saisir et d'éteindre le feu, consolide en peu d'instants la matière du torrent, qui dès lors ne peut aller plus loin, mais s'élève, se charge de nouvelles couches, et forme un mur à plomb, de la hauteur duquel le torrent de lave tombe alors perpendiculairement et s'applique contre le mur à plomb qu'il vient de former : c'est par cette chute et par le saisissement de la matière ardente, que se forment les prismes de basalte (2), et leurs colonnes articulées. Ces prismes sont ordinairement à cinq, six ou sept faces, et quelquefois à quatre ou à trois, comme aussi à huit ou neuf faces : leurs colonnes sont formées par la chute perpendiculaire de la lave dans les flots de la mer, soit qu'elle tombe du haut des rochers de la côte, soit qu'elle forme elle-même le mur à plomb qui produit sa chute perpendiculaire. Dans tous les cas, le froid et l'humidité de l'eau qui saisissent cette matière toute pénétrée de feu, en consolidant les surfaces au moment même de sa chute, les faisceaux qui tombent du torrent de lave dans la mer s'appliquent les uns contre les autres; et comme la chaleur intérieure des faisceaux tend à les dilater, ils se font une résistance réciproque, et il arrive le même effet que dans le renflement des pois, ou plutôt des graines cylindriques, qui seraient pressées dans un vaisseau clos rempli d'eau qu'on ferait bouillir; chacune de ces graines deviendrait hexagone par la compression réciproque; et de même chaque faisceau de lave devient à plusieurs faces par la dilatation et la résistance réciproques; et lorsque la résistance des fais-

---

(1) Je ne parle pas ici des autres causes particulières, qui souvent occasionnent la courbure des lingots de fonte. Par exemple, lorsque la fonte n'est pas bien fluide, lorsque le moule est trop humide, ils se courbent beaucoup plus, parce que ces causes concourent à augmenter l'effet de la première : ainsi l'humidité de la terre sur laquelle coulent les torrents de la lave, aide encore à la chaleur intérieure à en soulever la masse, et à la faire éclater en plusieurs endroits par des explosions suivies de ces jets de matières dont nous avons parlé.

(2) Je n'examinerai point ici l'origine de ce nom *basalte*, que M. Desmarest, savant naturaliste de l'Académie des Sciences, croit avoir été donné par les anciens à deux pierres de nature différente; et je ne parle ici que du *basalte lave*, qui est en forme de colonnes prismatiques.

ceaux environnants est plus forte que la dilatation du faisceau environné, au lieu de devenir hexagone, il n'est que de trois, quatre ou cinq faces ; au contraire, si la dilatation du faisceau environné est plus forte que la résistance de la matière environnante, il prend sept, huit ou neuf faces, toujours sur sa longueur, ou plutôt sur sa hauteur perpendiculaire.

Les articulations transversales de ces colonnes prismatiques sont produites par une cause plus simple ; les faisceaux de lave ne tombent pas comme une gouttière régulière et continue, ni par masses égales : pour peu donc qu'il y ait d'intervalle dans la chute de la matière, la colonne à demi consolidée à sa surface supérieure s'affaisse en creux par le poids de la masse qui survient, et qui dès lors se moule en convexe dans la concavité de la première ; et c'est ce qui forme les espèces d'articulations qui se trouvent dans la plupart de ces colonnes prismatiques. Mais lorsque la lave tombe dans l'eau par une chute égale et continue, alors la colonne de basalte est aussi continue dans toute sa hauteur, et l'on n'y voit point d'articulations. De même lorsque, par une explosion, il s'élance du torrent de lave quelque masse isolée, cette masse prend alors une figure globuleuse ou elliptique, ou même tortillée en forme de câbles ; et l'on peut rappeler à cette explication simple toutes les formes sous lesquelles se présentent les basaltes et les laves figurées.

C'est à la rencontre du torrent de lave avec les flots et à sa prompte consolidation, qu'on doit attribuer l'origine de ces côtes hardies qu'on voit dans toutes les mers qui sont au pied des volcans. Les anciens remparts de basalte, qu'on trouve aussi dans l'intérieur des continents, démontrent la présence de la mer et son voisinage des volcans dans le temps que leurs laves ont coulé : nouvelle preuve qu'on peut ajouter à toutes celles que nous avons données de l'ancien séjour des eaux sur toutes les terres actuellement habitées.

Les torrents de lave ont depuis cent jusqu'à deux et trois mille toises de largeur, et quelquefois cent cinquante et même deux cents pieds d'épaisseur ; et comme nous avons trouvé par nos expériences que le temps du refroidissement du verre est à celui du refroidissement du fer comme 132 sont à 236 (1), et que les temps respectifs de leur consolidation sont à peu près dans ce même rapport (2), il est aisé d'en conclure que, pour consolider une épaisseur de dix pieds de verre ou de lave, il faut 201 $\frac{21}{59}$ minutes, puisqu'il faut 360 minutes pour la consolidation de dix pieds d'épaisseur de fer ; par conséquent il faut 4028 minutes, ou 67 heures 8 minutes, pour la consolidation de deux cents pieds d'épaisseur de lave : et, par la même règle, on trouvera qu'il faut environ onze fois plus de temps, c'est-à-dire 30 jours $\frac{17}{24}$, ou un mois, pour que la surface de cette lave de deux cents pieds d'épaisseur soit assez froide pour qu'on puisse la toucher : d'où il résulte qu'il faut un an pour refroidir une lave de deux cents pieds d'épaisseur assez pour qu'on puisse la toucher sans se brûler à un pied de profondeur, et qu'à dix pieds de profondeur elle

<hr>

(1) Voyez le *Mémoire sur le refroidissement de la mer et des planètes.* — (2) Voyez *ibid.*

sera encore assez chaude au bout de dix ans pour qu'on ne puisse la toucher, et cent ans pour être refroidie au même point jusqu'au milieu de son épaisseur. M. Brydone rapporte qu'après plus de quatre ans la lave qui avait coulé en 1766 au pied de l'Etna n'était pas encore refroidie. Il dit aussi « avoir vu une couche de lave de quelques pieds, produite par l'éruption du Vésuve, qui resta rouge de chaleur au centre, longtemps après que la surface fut refroidie, et qu'en plongeant un bâton dans ses crevasses il prenait feu à l'instant, quoiqu'il n'y eût au dehors aucune apparence de chaleur. » *Massa*, auteur sicilien digne de foi, dit, « qu'étant à Catane, huit ans après la grande éruption de 1669, il trouva qu'en plusieurs endroits la lave n'était pas encore froide. »

M. le chevalier Hamilton laissa tomber des morceaux de bois sec dans une fente de lave du Vésuve, vers la fin d'avril 1771; ils furent enflammés à l'instant, quoique cette lave fût sortie du volcan le 19 octobre 1767; elle n'avait point de communication avec le foyer du volcan, et l'endroit où il fit cette expérience était éloigné au moins de quatre milles de la bouche d'où cette lave avait jailli. Il est très-persuadé qu'il faut bien des années avant qu'une lave de l'épaisseur de celle-ci (d'environ deux cents pieds) se refroidisse.

Je n'ai pu faire des expériences sur la consolidation et le refroidissement qu'avec des boulets de quelques pouces de diamètre; le seul moyen de faire ces expériences plus en grand serait d'observer les laves, et de comparer les temps employés à leur consolidation et refroidissement selon leurs différentes épaisseurs : je suis persuadé que ces observations confirmeraient la loi que j'ai établie pour le refroidissement depuis l'état de fusion jusqu'à la température actuelle; et quoiqu'à la rigueur ces nouvelles observations ne soient pas nécessaires pour confirmer ma théorie, elles serviraient à remplir le grand intervalle qui se trouve entre un boulet de canon et une planète.

Il nous reste à examiner la nature des laves et à démontrer qu'elles se convertissent, avec le temps, en une terre fertile; ce qui nous rappelle l'idée de la première conversion des scories du verre primitif qui couvraient la surface entière du globe après sa consolidation.

« On ne comprend pas sous le nom de laves, dit M. de La Condamine, toutes les matières sorties de la bouche d'un volcan, telles que les cendres, les pierres ponces, le gravier, le sable, mais seulement celles qui, réduites par l'action du feu dans un état de liquidité, forment en se refroidissant des masses solides dont la dureté surpasse celle du marbre. Malgré cette restriction, on conçoit qu'il y aura encore bien des espèces de laves, selon le différent degré de fusion du mélange, selon qu'il participera plus ou moins au métal, et qu'il sera plus ou moins intimement uni avec diverses matières. J'en distingue surtout trois espèces, et il y en a bien d'intermédiaires. La lave la plus pure ressemble, quand elle est polie, à une pierre d'un gris sale et obscur; elle est lisse, dure, pesante, parsemée de petits fragments semblables à du marbre noir, et de pointes blanchâtres; elle paraît contenir des parties métalliques; elle ressemble, au premier coup d'œil, à la serpentine, lorsque la couleur de la lave ne tire point sur le vert ; elle reçoit un assez beau poli, plus ou moins vif dans ses différentes parties ; on en fait des tables, des chambranles de cheminées, etc.

» La lave la plus grossière est inégale et raboteuse ; elle ressemble fort à des scories de forges ou écumes de fer. La lave la plus ordinaire tient un milieu entre ces deux extrêmes ; c'est celle que l'on voit répandue en grosses masses sur les flancs du Vésuve et dans les campagnes voisines. Elle y a coulé par torrents : elle a formé en se refroidissant des masses semblables à des rochers ferrugineux et rouillés, et souvent épais de plusieurs pieds. Ces masses sont interrompues et souvent recouvertes par des amas de cendres et de matières calcinées... C'est sous plusieurs lits alternatifs de laves, de cendres et de terre, dont le total fait une croûte de soixante à quatre-vingts pieds d'épaisseur, qu'on a trouvé des temples, des portiques, des statues, un théâtre, une ville entière, etc... »

» Presque toujours, dit M. Fougeroux de Bondaroy, immédiatement après l'éruption d'une terre brûlée ou d'une espèce de cendre... le Vésuve jette la lave... elle coule par les fentes qui sont faites à la montagne...

» La matière minérale enflammée, fondue et coulante, ou la lave proprement dite, sort par les fentes ou crevasses avec plus ou moins d'impétuosité, et en plus grande ou moindre quantité, suivant la force de l'éruption ; elle se répand à une distance plus ou moins grande, suivant son degré de fluidité, et suivant la pente de la montagne qu'elle suit, qui retarde plus ou moins son refroidissement...

» Celle qui garnit maintenant une partie du terrain dans le bas de la montagne, et qui descend quelquefois jusqu'au pied de Portici... forme de grandes masses, dures, pesantes et hérissées de pointes sur leur surface supérieure ; la surface qui porte sur le terrain est plus plate : comme ces morceaux sont les uns sur les autres, ils ressemblent un peu aux flots de la mer ; quand les morceaux sont plus grands et plus amoncelés, ils prennent la figure de rochers.

» En se refroidissant, la lave affecte différentes formes... La plus commune est en tables plus ou moins grandes : quelques morceaux ont jusqu'à six, sept ou huit pieds de dimension : elle s'est ainsi cassée et rompue en cessant d'être liquide et en se refroidissant ; c'est cette espèce de lave dont la superficie est hérissée de pointes...

» La seconde espèce ressemble à de gros cordages ; elle se trouve toujours proche l'ouverture, paraît s'être figée promptement et avoir roulé avant de s'être durcie : elle est moins pesante que celle de la première espèce ; elle est aussi plus fragile, moins dure et plus bitumineuse ; en la cassant, on voit que sa substance est moins serrée que dans la première...

» On trouve au haut de la montagne une troisième espèce de lave, qui est brillante, disposée en filets qui quelquefois se croisent ; elle est lourde et d'un rouge violet... Il y a des morceaux qui sont sonores, et qui ont la figure de stalactites... Enfin on trouve à certaines parties de la montagne, des laves qui affectaient une forme sphérique, et qui paraissaient avoir roulé. On conçoit aisément comment la forme de ces laves peut varier suivant une infinité de circonstances, etc. »

Il entre des matières de toute espèce dans la composition des laves ; on a tiré du fer et un peu de cuivre de celles du sommet du Vésuve ; il y en a même quelques-unes d'assez métalliques pour conserver la flexibilité du métal : j'ai vu de grandes tables de laves de deux pouces d'épaisseur, travaillées et polies comme des tables de marbre, se courber par leur propre poids ; j'en ai vu d'autres qui pliaient sous une forte charge, mais qui reprenaient le plan horizontal par leur élasticité.

Toutes les laves, étant réduites en poudre, sont, comme le verre, susceptibles d'être converties, par l'intermède de l'eau, d'abord en argile, et peuvent devenir ensuite, par le mélange des poussières et des détriments de végétaux, d'excellents terrains. Ces faits sont démontrés par les belles et grandes forêts qui environnent l'Etna, qui toutes sont sur un fond de lave recouvert d'une bonne terre de plusieurs pieds d'épaisseur ; les cendres se convertissent encore plus vite en terre que les poudres de verre et de laves : on voit dans la cavité des cratères des anciens volcans actuellement éteints, des terrains fertiles ; on en trouve de même sur le cours de tous les anciens torrents de laves. Les dévastations causées par les volcans sont donc limitées par le temps : et comme la nature tend toujours plus à produire qu'à détruire, elle répare dans l'espace de quelques siècles les dévastations du feu sur la terre, et lui rend sa fécondité en se servant même des matériaux lancés pour la destruction. (*Add. Buff.*)

ARTICLE XVII.

DES ILES NOUVELLES, DES CAVERNES, DES FENTES PERPENDICULAIRES, ETC.

Les îles nouvelles se forment de deux façons, ou subitement par l'action des feux souterrains, ou lentement par le dépôt du limon des eaux. Nous parlerons d'abord de celles qui doivent leur origine à la première de ces deux causes. Les anciens historiens et les voyageurs modernes rapportent à ce sujet des faits, de la vérité desquels on ne peut guère douter. Sénèque assure que de son temps l'île de Thérasie (1) parut tout d'un coup à la vue des mariniers. Pline rapporte qu'autrefois il y eut treize îles dans la mer Méditerranée, qui sortirent en même temps du fond des eaux, et que Rhodes et Délos sont les principales de ces treize îles nouvelles ; mais il paraît par ce qu'il en dit et par ce qu'en disent aussi Ammien Marcellin, Philon, etc., que ces treize îles n'ont pas été produites par un tremblement de terre, ni par une explosion souterraine : elles étaient auparavant cachées sous les eaux ; et la mer en s'abaissant a laissé, disent-ils, ces îles à découvert ; Délos avait même le nom de *Pelagia*, comme ayant autrefois appartenu à la mer. Nous ne savons donc pas si l'on doit attribuer l'origine de ces treize îles nouvelles à l'action des feux

____

(1) Aujourd'hui Santorin.

souterrains, ou à quelque autre cause qui aurait produit un abaissement et une diminution des eaux dans la mer Méditerranée ; mais Pline rapporte que l'île d'*Hiera*, près de Thérasie a été formée de masses ferrugineuses et de terres lancées du fond de la mer ; et dans le chapitre LXXXIX il parle de plusieurs autres îles formées de la même façon. Nous avons sur tout cela des faits plus certains et plus nouveaux.

Le 23 mai 1707, au lever du soleil, on vit de cette même île de Thérasie ou de Santorin, à deux ou trois milles en mer, comme un rocher flottant. Quelques gens curieux y allèrent, et trouvèrent que cet écueil, qui était sorti du fond de la mer, augmentait sous leurs pieds ; et ils en rapportèrent de la pierre ponce et des huîtres, que le rocher qui s'était élevé du fond de la mer tenait encore attachées à sa surface. Il y avait eu un petit tremblement de terre à Santorin deux jours avant la naissance de cet écueil. Cette nouvelle île augmenta considérablement jusqu'au 14 juin, sans accident, et elle avait alors un demi-mille de tour, et vingt à trente pieds de hauteur ; la terre était blanche, et tenait un peu de l'argile : mais après cela la mer se troubla de plus en plus, il s'en éleva des vapeurs qui infectaient l'île de Santorin ; et le 10 juillet on vit dix-sept ou dix-huit rochers sortir à la fois du fond de la mer ; ils se réunirent. Tout cela se fit avec un bruit affreux, qui continua plus de deux mois, et des flammes qui s'élevaient de la nouvelle île ; elle augmentait toujours en circuit et en hauteur, et les explosions lançaient toujours des rochers et des pierres à plus de sept milles de distance. L'île de Santorin elle-même a passé chez les anciens pour une production nouvelle ; et en 726, 1427 et 1573, elle a reçu des accroissements, et il s'est formé de petites îles auprès de Santorin (1). Le même volcan, qui du temps de Sénèque a formé l'île de Santorin, a produit, du temps de Pline, celle d'Hiera ou de Volcanelle, et de nos jours a formé l'écueil dont nous venons de parler.

Le 10 octobre 1720, on vit auprès de l'île de Tercère un feu assez considérable s'élever de la mer : des navigateurs s'en étant approchés par ordre du gouverneur, ils aperçurent, le 19 du même mois, une île qui n'était que feu et fumée, avec une prodigieuse quantité de cendres jetées au loin, comme par la force d'un volcan, avec un bruit pareil à celui du tonnerre. Il se fit en même temps un tremblement de terre qui se fit sentir dans les lieux circonvoisins, et on remarqua sur la mer une grande quantité de pierres ponces, surtout autour de la nouvelle île ; ces pierres ponces voyagent, et on en a quelquefois trouvé une grande quantité dans le milieu même des grandes mers (2). L'*Histoire de l'Académie*, année 1721, dit, à l'occasion de cet événement, qu'après un tremblement de terre dans l'île de Saint-Michel, l'une des Açores, il a paru à vingt-huit lieues au large, entre cette île et la Tercère, un torrent de feu qui a donné naissance à deux nouveaux écueils (3). Dans le volume de l'année suivante 1722, on trouve le détail qui suit :

« M. Delisle a fait savoir à l'Académie plusieurs particularités de la nouvelle île

(1) Voyez l'*Histoire de l'Académie*, année 1706, pages 23 et suivantes.
(2) Voyez *Trans. phil. abrig'd*, vol. VI, part. II, page 154. — (3) *Ibid.*, page 26.

entre les Açores, dont nous n'avions dit qu'un mot en 1721 (1) ; il les avait tirées d'une lettre de M. de Montagnac, consul à Lisbonne.

» Un vaisseau où il était, mouilla, le 18 septembre 1721, devant la forteresse de la ville de Saint-Michel, qui est dans l'île du même nom, et voici ce qu'on apprit d'un pilote du port :

» La nuit du 7 au 8 décembre 1720, il y eut un grand tremblement de terre dans la Tercère et dans Saint-Michel, distantes l'une de l'autre de vingt-huit lieues, et l'île neuve sortit : on remarqua en même temps que la pointe de l'île de Pic, qui en était à trente lieues, et qui auparavant jetait du feu, s'était affaissée et n'en jetait plus : mais l'île neuve jetait continuellement une grosse fumée ; et effective-ment elle fut vue du vaisseau où était M. de Montagnac, tant qu'il en fut à portée. Le pilote assura qu'il avait fait dans une chaloupe le tour de l'île, en l'approchant le plus qu'il avait pu. Du côté du sud il jeta la sonde, et fila soixante brasses sans trouver fond ; du côté de l'ouest il trouva les eaux fort changées : elles étaient d'un blanc bleu et vert, qui semblait du bas-fond, et qui s'étendait à deux tiers de lieue ; elles paraissaient vouloir bouillir : au nord-ouest, qui était l'endroit d'où sortait la fumée, il trouva quinze brasses d'eau, fond de gros sable ; il jeta une pierre à la mer, et il vit, à l'endroit où elle était tombée, l'eau bouillir et sauter en l'air avec impétuosité : le fond était si chaud, qu'il fondit deux fois de suite le suif qui était au bout du plomb. Le pilote observa encore de ce côté-là que la fumée sortait d'un petit lac borné d'une dune de sable. L'île est à peu près ronde, et assez haute pour être aperçue de sept à huit lieues dans un temps clair.

» On a appris depuis par une lettre de M. Adrien, consul de la nation française dans l'île de Saint-Michel, en date du mois de mars 1722, que l'île neuve avait con-sidérablement diminué, et qu'elle était presque à fleur d'eau, de sorte qu'il n'y avait pas d'apparence qu'elle subsistât encore longtemps (2). »

On est donc assuré par ces faits et par un grand nombre d'autres semblables à ceux-ci, qu'au-dessous même des eaux de la mer les matières inflammables renfer-mées dans le sein de la terre agissent et font des explosions violentes. Les lieux où cela arrive sont des espèces de volcans qu'on pourrait appeler sous-marins, lesquels ne diffèrent des volcans ordinaires que par le peu de durée de leur action et le peu de fréquence de leurs effets, car on conçoit bien que le feu s'étant une fois ouvert un passage, l'eau doit y pénétrer et l'éteindre. L'île nouvelle laisse nécessairement un vide que l'eau doit remplir ; et cette nouvelle terre, qui n'est composée que des matières rejetées par le volcan marin, doit ressembler en tout au *Monte di Cenere* et aux autres éminences que les volcans terrestres ont formées en plusieurs endroits : or, dans le temps du déplacement causé par la violence de l'explosion, et pendant ce mouvement, l'eau aura pénétré dans la plupart des endroits vides, et elle aura éteint pour un temps ce feu souterrain. C'est apparemment par cette raison que ces volcans sous-marins agissent plus rarement que les volcans ordinaires, quoique les

(1) Voyez *Trans. phil. abrig'd*, vol. VI, part. ii, page 26.
(2) Voyez *Trans. phil. abrig'd*, vol. VI, part. ii, page 12.

causes de tous les deux soient les mêmes, et que les matières qui produisent et nourrissent ces feux souterrains puissent se trouver sous les terres couvertes par la mer, en aussi grande quantité que sous les terres qui sont à découvert.

Ce sont ces mêmes feux souterrains ou sous-marins qui sont la cause de toutes ces ébullitions des eaux de la mer, que les voyageurs ont remarquées en plusieurs endroits, et des trombes dont nous avons parlé : ils produisent aussi des orages et des tremblements qui ne sont pas moins sensibles sur la mer que sur la terre. Ces îles qui ont été formées par ces volcans sous-marins sont ordinairement composées de pierres ponces et de rochers calcinés ; et ces volcans produisent, comme ceux de la terre, des tremblements et des commotions très-violentes.

On a aussi vu souvent des feux s'élever de la surface des eaux. Pline nous dit que le lac de Trasimène a paru enflammé sur toute sa surface. Agricola rapporte que lorsqu'on jette une pierre dans le lac de Denstad en Thuringe, il semble, lorsqu'elle descend dans l'eau, que ce soit un trait de feu.

Enfin la quantité de pierres ponces que les voyageurs nous assurent avoir rencontrées dans plusieurs endroits de l'Océan et de la Méditerranée, prouve qu'il y a au fond de la mer des volcans semblables à ceux que nous connaissons, et qui ne diffèrent, ni par les matières qu'ils rejettent, ni par la violence des explosions, mais seulement par la rareté et par le peu de continuité de leurs effets : tout, jusqu'aux volcans, se trouve au fond des mers, comme à la surface de la terre.

Si même on y fait attention, on trouvera plusieurs rapports entre les volcans de mer ; les uns et les autres ne se trouvent que dans les sommets des montagnes. Les îles des Açores et celles de l'Archipel ne sont que des pointes de montagnes, dont les unes s'élèvent au-dessus de l'eau, et les autres sont au-dessous. On voit par la relation de la nouvelle île des Açores, que l'endroit d'où sortait la fumée n'était qu'à quinze brasses de profondeur sous l'eau ; ce qui, étant comparé avec les profondeurs ordinaires de l'Océan, prouve que cet endroit même est un sommet de montagne. On en peut dire tout autant du terrain de la nouvelle île auprès de Santorin : il n'était pas à une grande profondeur sous les eaux, puisqu'il y avait des huîtres attachées aux rochers qui s'élevèrent. Il paraît aussi que ces volcans de mer ont quelquefois, comme ceux de terre, des communications souterraines, puisque le sommet du volcan du pic de Saint-George, dans l'île de Pic, s'abaissa lorsque la nouvelle île des Açores s'éleva. On doit encore observer que ces nouvelles îles ne paraissent jamais qu'auprès des anciennes, et qu'on n'a point d'exemple qu'il s'en soit élevé de nouvelles dans les hautes mers : on doit donc regarder le terrain où elles sont comme une continuation de celui des îles voisines ; et lorsque ces îles ont des volcans, il n'est pas étonnant que le terrain qui en est voisin contienne des matières propres à en former, et que ces matières viennent à s'enflammer, soit par la seule fermentation, soit par l'action des vents souterrains.

Au reste, les îles produites par l'action du feu et des tremblements de terre sont en petit nombre, et ces événements sont rares ; mais il y a un nombre infini d'îles nouvelles produites par les limons, les sables et les terres que les eaux des fleuves ou de la mer entraînent et transportent en différents endroits. A l'embouchure de toutes les rivières il se forme des amas de terre et des bancs de sable, dont l'étendue devient souvent assez considérable pour former des îles d'une grandeur médiocre. La mer, en se retirant et en s'éloignant de certaines côtes, laisse à découvert les parties les plus élevées du fond, ce qui forme autant d'îles nouvelles ; et de même en s'étendant sur de certaines plages, elle en couvre les parties les plus basses, et laisse paraître les parties les plus élevées qu'elle n'a pu surmonter, ce qui fait encore autant d'îles ; et on remarque en conséquence qu'il y a fort peu d'îles dans le milieu des mers, et qu'elles sont presque toutes dans le voisinage des continents, où la mer les a formées, soit en s'éloignant, soit en s'approchant de ces différentes contrées.

L'eau et le feu, dont la nature est si différente et même si contraire, produisent donc des effets semblables, ou du moins qui nous paraissent être tels, indépendamment des productions particulières de ces deux éléments, dont quelques-unes se ressemblent au point de s'y méprendre, comme le cristal et le verre, l'antimoine naturel et l'antimoine fondu, les pépites naturelles des mines et celles qu'on fait artificiellement par la fusion, etc. Il y a dans la nature une infinité de grands effets que l'eau et le feu produisent, qui sont assez semblables pour qu'on ait de la peine à les distinguer. L'eau, comme on l'a vu, a produit les montagnes et formé la plupart des îles ; le feu a élevé quelques collines et quelques îles : il en est de même des cavernes, des fentes, des ouvertures, des gouffres, etc. ; les unes ont pour origine les feux souterrains, et les autres les eaux tant souterraines que superficielles.

Les cavernes se trouvent dans les montagnes, et peu ou point du tout dans les plaines ; il y en a beaucoup dans les îles de l'Archipel et dans plusieurs autres îles, et cela, parce que les îles ne sont en général que des dessus de montagnes. Les cavernes se forment, comme les précipices, par l'affaissement des rochers, ou, comme les abîmes, par l'action du feu : car pour faire d'un précipice ou d'un abîme une caverne, il ne faut qu'imaginer des rochers contre-buttés et faisant voûte par-dessus ; ce qui doit arriver très-souvent lorsqu'ils viennent à être ébranlés et déracinés. Les cavernes peuvent être produites par les mêmes causes qui produisent les ouvertures, les ébranlements et les affaissements des terres ; et ces causes sont les explosions des volcans, l'action des vapeurs souterraines et les tremblements de terre ; car ils font des bouleversements et des éboulements qui doivent nécessairement former des cavernes, des trous, des ouvertures et des anfractuosités de toute espèce.

La caverne de Saint-Patrice en Irlande n'est pas aussi considérable qu'elle est fameuse ; il en est de même de la grotte du Chien en Italie, et de celle qui jette du feu dans la montagne de Beniguazeval au royaume de Fez. Dans la province de Derby en Angleterre, il y a une grande caverne fort considérable, et beaucoup plus grande que la fameuse caverne de Bauman auprès de la forêt Noire dans le pays de Brunswick. J'ai appris par une personne aussi respectable par son mérite que par son nom (milord comte de Morton) que cette grande caverne appelée *Devil's-hole*, présente d'abord une ouverture fort considérable, comme celle d'une très-grande porte d'église ; que par cette ouverture il coule un gros ruisseau ; qu'en avançant, la voûte de la caverne se rabaisse si fort, qu'en un certain endroit on est obligé, pour continuer sa route, de se mettre sur l'eau du ruisseau dans des baquets fort plats, où on se couche pour passer sous la voûte de la caverne, qui est abaissée dans cet endroit au point que l'eau touche presque à la voûte : mais après avoir passé cet endroit, la voûte se relève, et on voyage encore sur la rivière, jusqu'à ce que la voûte se rabaisse de nouveau et touche à la superficie de l'eau, et c'est là le fond de la caverne et la source du ruisseau qui en sort ; il grossit considérablement dans de certains temps, et il amène et amoncelle beaucoup de sable dans un endroit de la caverne qui forme comme un cul-de-sac, dont la direction est différente de celle de la caverne principale.

Dans la Carniole il y a une caverne auprès de Potpéchio, qui est fort spacieuse, et dans laquelle on trouve un grand lac souterrain. Près d'Adelsberg il y a une caverne dans laquelle on peut faire deux milles d'Allemagne de chemin, et où l'on trouve des précipices très-profonds. Il y a aussi de grandes cavernes et de belles grottes sous les montagnes de Mendipp en Galles ; on trouve des mines de plomb auprès de ces cavernes, et des chênes enterrés à quinze brasses de profondeur. Dans la province de Glocester il y a une très-grande caverne, qu'on appelle *Penpark-hole*, au fond de laquelle on trouve de l'eau à trente-deux brasses de profondeur ; on y trouve aussi des filons de mine de plomb.

On voit bien que la caverne de *Devil's-hole* et les autres, dont il sort de grosses fontaines ou des ruisseaux, ont été creusées et formées par les eaux, qui ont emporté les sables et les matières divisées qu'on trouve entre les rochers et les pierres ; et on aurait tort de rapporter l'origine de ces cavernes aux éboulements et aux tremblements de terre.

Une des plus singulières et des plus grandes cavernes que l'on connaisse, est celle d'Antiparos, dont M. de Tournefort nous a donné une ample description. On trouve d'abord une caverne rustique d'environ trente pas de largeur, partagée par quelques piliers naturels : entre les deux piliers qui sont sur la droite, il y a un terrain en pente douce, et ensuite, jusqu'au fond de la même caverne, une pente plus rude d'environ vingt pas de longueur ; c'est le passage pour aller à la grotte ou caverne intérieure, et ce passage n'est qu'un trou fort obscur, par lequel on ne saurait entrer qu'en se baissant, et au secours des flambeaux. On descend d'abord dans un précipice horrible à l'aide d'un câble que l'on prend la précaution d'attacher tout à l'entrée ; on se coule dans un autre bien plus effroyable, dont les bords sont fort glissants, et qui répondent sur la gauche à des abîmes profonds. On place sur les bords de ces gouffres une échelle, au moyen de laquelle on franchit, en tremblant, un rocher tout à fait coupé à plomb ; on continue à glisser par des endroits un peu moins dangereux. Mais dans le temps qu'on se croit en pays praticable, le pas le plus affreux vous arrête tout court, et on s'y casserait la tête si on n'était averti ou arrêté par ses guides : pour le franchir, il faut se couler sur le dos le long d'un gros rocher, et descendre sur une échelle qu'il faut y porter exprès ;

quand on est arrivé au bas de l'échelle, on se roule quelque temps encore sur des rochers, et enfin on arrive dans la grotte. On compte trois cents brasses de profondeur depuis la surface de la terre : la grotte paraît avoir quarante brasses de hauteur sur cinquante de large ; elle est remplie de belles et grandes stalactites de différentes formes, tant au-dessus de la voûte que sur le terrain d'en bas (1).

Dans la partie de la Grèce appelée Livadie (*Achaia* des anciens) il y a une grande caverne dans une montagne, qui était autrefois fort fameuse par les oracles de Trophonius, entre le lac de Livadia et la mer voisine, qui, dans l'endroit le plus près, en est à quatre milles : il y a quarante passages souterrains à travers le rocher, sous une haute montagne, par où les eaux du lac s'écoulent (2).

Dans tous les volcans, dans tous les pays qui produisent du soufre, dans toutes les contrées qui sont sujettes aux tremblements de terre, il y a des cavernes : le terrain de la plupart des îles de l'Archipel est caverneux presque partout ; celui des îles de l'Océan Indien, principalement celui des îles Moluques, ne paraît être soutenu que sur des voûtes et des concavités ; celui des îles Açores, celui des îles Canaries, celui des îles du cap Vert, et en général le terrain de presque toutes les petites îles, est, à l'intérieur, creux et caverneux en plusieurs endroits, parce que ces îles ne sont, comme nous l'avons dit, que des pointes de montagnes où il s'est fait des éboulements considérables, soit par l'action des volcans, soit par celle des eaux, des gelées et des autres injures de l'air. Dans les Cordillières, où il y a plusieurs volcans et où les tremblements de terre sont fréquents, il y a aussi un grand nombre de cavernes, de même que dans le volcan de l'île de Banda, dans le mont Ararath, qui est un ancien volcan, etc.

Le fameux labyrinthe de l'île de Candie n'est pas l'ouvrage de la nature toute seule ; M. de Tournefort assure que les hommes y ont beaucoup travaillé ; et on doit croire que cette caverne n'est pas la seule que les hommes aient augmentée : ils en forment même tous les jours de nouvelles en fouillant les mines et les carrières ; et lorsqu'elles sont abandonnées pendant un très-long espace de temps, il n'est pas fort aisé de reconnaître si ces excavations ont été produites par la nature ou faites de la main des hommes. On connaît des carrières qui sont d'une étendue très-considérable, celle de Maestricht, par exemple, où l'on dit que cinquante mille personnes peuvent se réfugier, et qui est soutenue par plus de mille piliers, qui ont vingt ou vingt-quatre pieds de hauteur ; l'épaisseur de terre et de rocher qui est au-dessus est de plus de vingt-cinq brasses. Il y a, dans plusieurs endroits de cette carrière, de l'eau et de petits étangs où l'on peut abreuver du bétail, etc. Les mines de sel de Pologne forment des excavations encore plus grandes que celle-ci. Il y a ordinairement de vastes carrières auprès de toutes les grandes villes ; mais nous n'en parlerons pas ici en détail : d'ailleurs les ouvrages des hommes, quelque grands qu'ils puissent être, ne tiendront jamais qu'une bien petite place dans l'histoire de la nature.

Les volcans et les eaux, qui produisent les cavernes à l'intérieur, forment aussi

(1) Voyez le *Voyage du Levant*, pages 188 et suivantes.
(2) Voyez *Géographie de Gordon*, édition de Londres, 1733, page 179.

à l'extérieur des fentes, des précipices et des abîmes. A Cajeta en Italie, il y a une montagne qui autrefois a été séparée par un tremblement de terre, de façon qu'il semble que la division en a été faite par la main des hommes. Nous avons déjà parlé de l'ornière de l'île Machian, de l'abîme du mont Ararath, de la porte des Cordillières et de celle des Thermopyles, etc.; nous pouvons y ajouter la porte de la montagne des Troglodytes en Arabie, celle des Échelles en Savoie, que la nature n'avait fait qu'ébaucher, et que Victor-Amédée a fait achever. Les eaux produisent, aussi bien que les feux souterrains, des affaissements de terre considérables, des éboulements, des chutes de rochers, des renversements de montagnes, dont nous pouvons donner plusieurs exemples.

« Au mois de juin 1714, une partie de la montagne de Diableret en Valais tomba subitement et tout à la fois entre deux et trois heures après midi, le ciel était fort serein. Elle était de figure conique; elle renversa cinquante-cinq cabanes de paysans, écrasa quinze personnes, et plus de cent bœufs et vaches, et beaucoup plus de menu bétail, et couvrit de ses débris une bonne lieue carrée; il y eut une profonde obscurité causée par la poussière : les tas de pierres amassés en bas sont hauts de plus de trente perches, qui sont apparemment des perches du Rhin de dix pieds; ces amas ont arrêté des eaux qui forment de nouveaux lacs fort profonds. Il n'y a dans tout cela nul vestige de matière bitumineuse, ni de soufre, ni de chaux cuite, ni par conséquent de feu souterrain : apparemment la base de ce grand rocher s'était pourrie d'elle-même et réduite en poussière. »

On a un exemple remarquable de ces affaissements dans la province de Kent, auprès de Folkstone : les collines des environs ont baissé de distance en distance par un mouvement insensible et sans aucun tremblement de terre; ces collines sont à l'intérieur des rochers de pierre et de craie. Par cet affaissement, elles ont jeté dans la mer des rochers et des terres qui en étaient voisines. On peut voir la relation de ce fait bien attesté dans les *Transactions philosoph. abrig'd*, vol. IV, page 250.

En 1618, la ville de Pleurs en Valteline fut enterrée sous les rochers au pied desquels elle était située. En 1678, il y eut une grande inondation en Gascogne, causée par l'affaissement de quelques morceaux de montagnes dans les Pyrénées, qui firent sortir les eaux qui étaient contenues dans les cavernes souterraines de ces montagnes. En 1680, il en arriva encore une plus grande en Irlande, qui avait aussi pour cause l'affaissement d'une montagne dans des cavernes remplies d'eau. On peut concevoir aisément la cause de tous ces effets; on sait qu'il y a des eaux souterraines en une infinité d'endroits : ces eaux entraînent peu à peu les sables et les terres à travers lesquels elles passent, et par conséquent elles peuvent détruire peu à peu la couche de terre sur laquelle porte une montagne; et cette couche de terre qui lui sert de base venant à manquer plutôt d'un côté que de l'autre, il faut que la montagne se renverse; ou si cette base manque à peu près également partout, la montagne s'affaisse sans se renverser.

Après avoir parlé des affaissements, des éboulements et de tout ce qui n'arrive, pour ainsi dire, que par accident dans la nature, nous ne devons pas passer sous

silence une chose qui est plus générale, plus ordinaire et plus ancienne ; ce sont les
fentes perpendiculaires que l'on trouve dans toutes les couches de terre. Ces fentes
sont sensibles et aisées à reconnaître, non-seulement dans les carrières de marbre et
de pierre, mais encore dans les argiles et dans les terres de toute espèce qui n'ont
pas été remuées ; et on peut les observer dans toutes les coupes un peu profondes des
terrains, et dans toutes les cavernes et les excavations. Je les appelle fentes perpendiculaires, parce que ce n'est jamais que par accident lorsqu'elles sont obliques,
comme les couches horizontales ne sont inclinées que par accident. Woodward et Ray
parlent de ces fentes, mais d'une manière confuse, et ils ne les appellent pas fentes
perpendiculaires, parce qu'ils croient qu'elles peuvent être indifféremment obliques
ou perpendiculaires ; et aucun auteur n'en a expliqué l'origine : cependant il est
visible que ces fentes ont été produites, comme nous l'avons dit dans le discours
précédent, par le desséchement des matières qui composent les couches horizontales.
De quelque manière que ce desséchement soit arrivé, il a dû produire des fentes
perpendiculaires : les matières qui composent les couches n'ont pas pu diminuer
de volume sans se fendre de distance en distance dans une direction perpendiculaire à ces mêmes couches. Je comprends cependant sous ce nom de fentes perpendiculaires toutes les séparations naturelles des rochers, soit qu'ils se trouvent dans
leur position originaire, soit qu'ils aient un peu glissé sur leur base, et que par conséquent ils se soient un peu éloignés les uns des autres. Lorsqu'il est arrivé quelque
mouvement considérable à des masses de rochers, ces fentes se trouvent quelquefois posées obliquement, mais c'est parce que la masse est elle-même oblique ; et,
avec un peu d'attention, il est toujours fort aisé de reconnaître que ces fentes sont
en général perpendiculaires aux couches horizontales, surtout dans les carrières de
marbre, de pierre à chaux et dans toutes les grandes chaînes de rocher.

L'intérieur des montagne est principalement composé de pierres et de rochers,
dont les différents lits sont parallèles. On trouve souvent entre les lits horizontaux
de petites couches d'une matière moins dure que la pierre, et les fentes perpendiculaires sont remplies de sable, de cristaux, de minéraux, de métaux, etc. Ces
dernières matières sont d'une formation plus nouvelle que celle des lits horizontaux
dans lesquels on trouve des coquilles marines. Les pluies ont peu à peu détaché
les sables et les terres du dessus des montagnes, et elles ont laissé à découvert les
pierres et les autres matières solides, dans lesquelles on distingue aisément les
couches horizontales et les fentes perpendiculaires ; dans les plaines, au contraire,
les eaux des pluies et les fleuves ayant amené une quantité considérable de terre,
de sable, de gravier et d'autres matières divisées, il s'en est formé des couches de
tuf, de pierre molle et fondante, de sable et de gravier arrondi, de terre mêlée de
végétaux. Ces couches ne contiennent point de coquilles marines ou du moins n'en
contiennent que des fragments qui ont été détachés des montagnes avec les graviers
et les terres. Il faut distinguer avec soin ces nouvelles couches des anciennes, où
l'on trouve presque toujours un grand nombre de coquilles entières et posées dans
leur situation naturelle.

Si l'on veut observer l'ordre et la distribution intérieure des matières dans une montagne composée, par exemple, de pierres ordinaires ou de matières lapidifiques calcinables, on trouve ordinairement sous la terre végétale une couche de gravier; ce gravier est de la nature et de la couleur de la pierre qui domine dans ce terrain; et sous le gravier on trouve de la pierre. Lorsque la montagne est coupée par quelque tranchée ou par quelque ravine profonde, on distingue aisément tous les bancs, toutes les couches dont elle est composée; chaque couche horizontale est séparée par une espèce de joint qui est aussi horizontal; et l'épaisseur de ces bancs ou de ces couches horizontales augmente ordinairement à proportion qu'elles sont plus basses, c'est-à-dire plus éloignées du sommet de la montagne; on reconnaît aussi que des fentes à peu près perpendiculaires divisent toutes ces couches et les coupent verticalement. Pour l'ordinaire, la première couche, le premier lit qui se trouve sous le gravier, et même le second, sont non-seulement plus minces que les lits qui forment la base de la montagne, mais ils sont aussi divisés par des fentes perpendiculaires si fréquentes, qu'ils ne peuvent fournir aucun morceau de longueur, mais seulement du moellon. Ces fentes perpendiculaires, qui sont en si grand nombre à la superficie, et qui ressemblent parfaitement aux gerçures d'une terre qui se serait desséchée, ne parviennent pas toutes, à beaucoup près, jusqu'au pied de la montagne: la plupart disparaissent insensiblement à mesure qu'elles descendent; au bas il ne reste qu'un certain nombre de ces fentes perpendiculaires, qui coupent encore plus à plomb qu'à la superficie les bancs inférieurs, qui ont aussi plus d'épaisseur que les bancs supérieurs.

Ces lits de pierre ont souvent, comme je l'ai dit, plusieurs lieues d'étendue sans interruption : on retrouve aussi presque toujours la même nature de pierre dans la montagne opposée, quoiqu'elle en soit séparée par une gorge ou par un vallon; et les lits de pierre ne disparaissent entièrement que dans les lieux où la montagne s'abaisse et se met au niveau de quelque grande plaine. Quelquefois entre la première couche de terre végétale et celle de gravier, on en trouve une de marne qui communique sa couleur et ses autres caractères à deux autres : alors les fentes perpendiculaires des carrières qui sont au-dessous sont remplies de cette marne, qui y acquiert une dureté presque égale en apparence à celle de la pierre : mais en l'exposant à l'air, elle se gerce, elle s'amollit, et elle devient grasse et ductile.

Dans la plupart des carrières, les lits qui forment le dessus ou le sommet de la montagne sont de pierre tendre, et ceux qui forment la base de la montagne sont de pierre dure; la première est ordinairement blanche, d'un grain si fin, qu'à peine il peut être aperçu : la pierre devient plus grenue et plus dure à mesure qu'on descend; et la pierre des bancs les plus bas est non-seulement plus dure que celle des lits supérieurs, mais elle est aussi plus serrée, plus compacte et plus pesante; son grain est fin et brillant, et souvent elle est aigre, et se casse presque aussi net que le caillou.

Le noyau d'une montagne est donc composé de différents lits de pierre, dont les supérieurs sont de pierre tendre, et les inférieurs de pierre dure. Le noyau pierreux est toujours plus large à la base, et plus pointu ou plus étroit au sommet : on peut en attribuer la cause à ces différents degrés de dureté que l'on trouve dans les lits de pierre ; car comme ils deviennent d'autant plus durs qu'ils s'éloignent davantage du sommet de la montagne, on peut croire que les courants et les autres mouvements des eaux qui ont creusé les vallées et donné la figure aux contours des montagnes, auront usé latéralement les matières dont la montagne est composée, et les auront dégradées d'autant plus qu'elles auront été plus molles : en sorte que les couches supérieures, étant les plus tendres, auront souffert la plus grande diminution sur leur largeur, et auront été usées latéralement plus que les autres ; les couches suivantes auront résisté un peu davantage ; et celles de la base, étant plus anciennes, plus solides, et formées d'une matière plus compacte et plus dure, auront été plus en état que toutes les autres de se défendre contre l'action des causes extérieures, et elles n'auront souffert que peu ou point de diminution latérale par le frottement des eaux. C'est là l'une des causes auxquelles on peut attribuer l'origine de la pente des montagnes ; cette pente sera devenue encore plus douce, à mesure que les terres du sommet et les graviers auront coulé et auront été entraînés par les eaux des pluies ; et c'est par ces deux raisons que toutes les collines et les montagnes qui ne sont composées que de pierres calcinables ou d'autres matières lapidifiques calcinables, ont une pente qui n'est jamais aussi rapide que celle des montagnes composées de roc vif et de caillou en grande masse, qui sont ordinairement coupées à plomb à des hauteurs très-considérables, parce que dans ces masses de matières vitrifiables, les lits supérieurs, aussi bien que les lits inférieurs, sont d'une très-grande dureté, et qu'ils ont tous également résisté à l'action des eaux, qui n'a pu les user qu'également du haut en bas, et leur donner par conséquent une pente perpendiculaire ou presque perpendiculaire.

Lorsqu'au-dessus de certaines collines, dont le sommet est plat et d'une assez grande étendue, on trouve d'abord de la pierre dure sous la couche de terre végétale, on remarquera, si l'on observe les environs de ces collines, que ce qui paraît en être le sommet ne l'est pas en effet, et que ce dessus de collines n'est que la continuation de la pente insensible de quelque colline plus élevée ; car après avoir traversé cet espace de terrain, on trouve d'autres éminences qui s'élèvent plus haut, et dont les couches supérieures sont de pierre tendre, et les inférieures de pierre dure : c'est le prolongement de ces dernières couches qu'on retrouve au-dessus de la première colline.

Lorsqu'au contraire on ouvre une carrière à peu près au sommet d'une montagne, et dans un terrain qui n'est surmonté d'aucune hauteur considérable, on n'en tire ordinairement que de la pierre tendre, et il faut fouiller très-profondément pour trouver la pierre dure. Ce n'est jamais qu'entre ces lits de pierre dure qu'on trouve des bancs de marbres : ces marbres sont diversement colorés par les terres métalliques que les eaux pluviales introduisent dans les couches par infiltration, après les avoir détachées des autres couches supérieures ; et on peut croire que dans tous les pays où il y a de la pierre, on trouverait des marbres si l'on fouillait assez profondément pour arriver aux bancs de pierre dure : *quoto enim loco non suum marmor invenitur ?* dit Pline. C'est en effet une pierre bien plus commune qu'on ne le croit, et qui ne diffère des autres pierres que par la finesse du grain, qui la rend plus compacte et susceptible d'un poli brillant; qualité qui lui est essentielle, et de laquelle elle a tiré sa dénomination chez les anciens.

Les fentes perpendiculaires des carrières et les joints des lits de pierre sont souvent remplis ou incrustés de certaines concrétions, qui sont tantôt transparentes comme le cristal, et d'une figure régulière, et tantôt opaques et terreuses; l'eau coule par les fentes perpendiculaires; et elle pénètre même le tissu serré de la pierre; les pierres qui sont poreuses s'imbibent d'une si grande quantité d'eau, que la gelée les fait fendre et éclater. Les eaux pluviales, en criblant à travers les lits d'une carrière, et pendant le séjour qu'elles font dans les couches de marne, de pierre, de marbre, en détachent les molécules les moins adhérentes et les plus fines, et se chargent de toutes les matières qu'elles peuvent enlever ou dissoudre. Ces eaux coulent d'abord le long des fentes perpendiculaires; elles pénètrent ensuite entre les lits de pierre; elles déposent entre les joints horizontaux, aussi bien que dans les fentes perpendiculaires, les matières qu'elles ont entraînées, et elles y forment des congélations différentes, suivant les différentes matières qu'elles déposent : par exemple, lorsque ces eaux *gouttières* criblent à travers la marne, la craie ou la pierre tendre, la matière qu'elles déposent n'est aussi qu'une marne très-pure et très-fine, qui se pelotonne ordinairement dans les fentes perpendiculaires des rochers sous la forme d'une substance poreuse, molle, ordinairement fort blanche et très-légère, que les naturalistes ont appelée *lac lunæ* ou *medulla saxi*.

Lorsque ces filets d'eau chargés de matière lapidifique s'écoulent par les joints horizontaux des lits de pierre tendre ou de craie, cette matière s'attache à la superficie des blocs de pierre, et elle y forme une croûte écailleuse, blanche, légère et spongieuse. C'est cette espèce de matière que quelques auteurs ont nommée *agaric minéral*, par sa ressemblance avec l'agaric végétal. Mais si la matière des couches a un certain degré de dureté, c'est-à-dire si les lits de la carrière sont de pierre dure ordinaire, de pierre propre à faire de la bonne chaux, le filtre étant alors plus serré, l'eau en sortira chargée d'une matière lapidifique plus pure, plus homogène, et dont les molécules pourront s'engrener plus exactement, s'unir plus intimement; et alors il s'en formera des congélations qui auront à peu près la dureté de la pierre et un peu de transparence, et l'on trouvera dans ces carrières, sur la superficie des blocs, des incrustations pierreuses disposées en ondes, qui remplissent entièrement les joints horizontaux.

Dans les grottes et dans les cavités des rochers, qu'on doit regarder comme les bassins et les égouts des fentes perpendiculaires, la direction diverse des filets d'eau qui charrient la matière lapidifique donne aux concrétions qui en résulte des formes différentes; ce sont ordinairement des culs-de-lampe et des cônes renversés qui sont attachés à la voûte, ou bien ce sont des cylindres creux et très-blancs formés par des couches presque concentriques à l'axe du cylindre; et ces congélations descendent quelquefois jusqu'à terre, et forment dans ces lieux souterrains des colonnes et mille autres figures aussi bizarres que les noms qu'il a plu aux naturalistes de leur donner : tels sont ceux des stalactites, stalagmites, ostéocolles, etc.

Enfin, lorsque ces sucs concrets sortent immédiatement d'une matière très-dure, comme des marbres et des pierres dures, la matière lapidifique que l'eau charrie étant aussi homogène qu'elle peut l'être, et l'eau en ayant, pour ainsi dire, plutôt dissous que détaché les petites parties constituantes, elle prend, en s'unissant, une figure constante et régulière ; elle forme des colonnes à pans, terminées par une pointe triangulaire, qui sont transparentes et composées de couches obliques : c'est ce qu'on appelle *spar* ou *spalt*. Ordinairement cette matière est transparente et sans couleur ; mais quelquefois aussi elle est colorée lorsque la pierre dure, ou le marbre dont elle sort, contient des parties métalliques. Ce spar a le degré de dureté de la pierre ; il se dissout, comme la pierre, par les esprits acides ; il se calcine au même degré de chaleur : ainsi on ne peut pas douter que ce ne soit de la vraie pierre, mais qui est devenue parfaitement homogène ; on pourrait même dire que c'est de la pierre dure et élémentaire, de la pierre qui est sous sa forme propre et spécifique.

Cependant la plupart des naturalistes regardent cette matière comme une substance distincte et existant indépendamment de la pierre ; c'est leur suc lapidifique ou cristallin, qui, selon eux, lie non-seulement les parties de la pierre ordinaire, mais même celles du caillou. Ce suc, disent-ils, augmente la densité des pierres par ces infiltrations réitérées, il les rend chaque jour plus pierres qu'elles n'étaient, et il les convertit enfin en véritable caillou ; et lorsque ce suc s'est fixé en spar, il reçoit, par des infiltrations réitérées, de semblables sucs encore plus épurés, qui en augmentent la densité et la dureté, en sorte que cette matière ayant été successivement spar, verre, ensuite cristal, elle devient diamant. Ainsi toutes les pierres, selon eux, tendent à devenir caillou, et toutes les matières transparentes à devenir diamant.

Mais, si cela est, pourquoi voyons-nous que dans de très-grands cantons, dans des provinces entières, ce suc cristallin ne forme que de la pierre, et que dans d'autres provinces il ne forme que du caillou ? Dira-t-on que ces deux terrains ne sont pas aussi anciens l'un que l'autre ; que ce suc n'a pas eu le temps de circuler et d'agir aussi longtemps dans l'un que dans l'autre ? cela n'est pas probable. D'ailleurs, d'où ce suc peut-il venir ? s'il produit les pierres et les cailloux, qu'est-ce qui peut le produire lui-même ? Il est aisé de voir qu'il n'existe pas indépendamment de ces matières, qui seules peuvent donner à l'eau qui les pénètre cette qualité pétrifiante toujours relativement à leur nature et à leur caractère spécifique, en sorte que dans les pierres elle forme du spar, et dans les cailloux du cristal ; et il y a autant de différentes espèces de ce suc qu'il y a de matières différentes qui peuvent le produire et desquelles il peut sortir. L'expérience est parfaitement d'accord avec ce que nous disons ; on trouvera toujours que les eaux *gouttières* des carrières de pierres ordinaires forment des concrétions tendres et calcinables, comme ces pierres le sont ; qu'au contraire celles qui sortent du roc vif et du caillou forment des congélations dures et vitrifiables, et qui ont toutes les autres propriétés du caillou, comme les premières ont toutes celles de la pierre, et les eaux qui ont pénétré des lits de matières minérales et métalliques donnent lieu à la production des pyrites, des marcassites et des grains métalliques.

Nous avons dit qu'on pouvait diviser toutes les matières en deux grandes classes et par deux caractères généraux ; les unes sont vitrifiables, les autres sont calcinables : l'argile et le caillou, la marne et la pierre, peuvent être regardés comme les deux extrêmes de chacune de ces classes, dont les intervalles sont remplis par la variété presque infinie des mixtes, qui ont toujours pour base l'une ou l'autre de ces matières.

Les matières de la première classe ne peuvent jamais acquérir la nature et les propriétés de celles de l'autre : la pierre, quelque ancienne qu'on la suppose, sera toujours aussi éloignée de la nature du caillou que l'argile l'est de la marne ; aucun agent connu ne sera jamais capable de les faire sortir du cercle de combinaisons propres à leur nature. Le pays où il n'y a que des marbres et de la pierre n'auront jamais que des marbres et de la pierre, aussi certainement que ceux où il n'y a que du grès, du caillou et du roc vif, n'auront jamais de la pierre ou du marbre.

Si l'on veut observer l'ordre et la distribution des matières dans une colline composée de matières vitrifiables, comme nous l'avons fait tout à l'heure dans une colline composée de matières calcinables, on trouvera ordinairement sous la première couche de terre végétale un lit de glaise ou d'argile, matière vitrifiable et analogue au caillou, et qui n'est, comme je l'ai dit, que du sable vitrifiable décomposé ; ou bien on trouve sous la terre végétale une couche de sable vitrifiable. Ce lit d'argile ou de sable répond au lit de gravier qu'on trouve dans les collines composées de matières calcinables. Après cette couche d'argile ou de sable, on trouve quelques lits de grès, qui le plus souvent n'ont pas plus d'un demi-pied d'épaisseur, et qui sont divisés en petits morceaux par une infinité de fentes perpendiculaires, comme le moellon du troisième lit de la colline composée de matières calcinables. Sous ce lit de grès on en trouve plusieurs autres de la même matière, et aussi des couches de sable vitrifiable ; et le grès devient plus dur et se trouve en plus gros blocs à mesure que l'on descend. Au-dessous de ces lits de grès, on trouve une matière très-dure, et que j'ai appelée du roc vif ou du caillou en grande masse : c'est une matière très-dure, très-dense, qui résiste à la lime, au burin, à tous les esprits acides, beaucoup plus que n'y résiste le sable vitrifiable, et même le verre en poudre, sur lesquels l'eau forte paraît avoir quelque prise. Cette matière, frappée avec un autre corps dur, jette des étincelles, et exhale une odeur de soufre très-pénétrante. J'ai cru devoir appeler cette matière du caillou en grande masse : il est ordinairement *stratifié* sur d'autres lits d'argile, d'ardoise, de charbon de terre et de sable vitrifiable, d'une très-grande épaisseur ; et ces lits de cailloux en grande masse répondent encore aux couches de matières dures et aux marbres qui servent de base aux collines composées de matières calcinable.

L'eau, en coulant par les fentes perpendiculaires, et en pénétrant les couches de ces sables vitrifiables, de ces grès, de ces argiles, de ces ardoises, se charge des parties les plus fines et les plus homogènes de ces matières, et elle en forme plusieurs concrétions différentes, telles que les talcs, les amiantes, et plusieurs autres matières qui ne sont que des productions de ces stillations de matières vitrifiables, comme nous l'expliquerons dans notre Discours sur les minéraux.

Le caillou, malgré son extrême dureté et sa grande densité, a aussi, comme le marbre ordinaire et comme la pierre dure, ses exsudations; d'où résultent des stalactites de différentes espèces, dont les variétés dans la transparence, les couleurs et la configuration sont relatives à la différente nature du caillou qui les produit, et participent aussi des différentes matières métalliques ou hétérogènes qu'il contient: le cristal de roche, toutes les pierres précieuses, blanches ou colorées, et même le diamant, peuvent être regardés comme des stalactites de cette espèce. Les cailloux en petite masse, dont les couches sont ordinairement concentriques, sont aussi des stalactites et des pierres parasites du caillou en grande masse, et la plupart des pierres fines opaques ne sont que des espèces de caillou. Les matières du genre vitrifiable produisent, comme l'on voit, une aussi grande variété de concrétions que celles du genre calcinable; et ces concrétions produites par les cailloux sont presque toutes des pierres dures et précieuses, au lieu que celles de la pierre calcinable ne sont que des matières tendres et qui n'ont aucune valeur.

On trouve les fentes perpendiculaires dans le roc et dans les lits de cailloux en grande masse, aussi bien que dans les lits de marbre et de pierre dure : souvent même elles y sont plus larges, ce qui prouve que cette matière, en prenant corps, s'est encore plus desséchée que la pierre. L'une et l'autre de ces collines dont nous avons observé les couches, celle de matières calcinables, et celle de matières vitrifiables, sont soutenues tout au-dessous sur l'argile ou sur le sable vitrifiable, qui sont les matières communes et générales dont le globe est composé, et que je regarde comme les parties les plus légères, comme les scories de la matière vitrifiée dont il est rempli à l'intérieur; ainsi toutes les montagnes et toutes les plaines ont pour base commune l'argile ou le sable. On voit par l'exemple du puits d'Amsterdam, par celui de Marly-la-Ville, qu'on trouve toujours au plus profond du sable vitrifiable: j'en rapporterai d'autres exemples dans mon Discours sur les minéraux.

On peut observer, dans la plupart des rochers découverts, que les parois des fentes perpendiculaires se correspondent aussi exactement que celles d'un morceau de bois fendu; et cette correspondance se trouve aussi bien dans les fentes étroites que dans les plus larges. Dans les grandes carrières de l'Arabie, qui sont presque toutes de granite, ces fentes ou séparations perpendiculaires sont très-sensibles et très-fréquentes; et quoiqu'il y en ait qui aient jusqu'à vingt et trente aunes de large, cependant les côtés se rapportent exactement, et laissent une profonde cavité entre les deux. Il est assez ordinaire de trouver dans les fentes perpendiculaires des coquilles rompues en deux, de manière que chaque morceau demeure attaché à la pierre de chaque côté de la fente; ce qui fait voir que ces coquilles étaient placées dans la couche horizontale lorsqu'elle était continue, et avant que la fente s'y fût faite.

Il y a de certaines matières dans lesquelles les fentes perpendiculaires sont fort larges, comme dans les carrières que cite M. Shaw; c'est peut-être ce qui fait qu'elles y sont moins fréquentes. Dans les carrières de roc vif et de granite, les pierres peuvent se tirer en très-grandes masses: nous en connaissons des morceaux, comme les grands obélisques et les colonnes qu'on voit à Rome en tant d'endroits, qui ont plus de soixante, quatre-vingts, cent et cent cinquante pieds de longueur sans aucune interruption : ces énormes blocs sont tous d'une seule pierre continue. Il paraît que ces masses de granite ont été travaillées dans la carrière même, et qu'on leur donnait telle épaisseur que l'on voulait, à peu près comme nous voyons que dans les carrières de grès qui sont un peu profondes, on tire des blocs de telle épaisseur que l'on veut. Il y a d'autres matières où ces fentes perpendiculaires sont fort étroites : par exemple, elles sont fort étroites dans l'argile, dans la marne, dans la craie; elles sont, au contraire, plus larges dans les marbres et dans la plupart des pierres dures. Il y en a qui sont imperceptibles et qui sont remplies d'une matière à peu près semblable à celle de la masse où elles se trouvent, et qui cependant interrompent la continuité des pierres ; c'est ce que les ouvriers appellent des *poils* : lorsqu'ils débitent un grand morceau de pierre et qu'ils le réduisent à une petite épaisseur, comme à un demi-pied, la pierre se casse dans la direction de ce poil. J'ai souvent remarqué, dans le marbre et dans la pierre, que ces poils traversent le bloc tout entier : ainsi ils ne diffèrent des fentes perpendiculaires que parce qu'il n'y a pas solution totale de continuité. Ces espèces de fentes sont remplies d'une manière transparente, et qui est du vrai spar. Il y a un grand nombre de fentes considérables entre les différents rochers qui composent les carrières de grès ; cela vient de ce que ces rochers portent souvent sur des bases moins solides que celles des marbres ou des pierres calcinables, qui portent ordinairement sur des glaises, au lieu que les grès ne sont le plus souvent appuyés que sur du sable extrêmement fin: aussi y a-t-il beaucoup d'endroits où l'on ne trouve pas les grès en grande masse; et dans la plupart des carrières où l'on tire le bon grès, on peut remarquer qu'il est en cubes et parallélipipèdes posés les uns sur les autres d'une manière assez irrégulière, comme dans les collines de Fontainebleau, qui de loin paraissent être des ruines de bâtiments. Cette disposition irrégulière vient de ce que la base de ces collines est de sable, et que les masses de grès se sont éboulées, renversées et affaissées les unes sur les autres, surtout dans les endroits où on a travaillé autrefois pour tirer du grès, ce qui a formé un grand nombre de fentes et d'intervalles entre les blocs; et si on y veut faire attention, on remarquera dans tous les pays de sable et de grès, qu'il y a des morceaux de rochers et de grosses pierres dans le milieu des vallons et des plaines en très-grande quantité, au lieu que dans les pays de marbre et de pierre dure, ces morceaux dispersés et qui ont roulé de dessus des collines et du haut des montagnes, sont fort rares; ce qui ne vient que de la différente solidité

de la base sur laquelle portent ces pierres, et de l'étendue des bancs de marbres et
de pierres, calcinables, qui est plus considérable que celle des grès.

SUR LES CAVERNES FORMÉES PAR LE FEU PRIMITIF.

* Je n'ai parlé, dans ma Théorie de la terre, que de deux sortes de cavernes, les unes
produites par le feu des volcans, et les autres par le mouvement des eaux souterraines : ces deux espèces de cavernes ne sont pas situées à de grandes profondeurs; elles
sont même nouvelles, en comparaison des autres cavernes bien plus vastes et bien
plus anciennes, qui ont dû se former dans le temps de la consolidation du globe; car
c'est dès lors que se sont faites les éminences et les profondeurs de sa superficie, et
toutes les boursouflures et cavités de son intérieur, surtout dans les parties voisines
de la surface. Plusieurs de ces cavernes produites par le feu primitif, après s'être
soutenues pendant quelque temps, se sont ensuite fendues par le refroidissement
successif, qui diminue le volume de toute matière; bientôt elles se seront écroulées, et par leur affaissement elles ont formé les bassins actuels de la mer, où les
eaux, qui étaient autrefois très-élevées au-dessus de ce niveau, se sont écoulées et
ont abandonné les terres qu'elles couvraient dans le commencement: il est plus que
probable qu'il subsiste encore aujourd'hui dans l'intérieur du globe un certain
nombre de ces anciennes cavernes, dont l'affaissement pourra produire de semblables effets, en abaissant quelques espaces du globe, qui deviendront dès lors de
nouveaux réceptacles pour les eaux; et dans ce cas, elles abandonneront en partie
le bassin qu'elles occupent aujourd'hui, pour couler par leur pente naturelle dans
ces endroits plus bas. Par exemple, on trouve des bancs de coquilles marines sur
les Pyrénées jusqu'à quinze cents toises de hauteur au-dessus du niveau actuel de
la mer. Il est donc bien certain que les eaux, dans le temps de la formation de ces
coquilles, étaient de quinze cents toises plus élevées qu'elles ne le sont aujourd'hui;
mais lorsqu'au bout d'un temps les cavernes qui soutenaient les terres de l'espace
où gît actuellement l'Océan Atlantique se sont affaissées, les eaux qui couvraient
les Pyrénées et l'Europe entière auront coulé avec rapidité pour remplir ces bassins,
et auront par conséquent laissé à découvert toutes les terres de cette partie du
monde. La même chose doit s'entendre de tous les autres pays; il paraît qu'il n'y
a que les sommets des plus hautes montagnes auxquels les eaux de la mer n'aient
jamais atteint, parce qu'ils ne présentent aucuns débris des productions marines, et
ne donnent pas des indices aussi évidents du séjour des mers : néanmoins, comme
quelques-unes des matières dont ils sont composés, quoique toutes du genre vitrescible, semblent n'avoir pris leur solidité, leur consistance et leur dureté, que
par l'intermède et le gluten de l'eau, et qu'elles paraissent s'être formées, comme
nous l'avons dit, dans les masses de sable ou de poussière de verre qui étaient autrefois aussi élevées que ces pics de montagnes, et que les eaux des pluies ont,
par succession de temps, entraînées à leur pied, on ne doit pas prononcer affirma-

tivement que les eaux de la mer ne se soient jamais trouvées qu'au niveau où l'on trouve des coquilles ; elles ont pu être encore plus élevées, même avant le temps où leur température a permis aux coquilles d'exister. La plus grande hauteur à laquelle s'est trouvée la mer universelle, ne nous est pas connue ; mais c'est en savoir assez que de pouvoir assurer que les eaux étaient élevées de quinze cents ou deux mille toises au-dessus de leur niveau actuel, puisque les coquilles se trouvent à quinze cents toises dans les Pyrénées et à deux mille toises dans les Cordillières.

Si tous les pics des montagnes étaient formés de verre solide ou d'autres matières produites immédiatement par le feu, il ne serait pas nécessaire de recourir à l'autre cause, c'est-à-dire au séjour des eaux, pour concevoir comment elles ont pris leur consistance ; mais la plupart de ces pics ou pointes de montagnes paraissent être composés de matières qui, quoique vitrescibles, ont pris leur solidité et acquis leur nature par l'intermède de l'eau. On ne peut donc guère décider si le feu primitif seul a produit leur consistance actuelle, ou si l'intermède et le gluten de l'eau de la mer n'ont pas été nécessaires pour achever l'ouvrage du feu, et donner à ces masses vitrescibles la nature qu'elles nous présentent aujourd'hui. Au reste, cela n'empêche pas que le feu primitif, qui d'abord a produit les plus grandes inégalités sur la surface du globe, n'ait eu la plus grande part à l'établissement des chaînes de montagnes qui en traversent la surface, et que les noyaux de ces grandes montagnes ne soient tous des produits de l'action du feu, tandis que les contours de ces mêmes montagnes n'ont été disposés et travaillés par les eaux que dans des temps subséquents ; en sorte que c'est sur ces mêmes contours et à de certaines hauteurs, que l'on trouve des dépôts de coquilles et d'autres productions de la mer.

Si l'on veut se former une idée nette des plus anciennes cavernes, c'est-à-dire de celles qui ont été formées par le feu primitif, il faut se représenter le globe terrestre dépouillé de toutes ses eaux et de toutes les matières qui en recouvrent la surface jusqu'à la profondeur de mille ou douze cents pieds. En séparant par la pensée cette couche extérieure de terre et d'eau, le globe nous présentera la forme qu'il avait à peu près dans les premiers temps de sa consolidation. La roche vitrescible, ou, si l'on veut, le verre fondu, en compose la masse entière ; et cette matière, en se consolidant et se refroidissant, a formé, comme toutes les autres matières fondues, des éminences, des profondeurs, des cavités, des boursouflures dans toute l'étendue de la surface du globe. Ces cavités inférieures formées par le feu sont les cavernes primitives, et se trouvent en bien plus grand nombre vers les contrées du Midi que dans celles du Nord, parce que le mouvement de rotation qui a élevé ces parties de l'équateur avant la consolidation y a produit un plus grand déplacement de la matière, et, en retardant cette même consolidation, aura concouru avec l'action du feu pour produire un plus grand nombre de boursouflures et d'inégalités dans cette partie du globe que dans toute autre. Les eaux venant des pôles n'ont pu gagner ces contrées méridionales, encore brûlantes, que quand elles ont été refroidies : les cavernes qui les soutenaient s'étant successivement écroulées, la surface s'est baissée et rompue en mille et mille endroits. Les plus grandes iné-

galités du globe se trouvent, par cette raison, dans les climats méridionaux : les
cavernes primitives y sont encore en plus grand nombre que partout ailleurs ; elles
y sont aussi situées plus profondément, c'est-à-dire peut-être jusqu'à cinq et six
lieues de profondeur, parce que la matière du globe a été remuée jusqu'à cette
profondeur par le mouvement de rotation, dans le temps de sa liquéfaction. Mais
les cavernes qui se trouvent dans les hautes montagnes ne doivent pas toutes leur
origine à cette même cause du feu primitif : celles qui gisent le plus profondément
au-dessous de ces montagnes, sont les seules qu'on puisse attribuer à l'action de
ce premier feu ; les autres, plus extérieures et plus élevées dans la montagne, ont
été formées par des causes secondaires, comme nous l'avons exposé. Le globe, dépouillé des eaux et des matières qu'elles ont transportées, offre donc à sa surface
un sphéroïde bien plus irrégulier qu'il ne nous paraît l'être avec cette enveloppe.
Les grandes chaînes de montagnes, leurs pics, leurs cornes, ne nous présentent
peut-être pas aujourd'hui la moitié de leur hauteur réelle ; toutes sont attachées
par leur base à la roche vitrescible qui fait le fond du globe, et sont de la même
nature. Ainsi l'on doit compter trois espèces de cavernes produites par la nature :
les premières, en vertu de la puissance du feu primitif ; les secondes, par l'action
des eaux ; et les troisièmes, par la force des feux souterrains : et chacune de ces
cavernes différentes par leur origine, peuvent être distinguées et reconnues à l'inspection des matières qu'elles contiennent ou qui les environnent. (*Add. Buff.*)

ARTICLE XVIII.

DE L'EFFET DES PLUIES, DES MARÉCAGES, DES BOIS SOUTERRAINS, DES EAUX SOUTERRAINES.

Nous avons dit que les pluies, et les eaux courantes qu'elles produisent, détachent continuellement du sommet et de la croupe des montagnes les sables, les
terres, les graviers, etc., et qu'elles les entraînent dans les plaines, d'où les rivières
et les fleuves en charrient une partie dans les plaines plus basses, et souvent jusqu'à la mer ; les plaines se remplissent donc successivement et s'élèvent peu à peu,
et les montagnes diminuent tous les jours et s'abaissent continuellement ; et dans
plusieurs endroits on s'est aperçu de cet abaissement. Joseph Blancanus rapporte
sur cela des faits qui étaient de notoriété publique dans son temps, et qui prouvent
que les montagnes s'étaient abaissées au point que l'on voyait des villages et des
châteaux de plusieurs endroits d'où on ne pouvait pas les voir autrefois. Dans la
province de Derby en Angleterre, le clocher du village Craih n'était pas visible en
1572 depuis une certaine montagne, à cause de la hauteur d'une autre montagne
interposée, laquelle s'étend en Hopton et Wirsworth, et quatre-vingts ou cent ans
après on voyait ce clocher, et même une partie de l'église. Le docteur Plot donne

un exemple pareil d'une montagne entre Sibbertoft et Ashby, dans la province de Northampton. Les eaux entraînent non-seulement les parties les plus légères des montagnes, comme la terre, le sable, le gravier et les petites pierres, mais elles roulent même de très-gros rochers, ce qui en diminue considérablement la hauteur. En général, plus les montagnes sont hautes, et plus leur pente est roide, plus les rochers sont coupés à pic. Les plus hautes montagnes du pays de Galles ont des rochers extrêmement droits et fort nus ; on voit les copeaux de ces rochers (si on peut se servir de ce nom) en gros monceaux à leur pied : ce sont les gelées et les eaux qui les séparent et les entraînent. Ainsi, ce ne sont pas seulement les montagnes de sable et de terre que les pluies rabaissent, mais, comme on le voit, elles attaquent les rochers les plus durs, et entraînent les fragments jusque dans les vallées. Il arriva dans la vallée de Nantphrancon, en 1685, qu'une partie d'un gros rocher qui ne portait que sur une base étroite, ayant été minée par les eaux, tomba et se rompit en plusieurs morceaux avec plus d'un millier d'autres pierres, dont la plus grosse fit, en descendant, une tranchée considérable jusque dans la plaine, où elle continua à cheminer dans une petite prairie, et traversa une petite rivière, de l'autre côté de laquelle elle s'arrêta. C'est à de pareils accidents qu'on doit attribuer l'origine de toutes les grosses pierres que l'on trouve ordinairement çà et là dans les vallées voisines des montagnes. On doit se souvenir, à l'occasion de cette observation, de ce que nous avons dit dans l'article précédent, savoir, que ces rochers et ces grosses pierres dispersées sont bien plus communes dans les pays dont les montagnes sont de sable et de grès, que dans ceux où elles sont de marbre ou de glaise, parce que le sable qui sert de base au rocher est un fondement moins solide que la glaise.

Pour donner une idée de la quantité de terres que les pluies détachent des montagnes, et qu'elles entraînent dans les vallées, nous pouvons citer un fait rapporté par le docteur Plot : il dit, dans son *Histoire naturelle de Stafford*, qu'on a trouvé dans la terre, à dix-huit pieds de profondeur, un grand nombre de pièces de monnaie frappées du temps d'Édouard IV, c'est-à-dire deux cents ans auparavant, en sorte que ce terrain, qui est marécageux, s'est augmenté d'environ un pied en onze ans, ou d'un pouce et un douzième par an. On peut encore faire une observation semblable sur des arbres enterrés à dix-sept pieds de profondeur, au-dessous desquels on a trouvé des médailles de Jules César. Ainsi les terres amenées du dessus des montagnes dans les plaines par les eaux courantes, ne laissent pas d'augmenter très-considérablement l'élévation du terrain des plaines.

Ces graviers, ces sables et ces terres que les eaux détachent des montagnes, et qu'elles entraînent dans les plaines, y forment des couches qu'il ne faut pas confondre avec les couches anciennes et originaires de la terre. On doit mettre dans la classe de ces nouvelles couches celles du tuf, de pierre molle, de gravier et de sable dont les grains sont lavés et arrondis : on doit y rapporter aussi les couches de pierres qui se sont faites par une espèce de dépôt et d'incrustation : toutes ces couches ne doivent pas leur origine au mouvement et aux sédiments des eaux de

la mer. On trouve dans ces tufs et dans ces pierres molles et imparfaites une infinité de végétaux, de feuilles d'arbres, de matières terrestres et fluviatiles, de petits
os d'animaux terrestres, et jamais de coquilles ni d'autres productions marines ; ce
qui prouve évidemment, aussi bien que leur peu de solidité, que ces couches se
sont formées sur la surface de la terre sèche, et qu'elles sont bien plus nouvelles
que les marbres et les autres pierres qui contiennent des coquilles, et qui se sont
formées autrefois dans la mer. Les tufs et toutes ces pierres nouvelles paraissent
avoir de la dureté et de la solidité lorsqu'on les tire : mais si l'on veut les employer,
on trouve que l'air et les pluies les dissolvent bientôt; leur substance est même si
différente de la vraie pierre, que lorsqu'on les réduit en petites parties, et qu'on en
veut faire du sable, elles se convertissent bientôt en une espèce de terre et de boue.
Les stalactites et les autres concrétions pierreuses que M. de Tournefort prenait
pour des marbres qui avaient végété, ne sont pas de vraies pierres, non plus que
celles qui sont formées par des incrustations. Nous avons déjà fait voir que les tufs
ne sont pas de l'ancienne formation, et qu'on ne doit pas les ranger dans la classe
des pierres. Le tuf est une matière imparfaite, différente de la pierre et de la terre,
et qui tire son origine de toutes deux par le moyen de l'eau des pluies, comme les
incrustations pierreuses tirent la leur du dépôt des eaux de certaines fontaines :
ainsi les couches de ces matières ne sont pas anciennes, et n'ont pas été formées,
comme les autres, par le sédiment des eaux de la mer. Les couches de tourbes doivent être aussi regardées comme des couches nouvelles qui ont été produites par
l'entassement successif des arbres et des autres végétaux à demi pourris, et qui ne
se sont conservés que parce qu'ils se sont trouvés dans des terres bitumineuses,
qui les ont empêchés de se corrompre en entier (1). On ne trouve dans toutes ces

(1) On peut ajouter à ce que j'ai dit sur les tourbes les faits suivants :

Dans les châtellenies et subdélégations de Bergues-Saint-Winox, Furnes et Bourbourg, on trouve de la tourbe à
trois ou quatre pieds sous terre : ordinairement ces lits de tourbes ont deux pieds d'épaisseur, et sont composés
de bois pourris, d'arbres même entiers, avec leurs branches et leurs feuilles, dont on connaît l'espèce, et particulièrement des coudriers, qu'on reconnaît à leurs noisettes encore existantes, entremêlées de différentes espèces de
roseaux faisant corps ensemble:

D'où viennent ces lits de tourbes qui s'étendent depuis Bruges par tout le plat pays de la Flandre jusqu'à la
rivière d'Aa, entre les dunes et les terres élevées des environs de Bergues, etc.? Il faut que, dans les siècles reculés, lorsque la Flandre n'était qu'une vaste forêt, une inondation subite de la mer ait submergé tout le pays, et
en se retirant ait déposé tous les arbres, bois et roseaux qu'elle avait déracinés et détruits dans cet espace de
terrain, qui est le plus bas de la Flandre, et que cet événement soit arrivé vers le mois d'août ou septembre, puisqu'on trouve encore les feuilles aux arbres, ainsi que les noisettes aux coudriers. Cette inondation doit avoir été
bien longtemps avant la conquête que fit Jules César de cette province, puisque les écrits des Romains, depuis cette
époque, n'en font pas mention.

Quelquefois on trouve des végétaux dans le sein de la terre, qui sont dans un état différent de celui de la tourbe
ordinaire : par exemple, au mont Ganelon, près de Compiègne, on voit, d'un côté de la montagne, les carrières de
belles pierres et les huîtres fossiles dont nous avons parlé, et, de l'autre côté de la montagne, on trouve à mi-côte
un lit de feuilles de toutes sortes d'arbres, et aussi des roseaux, des goémons, le tout mêlé ensemble et renfermé
dans la vase : lorsqu'on remue ces feuilles, on retrouve la même odeur de marécage qu'on respire sur le bord de
la mer, et ces feuilles conservent cette odeur pendant plusieurs années. Au reste, elles ne sont point détruites, on
peut en reconnaître aisément les espèces ; elles n'ont que de la sécheresse, et sont liées faiblement les unes aux
autres par la vase.

« On reconnaît, dit M. Guettard, deux espèces de tourbes : les unes sont composées de plantes marines, les
autres de plantes terrestres ou qui viennent dans les prairies. On suppose que les premières ont été formées dans
le temps où la mer recouvrait la partie de la terre qui est maintenant habitée : on veut que les secondes se soient·

nouvelles couches de tuf, ou de pierre molle, ou de pierre formée par des dépôts, ou de tourbes, aucune production marine ; mais on y trouve au contraire beaucoup de végétaux, d'os d'animaux terrestres, de coquilles fluviatiles et terrestres, comme on peut le voir dans les prairies de la province de Northampton auprès d'Ashby, où l'on a trouvé un grand nombre de coquilles d'escargots, avec des plantes, des herbes et plusieurs coquilles fluviatiles, bien conservées à quelques pieds de profondeur sous terre, sans aucune coquille marine. Les eaux qui roulent sur la surface de la terre ont formé toutes ces nouvelles couches en changeant souvent de lit et en se répandant de tous côtés : une partie de ces eaux pénètre à l'intérieur et coule à travers les fentes des rochers et des pierres ; et ce qui fait qu'on ne trouve point d'eau dans le pays élevé, non plus qu'au-dessus des collines, c'est parce que toutes les hauteurs de la terre sont ordinairement composées de pierres et de rochers, surtout vers le sommet. Il faut pour trouver de l'eau, creuser dans la pierre et dans le rocher jusqu'à ce qu'on parvienne à la base, c'est-à-dire à la glaise ou à la terre ferme sur laquelle portent ces rochers, et on ne trouve point d'eau tant que

accumulées sur celles-ci. On imagine, suivant ce système, que des courants portaient dans les bas-fonds formés par les montagnes qui étaient élevées dans la mer, les plantes marines qui se détachaient des rochers, et qui, ayant été ballottées par les flots, se déposaient dans les lieux profonds.

» Cette production de tourbes n'est certainement pas impossible ; la grande quantité de plantes qui croissent dans la mer paraît bien suffisante pour former ainsi des tourbes : les Hollandais même prétendent que la bonté des leurs ne vient que de ce qu'elles sont ainsi produites, et qu'elles sont pénétrées du bitume dont les eaux de la mer sont chargées...

» Les tourbières de Villeroy sont placées dans la vallée où coule la rivière d'Essone : la partie de cette vallée peut s'étendre depuis Roissy jusqu'à Escharcon... C'est même vers Roissy qu'on a commencé à tirer des tourbes... Mais celles que l'on fouille auprès d'Escharcon sont les meilleures...

» Les prairies où les tourbières sont ouvertes sont assez mauvaises ; elles sont remplies de joncs, de roseaux, de prêles et autres plantes qui croissent dans les mauvais prés : on fouille ces prés jusqu'à la profondeur de huit à dix pieds... Après la couche qui forme actuellement le sol de la prairie, est placé un lit de tourbe d'environ un pied : il est rempli de plusieurs espèces de coquilles fluviales et terrestres.

» Ce banc de tourbe, qui renferme les coquilles, est communément terreux : ceux qui le suivent sont à peu près de la même épaisseur, et d'autant meilleurs qu'ils sont plus profonds ; les tourbes qu'ils fournissent sont d'un brun noir, lardées de roseaux, de joncs, de cypéroïdes et autres plantes qui viennent dans les prés ; on ne voit point de coquilles dans ces bancs...

» On a quelquefois rencontré dans la masse des tourbes, des souches de saules et de peupliers, et quelques racines de ces arbres ou de quelques autres semblables. On a découvert du côté d'Escharcon un chêne enseveli à neuf pieds de profondeur : il était noir et presque pourri, il s'est consommé à l'air ; un autre a été rencontré du côté de Roissy à la profondeur de deux pieds, entre la terre et la tourbe. On a encore vu près d'Escharcon des bois de cerfs ; ils étaient enfouis jusqu'à trois ou quatre pieds...

» Il y a aussi des tourbes dans les environs d'Etampes, et peut-être aussi abondamment qu'auprès de Villeroy : ces tourbes ne sont point mousseuses, ou le sont très-peu ; leur couleur est d'un beau noir, elles ont de la pesanteur, elles brûlent bien au feu ordinaire, et il n'y a guère lieu de douter qu'on en pût faire de très-bon charbon...

» Les tourbières des environs d'Etampes ne sont, pour ainsi dire, qu'une continuité de celles de Villeroy ; en un mot, toutes les prairies qui sont renfermées entre les gorges où la rivière d'Etampes coule sont probablement remplies de tourbe. On en doit, à ce que je crois, dire autant de celles qui sont arrosées par la rivière d'Essone ; celles de ces prairies que j'ai parcourues m'ont fait voir les mêmes plantes que celles d'Étampes et de Villeroy. »

Au reste, selon l'auteur, il y a en France encore nombre d'endroits où l'on pourrait tirer de la tourbe, comme à Bourneuille, à Croué auprès de Beauvais, à Bruneval aux environs de Péronne, dans le diocèse de Troyes en Champagne, etc., et cette matière combustible serait d'un grand secours, si l'on en faisait usage dans les endroits qui manquent de bois.

Il y a aussi des tourbes près Vitry-le-François, dans des marais le long de la Marne : ces tourbes sont bonnes et contiennent une grande quantité de cupules de gland. Le marais de Saint-Gon, aux environs de Châlons, n'est aussi qu'une tourbière considérable, que l'on sera obligé d'exploiter dans la suite par la disette des bois. (*Add. Buff.*)

l'épaisseur de pierre n'est pas percée jusqu'au-dessous, comme je l'ai observé dans plusieurs puits creusés dans les lieux élevés ; et lorsque la hauteur des rochers, c'est-à-dire l'épaisseur de la pierre qu'il faut percer, est fort considérable, comme dans les hautes montagnes, où les rochers ont souvent plus de mille pieds d'élévation, il est impossible d'y faire des puits, et par conséquent d'avoir de l'eau. Il y a même de grandes étendues de terre où l'eau manque absolument, comme dans l'Arabie pétrée, qui est un désert où il ne pleut jamais, où des sables brûlants couvrent toute la surface de la terre, où il n'y a presque point de terre végétale, où le peu de plantes qui s'y trouvent languissent : les sources et les puits y sont si rares, que l'on n'en compte que cinq depuis le Caire jusqu'au mont Sinaï, encore l'eau en est-elle amère et saumâtre.

Lorsque les eaux qui sont à la surface de la terre ne peuvent trouver d'écoulement, elles forment des marais et des marécages. Les plus fameux marais de l'Europe sont ceux de Moscovie à la source du Tanaïs ; ceux de Finlande, où sont les grands marais Savolax et Énasak : il y en a aussi en Hollande, en Westphalie, et dans plusieurs autres pays bas. En Asie on a les marais de l'Euphrate, ceux de la Tartarie, le Palus-Méotide : cependant en général il y en a moins en Asie et en Afrique qu'en Europe, mais l'Amérique n'est, pour ainsi dire, qu'un marais continu dans toutes ses plaines. Cette grande quantité de marais est une preuve de la nouveauté du pays et du petit nombre des habitants, encore plus que du peu d'industrie.

Il y a de très-grands marécages en Angleterre dans la province de Lincoln près de la mer, et qui a perdu beaucoup de terrain d'un côté, et en a gagné de l'autre. On trouve dans l'ancien terrain une grande quantité d'arbres qui sont enterrés au-dessous du nouveau terrain amené par les eaux ; on en trouve de même en grande quantité en Écosse, à l'embouchure de la rivière Ness. Auprès de Bruges en Flandre, en fouillant à quarante ou cinquante pieds de profondeur, on trouve une très-grande quantité d'arbres aussi près les uns des autres que dans une forêt : les troncs, les rameaux et les feuilles sont si bien conservés qu'on distingue aisément les différentes espèces d'arbres. Il y a cinq cents ans que cette terre, où l'on trouve des arbres, était une mer ; et avant ce temps-là on n'a point de mémoire ni de tradition que jamais cette terre eût existé ; cependant il est nécessaire que cela ait été ainsi dans le temps que ces arbres ont crû et végété : ainsi le terrain qui, dans les temps les plus reculés, était une terre ferme couverte de bois, a été ensuite couvert par les eaux de la mer qui y ont amené quarante ou cinquante pieds d'épaisseur de terre, et ensuite ces eaux se sont retirées. On a de même trouvé une grande quantité d'arbres souterrains à Youle dans la province d'York, à douze milles au-dessous de la ville sur la rivière Humber : il y en a qui sont si gros qu'on s'en sert pour bâtir ; et on assure, peut-être mal à propos, que ce bois est aussi durable et d'aussi bon service que le chêne : on en coupe en petites baguettes et en longs copeaux que l'on envoie vendre dans les villes voisines ; et les gens s'en servent pour allumer leur pipe. Tous ces arbres paraissent rompus, et les troncs sont séparés de leurs racines, comme des arbres que la violence d'un ouragan ou d'une inondation aurait cassés ou emportés. Ce bois ressemble beaucoup au sapin ; il a la même odeur lorsqu'on le brûle, et fait des charbons de la même espèce. Dans l'île de Man on trouve dans un marais qui a six milles de long et trois milles de large, appelé *Curragh*, des arbres souterrains qui sont des sapins ; et, quoiqu'ils soient à dix-huit ou vingt pieds de profondeur, ils sont cependant fermes sur leurs racines (1). On en trouve ordinairement dans tous les grands marais, dans les fondrières, et dans la plupart des endroits marécageux, dans les provinces de Sommerset, de Chester, de Lancastre, de Stafford. Il y a de certains endroits où l'on trouve des arbres sous terre, qui ont été coupés, sciés, équarris et travaillés par les hommes : on y a même trouvé des cognées et des serpes ; et entre Birmingham et Brumley dans la province de Lincoln, il y a des collines élevées de sable fin et léger, que les pluies et les vents emportent et transportent en laissant à sec et à découvert des racines de grands sapins, où l'impression de la cognée paraît encore aussi fraîche que si elle venait d'être faite. Ces collines se seront sans doute formées, comme les dunes, par des amas de sable que la mer a apportés et accumulés, et sur lesquels ces sapins auront pu croître ; ensuite ils auront été recouverts par d'autres sables qui y auront été amenés, comme les premiers, par des inondations ou par des vents violents. On trouve aussi une grande quantité de ces arbres souterrains dans les terres marécageuses de Hollande, dans la Frise, et auprès de Groningue, et c'est de là que viennent les tourbes qu'on brûle dans tout le pays.

On trouve dans la terre une infinité d'arbres grands et petits de toute espèce, comme sapins, chênes, bouleaux, hêtres, ifs, aubépins, saules, frênes. Dans les marais de Lincoln, le long de la rivière d'Ouse, et dans la province d'York en Hatfield-chace, ces arbres sont droits et plantés comme on les voit dans une forêt. Les chênes sont fort durs, et on en emploie dans les bâtiments et ils durent (1) fort longtemps ; les frênes sont tendres et tombent en poussière, aussi bien que les saules. On en trouve qui ont été équarris, d'autres sciés, d'autres percés, avec des cognées rompues, et des haches dont la forme ressemble à celle des couteaux de sacrifice. On y trouve aussi des noisettes, des glands et des cônes de sapins en grande quantité. Plusieurs endroits marécageux de l'Angleterre et de l'Irlande sont remplis de troncs d'arbres, aussi bien que les marais de France et de Suisse, de Savoie et d'Italie.

Dans la ville de Modène et à quatre milles aux environs, en quelque endroit qu'on fouille, lorsqu'on est parvenu à la profondeur de soixante-trois pieds, et qu'on a percé la terre à cinq pieds de profondeur de plus avec une tarière, l'eau jaillit avec une si grande force que le puits se remplit en fort peu de temps presque jusqu'au-dessus : cette eau coule continuellement, et ne diminue ni n'augmente par la pluie

---

(1) Voyez *Ray's Discourses*, page 252.

(2) Je doute beaucoup de la vérité de ce fait : tous les arbres que l'on tire de la terre, au moins tous ceux que j'ai vus, soit chênes, soit autres, perdent, en se desséchant, toute la solidité qu'ils paraissent avoir d'abord, et ne doivent jamais être employés dans les bâtiments.

ou par la sécheresse. Ce qu'il y a de remarquable dans ce terrain, c'est que, lorsqu'on est parvenu à quatorze pieds de profondeur, on trouve les décombrements et les ruines d'une ancienne ville, des rues pavées, des planchers, des maisons, différentes pièces de mosaïque ; après quoi on trouve une terre assez solide et qu'on croirait n'avoir jamais été remuée : cependant au-dessous on trouve une terre humide et mêlée de végétaux, et à vingt-six pieds, des arbres tout entiers, comme des noisetiers avec les noisettes dessus, et une grande quantité de branches et de feuilles d'arbres ; à vingt-huit pieds on trouve une craie tendre mêlée de beaucoup de coquillages, et ce lit a onze pieds d'épaisseur, après quoi on retrouve encore des végétaux, des feuilles et des branches ; et ainsi alternativement de la craie et une terre mêlée de végétaux jusqu'à la profondeur de soixante-trois pieds, à laquelle profondeur est un lit de sable mêlé de petit gravier et de coquilles semblables à celles qu'on trouve sur les côtes de la mer d'Italie. Ces lits successifs de terre marécageuse et de craie se trouve toujours dans le même ordre, en quelque endroit qu'on fouille, et quelquefois la tarière trouve de gros troncs d'arbres qu'il faut percer, ce qui donne beaucoup de peine aux ouvriers : on y trouve aussi des os, du charbon de terre, des cailloux et des morceaux de fer. Ramazzini, qui rapporte ces faits, croit que le golfe de Venise s'étendait autrefois jusqu'à Modène et au delà, et que par la succession des temps les rivières, et peut-être les inondations de la mer, ont formé successivement ce terrain.

Je ne m'étendrai pas davantage ici sur les variétés que présentent ces couches de nouvelle formation : il suffit d'avoir montré qu'elles n'ont pas d'autres causes que les eaux courantes ou stagnantes qui sont à la surface de la terre, et qu'elles ne sont jamais aussi dures ni aussi solides que les couches anciennes qui se sont formées sous les eaux de la mer.

SUR LES BOIS SOUTERRAINS PÉTRIFIÉS ET CHARBONNIFIÉS.

« Dans les terres du duc de Saxe-Cobourg, qui sont sur les frontières de la Franconie et de la Saxe, à quelques lieues de la ville de Cobourg même, on a trouvé, à une petite profondeur, des arbres entiers pétrifiés à un tel point de perfection, qu'en les travaillant on trouve que cela fait une pierre aussi belle et aussi dure que l'agate. Les princes de Saxe en ont donné quelques morceaux à M. Schœpflin, qui en a envoyé deux à M. de Buffon pour le Cabinet du roi : on a fait de ces bois pétrifiés des vases et autres beaux ouvrages (1). »

On trouve aussi du bois qui n'a point changé de nature, à d'assez grandes profondeurs dans la terre. M. du Verny, officier d'artillerie, m'en a envoyé des échantillons avec le détail suivant : « La ville de La Fère, où je suis actuellement en garnison, fait travailler, depuis le 15 du mois d'août de cette année 1753, à cher-

____

(1) Lettres de M. Schœpflin ; Strasbourg, le 24 septembre 1746.

cher de l'eau par le moyen de la tarière : lorsqu'on fut parvenu à trente-neuf pieds au-dessous du sol, on trouva un lit de marne, que l'on a continué de percer jusqu'à cent vingt-un pieds : ainsi, à cent soixante pieds de profondeur, on a trouvé, deux fois consécutives, la tarière remplie d'une marne mêlée d'une très-grande quantité de fragments de bois, que tout le monde a reconnu pour être du chêne. Je vous en envoie deux échantillons. Les jours suivants, on a trouvé toujours la même marne, mais moins mêlée de bois, et on en a trouvé jusqu'à la profondeur de deux cent dix pieds, où l'on a cessé le travail.

» On trouve, dit M. Justi, des morceaux de bois pétrifiés d'une prodigieuse grandeur dans le pays de Cobourg, qui appartient à une branche de la maison de Saxe; et dans les montagnes de Misnie, on a tiré de la terre des arbres entiers, qui étaient entièrement changés en une très-belle agate. Le Cabinet impérial de Vienne renferme un grand nombre de pétrifications en ce genre. Un morceau destiné pour ce même cabinet était d'une circonférence qui égalait celle d'un gros billot de boucherie. La partie qui avait été bois était changée en une très-belle agate d'un gris noir, et au lieu de l'écorce, on voyait régner tout autour du tronc une bande d'une très-belle agate blanche...

» L'empereur aujourd'hui régnant... a souhaité qu'on découvrit quelque moyen pour fixer l'âge des pétrifications... Il donna ordre à son ambassadeur à Constantinople de demander la permission de faire retirer du Danube un des piliers du pont de *Trajan*, qui est à quelques milles au-dessous de Belgrade. Cette permission ayant été accordée, on retira un de ces piliers, que l'on présumait devoir être pétrifié par les eaux du Danube; mais on reconnut que la pétrification était très-peu avancée pour un espace de temps si considérable. Quoiqu'il se fût passé plus de seize siècles depuis que le pilier en question était dans le Danube, elle n'y avait pénétré tout au plus qu'à l'épaisseur de trois quarts de pouce, et même à quelque chose de moins : le reste du bois, peu différent de l'ordinaire, ne commençait qu'à se calciner.

» Si de ce fait seul on pouvait tirer une juste conséquence pour toutes les autres pétrifications, on en conclurait que la nature a eu besoin peut-être de cinquante mille ans pour changer en pierres des arbres de la grosseur de ceux qu'on a trouvés pétrifiés en différents endroits; mais il peut fort bien arriver qu'en d'autres lieux, le concours de plusieurs causes opère la pétrification plus promptement...

» On a vu à Vienne une bûche pétrifiée, qui était venue des montagnes Carpathes en Hongrie, sur laquelle paraissaient distinctement les hachures qui y avaient été faites avant sa pétrification; et ces mêmes hachures étaient si peu altérées par le changement arrivé au bois, qu'on y remarquait qu'elles avaient été faites avec un tranchant qui avait une petite brèche...

» Au reste, il paraît que le bois pétrifié est beaucoup moins rare dans la nature qu'on ne le pense communément, et qu'en bien des endroits il ne manque, pour le découvrir, que l'œil d'un naturaliste curieux. J'ai vu auprès de Mansfeld une grande quantité de bois de chêne pétrifié, dans un endroit où beaucoup de gens

passent tous les jours sans apercevoir ce phénomène. Il y avait des bûches entièrement pétrifiées, dans lesquelles on reconnaissait très-distinctement les anneaux
formés par la croissance annuelle du bois, l'écorce, l'endroit de la coupe, et toutes
les marques du bois de chêne. »

M. Clozier, qui a trouvé différentes pièces de bois pétrifié sur les collines aux environs d'Étampes, et particulièrement sur celle de Saint-Symphorien, a jugé que
ces différents morceaux de bois pouvaient provenir de quelques souches pétrifiées
qui étaient dans ces montagnes : en conséquence, il a fait faire des fouilles sur la
montagne de Saint-Symphorien, dans un endroit qu'on lui avait indiqué ; et, après
avoir creusé la terre de plusieurs pieds, il vit d'abord une racine de bois pétrifié qui
le conduisit à la souche d'un arbre de même nature.

Cette racine, depuis son commencement jusqu'au tronc où elle était attachée, avait
au moins, dit-il, cinq pieds de longueur ; il y en avait cinq autres qui y tenaient
aussi, mais moins longues....

Les moyennes et petites racines n'ont pas été bien pétrifiées ; ou du moins leur
pétrification était si friable, qu'elles sont restées dans le sable où était la souche, en
une espèce de poussière ou de cendre. Il y a lieu de croire que lorsque la pétrification s'est communiquée à ces racines, elles étaient presque pourries, et que les parties ligneuses qui les composaient, étant trop désunies par la pourriture, n'ont pu
acquérir la solidité requise pour une vraie pétrification....

La souche porte, dans son plus gros, près de six pieds de circonférence ; à l'é-
gard de sa hauteur, elle porte la plus élevée, trois pieds huit à dix pouces ; son
poids est au moins de cinq à six cents livres. La souche, ainsi que les racines, ont
conservé toutes les apparences du bois, comme écorce, aubier, bois dur, pourriture, trous de petits et gros vers, excréments de ces mêmes vers ; toutes ces différentes parties pétrifiées, mais d'une pétrification moins dure et moins solide que le
corps ligneux, qui était bien sain lorsqu'il a été saisi par les parties pétrifiantes.
Ce corps ligneux est changé en un vrai caillou de différentes couleurs, rendant
beaucoup de feu étant frappé avec le fer trempé, et sentant, après qu'il a été frappé
ou frotté, une très-forte odeur de soufre...

Ce tronc d'arbre pétrifié était couché presque horizontalement... Il était couvert
de plus de quatre pieds de terre, et la grande racine était en dessus, et n'était en-
foncée que de deux pieds dans la terre.

M. l'abbé Mazéas, qui a découvert à un demi-mille de Rome, au-delà de la porte
du Peuple, une carrière de bois pétrifié, s'exprime dans les termes suivants :

« Cette carrière de bois pétrifié, dit-il, forme une suite de collines en face de
Monte-Mario, situé de l'autre côté du Tibre... Parmi ces morceaux de bois entassés
les uns sur les autres d'une manière irrégulière, les uns sont simplement sous la
forme d'une terre durcie, et ce sont ceux qui se trouvent dans un terrain léger, sec,
et qui ne paraît nullement propre à la nourriture des végétaux : les autres sont
pétrifiés, et ont la couleur, le brillant et la dureté de l'espèce de résine cuite, connue
dans nos boutiques sous le nom de *colophane* ; ces bois pétrifiés se trouvent dans un

terrain de même espèce que le précédent, mais plus humide : les uns et les autres sont parfaitement bien conservés ; tous se réduisent par la calcination en une véritable terre aucun ne donnant de l'alun, soit en les traitant au feu, soit en les combinant avec l'acide vitriolique. »

M. Dumonchau, docteur en médecine et très-habile physicien à Douai, a bien voulu m'envoyer, pour le Cabinet du Roi, un morceau d'un arbre pétrifié, avec le détail historique suivant :

« La pièce de bois pétrifié que j'ai l'honneur de vous envoyer a été cassée à un tronc d'arbre trouvé à plus de cent cinquante pieds de profondeur en terre..... En creusant l'année dernière (1754) un puits pour sonder du charbon à Notre-Dame-aux-Bois, village situé entre Condé, Saint-Amand, Mortagne et Valanciennes, on a trouvé à environ six cents toises de l'Escaut, après avoir passé trois niveaux d'eau, d'abord sept pieds de rocher ou de pierre dure que les charbonniers nomment en leur langage *tourtia* ; ensuite, étant parvenu à une terre marécageuse, on a rencontré, comme je viens de le dire, à cent cinquante pieds de profondeur, un tronc d'arbre de deux pieds de diamètre, qui traversait le puits que l'on creusait, ce qui fit qu'on ne put pas en mesurer la longueur ; il était appuyé sur un gros grès ; et bien des curieux voulant avoir de ce bois, on en détacha plusieurs morceaux du tronc. La petite pièce que j'ai l'honneur de vous envoyer fut coupée d'un morceau qu'on donna à M. Laurent, un savant mécanicien...

» Ce bois paraît plutôt charbonnifié que pétrifié. Comment un arbre se trouve-t-il si avant dans la terre ? est-ce que le terrain où on l'a trouvé a été jadis aussi bas ? Si cela est, comment ce terrain aurait-il pu augmenter ainsi de cent cinquante pieds ? d'où serait venue cette terre ?

» Les sept pieds de *tourtia* que M. Laurent a observés, se trouvant répandus de même dans tous les autres puits à charbon, de dix lieues à la ronde, sont donc une production postérieure à ce grand amas supposé de terre.

» Je vous laisse, monsieur, la chose à décider ; vous vous êtes assez familiarisé avec la nature pour en comprendre les mystères les plus cachés : ainsi je ne doute pas que vous n'expliquiez ceci aisément. »

M. Fourgeroux de Bondaroy, de l'Académie royale des Sciences, rapporte plusieurs faits sur les bois pétrifiés, dans un mémoire qui mérite des éloges, et dont voici l'extrait :

« Toutes les pierres fibreuses et qui ont quelque ressemblance avec le bois ne sont pas du bois pétrifié ; mais il y en a beaucoup d'autres qu'on aurait tort de ne pas regarder comme telles, surtout si l'on y remarque l'organisation propre aux végétaux...

« On ne manque pas d'observations qui prouvent que le bois peut se convertir en pierre, au moins aussi aisément que plusieurs autres substances qui éprouvent incontestablement cette transmutation ; mais il n'est pas aisé d'expliquer comment elle se fait : j'espère qu'on me permettra de hasarder sur cela quelques conjectures que je tâcherai d'appuyer sur des observations.

» On trouve des bois qui, étant pour ainsi dire à demi pétrifiés, s'éloignent peu
de la pesanteur du bois : ils se divisent aisément par feuillets, ou même par fila-
ments, comme certains bois pourris : d'autres plus pétrifiés ont le poids, la dureté
et l'opacité de la pierre de taille ; d'autres, dont la pétrification est encore plus parfaite, prennent le même poli que le marbre, pendant que d'autres acquièrent celui
des belles agates orientales. J'ai un très-beau morceau qui a été envoyé de la Martinique à M. Duhamel, qui est changé en une très-belle sardoine. Enfin on en
trouve de convertis en ardoise. Dans ces morceaux on en trouve qui ont tellement
conservé l'organisation du bois, qu'on y découvre avec la loupe tout ce qu'on
pourrait voir dans un morceau de bois non pétrifié.

» Nous en avons trouvé qui sont encroûtés par une mine de fer sableuse, et d'autres sont pénétrés d'une substance qui, étant plus chargée de soufre et de vitriol,
les rapproche de l'état des pyrites : quelques uns sont, pour ainsi dire, lardés par
une mine de fer très-pur ; d'autres sont traversés par des veines d'agate très-
noires.

» On trouve des morceaux de bois dont une partie est convertie en pierre et
l'autre en agate : la partie qui n'est convertie qu'en pierre est tendre, tandis que
l'autre a la dureté des pierres précieuses.

» Mais comment certains morceaux, quoique convertis en agate très-dure, con-
servent-ils des caractères d'organisation très-sensibles, les cercles concentriques,
les insertions, l'extrémité des tuyaux destinés à porter la sève, la distinction de l'é-
corce, de l'aubier et du bois ? Si l'on imaginait que la substance végétale fût entièrement détruite, ils ne devraient représenter qu'une agate sans les caractères
d'organisation dont nous parlons ; si, pour conserver cette apparence d'organisation,
on voulait que le bois subsistât, et qu'il n'y eût que les pores qui fussent remplis
par le suc pétrifiant, il semble que l'on pourrait extraire de l'agate les parties végétales : cependant je n'ai pu y parvenir en aucune manière. Je pense donc que les
morceaux dont il s'agit ne contiennent aucune partie qui ait conservé la nature du
bois, et, pour rendre sensible mon idée, je prie qu'on se rappelle que si on distille à
la cornue un morceau de bois, le charbon qui restera après la distillation ne pèsera
pas un sixième du poids du morceau de bois : si on brûle le charbon, on n'en ob-
tiendra qu'une très-petite quantité de cendre, qui diminuera encore quand on en
aura retiré les sels lixiviels.

» Cette petite quantité de cendre étant la partie vraiment fixe, l'analyse chimique dont je viens de tracer l'idée prouve assez bien que les parties fixes d'un morceau de bois sont réellement très-peu de chose, et que la plus grande portion de
matière qui constitue un morceau de bois est destructible, et peut être enlevée
peu à peu par l'eau, à mesure que le bois se pourrit...

» Maintenant, si l'on conçoit que la plus grande partie du bois est détruite, que
le squelette ligneux qui reste est formé par une terre légère et perméable au suc
pétrifiant, sa conversion en pierre, en agate, en sardoine, ne sera pas plus difficile
à concevoir que celle d'une terre bolaire, crétacée, ou de toute autre nature : toute

la différence consistera en ce que cette terre végétale ayant conservé une apparence d'organisation, le suc pétrifiant se moulera dans ses pores, s'introduira dans ses molécules terreuses, en conservant néanmoins le même caractère... »

Voici encore quelques observations qu'on doit ajouter aux précédentes. En août 1773, à Montigny-sur-Braine, bailliage de Châlons, vicomté d'Auxonne, en creusant le puits de la cure, on a trouvé, à trente-trois pieds de profondeur, un arbre couché sur son flanc, dont on n'a pu découvrir l'espèce. Les terres supérieures ne paraissent pas avoir été touchées de main d'homme, d'autant que les lits semblent être intacts : car on trouve au-dessous du terrain un lit de terre glaise de huit pieds, ensuite un lit de sable de dix pieds ; après cela, un lit de terre grasse d'environ six à sept pieds, ensuite un autre lit de terre grasse pierreuse de quatre à cinq pieds, ensuite un lit de sable noir de trois pieds ; enfin l'arbre était dans la terre grasse. La rivière de Braine est au levant de cet endroit, et n'en est éloignée que d'une portée de fusil ; elle coule dans une prairie de quatre-vingts pieds plus basse que l'emplacement de la cure.

M. de Grignon m'a informé que, sur les bords de la Marne, près Saint-Dizier, l'on trouve un lit de bois pyriteux, dont on reconnaît l'organisation. Ce lit de bois est situé sous un banc de grès, qui est recouvert d'une couche de pyrites en gâteaux, surmonté d'un banc de pierre calcaire, et le lit de bois pyriteux porte sur une glaise noirâtre.

Il a aussi trouvé dans les fouilles qu'il a faites pour la découverte de la ville souterraine du Châtelet, des instruments de fer qui avaient eu des manches de bois, et il a observé que ce bois était devenu une véritable mine de fer du genre des hématites. L'organisation du bois n'était pas détruite ; mais il était cassant et d'un tissu aussi serré que celui de l'hématie dans toute son épaisseur. Ces instruments de fer à manche de bois avaient été enfouis dans la terre pendant seize ou dix-sept cents ans, et la conversion du bois en hématite s'est faite par la décomposition du fer, qui peu à peu a rempli les pores du bois. (*Add. Buff.*)

SUR L'ÉBOULEMENT ET LE DÉPLACEMENT DE QUELQUES TERRAINS.

* La rupture des cavernes et l'action des feux souterrains sont les principales causes des grands éboulements de la terre, mais souvent il s'en fait aussi par de plus petites causes ; la filtration des eaux, en délayant les argiles sur lesquelles portent les rochers de presque toutes les montagnes calcaires, a souvent fait pencher ces montagnes, et causé des éboulements assez remarquables pour que nous devions en donner ici quelques exemples.

« En 1757, dit M. Perronet, une partie du terrain qui se trouve situé à mi-côte avant d'arriver au château de Croix-Fontaine s'entr'ouvrit en nombre d'endroits, et s'éboula successivement par parties ; le mur de terrasse qui retenait le pied de ces terres fut renversé, et on fut obligé de transporter plus loin le chemin qui était établi le long du mur... Ce terrain était porté sur une base de terre inclinée. » Ce savant et premier ingénieur de nos ponts et chaussées cite un autre accident de même espèce arrivé en 1733 à Pardines, près d'Issoire en Auvergne : le terrain, sur environ quatre cents toises de longueur, et trois cents toises de largeur, descendit sur une prairie assez éloignée, avec les maisons, les arbres, et ce qui était dessus. Il ajoute que l'on voit quelquefois des parties considérables de terrain emportées, soit par des réservoirs supérieurs d'eau dont les digues viennent de se rompre, ou par une fonte subite de neiges. En 1757, au village de Guet, à dix lieues de Grenoble, sur la route de Briançon, tout le terrain, lequel est en pente, glissa et descendit en un instant vers le Drac, qui en est éloigné d'environ un tiers de lieue ; la terre se fendit dans le village, et la partie qui a glissé se trouve de six, huit et neuf pieds plus basse qu'elle n'était : ce terrain était posé sur un rocher assez uni et incliné à l'horizon d'environ 40 degrés.

Je puis ajouter à ces exemples un autre fait dont j'ai eu tout le temps d'être témoin, et qui m'a même occasionné une dépense assez considérable. Le tertre isolé sur lequel sont situés la ville et le vieux château de Montbart est élevé de cent quarante pieds au-dessus de la rivière, et la côte la plus rapide est celle du nord-est : ce tertre est couronné de rochers calcaires dont les bancs pris ensemble ont cinquante-quatre pieds d'épaisseur ; partout ils portent sur un massif de glaise, qui par conséquent a jusqu'à la rivière soixante-six pieds d'épaisseur. Mon jardin, environné de plusieurs terrasses, est situé sur le sommet de ce tertre. Une partie du mur, long de vingt-cinq à vingt-six toises, de la dernière terrasse du côté du nord-est où la pente est la plus rapide, a glissé tout d'une pièce en faisant refouler le terrain inférieur ; et il serait descendu jusqu'au niveau du terrain voisin de la rivière, si l'on n'eût pas prévenu son mouvement progressif en le démolissant : ce mur avait sept pieds d'épaisseur, et il était fondé sur la glaise. Ce mouvement se fit très-lentement : je reconnus évidemment qu'il n'était occasionné que par le suintement des eaux ; toutes celles qui tombent sur la plate-forme du sommet de ce tertre pénètrent par les fentes des rochers jusqu'à cinquante-quatre pieds sur le massif de glaise qui leur sert de base : on en est assuré par les deux puits qui sont sur la plate-forme, et qui ont en effet cinquante-quatre pieds de profondeur ; ils sont pratiqués du haut en bas dans les bancs calcaires. Toutes les eaux pluviales qui tombent sur cette plate-forme et sur les terrasses adjacentes se rassemblent donc sur le massif d'argile ou glaise auquel aboutissent les fentes perpendiculaires de ces rochers ; elles forment de petites sources en différents endroits, qui sont encore clairement indiquées par plusieurs puits, tous abondants et creusés au-dessous de la couronne des rochers ; et, dans tous les endroits où l'on tranche ce massif d'argile par des fossés, on voit l'eau suinter et venir d'en haut. Il n'est donc pas étonnant que des murs, quelque solides qu'ils soient, glissent sur le premier banc de cette argile humide, s'ils ne sont pas fondés à plusieurs pieds au-dessous, comme je l'ai fait faire en le reconstruisant. Néanmoins la même chose est encore arrivée du côté du nord-ouest de ce tertre, où la pente est plus douce et sans sources apparentes. On avait tiré de l'argile à douze ou quinze pieds de distance d'un gros mur épais de onze pieds sur trente-cinq de hauteur et douze toises de longueur ; ce mur est construit de très-bons matériaux, et il subsiste depuis plus de neuf cents ans : cette tranchée où l'on tirait de l'argile et qui ne descendait pas plus de quatre à cinq pieds, a néanmoins fait faire un mouvement à cet énorme mur ; il penche d'environ quinze pouces sur sa hauteur perpendiculaire, et je n'ai pu le retenir et prévenir sa chute que par des piliers butants de sept à huit pieds de saillie sur autant d'épaisseur, fondés à quatorze pieds de profondeur.

De ces faits particuliers j'ai tiré une conséquence générale dont aujourd'hui on ne fera pas autant de cas que l'on en aurait fait dans les siècles passés ; c'est qu'il n'y a pas un château ou forteresse situé sur des hauteurs, qu'on ne puisse aisément faire couler dans la plaine ou vallée au moyen d'une simple tranchée de dix ou douze pieds de profondeur sur quelques toises de largeur, en pratiquant cette tranchée à une petite distance des derniers murs, et choisissant pour l'établir le côté où la pente est le plus rapide. Cette manière dont les anciens ne se sont pas doutés, leur aurait épargné bien des béliers et d'autres machines de guerre ; et aujourd'hui même on pourrait s'en servir avantageusement dans plusieurs cas. Je me suis convaincu par mes yeux, lorsque ces murs ont glissé, que si la tranchée qu'on a faite pour les reconstruire n'eût pas été promptement remplie de forte maçonnerie, les murs anciens et les deux tours qui subsistent encore en bon état depuis neuf cents ans, et dont l'une a cent vingt-cinq pieds de hauteur, auraient coulé dans le vallon avec les rochers sur lesquels ces tours et ces murs sont fondés ; et, comme toutes ces collines composées de pierres calcaires portent généralement sur un fond d'argile dont les premiers lits sont toujours plus ou moins humectés par les eaux qui filtrent dans les fentes des rochers et descendent jusqu'à ce premier lit d'argile, il me paraît certain qu'en éventant cette argile, c'est-à-dire en exposant à l'air par une tranchée ces premiers lits imbibés des eaux, la masse entière des rochers et du terrain qui porte sur ce massif d'argile, coulerait en glissant sur le premier lit, et descendrait jusque dans la tranchée en peu de jours, surtout dans un temps de pluie. Cette manière de démanteler une forteresse est bien plus simple que tout ce qu'on a pratiqué jusqu'ici, et l'expérience m'a démontré que le succès en est certain.

SUR LES OSSEMENTS QUE L'ON TROUVE QUELQUEFOIS DANS
L'INTÉRIEUR DE LA TERRE.

* « Dans la paroisse du Haux, pays d'entre deux mers, à demi-lieue du port de Langoiran, une pointe de rocher haute de onze pieds se détacha d'un coteau qui avait auparavant trente pieds de hauteur, et, par sa chute, elle répandit dans le vallon une grande quantité d'ossements d'animaux, quelques-uns pétrifiés. Il est indubitable qu'ils en sont ; mais il est très-difficile de déterminer à quels animaux

ils appartiennent. Le plus grand nombre sont des dents, quelques-unes peut-être de bœuf ou de cheval, mais la plupart trop grandes ou trop grosses pour en être, sans compter la différence de figure ; il y a des os de cuisses ou de jambes, et même un fragment de bois de cerf ou d'élan : le tout était enveloppé de terre commune, et enfermé entre deux lits de rochers. Il faut nécessairement concevoir que des cadavres d'animaux ayant été jetés dans une roche creuse, et leurs chairs s'étant pourries, il s'est formé par-dessus cet amas une roche de onze pieds de haut, ce qui a demandé une longue suite de siècles.....

» MM. de l'Académie de Bordeaux, qui ont examiné toute cette matière en habiles physiciens, ont trouvé qu'un grand nombre de fragments mis à un feu très-vif sont devenus d'un beau bleu de turquoise, que quelques petites parties en ont pris la consistance, et que, taillées par un lapidaire, elles en ont le poli... Il ne faut pas oublier que des os qui appartenaient visiblement à différents animaux ont également bien réussi à devenir turquoises (1).

» Le 28 janvier 1760, on trouva auprès de la ville d'Aix en Provence, dit M. Guettard, à cent soixante toises au-dessus des bains des eaux minérales, des ossements renfermés dans un rocher de pierre grise à sa superficie : cette pierre ne formait point de lits, et n'était point feuilletée ; c'était une masse continue et entière...

» Après avoir, par le moyen de la poudre, pénétré à cinq pieds de profondeur dans l'intérieur de cette pierre, on y trouva une grande quantité d'ossements humains de toutes les parties du corps, savoir, des mâchoires et leurs dents, des os du bras, de la cuisse, des jambes, des côtes, des rotules, et plusieurs autres mêlés confusément et dans le plus grand désordre. Les crânes entiers, ou divisés en petites parties, semblent y dominer.

» Outre ces ossements humains, on en a rencontré plusieurs autres par morceaux, qu'on ne peut attribuer à l'homme : ils sont, dans certains endroits, ramassés par pelotons ; ils sont épars dans d'autres...'

» Lorsqu'on a creusé jusqu'à la profondeur de quatre pieds et demi, on a rencontré six têtes humaines dans une situation inclinée. De cinq de ces têtes on a conservé l'occiput avec ses adhérences, à l'exception des os de la face ; cet occiput était en partie incrusté dans la pierre ; son intérieur en était rempli, et cette pierre en avait pris la forme. La sixième tête est dans son entier du côté de la face, qui n'a reçu aucune altération ; elle est large à proportion de sa longueur : on y distingue la forme des joues charnues ; les yeux sont fermés, assez longs, mais étroits ; le front est un peu large ; le nez fort aplati, mais bien formé, la ligne du milieu un peu marquée ; la bouche bien faite et fermée, ayant la lèvre supérieure un peu forte, relativement à l'inférieure : le menton est bien proportionné, et les muscles du total sont très-articulés. La couleur de cette tête est rougeâtre, et ressemble assez bien aux têtes de tritons imaginées par les peintres : sa substance est sem-

---

(1) *Histoire de l'Académie des Sciences*, année 1719, page 24.

blable à celle de la pierre où elle a été trouvée ; elle n'est, à proprement parler, que le masque de la tête naturelle... »

La relation ci-dessus a été envoyée par M. le baron de Gaillard-Longjumeau à madame de Boisjourdain, qui l'a ensuite fait parvenir à M. Guettard avec quelques morceaux des ossements en question. On peut douter avec raison que ces prétendues têtes humaines soient réellement des têtes d'hommes : « Car tout ce qu'on voit dans cette carrière, dit M. de Longjumeau, annonce qu'elle s'est formée de débris de corps qui ont été brisés, et qui ont dû être ballotés et roulés dans les flots de la mer dans le temps que ces os se sont amoncelés. Ces amas ne se faisant qu'à la longue, et n'étant surtout recouverts de matière pierreuse que successivement, on ne conçoit pas aisément comment il pourrait s'être formé un masque sur la face de ces têtes, les chairs n'étant pas longtemps à se corrompre, lors surtout que les corps sont ensevelis sous les eaux. On peut donc très-raisonnablement croire que ces prétendues têtes humaines n'en sont réellement point... il y a même tout lieu de penser que les os qu'on croit appartenir à l'homme sont ceux des squelettes de poissons dont on a trouvé les dents, et dont quelques-unes étaient enclavées dans les mêmes quartiers de pierre qui renfermaient les os qu'on dit être humains.

» Il paraît que les amas d'os des environs d'Aix sont semblables à ceux que M. Borda a fait connaître depuis quelques années, et qu'il a trouvés près de Dax en Gascogne. Les dents qu'on a découvertes à Aix paraissent, par la description qu'on en donne, être semblables à celles qui ont été trouvées à Dax, et dont une mâchoire inférieure était encore garnie : on ne peut douter que cette mâchoire ne soit celle d'un gros poisson... Je pense donc que les os de la carrière d'Aix sont semblables à ceux qui ont été découverts à Dax....., et que ces ossements, quels qu'ils soient, doivent être rapportés à des squelettes de poissons plutôt qu'à des squelettes humains...

» Une des têtes en question avait environ sept pouces et demi de longueur sur trois de largeur et quelques lignes de plus; sa forme est celle d'un globe allongé, aplati à sa base, plus gros à l'extrémité postérieure qu'à l'extrémité antérieure, divisé selon sa largeur, et de haut en bas, par sept ou huit bandes larges depuis sept jusqu'à douze lignes : chaque bande est elle-même divisée en deux parties égales par un léger sillon; elles s'étendent depuis la base jusqu'au sommet : dans cet endroit, celles d'un côté sont séparées de celles du côté opposé par un autre sillon plus profond, et qui s'élargit insensiblement depuis la partie antérieure jusqu'à la partie postérieure.

» A cette description, on ne peut reconnaître le noyau d'une tête humaine : les os de la tête de l'homme ne sont pas divisés en bandes comme l'est le corps dont il s'agit; une tête humaine est composée de quatre os principaux, dont on ne retrouve pas la forme dans le noyau dont on a donné la description : elle n'a pas intérieurement une crête qui s'étend longitudinalement depuis sa partie antérieure jusqu'à sa partie postérieure, qui la divise en deux parties égales, et qui ait pu former le sillon sur la partie supérieure du noyau pierreux.

» Ces considérations me font penser que ce corps est plutôt celui d'un nautile que celui d'une tête humaine. En effet, il y a des nautiles qui sont séparés en bandes ou boucliers comme ce noyau : ils ont un canal ou siphon qui règne dans la longueur de leur courbure, qui les sépare en deux, et qui en aura formé le sillon pierreux, etc. »

Je suis très-persuadé, ainsi que M. le baron de Longjumeau, que ces prétendues têtes n'ont jamais appartenu à des hommes, mais à des animaux du genre des phoques, des loutres marines et des grands lions marins et ours marins. Ce n'est pas seulement à Aix ou à Dax que l'on trouve, sur les rochers et dans les cavernes, des têtes et des ossements de ces animaux ; S. A. le prince margrave d'Anspach, actuellement régnant, et qui joint au goût des belles connaissances la plus grande affabilité, a eu la bonté de me donner, pour le Cabinet du Roi, une collection d'ossements tirés des cavernes de *Gailenreute*, dans son margraviat de Bareith. M. Daubenton a comparé ces os avec ceux de l'ours commun : ils en diffèrent en ce qu'ils sont beaucoup plus grands ; la tête et les dents sont plus longues et plus grosses, et le museau plus allongé et plus renflé que dans nos plus grands ours. Il y a aussi dans cette collection, dont ce noble prince a bien voulu me gratifier, une petite tête que ses naturalistes avaient désignée sous le nom de *tête du petit phoca de M. de Buffon* ; mais comme on ne connaît pas assez la forme et la structure des têtes de lions marins, d'ours marins et de tous les grands et petits phoques, nous croyons devoir encore suspendre notre jugement sur les animaux auxquels ces ossements fossiles ont appartenu. (*Add. Buff.*)

ARTICLE XIX.

DES CHANGEMENTS DE TERRES EN MERS ET DE MERS EN TERRES.

Il paraît par ce que nous avons dit dans les articles I, VII, VIII et IX, qu'il est arrivé au globe terrestre de grands changements qu'on peut regarder comme généraux ; et il est certain par ce que nous avons rapporté dans les autres articles, que la surface de la terre a souffert des altérations particulières. Quoique l'ordre, ou plutôt la succession de ces altérations, ou de ces changements particuliers, ne nous soit pas bien connue, nous en connaissons cependant les causes principales : nous sommes même en état d'en distinguer les différents effets : et si nous pouvions rassembler tous les indices et tous les faits que l'histoire naturelle et l'histoire civile nous fournissent au sujet des révolutions arrivées à la surface de la terre, nous ne doutons pas que la théorie que nous avons donnée n'en devînt bien plus plausible.

L'une des principales causes des changements qui arrivent sur la terre, c'est le mouvement de la mer, mouvement qu'elle a éprouvé de tout temps ; car dès la création il y a eu le soleil, la lune, la terre, les eaux, l'air, etc. : dès lors le flux et le reflux, le mouvement d'orient en occident, celui des vents et des courants se sont fait sentir : les eaux ont eu dès lors les mêmes mouvements que nous remarquons aujourd'hui dans la mer ; et quand même on supposerait que l'axe du globe aurait eu une autre inclinaison, et que les continents terrestres, aussi bien que les mers, auraient eu une autre disposition, cela ne détruit point le mouvement du flux et du reflux, non plus que la cause et l'effet des vents : il suffit que l'immense quantité d'eau qui remplit le vaste espace des mers se soit trouvée rassemblée quelque part sur le globe de la terre, pour que le flux et le reflux et les autres mouvements de la terre aient été produits.

Lorsqu'une fois on a commencé à soupçonner qu'il se pouvait bien que notre continent eût autrefois été le fond d'une mer, on se le persuade bientôt à n'en pouvoir douter : d'un côté ces débris de la mer qu'on trouve partout, de l'autre la situation horizontale des couches de la terre, et enfin cette disposition des collines et des montagnes qui se correspondent, me paraissent autant de preuves convaincantes ; car en considérant les plaines, les vallées, les collines, on voit clairement que la surface de la terre a été figurée par les eaux ; en examinant l'intérieur des coquilles qui sont renfermées dans les pierres, on reconnaît évidemment que ces pierres se sont formées par le sédiment des eaux, puisque les coquilles sont remplies de la matière même de la pierre qui les environne ; et enfin en réfléchissant sur la forme des collines, dont les angles saillants répondent toujours aux angles rentrants des collines opposées, on ne peut pas douter que cette direction ne soit l'ouvrage des courants de la mer. A la vérité, depuis que notre continent est découvert, la forme de la surface a un peu changé, les montagnes ont diminué de hauteur, les plaines se sont élevées, les angles des collines sont devenus plus obtus, plusieurs matières entraînées par les fleuves se sont arrondies ; il s'est formé des couches de tuf, de pierre molle, de gravier, etc. : mais l'essentiel est demeuré, la forme ancienne se reconnaît encore, et je suis persuadé que tout le monde peut se convaincre par ses yeux de tout ce que nous avons dit à ce sujet, et que quiconque aura bien voulu suivre nos observations et nos preuves, ne doutera pas que la terre n'ait été autrefois sous les eaux de la mer, et que ce ne soient les courants de la mer qui aient donné à la surface de la terre la forme que nous voyons.

Le mouvement principal des eaux de la mer est, comme nous l'avons dit, d'orient en occident : aussi il nous paraît que la mer a gagné sur les côtes orientales, tant de l'ancien que du nouveau continent, un espace d'environ cinq cents lieues ; on doit se souvenir des preuves que nous en avons données dans l'article XI, et nous pouvons y ajouter que tous les détroits qui joignent les mers sont dirigés d'orient en occident : le détroit de Magellan, les deux détroits de Forbisher, celui d'Hudson, le détroit de l'île de Ceylan, ceux de la mer de Corée et de Kamtschatka, ont tous cette direction, et paraissent avoir été formés par l'irruption des eaux qui, étant poussées d'orient en occident, se sont ouvert ces passages dans la même direction, dans laquelle elles éprouvent aussi un mouvement plus considérable que dans toutes les autres directions ; car il y a dans tous ces détroits des marées très-violentes, au lieu que dans ceux qui sont situés sur les côtes occidentales, comme l'est celui de Gibraltar, celui du Sund, etc., le mouvement des marées est presque insensible.

Les inégalités du fond de la mer changent la direction du mouvement des eaux; elles ont été produites successivement par les sédiments de l'eau et par les matières qu'elle a transportées, soit par son mouvement de flux et de reflux, soit par d'autres mouvements : car nous ne donnons pas pour cause unique de ces inégalités le mouvement du flux et du reflux; nous avons seulement donné cette cause comme la principale et la première, parce qu'elle est la plus constante et qu'elle agit sans interruption : mais on doit aussi admettre comme cause l'action des vents; ils agissent même à la surface de l'eau avec une toute autre violence que les marées, et l'agitation qu'ils communiquent à la mer est bien plus considérable pour les effets extérieurs; elle s'étend même à des profondeurs considérables, comme on le voit par les matières qui se détachent, par la tempête, du fond des mers, et qui ne sont presque jamais rejetées sur les rivages que dans les temps d'orage.

Nous avons dit qu'entre les tropiques, et même à quelques degrés au delà, il règne continuellement un vent d'est; ce vent, qui contribue au mouvement général de la mer d'orient en occident, est aussi ancien que le flux et le reflux, puisqu'il dépend du cours du soleil et de la raréfaction de l'air produite par la chaleur de cet astre. Voilà donc deux causes de mouvement réunies, et plus grandes sous l'équateur que partout ailleurs : la première, le flux et le reflux, qui, comme l'on sait, est plus sensible dans les climats méridionaux : et la seconde, le vent d'est, qui souffle continuellement dans ces mêmes climats; ces deux causes ont concouru depuis la formation du globe à produire les mêmes effets, c'est-à-dire à faire mouvoir les eaux d'orient en occident, et à les agiter avec plus de force dans cette partie du monde que dans toutes les autres; c'est pour cela que les plus grandes inégalités de la surface du globe se trouvent entre les tropiques. La partie de l'Afrique comprise entre ces deux cercles n'est, pour ainsi dire, qu'un groupe de montagnes, dont les différentes chaînes s'étendent pour la plupart d'orient en occident, comme on peut s'en assurer en considérant la direction des grands fleuves de cette partie de l'Afrique; il en est de même de la partie de l'Asie et de celle de l'Amérique qui sont comprises entre les tropiques, et l'on doit juger de l'inégalité de la surface de ces climats par la quantité de hautes montagnes et d'îles qu'on y trouve.

De la combinaison du mouvement général de la mer d'orient en occident, de celui du flux et du reflux, de celui que produisent les courants, et encore de celui que forment les vents il a résulté une infinité de différents effets, tant sur le fond de la mer que sur les côtes et les continents. Varenius dit qu'il est très-probable que les golfes et les détroits ont été formés par l'effort réitéré de l'Océan contre les terres ; que la Méditerranée, les golfes d'Arabie, de Bengale et de Cambaye, ont été formés par l'irruption des eaux, aussi bien que les détroits entre la Sicile et l'Italie, entre Ceylan et l'Inde, entre la Grèce et l'Eubée, et qu'il en est de même du détroit des Manilles, de celui de Magellan, et de celui de Danemark ; qu'une preuve des irruptions de l'Océan sur les continents, qu'une preuve qu'il a abandonné différents terrains, c'est qu'on ne trouve que très-peu d'îles dans le milieu des grandes mers, et jamais un grand nombre d'îles voisines les unes des autres ; que, dans l'espace immense qu'occupe la mer Pacifique, à peine trouve-t-on deux ou trois petites îles vers le milieu ; que, dans le vaste Océan Atlantique entre l'Afrique et le Brésil, on ne trouve que les petites îles de Sainte-Hélène et de l'Ascension ; mais que toutes les îles sont auprès des grands continents, comme les îles de l'Archipel auprès du continent de l'Europe et de l'Asie, les Canaries auprès de l'Afrique, toutes les îles de la mer des Indes auprès du continent oriental, les îles Antilles auprès de celui de l'Amérique, et qu'il n'y a que les Açores qui soient fort avancées dans la mer entre l'Europe et l'Amérique.

Les habitants de Ceylan disent que leur île a été séparée de la presqu'île de l'Inde par une irruption de l'Océan, et cette tradition populaire est assez vraisemblable. On croit aussi que l'île de Sumatra a été séparée de Malaye : le grand nombre d'écueils et de bancs de sable qu'on trouve entre elles deux semble le prouver. Les Malabares assurent que les îles Maldives faisaient partie du continent de l'Inde, et en général on peut croire que toutes les îles orientales ont été séparées des continents par une irruption de l'Océan (1).

Il paraît qu'autrefois l'île de la Grande-Bretagne faisait partie du continent, et que l'Angleterre tenait à la France : les lits de terre et de pierre, qui sont les mêmes des deux côtés du pas de Calais, le peu de profondeur de ce détroit, semblent l'indiquer. En supposant, dit le docteur Wallis, comme tout paraît l'indiquer, que l'Angleterre communiquait autrefois à la France par un isthme au-dessous de Douvres et de Calais, les grandes mers des deux côtés battaient les côtes de cet isthme par un flux impétueux, deux fois en vingt-quatre heures ; la mer d'Allemagne, qui est entre l'Angleterre et la Hollande, frappait cet isthme du côté de l'est, et la mer de France du côté de l'ouest : cela suffit avec le temps pour user et détruire une langue de terre étroite, telle que nous supposons autrefois cet isthme. Le flux de la mer de France, agissant avec grande violence non-seulement contre l'isthme, mais aussi contre les côtes de France et d'Angleterre, doit nécessairement, par le mouvement des eaux, avoir enlevé une grande quantité de sable, de terre, de vase, de tous les endroits contre lesquels la mer agissait : mais, étant arrêtée dans son courant par cet isthme, elle ne doit pas avoir déposé, comme on pourrait le croire, des sédiments contre l'isthme ; mais elle les aura transportés dans la grande plaine qui forme actuellement le marécage de Romne, qui a quatorze milles de long sur huit de large : car quiconque a vu cette plaine, ne peut pas douter qu'elle n'ait été autrefois sous les eaux de la mer, puisque dans les hautes marées elle serait encore en partie inondée sans les digues de Dimchurch.

La mer d'Allemagne doit avoir agi de même entre l'isthme et contre les côtes d'Angleterre et de Flandre, et elle aura emporté les sédiments en Hollande et en

______

(1) Voyez *Varenii Geograph. general.*, pages 193, 217 et 220.

Zélande, dont le terrain, qui était autrefois sous les eaux, s'est élevé de plus de
quarante pieds. De l'autre côté, sur la côte d'Angleterre, la mer d'Allemagne devait
occuper cette large vallée où coule actuellement la rivière de Sture, à plus de vingt
milles de distance, à commencer par Sandwich, Cantorbery, Chatam, Chilham,
jusqu'à Ashford, et peut-être plus loin; le terrain est actuellement beaucoup plus
élevé qu'il ne l'était autrefois, puisqu'à Chatam on a trouvé les os d'un hippopotame enterrés à dix-sept pieds de profondeur, des ancres de vaisseaux et des coquilles marines.

Or, il est très-vraisemblable que la mer peut former de nouveaux terrains en y
apportant les sables, la terre, la vase, etc.; car nous voyons sous nos yeux que
dans l'île d'Orkney, qui est adjacente à la côte marécageuse de Romne, il y avait
un terrain bas toujours en danger d'être inondé par la rivière Rother : mais, en
moins de soixante ans, la mer a élevé ce terrain considérablement en y amenant à
chaque flux et reflux une quantité considérable de terre et de vase; et en même
temps elle a creusé si fort le canal par où elle entre, qu'en moins de cinquante ans
la profondeur de ce canal est devenue assez grande pour recevoir de gros vaisseaux,
au lieu qu'auparavant c'était un gué où les hommes pouvaient passer.

La même chose est arrivée auprès de la côte de Norfolk, et c'est de cette façon
que s'est formé le banc de sable qui s'étend obliquement depuis la côte de Norfolk
vers la côte de Zélande; ce banc est l'endroit où les marées de la mer d'Allemagne
et de la mer de France se rencontrent depuis que l'isthme a été rompu, et c'est là
que se déposent les terres et les sables entraînés des côtes : on ne peut pas dire
si avec le temps ce banc de sables ne formera pas un nouvel isthme, etc.

Il y a grande apparence, dit Ray, que l'île de la Grande-Bretagne était autrefois
jointe à la France, et faisait partie du continent; on ne sait point si c'est par un
tremblement de terre, ou par une irruption de l'Océan, ou par le travail des hommes,
à cause de l'utilité et de la commodité du passage, ou par d'autres raisons. Mais ce
qui prouve que cette île faisait partie du continent, c'est que les rochers et les côtes
des deux côtés sont de même nature et composés des mêmes matières, à la même
hauteur, en sorte que l'on trouve le long des côtes de Douvres les mêmes lits de
pierre et de craie que l'on trouve entre Calais et Boulogne; la longueur de ces
rochers le long de ces côtes est à très-peu près la même de chaque côté, c'est-à-dire
d'environ six milles. Le peu de largeur du canal, qui dans cet endroit n'a pas plus
de vingt-quatre milles anglais de largeur, et le peu de profondeur, eu égard à la
mer voisine, font croire que l'Angleterre a été séparée de la France par accident.
On peut ajouter à ces preuves, qu'il y avait autrefois des loups et même des ours
dans cette île, et il n'est pas à présumer qu'ils y soient venus à la nage, ni que les
hommes aient transporté ces animaux nuisibles, car en général on trouve les animaux nuisibles des continents dans toutes les îles qui en sont fort voisines, et jamais dans celles qui en sont fort éloignées, comme les Espagnols l'ont observé
lorsqu'ils sont arrivés en Amérique.

Du temps de Henri Ier, roi d'Angleterre, il arriva une grande inondation dans une partie de la Flandre par une irruption de la mer ; en 1446, une pareille irruption fit périr plus de dix mille personnes sur le territoire de Dordrecht, et plus de cent mille autour de Dullart, en Frise et en Zélande, et il y eut dans ces deux provinces plus de deux ou trois cents villages de submergés ; on voit encore les sommets de leurs tours et les pointes de leurs clochers qui s'élèvent un peu au-dessus des eaux.

Sur les côtes de France, d'Angleterre, de Hollande, d'Allemagne, de Prusse, la mer s'est éloignée en beaucoup d'endroits. Hubert Thomas dit, dans sa description du pays de Liége, que la mer environnait autrefois les murailles de la ville de Tongres, qui maintenant en est éloignée de trente-cinq lieues ; ce qu'il prouve par plusieurs bonnes raisons ; et entre autres il dit qu'on voyait encore de son temps les anneaux de fer dans les murailles auxquelles on attachait les vaisseaux qui y arrivaient. On peut encore regarder comme des terres abandonnées par la mer, en Angleterre les grands marais de Lincoln et l'île d'Ely, en France la Crau de la Provence ; et même la mer s'est éloignée assez considérablement à l'embouchure du Rhône depuis l'année 1665. En Italie, il s'est formé de même un terrain considérable à l'embouchure de l'Arno ; et Ravenne, qui autrefois était un port de mer des exarques, n'est plus une ville maritime. Toute la Hollande paraît être un terrain nouveau, où la surface de la terre est presque de niveau avec le fond de la mer, quoique le pays se soit considérablement élevé et s'élève tous les jours par les limons et les terres que le Rhin, la Meuse, etc., y amènent ; car autrefois on comptait que le terrain de la Hollande était en plusieurs endroits de cinquante pieds plus bas que le fond de la mer.

On prétend qu'en l'année 860, la mer, dans une tempête furieuse, amena vers la côte une si grande quantité de sables, qu'ils fermèrent l'embouchure du Rhin auprès de Catt, et que ce fleuve inonda tout le pays, renversa les arbres et les maisons, et se jeta dans le lit de la Meuse. En 1421, il y eut une autre inondation qui sépara la ville de Dordrecht de la terre ferme, submergea soixante-douze villages, plusieurs châteaux, noya cent mille âmes, et fit périr une infinité de bestiaux. La digue de l'Yssel se rompit en 1638 par quantité de glaces que le Rhin entraînait, qui, ayant bouché le passage de l'eau, firent une ouverture de quelques toises à la digue, et une partie de la province fut inondée avant qu'on eût pu réparer la brèche. En 1682, il y eut une pareille inondation dans la province de Zélande, qui submergea plus de trente villages, et causa la perte d'une infinité de monde et de bestiaux qui furent surpris la nuit par les eaux. Ce fut un bonheur pour la Hollande que le vent sud-est gagna sur celui qui lui était opposé ; car la mer était si enflée, que les eaux étaient de dix-huit pieds plus hautes que les terres les plus élevées de la province, à la réserve des dunes (1).

Dans la province de Kent en Angleterre, il y avait à Hith un port qui s'est comblé, malgré tous les soins que l'on a pris pour l'empêcher, et malgré la dépense

____

(1) Voyez les *Voyages historiques de l'Europe*, t. V, page 70.

qu'on a faite plusieurs fois pour le vider. On y trouve une multitude étonnante de galets et de coquillages apportés par la mer dans l'étendue de plusieurs milles, qui s'y sont amoncelés autrefois, et qui, de nos jours, ont été recouverts par de la vase et de la terre, sur laquelle sont actuellement des pâturages. D'autre côté il y a des terres fermes que la mer, avec le temps, vient à gagner et à couvrir, comme les terres de Goodwin, qui appartenaient à un seigneur de ce nom, et qui à présent ne sont plus que des sables couverts par les eaux de la mer. Ainsi la mer gagne en plusieurs endroits du terrain, et en perd dans d'autres : cela dépend de la différente situation des côtes et des endroits où le mouvement des marées s'arrête, où les eaux transportent d'un endroit à l'autre les terres, les sables, les coquilles, etc.

Sur la montagne de Stella en Portugal, il y a un lac dans lequel on a trouvé des débris de vaisseaux, quoique cette montagne soit éloignée de la mer de plus de douze lieues. Sabinius, dans ses Commentaires sur les *Métamorphoses* d'Ovide, dit qu'il paraît, par les monuments de l'histoire, qu'en l'année 1460 on trouva dans une mine des Alpes un vaisseau avec ses ancres.

Ce n'est pas seulement en Europe que nous trouverons des exemples de ces changements de mer en terre et de terre en mer; les autres parties du monde nous en fourniraient peut-être de plus remarquables et en plus grand nombre, si on les avait bien observées.

Calicut a été autrefois une ville célèbre et la capitale d'un royaume de même nom ; ce n'est aujourd'hui qu'une grande bourgade mal bâtie et assez déserte : la mer, qui, depuis un siècle, a beaucoup gagné sur cette côte, a submergé la meilleure partie de l'ancienne ville, avec une belle forteresse de pierre de taille qui y était. Les barques mouillent aujourd'hui sur leurs ruines, et le port est rempli d'un grand nombre d'écueils qui paraissent dans les basses marées, et sur lesquels les vaisseaux font assez souvent naufrage (1).

La province de Yucatan, péninsule dans le golfe du Mexique, a fait autrefois partie de la mer. Cette pièce de terre s'étend dans la mer à cent lieues en longueur depuis le continent, et n'a pas plus de vingt-cinq lieues dans sa plus grande largeur ; la qualité de l'air y est tout à fait chaude et humide : quoiqu'il n'y ait ni ruisseaux ni rivières dans un si long espace, l'eau est partout si proche, et l'on trouve, en ouvrant la terre, un si grand nombre de coquillages, qu'on est porté à regarder cette vaste étendue comme un lieu qui a fait autrefois partie de la mer.

Les habitants de Malabar prétendent qu'autrefois les îles Maldives étaient attachées au continent des Indes, et que la violence de la mer les en a séparées. Le nombre de ces îles est si grand, et quelques-uns des canaux qui les séparent sont si étroits, que les beauprés des vaisseaux qui y passent font tomber les feuilles des arbres de l'un et de l'autre côté : et en quelques endroits, un homme vigoureux se tenant à une branche d'arbre peut sauter dans une autre île. Une preuve que le continent des Maldives était autrefois une terre sèche, ce sont les cocotiers qui

____

(1) Voyez *Lettres édifiantes*, rec. II, page 187.

sont au fond de la mer; il s’en détache souvent des cocos qui sont rejetés sur le rivage par la tempête : les Indiens en font grand cas, et leur attribuent les mêmes vertus qu’au bézoard.

On croit qu’autrefois l’île de Ceylan était unie au continent et en faisait partie, mais que les courants, qui sont extrêmement rapides en beaucoup d’endroits des Indes, l’ont séparée, et en ont fait une île. On croit la même chose à l’égard des îles Rammanakoiel et de plusieurs autres. Ce qu’il y a de certain, c’est que l’île de Ceylan a perdu trente ou quarante lieues de terrain du côté du nord-ouest, que la mer a gagnées successivement.

Il paraît que la mer a abandonné depuis peu une grande partie des terres avancées et des îles de l’Amérique. On vient de voir que le terrain de Yucatan n’est composé que de coquilles ; il en est de même des basses terres de la Martinique et des autres îles Antilles. Les habitants ont appelé le fond de leur terrain *la chaux*, parce qu’ils font de la chaux avec ces coquilles, dont on trouve les bancs immédiatement au-dessous de la terre végétale. Nous pouvons rapporter ici ce qui est dit dans les *Nouveaux voyages aux îles de l’Amérique*. « La chaux que l’on trouve par toute la grande terre de la Guadeloupe, quand on fouille dans la terre, est de même espèce que celle que l’on pêche à la mer : il est difficile d’en rendre raison. Serait-il possible que toute l’étendue du terrain qui compose cette île ne fût, dans les siècles passés, qu’un haut fond rempli de plantes de chaux, qui, ayant beaucoup crû et rempli les vides qui étaient entre elles occupés par l’eau, ont enfin haussé le terrain et obligé l’eau à se retirer et à laisser à sec toute la superficie ? Cette conjecture, tout extraordinaire qu’elle paraît d’abord, n’a pourtant rien d’impossible, et deviendra même assez vraisemblable à ceux qui l’examineront sans prévention : car enfin, en suivant le commencement de ma supposition, ces plantes ayant crû et rempli tout l’espace que l’eau occupait, se sont enfin étouffées l’une l’autre ; les parties supérieures se sont réduites en poussière et en terre ; les oiseaux y ont laissé tomber les graines de quelques arbres, qui ont germé et produit ceux que nous y voyons, et la nature y en fait germer d’autres qui ne sont pas d’une espèce commune aux autres endroits, comme les bois marbrés et violets. Il ne serait pas indigne de la curiosité des gens qui y demeurent de faire fouiller en différents endroits pour connaître quel en est le sol, jusqu’à quelle profondeur on trouve cette pierre à chaux, en quelle situation elle est répandue sous l’épaisseur de la terre, et autres circonstances qui pourraient ruiner ou fortifier ma conjecture. »

Il y a quelques terrains qui tantôt sont couverts d’eau, et tantôt sont découverts, comme plusieurs îles en Norwége, en Écosse, aux Maldives, au golfe de Cambaye, etc. La mer Baltique a gagné peu à peu une grande partie de la Poméranie ; elle a couvert et ruiné le fameux port de Vineta. De même la mer de Norwége a formé plusieurs petites îles et s’est avancée dans le continent. La mer d’Allemagne s’est avancée en Hollande auprès de Catt, en sorte que les ruines d’une ancienne citadelle des Romains, qui était autrefois sur la côte, sont

actuellement fort avant dans la mer. Les marais de l'île d'Ely en Angleterre,
la Crau en Provence, sont, au contraire, comme nous l'avons dit, des terrains que
la mer a abandonnés; les dunes ont été formées par des vents de mer qui ont jeté
sur le rivage et accumulé des terres, des sables, des coquillages, etc. Par exemple,
sur les côtes occidentales de France, d'Espagne et d'Afrique, il règne des vents
d'ouest durables et violents qui poussent avec impétuosité les eaux vers le rivage,
sur lequel il s'est formé des dunes dans quelques endroits. De même les vents
d'est, lorsqu'ils durent longtemps, chassent si fort les eaux des côtes de la Syrie
et de la Phénicie, que les chaînes de rochers qui sont couverts d'eau pendant les
vents d'ouest, demeurent alors à sec. Au reste, les dunes ne sont pas composées de
pierres et de marbres, comme les montagnes qui se sont formées dans le fond de
la mer, parce qu'elles n'ont pas été assez longtemps dans l'eau. Nous ferons voir
dans le Discours sur les minéraux que la pétrification s'opère au fond de la mer, et
que les pierres qui se forment dans la terre sont bien différentes de celles qui se
forment dans la mer.

Comme je mettais la dernière main à ce traité de la Théorie de la terre, que j'ai
composé en 1744, j'ai reçu de la part de M. Barrère sa *Dissertation sur l'origine des
pierres figurées*, et j'ai été charmé de me trouver d'accord avec cet habile naturaliste,
au sujet de la formation des dunes, et du séjour que la mer a fait autrefois sur la
terre que nous habitons : il rapporte plusieurs changements arrivés aux côtes de la
mer. Aigues-Mortes, qui est actuellement à plus d'une lieue et demie de la mer,
était un port du temps de saint Louis; Psalmodi était une île en 815, et aujourd'hui
est dans la terre ferme, à plus de deux lieues de la mer : il en est de même de Ma-
guelone; la plus grande partie du vignoble d'Agde était, il y a quarante ans, couverte par les eaux de la mer : et en Espagne la mer s'est retirée considérablement
depuis peu de Blanes, de Badalona, vers l'embouchure de la rivière Vobregat, vers
le cap de Tortosa, le long des côtes de Valence, etc.

La mer peut former des collines et élever des montagnes de plusieurs façons
différentes, d'abord par des transports de terre, de vase, de coquilles, d'un lieu à
un autre, soit par son mouvement naturel de flux et de reflux, soit par l'agitation
des eaux causée par les vents; en second lieu, par des sédiments, des parties impalpables qu'elle aura détachées des côtes et de son fond, et qu'elle pourra transporter et déposer à des distances considérables; et enfin par des sables, des coquilles,
de la vase et des terres que les vents de mer poussent souvent contre les côtes; ce
qui produit des dunes et des collines que les eaux abandonnent peu à peu, et qui
deviennent des parties du continent : nous en avons un exemple dans nos dunes de
Flandre et dans celles de Hollande, qui ne sont que des collines composées de sable
et de coquilles que des vents de mer ont poussés vers la terre. M. Barrère en cite
un autre exemple qui m'a paru mériter de trouver place ici. « L'eau de la mer, par
son mouvement, détache de son sein une infinité de plantes, de coquillages, de vase,
de sable, que les vagues poussent continuellement vers les bords, et que les vents
impétueux de mer aident à pousser encore. Or, tous ces différents corps ajoutés au

premier atterrissement y forment plusieurs nouvelles couches ou monceaux, qui
ne peuvent servir qu'à accroître le lit de la terre, à l'élever, à former des dunes,
des collines, par des sables, des terres, des pierres amoncelées ; en un mot, à éloigner davantage le bassin de la mer, et à former un nouveau continent.

» Il est visible que des alluvions ou des atterrissements successifs ont été faits
par le même mécanisme depuis plusieurs siècles, c'est-à-dire par des dépositions
réitérées de différentes matières ; atterrissements qui ne sont pas de pure convenance : j'en trouve les preuves dans la nature même, c'est-à-dire dans différents
lits de coquilles fossiles et d'autres productions marines qu'on remarque dans le
Roussillon auprès du village de Naffiac, éloigné de la mer d'environ sept ou huit
lieues. Ces lits de coquilles, qui sont inclinés de l'ouest à l'est sous différents angles, sont séparés les uns des autres par des bancs de sable et de terre, tantôt d'un
pied et demi, tantôt de deux à trois pieds d'épaisseur ; ils sont comme saupoudrés
de sel lorsque le temps est sec, et forment ensemble des coteaux de la hauteur de
plus de vingt-cinq à trente toises. Or, une longue chaîne de coteaux si élevés n'a
pu se former qu'à la longue, à différentes reprises et par la succession des temps ;
ce qui pourrait être aussi un effet du déluge et du bouleversement universel qui a
dû tout confondre, mais qui cependant n'aura pas donné une forme réglée à ces
différentes couches de coquilles fossiles, qui auraient dû être assemblées sans aucun ordre. »

Je pense sur cela comme M. Barrère ; seulement je ne regarde pas les atterrissements comme la seule manière dont les montagnes ont été formées, et je crois
pouvoir assurer au contraire que la plupart des éminences que nous voyons à la
surface de la terre ont été formées dans la mer même, et cela par plusieurs raisons
qui m'ont toujours paru convaincantes : premièrement, parce qu'elles ont entre
elles cette correspondance d'angles saillants et rentrants qui suppose nécessairement la cause que nous avons assignée, c'est-à-dire le mouvement des courants de
la mer ; en second lieu, parce que les dunes et les collines qui se forment des matières que la mer amène sur ses bords, ne sont pas composées de marbres et de
pierres dures comme les collines ordinaires : les coquilles n'y sont ordinairement
que fossiles, au lieu que dans les autres montagnes la pétrification est entière ;
d'ailleurs les bancs de coquilles, les couches de terre ne sont pas aussi horizontales
dans les dunes que dans les collines composées de marbre et de pierre dure : ces
bancs y sont plus ou moins inclinés, comme dans les collines de Naffiac, au lieu
que dans les collines et dans les montagnes qui se sont formées sous les eaux par
les sédiments de la mer, les couches sont toujours parallèles et très-souvent horizontales ; les matières y sont pétrifiées aussi bien que les coquilles. J'espère faire
voir que les marbres et les autres matières calcinables, qui presque toutes sont
composées de madrépores, d'astroïtes et de coquilles, ont acquis au fond de la mer
le degré de dureté et de perfection que nous leur connaissons : au contraire les tufs,
les pierres molles, et toutes les matières pierreuses, comme les incrustations, les
stalactites, etc., qui sont aussi calcinables, et qui se sont formées dans la terre

depuis que notre continent est découvert, ne peuvent acquérir ce degré de dureté et de pétrification des marbres et des pierres.

On peut voir dans l'*Histoire de l'Académie*, année 1707, les observations de M. Saulmon au sujet des galets qu'on trouve dans plusieurs endroits. Ces galets sont des cailloux ronds et plats, et toujours fort polis, que la mer pousse sur les côtes. A Bayeux et à Brutel, qui est à une lieue de la mer, on trouve du galet en creusant des caves ou des puits : les montagnes de Bonneuil, de Broy et du Quesnoy, qui sont à environ dix-huit lieues de la mer, sont toutes couvertes de galets : il y en a aussi dans la vallée de Clermont en Beauvoisis. M. Saulmon rapporte encore qu'un trou de seize pieds de profondeur, percé directement et horizontalement dans la falaise du Tréport, qui est toute de moellon, a disparu en trente ans, c'est-à-dire que la mer a miné dans la falaise cette épaisseur de seize pieds. En supposant qu'elle avance toujours également, elle minerait mille toises ou une petite demi-lieue de moellon en douze mille ans.

Les mouvements de la mer sont donc les principales causes des changements qui sont arrivés et qui arrivent sur la surface du globe ; mais cette cause n'est pas unique : il y en a beaucoup d'autres moins considérables qui contribuent à ces changements : les eaux courantes, les fleuves, les ruisseaux, la fonte des neiges, les torrents, les gelées, etc., ont changé considérablement la surface de la terre ; les pluies ont diminué la hauteur des montagnes ; les rivières et les ruisseaux ont élevé les plaines ; les fleuves ont rempli la mer à leur embouchure ; la fonte des neiges et les torrents ont creusé des ravines dans les gorges et dans les vallons ; les gelées ont fait fendre les rochers et les ont détachés des montagnes. Nous pourrions citer une infinité d'exemples de différents changements que toutes ces causes ont occasionnés. Varenius dit que les fleuves transportent dans la mer une grande quantité de terre qu'ils déposent à plus ou moins de distance des côtes, en raison de leur rapidité ; ces terres tombent au fond de la mer, et y forment d'abord de petits bancs, qui, s'augmentant tous les jours, font des écueils, et enfin forment des îles qui deviennent fertiles et habitées : c'est ainsi que se sont formées les îles du Nil, celles du fleuve Saint-Laurent, l'île de Landa située à la côte d'Afrique près de l'embouchure du fleuve Coanza, les îles de Norwége, etc. (1). On peut y ajouter l'île de Tong-ming à la Chine, qui s'est formée peu à peu des terres que le fleuve de Nankin entraîne et dépose à son embouchure. Cette île est fort considérable ; elle a plus de vingt lieues de longueur sur cinq ou six de largeur.

Le Pô, le Trento, l'Athésis et les autres rivières de l'Italie amènent une grande quantité de terres dans les lagunes de Venise, surtout dans les temps des inondations, en sorte que peu à peu elles se remplissent : elles sont déjà sèches en plusieurs endroits dans le temps du reflux, et il n'y a plus que les canaux que l'on entretient avec une grande dépense qui aient un peu de profondeur.

A l'embouchure du Nil, à celles du Gange et de l'Indus, à celle de la rivière de

---

(1) Voyez *Varenii Geograph. general.*, page 244.

la Plata au Brésil, à celle de la rivière de Nankin à la Chine, et à l'embouchure de plusieurs autres fleuves, on trouve des terres et des sables accumulés. La Loubère, dans son *Voyage de Siam*, dit que les bancs de sable et de terre augmentent tous les jours à l'embouchure des grandes rivières de l'Asie, par les limons et les sédiments qu'elles y apportent, en sorte que la navigation de ces rivières devient tous les jours plus difficile, et deviendra un jour impossible. On peut dire la même chose des grandes rivières de l'Europe, et surtout du Wolga, qui a plus de soixante-dix embouchures dans la mer Caspienne, du Danube, qui en a sept dans la mer Noire, etc.

Comme il pleut très-rarement en Égypte, l'inondation régulière du Nil vient des torrents qui y tombent dans l'Éthiopie ; il charrie une très-grande quantité de limon : et ce fleuve a non-seulement apporté sur le terrain de l'Égypte plusieurs milliers de couches annuelles, mais même il a jeté bien avant dans la mer les fondements d'une alluvion qui pourra former avec le temps un nouveau pays ; car on trouve avec la sonde, à plus de vingt lieues de distance de la côte, le limon du Nil au fond de la mer, qui augmente tous les ans. La Basse-Égypte, où est maintenant le Delta, n'était autrefois qu'un golfe de la mer. Homère nous dit que l'île de Pharos était éloignée de l'Égypte d'un jour et d'une nuit de chemin, et l'on sait qu'aujourd'hui elle est presque contiguë. Le sol en Égypte n'a pas la même profondeur de bon terrain partout ; plus on approche de la mer, et moins il y a de profondeur : près des bords du Nil il y a quelquefois trente pieds et davantage de profondeur de bonne terre, tandis qu'à l'extrémité de l'inondation il n'y a pas sept pouces. Toutes les villes de la Basse-Égypte ont été bâties sur des levées et sur des éminences faites à la main. La ville de Damiette est aujourd'hui éloignée de la mer de plus de dix milles ; et du temps de saint Louis, en 1243, c'était un port de mer. La ville de Foah, qui était, il y a trois cents ans, à l'embouchure de la branche canopique du Nil, en est présentement à plus de sept milles de distance : depuis quarante ans la mer s'est retirée d'une demi-lieue de devant Rosette, etc.

Il est aussi arrivé des changements à l'embouchure de tous les grands fleuves de l'Amérique, et même de ceux qui ont été découverts nouvellement. Le P. Charlevoix, en parlant du fleuve Mississipi, dit qu'à l'embouchure de ce fleuve, au-dessous de la Nouvelle-Orléans, le terrain forme une pointe de terre qui ne paraît pas fort ancienne, car pour peu qu'on y creuse, on trouve de l'eau ; et que la quantité de petites îles qu'on a vues se former nouvellement à toutes les embouchures de ce fleuve, ne laissent aucun doute que cette langue de terre ne se soit formée de la même manière. Il paraît certain, dit-il, que quand M. de La Salle descendit (1) le Mississipi jusqu'à la mer, l'embouchure de ce fleuve n'était pas telle qu'on la voit aujourd'hui.

Plus on approche de la mer, ajoute-t-il, plus cela devient sensible ; la barre n'a presque point d'eau dans la plupart des petites issues que le fleuve s'est ouvertes,

---

(1) Il y a des géographes qui prétendent que M. de La Salle n'a jamais descendu le Mississipi.

et qui ne se sont si fort multipliées que par le moyen des arbres qui y sont entraînés par le courant, et dont un seul arrêté par ses branches ou par ses racines dans
un endroit où il y a peu de profondeur, en arrête mille. J'en ai vu, dit-il, à deux
cents lieues d'ici (1), des amas dont un seul aurait rempli tous les chantiers de
Paris : rien alors n'est capable de les détacher ; le limon que charrie le fleuve leur
sert de ciment et les couvre peu à peu ; chaque inondation en laisse une nouvelle
couche, et après dix ans au plus les lianes et les arbrisseaux commencent à y croître :
c'est ainsi que se sont formées la plupart des pointes et des îles qui font si souvent
changer de cours au fleuve.

Cependant tous les changements que les fleuves occasionnent sont assez lents,
et ne peuvent devenir considérables qu'au bout d'une longue suite d'années : mais
il est arrivé des changements brusques et subits par les inondations et les tremblements de terre. Les anciens prêtres égyptiens, six cents ans avant la naissance
de Jésus-Christ, assuraient, au rapport de Platon dans le *Timée*, qu'autrefois il y
avait une grande île auprès des colonnes d'Hercule, plus grande que l'Asie et la
Libye prises ensemble, qu'on appelait *Atlantide*, que cette grande île fut inondée
et abîmée sous les eaux de la mer après un grand tremblement de terre. « Traditur
» Atheniensis civitas restitisse olim innumeris hostium copiis quæ, ex Atlantico
» mari profectæ, propè jam cunctam Europam Asiamque obsederunt. Tunc enim
» erat fretum illud navigabile, habens in ore et quasi vestibulo ejus insulam quas
» Herculis Columnas cognominant : ferturque insula illa Libya simul et Asia major
» fuisse, per quam ad alias proximas insulas patebat aditus, atque ex insulis ad
» omnem continentem e conspectu jacentem vero mari vicinam. Sed intra os ipsud
» portus angusto sinu fuisse traditur. Pelagus illud verum mare, terra quoque illa
» vere erat continens, etc. Post hæc ingenti terræ motu jugique diei unius et noctis
» illuvione factum est, ut terra dehiscens omnes illos bellicosos absorberet, et
» Atlantis insula sub vasto gurgite mergeretur. » (PLATO *in Timæo.*) Cette ancienne
tradition n'est pas absolument contre toute vraisemblance : les terres qui ont été
absorbées par les eaux sont peut-être celles qui joignaient l'Irlande aux Açores,
et celles-ci au continent de l'Amérique ; car on trouve en Irlande les mêmes fossiles,
les mêmes coquillages et les mêmes productions marines que l'on trouve en Amérique, dont quelques-unes sont différentes de celles qu'on trouve dans le reste de
l'Europe.

Eusèbe rapporte deux témoignages au sujet des déluges, dont l'un est de Melon,
qui dit que la Syrie avait été autrefois inondée dans toutes les plaines : l'autre est
d'Abydenus, qui dit que du temps du roi Sisithrus il y eut un grand déluge qui
avait été prédit par Saturne. Plutarque *de solertia animalium*, Ovide et les autres
mythologistes parlent du déluge de Deucalion, qui s'est fait, dit-on, en Thessalie,
environ sept cents ans après le déluge universel. On prétend aussi qu'il y en a eu
un plus ancien dans l'Attique, du temps d'Ogygès, environ deux cent trente ans

(1) De la Nouvelle-Orléans.

avant celui de Deucalion. Dans l'année 1095 il y eut un déluge en Syrie qui noya une infinité d'hommes. En 1164 il y en eut un si considérable dans la Frise, que toutes les côtes maritimes furent submergées avec plusieurs milliers d'hommes. En 1218 il y eut une autre inondation qui fit périr près de cent mille hommes, aussi bien qu'en 1530. Il y a plusieurs autres exemples de ces grandes inondations, comme celle de 1604 en Angleterre, etc.

Une troisième cause de changement sur la surface du globe sont les vents impétueux. Non-seulement ils forment des dunes et des collines sur les bords de la mer et dans le milieu des continents, mais souvent ils arrêtent et font rebrousser les rivières ; ils changent la direction des fleuves; ils enlèvent les terres cultivées, les arbres ; ils renversent les maisons; ils inondent, pour ainsi dire, des pays tout entiers. Nous avons un exemple de ces inondations de sable en France, sur les côtes de Bretagne : l'*Histoire de l'Académie*, année 1722, en fait mention dans les termes suivants :

« Aux environs de Saint-Paul de Léon en Basse-Bretagne, il y a sur la mer un canton qui avant l'an 1666 était habité et ne l'est plus, à cause d'un sable qui le couvre jusqu'à une hauteur de plus de vingt pieds, et qui d'année en année s'avance et gagne du terrain. A compter de l'époque marquée, il a gagné plus de six lieues, et il n'est plus qu'à une demi lieue de Saint-Paul, de sorte que, selon les apparences, il faudra abandonner cette ville. Dans le pays submergé on voit encore quelques pointes de clochers et quelques cheminées qui sortent de cette mer de sable; les habitans de ces villages enterrés ont eu du moins le loisir de quitter leurs maisons pour aller mendier.

» C'est le vent d'est ou du nord qui avance cette calamité : il élève ce sable qui est très-fin, et le porte en si grande quantité et avec tant de vitesse, que M. Deslandes, à qui l'Académie doit cette observation, dit qu'en se promenant dans ce pays-là pendant que le vent charriait, il était obligé de secouer de temps en temps son chapeau et son habit, parce qu'il les sentait appesantis. De plus, quand ce vent est violent, il jette ce sable par-dessus un petit bras de mer jusque dans Roscof, petit port assez fréquenté par les vaisseaux étrangers ; le sable s'élève dans les rues de cette bourgade jusqu'à deux pieds, et on l'enlève par charretées. On peut remarquer, en passant, qu'il y a dans ce sable beaucoup de parties ferrugineuses, qui se reconnaissent au couteau aimanté.

» L'endroit de la côte qui fournit tout ce sable est une plage qui s'étend depuis Saint-Paul jusque vers Plouescat, c'est-à-dire un peu plus de quatre lieues, et qui est presque au niveau de la mer lorsqu'elle est pleine. La disposition des lieux est telle, qu'il n'y a que le vent d'est, ou de nord-est, qui ait la direction nécessaire pour porter le sable dans les terres. Il est aisé de concevoir comment le sable porté et accumulé par le vent en un endroit, est repris ensuite par le même vent et porté plus loin, et qu'ainsi le sable peut avancer en submergeant le pays, tant que la minière qui le fournit, en fournira de nouveau ; car sans cela le sable, en avançant, diminuerait toujours de hauteur, et cesserait de faire du ravage. Or il n'est que trop possible que la mer jette ou dépose longtemps de nouveau sable dans cette plage d'où le vent l'enlève ; il est vrai qu'il faut qu'il soit toujours aussi fin pour être aisément enlevé.

» Le désastre est nouveau, parce que la plage qui fournit le sable n'en avait pas encore une assez grande quantité pour s'élever au-dessus de la surface de la mer, ou peut-être parce que la mer n'a abandonné cet endroit et ne l'a laissé découvert que que depuis un temps : elle a eu quelque mouvement sur cette côte ; elle vient présentement dans le flux une demi-lieue en deçà de certaines roches qu'elle ne passait pas autrefois.

» Ce malheureux canton inondé d'une façon si singulière, justifie ce que les anciens et les modernes rapportent des tempêtes de sable excitées en Afrique, qui ont fait périr des villes, et même des armées. »

M. Shaw nous dit que les ports de Laodicée et de Jébilée, de Tortose, de Rowadse, de Tripoli, de Tyr, d'Acre, de Jaffa, sont tous remplis et comblés des sables qui ont été charriés par les grandes vagues qu'on a sur cette côte de la Méditerranée lorsque le vent d'ouest souffle avec violence.

Il est inutile de donner un plus grand nombre d'exemples des altérations qui arrivent sur la terre ; le feu, l'air et l'eau y produisent des changements continuels, et qui deviennent très-considérables avec le temps : non-seulement il y a des causes générales dont les effets sont périodiques et réglés, par lesquels la mer prend successivement la place de la terre et abandonne la sienne, mais il y a une grande quantité de causes particulières qui contribuent à ces changements, et qui produisent des bouleversements, des inondations, des affaissements, et la surface de la terre, qui est ce que nous connaissons de plus solide, est sujette, comme tout le reste de la nature, à des vicissitudes perpétuelles.

* Au sujet des changements de mer en terre, on verra, en parcourant les côtes de France, qu'une partie de la Bretagne, de la Picardie, de la Flandre et de la Basse-Normandie, ont été abandonnées par la mer assez récemment, puisqu'on y trouve des amas d'huîtres et d'autres coquilles fossiles dans le même état qu'on les tire aujourd'hui de la mer voisine. Il est très-certain que la mer perd sur les côtes de Dunkerque : on en a l'expérience depuis un siècle. Lorsqu'on construisit les jetées de ce port en 1670, le fort de Bonne-Espérance, qui terminait une de ces jetées, fut bâti sur pilotis, bien au delà de la baisse de la basse mer ; actuellement la plage est avancée au delà de ce fort de près de trois cents toises. En 1714, lorsqu'on creusa le nouveau port de Mardik, on avait également porté les jetées jusqu'au delà de la baisse de la basse mer ; présentement il se trouve au delà une plage de plus de cinq cents toises à sec à marée basse. Si la mer continue à perdre, insensiblement Dunkerque, comme Aigues-Mortes, ne sera plus un port de mer, et cela pourra arriver dans quelques siècles. La mer ayant perdu si considérablement de notre connaissance, combien n'a-t-elle pas dû perdre depuis que le monde existe !

Il suffit de jeter les yeux sur la Saintonge maritime pour être persuadé qu'elle a été ensevelie sous les eaux. L'Océan, qui la couvrait, ayant abandonné ces terres, la Charente le suivit à mesure qu'il faisait retraite, et forma dès lors une rivière dans les lieux mêmes où elle n'était auparavant qu'un grand lac ou un marais. Le pays d'Aunis a autrefois été submergé par la mer et par les eaux stagnantes des marais: c'est une des terres les plus nouvelles de la France; il y a lieu de croire que ce terrain n'était encore qu'un marais vers la fin du quatorzième siècle.

Il paraît donc que l'Océan a baissé de plusieurs pieds, depuis quelques siècles, sur toutes nos côtes; et si l'on examine celles de la Méditerranée depuis le Roussillon jusqu'en Provence, on reconnaîtra que cette mer a fait aussi retraite à peu près dans la même proportion; ce qui semble prouver que toutes les côtes d'Espagne et de Portugal se sont, comme celles de France, étendues en circonférence. On a fait la même remarque en Suède, où quelques physiciens ont prétendu, d'après leurs observations, que dans quatre mille ans, à dater de ce jour, la Baltique, dont la profondeur n'est guère que de trente brasses, sera une terre découverte et abandonnée par les eaux.

Si l'on faisait de semblables observations dans tous les pays du monde, je suis persuadé qu'on trouverait généralement que la mer se retire de toutes parts. Les mêmes causes qui ont produit sa première retraite et son abaissement successif ne sont pas absolument anéanties; la mer était, dans le commencement, élevée de plus de deux mille toises au-dessus de son niveau actuel: les grandes boursouflures de la surface du globe qui se sont écroulées les premières ont fait baisser les eaux, d'abord rapidement; ensuite, à mesure que d'autres cavernes moins considérables se sont affaissées, la mer se sera proportionnellement déprimée; et comme il existe encore un assez grand nombre de cavités qui ne sont pas écroulées, soit par l'action des volcans, soit par la seule force de l'eau, soit par l'effort des tremblements de terre, il me semble qu'on peut prédire, sans craindre de se tromper, que les mers se retireront de plus en plus avec le temps, en s'abaissant encore au-dessous de leur niveau actuel, et que par conséquent l'étendue des continents terrestres ne fera qu'augmenter avec les siècles.

CONCLUSION.

Il paraît certain, par les preuves que nous avons données (articles VII et VIII),
que les continents terrestres ont été autrefois couverts par les eaux de la mer ; il
paraît tout aussi certain (article XII) que le flux et le reflux et les autres mouvements des eaux, détachent continuellement des côtés et du fond de la mer des matières de toute espèce, et des coquilles qui se déposent ensuite quelque part, et
tombent au fond de l'eau comme des sédiments, et que c'est là l'origine des couches parallèles et horizontales qu'on trouve partout. Il paraît (article IX) que les
inégalités du globe n'ont pas d'autre cause que celle du mouvement des eaux de
la mer, et que les montagnes ont été produites par l'amas successif et l'entassement
des sédiments dont nous parlons, qui ont formé les différents lits dont elles sont
composées. Il est évident que les courants qui ont suivi d'abord la direction de ces
inégalités leur ont donné ensuite à toutes la figure qu'elles conservent encore aujourd'hui (article XIII), c'est-à-dire cette correspondance alternative des angles
saillants toujours opposés aux angles rentrants. Il paraît de même (articles VIII
et XVIII) que la plus grande partie des matières que la mer a détachées de son fond
et de ses côtes, étaient en poussière lorsqu'elles se sont précipitées en forme de sédiments, et que cette poussière impalpable a rempli l'intérieur des coquilles absolument et parfaitement, lorsque ces matières se sont trouvées ou de la nature
même des coquilles, ou d'une autre nature analogue. Il est certain (article XVII)
que les couches horizontales qui ont été produites successivement par le sédiment
des eaux, et qui étaient d'abord dans un état de mollesse, ont acquis de la dureté à
mesure qu'elles se sont desséchées, et que ce desséchement a produit des fentes perpendiculaires qui traversent les couches horizontales.

Il n'est pas possible de douter, après avoir vu les faits qui sont rapportés dans les
articles X, XI, XIV, XV, XVI, XVII, XVIII et XIX, qu'il ne soit arrivé une infinité
de révolutions, de bouleversements, de changements particuliers et d'altérations
sur la surface de la terre, tant par le mouvement naturel des eaux de la mer, que par
l'action des pluies, des gelées, des eaux courantes, des vents, des feux souterrains,
des tremblements de terre, des inondations, etc. ; et que par conséquent la mer
n'ait pu prendre successivement la place de la terre, surtout dans les premiers temps

après la création, où les matières terrestres étaient beaucoup plus molles qu'elles ne le sont aujourd'hui. Il faut cependant avouer que nous ne pouvons juger que très-imparfaitement de la succession des révolutions naturelles; que nous jugeons encore moins de la suite des accidents, des changements et des altérations ; que le défaut de monuments historiques nous prive de la connaissance des faits : il nous manque de l'expérience et du temps; nous ne faisons pas réflexion que ce temps qui nous manque ne manque point à la nature; nous voulons rapporter à l'instant de notre existence les siècles passés et les âges à venir, sans considérer que cet instant, la vie humaine, étendue même autant qu'elle peut l'être par l'histoire, n'est qu'un point dans la durée, un seul fait dans l'histoire des faits de Dieu.

FIN DU PREMIER VOLUME.

TABLE

DES ARTICLES CONTENUS DANS CE VOLUME.

FIN DE LA TABLE.

Le Tigre.   Le Lion.

Cheval arabe.   Cheval de trait.

Le Chien d'arrêt. Le Chien de berger.

Le Faisan doré.   Le Faisan.

Le Chat domestique. Le Chat angora.

Le Dindon. Le Coq et la Poule.

Le Taureau. La Vache.

L'Hippopotame.   L'Éléphant.

EN VENTE A LA MÊME LIBRAIRIE.

BUFFON (OEuvres complètes de), précédées d'une étude historique et d'une introduction sur les progrès des sciences naturelles depuis le commencement du XIXᵉ siècle, par M. Ernest Faivre, docteur ès-sciences et docteur en médecine, professeur d'histoire naturelle, suivies des classifications de Linné, de Cuvier, et de celles plus récentes d'Is. Geoffroy Saint-Hilaire, du prince Ch. Bonaparte, etc., 11 volumes grand in-octavo jésus, illustrés de 80 planches coloriées représentant plus de 300 sujets d'animaux.

DULAURE, histoire physique, civile et morale de Paris, continuée jusqu'à nos jours, par MM. Fournier et Arago, 8 vol. in-8°, illustrés de 64 magnifiques gravures sur acier et sur bois.

GÉOGRAPHIE UNIVERSELLE de Malte-Brun, description de toutes les parties du monde, sur un plan nouveau; nouvelle et splendide édition, 8 vol. grand in-8° jésus, illustrés de 41 magnifiques gravures sur acier.

DICTIONNAIRE DE GÉOGRAPHIE UNIVERSELLE, ancienne et moderne, ou description physique, politique, historique, commerciale, statistique, industrielle, scientifique, littéraire, artistique, morale, religieuse, etc., etc., de toutes les parties du monde, par Bescherelle aîné et G. Devars, 4 beaux volumes in-4° à 3 colonnes.

HISTOIRE DE FRANCE, par Anquetil, revue, corrigée et numérotée jusqu'à nos jours, par une société de publicistes et d'historiens, 8 volumes grand in-8° jésus, magnifique édition illustrée de 40 splendides gravures sur acier.

CHATEAUBRIAND (OEuvres choisies de), édition de luxe. 8 volumes in-8° avec 40 gravures sur acier.

EUGÈNE SCRIBE (OEuvres complètes de M.), membre de l'Académie française; nouvelle édition, comprenant les ouvrages composés par M. Scribe, seul ou en société; 17 volumes in-8° jésus, illustrés de 485 magnifiques gravures sur acier tirées à part, d'après les dessins de MM. Alfred et Tony Johannot, Gavarni, Marckl, G. Staal et David, etc.

LE FILS DU DIABLE, par Paul Féval, nouvelle édition, publiée en 4 volumes in-8° jésus, illustrés de splendides gravures sur acier et sur bois, dessinées et gravées par nos plus célèbres artistes.

LE LIVRE D'OR DE LA FAMILLE BONAPARTE, études historiques, biographies et portraits napoléoniens, publiés d'après des documents authentiques et des notes particulières, recueillies et mises en ordre avec le plus grand soin par une société de littérateurs et de publicistes, 4 volumes grand in-8° jésus, illustrés de 4 magnifiques gravures sur acier et de plus de 200 gravures sur bois imprimées dans le texte.

ROLAND FURIEUX, poème en quarante-six chants, traduit de l'Arioste, par le comte de Tressan, nouvelle édition ornée de 90 magnifiques gravures sur bois, tirées hors texte, 2 volumes grand in-8°.

LES FASTES POPULAIRES, ou Histoire des actes héroïques du peuple et de son influence sur les sciences, les arts, l'industrie et l'agriculture, par Alphonse Esquiros, 4 volumes grand in-8° jésus, illustrés de 16 gravures sur acier.

LES NUITS DE PARIS, histoire des drames nocturnes, mystères et récits des nuits parisiennes, par Paul Féval, 4 volumes grand in-8° jésus, illustrés de 24 superbes gravures sur acier.

LES MILLE ET UNE NUITS, par Galland, 4 volumes in-8°, illustrés de 19 gravures sur acier et sur bois.

LE FOYER DOMESTIQUE, journal d'économie domestique et de travaux d'aiguille, et encyclopédie littéraire, paraissant le premier de chaque mois, accompagné de 12 grandes feuilles des dessins de broderie et patrons de grandeur naturelle; de 12 gravures de modes; de modèles de tapisserie coloriés, et de dessins au crochet et au filet; de musique due à nos meilleurs artistes; de 3 dessins de broderie sur étoffe, c'est-à-dire qu'on n'a plus qu'à broder immédiatement. Prix de l'abonnement : Paris 10 fr. — Départements 12 fr. — Étranger 14 fr., sauf les pays de surtaxe.

POISSY. — TYPOGRAPHIE ARBIEU.